Excel/PPT 2016 办公专家从入门到精通

李明富　编著

机械工业出版社
China Machine Press

图书在版编目（CIP）数据

Excel/PPT 2016办公专家从入门到精通 / 李明富编著. —北京：机械工业出版社，2017.8

ISBN 978-7-111-57804-8

Ⅰ. ①E… Ⅱ. ①李… Ⅲ. ①表处理软件②图形软件 Ⅳ. ①TP391.13②TP391.412

中国版本图书馆CIP数据核字（2017）第207446号

本书以 Office 2016 为软件平台，以实现高效办公为出发点，通过从实际工作场景中提炼出的大量典型实例，系统而全面地讲解了 Excel 和 PowerPoint 两大组件在办公中的应用，帮助读者快速晋级办公达人。

全书共 17 章，可分为 3 个部分。第 1 章为基础部分，主要介绍 Excel 2016 和 PowerPoint 2016 的用户界面及个性化设置。第 2 ~ 10 章为 Excel 部分，讲解了 Excel 2016 的基本操作，数据的输入与美化，数据的筛选、排序与汇总，公式、函数、图表与数据透视表（图）的使用，数据分析工具与高级功能，常用办公技巧。第 11 ~ 17 章为 PowerPoint 部分，讲解了 PowerPoint 2016 的基本操作，演示文稿的美化与外观的快速统一，多媒体对象、超链接、动画效果与切换效果的添加与设置，演示文稿的放映、输出与打印。

本书结构编排合理、图文并茂、实例丰富，不仅适合初入职场的新人从零开始自学 Office 操作，而且适合有一定基础的商务办公人士掌握更多实用技能，还可作为大中专院校、社会培训机构或企业入职培训的教材。

Excel / PPT 2016办公专家从入门到精通

出版发行：机械工业出版社（北京市西城区百万庄大街22号 邮政编码：100037）

责任编辑：杨 倩　　责任校对：庄 瑜

印 刷：北京天颖印刷有限公司　　版 次：2017年8月第1版第1次印刷

开 本：185mm × 260mm 1/16　　印 张：21.5

书 号：ISBN 978-7-111-57804-8　　定 价：59.80元

凡购本书，如有缺页、倒页、脱页，由本社发行部调换

客服热线：（010）88379426 88361066　　投稿热线：（010）88379604

购书热线：（010）68326294 88379649 68995259　　读者信箱：hzit@hzbook.com

PREFACE

前言

随着办公自动化和信息化程度的提高，熟练使用微软Office已成为职场人士必备的技能。本书以Office初级和中级用户的学习需求为立足点，以Office 2016为软件平台，通过大量详尽的操作讲解，帮助读者直观地掌握Excel和PowerPoint两大核心组件，并能在实际工作中娴熟应用，快速制作出专业、美观的报表、图表和幻灯片。

◎内容结构

全书共17章，可分为3个部分。

第1章为基础部分，主要介绍Excel 2016和PowerPoint 2016的用户界面及个性化设置。

第2～10章为Excel部分，讲解了Excel 2016的基本操作，数据的输入与美化，数据的筛选、排序与汇总，公式、函数、图表与数据透视表（图）的使用，数据分析工具与高级功能；随后对Excel的常用办公技巧进行总结，并通过一个综合实例来巩固和提高所学。

第11～17章为PowerPoint部分，讲解了PowerPoint 2016的基本操作，演示文稿的美化与外观的快速统一，多媒体对象、超链接、动画效果与切换效果的添加与设置，演示文稿的放映、输出与打印；最后同样通过一个综合实例来巩固和提高所学。

◎编写特色

★内容全面，紧贴实际：本书精选两大组件在实际工作中最常用的功能，通过从实际办公场景中提炼出的大量典型实例进行讲解，并用详尽、通俗的文字配以屏幕截图，直观、清晰地展示操作效果，易于理解和掌握。

★边学边练，自学无忧：办公软件的学习重在实践。本书的云空间资料完整收录了书中全部实例的相关素材文件和配套操作视频，读者按照书中的讲解，结合观看视频和动手操作，学习效果立竿见影。

◎读者对象

本书面向Office初级和中级用户，不仅适合初涉职场的新人从零开始自学Office操作，而且适合有一定基础的商务办公人士掌握更多实用技能，还可作为大中专院校、社会培训机构或企业入职培训的教材。

由于编者水平有限，在编写本书的过程中难免有不足之处，恳请广大读者指正批评，除了扫描二维码添加订阅号获取资讯以外，也可加入QQ群227463225与我们交流。

编者

2017年7月

如何获取云空间资料

一、扫描关注微信公众号

在手机微信的“发现”页面中点击“扫一扫”功能，如右一图所示，进入“二维码/条码”界面，将手机对准右二图中的二维码，扫描识别后进入“详细资料”页面，点击“关注”按钮，关注我们的微信公众号。

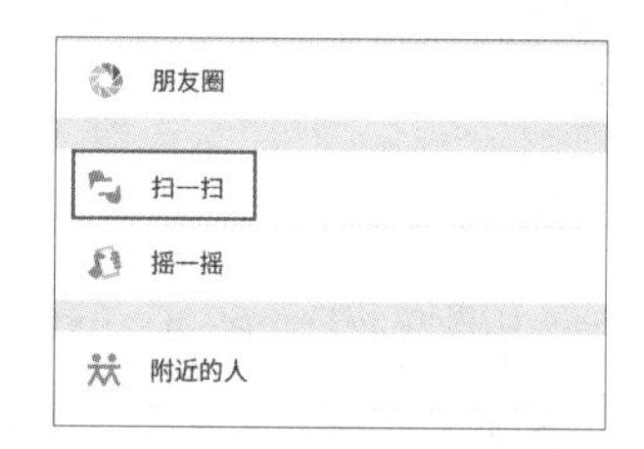

二、获取资料下载地址和密码

点击公众号主页面左下角的小键盘图标，进入输入状态，在输入框中输入本书书号的后6位数字“578048”，点击“发送”按钮，即可获取本书云空间资料的下载地址和访问密码。

三、打开资料下载页面

方法1：在计算机的网页浏览器地址栏中输入获取的下载地址（输入时注意区分大小写），如右图所示，按Enter键即可打开资料下载页面。

方法2：在计算机的网页浏览器地址栏中输入“wx.qq.com”，按Enter键后打开微信网页版的登录界面。按照登录界面的操作提示，使用手机微信的“扫一扫”功能扫描登录界面中的二维码，然后在手机微信中点击“登录”按钮，浏览器中将自动登录微信网页版。在微信网页版中单击左上角的“阅读”按钮，如右图所示，然后在下方的消息列表中找到并单击刚才公众号发送的消息，在右侧便可看到下载地址和相应密码。将下载地址复制、粘贴到网页浏览器的地址栏中，按Enter键即可打开资料下载页面。

四、输入密码并下载资料

在资料下载页面的“请输入提取密码”下方的文本框中输入步骤2中获取的访问密码（输入时注意区分大小写），再单击“提取文件”按钮。在新页面中单击打开资料文件夹，在要下载的文件名后单击“下载”按钮，即可将其下载到计算机中。如果页面中提示选择“高速下载”还是“普通下载”，请选择“普通下载”。下载的资料如为压缩包，可使用7-Zip、WinRAR等软件解压。

提示：读者在下载和使用云空间资料的过程中如果遇到自己解决不了的问题，请加入QQ群227463225，下载群文件中的详细说明，或找群管理员提供帮助。

CONTENTS

目录

第10章 制作企业日常费用表

第11章 PowerPoint 2016 基本操作

第12章 用图片和图形美化演示文稿

第13章 快速统一演示文稿的外观

第14章 添加多媒体对象与超链接

第15章 让幻灯片动起来

第16章 演示文稿的放映、输出及打印

第17章 制作招商方案演示文稿

第1章 快速了解Excel/PPT

Excel 2016 和 PowerPoint 2016（本书为方便叙述，将“PowerPoint”简称为“PPT”）是微软公司开发的办公软件 Office 2016 中的两大组件。除此之外，Office 2016 庞大的办公软件集合体还包括 Word、OneNote、Outlook、Project、Visio、Publisher、Skype 等组件及服务。每个组件的功能都有独到之处，如 Excel 用于表格制作、数据管理及处理分析，PPT 用于幻灯片设计制作及放映等。尽管这些组件的功能侧重点不同，但是在操作上还是有很多相似的地方，比如启动与退出、调整窗口视图比例和一些个性化设置等。本章就来介绍这些通用操作，带领读者快速了解 Excel 和 PPT 这两个组件。

1.1 Excel/PPT的启动与退出

要想熟练使用 Excel 2016 和 PPT 2016，首先要了解如何启动与退出程序。

1 Excel/PPT的启动

安装好 Office 程序后，启动 Excel 或 PPT 就简单了。由于两个组件的启动与退出方法类似，就不逐一介绍了。下面以 Excel 为例介绍几种启动方法。

（1）在“开始”菜单中启动

在键盘上按【WIN】键或者单击桌面左下角的“开始”按钮，在弹出的开始菜单中单击“所有程序”菜单项，找到 Excel 2016 程序图标，如右图所示，单击即可启动。

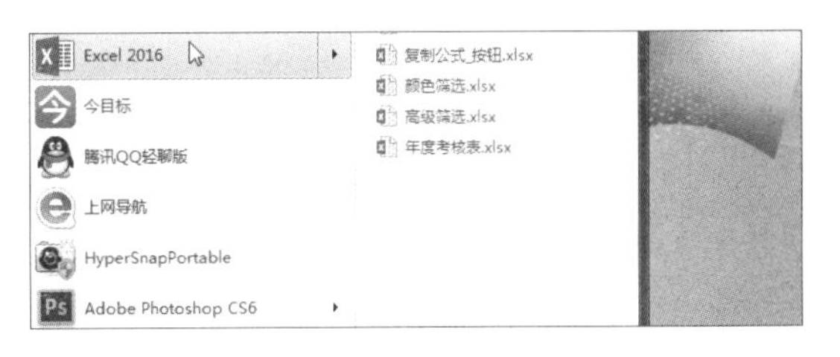

（2）使用桌面快捷方式图标启动

安装 Excel 2016 后，一般情况下桌面上不会显示快捷方式图标，用户需要将程序的快捷方式发送到桌面上。首先单击“开始”按钮，然后在展开的开始菜单中单击“所有程序”菜单项，再右击对应的程序，这里右击“Excel 2016”，接着在弹出的快捷菜单中执行“发送到 > 桌面快捷方式”命令，如下左图所示。在桌面显示程序快捷方式图标后，双击要启动的程序图标即可，如下右图所示。

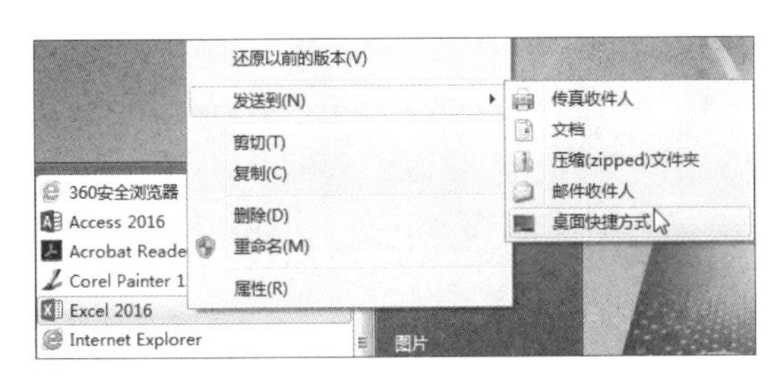

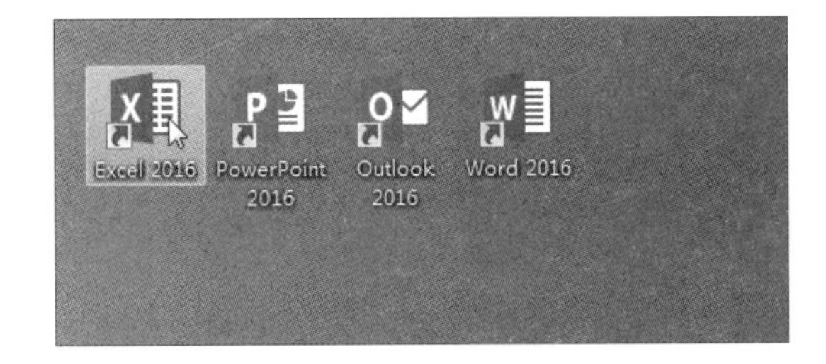

（3）使用任务栏启动

用户可以把经常使用的应用程序固定到任务栏中，以方便打开。首先单击“开始”按钮，在展开的开始菜单中单击“所有程序”菜单项，再右击“Excel 2016”程序图标，在弹出的快捷菜单中单击“锁定到任务栏”命令，如下左图所示。需启动时，直接单击任务栏中的图标即可，如下右图所示。

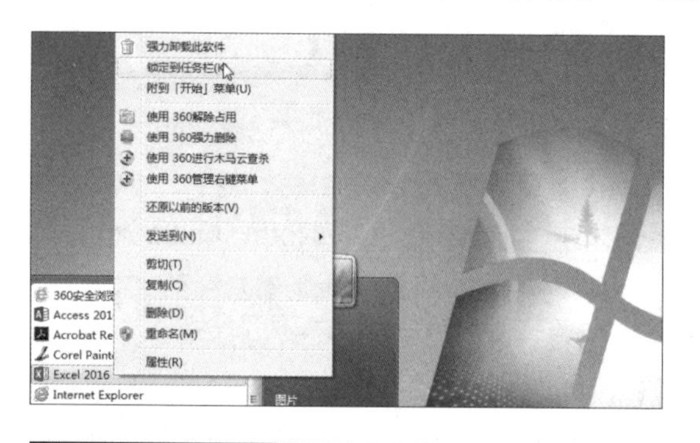

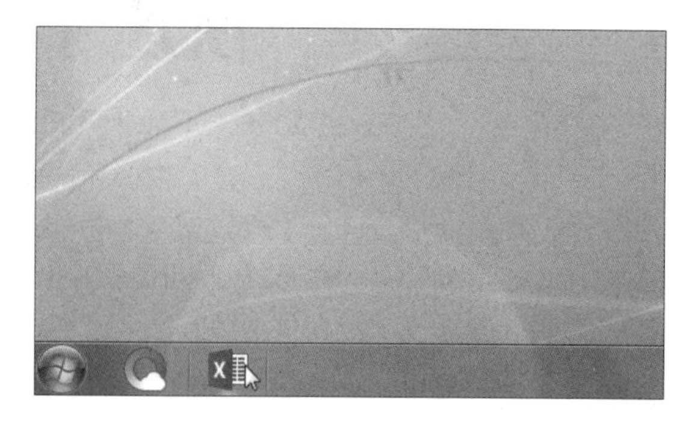

知识补充　将快捷方式发送到桌面的其他方法

安装程序后，如果在开始菜单中没有找到程序的快捷方式，可找到程序的安装文件夹，选择其可执行程序（后缀为“.exe”），然后右击，在弹出的快捷菜单中执行“发送到>桌面快捷方式”命令，即可将程序的快捷方式图标添加到桌面。

2 Excel/PPT的退出

当使用 Excel/PPT 对表格或演示文稿操作完毕后，需对文件进行保存然后退出。当只打开一个 Excel/PPT 文件时，关闭文件即可退出程序；同时打开多个文件时，要退出程序则需关闭所有文件。下面介绍几种常用的 Excel/PPT 退出方法。

（1）通过“关闭”按钮退出

单击窗口右上角的“关闭”按钮，如下图所示。

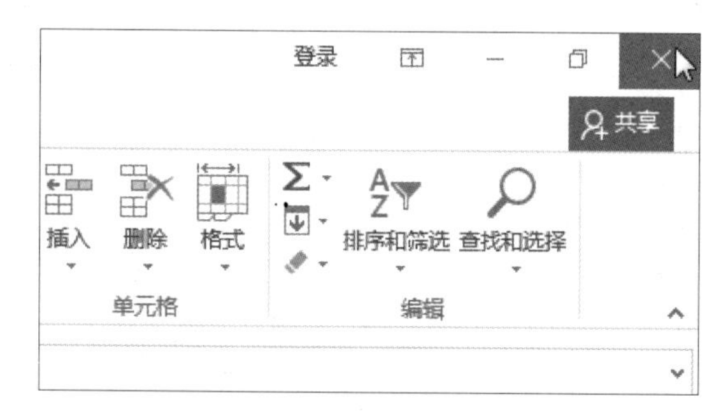

（2）通过菜单命令退出

单击“文件”按钮，在弹出的菜单中单击“关闭”命令，如下图所示。

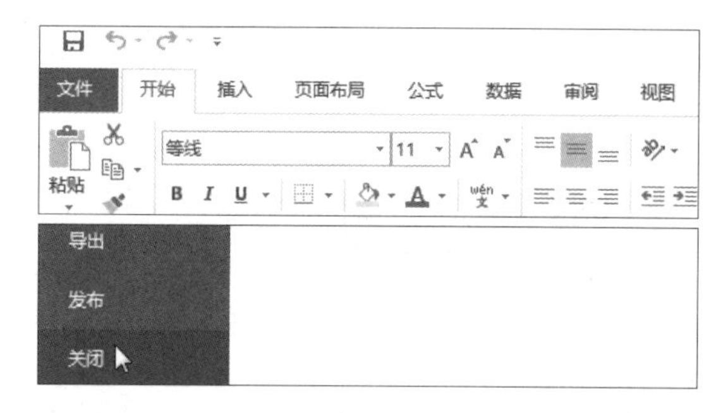

（3）通过关闭程序退出

在 Windows 任务栏中右击要关闭的程序图标，在弹出的快捷菜单中单击“关闭窗口”命令，如右图所示。

（4）使用Windows任务管理器退出

当程序“无响应”或出错时，可以打开任务管理器窗口，强行结束应用程序，此时将不保存正在编辑的文件，强行关闭。具体操作如下。

步骤01　单击“启动任务管理器”命令

右击任务栏的空白处，从弹出的快捷菜单中单击“启动任务管理器”命令，如下左图所示。

步骤02　强制结束应用程序

弹出“Windows 任务管理器”窗口，在“应用程序”选项卡中单击要结束的程序，然后单击“结束任务”按钮即可强制退出程序，如下右图所示。

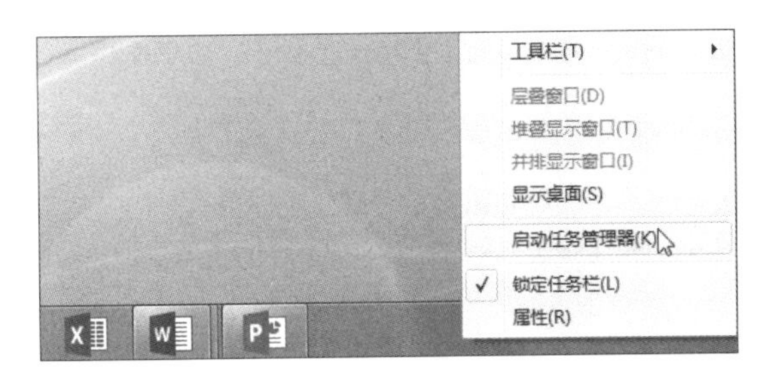

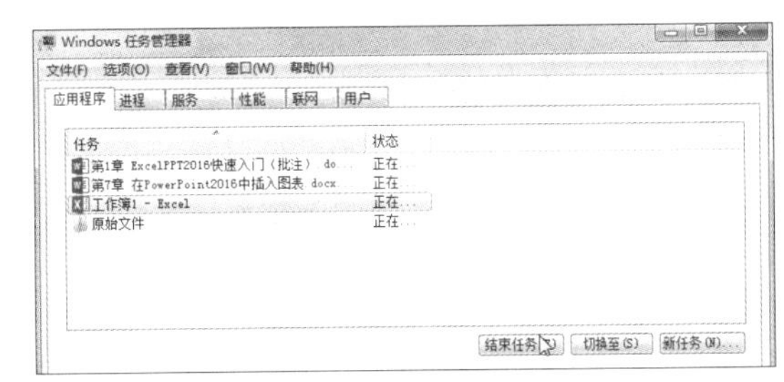

知识补充　利用快捷键保存和退出

在打开的文件中，按下【Ctrl+S】组合键可对文件进行快速保存，然后按下【Alt+F4】组合键即可关闭文件，退出程序。

1.2 认识Excel/PPT的用户界面

Excel/PPT 的用户界面也就是工作窗口，与 Office 其他组件的工作窗口有许多相同之处，都是由“文件”菜单、选项卡、功能区和组、快速访问工具栏等部分组成，下面用图表对 Excel/PPT 的用户界面分别进行说明。

1 认识Excel的用户界面

Excel 的用户界面及各部分的功能介绍如下图和下表所示。

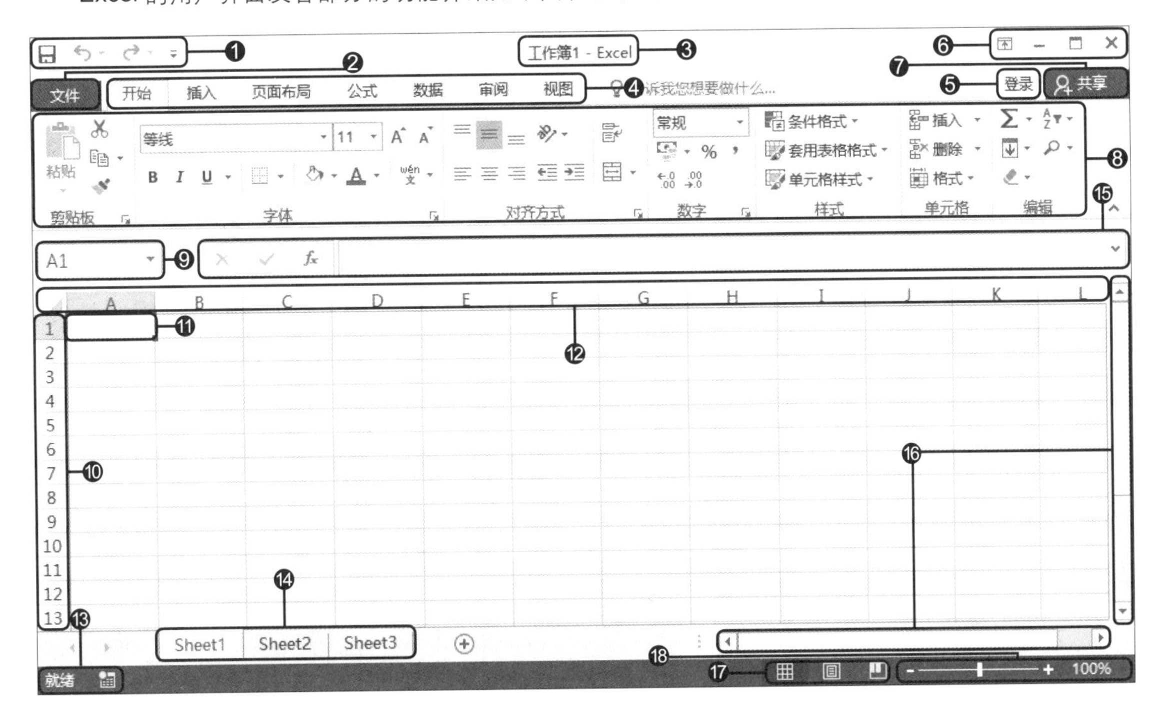

编号	名称	功能说明
❶	快速访问工具栏	该工具栏中集成了多个常用的按钮，如“保存”“撤销”“恢复”等，用户也可自定义快速访问工具栏中显示的按钮
❷	“文件”按钮	主要以工作簿为操作对象，进行文件的“新建”“打开”“另存为”和“共享”等操作
❸	标题栏	显示工作簿标题和文件类型
❹	标签	集成了Excel的功能区，单击相应标签即可切换至相应的选项卡。如单击“开始”标签即可切换至“开始”选项卡
❺	“登录”按钮	单击此按钮后，用户可使用邮箱登录Microsoft账户，登录后将显示账户信息
❻	窗口控制按钮	用于完成窗口的最大化、最小化和关闭，以及功能区显示选项的设置
❼	“共享”按钮	将工作簿保存到OneDrive上，达到与他人共享工作簿、协同完成工作的目的
❽	功能区	每个选项卡下都有各自的功能区，在功能区中包含很多个组，每个组中集成了多个相关命令。如在“开始”选项下的功能区包含“剪贴板”“字体”“对齐方式”“数字”“样式”“单元格”“编辑”7个组，其中“字体”组包含与字体设置相关的命令
❾	名称框	显示选中单元格的名称，单元格的默认名称由行号和列标组成
❿	行号	工作表中单元格的行标志，用数字表示
⓫	单元格	工作表中的最小单位，由行号和列标唯一确定，如第A列第1行的交叉处指单元格A1
⓬	列标	工作表中单元格的列标志，默认用英文大写字母表示，用户可根据需要将其显示形式更改为数字
⓭	状态栏	用于显示当前的状态信息
⓮	工作表标签	显示工作簿中包含的工作表，单击标签即可切换至相应的工作表。新建的工作簿中默认包含1张工作表，用户可根据需要更改工作表数量
⓯	编辑栏	选中单元格后，在编辑栏中可对单元格内容进行编辑
⓰	滚动条	分为垂直滚动条和水平滚动条，拖动滚动条即可浏览整个工作表的内容
⓱	视图按钮	单击视图按钮，可切换至对应的视图方式下
⓲	显示比例	通过调整显示比例，可放大或缩小窗口视图

2 认识PPT的用户界面

PPT 的用户界面及各部分的功能介绍如下图和下表所示。

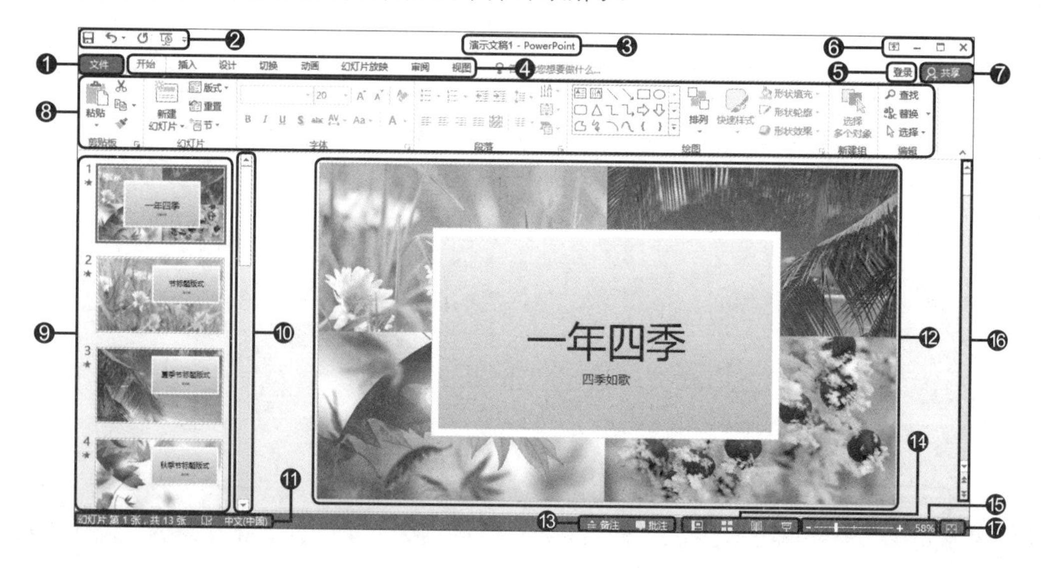

编号	名称	功能说明
❶	“文件”按钮	单击该按钮，在打开的菜单中可选择对演示文稿执行“新建”“另存为”“共享”和“打印”等操作
❷	快速访问工具栏	该工具栏集成了多个常用的按钮，默认包括“保存”“撤销”“重复”“从头开始”按钮，用户可根据需要进行添加或删除
❸	标题栏	用于显示演示文稿的标题和类型
❹	标签	单击相应标签即可切换至相应的选项卡下，各选项卡中集合了多个操作设置选项
❺	“登录”按钮	单击此按钮后，用户可使用邮箱登录Microsoft账户，登录后将显示账户信息
❻	窗口控制按钮	用于完成窗口的最大化、最小化和关闭，以及功能区显示选项的设置
❼	“共享”按钮	将演示文稿保存到OneDrive上，达到与他人共享演示文稿、协同完成工作的目的
❽	功能区	每个标签对应的选项卡下的功能区中包含多个组，每个组中收集了相关的命令，如“开始”选项卡下的功能区中收集了对字体、段落等内容的设置命令
❾	幻灯片浏览窗格	显示幻灯片缩略图或幻灯片的文本大纲
❿	幻灯片浏览窗格滚动条	拖动滚动条可对幻灯片浏览窗格中的内容进行向上或向下查看
⓫	状态栏	显示当前的状态信息，如幻灯片数量等
⓬	幻灯片窗格	显示当前幻灯片，用户可以在该窗格中编辑幻灯片内容
⓭	审阅按钮	包含“备注”“批注”按钮，单击将弹出对应的任务窗格，用户在任务窗格中可对当前幻灯片添加备注或批注
⓮	视图按钮	包括“普通视图”“幻灯片浏览”“阅读视图”“幻灯片放映”4种视图方式，单击某个视图类型按钮即可切换至相应的视图方式
⓯	显示比例	用于设置幻灯片编辑区域的显示比例，用户可以通过拖动滑块来方便快捷地调整
⓰	幻灯片窗格滚动条	拖动滚动条可浏览演示文稿中的所有幻灯片内容
⓱	适应窗口大小按钮	单击该按钮可根据窗口大小调整幻灯片的显示比例，以达到最佳显示效果

1.3 让Excel/PPT视图更合理

在数据较多的 Excel 工作表中，即使将窗口最大化也无法显示所有数据，此时虽然可以使用滚动条查看隐藏的数据，但在需要同时比较两行或两列不在同一视图窗口中的数据时，会显得极为不便。同样，在 PPT 中，有时为了完善设计的细节，也需要放大显示窗口内容。Excel 和 PPT 允许用户根据实际需要改变窗口视图的显示方式，如改变窗口的显示比例、新建或拆分窗口等。

1.3.1 改变窗口的显示比例

通过改变窗口的显示比例，用户可以在数据过多的工作表中同时查看更多数据，或者在演示文稿中让视图更清晰。下面介绍 3 种调整 Excel 和 PPT 窗口显示比例的方法。

1 通过缩放滑块更改显示比例

原始文件： 下载资源\实例文件\第1章\原始文件\员工薪资记录表.xlsx

最终文件： 下载资源\实例文件\第1章\最终文件\员工薪资记录表_70%显示.xlsx

步骤01 **调整显示比例**

打开原始文件，单击工作表右下角状态栏中的“缩小”按钮，直至显示比例为 70%，如下左图所示。

步骤02 **查看显示效果**

此时工作表中的单元格及其内容进行了缩小显示，如下右图所示。

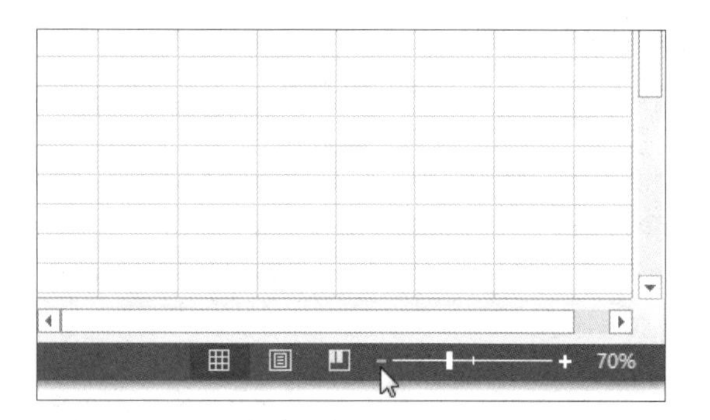

知识补充 **快速启动Excel/PPT的“显示比例”或“缩放”对话框**

单击工作表或演示文稿右下角的显示比例数字，可快速弹出“显示比例”或“缩放”对话框。在“显示比例”对话框中，用户可先单击“自定义”单选按钮，或者在“缩放”对话框中单击“调整”单选按钮，然后在其后的数值框中输入合适的显示比例，最后单击“确定”按钮，即可自定义工作表或演示文稿的显示比例。

2 自动调节显示比例

在 Excel 和 PPT 中都能通过单击“视图”选项卡下“显示比例”组中的按钮直接自动调节窗口显示比例的大小。在 Excel 中单击“显示比例”组中的“100%”按钮，而在 PPT 中则单击“显示比例”组中的“适应窗口大小”按钮，分别如下左图和下右图所示。

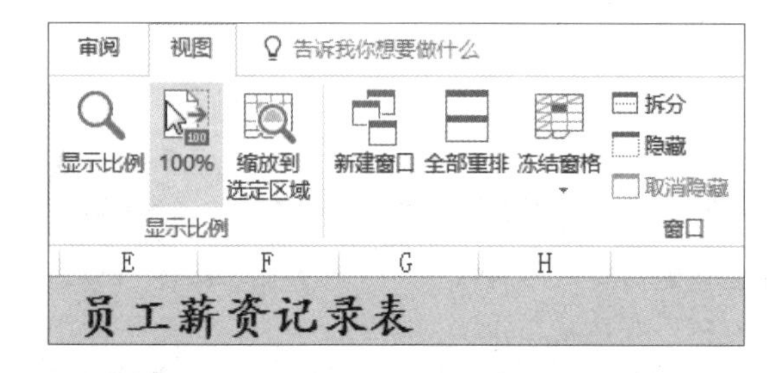

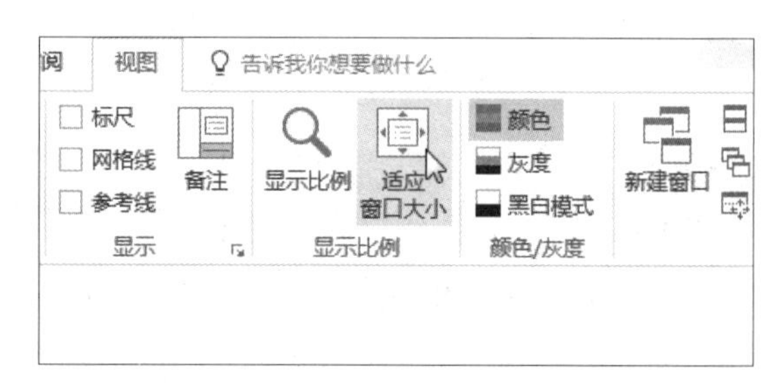

知识补充 **PPT中一键适应窗口的其他按钮**

单击演示文稿右下角的“使幻灯片适应当前窗口”按钮，可快速自动调整视图显示比例，其功能和“视图”选项卡下“显示比例”组中的“适应窗口大小”按钮功能相同。

3 通过对话框更改显示比例

在 Excel 和 PPT 中都可以通过对话框选择窗口的显示比例，下面以 Excel 为例介绍操作步骤。

原始文件： 下载资源\实例文件\第1章\原始文件\员工薪资记录表.xlsx

最终文件： 下载资源\实例文件\第1章\最终文件\员工薪资记录表_75%显示.xlsx

步骤01　单击“显示比例”按钮

打开原始文件，如需将工作表缩小，以便同时查看更多的数据，则切换至“视图”选项卡下，然后单击“显示比例”组中的“显示比例”按钮，如下图所示。

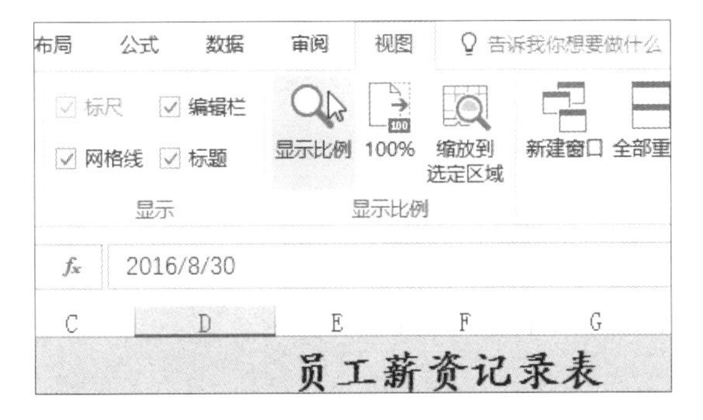

步骤02　设置显示比例

弹出“显示比例”对话框，选择合适的缩放比例，如单击“75%”单选按钮，然后单击“确定”按钮，如下图所示。需要注意的是，在 PPT 中单击“显示比例”按钮后，弹出的是“缩放”对话框，但具体的操作步骤类似。

步骤03　查看75%显示比例效果

返回工作表中，此时可看到工作表进行了缩小显示，工作表右下角显示了当前的显示比例大小为“75%”，如右图所示。

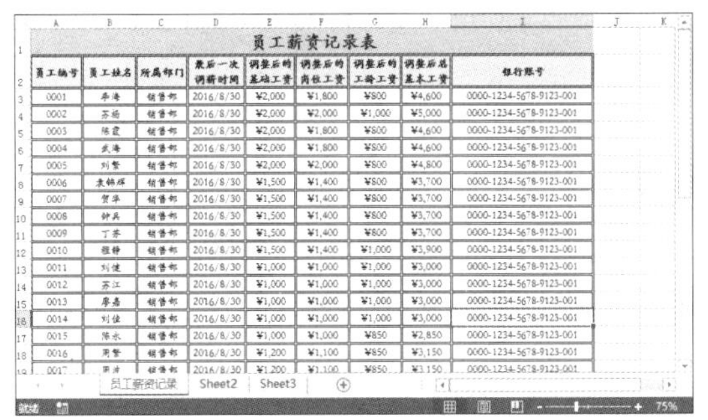

1.3.2　新建窗口

在 Excel/PPT 中，为方便用户对工作簿中的不同表格进行操作，或者对演示文稿或工作簿中距离较远的内容进行对比编辑，可以为已经打开的工作簿或演示文稿另开一个窗口，新打开的窗口与原窗口的内容完全一样，即打开了一个副本窗口，所以对文件所做的各种编辑在两个窗口中同时有效。由于 Excel 和 PPT 中的操作相同，就不再逐一介绍，下面以新建 Excel 窗口为例介绍具体操作步骤。

步骤01　新建窗口

打开一个空白的 Excel 文件，默认标题名称为“工作簿 1”，切换至“视图”选项卡下，单击“窗口”组中的“新建窗口”按钮，如下左图所示。

步骤02　查看新建效果

系统自动新建一个相同的工作簿窗口，在标题栏显示名称为“工作簿1:2”，如下右图所示。

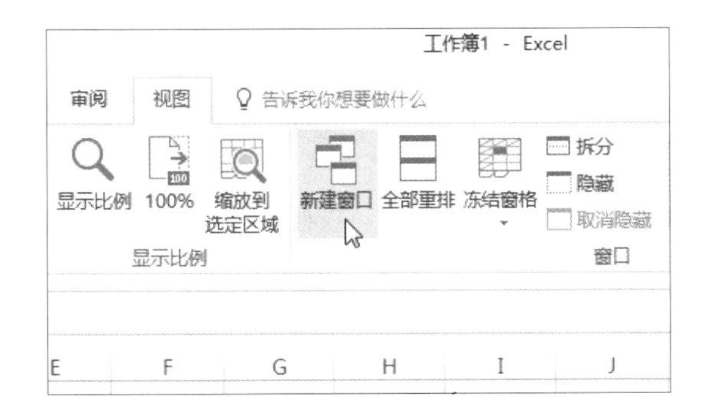

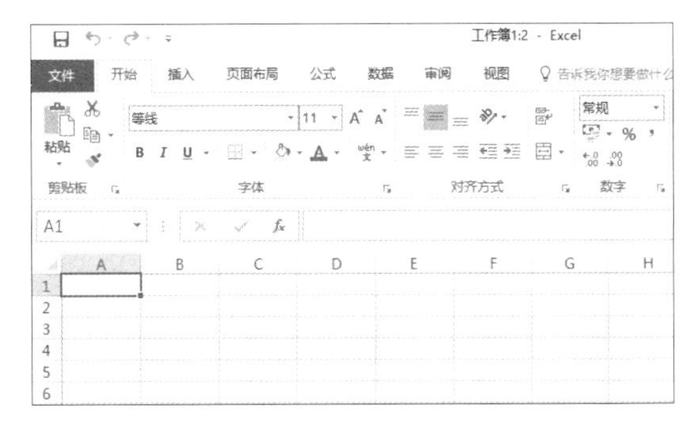

1.3.3 拆分窗口

为了方便工对作表中多个区域的数据进行对比分析，需要扩大视图范围，此时可对窗口进行拆分，具体操作步骤如下。

原始文件：下载资源\实例文件\第1章\原始文件\员工薪资记录表2.xlsx
最终文件：下载资源\实例文件\第1章\最终文件\拆分窗口.xlsx

步骤01 单击“拆分”按钮

打开原始文件，首先选中作为拆分原点的单元格，这里选中单元格G7，然后切换至“视图”选项卡下，单击“窗口”组中的“拆分”按钮，如下图所示。

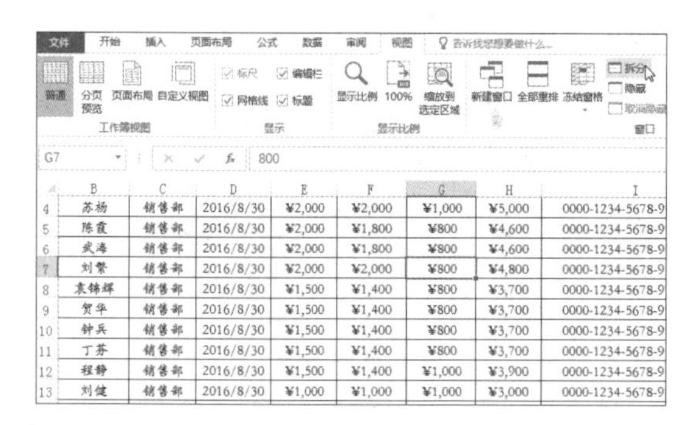

步骤02 查看拆分效果

可看到工作表以单元格G7的左上角为原点，拆分为4个区域。单元格G7正上方为第一象限，按逆时针方向依次为第一象限、第二象限、第三象限、第四象限，同时在窗口下方和右侧出现4个滚动条，如下图所示。

步骤03 拖动查看数据列

用鼠标拖动第三象限下方的滚动条，可同时改变第二、三象限中显示的数据列内容，如下图所示。同样，拖动第四象限下方的滚动条，可同时改变第一、四象限中显示的数据列内容。

步骤04 拖动查看数据行

用鼠标拖动第一象限右侧的滚动条，可同时改变第一、二象限中显示的数据行内容，如下图所示。同样，拖动第四象限右侧的滚动条，可同时改变第三、四象限中显示的数据行内容。

1.4 个性化设置

有时为了界面的美观或工作需要，可根据实际情况更改系统的默认设置。Excel和PPT提供了多种自定义的设置，如账户主题、功能区选项卡、自动保存时间间隔等。

1.4.1　更改账户主题

Excel 和 PPT 的账户主题并不是单一的，用户可根据自己的喜好进行选择，不仅能让工作界面变得赏心悦目，更能提高工作效率。下面就以 Excel 为例介绍如何更改账户主题。

步骤01　单击“账户”命令

启动 Excel，单击“文件”按钮，在弹出的菜单中单击“账户”命令，如下左图所示。

步骤02　设置账户主题

在“账户”选项面板下可看到默认的 Office 主题为白色，单击“Office 主题”下拉列表框，在展开的下拉列表中选择合适的主题，如选择“彩色”，如下右图所示。

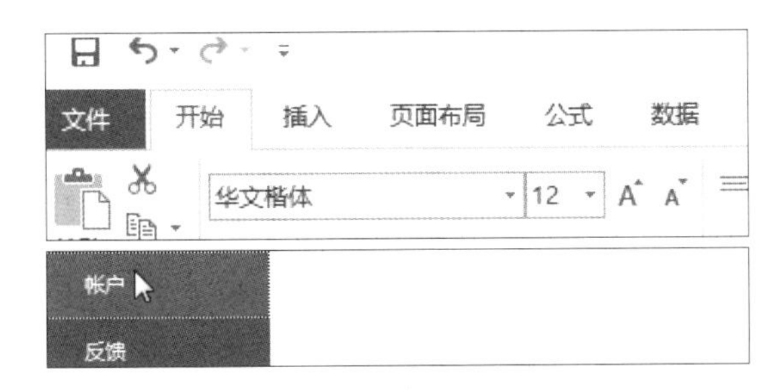

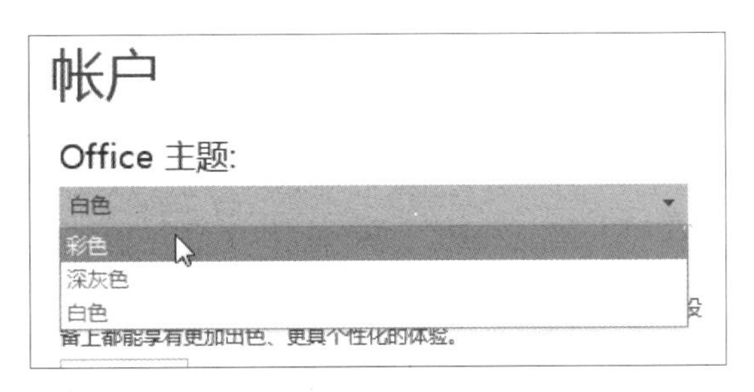

步骤03　查看彩色主题的用户界面

返回窗口，此时可看到工作界面显示效果发生了改变，右图为 Excel 的“彩色”主题界面效果。

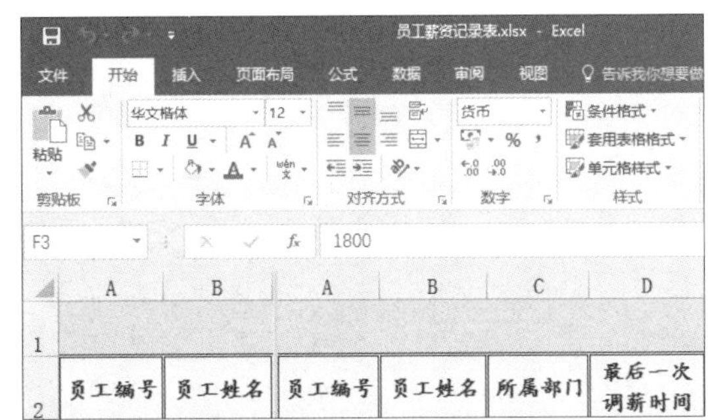

1.4.2　自定义功能区选项卡

功能区的选项卡或者选项卡中的组都可以根据需要进行添加或删除。将常用的命令放在自定义的新建选项卡中，工作起来会更加得心应手。

步骤01　单击“选项”命令

启动 Excel，单击“文件”按钮，在弹出的菜单中单击“选项”命令，如下图所示。

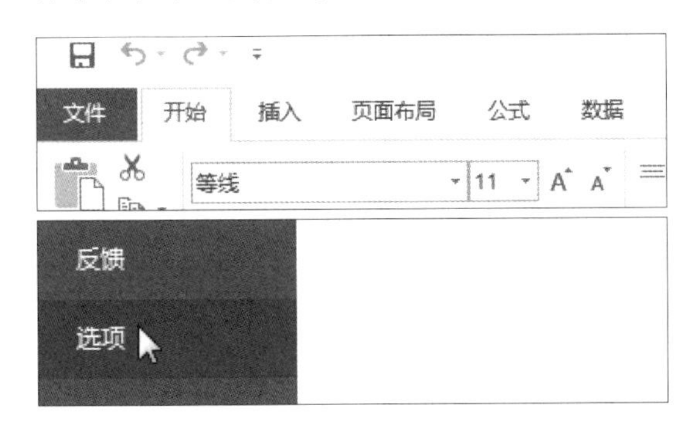

步骤02　切换至自定义功能区

弹出“Excel 选项”对话框，单击左侧的“自定义功能区”选项，如下图所示。

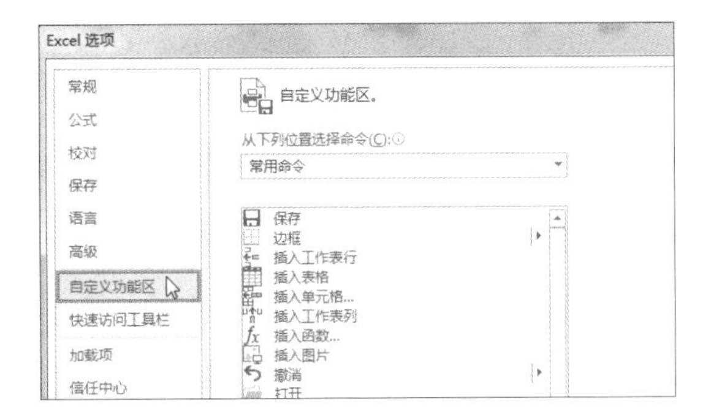

步骤03 添加选项卡

单击对话框右侧的“自定义功能区”组下的“新建选项卡”按钮，此时，“主选项卡”列表框中添加了“新建选项卡（自定义）”选项卡，如下图所示。

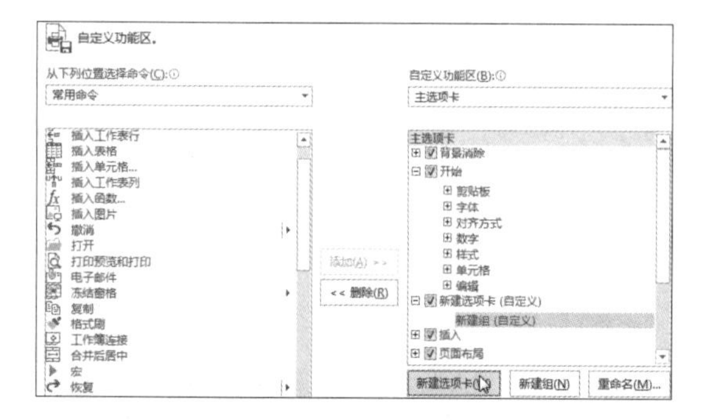

步骤05 查看添加的命令

添加命令后，在“新建选项卡（自定义）”下的“新建组（自定义）”组中添加了“边框”命令，如下图所示。

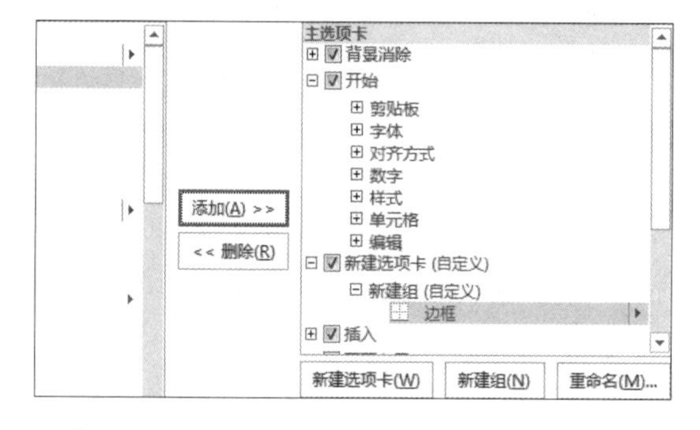

步骤04 添加命令

设置“从下列位置选择命令”为“常用命令”，然后在其下方的列表框中选择“边框”，最后单击“添加”按钮，如下图所示。

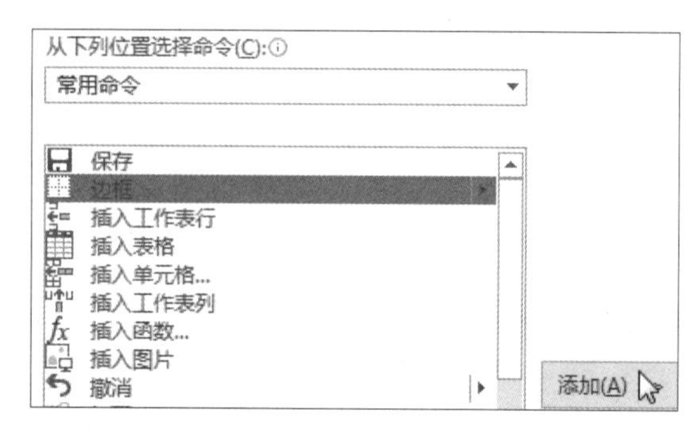

步骤06 重命名选项组

按步骤04的方法，再向组中添加命令“擦除边框”，然后选中“新建组（自定义）”，单击“重命名”按钮，如下图所示。

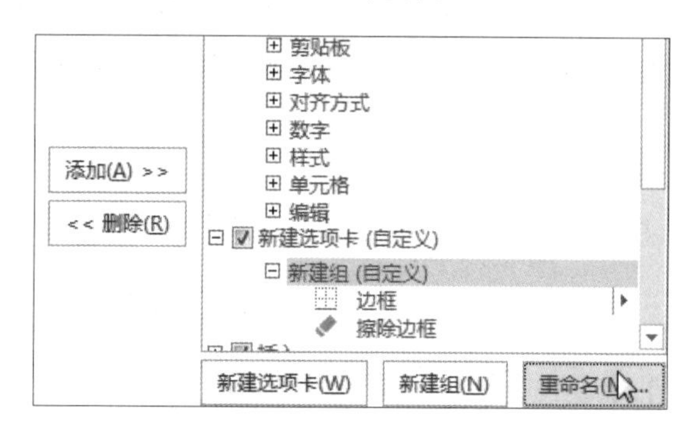

步骤07 设置显示名称

弹出“重命名”对话框，首先在“符号”列表框中选择合适的图标，然后在“显示名称”文本框中输入“边框”，最后单击“确定”按钮，如下左图所示。

步骤08 查看新建选项卡

返回“Excel 选项”对话框，单击“确定”按钮，返回到工作表中，单击“新建选项卡”标签，切换至该选项卡下，可看到功能区包含了“边框”组，且组中包含自定义添加的“边框”和“擦除边框”命令，如下右图所示。

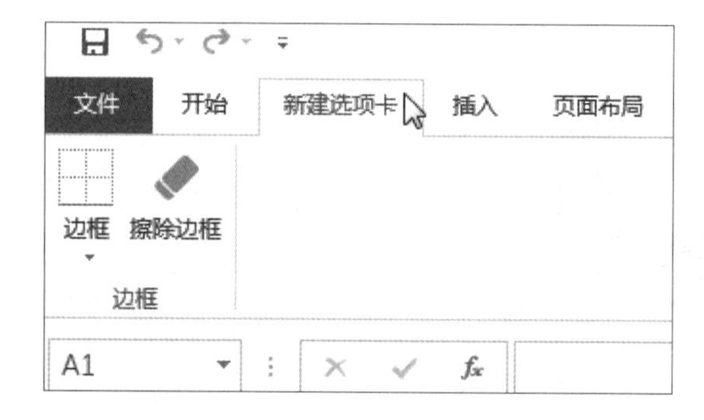

1.4.3 设置自动保存时间间隔

对正在编辑的文件进行定时保存是一个良好的习惯，可有效减少由突发情况引起的损失，如突然断电而未来得及保存文件。用户可自定义文件自动保存的时间间隔，在 Excel 和 PPT 中设置的方法都一样，所以下面以 Excel 为例介绍具体步骤。

步骤01　单击“选项”命令

启动 Excel，单击“文件”按钮，在弹出的菜单中单击“选项”命令，如下左图所示。

步骤02　输入时间间隔

弹出“Excel 选项”对话框，在左侧单击“保存”选项，在右侧的“保存工作簿”选项组中，首先勾选“保存自动恢复信息时间间隔”复选框，然后在其后的数值框中输入“10”，即设置为每 10 分钟保存一次，如下右图所示。最后单击“确定”按钮。

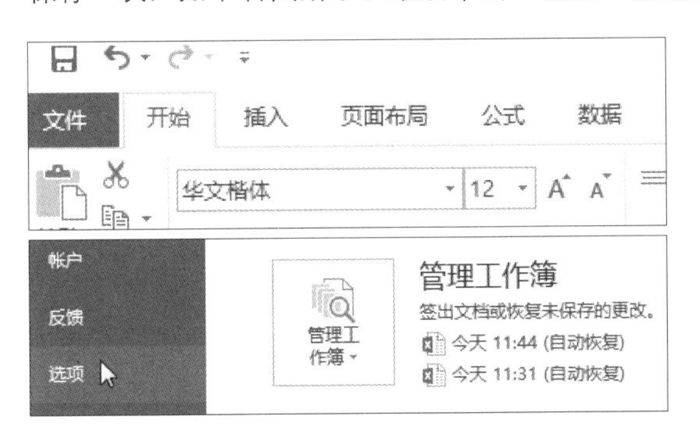

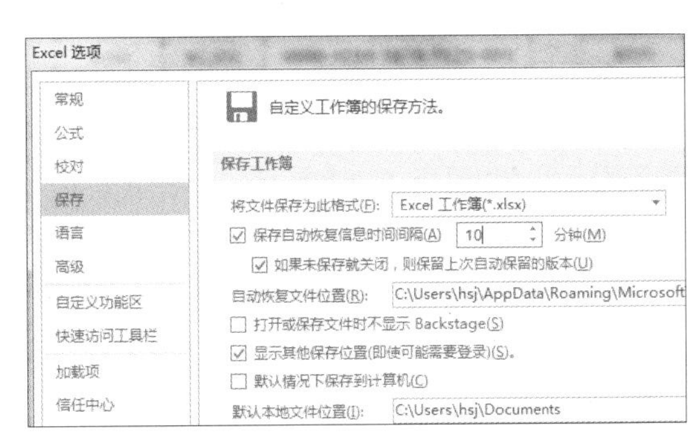

1.4.4 设置默认工作表数目

如果新建的 Excel 工作簿默认包含的工作表数量不能满足实际工作需要，可对这个数量进行自定义，具体操作如下。

步骤01　设置包含的工作表数目

启动 Excel，打开“Excel 选项”对话框，单击左侧的“常规”选项，在右侧“新建工作簿时”选项组中的“包含的工作表数”数值框中输入“5”，如下图所示。

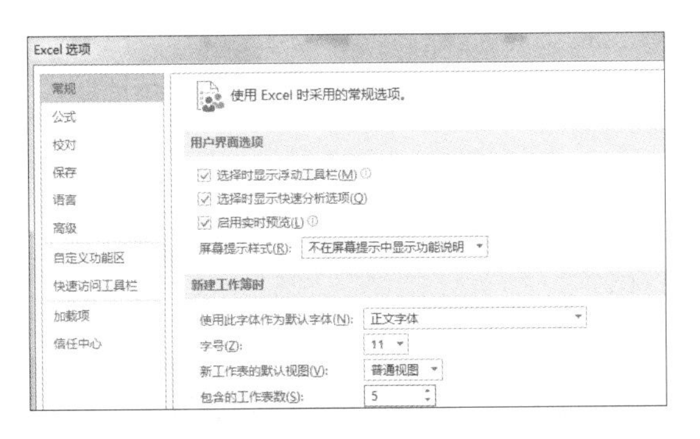

步骤02　新建工作簿

单击“确定”按钮后，返回 Excel 窗口，然后新建一个工作簿，此时可看到工作簿中默认包含 5 张工作表，如下图所示。

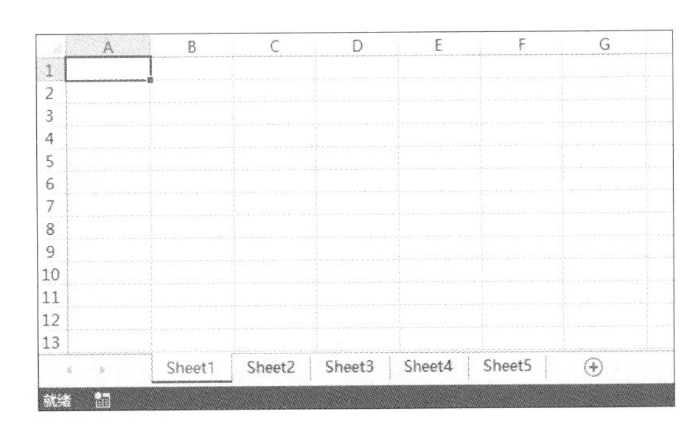

实例演练：设置符合工作需要的Excel工作环境

对 Excel 用户界面和其他参数适当进行一些设置，能更符合工作的实际需要，例如合理设置默认的工作表数目、把编辑时常用的工具添加至自定义选项卡下等。下面以设置一个个性化的 Excel 工作环境为例，巩固本章所学的知识。

步骤01 **在任务栏中启动Excel**

单击任务栏上的Excel程序图标，如下图所示。

步骤02 **新建空白工作簿**

在弹出的界面中单击“空白工作簿”模板，如下图所示。

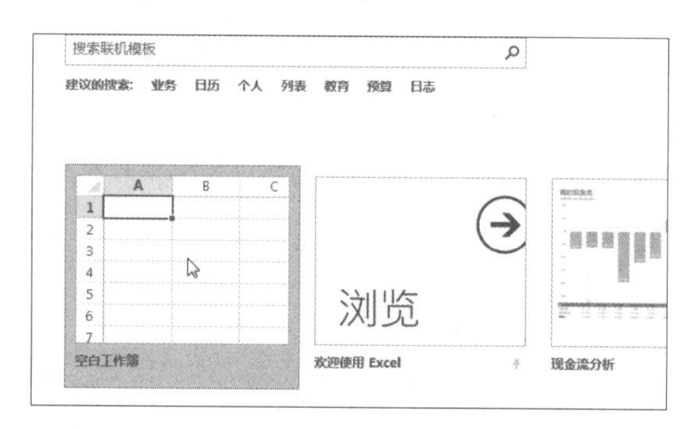

步骤03 **单击“选项”命令**

在新建的工作簿窗口中单击“文件”按钮，然后在弹出的菜单中单击“选项”命令，如下左图所示。

步骤04 **设置默认的工作表数目**

弹出“Excel 选项”对话框，在左侧列表框中选择“常规”选项，在右侧的“新建工作簿时”选项组中设置“包含的工作表数”为“5”，如下右图所示。设置后，再次新建工作簿时，将默认包含5张工作表。

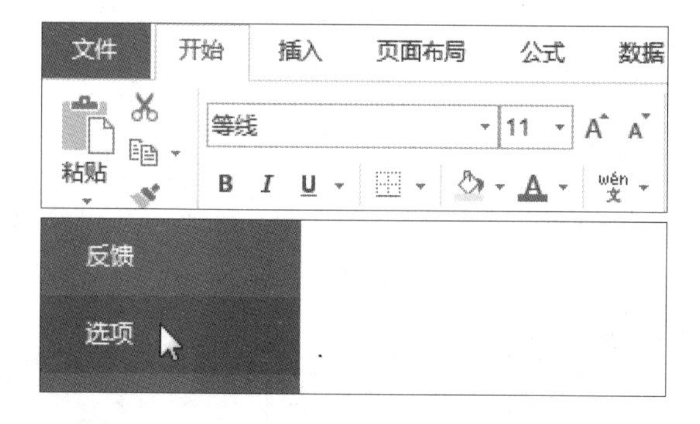

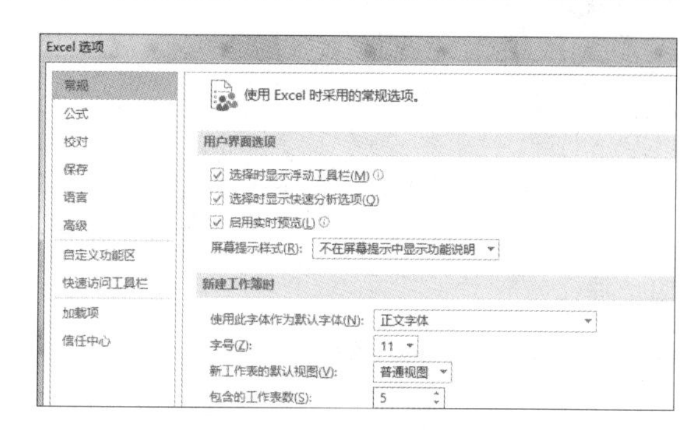

步骤05 **新建选项卡**

单击“Excel 选项”对话框左侧列表框中的“自定义功能区”选项，然后在右侧单击“新建选项卡”按钮，再选中“新建选项卡（自定义）”，单击“重命名”按钮，如下左图所示。

步骤06 **输入选项卡名称**

弹出“重命名”对话框，输入显示名称为“常用工具栏”，然后单击“确定”按钮，如下右图所示。

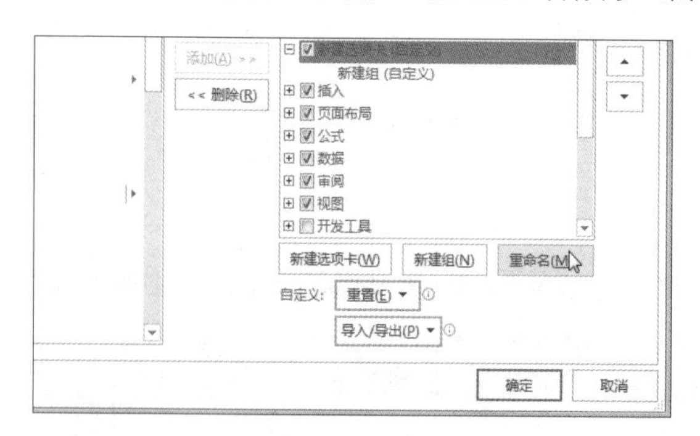

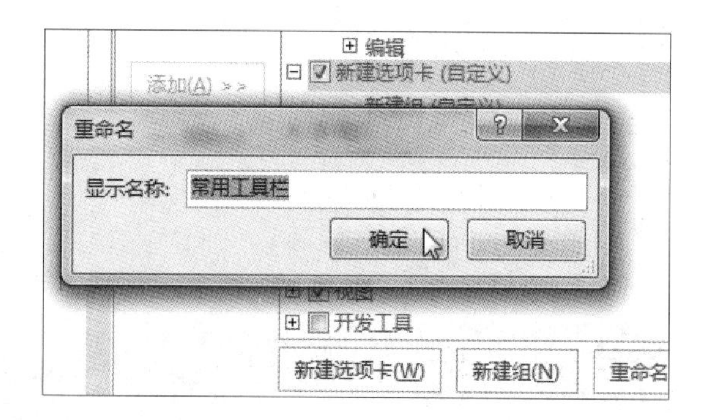

步骤07 **向“新建组”中添加命令**

在对话框中间的列表框中选择需要添加的命令，如选择“边框”，然后单击“添加”按钮，如下左图所示。

步骤08　确认设置

以相同方法向新建选项卡下的组中再添加“标注”“查看网格线”命令，然后单击“确定”按钮，如下右图所示。

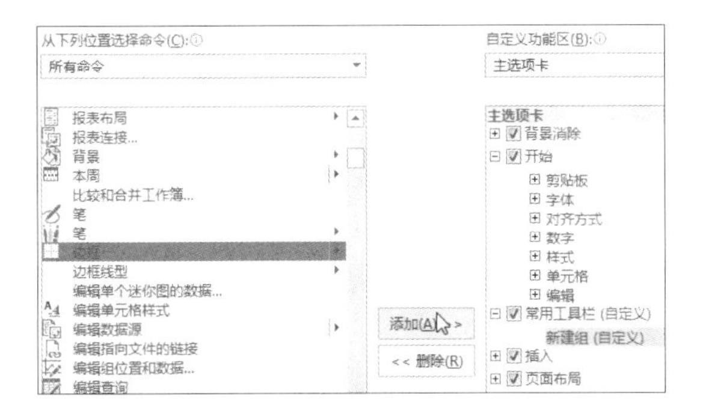

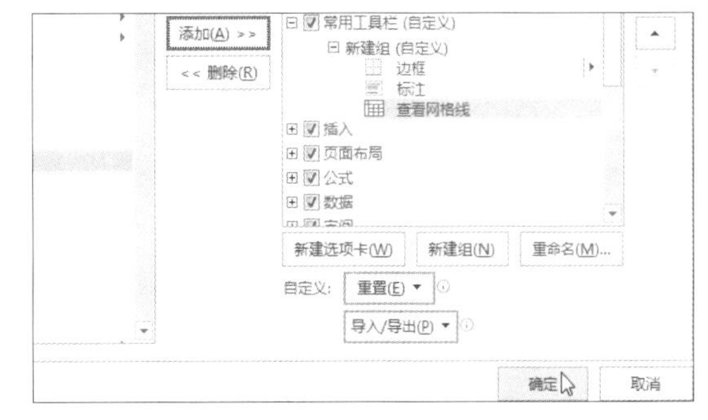

步骤09　更改账户主题

返回工作簿窗口，单击“文件”按钮，在弹出的菜单中单击“账户”命令，如下左图所示。

步骤10　选择Office主题

在展开的“账户”选项面板中单击“Office 主题”下三角按钮，在展开的下拉列表中单击“彩色”选项，如下右图所示。

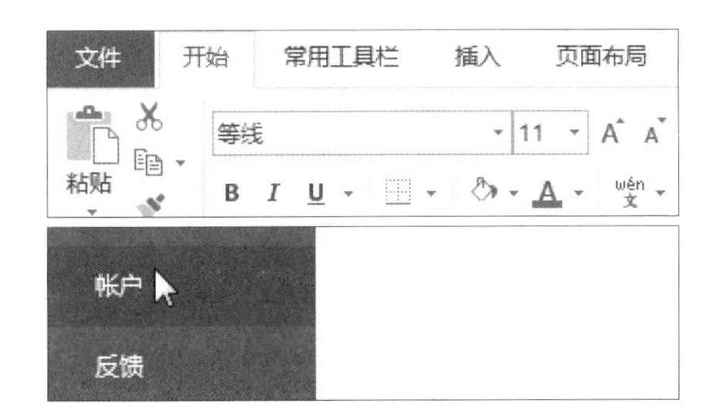

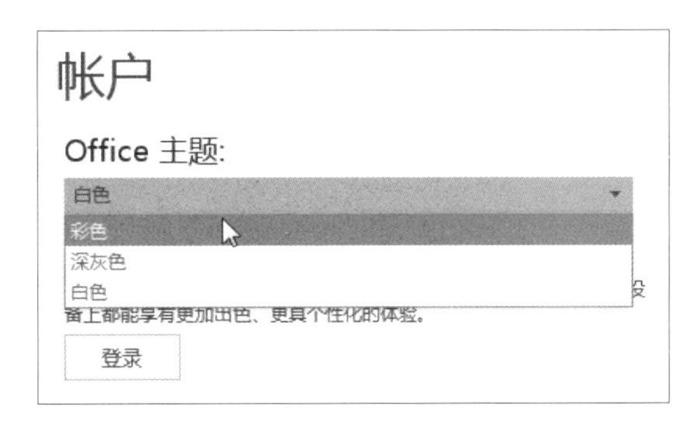

步骤11　调整视图大小

在工作簿右下角单击显示比例滑块，按住鼠标左键向左拖动滑块至合适比例值，如下左图所示。

步骤12　查看设置后的Excel窗口

释放鼠标左键后，此时的窗口主题颜色为彩色，且添加了“常用工具栏”选项卡，工作表中的单元格缩小显示，效果如下右图所示。

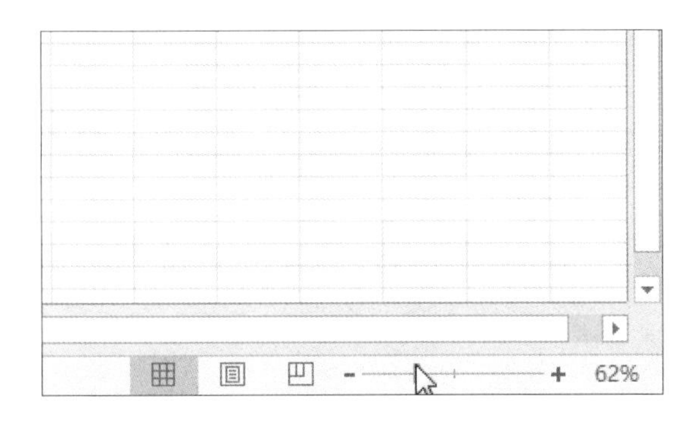

第2章 Excel 2016基本操作

使用 Excel 2016 可以制作出各式各样的电子表格，用来储存、整理、计算、分析数据。在使用 Excel 2016 之前，需要了解一些必要的基础知识，如工作簿、工作表和单元格的基本操作。本章将对工作簿的新建与打开、保存与另存和工作表、单元格的选择与重命名、移动与复制、插入与删除等知识进行讲解。

2.1 认识工作簿、工作表和单元格

工作簿、工作表和单元格是 Excel 中使用最频繁的 3 个术语，用户在使用 Excel 2016 之前，需要了解工作簿、工作表及单元格三者的概念以及它们之间的关系。

工作簿就是 Excel 文件。在默认情况下，启动 Excel 2016 后创建的第 1 个工作簿默认名称为“工作簿 1”，此后新建的工作簿将以“工作簿 2”“工作簿 3”依次命名，如下左图所示为创建的“工作簿 1”工作簿。

工作表是 Excel 窗口中由许多横竖线条交叉组成的表格，用于存储和处理数据，其中包含排列成行和列的单元格，其名称显示在工作表标签上。例如新建工作簿中如果有 3 张工作表，则分别命名为“Sheet1” “Sheet2” “Sheet3”，如下右图所示。

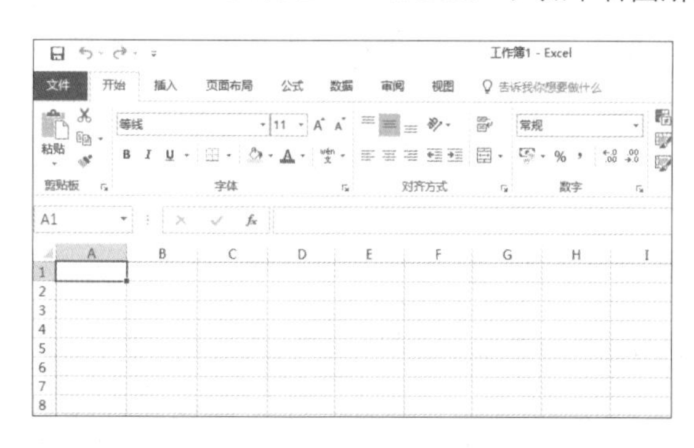

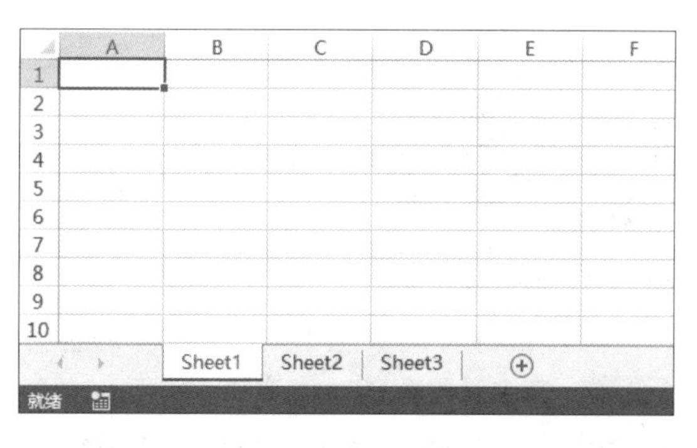

单元格是 Excel 中最基础的数据存储单位，它是用列标和行号来进行标记的，如工作表中最左上角的单元格名称为 A1，即表示该单元格位于 A 列 1 行。标示单元格区域时并不需要列出每个单元格，只需将该区域左上角的单元格名称和右下角的单元格名称列出来，中间用英文的冒号分隔即可，例如单元格区域 A3:C7。下左图中选中的为单元格 A1，下右图中选中的为单元格区域 A3:C7。

综上所述，可得到三者是包含与被包含的关系，结构图如下：

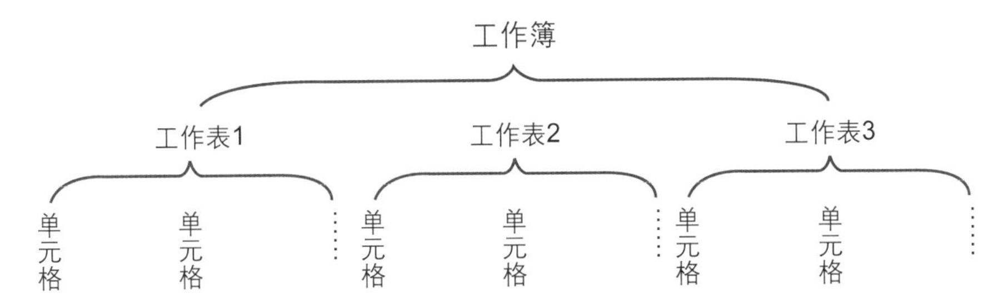

2.2 工作簿的基本操作

Excel 工作簿是工作表的集合。工作簿的基本操作包括新建、打开和保存 3 种，掌握这些操作是编辑工作簿的前提。

2.2.1　工作簿的新建与打开

在 Excel 中，用户既可以根据 Excel 提供的模板创建工作簿，也可创建空白工作簿。打开工作簿时，可以选择打开保存在计算机中的工作簿，也可以打开 OneDrive 中的工作簿。虽然工作簿的保存位置不同，但打开的方法是一样的。

1 启动Excel时新建工作簿

用户在启动 Excel 时，利用 Excel 模板创建工作簿，既省时省力，又美观实用。当然，用户也可以选择创建空白工作簿，然后对其格式进行自定义。

原始文件：无

最终文件：下载资源\实例文件\第2章\最终文件\空白工作簿.xlsx

步骤01　新建空白工作簿

启动 Excel 2016 组件，在“开始”界面中有空白工作簿及模板工作簿供用户选择，这里选择“空白工作簿”模板，如下左图所示。

步骤02　查看新建的空白工作簿

此时系统新建空白工作簿，默认名称为“工作簿 1”，如下右图所示。

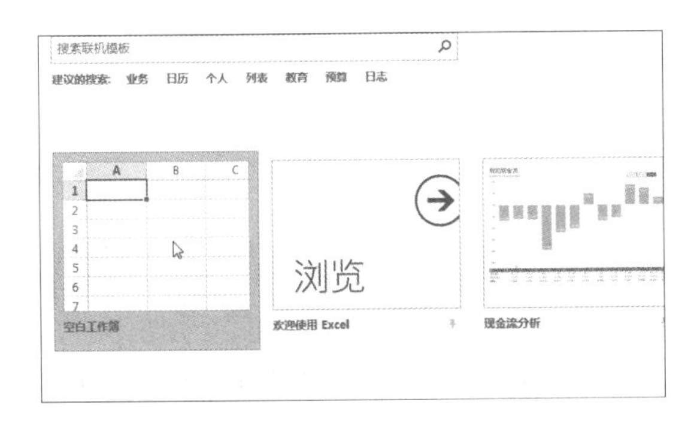

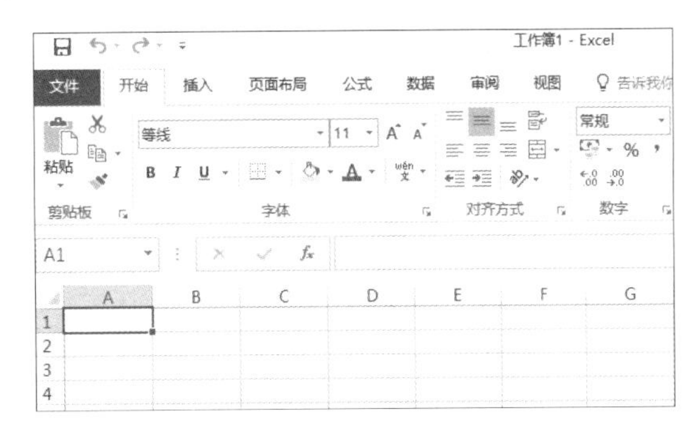

知识补充 **启动程序后直接创建空白工作簿**

启动Excel后，执行“文件>选项”命令，在弹出的“Excel选项”对话框中“常规”选项卡下的“启动选项”选项组中取消勾选“此应用程序启动时显示开始屏幕”复选框，此后启动Excel将直接新建一空白工作簿。

2 编辑时新建工作簿

若用户已经启动 Excel，要再新建工作簿，可首先单击“文件”按钮，然后在弹出的菜单中进行创建，具体操作步骤如下。

原始文件：无

最终文件：下载资源\实例文件\第2章\最终文件\客户联系人列表1.xlsx

步骤01 **单击“新建”命令**

启动Excel 2016组件，新建一个空白工作簿，再单击“文件”按钮，在弹出的菜单中单击“新建”命令，如下图所示。

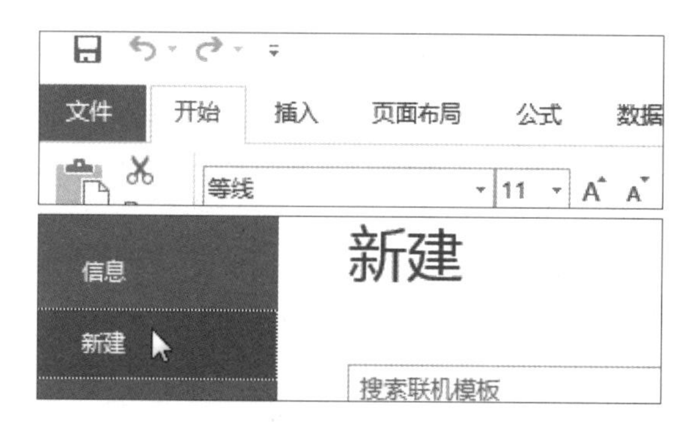

步骤02 **选择工作簿模板**

在展开的“新建”选项面板中，根据需要选择合适的模板，如选择“客户联系人列表”模板，如下图所示。当然，在此面板中也可以选择空白工作簿。

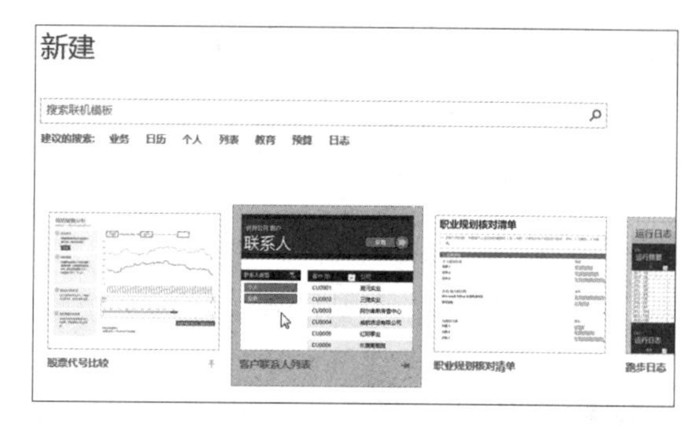

步骤03 **单击“创建”按钮**

弹出对话框，显示模板的预览效果，单击“创建”按钮，如下图所示。

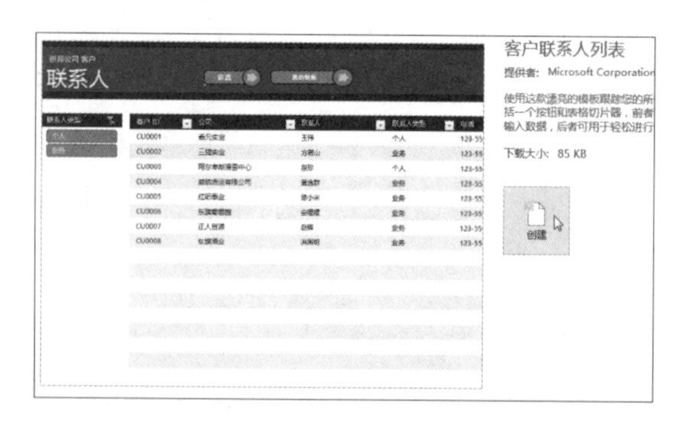

步骤04 **查看新建的工作簿**

此时可看到 Excel 根据所选模板创建了新的工作簿，默认名称为“客户联系人列表 1”，如下图所示。

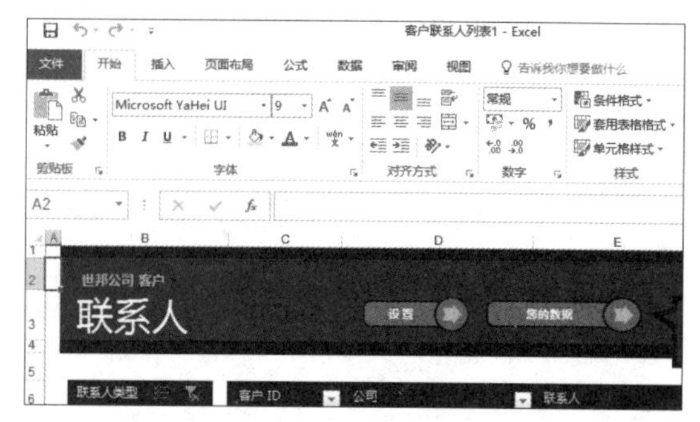

知识补充 **利用快捷键新建工作簿**

启动Excel 2016后，按下【Ctrl+N】组合键也可新建一个空白工作簿。

3 打开工作簿

工作簿的打开方式有很多种，这里介绍两种常用的方法：一是双击 Excel 工作簿文件，二是在启动 Excel 组件后打开已有工作簿。用户还可以在已打开的工作簿中打开其他的工作簿，方法大同小异，下面着重介绍启动组件后打开工作簿的方法。

（1）双击Excel工作簿文件

打开工作簿最常用的方法就是找到工作簿保存的位置，然后双击文件图标即可打开，如右图所示。

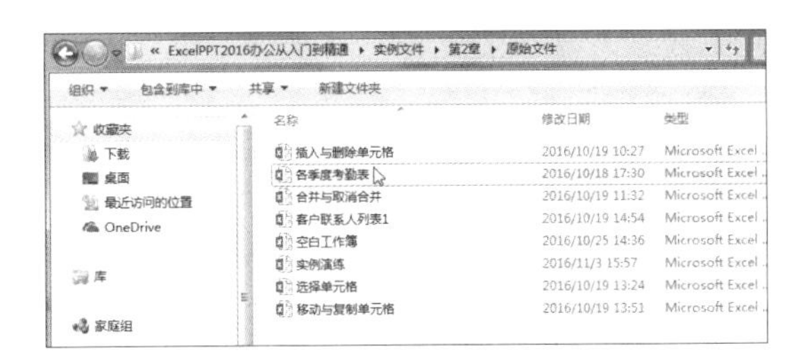

（2）启动Excel后打开

启动 Excel 2016 后，直接单击“最近使用的文档”下的工作簿名称即可打开相应工作簿，若要打开保存在其他位置的工作簿，则单击“打开其他工作簿”命令，具体操作如下。

步骤01　启动Excel 2016

启动 Excel 2016 组件，单击“开始”选项面板的“打开其他工作簿”命令，如下图所示。

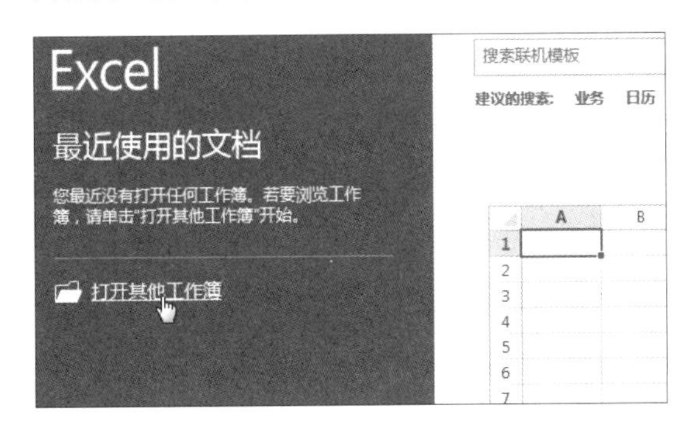

步骤02　单击“浏览”按钮

在弹出的视图菜单中自动切换至“打开”面板，单击右侧的“浏览”按钮，如下图所示。

步骤03　选择要打开的工作簿

弹出“打开”对话框，在地址栏中选择工作簿保存的位置，然后在列表框中选择要打开的工作簿，如“选择单元格.xlsx”，如右图所示。选定后，单击“打开”按钮即可。

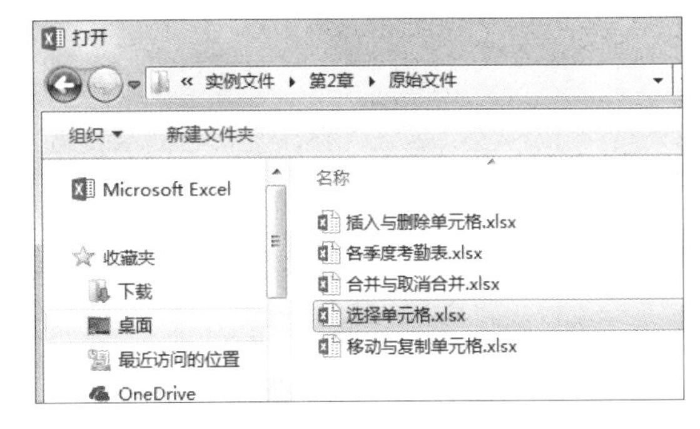

2.2.2　工作簿的保存与另存

为了防止正在编辑的工作簿因突发情况导致数据丢失，用户应该养成保存工作簿的良好习惯。既可直接单击“保存”按钮，使工作簿保存在原始位置或默认位置，也可设置“另存为”路径，将工作簿另存到其他位置。

1 保存工作簿

用户对打开的工作簿进行编辑后，直接单击“保存”按钮，就可以完成工作簿的保存操作。如果是首次保存，系统将弹出“另存为”选项面板，用户需设置其保存位置。

原始文件： 无

最终文件： 下载资源\实例文件\第2章\最终文件\保存工作簿.xlsx

步骤01 单击“保存”按钮

在任意打开的工作簿中，单击快速访问工具栏中的“保存”按钮，如下图所示，此时工作簿将自动保存至原来的位置。

步骤02 单击“浏览”按钮

如果是第一次保存工作簿，单击“保存”按钮后会自动切换至“另存为”选项面板下，单击“浏览”按钮，如下图所示。

步骤03 选择保存位置

弹出“另存为”对话框，在地址栏中选择工作簿的保存位置，然后在“文件名”文本框中输入工作簿名称，如输入“保存工作簿”，确认“保存类型”为“Excel 工作簿（*.xlsx）”，如下左图所示，单击“保存”按钮即可完成工作簿的保存。

步骤04 查看保存的工作簿

找到工作簿保存的路径，可看到保存在该文件夹下的所有工作簿，如下右图所示。

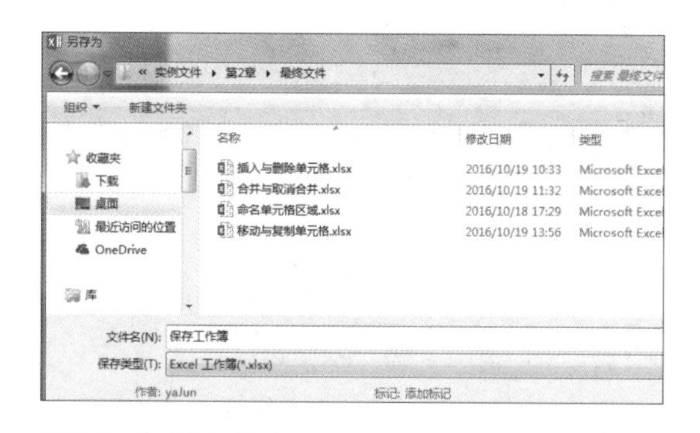

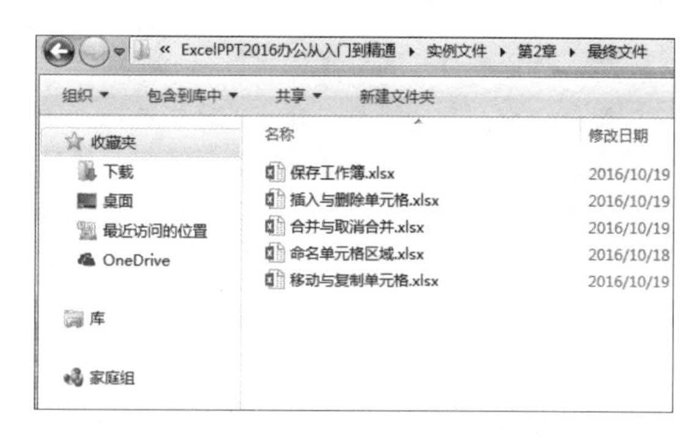

知识补充 工作簿的默认保存类型

在保存Excel工作簿时，默认情况下，文档的保存格式为“*.xlsx”。用户也可以重新选择保存类型，如希望文档能够被包括Excel 2003在内的更多软件使用，可将文档的保存格式更改为“Excel 97-2003工作簿（*.xls）”，如右图所示。

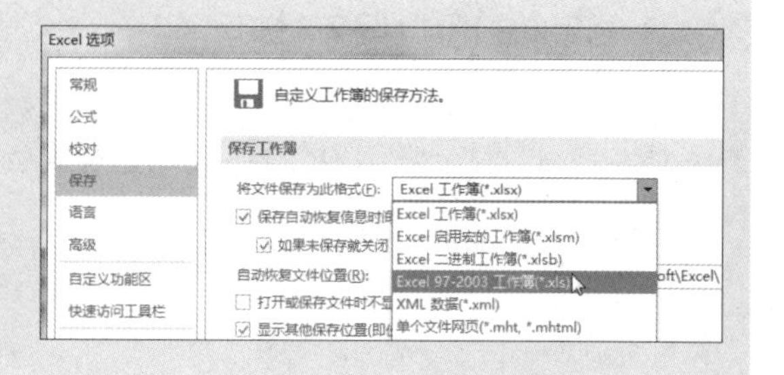

2 另存工作簿

若对工作簿进行编辑后，不想让其覆盖之前的工作簿，可对工作簿进行另存。单击“文件”按钮，在弹出的菜单中单击“另存为”命令，如右图所示，将展开“另存为”选项面板，接下来的操作和第一次保存工作簿时的步骤相同。

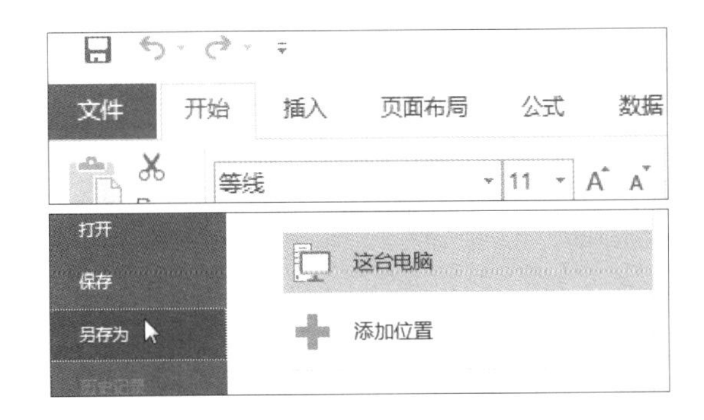

2.3 工作表的基本操作

工作表的基本操作包括选择工作表、重命名工作表、移动与复制工作表、插入与删除工作表、为工作表标签添加颜色等，本节将介绍具体的操作步骤。

2.3.1　选择工作表

启动 Excel 2016 后，无论是对工作表进行重命名、删除、复制和移动等操作，还是对表中的数据进行编辑，首先都需要选择相应的工作表。下面介绍 4 种选择工作表的方式，具体操作如下。

1 选择单个工作表

移动鼠标指针至需要选择的工作表标签上并单击，即可选中该工作表，如下左图所示。

2 选择相邻的几个工作表

选择第一个工作表标签后按住【Shift】键，再单击要选择的最后一个工作表标签，即可选择相邻的工作表。如选择“Sheet1”工作表后，按下【Shift】键再单击“Sheet3”工作表标签，即可选中“Sheet1”～“Sheet3”工作表，如下右图所示。

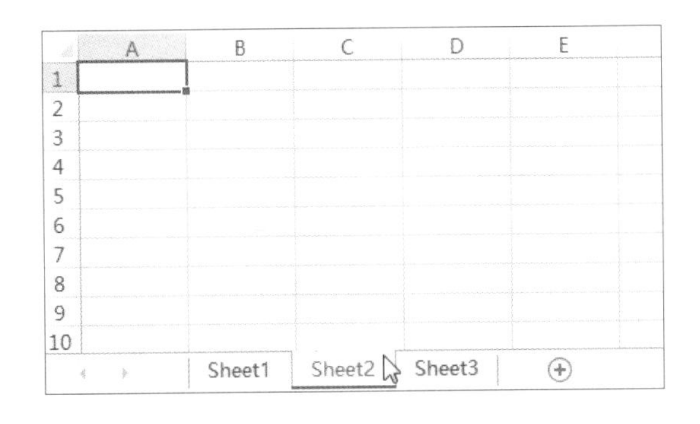

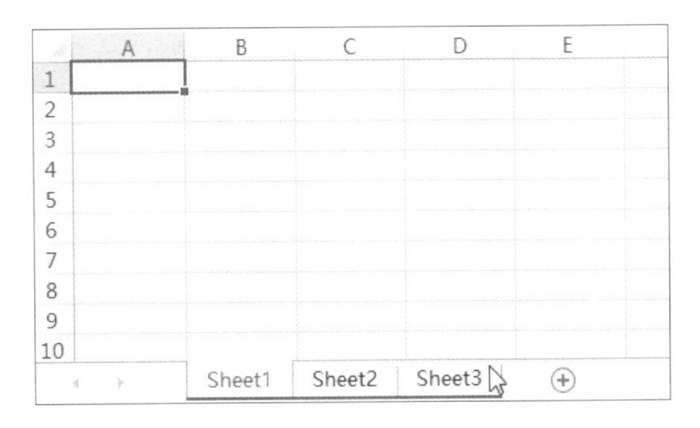

3 选择不相邻的工作表

选择第一个工作表标签后按住【Ctrl】键，再单击其他不相邻的工作表标签，即可选择不相邻的工作表。如下左图所示为选择 Sheet1 和 Sheet3 两张不相邻的工作表。

4 选择工作簿中的全部工作表

在任意一个工作表标签上右击，如右击“Sheet1”工作表标签，从弹出的快捷菜单中单击“选定全部工作表”命令，即可选择工作簿中的全部工作表，如下右图所示。

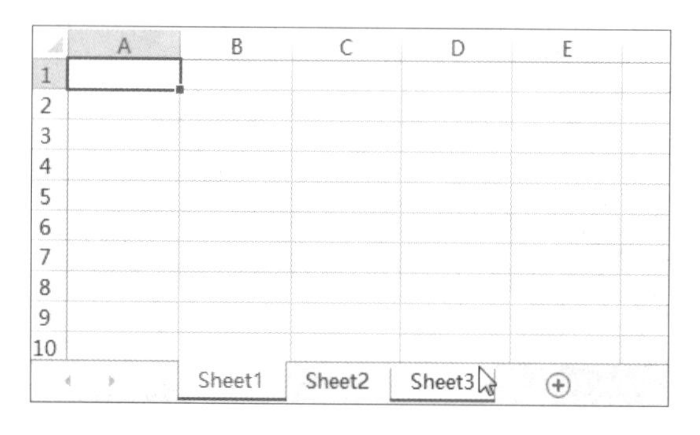

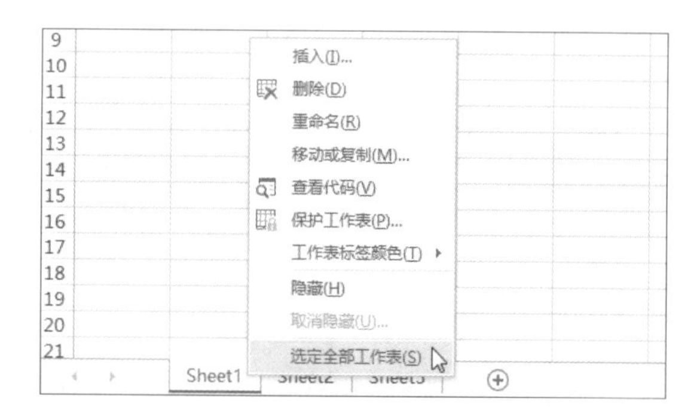

2.3.2 重命名工作表

在包含多张工作表的工作簿中，通过重命名工作表，不仅可以直观地显示工作表中的数据内容，而且能方便以后查找数据和管理工作表。下面以将“Sheet1”工作表重命名为“员工签到记录表”工作表为例，讲解具体的操作步骤。

步骤01 单击“重命名”命令

启动 Excel，新建一个工作簿，右击“Sheet1”工作表标签，从弹出的快捷菜单中单击“重命名”命令，如下左图所示。

步骤02 工作表标签呈可编辑状态

此时“Sheet1”工作表标签呈灰色可编辑状态，如下中图所示。

步骤03 输入新的工作表名称

输入新的工作表名称“员工签到记录表”，然后按下【Enter】键确认输入即可，如下右图所示。

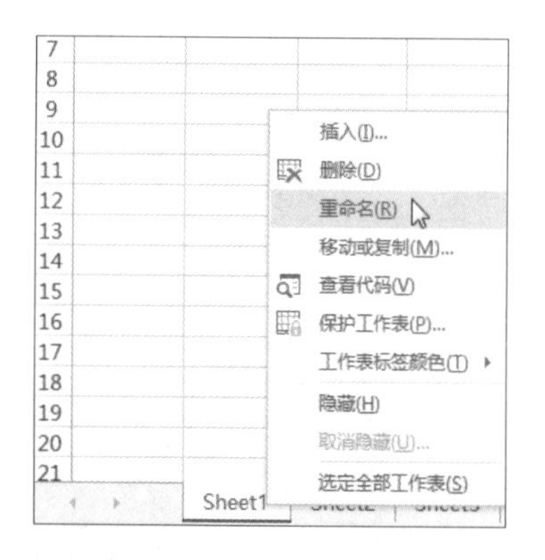

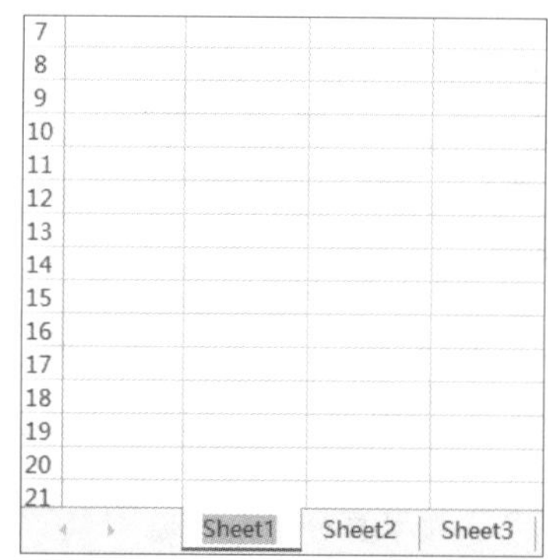

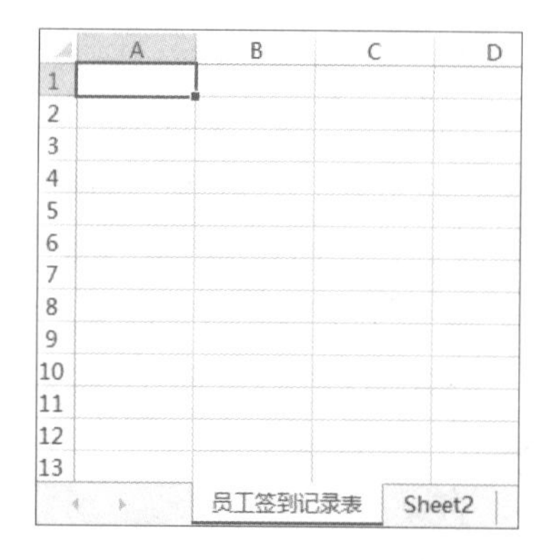

知识补充 双击工作表标签重命名工作表

双击要重命名的工作表标签，同样可以使其呈可编辑状态，再输入新名称即可。

2.3.3 移动与复制工作表

在制作含有多张工作表的工作簿时，如果需要调整工作表的顺序，可以通过移动工作表的操作来实现。当需要多张相同的工作表时，可以通过复制工作表的操作来实现。移动和复制工作表是调用数据表格时避免重复输入的常用手段，具体操作如下。

1 在同一工作簿中移动和复制工作表

在同一工作簿中移动和复制工作表的方法很简单，可直接使用鼠标拖动工作表到目标位置，操作步骤如下。

步骤01　拖动工作表标签

新建空白工作簿，在需要移动的工作表标签上单击并按住鼠标左键不放，此时鼠标指针变成形状，同时出现黑色小三角形图标（帮助准确定位目标位置），拖动鼠标，如下左图所示。

步骤02　移动工作表的结果

拖动鼠标至目标位置后释放鼠标左键，此时，“Sheet1”工作表被移至“Sheet2”工作表之后，如下右图所示。

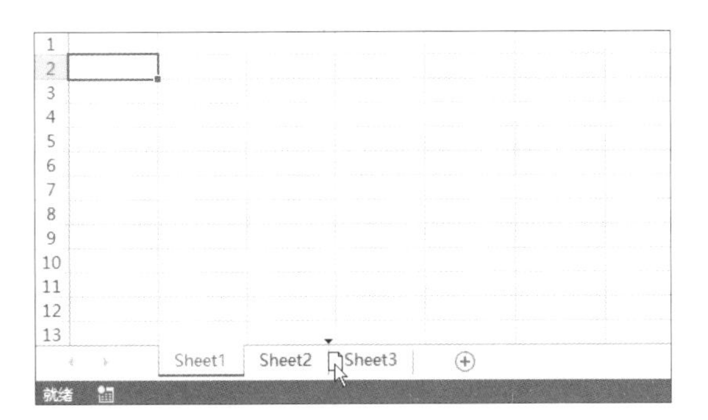

步骤03　复制工作表

首先按住【Ctrl】键，然后在需要复制的工作表标签上单击并按住鼠标左键不放，待鼠标指针变成形状时拖动鼠标，如下图所示。

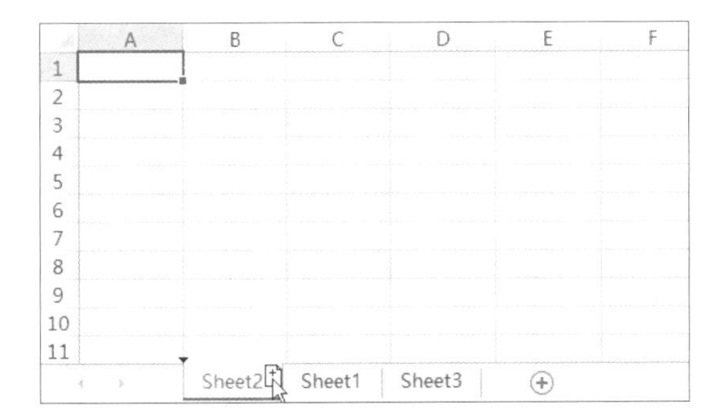

步骤04　复制工作表的结果

拖曳至目标位置后释放鼠标左键，如下图所示，此时复制得到的“Sheet2（2）”工作表出现在“Sheet3”工作表前。

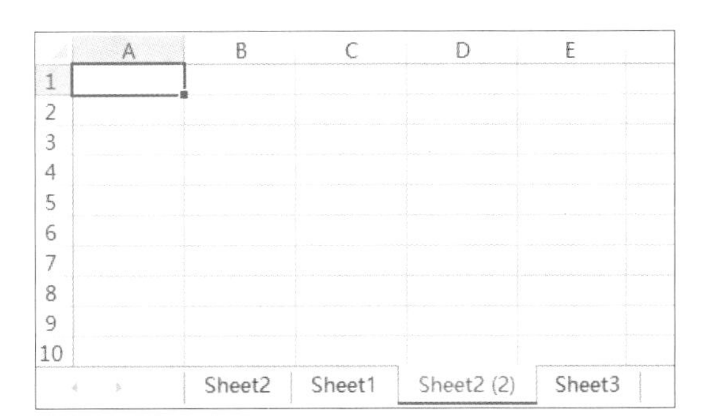

2 在不同工作簿之间移动和复制工作表

要想在不同工作簿之间移动和复制工作表，需要先打开这些工作簿，操作步骤如下。

原始文件： 下载资源\实例文件\第2章\原始文件\工作量统计.xlsx、工作簿1.xlsx
最终文件： 下载资源\实例文件\第2章\最终文件\工作簿1.xlsx

步骤01　单击“移动或复制”命令

打开两个原始文件，在“工作量统计 .xlsx”工作簿中右击需要移动或复制到其他工作簿的工作表标签，例如右击“10 月工作量统计”工作表标签，在弹出的快捷菜单中单击“移动或复制”命令，如下左图所示。

步骤02　选择要移动或复制到的工作簿

弹出“移动或复制工作表”对话框，从“将选定工作表移至工作簿”下拉列表中选择要移至的工作簿，这里选择“工作簿 1”，如下右图所示。

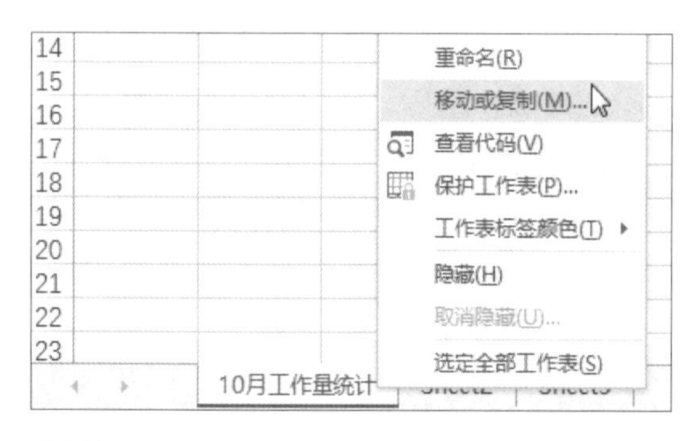

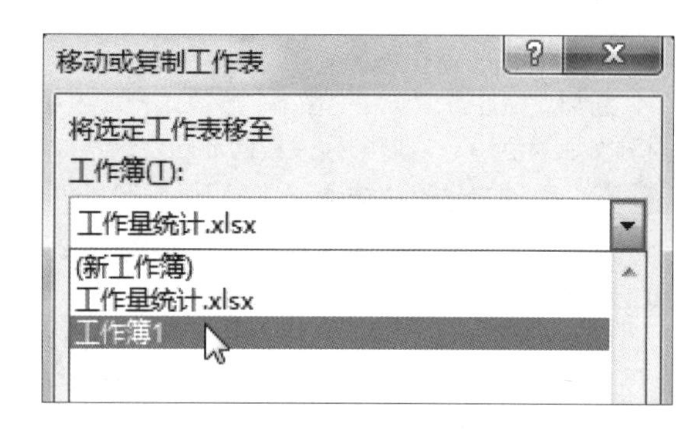

步骤03　选择工作表移动的位置

在“下列选定工作表之前”列表框中选择要将选定工作表移至哪个工作表之前，例如选择“Sheet2”工作表。若需要复制而不是移动工作表，则勾选“建立副本”复选框，然后单击“确定”按钮，如下图所示。

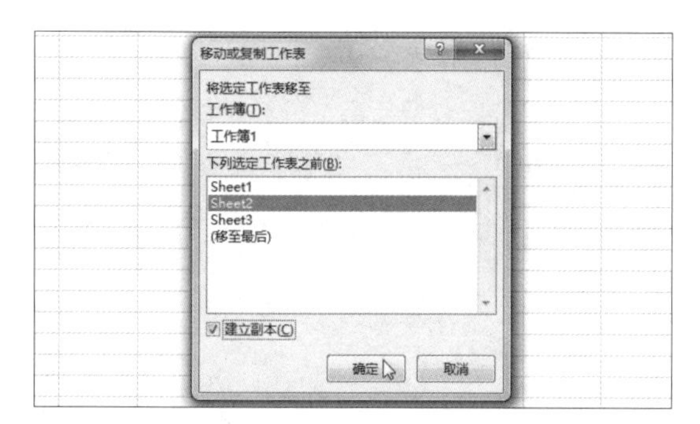

步骤04　查看操作结果

切换至“工作簿 1.xlsx”中，可以看到“10月工作量统计”工作表出现在了该工作簿的“Sheet2”工作表之前，如下图所示。

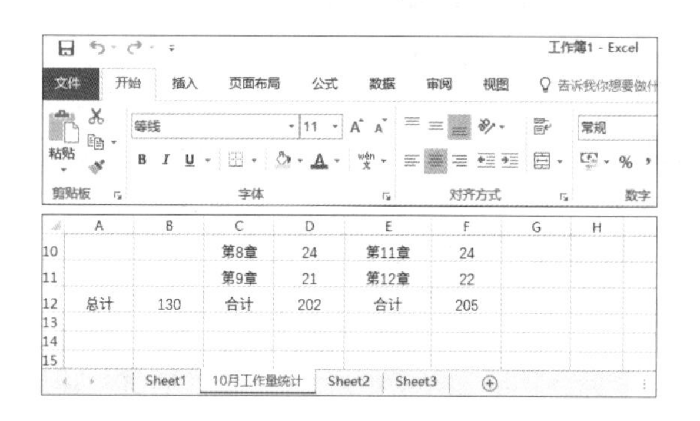

知识补充　系统自动重命名名称相同的工作表

将一个工作表移动到另一个工作簿时，若该工作簿中有名称相同的工作表，系统将自动为被移动的工作表重命名。

2.3.4　插入与删除工作表

工作簿中默认的工作表数量常常不能满足用户的实际需求，这时就需要在工作簿中插入更多的工作表，而多余的工作表则可以删除。

1　插入工作表

步骤01　单击“新工作表”按钮

打开一个空白的工作簿，首先选中“Sheet1”工作表标签，然后单击标签区域的“新工作表”按钮，如下左图所示。

步骤02　显示插入的工作表

此时在选中的“Sheet1”工作表后插入了一个新的空白工作表“Sheet4”，如下右图所示。

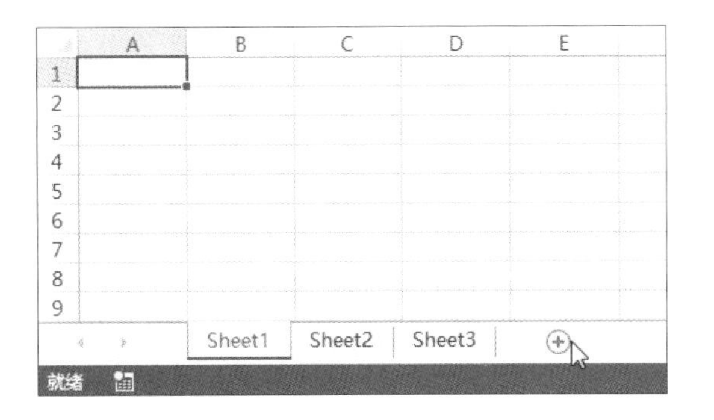

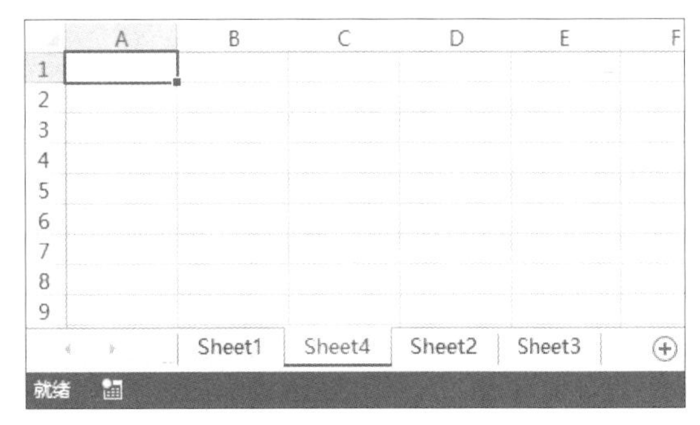

知识补充　插入模板工作表的方法

如果用户需要插入特殊类型的工作表，可以右击任意一个工作表标签，在弹出的快捷菜单中单击“插入”命令，然后在弹出的“插入”对话框中选择需要的模板工作表，再单击“确定”按钮，即可在右击的工作表后面插入所选的模板工作表。

2 删除工作表

删除工作表的方法很简单，利用快捷菜单中的命令即可完成。如要删除“Sheet4”工作表，右击“Sheet4”工作表标签，从弹出的快捷菜单中单击“删除”命令，如右图所示，“Sheet4”工作表即被删除。

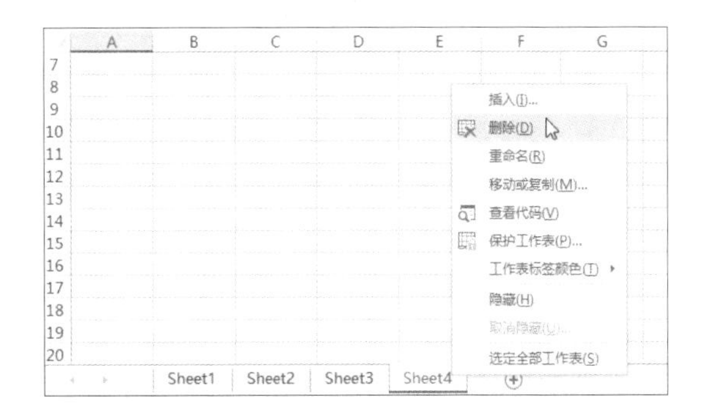

知识补充　删除包含数据的工作表

若删除的工作表中有数据存在，系统将自动弹出如右图所示的提示框，提示“Microsoft Excel将永久删除此工作表。是否继续？”，单击“删除”按钮即可删除该工作表，单击“取消”按钮则返回到原工作表中。

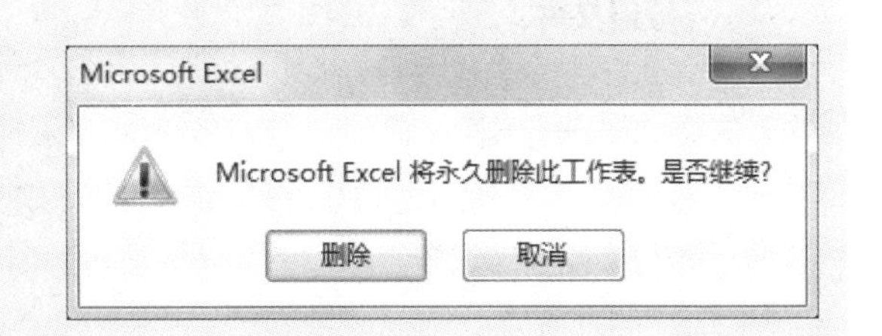

2.3.5　给工作表标签添加颜色

一般情况下，工作表标签的颜色为程序默认的颜色。如果用户想要对工作表进行区分，可以更改标签颜色，具体操作如下。

步骤01　更改工作表标签颜色

首先新建工作簿或打开已有的工作簿，右击需要更改颜色的工作表标签，如右击“Sheet1”工作表标签，在弹出的快捷菜单中单击“工作表标签颜色”命令，接着在展开的颜色库中选择“红色”，此时可预览工作表标签颜色的变化，如下左图所示。

步骤02　查看更改颜色后的工作表标签

用同样的方法将其他两个工作表标签的颜色分别更改为黄色和绿色，最终效果如下右图所示。

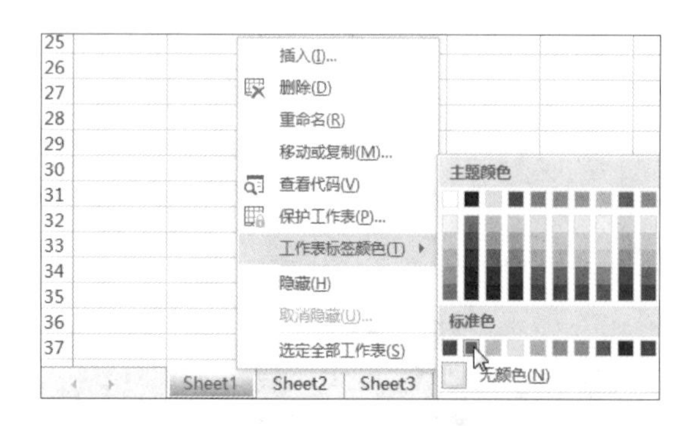

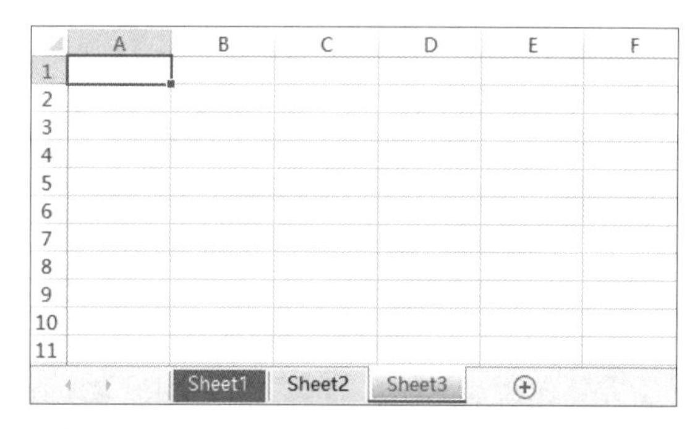

2.4 单元格的基本操作

单元格是 Excel 工作簿中最小的单位，工作簿中所有数据的编辑操作都是在单元格中进行的，掌握单元格的基本操作必不可少。下面将介绍单元格的选择与命名、移动与复制、插入与删除等。

2.4.1 选择与命名单元格

选择单元格是单元格操作中最基本的一种，只有选中单元格，才能进行移动、复制、插入、删除等操作。命名单元格可以方便在之后的数据处理过程中对单元格进行引用。

1 选择单元格

在 Excel 中，选择单元格可分为选择单个单元格、选择单元格区域、选择行或列、选择不连续的单元格区域以及选择不同工作表中的相同区域 5 种情况。

原始文件： 下载资源\实例文件\第2章\原始文件\选择单元格.xlsx
最终文件： 无

（1）选择单个单元格

打开原始文件，将鼠标指针移至要选择的单元格上，待鼠标指针变成✥形状时，单击鼠标左键即可选择该单元格，如下左图所示。

（2）选择单元格区域

首先选择要选中范围内左上角的单元格，然后按住鼠标左键不放，拖动至要选择范围内右下角的单元格，然后释放鼠标，即可选择拖动过程中经过的所有单元格，如下右图所示。

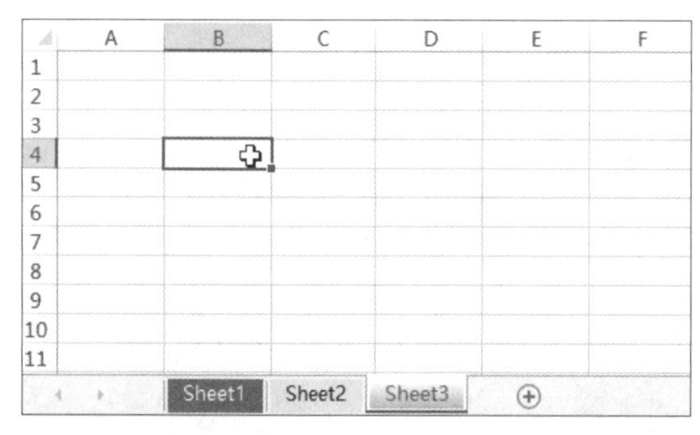

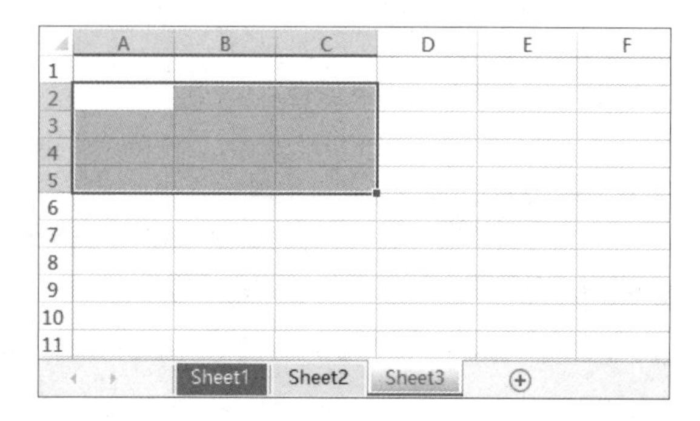

（3）选择行或列

将鼠标指针移至需选择行或列的行号或列标上，当鼠标指针变成➡或⬇形状时，单击鼠标左键即可选择该行或该列的所有单元格，下左图所示为选择整列单元格，下右图所示为选择整行单元格。

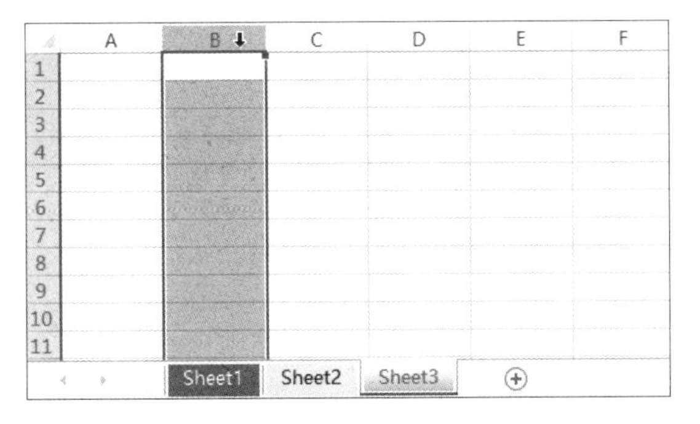

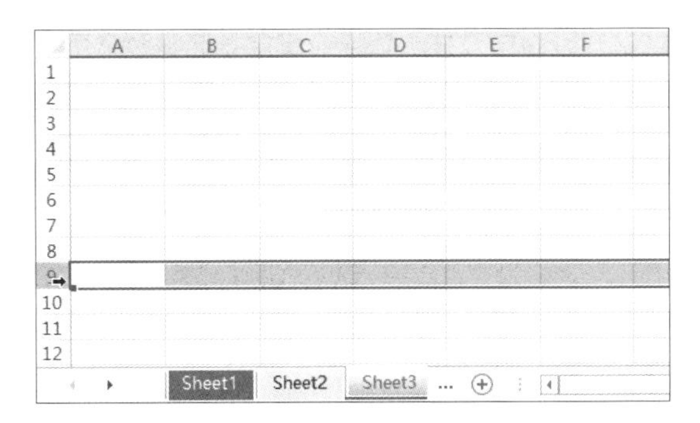

（4）选择不连续的单元格或单元格区域

按住【Ctrl】键不放，依次单击要选择的单元格或单元格区域，如右图所示为选择的不连续的单元格和单元格区域。

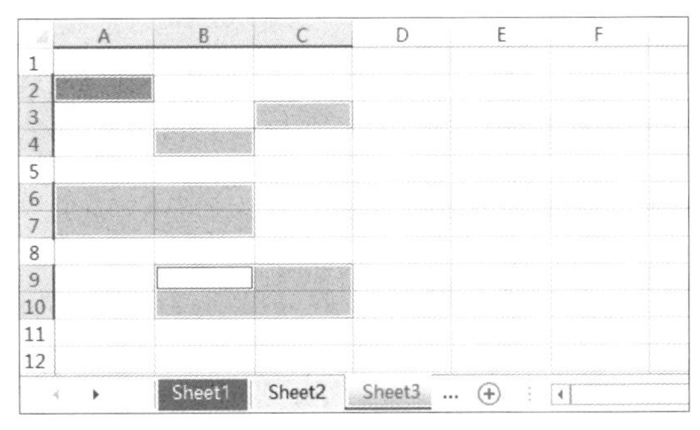

（5）选择不同工作表中的相同单元格区域

首先按住【Ctrl】键，然后同时选择多个工作表，例如同时选中“Sheet1”“Sheet2”“Sheet3”工作表，在其中一个工作表中选择需要的单元格区域，例如选择“Sheet1”工作表中的单元格区域A1:A5，如下左图所示。切换至任意一个选中的工作表，例如切换至“Sheet3”工作表中，可以看到系统自动选择了单元格区域A1:A5，如下右图所示。

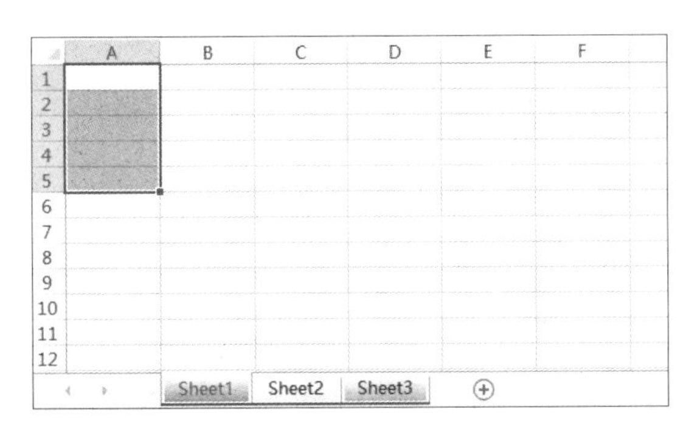

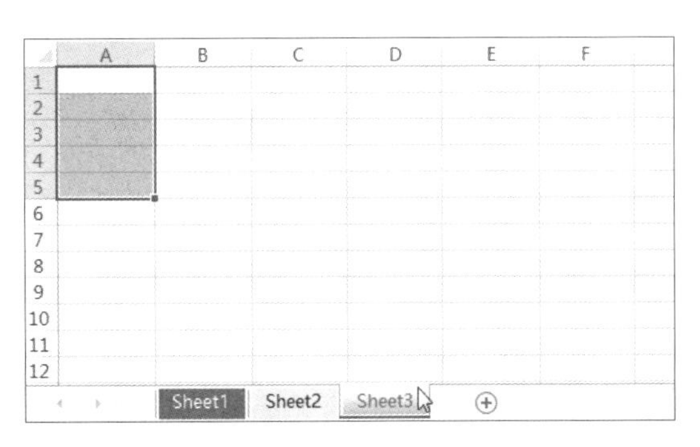

知识补充　选择全部单元格

要想选择工作表中的全部单元格，只需单击工作表左上角行和列交叉处的三角按钮即可，如右图所示。

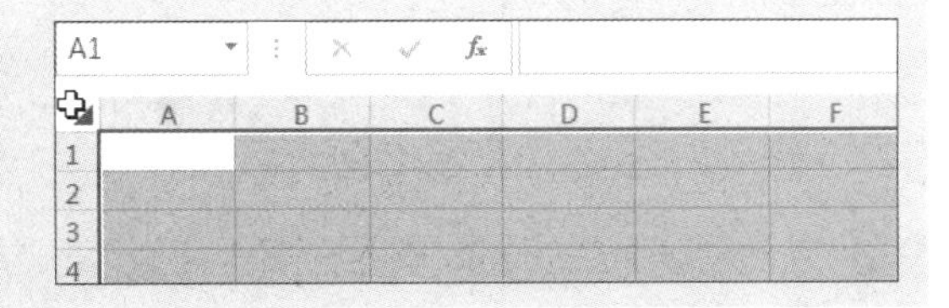

2 命名单元格

原始文件：下载资源\实例文件\第2章\原始文件\各季度考勤表.xlsx

最终文件：下载资源\实例文件\第2章\最终文件\命名单元格区域.xlsx

（1）通过名称框命名单元格

打开原始文件，选择需重命名的单元格或单元格区域，如选择单元格区域B3:B13，接着在名称框中输入名称“姓名”，最后按下【Enter】键，如右图所示。

名称框：姓名　编辑栏：李海

各季度缺勤记录					
员工编号	员工姓名	第一季度缺勤	第二季度缺勤	第三季度缺勤	第四季度缺勤
000001	李海	1.5	2	0	1
000002	苏杨	0	0	0.5	0
000003	陈霞	1	2	3	2
000004	武海	2	3.2	1	3
000005	刘繁	2.4	2	0.4	4
000006	袁锦辉	0	2	1	0
000007	贺华	1	2	1	1.1
000008	钟兵	1	2	3	4
000009	丁芬	2	1	3	4
000010	程静	4	4	4	4
000011	刘健	3	3.3	2.3	3

（2）通过对话框命名单元格

步骤01　选择命名区域

首先在工作表中选择需要命名的单元格或单元格区域，这里选择单元格区域C3:F13，如下图所示。

各季度缺勤记录					
员工编号	员工姓名	第一季度缺勤	第二季度缺勤	第三季度缺勤	第四季度缺勤
000001	李海	1.5	2	0	1
000002	苏杨	0	0	0.5	0
000003	陈霞	1	2	3	2
000004	武海	2	3.2	1	3
000005	刘繁	2.4	2	0.4	4
000006	袁锦辉	0	2	1	0
000007	贺华	1	2	1	1.1
000008	钟兵	1	2	3	4
000009	丁芬	2	1	3	4
000010	程静	4	4	4	4
000011	刘健	3	3.3	2.3	3

步骤02　单击“定义名称”选项

切换至“公式”选项卡下，单击“定义的名称”组中“定义名称”右侧的下三角按钮，在展开的列表中选择“定义名称”选项，如下图所示。

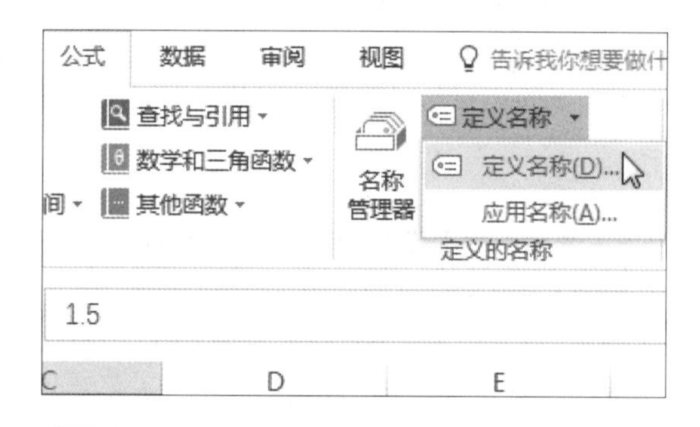

步骤03　设置区域名称

弹出“新建名称”对话框，在“名称”文本框中输入定义的名称，如“缺勤数据”，在“引用位置”文本框中自动添加了步骤01中选择的单元格区域，单击“确定”按钮，如下图所示。

步骤04　查看定义的名称

返回工作表中，选择定义了名称的单元格区域C3:F13，此时的名称框中显示了自定义的名称“缺勤数据”，如下图所示。

名称框：缺勤数据　编辑栏：15

各季度缺勤记录					
员工编号	员工姓名	第一季度缺勤	第二季度缺勤	第三季度缺勤	第四季度缺勤
000001	李海	1.5	2	0	1
000002	苏杨	0	0	0.5	0
000003	陈霞	1	2	3	2
000004	武海	2	3.2	1	3
000005	刘繁	2.4	2	0.4	4
000006	袁锦辉	0	2	1	0
000007	贺华	1	2	1	1.1
000008	钟兵	1	2	3	4
000009	丁芬	2	1	3	4
000010	程静	4	4	4	4
000011	刘健	3	3.3	2.3	3

2.4.2　移动与复制单元格

在编辑工作表时，要想快速输入相同的数据，可以利用鼠标移动或复制单元格内容。下面介绍具体的操作方法。

原始文件： 下载资源\实例文件\第2章\原始文件\移动与复制单元格.xlsx
最终文件： 下载资源\实例文件\第2章\最终文件\移动与复制单元格.xlsx

步骤01　选中需移动的单元格

打开原始文件，首先切换至“各季度缺勤记录”工作表中，然后选中要移动的单元格 A11，再将鼠标指针移至该单元格的边框线上，此时鼠标指针呈✥状，如下图所示。

	A	B	C	D	E
1	各季度缺勤记录				
2		员工姓名	第一季度缺勤	第二季度缺勤	第三季度缺勤
3	000001	李海	1.5	2	0
4	000002	苏杨	0	0	0.5
5	000003	陈霞	1	2	3
6	000004	武海	2	3.2	1
7	000005	刘繁	2.4	2	0.4
8	000006	袁锦辉	0	2	1
9	000007	贺华	1	2	1
10					
11	员工编号	某季度未缺勤的员工名单			
12					

各季度缺勤记录　Sheet1　Sheet2　Sheet3

步骤02　移动单元格

按住鼠标左键，将其移动至目标位置，这里移动至单元格 A2，如下图所示。

	A	B	C	D	E
1	各季度缺勤记录				
2		员工姓名	第一季度缺勤	第二季度缺勤	第三季度缺勤
3	000001	李海	1.5	2	0
4	000002	苏杨	0	0	0.5
5	000003	陈霞	1	2	3
6	000004	武海	2	3.2	1
7	000005	刘繁	2.4	2	0.4
8	000006	袁锦辉	0	2	1
9	000007	贺华	1	2	1
10					
11	员工编号	某季度未缺勤的员工名单			
12					

各季度缺勤记录　Sheet1　Sheet2　Sheet3

步骤03　查看移动后的效果

释放鼠标左键后，可看到单元格 A11 中的内容已经移动至单元格 A2 中，同时原单元格 A11 中的内容已经消失，如下图所示。

	A	B	C	D	E
1	各季度缺勤记录				
2	员工编号	员工姓名	第一季度缺勤	第二季度缺勤	第三季度缺勤
3	000001	李海	1.5	2	0
4	000002	苏杨	0	0	0.5
5	000003	陈霞	1	2	3
6	000004	武海	2	3.2	1
7	000005	刘繁	2.4	2	0.4
8	000006	袁锦辉	0	2	1
9	000007	贺华	1	2	1
10					
11		某季度未缺勤的员工名单			
12					

各季度缺勤记录　Sheet1　Sheet2　Sheet3

步骤04　复制单元格

首先选中需复制的单元格 B4，然后将鼠标指针移至该单元格的边框线处，同时按下【Ctrl】键，当鼠标指针呈⇖状时，按住鼠标左键不放，拖动鼠标至目标位置单元格 B12，如下图所示。

	A	B	C	D	E
1	各季度缺勤记录				
2	员工编号	员工姓名	第一季度缺勤	第二季度缺勤	第三季度缺勤
3	000001	李海	1.5	2	0
4	000002	苏杨	0	0	0.5
5	000003	陈霞	1	2	3
6	000004	武海	2	3.2	1
7	000005	刘繁	2.4	2	0.4
8	000006	袁锦辉	0	2	1
9	000007	贺华	1	2	1
10					
11		某季度未缺勤的员工名单			
12					
13	B12				

步骤05　查看复制后的效果

释放鼠标左键，可看到单元格 B4 中的内容被复制到了单元格 B12 中，如下图所示。

	A	B	C	D	E
1	各季度缺勤记录				
2	员工编号	员工姓名	第一季度缺勤	第二季度缺勤	第三季度缺勤
3	000001	李海	1.5	2	0
4	000002	苏杨	0	0	0.5
5	000003	陈霞	1	2	3
6	000004	武海	2	3.2	1
7	000005	刘繁	2.4	2	0.4
8	000006	袁锦辉	0	2	1
9	000007	贺华	1	2	1
10					
11		某季度未缺勤的员工名单			
12		苏杨			
13					

步骤06　复制其他单元格

将符合条件的单元格都复制到下方表格中，最终效果如下图所示。

	A	B	C	D	E
1	各季度缺勤记录				
2	员工编号	员工姓名	第一季度缺勤	第二季度缺勤	第三季度缺勤
3	000001	李海	1.5	2	0
4	000002	苏杨	0	0	0.5
5	000003	陈霞	1	2	3
6	000004	武海	2	3.2	1
7	000005	刘繁	2.4	2	0.4
8	000006	袁锦辉	0	2	1
9	000007	贺华	1	2	1
10					
11		某季度未缺勤的员工名单			
12		苏杨	李海	袁锦辉	
13					

2.4.3　插入与删除单元格

在制作工作表时，有时可能会需要插入或删除一些单元格。插入或删除单元格会引起周围单元格的变动，因此用户在执行插入和删除单元格的操作时，需要对周围单元格的移动方向进行设置。

原始文件：下载资源\实例文件\第2章\原始文件\插入与删除单元格.xlsx
最终文件：下载资源\实例文件\第2章\最终文件\插入与删除单元格.xlsx

步骤01 插入单元格

打开原始文件，可以看到员工编号栏顺序混乱，这时可以对数据进行排序，具体操作将在后面的章节中介绍，这里介绍在单元格A5上方插入单元格的方法。首先右击单元格A5，然后在弹出的快捷菜单中单击"插入"命令，如下图所示。

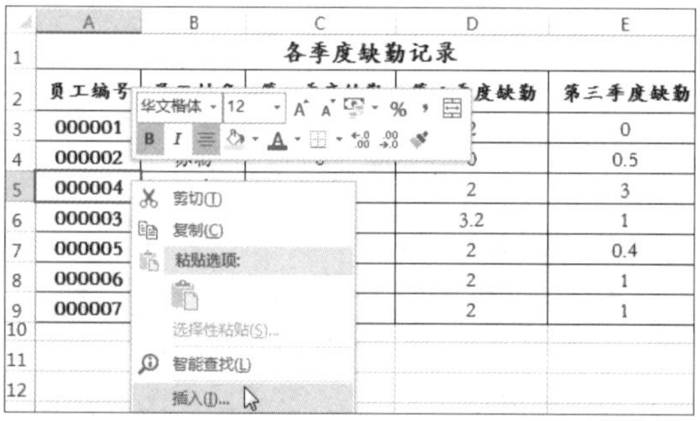

各季度缺勤记录

员工编号			第二季度缺勤	第三季度缺勤
000001			2	0
000002			0	0.5
000004			2	3
000003			3.2	1
000005			2	0.4
000006			2	1
000007			2	1

华文楷体 12
剪切(T)
复制(C)
粘贴选项:
选择性粘贴(S)...
智能查找(L)
插入(I)...

步骤02 选择活动单元格的移动方向

弹出"插入"对话框，其中有4个选项可供选择，这里单击"活动单元格下移"单选按钮，然后单击"确定"按钮，如下图所示。

各季度缺勤记录

员工编号	员工姓名	第一季度缺勤	第二季度缺勤	第三季度缺
000001			2	0
000002			0	0.5
000004			2	3
000003			3.2	1
000005			2	0.4
000006			2	1
000007			2	1

插入
插入
活动单元格右移(I)
活动单元格下移(D)
整行(R)
整列(C)
确定 取消

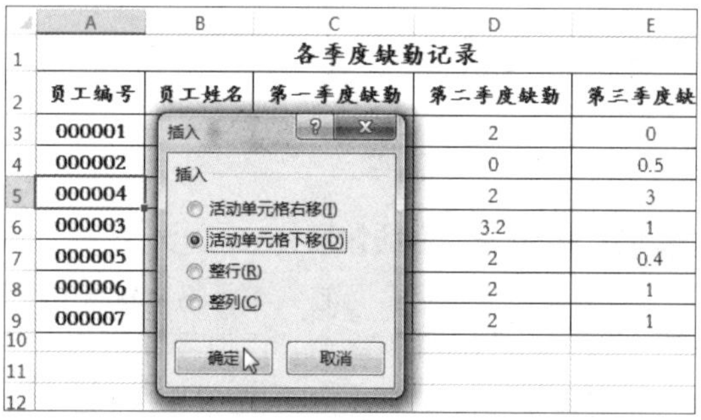

步骤03 移动单元格

此时原单元格A5及其下方单元格中的内容自动下移，然后将单元格A7的内容移动至单元格A5，如下图所示。

各季度缺勤记录

员工编号	员工姓名	第一季度缺勤	第二季度缺勤	第三季度缺
000001	李海	1.5	2	0
000002	苏杨	0	0	0.5
	陈霞	1	2	3
000004	武海	2	3.2	1
000003	刘繁	2.4	2	0.4
000005	袁锦辉	0	2	1
000006	贺华	1	2	1
000007				

步骤04 删除单元格

移动单元格后，发现单元格A7是多余的空白单元格，需要删除。首先右击单元格A7，然后在弹出的快捷菜单中单击"删除"命令，如下图所示。

员工编号	员工姓名	第一季度缺勤	第二季度缺勤	第三季度缺勤
000001	李海	1.5	2	0
000002			0	0.5
000003			2	3
000004			3.2	1
	刘繁	2.4	2	0.4
000005			2	1
000006			2	1
000007				

华文楷体 12
剪切(T)
复制(C)
粘贴选项:
选择性粘贴(S)...
智能查找(L)
插入(I)...
删除(D)...

步骤05 选择活动单元格的移动方向

弹出"删除"对话框，单击"下方单元格上移"单选按钮，然后单击"确定"按钮，如下图所示。

员工编号	员工姓名	第一季度缺勤	第二季度缺勤	第三季度缺
000001			2	0
000002			0	0.5
000003			2	3
000004			3.2	1
			2	0.4
000005			2	1
000006			2	1
000007				

删除
删除
右侧单元格左移(L)
下方单元格上移(U)
整行(R)
整列(C)
确定 取消

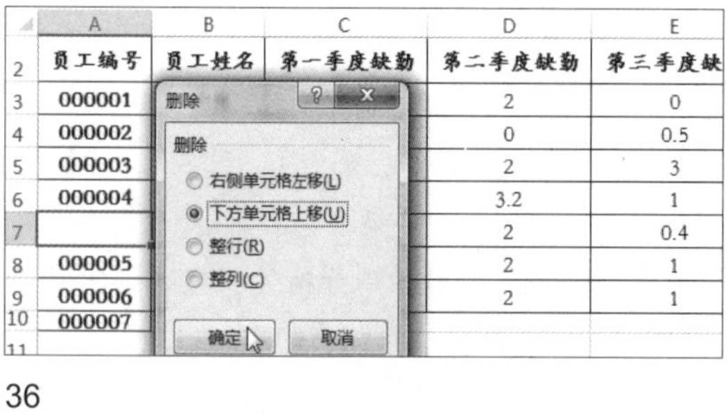

步骤06 查看插入与删除单元格后的效果

返回工作簿窗口，此时工作表中的单元格A8及其同列下方的单元格内容自动上移，A列员工编号依次排列，效果如下图所示。

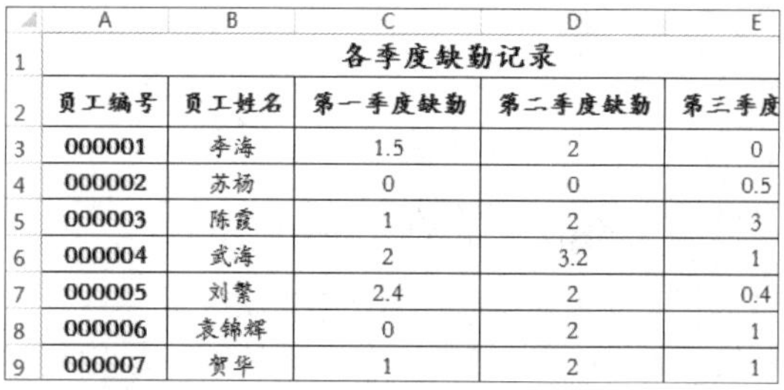

各季度缺勤记录

员工编号	员工姓名	第一季度缺勤	第二季度缺勤	第三季度
000001	李海	1.5	2	0
000002	苏杨	0	0	0.5
000003	陈霞	1	2	3
000004	武海	2	3.2	1
000005	刘繁	2.4	2	0.4
000006	袁锦辉	0	2	1
000007	贺华	1	2	1

2.4.4　合并单元格与取消合并

合并单元格是指将两个或两个以上的单元格合并为一个单元格，而取消合并则是将合并后的单元格拆分为未合并的状态。单元格的合并一般用于表格标题的编排，下面进行详细的介绍。

原始文件：下载资源\实例文件\第2章\原始文件\合并单元格与取消合并.xlsx
最终文件：下载资源\实例文件\第2章\最终文件\合并单元格与取消合并.xlsx

步骤01　选择需合并的单元格区域

打开原始文件，选择单元格区域 A1:E1，如下图所示。

各季度缺勤记录				
员工编号	员工姓名	第一季度缺勤	第二季度缺勤	第三季度缺勤
000001	李海	1.5	2	0
000002	苏杨	0	0	0.5
000003	陈霞	1	2	3
000004	武海	2	3.2	1
000005	刘繁	2.4	2	0.4
000006	袁锦辉	0	2	1
000007	贺华	1	2	1

步骤02　合并单元格

切换至“开始”选项卡，单击“对齐方式”组中“合并后居中”右侧的下三角按钮，在展开的列表中单击“合并后居中”选项，如下图所示。

步骤03　选中要取消合并的单元格

此时可看到单元格区域 A1:E1 自动合并为一个单元格。选择需要取消合并的单元格 E2，如下图所示。

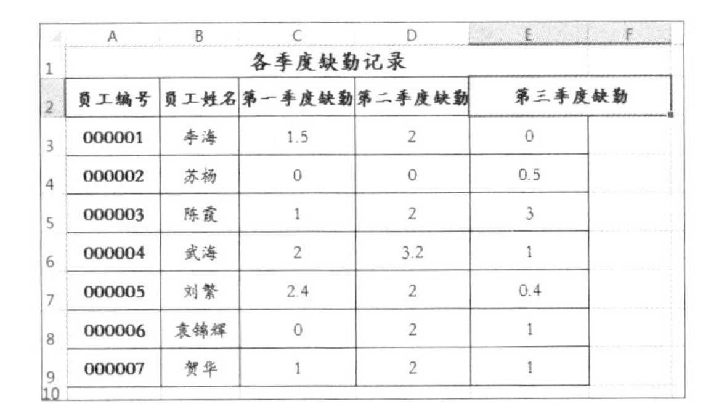

各季度缺勤记录				
员工编号	员工姓名	第一季度缺勤	第二季度缺勤	第三季度缺勤
000001	李海	1.5	2	0
000002	苏杨	0	0	0.5
000003	陈霞	1	2	3
000004	武海	2	3.2	1
000005	刘繁	2.4	2	0.4
000006	袁锦辉	0	2	1
000007	贺华	1	2	1

步骤04　取消单元格合并

切换至“开始”选项卡，单击“对齐方式”组中“合并后居中”右侧的下三角按钮，在展开的列表中选择“取消单元格合并”选项，如下图所示。

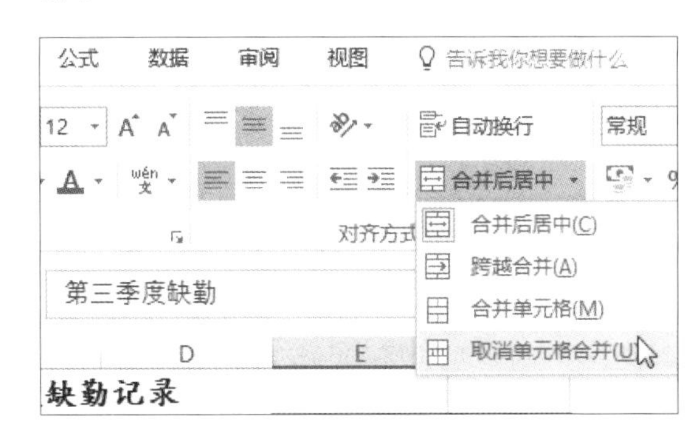

步骤05　查看效果

返回工作簿窗口，此时工作表中原单元格 E2 变成了两个单元格，如右图所示。

各季度缺勤记录				
员工编号	员工姓名	第一季度缺勤	第二季度缺勤	第三季度缺勤
000001	李海	1.5	2	0
000002	苏杨	0	0	0.5
000003	陈霞	1	2	3
000004	武海	2	3.2	1
000005	刘繁	2.4	2	0.4
000006	袁锦辉	0	2	1
000007	贺华	1	2	1

实例演练：制作缺勤记录表

通过本章的学习，读者已经掌握了工作簿、工作表和单元格的基本操作，为了巩固本章所学的知识点，下面以制作缺勤记录表为例，对本章知识进行综合运用。

原始文件：下载资源\实例文件\第2章\原始文件\实例演练.xlsx

最终文件：下载资源\实例文件\第2章\最终文件\实例演练.xlsx

步骤01 打开工作簿

首先找到原始文件的保存路径，然后双击需要打开的工作簿“实例演练.xlsx”，如下图所示。

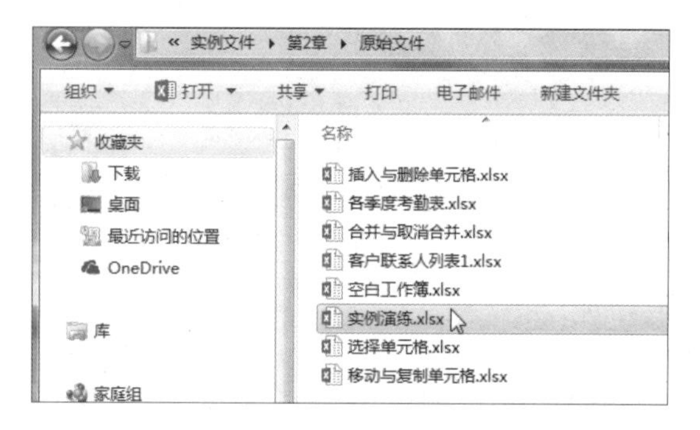

步骤02 切换至“Sheet1”工作表

打开工作簿后，单击“Sheet1”工作表标签，切换至“Sheet1”工作表，如下图所示。

	A	B	C	D	E	F
1	各季度缺勤记录					
2	员工编号	员工姓名	第一季度	第二季度	第三季度	
3	000001	李海	1.5	2	0	
4	000002	苏杨	0	0	0.5	
5	000003	陈霞	1	2	3	
6	000004	武海	2	3.2	1	
7	000005	刘繁	2.4	2	0.4	
8	000006	袁锦辉	0	2	1	
9	000007	贺华	1	2	1	
10						
11						

9月销售情况 | 11月销售情况 | 10月销售情况 | Sheet1

步骤03 重命名工作表

双击“Sheet1”工作表标签，输入“各季度缺勤记录”，然后按下【Enter】键即可完成重命名操作，如下图所示。

	A	B	C	D	E	F	G
1	各季度缺勤记录						
2	员工编号	员工姓名	第一季度	第二季度	第三季度		
3	000001	李海	1.5	2	0		
4	000002	苏杨	0	0	0.5		
5	000003	陈霞	1	2	3		
6	000004	武海	2	3.2	1		
7	000005	刘繁	2.4	2	0.4		
8	000006	袁锦辉	0	2	1		
9	000007	贺华	1	2	1		
10							
11							

9月销售情况 | 11月销售情况 | 10月销售情况 | 各季度缺勤记录

就绪

步骤04 给工作表标签添加颜色

右击“9月销售情况”工作表标签，在弹出的快捷菜单中指向“工作表标签颜色”，然后在展开的子列表中选择“红色”，如下图所示。

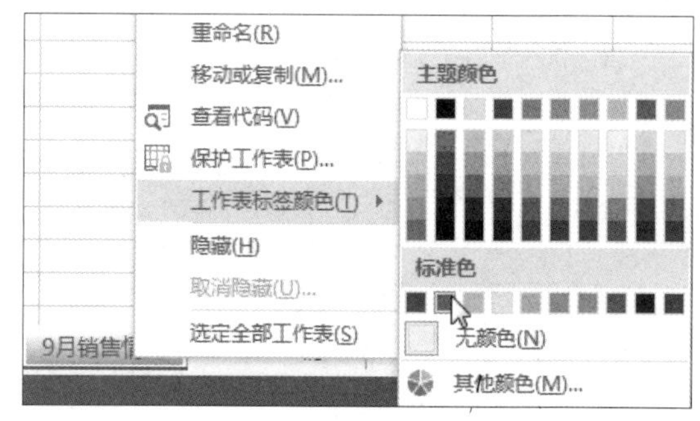

步骤05 更改其他工作表标签颜色

使用上述方法，为其他两个工作表标签添加颜色，效果如右图所示。

	A	B	C	D	E	F
1	员工编号	员工姓名	销售额（元）			
2	000001	李海	120438			
3	000002	苏杨	23984			
4	000003	陈霞	24738			
5	000004	武海	83785			
6	000005	刘繁	79595			
7	000006	袁锦辉	27853			
8	000007	贺华	287384			
9						
10						
11						
12						
13						

9月销售情况 | 11月销售情况 | 10月销售情况 | 各季度缺勤记录

步骤06　移动工作表

单击“11 月销售情况”工作表标签，按住鼠标左键不放，将其拖动至“9 月销售情况”工作表标签后面，如下图所示。

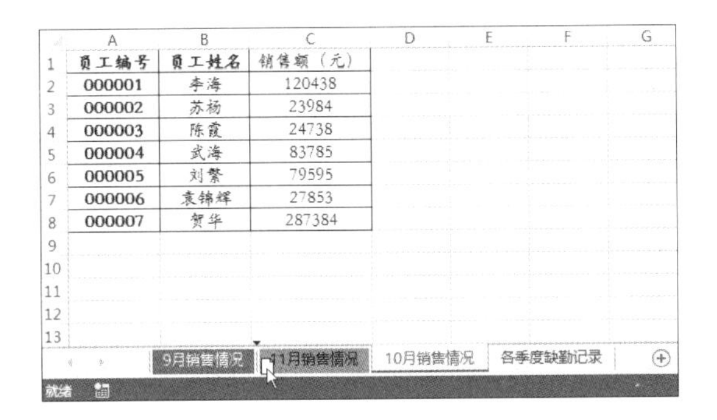

员工编号	员工姓名	销售额（元）
000001	李海	120438
000002	苏杨	23984
000003	陈霞	24738
000004	武海	83785
000005	刘繁	79595
000006	袁锦辉	27853
000007	贺华	287384

步骤07　选择单元格区域

释放鼠标左键后，工作表的顺序发生了改变。切换至“各季度缺勤记录”工作表，选中单元格区域 A1:E1，如下图所示。

各季度缺勤记录				
员工编号	员工姓名	第一季度	第二季度	第三季度
000001	李海	1.5	2	0
000002	苏杨	0	0	0.5
000003	陈霞	1	2	3
000004	武海	2	3.2	1
000005	刘繁	2.4	2	0.4
000006	袁锦辉	0	2	1
000007	贺华	1	2	1

9月销售情况　10月销售情况　11月销售情况　各季度缺勤记录

步骤08　单击“合并后居中”按钮

单击“开始”选项卡下“对齐方式”组中的“合并后居中”按钮，如下图所示。

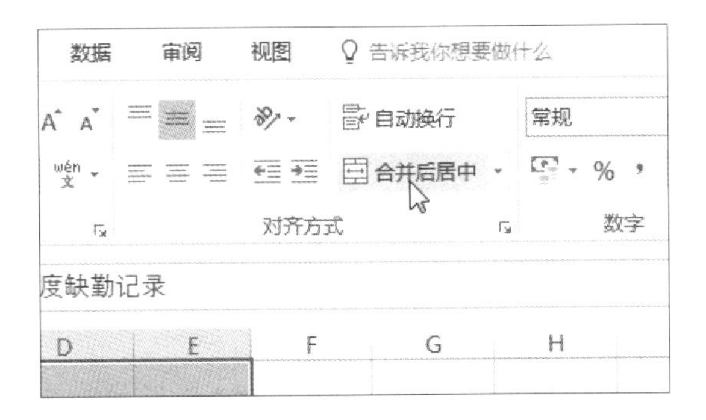

步骤09　查看合并后居中的效果

此时选中的单元格区域被合并，其中的内容居中显示，效果如下图所示。

各季度缺勤记录				
员工编号	员工姓名	第一季度	第二季度	第三季度
000001	李海	1.5	2	0
000002	苏杨	0	0	0.5
000003	陈霞	1	2	3
000004	武海	2	3.2	1
000005	刘繁	2.4	2	0.4
000006	袁锦辉	0	2	1
000007	贺华	1	2	1

步骤10　另存工作簿

单击“文件”按钮，在弹出的菜单中执行“另存为 > 浏览”命令，如下图所示。

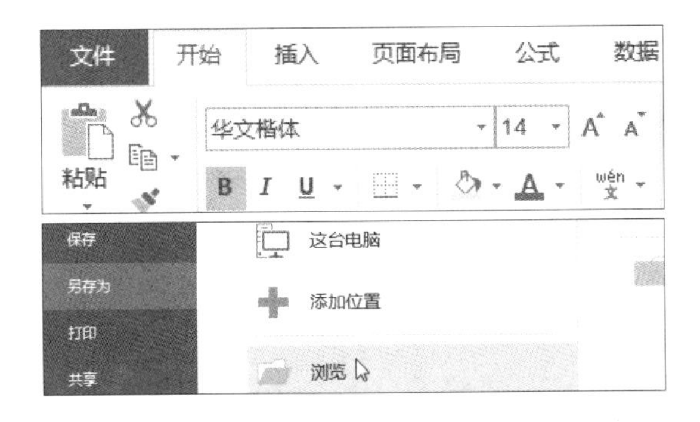

步骤11　选择保存位置

弹出“另存为”对话框，在地址栏中选择工作簿的保存位置，可看到“文件名”文本框中自动填充了现有的文件名称，保持默认文件名称不变，如下图所示，单击“保存”按钮。

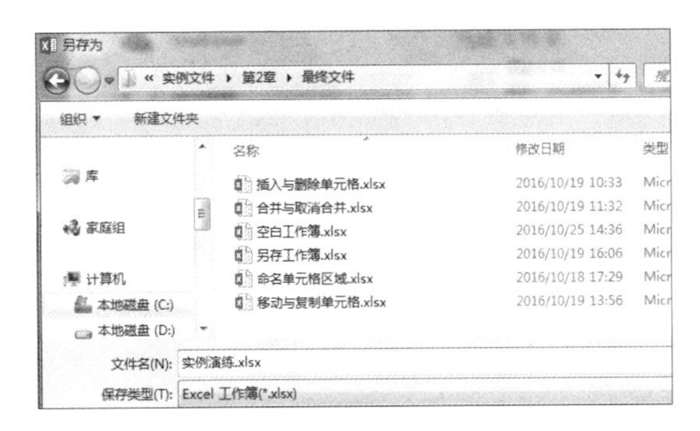

第3章 数据的输入与美化

在使用 Excel 2016 创建电子表格时，常常需要输入各种类型的数据，如文本、符号、日期和数值等，不同的数据类型有不同的显示方式，所以掌握基本数据类型的输入方法十分必要。另外，对单元格中的数据进行格式化可让表格更整洁，为数据表格添加适当的样式可让表格更美观。

3.1 基础数据的输入

用户可在 Excel 表格中输入多种类型的数据，如文本、数字、日期等。本节主要介绍文本型数据和时间、日期的输入方法。为节省时间、简化工作，用户还可利用自动填充功能输入数据。

3.1.1 输入文本型数据

在 Excel 中，文本型数据包括字符型数据和数字型数据。其中，字符型数据包含字母或汉字组成的文本，数字型数据指数字组成的文本。

原始文件：下载资源\实例文件\第3章\原始文件\销售报表.xlsx
最终文件：下载资源\实例文件\第3章\最终文件\销售报表.xlsx

步骤01 切换至中文输入法

打开原始文件，选中单元格 A1，然后切换至中文输入法，如下图所示。

A1

	A	B	C	D	E
1					
2	家电	产品编号	2013年	2014年	2015年
3	彩电	sy720	¥25,845	¥58,472	¥333,330
4	冰箱	hd551	¥666,523	¥363,365	¥369,842
5	洗衣机		¥26,845	¥58,764	¥125,876
6	柜子	sw134	¥125,875	¥258,697	¥698,754
7					

CH 中

步骤02 输入文本

输入标题“近三年销售报表”，然后按下【Enter】键，单元格 A1 返回输入的文本，效果如下图所示。

A1 近三年销售报表

	A	B	C	D	E
1	近三年销售报表				
2	家电	产品编号	2013年	2014年	2015年
3	彩电	sy720	¥25,845	¥58,472	¥333,330
4	冰箱	hd551	¥666,523	¥363,365	¥369,842
5	洗衣机		¥26,845	¥58,764	¥125,876
6	柜子	sw134	¥125,875	¥258,697	¥698,754
7					

CH 中

步骤03 切换至英文输入法

选中单元格 B5，然后切换至英文输入法，如右图所示。

B5

	A	B	C	D	E
1	近三年销售报表				
2	家电	产品编号	2013年	2014年	2015年
3	彩电	sy720	¥25,845	¥58,472	¥333,330
4	冰箱	hd551	¥666,523	¥363,365	¥369,842
5	洗衣机		¥26,845	¥58,764	¥125,876
6	柜子	sw134	¥125,875	¥258,697	¥698,754
7					

CH 英

步骤04　输入产品编号

输入产品编号“hr816”，然后按下【Enter】键，可看到单元格 B5 返回的文本效果，如右图所示。

B5　　hr816

	A	B	C	D	E
1	近三年销售报表				
2	家电	产品编号	2013年	2014年	2015年
3	彩电	sy720	¥25,845	¥58,472	¥333,330
4	冰箱	hd551	¥666,523	¥363,365	¥369,842
5	洗衣机	hr816	¥26,845	¥58,764	¥125,876
6	柜子	sw134	¥125,875	¥258,697	¥698,754
7					

知识补充　输入以0开头的数据

默认情况下，输入以0开头的整数时，程序不会显示0，而只显示0后面的数值。要想显示0开头的数值，可以先将单元格格式设置为文本型，然后再输入数值；或者直接在输入前添加英文状态下的单撇号，将数值转化为文本型。

3.1.2　输入时间和日期

时间和日期都是常见的数据类型，在制作工作日程表时就需要输入此类信息。时间数据中用冒号“:”连接时、分、秒，日期数据中用斜线“/”或短横线“-”连接年、月、日。

原始文件： 下载资源\实例文件\第3章\原始文件\员工签到表.xlsx

最终文件： 下载资源\实例文件\第3章\最终文件\员工签到表.xlsx

步骤01　输入日期

打开原始文件，选中单元格 D1，输入“2016-10-28”，如下图所示。

	A	B	C	D	E
1			签到日期:	2016-10-28	
2	员工编号	员工姓名	所属部门	签到时间	
3	0001	李海	销售部		
4	0002	苏杨	销售部		
5	0003	陈霞	销售部		
6	0004	武海	销售部		
7	0005	刘繁	销售部		
8	0006	袁锦辉	销售部		
9	0007	贺华	销售部		

步骤02　查看输入的日期

按下【Enter】键，单元格 D1 返回日期“2016/10/28”，如下图所示。由此可见日期的默认格式为“××××/××/××”。

D1　　2016/10/28

	A	B	C	D	E
1			签到日期:	2016/10/28	
2	员工编号	员工姓名	所属部门	签到时间	
3	0001	李海	销售部		
4	0002	苏杨	销售部		
5	0003	陈霞	销售部		
6	0004	武海	销售部		
7	0005	刘繁	销售部		

步骤03　输入签到时间

选中单元格 D3，然后输入“8:35”，按下【Enter】键，单元格 D3 返回时间如右图所示。

D3　　8:35:00

	A	B	C	D	E
1			签到日期:	2016/10/28	
2	员工编号	员工姓名	所属部门	签到时间	
3	0001	李海	销售部	8:35	
4	0002	苏杨	销售部		
5	0003	陈霞	销售部		
6	0004	武海	销售部		
7	0005	刘繁	销售部		
8	0006	袁锦辉	销售部		

步骤04　输入其他员工签到时间

按照上述步骤，输入其他员工的签到时间，最终效果如右图所示。

	A	B	C	D	E	F
1			签到日期:	2016/10/28		
2	员工编号	员工姓名	所属部门	签到时间		
3	0001	李海	销售部	8:35		
4	0002	苏杨	销售部	8:37		
5	0003	陈霞	销售部	8:45		
6	0004	武海	销售部	8:46		
7	0005	刘繁	销售部	8:49		
8	0006	袁锦辉	销售部	8:50		
9	0007	贺华	销售部	8:50		
10	0008	钟兵	销售部	8:57		
11	0009	丁芬	销售部	8:58		

知识补充　直接输入用斜线连接的日期数据

用户可直接输入用斜线连接的日期数据，如正文中步骤01输入“2016/10/28”，将返回相同的结果。

3.1.3　使用自动填充功能

输入有规律的数据时，利用自动填充功能可有效提高工作效率。自动填充的方法有多种，本小节将介绍常用的 3 种填充方法。

1 使用填充柄填充数据

填充柄是 Excel 提供的快速填充工具，当选中单元格时，单元格右下角会出现一个明显的方形点，移动鼠标指针至此处时，鼠标指针将变为黑色十字形状，然后拖动鼠标即可实现填充。

原始文件：下载资源\实例文件\第3章\原始文件\员工工资情况表.xlsx
最终文件：下载资源\实例文件\第3章\最终文件\员工工资情况表.xlsx

步骤01　输入并填充数据

打开原始文件，在单元格 A3、A4 中输入员工编号“sy001”“sy002”，然后选中单元格区域 A3:A4，将鼠标指针移至单元格 A4 右下角，当鼠标指针变为黑色十字形状时，按住鼠标左键向下拖动，如下图所示。

	A	B	C	D	E	F
1	员工工资情况					
2	员工编号	员工姓名	基础工资	岗位工资	综合工资	
3	sy001	李海	¥2,000	¥1,800	¥3,800	
4	sy002	苏杨	¥2,000	¥2,000	¥4,000	
5		霞	¥2,000	¥1,800	¥3,800	
6		武海	¥2,000	¥1,800	¥3,800	
7		刘繁	¥2,000	¥2,000	¥4,000	
8		sy006 辉	¥1,500	¥1,400	¥2,900	
9		贺华	¥1,500	¥1,400	¥2,900	
10						

步骤02　查看填充效果

拖动至目标单元格后，释放鼠标左键，此时在鼠标经过的单元格中自动填充了步长为 1 的等差序列。用户也可以单击填充按钮，然后在展开的快捷菜单中进行选择性填充，可以看到默认选择为“填充序列”，如下图所示。

3	sy001	李海	¥2,000	¥1,800	¥3,800
4	sy002	苏杨	¥2,000	¥2,000	¥4,000
5	sy003	陈霞	¥2,000	¥1,800	¥3,800
6	sy004	武海	¥2,000	¥1,800	¥3,800
7	sy005	刘繁	¥2,000	¥2,000	¥4,000
8	sy006	袁锦辉	¥1,500	¥1,400	¥2,900
9	sy007	贺华	¥1,500	¥1,400	¥2,900

- 复制单元格(C)
- 填充序列(S)
- 仅填充格式(F)
- 不带格式填充(O)
- 快速填充(F)

知识补充　按住鼠标右键填充

将鼠标指针移至单元格右下角后，若按住鼠标右键进行拖动填充，释放鼠标右键后将自动弹出填充快捷菜单，方便用户进行选择性填充。

2 使用对话框填充序列

利用“序列”对话框可为填充的数据设置类型和步长，如果填充的是日期类型，还可以选择日期单位，这就为数据的输入提供了极大的便利。下面以日期的填充为例，介绍如何使用对话框填充序列。

原始文件： 下载资源\实例文件\第3章\原始文件\对话框序列填充.xlsx
最终文件： 下载资源\实例文件\第3章\最终文件\对话框序列填充.xlsx

步骤01　输入日期

打开原始文件，在单元格 A2 中输入日期“2016/10/26”，然后选中单元格区域 A2:A6，如下图所示。

A2　fx　2016/10/26

	A	B	C	D	E
1	家电 / 数量 / 销售时间	彩电	冰箱	洗衣机	空调
2	2016/10/26	53	34	46	24
3		34	13	58	24
4		45	12	65	26
5		78	23	64	21
6		34	30	97	38
7					单位：台

步骤02　启动序列对话框

单击“开始”选项卡下“编辑”组中的“填充”按钮，在展开的列表中单击“序列”选项，如下图所示。

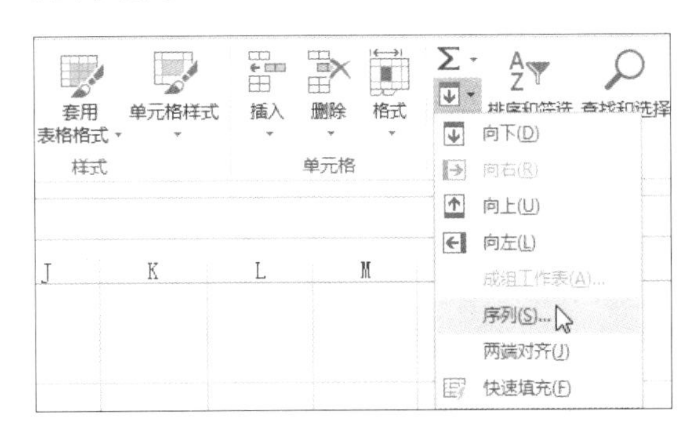

步骤03　设置序列选项

弹出“序列”对话框，在“序列产生在”选项组下保持默认选项“列”，然后单击“类型”选项组中的“日期”单选按钮，再单击“日期单位”选项组中的“工作日”单选按钮，最后单击“确定”按钮，如下图所示。

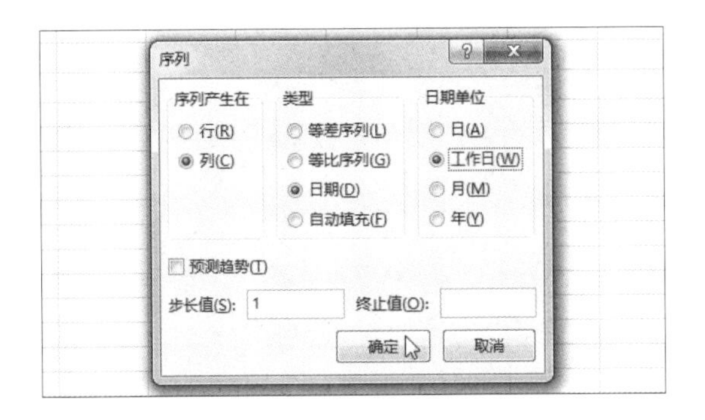

步骤04　查看填充的序列

返回工作表中，可看到单元格区域 A2:A6 中自动填充了日期，且填充的日期都是工作日，效果如下图所示。

	A	B	C	D	E
1	家电 / 数量 / 销售时间	彩电	冰箱	洗衣机	空调
2	2016/10/26	53	34	46	24
3	2016/10/27	34	13	58	24
4	2016/10/28	45	12	65	26
5	2016/10/31	78	23	64	21
6	2016/11/1	34	30	97	38
7					单位：台
8					
9					

3 使用自定义序列填充

Excel 默认的填充序列一般有数字、星期、月份等，用户也可以自定义一个序列，在工作表中输入自定义序列中的数据后，可拖动鼠标完成数据的填充。

原始文件： 下载资源\实例文件\第3章\原始文件\自定义序列填充.xlsx
最终文件： 下载资源\实例文件\第3章\最终文件\自定义序列填充.xlsx

步骤01 **单击“选项”命令**

打开原始文件，单击“文件”按钮，在弹出的菜单中单击“选项”命令，如下图所示。

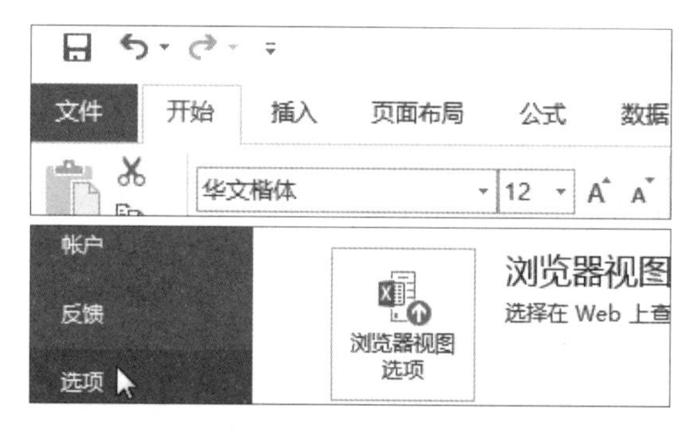

步骤02 **编辑自定义列表**

弹出“Excel 选项”对话框，单击左侧列表框中的“高级”选项，在右侧单击“常规”选项组中的“编辑自定义列表”按钮，如下图所示。

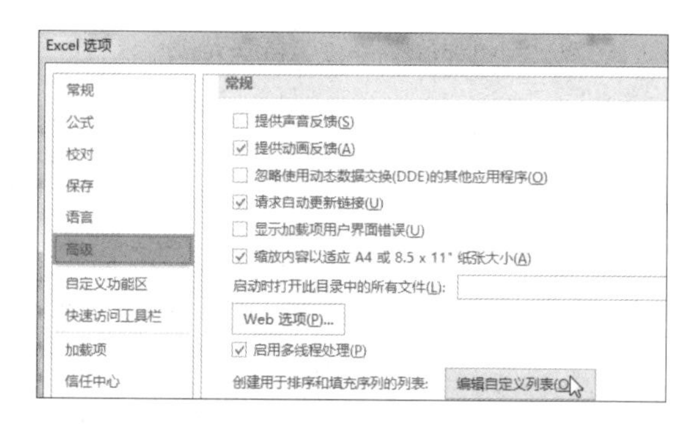

步骤03 **添加自定义序列**

弹出“自定义序列”对话框，在“输入序列”列表框中输入自定义序列（按【Enter】键换行），输入完毕后单击“添加”按钮，如下图所示。

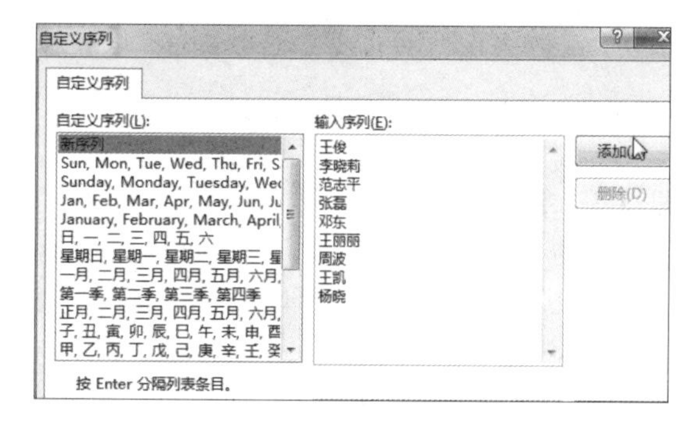

步骤04 **单击“确定”按钮**

添加后，在左侧的列表框中可看到自定义的序列，然后单击“确定”按钮，如下图所示。返回“Excel 选项”对话框，继续单击“确定”按钮。

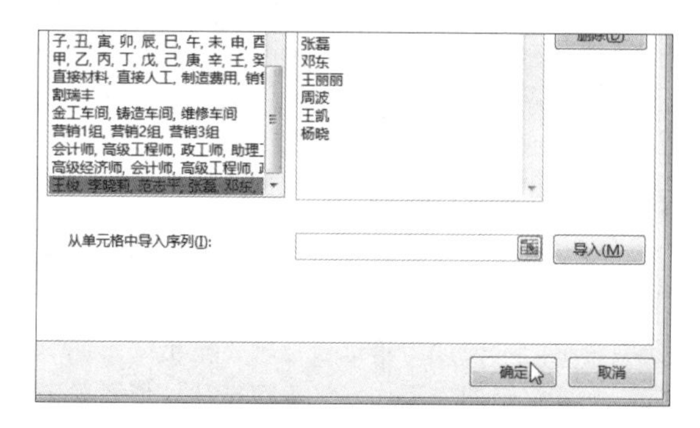

步骤05 **输入自定义序列文本**

返回工作表中，在单元格 B3 中输入“王俊”，然后将鼠标指针移至单元格 B3 的右下角，当鼠标指针呈黑色十字状时按住鼠标左键不放，向下拖动，如下图所示。

员工薪资记录表						
员工编号	员工姓名	所属部门	调整后的基础工资	调整后的岗位工资	调整后的工龄工资	调整后总基本工资
0001	王俊	销售部	¥2,000	¥1,800	¥800	¥4,600
0002		销售部	¥2,000	¥2,000	¥1,000	¥5,000
0003		销售部	¥2,000	¥1,800	¥800	¥4,600
0004		销售部	¥2,000	¥1,800	¥800	¥4,600
0005		销售部	¥2,000	¥2,000	¥800	¥4,800
0006		销售部	¥1,500	¥1,400	¥800	¥3,700
0007		销售部	¥1,500	¥1,400	¥800	¥3,700
0008	周波	销售部	¥1,500	¥1,400	¥800	¥3,700
0009		销售部	¥1,500	¥1,400	¥800	¥3,700

步骤06 **查看填充的自定义序列**

拖动至单元格 B11 后释放鼠标，此时单元格区域 B2:B11 中自动填充了自定义的序列，如下图所示。

员工薪资记录表						
员工编号	员工姓名	所属部门	调整后的基础工资	调整后的岗位工资	调整后的工龄工资	调整后总基本工资
0001	王俊	销售部	¥2,000	¥1,800	¥800	¥4,600
0002	李晓莉	销售部	¥2,000	¥2,000	¥1,000	¥5,000
0003	范志平	销售部	¥2,000	¥1,800	¥800	¥4,600
0004	张磊	销售部	¥2,000	¥1,800	¥800	¥4,600
0005	邓东	销售部	¥2,000	¥2,000	¥800	¥4,800
0006	王丽丽	销售部	¥1,500	¥1,400	¥800	¥3,700
0007	周波	销售部	¥1,500	¥1,400	¥800	¥3,700
0008	王凯	销售部	¥1,500	¥1,400	¥800	¥3,700
0009	杨晓	销售部	¥1,500	¥1,400	¥800	¥3,700

3.2 单元格数据的格式化

更改工作表中文字和数字的显示方式，比如设置文字或数字的字体、字号、字形及对齐方式等，可提高工作表的工整度，使工作表更具个性。对数字则还可以设置类型，让数据所表示的含义一目了然。当然，无论是文字还是数字，都是基于单元格格式进行设置的。

3.2.1　设置数字格式

Excel 中预设的数字格式有数值、货币、日期、时间、百分比等，利用这些数字格式能够让数据显示得更加直观。如果预设的格式不能满足用户的需要，还可自定义数字格式。

1 使用预设数字格式

使用预设的数字格式可快速更改工作表中的数据格式，且可保留默认的小数位数，具体操作如下。

原始文件：下载资源\实例文件\第3章\原始文件\预设数字格式.xlsx
最终文件：下载资源\实例文件\第3章\最终文件\预设数字格式.xlsx

步骤01　选择单元格区域

打开原始文件，选中单元格区域 B3:B6，如下图所示。

	A	B	C	D
1	家电销售报表			
2	家电	单价（元）	数量（台）	销售额
3	彩电	5845	72	¥420,840
4	冰箱	6523	65	¥423,995
5	洗衣机	6845	54	¥369,630
6	空调	5875	27	¥158,625
7				
8				

步骤02　设置数据格式

单击“开始”选项卡下“数字”组中“数字格式”右侧的下三角按钮，在展开的下拉列表中选择数字格式，如选择“货币”，如下图所示。

步骤03　查看货币数字类型效果

此时单元格区域 B3:B6 中的数值前均添加了“¥”，且数字精确到小数点后两位，如右图所示。

	A	B	C	D
1	家电销售报表			
2	家电	单价（元）	数量（台）	销售额
3	彩电	¥5,845.00	72	¥420,840
4	冰箱	¥6,523.00	65	¥423,995
5	洗衣机	¥6,845.00	54	¥369,630
6	空调	¥5,875.00	27	¥158,625

2 自定义数字格式

如果用户对预设的数字格式不满意，可自定义数字格式，具体操作步骤如下。

原始文件：下载资源\实例文件\第3章\原始文件\自定义数字格式.xlsx
最终文件：下载资源\实例文件\第3章\最终文件\自定义数字格式.xlsx

步骤01 选择单元格区域

打开原始文件，选中单元格区域 D3:D6，如下图所示。

	A	B	C	D
1	家电销售报表			
2	家电	单价（元）	数量（台）	销售额
3	彩电	¥5,845	72	420840
4	冰箱	¥6,523	65	423995
5	洗衣机	¥6,845	54	369630
6	空调	¥5,875	27	158625
7				
8				

步骤02 启动对话框

在“开始”选项卡下单击“数字”组中的对话框启动器，如下图所示。

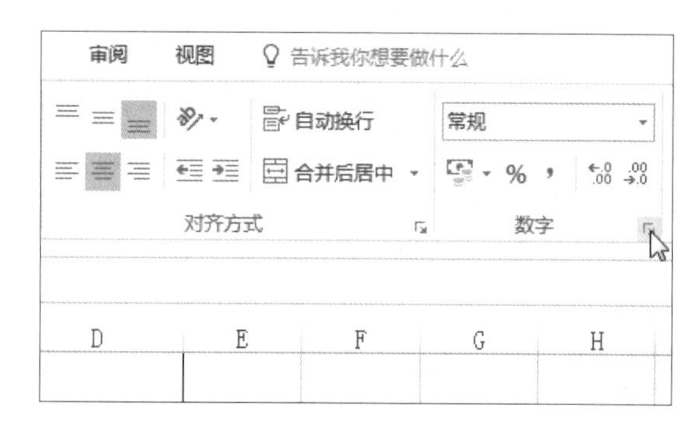

步骤03 自定义数字格式

弹出“设置单元格格式”对话框，在“分类”列表框中单击“自定义”选项，在右侧的“类型”文本框中输入“G/ 通用格式元”，如下图所示，然后单击“确定”按钮。

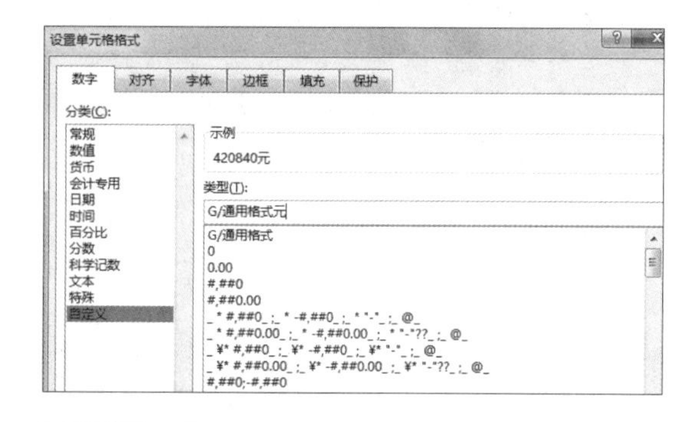

步骤04 查看自定义格式后的效果

返回工作表中，此时单元格区域 D3:D6 中的数据后添加了单位“元”，如下图所示。

	A	B	C	D
1	家电销售报表			
2	家电	单价（元）	数量（台）	销售额
3	彩电	¥5,845	72	420840元
4	冰箱	¥6,523	65	423995元
5	洗衣机	¥6,845	54	369630元
6	空调	¥5,875	27	158625元
7				
8				

知识补充 更改小数位

使用预设的数字格式时，默认的小数位为两位。若需增加或减少小数位数，可单击“开始”选项卡下“数字”组中的“增加小数位数”或“减少小数位数”按钮。

3.2.2 设置文字格式

文字的格式包括字体、字号、字形等，设置文字格式的途径有对话框、功能区命令及浮动工具栏，下面分别进行介绍。

原始文件： 下载资源\实例文件\第3章\原始文件\设置文字格式.xlsx
最终文件： 下载资源\实例文件\第3章\最终文件\设置文字格式.xlsx

1 利用功能区命令设置

步骤01 选择单元格中需设置的文字

打开原始文件，选中单元格 B2，若只需设置单元格中的部分文字，则在编辑栏中选择需要更改格式的文字即可，如选中“数据输入”，如下左图所示。

步骤02　在功能区设置字体格式

在“开始”选项卡下设置“字体”为“楷体”、“字号”为“22”，单击“倾斜”按钮，再单击“字体颜色”右侧的下三角按钮，在展开的下拉列表中选择如下右图所示的颜色。

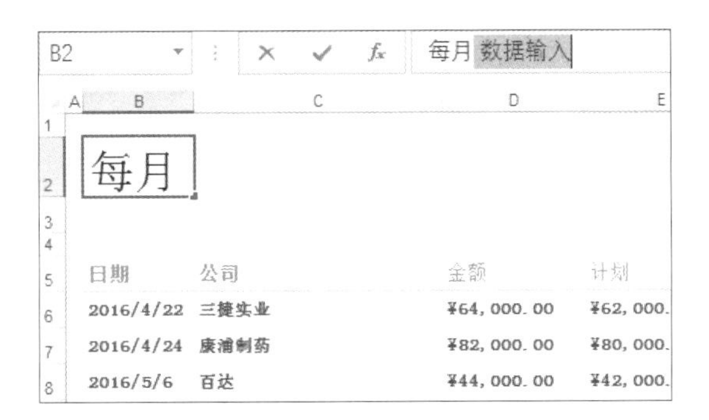

2 利用浮动工具栏设置字体格式

继续之前的操作，选中单元格区域 C6:C17 后右击，弹出浮动工具栏，设置“字体”为“华文楷体”、“字号”为“11”，单击“加粗”按钮，再单击“字体颜色”右侧的下三角按钮，在展开的下拉列表中选择如右图所示的颜色。

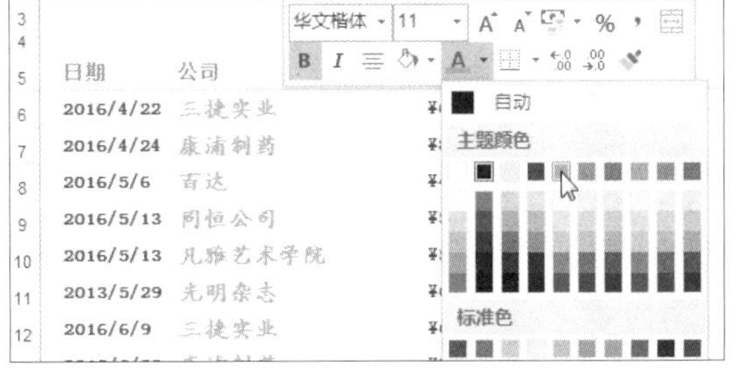

3 利用对话框设置

步骤01　查看效果并选择单元格区域

继续之前的操作，选择单元格区域 B5:N5，单击“开始”选项卡下“字体”组中的对话框启动器，如下图所示。

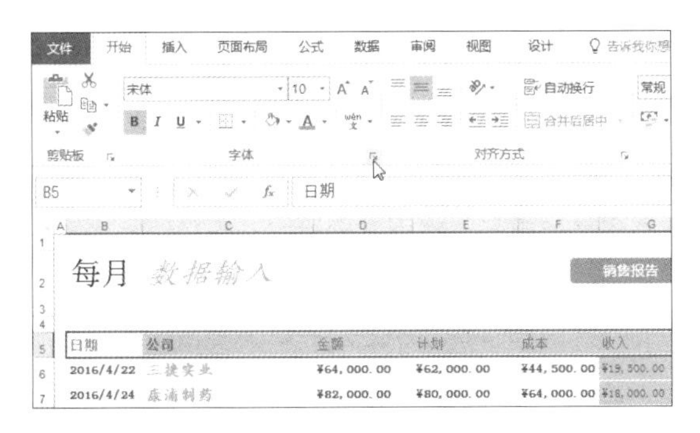

步骤02　利用对话框设置字体格式

弹出“设置单元格格式”对话框，设置“字体”为“宋体”、“字形”为“加粗”、“字号”为“12”，然后单击“颜色”下拉列表框的下三角按钮，在展开的列表中选择“黑色，文字 1”，如下图所示，最后单击“确定”按钮。

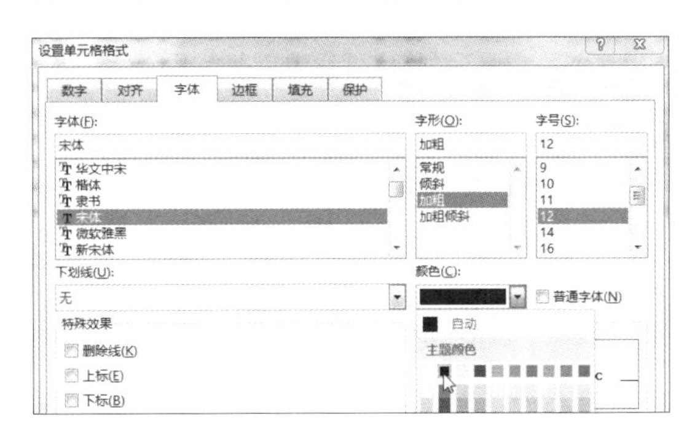

步骤03　查看设置后的最终结果

利用三种不同方式分别对工作表中的不同文字内容的格式进行设置后，最终效果如右图所示。

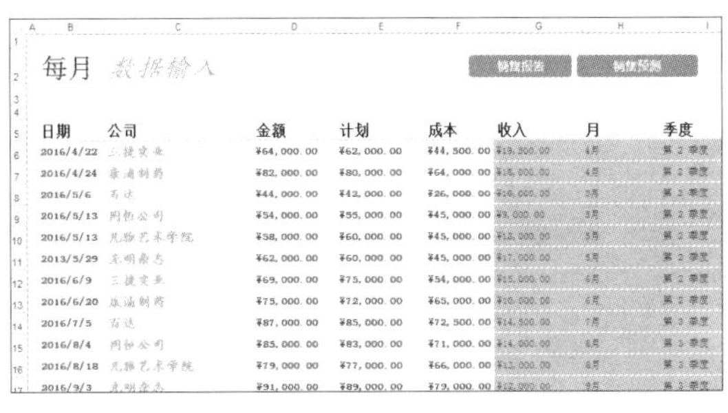

3.2.3 设置文字对齐方式

为了更好地查阅表格中的数据，也为了使表格更加美观，可以设置单元格中数据的对齐方式。Excel 提供了两种对齐方式，分别为水平对齐和垂直对齐。水平对齐方式中常用的有左对齐、居中和右对齐，垂直对齐方式中常用的有顶端对齐、垂直居中和底端对齐，这些常用方式可以利用功能区进行设置。如果还需要使用其他对齐方式，可以打开“设置单元格格式”对话框进行选择。如果只需设置水平居中对齐，也可以利用浮动工具栏。

原始文件：下载资源\实例文件\第3章\原始文件\设置文字对齐方式.xlsx
最终文件：下载资源\实例文件\第3章\最终文件\设置文字对齐方式.xlsx

1 利用功能区设置对齐方式

打开原始文件，首先选择需要设置对齐方式的区域，如选择单元格区域 A1:D1，然后单击“开始”选项卡下“对齐方式”组中的“居中”按钮，如右图所示。

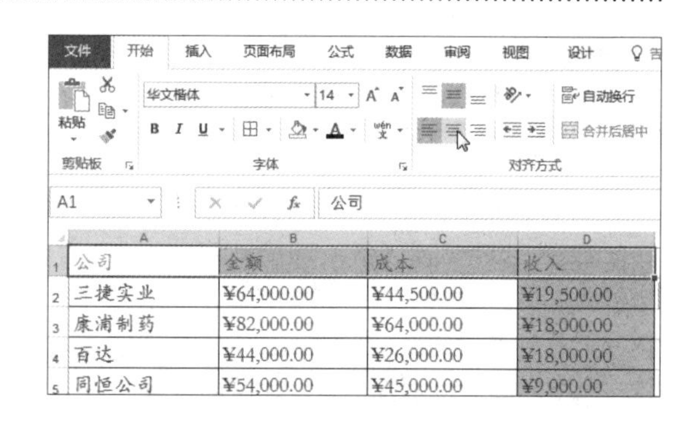

2 利用对话框设置对齐方式

步骤01 单击对话框启动器

继续之前的操作，选择需要设置对齐方式的区域，如选择单元格区域 A2:D7，然后单击“开始”选项卡下“对齐方式”组中的对话框启动器，如右图所示。

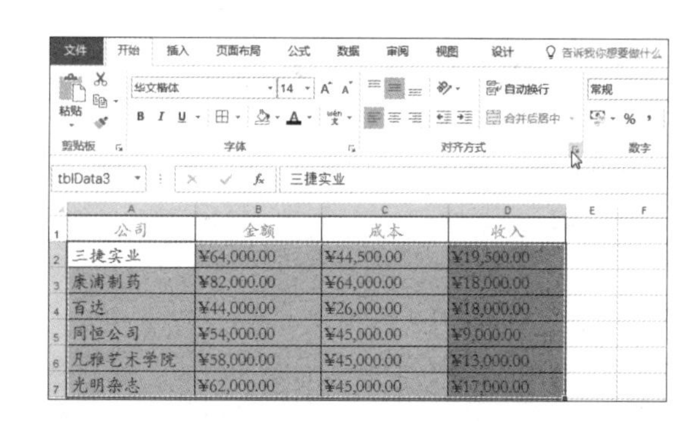

步骤02 设置对齐方式

弹出“设置单元格格式”对话框，切换至“对齐”选项卡下，单击“水平对齐”下拉列表框右侧的下三角按钮，在展开的下拉列表中选择对齐方式，如选择“居中”，如下左图所示。

步骤03 查看对齐效果

单击“确定”按钮后，返回工作表中，此时表格中的数据全部水平居中显示，如下右图所示。

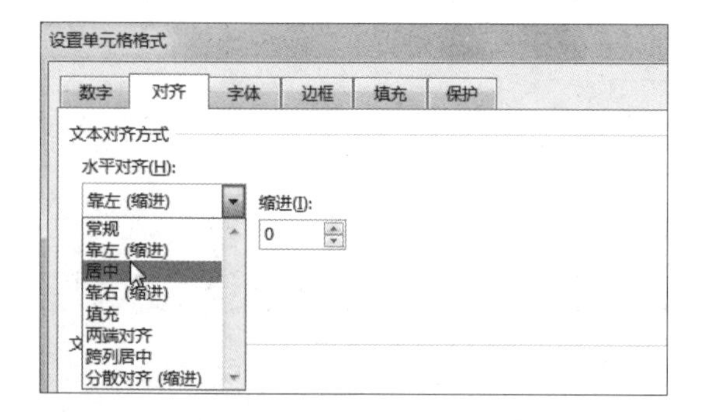

	A	B	C	D
1	公司	金额	成本	收入
2	三捷实业	¥64,000.00	¥44,500.00	¥19,500.00
3	康浦制药	¥82,000.00	¥64,000.00	¥18,000.00
4	百达	¥44,000.00	¥26,000.00	¥18,000.00
5	同恒公司	¥54,000.00	¥45,000.00	¥9,000.00
6	凡雅艺术学院	¥58,000.00	¥45,000.00	¥13,000.00
7	光明杂志	¥62,000.00	¥45,000.00	¥17,000.00

3.2.4　调整行高和列宽

新建工作表后，所有单元格都具有相同的高度或宽度，但在实际应用中，往往需要根据内容的多少、字符的大小调整行高和列宽。调整行和列的尺寸有两种方法：一是通过“行高”或“列宽”对话框精确设置，二是用鼠标拖动调整。

原始文件： 下载资源\实例文件\第3章\原始文件\设置行高和列宽.xlsx

最终文件： 下载资源\实例文件\第3章\最终文件\设置行高和列宽.xlsx

1 通过对话框精确设置

步骤01　选中单元格

打开原始文件，选中需要调整行高的单元格，如选择单元格 A1，如下图所示。

A1　客户订货清单

	A	B	C	D	E
1	客户订货清单				
2	商品名	型号	数量（套）		
3	实木衣柜	My020	43		
4	床头柜	hj342	23		
5	鞋柜带支架	sf321	40		
6	实木餐桌	Mc340	12		
7	藤椅	Td312	20		

步骤02　单击“行高”选项

单击“开始”选项卡下“单元格”组中的“格式”按钮，在展开的列表中单击“行高”选项，如下图所示。若单击“列宽”选项即可设置单元格列宽。

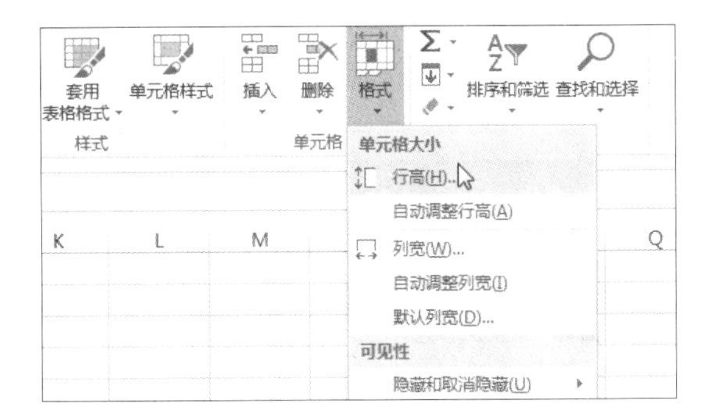

步骤03　精确调整行高

弹出“行高”对话框，在“行高”文本框中输入精确的行高值“24”，默认单位为“磅”，即设置行高为 24 磅，单击“确定”按钮，如右图所示。

2 通过拖动鼠标调整

步骤01　调整列宽

继续之前的操作，假设需要调整 A 列的列宽，直接将鼠标指针移至 A 列和 B 列的列标间隔线处，此时鼠标指针变为✛状，如右图所示。

	A	B	C	D	E
1	客户订货清单				
2	商品名	型号	数量（套）		
3	实木衣柜	My020	43		
4	床头柜	hj342	23		
5	鞋柜带支架	sf321	40		
6	实木餐桌	Mc340	12		
7	藤椅	Td312	20		
8					

步骤02　拖动鼠标

按住鼠标左键不放，拖动至适当位置后释放，如下左图所示。

步骤03 拖动调整多行

选择 2 ～ 7 行，将鼠标指针移至选中的任意两行的行号间隔线处，当鼠标指针变为✢状时拖动鼠标调整行高，也可以双击自动调整，如下右图所示。

步骤04 查看调整后的效果

对表格中单元格的行高和列宽进行调整的最终效果如右图所示。其中，同时选中进行拖动调整的 2 ～ 7 行行高相等。

3.3 工作表的美化

为了使工作表更加美观、数据更加醒目，用户可根据需要为表格添加边框、自定义单元格的底纹填充，还可以直接套用预设的单元格格式。

3.3.1 设置表格边框

在 Excel 中，单元格的网格线是为了方便存放数据而设计的，在打印时并不会将网格线打印出来，如果需要为数据打印出分割边框线，可以为单元格设置边框。

1 快速添加边框

若对边框颜色、线条粗细无特别要求，可以直接利用功能区命令快速为表格添加边框。

原始文件：下载资源\实例文件\第3章\原始文件\设置边框.xlsx
最终文件：下载资源\实例文件\第3章\最终文件\设置边框1.xlsx

步骤01 选择需要添加边框的区域

打开原始文件，选择需要添加边框的区域，例如选择单元格区域 A1:E9，如下左图所示。

步骤02 单击“所有框线”选项

单击“开始”选项卡下“字体”组中“边框”右侧的下三角按钮，在展开的下拉列表中单击“所有框线”选项，如下右图所示，此时所选择区域中的所有单元格都将添加框线，默认框线颜色为黑色。

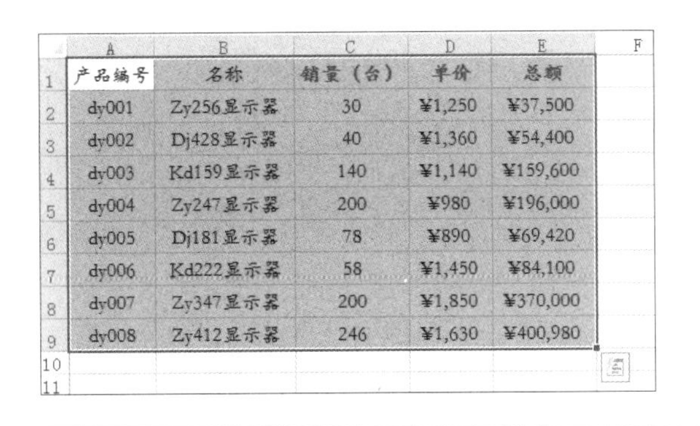

产品编号	名称	销量（台）	单价	总额
dy001	Zy256显示器	30	¥1,250	¥37,500
dy002	Dj428显示器	40	¥1,360	¥54,400
dy003	Kd159显示器	140	¥1,140	¥159,600
dy004	Zy247显示器	200	¥980	¥196,000
dy005	Dj181显示器	78	¥890	¥69,420
dy006	Kd222显示器	58	¥1,450	¥84,100
dy007	Zy347显示器	200	¥1,850	¥370,000
dy008	Zy412显示器	246	¥1,630	¥400,980

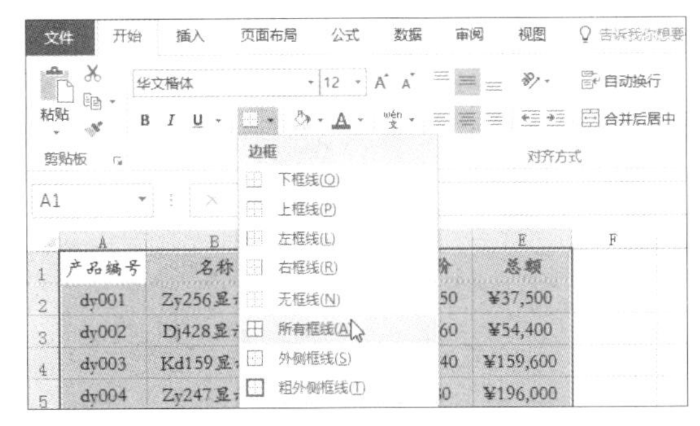

知识补充　绘制边框

在展开的“边框”下拉列表中的“绘制边框”组中可选择线条颜色、线型等，选择后返回工作表中可对单元格边框进行选择性绘制。

2 利用对话框设置边框

如果用户对单元格边框有较多的要求，如需要设置线形、线条颜色，或设置只对单元格的某些边添加框线，可以利用“设置单元格格式”对话框来完成。

原始文件：下载资源\实例文件\第3章\原始文件\设置边框.xlsx

最终文件：下载资源\实例文件\第3章\最终文件\设置边框2.xlsx

步骤01　选择需要设置边框的单元格区域

打开原始文件，选择需要添加边框的单元格区域，这里选择单元格区域 A1:E9，如下图所示。

产品编号	名称	销量（台）	单价	总额
dy001	Zy256显示器	30	¥1,250	¥37,500
dy002	Dj428显示器	40	¥1,360	¥54,400
dy003	Kd159显示器	140	¥1,140	¥159,600
dy004	Zy247显示器	200	¥980	¥196,000
dy005	Dj181显示器	78	¥890	¥69,420
dy006	Kd222显示器	58	¥1,450	¥84,100
dy007	Zy347显示器	200	¥1,850	¥370,000
dy008	Zy412显示器	246	¥1,630	¥400,980

步骤02　启动对话框

单击“开始”选项卡下“字体”组中的对话框启动器，如下图所示。

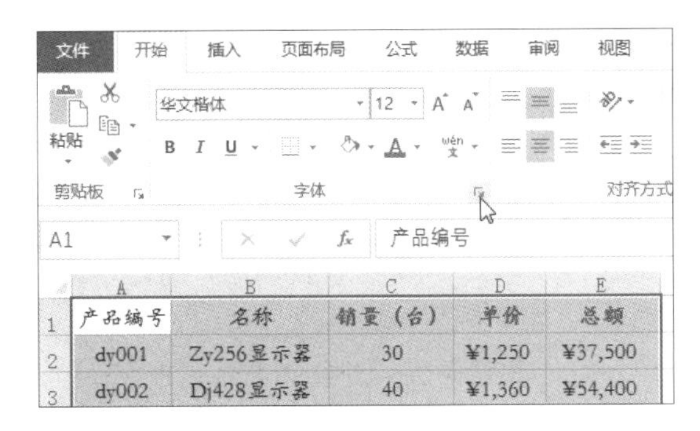

步骤03　设置边框样式

弹出“设置单元格格式”对话框，切换至“边框”选项卡下，在“线条”选项组中的“样式”列表框中选择合适的样式，并设置“颜色”为“橙色”，在右侧的“预置”选项组中单击“外边框”和“内部”，如右图所示，最后单击“确定”按钮。

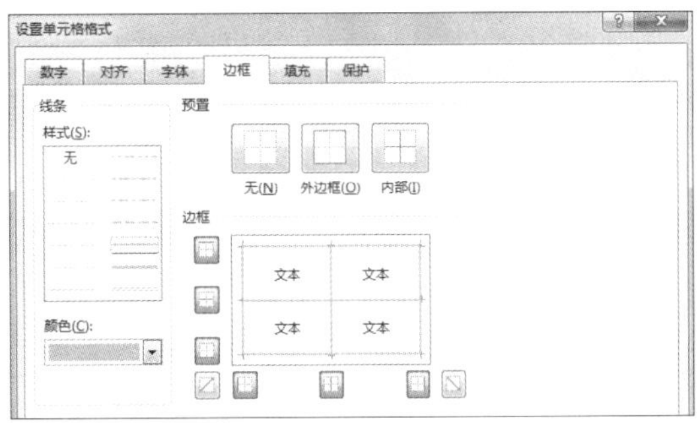

步骤04 查看边框效果

返回工作表中，可看到所选的区域添加了橙色的边框线，效果如右图所示。

产品编号	名称	销量（台）	单价	总额
dy001	Zy256显示器	30	¥1,250	¥37,500
dy002	Dj428显示器	40	¥1,360	¥54,400
dy003	Kd159显示器	140	¥1,140	¥159,600
dy004	Zy247显示器	200	¥980	¥196,000
dy005	Dj181显示器	78	¥890	¥69,420
dy006	Kd222显示器	58	¥1,450	¥84,100
dy007	Zy347显示器	200	¥1,850	¥370,000
dy008	Zy412显示器	246	¥1,630	¥400,980

3.3.2 设置底纹图案

如果想让表格与众不同，或者想要突出某个单元格，使其更加醒目，可以为单元格添加底纹图案，只需在“设置单元格格式”对话框中的“填充”选项卡下进行相应设置即可。

原始文件：下载资源\实例文件\第3章\原始文件\设置底纹图案.xlsx

最终文件：下载资源\实例文件\第3章\最终文件\设置底纹图案.xlsx

步骤01 单击对话框启动器

打开原始文件，选中需要添加底纹图案的单元格区域，这里选择单元格区域 A2:E2，然后单击“开始”选项卡下“字体”组中的对话框启动器，如下图所示。

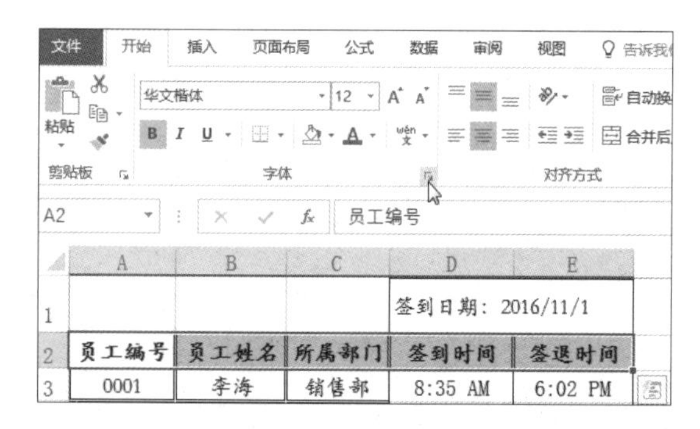

步骤02 设置底纹图案颜色

弹出“设置单元格格式”对话框，切换至“填充”选项卡下，单击“图案颜色”下拉列表框右侧的下三角按钮，在展开的下拉列表中选择需要的颜色，如下图所示。

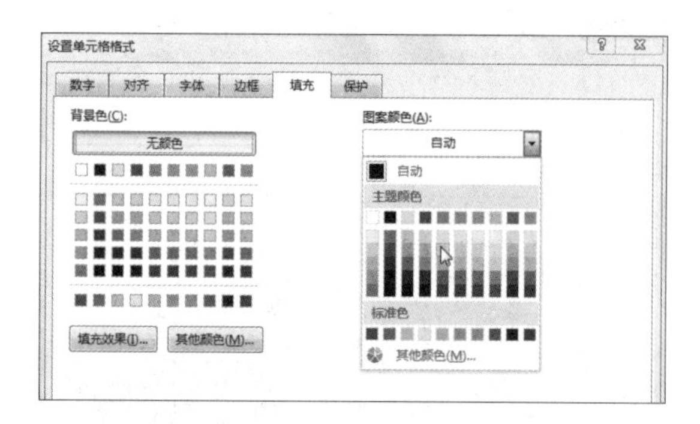

步骤03 设置图案样式

单击“图案样式”下拉列表框右侧的下三角按钮，在展开的下拉列表中选择如下图所示的图案。

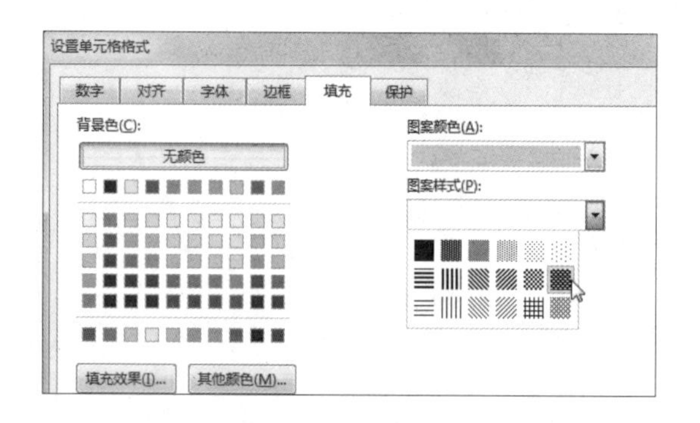

步骤04 查看添加底纹图案后的效果

单击“确定”按钮，返回工作表中，此时选中的单元格区域添加了设置的底纹图案，效果如下图所示。

			签到日期：2016/11/1	
员工编号	员工姓名	所属部门	签到时间	签退时间
0001	李海	销售部	8:35 AM	6:02 PM
0002	苏杨	销售部	8:43 AM	6:01 PM
0003	陈霞	销售部	8:45 AM	6:03 PM
0004	武海	销售部	8:45 AM	6:01 PM
0005	刘繁	销售部	8:47 AM	6:02 PM
0006	袁锦辉	销售部	8:48 AM	6:02 PM
0007	贺华	销售部	8:50 AM	6:03 PM
0008	钟兵	销售部	8:54 AM	6:05 PM
0009	丁芬	销售部	8:57 AM	6:01 PM

知识补充　填充背景色

如果要为单元格或单元格区域添加背景颜色，可打开“设置单元格格式”对话框，在“填充”选项卡下的“背景色”列表框中选择相应颜色，然后单击“确定”按钮。还可以在功能区中的“字体”组中设置“填充颜色”。

3.3.3　套用预设格式

Excel 提供了大量的预设表格格式，用户可直接套用，达到快速修改表格边框、底纹图案与表头样式的目的。下面介绍具体的操作步骤。

原始文件：下载资源\实例文件\第3章\原始文件\自动套用格式.xlsx

最终文件：下载资源\实例文件\第3章\最终文件\自动套用格式.xlsx

步骤01　选择单元格区域

打开原始文件，选择需要套用预设表格格式的单元格区域，如选择单元格区域 A2:E9，如下图所示。

员工工资情况				
员工编号	员工姓名	基础工资	岗位工资	综合工资
001	李海	¥2,000	¥1,800	¥3,800
002	苏杨	¥2,000	¥2,000	¥4,000
003	陈霞	¥2,000	¥1,800	¥3,800
004	武海	¥2,000	¥1,800	¥3,800
005	刘繁	¥2,000	¥2,000	¥4,000
006	袁锦辉	¥1,500	¥1,400	¥2,900
007	贺华	¥1,500	¥1,400	¥2,900

步骤02　选择表格格式

单击“开始”选项卡下“样式”组中的“套用表格格式”按钮，在展开的下拉列表中选择所需的格式，这里选择“中等深浅”组中的“表样式中等深浅 2”，如下图所示。

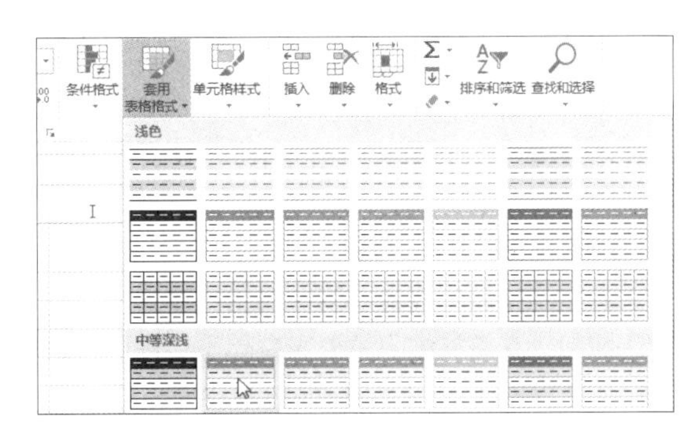

步骤03　单击“确定”按钮

弹出“套用表格式”对话框，在“表数据的来源”文本框内自动添加了选中的单元格区域，勾选“表包含标题”复选框，单击“确定”按钮，如下图所示。

步骤04　查看套用格式后的效果

返回工作表中，此时选中的单元格区域套用了表格格式，并在该区域的第一行添加了筛选按钮，效果如下图所示。

员工工资情况				
员工编号	员工姓名	基础工资	岗位工资	综合工资
001	李海	¥2,000	¥1,800	¥3,800
002	苏杨	¥2,000	¥2,000	¥4,000
003	陈霞	¥2,000	¥1,800	¥3,800
004	武海	¥2,000	¥1,800	¥3,800
005	刘繁	¥2,000	¥2,000	¥4,000
006	袁锦辉	¥1,500	¥1,400	¥2,900
007	贺华	¥1,500	¥1,400	¥2,900

实例演练：制作公司考勤表

考勤记录是计算员工当月工资的依据之一，因此，制作好考勤表模板是每个公司人力部门的一项基本工作。下面将综合运用本章所学知识完成考勤表模板的制作。

原始文件：下载资源\实例文件\第3章\原始文件\考勤表.xlsx
最终文件：下载资源\实例文件\第3章\最终文件\考勤表.xlsx

步骤01 输入文本

打开原始文件，在单元格 B3、B4 中分别输入“上午”“下午”，然后在单元格 C2 中输入“11/1”，按下【Enter】键，效果如下图所示。

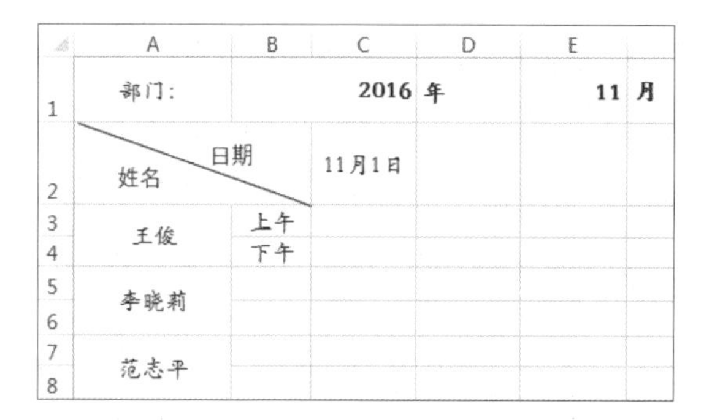

步骤02 填充数据

选择单元格区域 B3:B4，将鼠标指针移至选中单元格区域的右下角，当鼠标指针呈黑色十字形状时，向下拖动鼠标至单元格 B16，然后选中单元格 C2:X2，如下图所示。

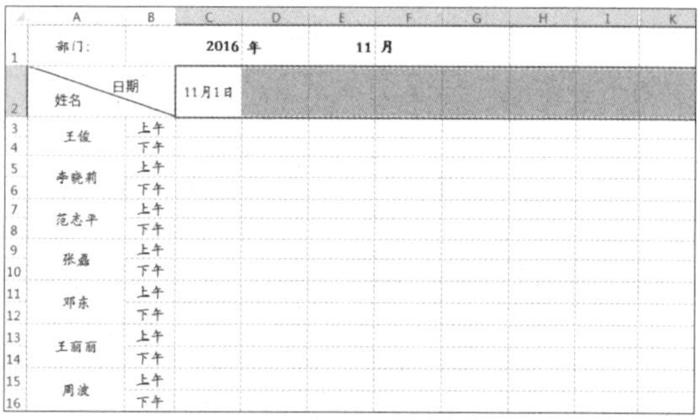

步骤03 单击“序列”选项

单击“开始”选项卡下“编辑”组中的“填充”按钮，在展开的下拉列表中单击“序列”选项，如下图所示。

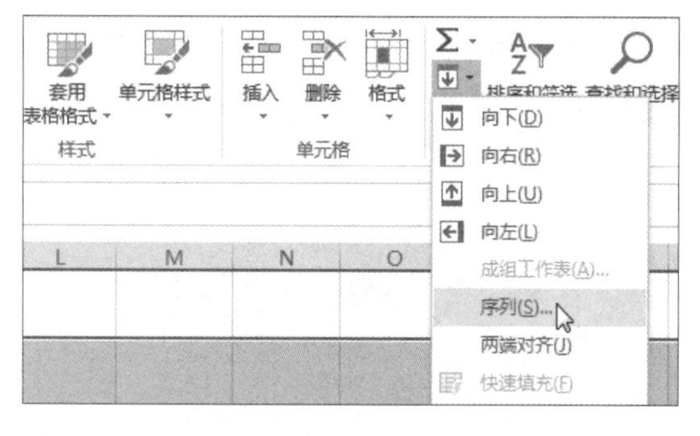

步骤04 设置填充序列

弹出“序列”对话框，默认“序列产生在”“行”，单击“类型”选项组中的“日期”单选按钮，再单击“日期单位”选项组中的“工作日”单选按钮，最后单击“确定”按钮，如下图所示。

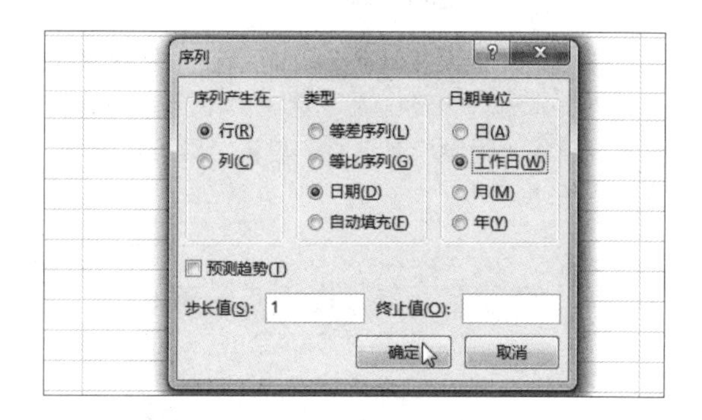

步骤05 设置单元格背景色

选中单元格区域 B1:G1，然后右击选中的单元格区域，在弹出的浮动工具栏中单击“填充”下三角按钮，在展开的列表中选择如下左图所示的颜色。

步骤06 选择单元格区域

此时单元格区域 B1:G1 中填充了所选的背景色，然后选中单元格区域 A2:B16，如下右图所示。

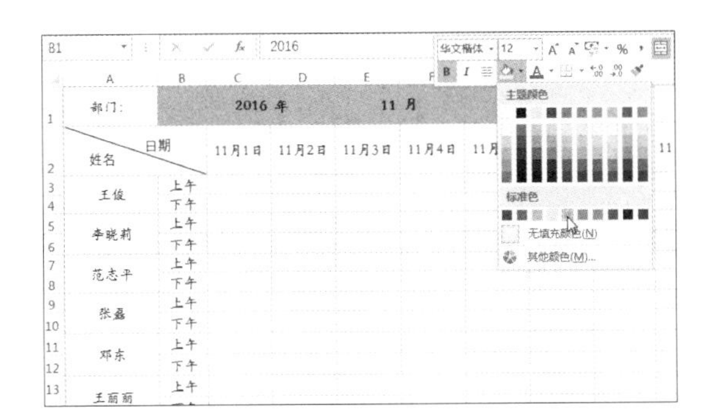

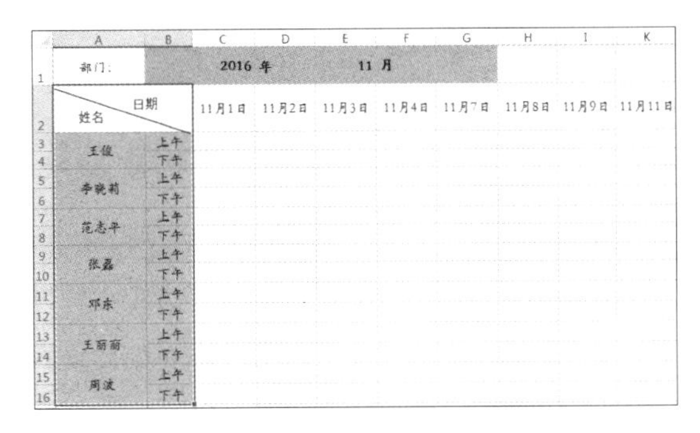

步骤07　添加边框

单击“开始”选项卡下“字体”组中的“边框”下三角按钮，在展开的下拉列表中选择“所有框线”选项，如下图所示。

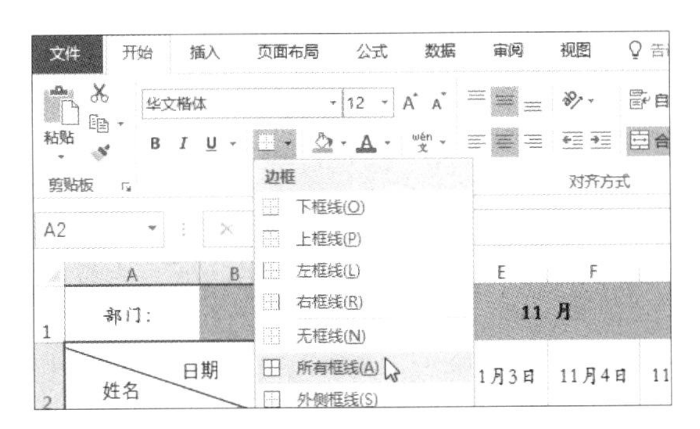

步骤08　查看最终效果

设置完毕后，考勤表的最终效果如下图所示。

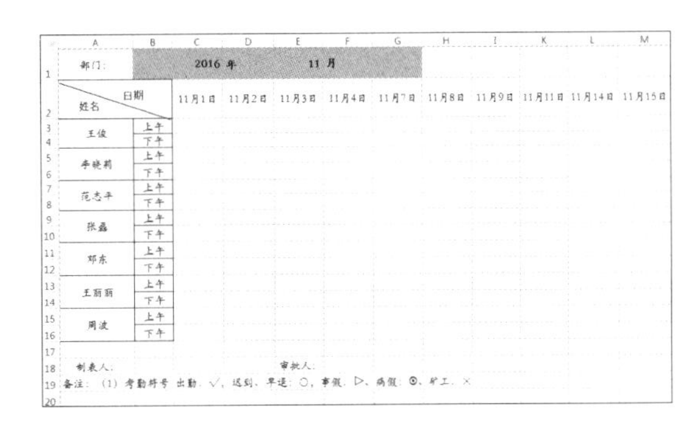

第4章 数据的筛选、排序及分类汇总

在 Excel 2016 中处理数据时，为了更好地对数据进行有效的管理，可以对数据使用一些高级功能进行操作，比如对数据进行筛选、排序、分类汇总等。本章将具体介绍对数据进行筛选、排序及分类汇总的方法。

4.1 记录单的应用

用户除了可以直接在工作表中进行数据的输入、更改、删除等操作以外，还可以使用记录单（也叫数据清单）来简化操作。特别是在工作表中编辑很长时间后再次整理时，或对数据行 / 列较多的工作表进行编辑时，利用记录单来对数据进行操作将会非常方便，能够免除上下左右移动行列的操作，有效避免数据输入的串行、串列等错误。本节将介绍使用记录单来添加、更改、删除记录的方法。

4.1.1 添加记录

用户在工作表中编辑数据时，可以利用记录单来为工作表添加数据，但首先需将“记录单”按钮添加到快速访问工具栏中，下面介绍具体的操作步骤。

原始文件： 下载资源\实例文件\第4章\原始文件\员工情况表.xlsx
最终文件： 下载资源\实例文件\第4章\最终文件\添加记录.xlsx

步骤01 单击“选项”命令

打开原始文件，单击“文件”按钮，在弹出的菜单中单击“选项”命令，如下左图所示。

步骤02 选择要添加的命令

弹出“Excel 选项”对话框，在左侧的列表框中单击“快速访问工具栏”选项，在右侧的“从下列位置选择命令”下拉列表框中选择“不在功能区中的命令”，接着在下方的列表框中选择“记录单”选项，然后单击右侧的“添加”按钮，如下右图所示。

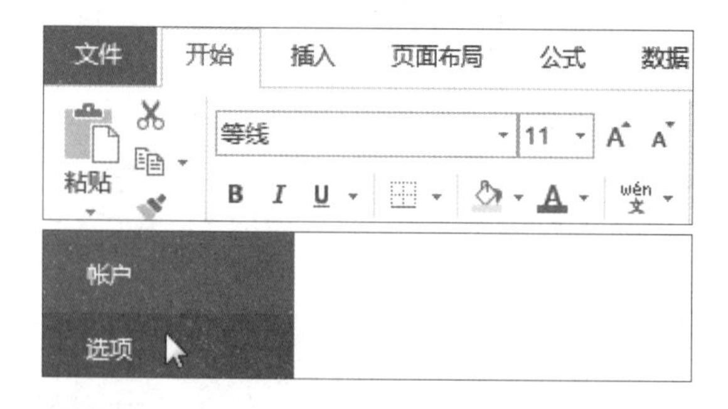

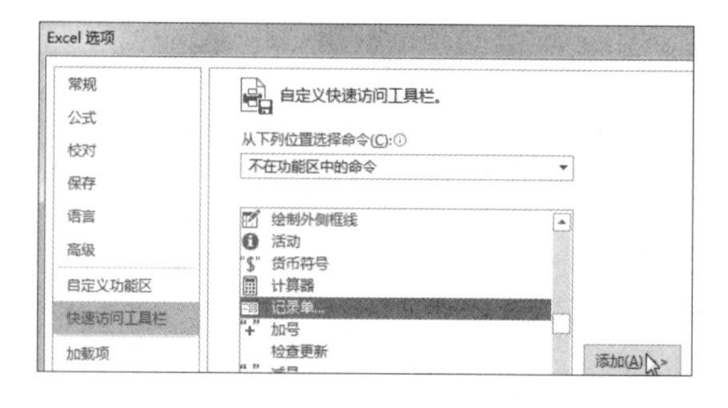

步骤03 确定添加

添加记录单选项后，可在其右侧的列表框中预览快速访问工具栏中的命令，单击“确定”按钮，如下左图所示。

步骤04 查看添加效果

返回工作表中，此时可看到快速访问工具栏中添加了“记录单”按钮，效果如下右图所示。

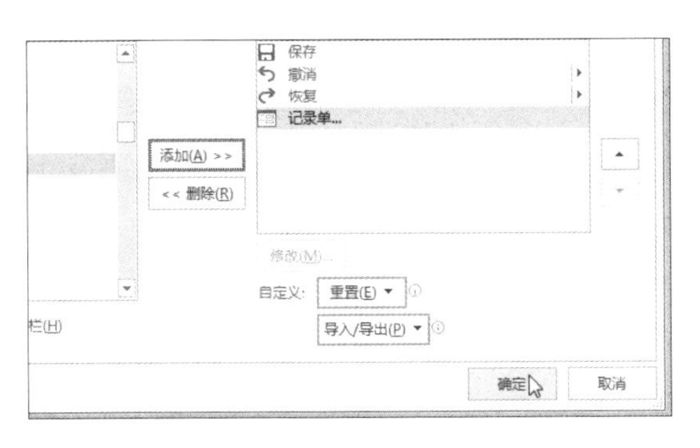

步骤05　单击“记录单”按钮

选择工作表中任意一个包含数据的单元格，单击快速访问工具栏中的“记录单”按钮，如下左图所示。

步骤06　单击“新建”按钮

弹出“Sheet1”对话框，左侧依次为“员工编号”“姓名”“性别”“年龄”“职务”等信息，若要添加数据，单击右侧的“新建”按钮，如下中图所示。

步骤07　输入信息

弹出空白记录单，输入完整的信息，然后单击“关闭”按钮，如下右图所示。输入信息后按【Enter】键可保存信息并进入下一条新建项。

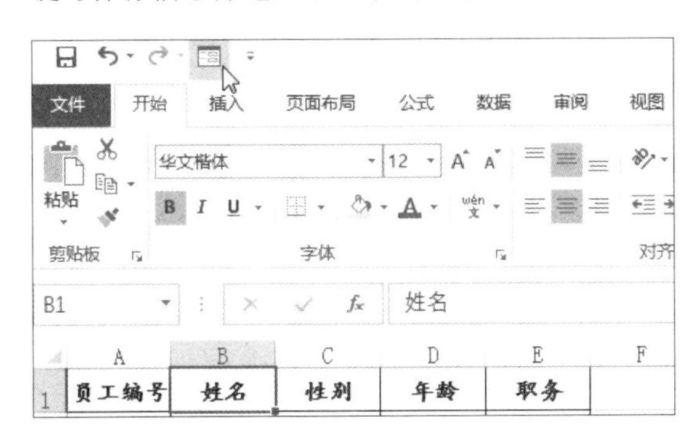

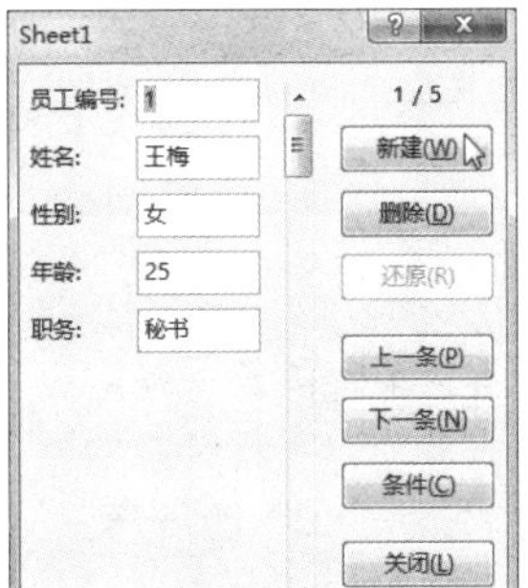

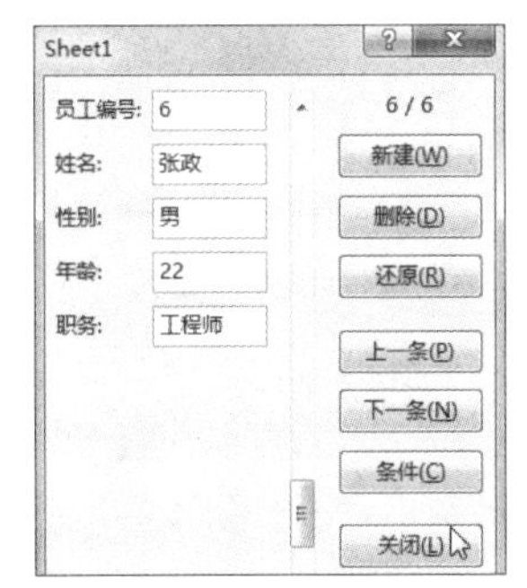

步骤08　查看录入的信息

返回工作表中，可看到第 7 行新增加的数据记录，如下左图所示。

步骤09　继续添加数据记录

在工作表中使用同样的方法录入其他几条数据，录入完毕后关闭记录单，工作表中的数据如下右图所示。此方法可使输入的数据准确对应标题栏。

	A	B	C	D	E	F
1	员工编号	姓名	性别	年龄	职务	
2	1	王梅	女	25	秘书	
3	2	胡林	男	32	经理	
4	3	谭军	男	26	工程师	
5	4	黎艳	女	24	管理员	
6	5	李兴明	男	25	工程师	
7	6	张政	男	22	工程师	
8						
9						

	A	B	C	D	E	F
1	员工编号	姓名	性别	年龄	职务	
2	1	王梅	女	25	秘书	
3	2	胡林	男	32	经理	
4	3	谭军	男	26	工程师	
5	4	黎艳	女	24	管理员	
6	5	李兴明	男	25	工程师	
7	6	张政	男	22	工程师	
8	7	赵默	女	27	会计	
9	8	邓越	男	30	主管	

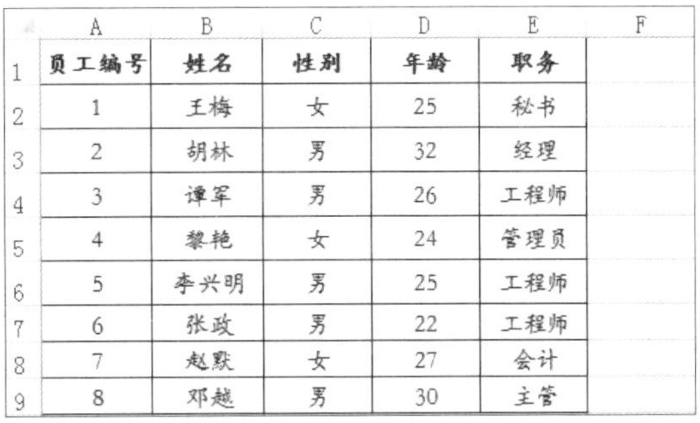

4.1.2　查找记录

如果想在数据较多的工作表中查找需要的数据记录，可以利用记录单的条件功能实现，具体操作步骤如下。

原始文件：下载资源\实例文件\第4章\原始文件\添加记录.xlsx

最终文件：无

步骤01 打开“记录单”对话框

打开原始文件，选中工作表中任意一个包含数据的单元格，然后单击快速访问工具栏中的“记录单”按钮，如下左图所示。

步骤02 单击“条件”按钮

弹出“Sheet1”对话框，单击对话框中的“条件”按钮，如下中图所示。

步骤03 输入关键字

弹出空白信息栏，在其中输入查询条件。如在“职务”文本框中输入“工程师”，即查找所有职务为“工程师”的员工信息，然后单击“下一条”按钮，如下右图所示。

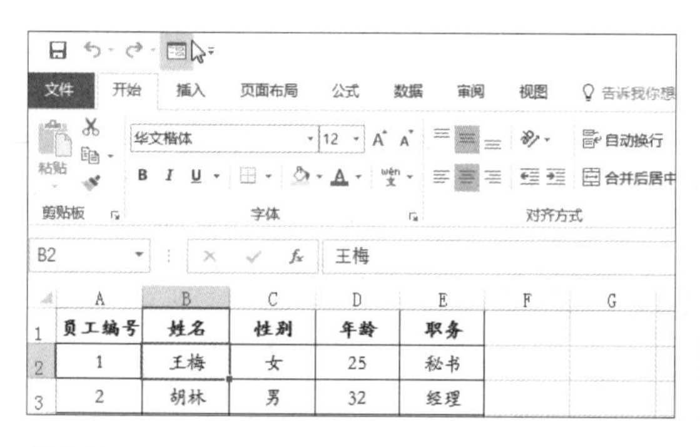

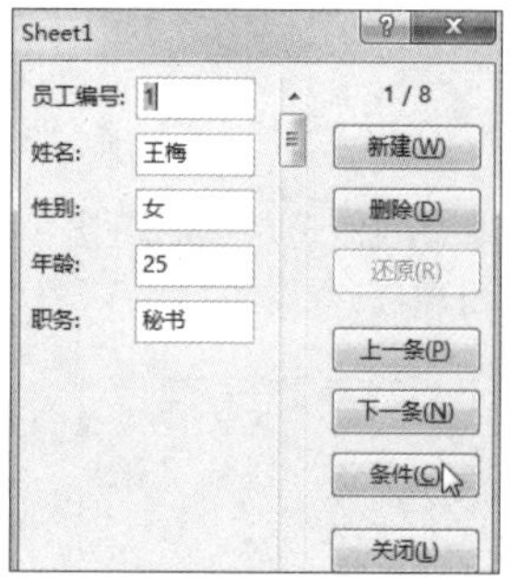

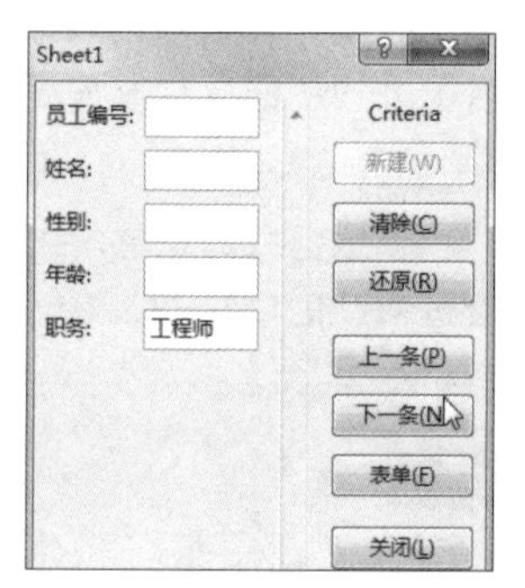

步骤04 查看信息

此时可在对话框中看到符合条件的第一条数据记录，如需继续查看其他职务为“工程师”的员工信息，则单击“下一条”按钮，如下图所示。

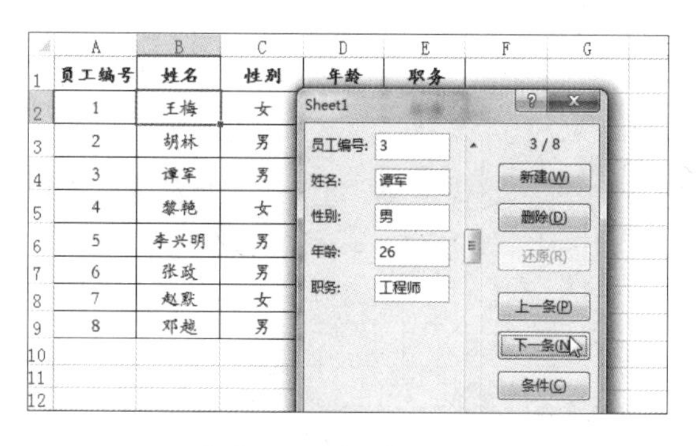

步骤05 查看下一条信息

对话框中的内容返回下一位“工程师”的信息，如下图所示。查看完所有相关信息后，若要退出记录单，可单击对话框右下角或右上角的“关闭”按钮。

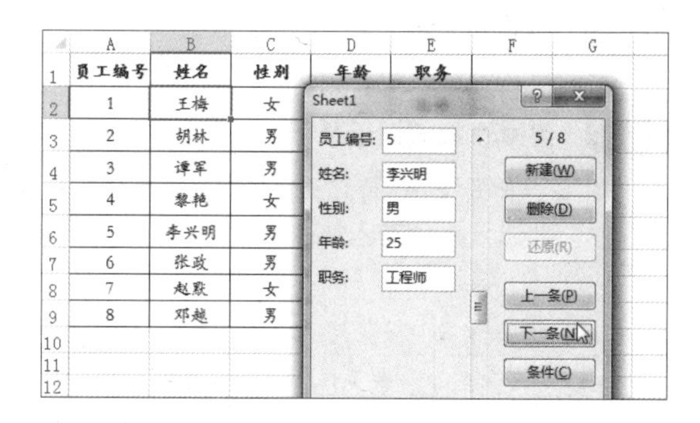

4.1.3 删除记录

当不再需要表格中的一些数据的时候，可以使用记录单删除。下面以删除备注为“离职”的员工信息为例，介绍具体的操作步骤。

原始文件：下载资源\实例文件\第4章\原始文件\员工信息.xlsx

最终文件：下载资源\实例文件\第4章\最终文件\删除记录.xlsx

步骤01　选择数据单元格

打开原始文件，可看到表中部分员工的“备注”信息为“离职”，选择任意包含数据的单元格，如选择单元格 E9，如下图所示。

	A	B	C	D	E	F
1	员工编号	姓名	性别	年龄	部门	备注
2	000001	王梅	女	25	财务部	
3	000002	胡林	男	32	行政部	
4	000003	谭军	男	26	人事部	
5	000004	黎艳	女	24	生产部	离职
6	000005	李兴明	男	25	管理部	
7	000006	张雯	女	28	生产部	
8	000007	周晓	男	27	财务部	离职
9	000008	李宇	男	24	生产部	
10	000009	贺梅	女	30	生产部	

步骤02　单击“记录单”按钮

单击快速访问工具栏中的“记录单”按钮，如下图所示。

步骤03　输入查询条件

弹出“Sheet1”对话框，单击右侧的“条件”按钮，如下左图所示。然后在弹出的新记录单中的“备注”文本框中输入查找条件“离职”，单击“下一条”按钮，以显示符合条件的数据，如下中图所示。

步骤04　删除记录

在对话框中显示出备注为“离职”的第一条员工信息，如需删除，直接单击“删除”按钮即可，如下右图所示。

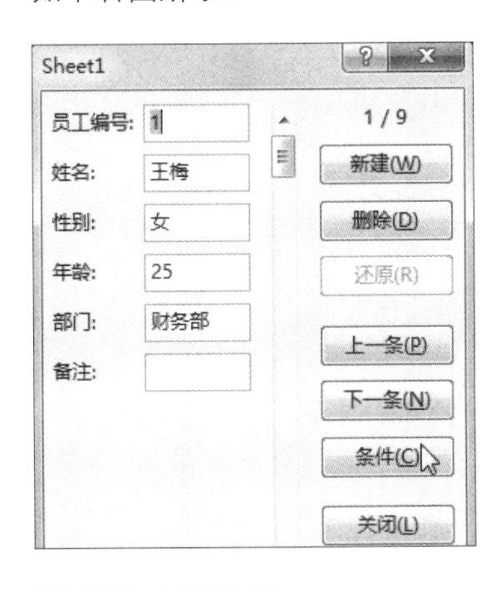

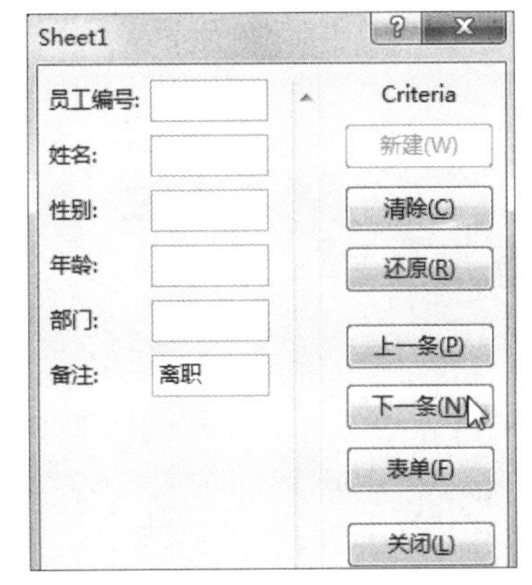

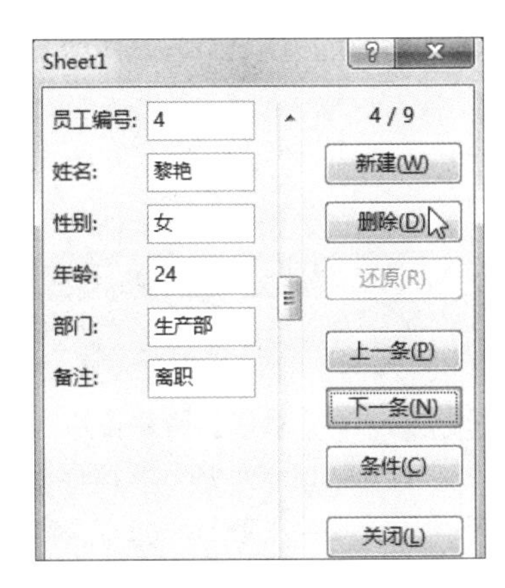

步骤05　确认删除

单击“删除”按钮后，弹出“Microsoft Excel”提示框，提示显示的记录将被删除，若确认需要删除，则单击“确定”按钮，如下图所示。

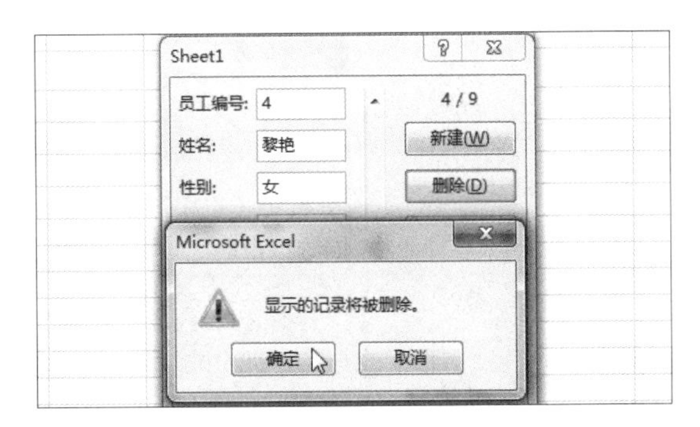

步骤06　查看删除记录后的效果

删除所有备注为“离职”的数据后，关闭记录单对话框，工作表中的数据将自动上移，如下图所示。

	A	B	C	D	E	F
1	员工编号	姓名	性别	年龄	部门	备注
2	000001	王梅	女	25	财务部	
3	000002	胡林	男	32	行政部	
4	000003	谭军	男	26	人事部	
5	000005	李兴明	男	25	管理部	
6	000006	张雯	女	28	生产部	
7	000008	李宇	男	24	生产部	
8	000009	贺梅	女	30	生产部	
9						
10						

4.2 数据的排序

用户在使用 Excel 处理数据的过程中，常常会希望数据能够以一定顺序显示，从而方便查阅及筛选等。Excel 排序功能是指按照某种规则对数据进行排序，按照排序条件可分为单一条件排序、多条件排序和自定义排序。数据最基本的排序规则是单一条件排序中的“升序排序”和“降序排序”。

4.2.1 单一条件排序

单一条件排序就是按照 Excel 默认的升序或降序规则对数据进行排序，因其操作非常简单，在常用工具栏中单击排序按钮即可，所以也被称为简单排序。下面介绍具体的操作步骤。

原始文件：下载资源\实例文件\原始文件\第4章\员工资料表.xlsx

最终文件：下载资源\实例文件\最终文件\第4章\单一条件排序.xlsx

步骤01 对工资进行升序排序

打开原始文件，选中“工资”列中任意包含数据的单元格，单击“数据”选项卡下“排序和筛选”组中的“升序”按钮，如下图所示。

步骤02 显示升序排序的效果

此时可看到“工资”列中的数据以升序排序方式显示，效果如下图所示。

员工资料表

员工编号	姓名	所属部门	性别	工资	何时加入公司	工龄	年假
000003	陈霞	文秘部	女	¥2,000	2002/11	13	18
000010	程静	文秘部	女	¥2,000	2002/5	14	19
000013	廖嘉	文秘部	女	¥2,000	2003/7	13	18
000017	周波	文秘部	男	¥2,000	2002/1	14	19
000005	刘繁	企划部	女	¥2,300	2003/5	13	18
000019	吴娜	文秘部	女	¥2,500	1994/8	22	27
000020	丁琴	文秘部	女	¥2,500	2003/1	13	18
000029	王鸣	市场部	男	¥4,000	2002/7	14	19
000024	白雪	市场部	女	¥4,300	2003/5	13	18
000004	武海	市场部	男	¥5,000	2003/4	13	18
000018	熊亮	行政部	男	¥5,000	1999/4	17	22
000021	宋沛	人力资源部	男	¥5,000	1994/4	22	27
000022	柳鑫	行政部	男	¥5,000	1994/4	22	27

步骤03 对工龄进行降序排序

首先选中“工龄”列中任意包含数据的单元格，然后单击“数据”选项卡下“排序和筛选”组中的“降序”按钮，如下图所示。

步骤04 显示降序排序的效果

对“工龄”列数据进行降序排序的效果如下图所示。

员工资料表

员工编号	姓名	所属部门	性别	工资	何时加入公司	工龄	年假
000016	周繁	财务部	女	¥6,000	1992/1	24	29
000019	吴娜	文秘部	女	¥2,500	1994/8	22	27
000021	宋沛	人力资源部	男	¥5,000	1994/4	22	27
000022	柳鑫	行政部	男	¥5,000	1994/4	22	27
000027	罗重	市场部	男	¥5,600	1994/4	22	27
000012	苏江	行政部	男	¥5,500	1995/4	21	26
000026	阮贸	研发部	男	¥6,000	1995/7	21	26
000028	王梓	研发部	男	¥6,000	1995/8	21	26
000009	丁芬	行政部	女	¥6,000	1997/7	19	24
000011	刘健	产品开发部	男	¥6,000	1997/2	19	24
000008	钟兵	市场部	男	¥5,500	1998/5	18	23
000023	张娜	研发部	男	¥6,000	1998/7	18	23
000018	熊亮	行政部	男	¥5,000	1999/4	17	22

知识补充 其他数据的排列顺序

升序、降序不只适用于数字，对其他数据，如字母、汉字、时间等均适用。对常见数据的排序规则见下表。

数据	排序规则
数字	数字的升序排序是按照从小到大的顺序依次排列，如“-8，0，4，5，10……”，降序反之
字母	字母的排序是按照字母表的顺序进行排序，例如“A，C，G，W……”。如果没有设定排列方式，Excel默认的是字母升序，且不区分大小写
汉字	汉字的排序有些特殊，可以分为拼音排序和笔画排序两种，默认为拼音排序。拼音排序是指按照汉语拼音的顺序进行排列，比如按照拼音升序排序，“白”就比“王”靠前；笔画排序是按笔画的多少进行排序，比如按照笔画升序排序，“王”就比“白”靠前。具体内容将在4.2.3中详细讲解
时间	时间排序是按照时间的先后顺序进行排序
错误值	在Excel中会发生多种错误的值，这些值的排序优先级别是相同的
逻辑值	逻辑值只有FALSE和TRUE之分，TRUE在FALSE之后
混合排序	如果有多种数据类型参与排序，则排序的规则是：数字，字母，逻辑值，错误值，空格。空格作为一种特殊的符号参加到排序中时，优先级别是最低的

4.2.2　多条件排序

多条件排序是指在表格中对多个标题字段进行重新排列，其排列方式是首先按主要关键字排序，若主要关键字相同，再依次按次要关键字排序。下面将介绍如何对数据进行多条件排序，具体操作步骤如下。

原始文件： 下载资源\实例文件\原始文件\第4章\员工资料表.xlsx
最终文件： 下载资源\实例文件\最终文件\第4章\多条件排序.xlsx

步骤01　启动“排序”功能

打开原始文件，选择工作表中任意包含数据的单元格，然后切换到“数据”选项卡下，单击“排序和筛选”组中的“排序”按钮，如下图所示。

步骤02　设置主要关键字

弹出“排序”对话框，单击“主要关键字”下拉列表框右侧的下三角按钮，在展开的下拉列表中选择排序关键字，这里选择“所属部门”，如下图所示。

步骤03　添加排序条件

如果需要设置多个排序条件，则可以添加一个或多个次要关键字，然后对其条件进行设置。单击“添加条件”按钮，如右图所示。

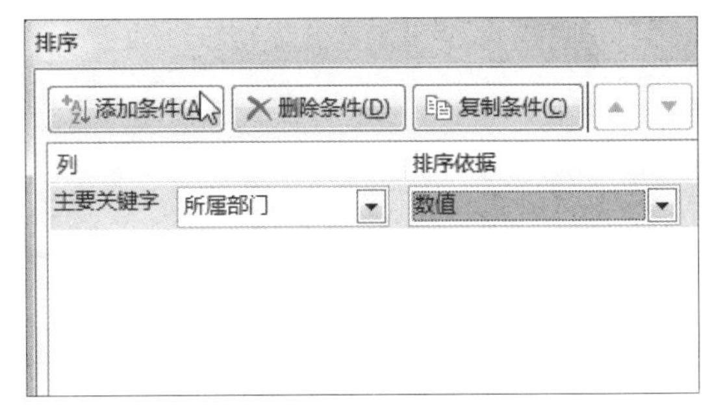

步骤04 **设置“次要关键字”**

此时对话框中增加了“次要关键字”排序条件，设置“次要关键字”为“何时加入公司”，再次单击“添加条件”按钮，增加第二个次要关键字，如右图所示。

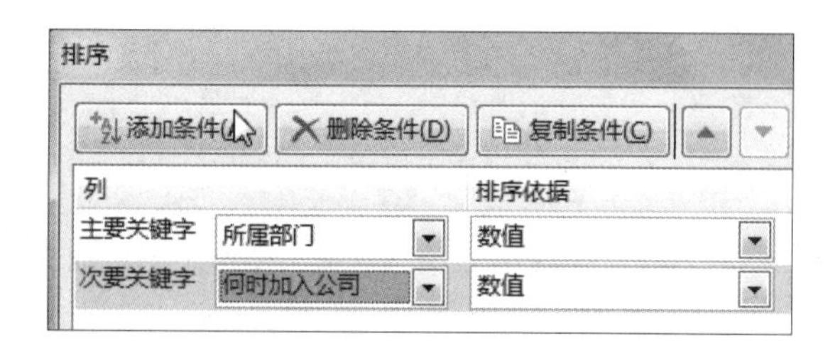

步骤05 **完善排序条件**

设置第二个“次要关键字”为“工资”，然后将次序全部设置为“降序”，最后单击“确定”按钮，如下图所示。

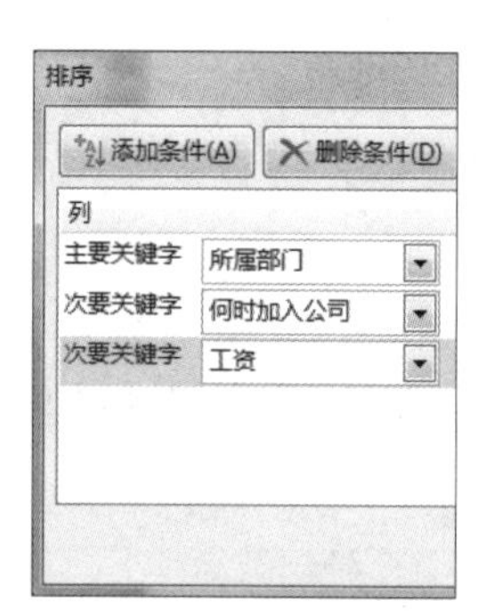

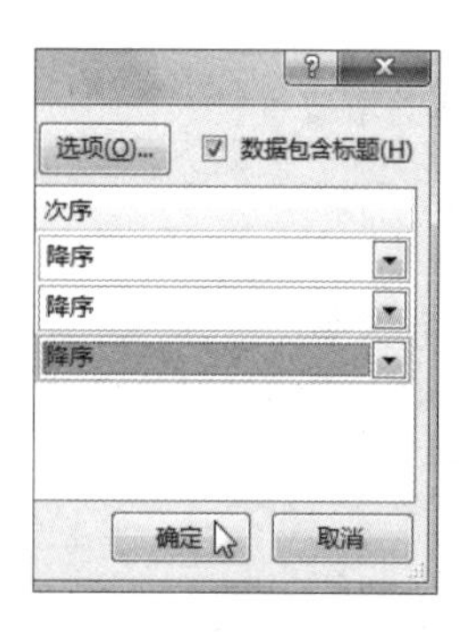

步骤06 **查看排序后的工作表**

返回工作表中，此时可看到数据都已按设置的排序条件进行显示，效果如下图所示。

员工资料表

员工编号	姓名	所属部门	性别	工资	何时加入公司	工龄	年假
000006	袁锦辉	研发部	男	¥6,000	2004/1	12	17
000007	贺华	研发部	男	¥6,000	2004/1	12	17
000015	陈永	研发部	男	¥6,000	2003/2	13	18
000023	张都	研发部	男	¥6,000	1998/7	18	23
000028	王梓	研发部	男	¥6,000	1995/8	21	26
000026	阮贸	研发部	男	¥6,000	1995/7	21	26
000013	廖嘉	文秘部	女	¥2,000	2003/7	13	18
000020	丁琴	文秘部	女	¥2,500	2003/1	13	18
000003	陈霞	文秘部	女	¥2,000	2002/11	13	18
000010	程静	文秘部	女	¥2,000	2002/5	14	19
000017	周波	文秘部	男	¥2,000	2002/1	14	19
000019	吴娜	文秘部	女	¥2,500	1994/8	22	27
000024	白雪	市场部	女	¥4,300	2003/5	13	18

4.2.3 按笔画排序

在对工作表中的文字进行排序时，Excel提供了“字母排序”和“笔画排序”两种排序方法，默认情况下对文字字段进行“字母排序”，下面介绍更改为“笔画排序”的方法。

原始文件： 下载资源\实例文件\原始文件\第4章\员工资料表.xlsx

最终文件： 下载资源\实例文件\最终文件\第4章\笔画排序.xlsx

步骤01 **单击“选项”按钮**

打开原始文件，启动排序功能。在弹出的“排序”对话框中，选择“主要关键字”为“姓名”，然后单击“选项”按钮，如下图所示。

步骤02 **设置排序方法**

弹出“排序选项”对话框，默认的排序方法为字母排序，这里在“方法”选项组中单击“笔画排序”单选按钮，然后单击“确定”按钮，如下图所示。

步骤03 **添加并设置排序关键字**

添加两个“次要关键字”条件，分别设置为“何时加入公司”“工资”，然后设置三个条件的次序分别为“升序”“降序”“降序”，最后单击“确定”按钮，如下左图所示。

步骤04　查看排序后的结果

返回工作表中，可看到数据按姓名笔画的由少到多、加入公司的时间由晚到早、工资由高到低的规则排列，最终效果如下右图所示。

员工资料表

员工编号	姓名	所属部门	性别	工资	何时加入公司	工龄	年假
000009	丁芬	行政部	女	¥6,000	1997/7	19	24
000020	丁琴	文秘部	女	¥2,500	2003/1	13	18
000029	王鸣	市场部	男	¥4,000	2002/7	14	19
000028	王梓	研发部	男	¥6,000	1995/8	21	26
000024	白雪	市场部	女	¥4,300	2003/5	13	18
000014	刘佳	人力资源部	男	¥6,000	2001/1	15	20
000011	刘健	产品开发部	男	¥6,000	1997/2	19	24
000005	刘繁	企划部	女	¥2,300	2003/5	13	18
000026	阮贸	研发部	男	¥6,000	1995/7	21	26
000025	孙民	市场部	男	¥5,000	2003/4	13	18
000012	苏江	行政部	男	¥5,500	1995/4	21	26
000002	苏杨	行政部	男	¥6,500	2004/1	12	17
000001	李海	广告部	男	¥6,000	2001/9	15	20

4.2.4　自定义排序

自定义排序是按照自行设定的顺序对工作表中的数据进行排序的一种方式。下面将介绍自定义排序的方法，具体操作步骤如下。

原始文件：下载资源\实例文件\原始文件\第4章\员工资料表.xlsx

最终文件：下载资源\实例文件\最终文件\第4章\自定义排序.xlsx

步骤01　单击“选项”命令

打开原始文件，单击“文件”按钮，在弹出的菜单中单击“选项”命令，如下图所示。

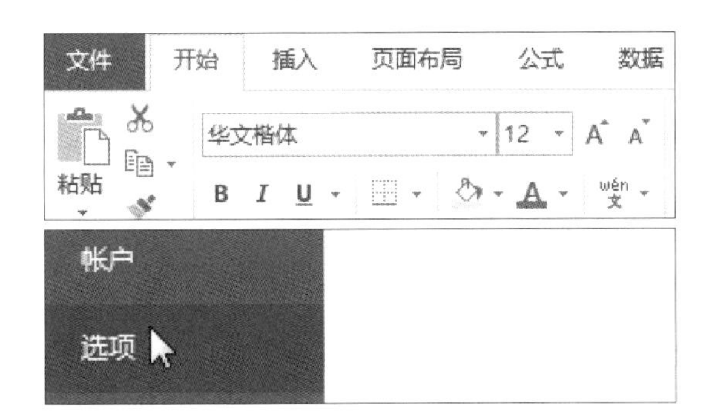

步骤02　自定义列表

弹出“Excel 选项”对话框，单击左侧列表框中的“高级”选项，在右侧的“常规”选项组中单击“编辑自定义列表”按钮，如下图所示。

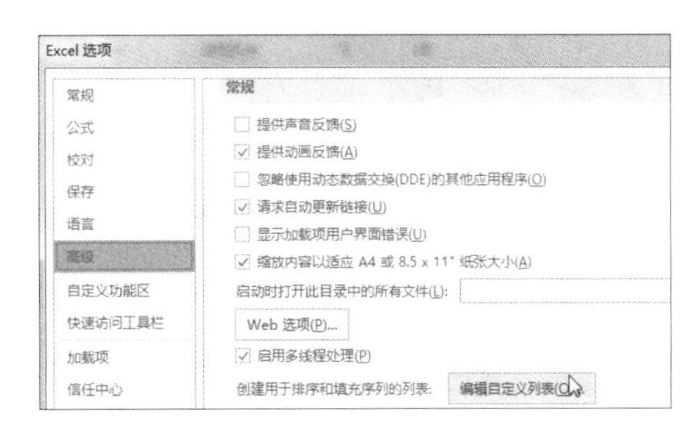

步骤03　输入自定义序列

弹出“自定义序列”对话框，在“输入序列”列表框中输入自定义序列（使用【Enter】键换行），输入完毕后单击“添加”按钮，如下图所示。

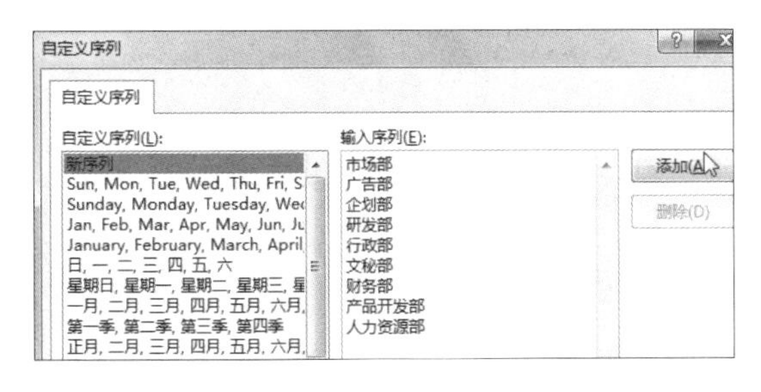

步骤04　查看输入的序列

添加后，在“自定义序列”列表框中显示了添加的序列，然后单击“确定”按钮，如下图所示。

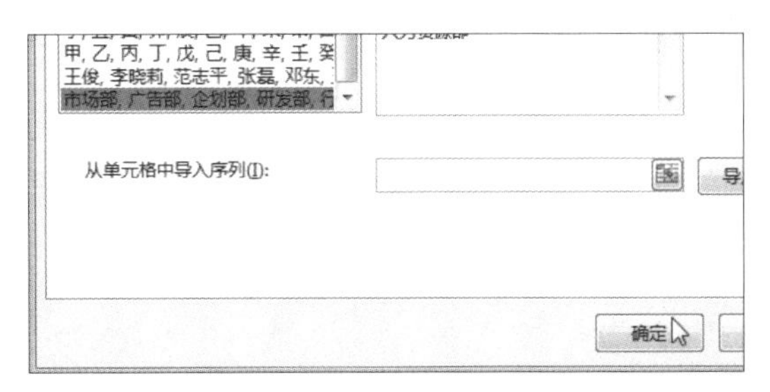

步骤05 单击“自定义排序”选项

返回“Excel选项”对话框中，继续单击“确定”按钮，返回工作表中，单击“开始”选项卡下“编辑”组中的“排序和筛选”按钮，在展开的下拉列表中单击“自定义排序”选项，如下图所示。

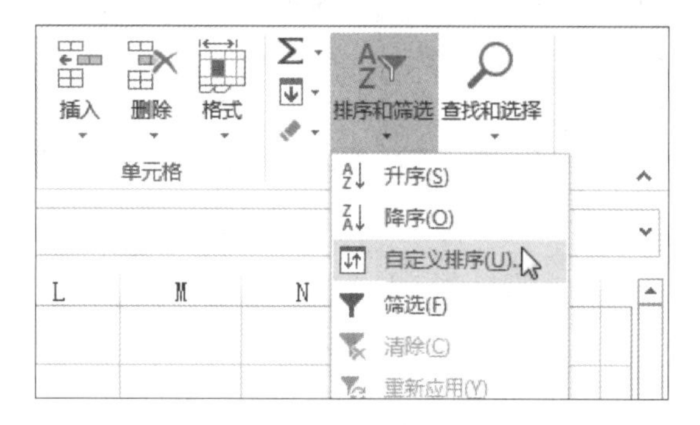

步骤06 设置排序方式

弹出“排序”对话框，设置“主要关键字”为“所属部门”，然后单击“次序”下三角按钮，在展开的下拉列表中单击“自定义序列”选项，如下图所示。

步骤07 选择自定义序列

弹出“自定义序列”对话框，选择“自定义序列”列表框中步骤03添加的序列，如下图所示，然后单击“确定”按钮。

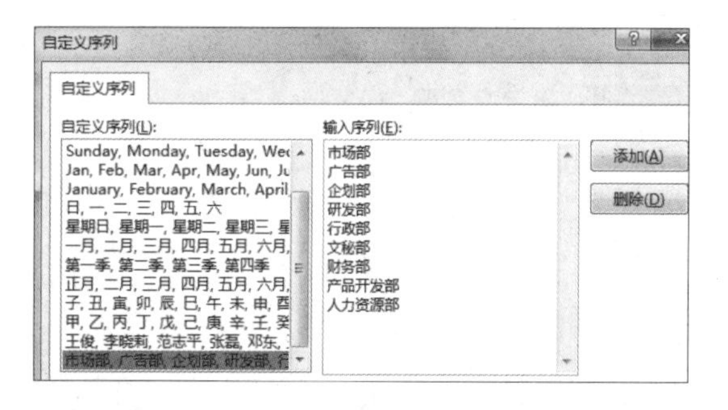

步骤08 查看自定义排序结果

继续单击“排序”对话框中的“确定”按钮，返回工作表中，此时，表格中的数据按照自定义的序列进行了排序，如下图所示。

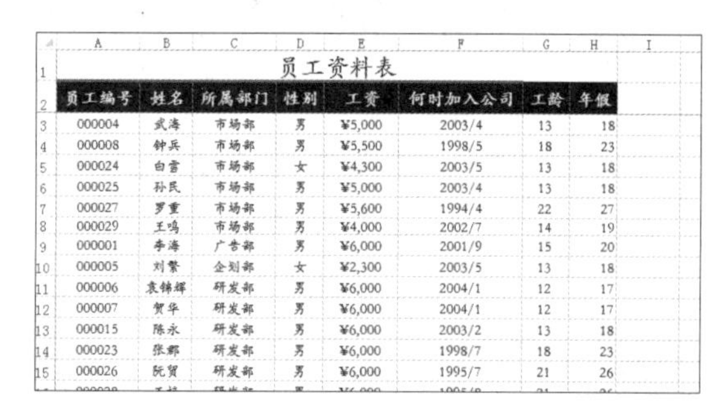

员工资料表

员工编号	姓名	所属部门	性别	工资	何时加入公司	工龄	年假
000004	武海	市场部	男	¥5,000	2003/4	13	18
000008	钟兵	市场部	男	¥5,500	1998/5	18	23
000024	白雪	市场部	女	¥4,300	2003/5	13	18
000025	孙民	市场部	男	¥5,000	2003/4	13	18
000027	罗重	市场部	男	¥5,600	1994/4	22	27
000029	王鸣	市场部	男	¥4,000	2002/7	14	19
000001	李海	广告部	男	¥6,000	2001/9	15	20
000005	刘繁	企划部	女	¥2,300	2003/5	13	18
000006	袁锦辉	研发部	男	¥6,000	2004/1	12	17
000007	贺华	研发部	男	¥6,000	2004/1	12	17
000015	陈永	研发部	男	¥6,000	2003/2	13	18
000023	张郡	研发部	男	¥6,000	1998/7	18	23
000026	阮贸	研发部	男	¥6,000	1995/7	21	26

知识补充 删除排序条件

当不需要对某项字段进行排序时，在“排序”对话框中选择对应字段，单击“删除条件”按钮即可。

4.3 数据的筛选

数据筛选功能可以快速将所需数据从工作表或者工作簿中挑选出来。数据的筛选分为自动筛选、自定义筛选和高级筛选。其中自动筛选指的是用户不需要对数据进行设置，系统将自动为所选的内容添加筛选的条件，用户可以选择筛选的条件，也就是接下来要介绍的简单筛选、搜索筛选和颜色筛选；复杂筛选就需要根据用户设定的条件对数据进行筛选，也就是所谓的自定义筛选；高级筛选是条件最复杂的筛选方式。每种筛选方式都有不同的应用范围，本节将详细介绍对数据进行筛选的方法。

4.3.1 简单筛选

简单筛选不需要用户设置筛选条件中的逻辑关系，Excel将自动为所选内容添加筛选条件，用户只需选择需要显示的值，具体操作步骤如下。

原始文件： 下载资源\实例文件\原始文件\第4章\年度考核表.xlsx
最终文件： 下载资源\实例文件\最终文件\第4章\文本筛选.xlsx

步骤01　启动“筛选”功能

打开原始文件，选中需要筛选的数据单元格，然后单击“数据”选项卡下“排序和筛选”组中的“筛选”按钮，如下图所示。

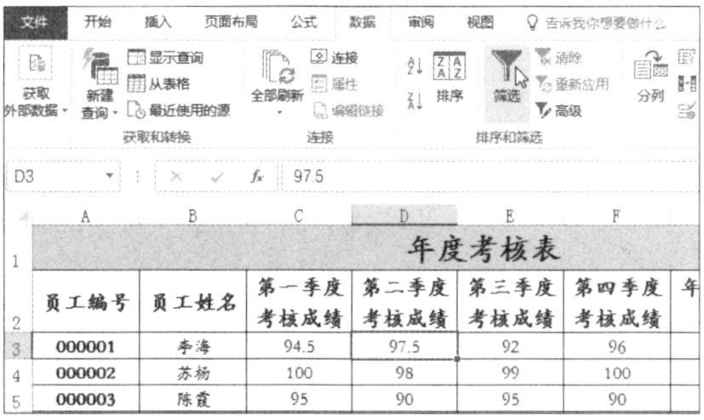

步骤02　查看效果

启动筛选功能后，可看到标题行单元格区域A2:I2 中的每个单元格都显示了筛选按钮，如下图所示。

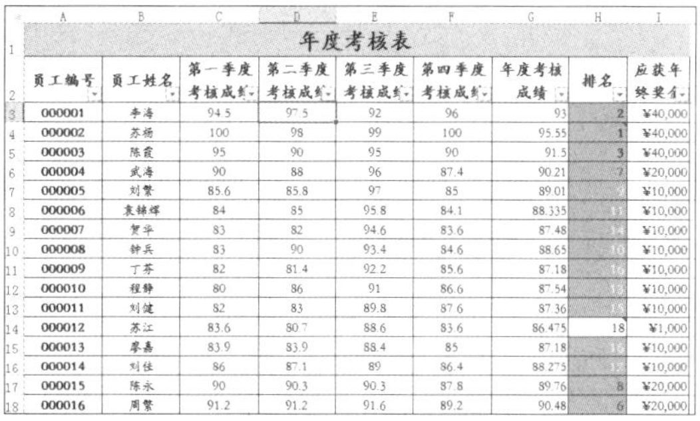

步骤03　勾选筛选条件

选择要筛选的字段，如单击“应获年终奖金”右下角的筛选按钮，在展开的下拉列表中首先取消勾选“（全选）”复选框，然后勾选需要筛选出的数据要满足的条件，如勾选“¥40,000”复选框，如下图所示。

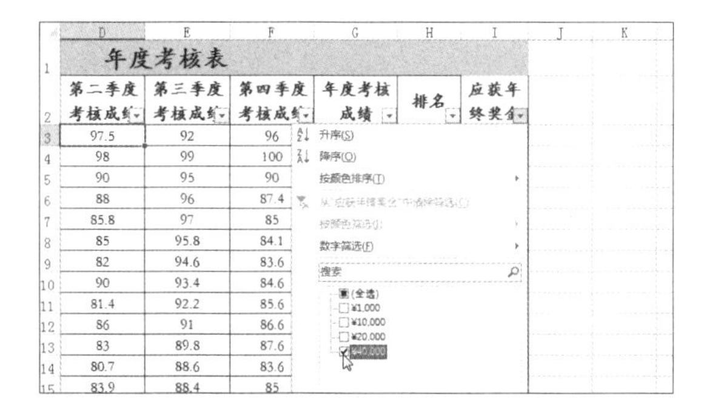

步骤04　查看筛选结果

单击“确定”按钮，返回工作簿窗口，此时的工作表中只显示了年终奖为 40000 元的员工的数据信息，其他数据信息则被隐藏了，如下图所示。

4.3.2　搜索筛选

当筛选的字段选项过多时，选择起来很不方便，此时可利用筛选功能中的智能搜索框，输入关键字搜索筛选条件，实现方便、快捷的筛选。

原始文件： 下载资源\实例文件\原始文件\第4章\年度考核表.xlsx
最终文件： 下载资源\实例文件\最终文件\第4章\搜索筛选.xlsx

步骤01　输入关键字

打开原始文件，启动筛选功能。单击“员工姓名”右下角的筛选按钮，在展开的下拉列表的搜索栏中输入关键字，如输入“刘”，此时下方显示出所有姓刘的员工，然后取消勾选“（选择所有搜索结果）”复选框，再勾选“刘佳”复选框，如下左图所示。

步骤02 查看筛选结果

单击“确定”按钮后，返回工作表中，此时表中只显示了“刘佳”的数据信息，其他员工的数据信息都被隐藏了，如下右图所示。

员工编号	员工姓名	第一季度考核成绩	第二季度考核成绩	第三季度考核成绩
000014	刘佳	86	87.1	89

排名参照	年终奖金
1	¥40,000
4	¥20,000
9	¥10,000
17	¥1,000

4.3.3 颜色筛选

有时在对工作表中的数据进行筛查时，会对特殊单元格进行颜色标示，这样再次查看数据时，只需显示有标示的数据，方便对数据进行筛选。具体步骤如下。

原始文件： 下载资源\实例文件\原始文件\第4章\年度考核表.xlsx
最终文件： 下载资源\实例文件\最终文件\第4章\颜色筛选.xlsx

步骤01 选择筛选条件

打开原始文件，可看到“排名”列的数据设置了不同的字体颜色和填充颜色。启动筛选功能，单击“排名”字段右下角的筛选按钮，在展开的下拉列表中选择“按颜色筛选”选项，接着在展开的子列表中选择“按字体颜色筛选”中的“红色”，如下左图所示。

步骤02 查看筛选结果

此时的工作表中只显示了“排名”字段中字体颜色为红色的数据，如下右图所示。

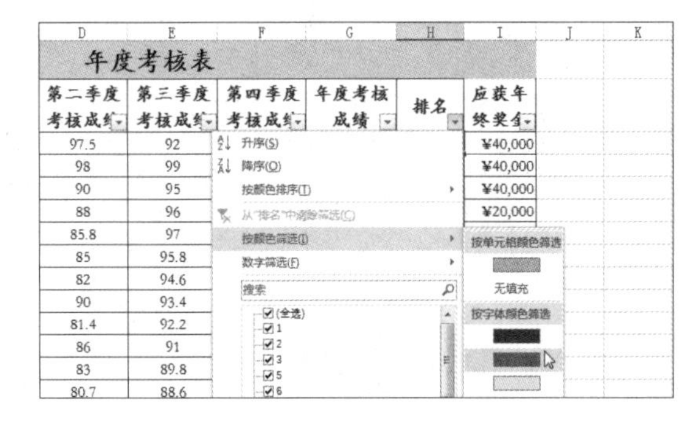

第一季度考核成绩	第二季度考核成绩	第三季度考核成绩	第四季度考核成绩	年度考核成绩	排名	应获年终奖金
90	88	96	87.4	90.21	7	¥20,000
90	90.3	90.3	87.8	89.76	8	¥20,000
91.2	91.2	91.6	89.2	90.48	6	¥20,000
88	93	94.2	89.7	90.735	5	¥20,000

排名参照	年终奖金
1	¥40,000
4	¥20,000
9	¥10,000
17	¥1,000

4.3.4 复杂筛选

若需要筛选出一定条件范围（如大于、小于或介与等）内的数据，则可以使用自定义筛选。通过“自定义自动筛选方式”对话框可以设置条件范围，具体操作步骤如下。

原始文件： 下载资源\实例文件\原始文件\第4章\年度考核表.xlsx
最终文件： 下载资源\实例文件\最终文件\第4章\自定义筛选.xlsx

步骤01　启动“筛选”功能

打开原始文件，选择任意单元格，切换至“数据”选项卡下，单击“排序和筛选”组中的“筛选”按钮，如下图所示。

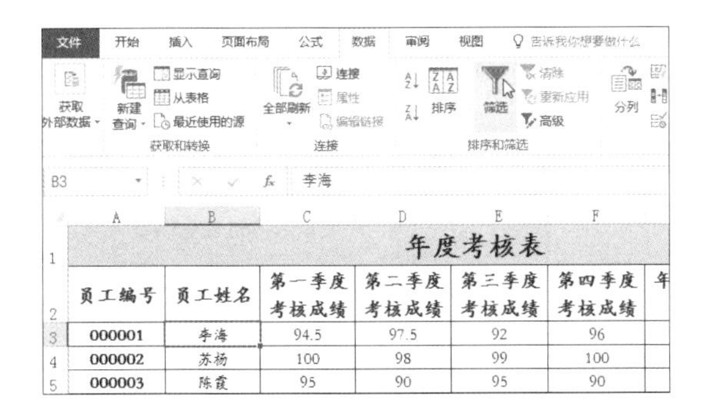

步骤02　选择筛选方式

单击“排名”字段右下角的筛选按钮，在展开的下拉列表中执行“数字筛选 > 自定义筛选”命令，如下图所示。

步骤03　设置筛选条件

弹出“自定义自动筛选方式”对话框，在“排名”选项组中设置筛选条件。这里设置筛选条件为等于 1 或小于 4，然后单击“确定”按钮，如下图所示。

步骤04　查看筛选结果

返回工作簿窗口中，此时的工作表中只显示了排名为 1 ～ 3 名的员工数据信息，其余数据都被隐藏了，如下图所示。

4.3.5　高级筛选

在一般的筛选条件满足不了用户的需求时，可选用较为复杂的高级筛选。下面将介绍对数据进行高级筛选的方法。

原始文件：下载资源\实例文件\原始文件\第4章\年度考核表.xlsx
最终文件：下载资源\实例文件\最终文件\第4章\高级筛选.xlsx

1　“与”条件筛选

“与”条件筛选即需要同时满足几个条件，有一个不满足都不能被选中。当筛选条件位于同行或同列时，筛选条件之间即为“与”的关系。下面介绍如何筛选出同时满足多个条件的数据，具体操作步骤如下。

步骤01　创建空白单元格

打开原始文件，在工作表上方插入几个空白行，如下左图所示。

步骤02 复制数据

选中单元格区域 A6:I6，将鼠标指针移至该选中区域的边框处，当鼠标指针呈十字箭头形状时，按住鼠标左键的同时按住【Ctrl】键拖动至第一行，此时表格中的标题行数据被复制到了第一行，效果如下右图所示。

5	年度考核表					
6	员工编号	员工姓名	第一季度考核成绩	第二季度考核成绩	第三季度考核成绩	第四季度考核成绩
7	000001	李海	94.5	97.5	92	96
8	000002	苏杨	100	98	99	100
9	000003	陈霞	95	90	95	90
10	000004	武海	90	88	96	87.4
11	000005	刘繁	85.6	85.8	97	85
12	000006	袁锦辉	84	85	95.8	84.1

	A	B	C	D	E	F	G	H	I
1	员工编号	员工姓名	第一季度考核成绩	第二季度考核成绩	第三季度考核成绩	第四季度考核成绩	年度考核成绩	排名	应获年终奖金
5	年度考核表								
6	员工编号	员工姓名	第一季度考核成绩	第二季度考核成绩	第三季度考核成绩	第四季度考核成绩	年度考核成绩	排名	应获年终奖金
7	000001	李海	94.5	97.5	92	96	93	2	¥40,000
8	000002	苏杨	100	98	99	100	95.55	1	¥40,000
9	000003	陈霞	95	90	95	90	91.5	3	¥40,000
10	000004	武海	90	88	96	87.4	90.21	7	¥20,000
11	000005	刘繁	85.6	85.8	97	85	89.01	[illegible]	¥10,000
12	000006	袁锦辉	84	85	95.8	84.1	88.335	[illegible]	¥10,000
13	000007	贺华	83	82	94.6	83.6	87.48	[illegible]	¥10,000
14	000008	钟兵	83	90	93.4	84.6	88.65	[illegible]	¥10,000
15	000009	丁芬	82	81.4	92.2	85.6	87.18	[illegible]	¥10,000
16	000010	程静	80	86	91	86.6	87.54	[illegible]	¥10,000
17	000011	刘健	82	83	89.8	87.6	87.36	[illegible]	¥10,000

步骤03 输入筛选条件

在单元格区域 F2:H2 中输入筛选条件，如设置第四季度考核成绩大于 80、年度考核成绩大于 85、排名小于 10，如下图所示。

	D	E	F	G	H	I
1	第二季度考核成绩	第三季度考核成绩	第四季度考核成绩	年度考核成绩	排名	应获年终奖金
2			>80	>85	<10	
5	年度考核表					
6	第二季度考核成绩	第三季度考核成绩	第四季度考核成绩	年度考核成绩	排名	应获年终奖金
7	97.5	92	96	93	2	¥40,000
8	98	99	100	95.55	1	¥40,000
9	90	95	90	91.5	3	¥40,000
10	88	96	87.4	90.21	7	¥20,000

步骤04 打开“高级筛选”对话框

选择待筛选的数据区域内的任意单元格，切换至“数据”选项卡，单击“排序和筛选”组中的“高级”按钮，如下图所示。

文件 开始 插入 页面布局 公式 数据 审阅 视图 告诉我你想

获取外部数据 新建查询 显示查询 从表格 最近使用的源 获取和转换 全部刷新 连接 属性 编辑链接 连接 排序 筛选 清除 重新应用 高级 排序和筛选

D11 85.8

	D	E	F	G	H	I
1	第二季度考核成绩	第三季度考核成绩	第四季度考核成绩	年度考核成绩	排名	应获年终奖金
2			>80	>85	<10	

步骤05 设置条件区域

弹出“高级筛选”对话框，在“列表区域”文本框中自动填充了数据区域，单击“条件区域”右侧的折叠按钮，如下图所示。

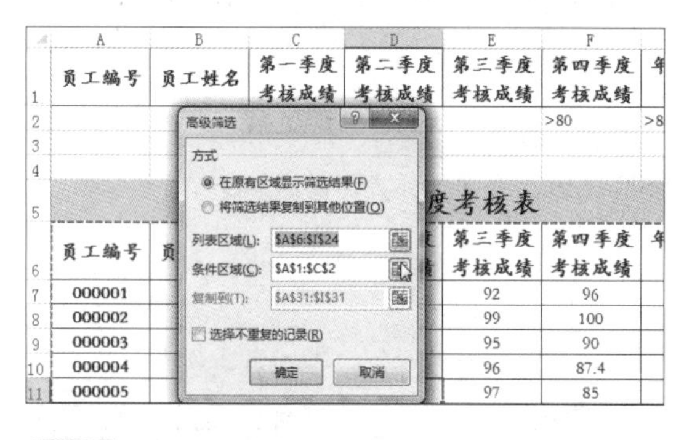

步骤06 设置筛选条件

在工作表中拖动选中单元格区域 F1:H2，然后再次单击对话框中的折叠按钮，如下图所示。

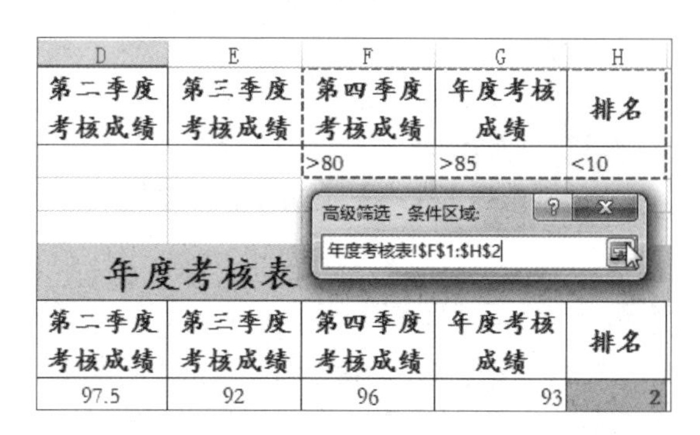

步骤07 确定筛选设置

返回“高级筛选”对话框中，确认列表区域与条件区域设置无误，然后单击“确定”按钮，如下左图所示。

步骤08　显示筛选结果

返回工作簿窗口，此时工作表中仅显示了排名小于 10、且第四季度考核成绩大于 80、而年度考核成绩大于 85 的员工数据信息，如下右图所示。

年度考核表

员工姓名	第一季度考核成绩	第二季度考核成绩	第三季度考核成绩	第四季度考核成绩	年度考核成绩	排名	应获年终奖金
李海	94.5	97.5	92	96	93	2	¥40,000
苏杨	100	98	99	100	95.55	1	¥40,000
陈霞	95	90	95	90	91.5	3	¥40,000
武海	90	88	96	87.4	90.21	7	¥20,000
刘繁	85.6	85.8	97	85	89.01	9	¥10,000
陈永	90	90.3	90.3	87.8	89.76	8	¥20,000
周繁	91.2	91.2	91.6	89.2	90.48	6	¥20,000
周波	95	92.1	92.9	90	91.5	3	¥40,000
熊亮	88	93	94.2	89.7	90.735	5	¥20,000

2 “或”条件筛选

除了“与”条件外，还有“或”条件，“或”条件表示几个条件中只要有一个满足即可被筛选出来。下面通过实例介绍“或”条件筛选的具体操作。

步骤01　清除筛选

继续之前的操作，进行其他条件筛选前，首先清除当前的筛选条件，让数据全部显示。单击“数据”选项卡下“排序和筛选”组中的“清除”按钮，如下图所示。

步骤02　输入筛选条件

更改数据筛选条件，在单元格区域 F2:H4 中输入如下图所示的条件。

第二季度考核成绩	第三季度考核成绩	第四季度考核成绩	年度考核成绩	排名	应获年终奖金
		>85			
			>90		
				<10	

年度考核表

第二季度考核成绩	第三季度考核成绩	第四季度考核成绩	年度考核成绩	排名	应获年终奖金
97.5	92	96	93	2	¥40,000
98	99	100	95.55	1	¥40,000
90	95	90	91.5	3	¥40,000
88	96	87.4	90.21	7	¥20,000

步骤03　启动高级筛选功能

切换至“数据”选项卡下，单击“排序和筛选”组中的“高级”按钮，如下图所示。

步骤04　设置高级筛选条件

弹出“高级筛选”对话框，单击“将筛选结果复制到其他位置”单选按钮，设置“列表区域”为单元格区域 A6:I24，“条件区域”为单元格区域 F1:H4，“复制到”为单元格 A31，最后单击“确定”按钮，如下图所示。

步骤05 查看筛选结果

返回工作簿窗口，此时工作表以单元格 A31 为起点显示了筛选出的数据信息，如右图所示。

			9	¥10,000			
			17	¥1,000			
员工编号	员工姓名	第一季度考核成绩	第二季度考核成绩	第三季度考核成绩	第四季度考核成绩	年度考核成绩	排名
000001	李海	94.5	97.5	92	96	93	2
000002	苏杨	100	98	99	100	95.55	1
000003	陈霞	95	90	95	90	91.5	3
000004	武海	90	88	96	87.4	90.21	7
000005	刘繁	85.6	85.8	97	85	89.01	9
000009	丁芬	82	81.4	92.2	85.6	87.18	16
000010	程静	80	86	91	86.6	87.54	13
000011	刘健	82	83	89.8	87.6	87.36	15
000014	刘佳	86	87.1	89	86.4	88.275	12
000015	陈永	90	90.3	90.3	87.8	89.76	8
000016	周繁	91.2	91.2	91.6	89.2	90.48	6
000017	周波	95	92.1	92.9	90	91.5	3
000018	熊亮	88	93	94.2	89.7	90.735	5

知识补充 混合条件筛选

高级筛选条件中的“或”条件和“与”条件还可以结合使用，即筛选条件中的逻辑关系既有“或”又有“与”。筛选过程大同小异，只需注意条件的行列位置、结合实际情况合理地选用筛选条件即可。

4.4 数据的分类汇总

分类汇总就是将工作表中的某些数据进行分类并且汇总后显示出来，汇总方式包括求和、计数、求平均值等。在进行数据总结、求平均值及统计等方面运用分类汇总，可以让工作非常方便快捷。本节介绍如何对数据进行分类汇总，包括创建单项汇总表、创建多项汇总表、创建嵌套分类汇总、删除分类汇总、分组显示汇总等。

4.4.1 创建单项汇总表

分类汇总根据汇总项的多少分为单项汇总和多项汇总，其中最简单的是仅对某一项数据进行汇总。需要注意的是，进行数据汇总前，都应先对汇总对象进行排序。下面介绍对单项数据进行汇总的方法，具体操作步骤如下。

原始文件：下载资源\实例文件\原始文件\第4章\车辆管理表.xlsx

最终文件：下载资源\实例文件\最终文件\第4章\创建单项汇总表.xlsx

步骤01 切换至相应选项卡

打开原始文件，如需对“调用部门”数据列进行汇总，则首先对该列排序，由于原始文件中已排序，这里直接选择该列中的任意单元格，如选择单元格 D3，如下图所示。

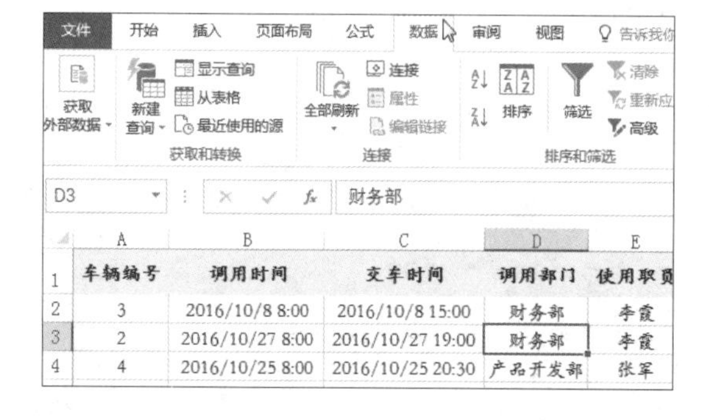

步骤02 启动“分类汇总”功能

单击“数据”选项卡下“分级显示”组中的“分类汇总”按钮，如下图所示。

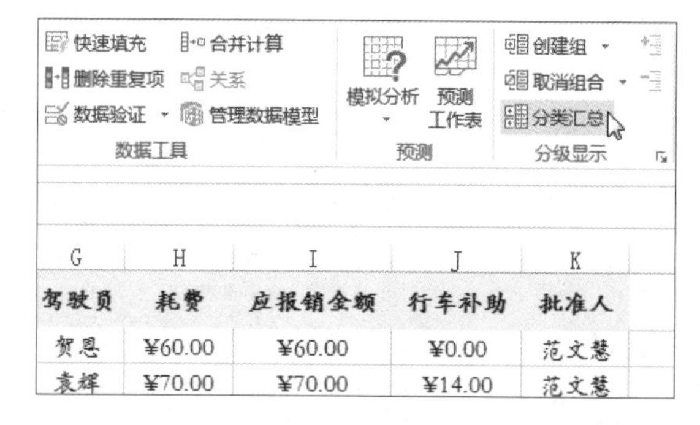

步骤03　选择分类字段

弹出“分类汇总”对话框，单击“分类字段”下拉列表框右侧的下三角按钮，在展开的下拉列表中选择“调用部门”选项，如下左图所示。

步骤04　选择汇总方式

单击“汇总方式”下拉列表框右侧的下三角按钮，在展开的下拉列表中单击“求和”选项，如下中图所示。

步骤05　选择汇总项

在“选定汇总项”列表框中勾选“耗费”复选框，然后单击“确定”按钮，如下右图所示。

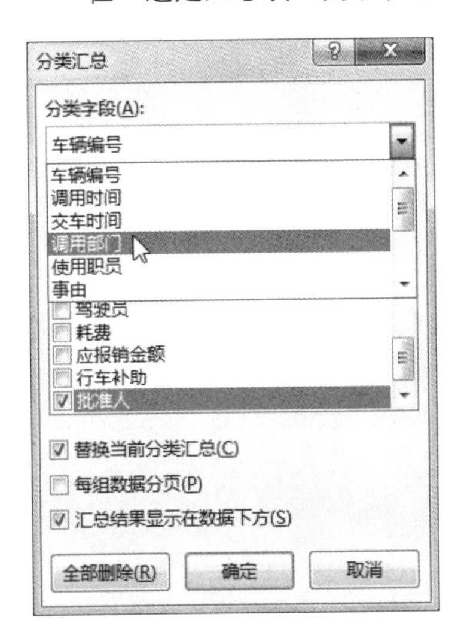

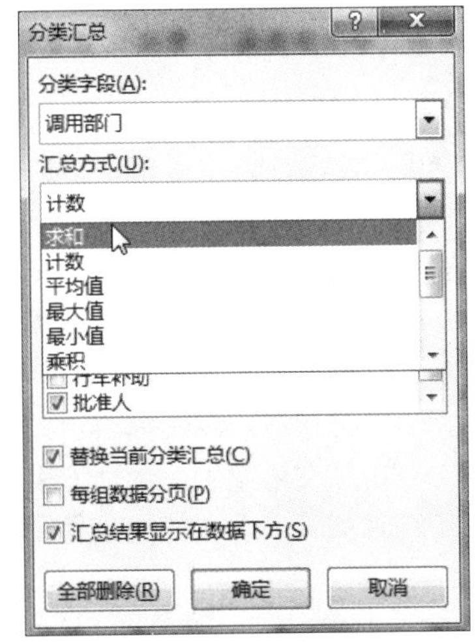

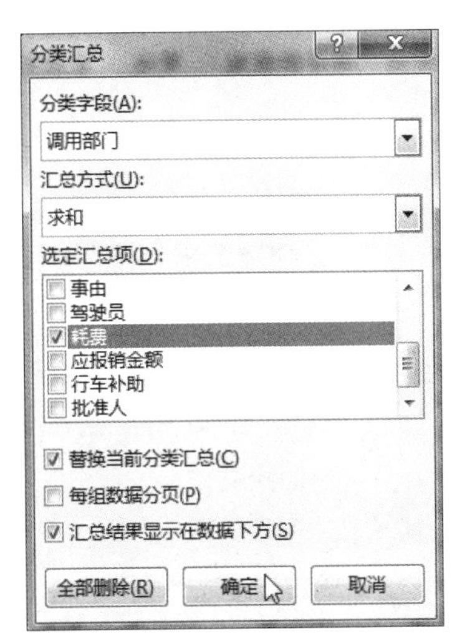

步骤06　显示分类汇总效果

返回工作簿窗口，在工作表中可看到对原工作表中的“耗费”项按照“调用部门”进行了分类求和汇总，效果如下图所示。

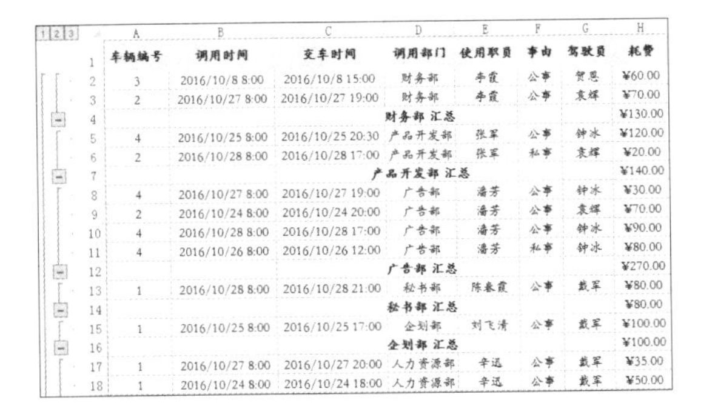

	A	B	C	D	E	F	G	H
1	车辆编号	调用时间	交车时间	调用部门	使用职员	事由	驾驶员	耗费
2	3	2016/10/8 8:00	2016/10/8 15:00	财务部	李霞	公事	贺恩	¥60.00
3	2	2016/10/27 8:00	2016/10/27 19:00	财务部	李霞	公事	袁辉	¥70.00
4				财务部 汇总				¥130.00
5	4	2016/10/25 8:00	2016/10/25 20:30	产品开发部	张军	公事	钟冰	¥120.00
6	2	2016/10/28 8:00	2016/10/28 17:00	产品开发部	张军	私事	袁辉	¥20.00
7				产品开发部 汇总				¥140.00
8	4	2016/10/27 8:00	2016/10/27 19:00	广告部	潘芳	公事	钟冰	¥30.00
9	2	2016/10/24 8:00	2016/10/24 20:00	广告部	潘芳	公事	袁辉	¥70.00
10	4	2016/10/28 8:00	2016/10/28 17:00	广告部	潘芳	公事	钟冰	¥90.00
11	4	2016/10/26 8:00	2016/10/26 12:00	广告部	潘芳	私事	钟冰	¥80.00
12				广告部 汇总				¥270.00
13	1	2016/10/28 8:00	2016/10/28 21:00	秘书部	陈春霞	公事	戴军	¥80.00
14				秘书部 汇总				¥80.00
15	1	2016/10/25 8:00	2016/10/25 17:00	企划部	刘飞清	公事	戴军	¥100.00
16				企划部 汇总				¥100.00
17	1	2016/10/27 8:00	2016/10/27 20:00	人力资源部	辛迅	公事	戴军	¥35.00
18	1	2016/10/24 8:00	2016/10/24 18:00	人力资源部	辛迅	公事	戴军	¥50.00

步骤07　查看总计项

若要查看耗费的总计项，单击工作表左上角的数字“1”按钮，即可在工作表中看到各部门的耗费总计项，如下图所示。

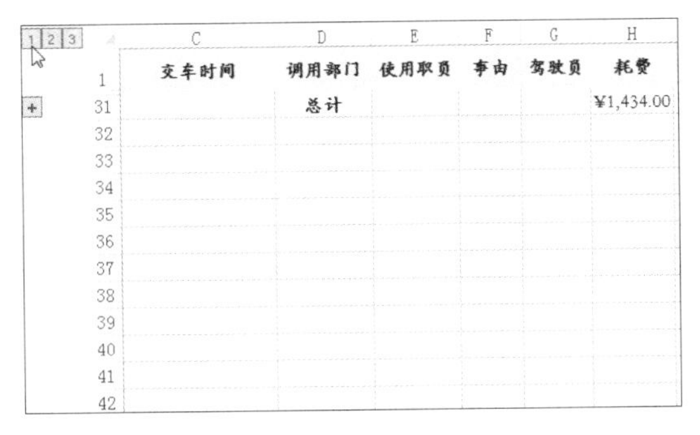

	C	D	E	F	G	H
1	交车时间	调用部门	使用职员	事由	驾驶员	耗费
31		总计				¥1,434.00
32						
33						
34						
35						
36						
37						
38						
39						
40						
41						
42						

步骤08　查看各部门汇总项

单击工作表左上角的数字“2”按钮，则该汇总表只显示第二级汇总项数据，即各个部门的汇总情况，如右图所示。

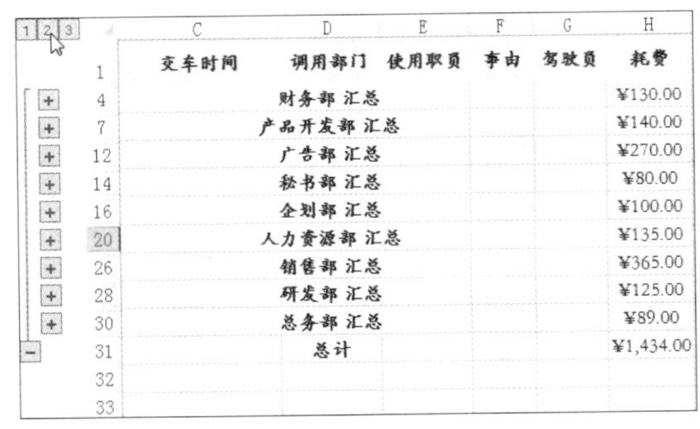

	C	D	E	F	G	H
1	交车时间	调用部门	使用职员	事由	驾驶员	耗费
4		财务部 汇总				¥130.00
7		产品开发部 汇总				¥140.00
12		广告部 汇总				¥270.00
14		秘书部 汇总				¥80.00
16		企划部 汇总				¥100.00
20		人力资源部 汇总				¥135.00
26		销售部 汇总				¥365.00
28		研发部 汇总				¥125.00
30		总务部 汇总				¥89.00
31		总计				¥1,434.00
32						
33						

步骤09 查看汇总项详情

要想查看某个汇总项中的详细数据，则单击该数据组前面的“+”按钮，即可展开该组数据，展开后“+”按钮变为“-”按钮，如下图所示。

步骤10 查看全部数据

单击工作表左上角的“3”按钮，即可显示各个部门的汇总项的详细情况，如下图所示。

	C	D	E	F	G	H
1	交车时间	调用部门	使用职员	事由	驾驶员	耗费
2	2016/10/8 15:00	财务部	李霞	公事	贺恩	¥60.00
3	2016/10/27 19:00	财务部	李霞	公事	袁辉	¥70.00
4		财务部 汇总				¥130.00
5	2016/10/25 20:30	产品开发部	张军	公事	钟冰	¥120.00
6	2016/10/28 17:00	产品开发部	张军	私事	袁辉	¥20.00
7		产品开发部 汇总				¥140.00
8	2016/10/27 19:00	广告部	潘芳	公事	钟冰	¥30.00
9	2016/10/24 20:00	广告部	潘芳	公事	袁辉	¥70.00
10	2016/10/28 17:00	广告部	潘芳	公事	钟冰	¥90.00
11	2016/10/26 12:00	广告部	潘芳	私事	钟冰	¥80.00
12		广告部 汇总				¥270.00
13	2016/10/28 21:00	秘书部	陈春霞	公事	戴军	¥80.00

4.4.2 创建多项汇总表

创建多项汇总表就是对一个对象中的多个选项进行汇总。下面将介绍创建多项汇总表的方法，具体操作步骤如下。

原始文件：下载资源\实例文件\原始文件\第4章\车辆管理表.xlsx

最终文件：下载资源\实例文件\最终文件\第4章\创建多项汇总表.xlsx

步骤01 启动“分类汇总”功能

打开原始文件，选中包含数据的任意单元格，然后切换至“数据”选项卡下，单击“分级显示”组中的“分类汇总”按钮，如下图所示。

步骤02 设置汇总条件

弹出“分类汇总”对话框，设置“分类字段”为“调用部门”，“汇总方式”为“求和”，“选定汇总项”为“耗费”“应报销金额”“行车补助”，如下图所示。

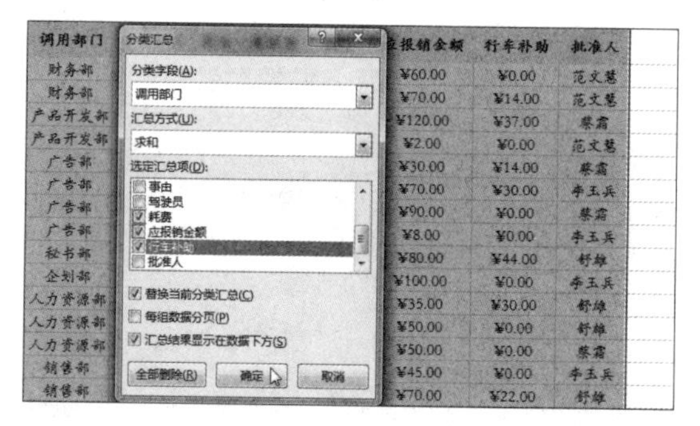

步骤03 查看汇总结果

单击“确定”按钮后，返回工作簿窗口，在工作表中显示了按照“调用部门”对“耗费”“应报销金额”“行车补助”进行求和汇总的情况，如右图所示。

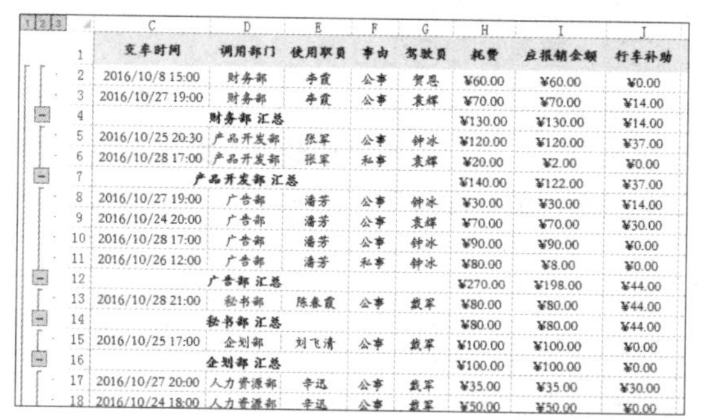

4.4.3　创建嵌套分类汇总

有时需要按多个字段进行逐级分类汇总，这时就可以创建嵌套分类汇总表。需要注意的是，在分类汇总之前，需要将多个分类字段进行排序，具体操作步骤如下。

原始文件： 下载资源\实例文件\原始文件\第4章\车辆管理表.xlsx

最终文件： 下载资源\实例文件\最终文件\第4章\创建嵌套分类汇总表.xlsx

步骤01　设置排序条件

打开原始文件，选择工作表中包含数据的任意单元格，打开“排序”对话框，在对话框中设置排序条件，最后单击“确定”按钮，如下左图所示。

步骤02　先按“调用部门”分类求和汇总

打开“分类汇总”对话框，设置“分类字段”为“调用部门”，“汇总方式”为“求和”，“选定汇总项”为“耗费”“应报销金额”，单击“确定”按钮，如下中图所示。

步骤03　再按“事由”分类求和汇总

再次打开“分类汇总”对话框，设置“分类字段”为“事由”，“汇总方式”为“求和”，“选定汇总项”为“耗费”“应报销金额”，取消勾选“替换当前分类汇总”复选框，最后单击“确定”按钮，如下右图所示。

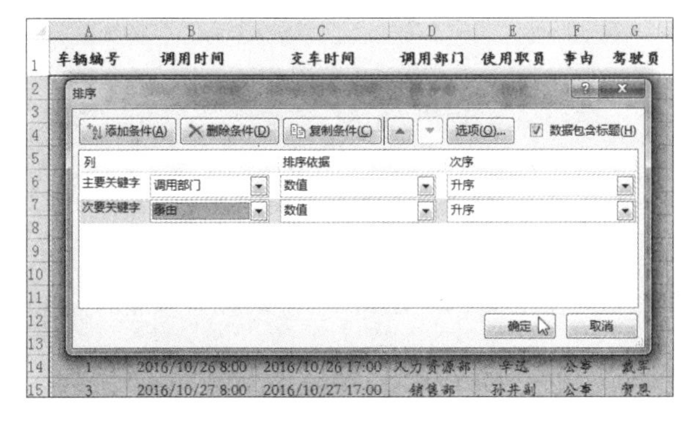

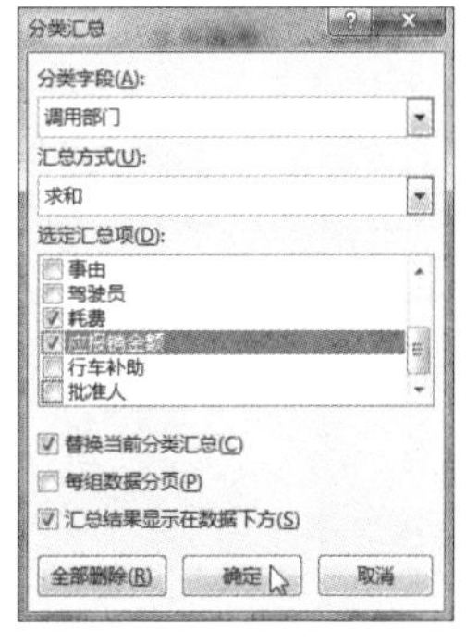

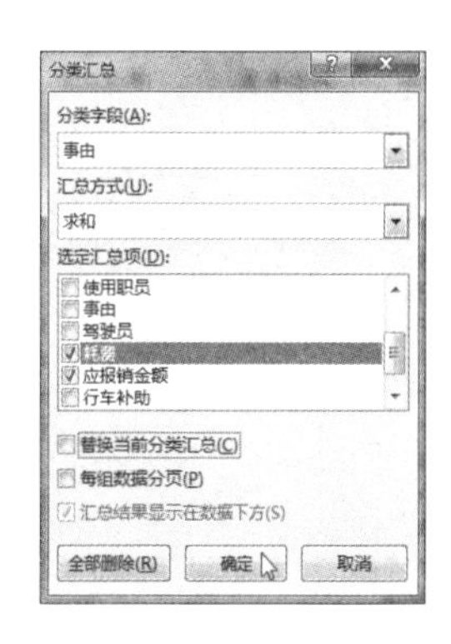

步骤04　查看嵌套分类汇总效果

返回工作簿窗口，可看到工作表中依次按照“调用部门”和“事由”项进行了分类汇总，效果如下图所示。

	C	D	E	F	G	H	I
1	交车时间	调用部门	使用职员	事由	驾驶员	耗费	应报销金额
2	2016/10/8 15:00	财务部	李霞	公事	贺恩	¥60.00	¥60.00
3	2016/10/27 19:00	财务部	李霞	公事	袁辉	¥70.00	¥70.00
4				公事 汇总		¥130.00	¥130.00
5		财务部 汇总				¥130.00	¥130.00
6	2016/10/25 20:30	产品开发部	张军	公事	钟冰	¥120.00	¥120.00
7				公事 汇总		¥120.00	¥120.00
8	2016/10/28 17:00	产品开发部	张军	私事	袁辉	¥20.00	¥2.00
9				私事 汇总		¥20.00	¥2.00
10		产品开发部 汇总				¥140.00	¥122.00
11	2016/10/27 19:00	广告部	潘芳	公事	钟冰	¥30.00	¥30.00
12	2016/10/24 20:00	广告部	潘芳	公事	袁辉	¥70.00	¥70.00
13	2016/10/28 17:00	广告部	潘芳	公事	钟冰	¥90.00	¥90.00
14				公事 汇总		¥190.00	¥190.00
15	2016/10/26 12:00	广告部	潘芳	私事	钟冰	¥80.00	¥8.00
16				私事 汇总		¥80.00	¥8.00

步骤05　查看三级汇总项

如只需查看各项汇总结果，则单击工作表左上角的数字“3”按钮，将显示三级汇总项，效果如下图所示。

	C	D	E	F	G	H	I
1	交车时间	调用部门	使用职员	事由	驾驶员	耗费	应报销金额
4				公事 汇总		¥130.00	¥130.00
5		财务部 汇总				¥130.00	¥130.00
7				公事 汇总		¥120.00	¥120.00
9				私事 汇总		¥20.00	¥2.00
10		产品开发部 汇总				¥140.00	¥122.00
14				公事 汇总		¥190.00	¥190.00
16				私事 汇总		¥80.00	¥8.00
17		广告部 汇总				¥270.00	¥198.00
19				公事 汇总		¥80.00	¥80.00
20		秘书部 汇总				¥80.00	¥80.00
22				公事 汇总		¥100.00	¥100.00
23		企划部 汇总				¥100.00	¥100.00
27				公事 汇总		¥135.00	¥135.00
28		人力资源部 汇总				¥135.00	¥135.00
33				公事 汇总		¥335.00	¥335.00

知识补充　汇总项的级数

在一个工作表中可以对更多的字段进行汇总，每增加一个分类字段，汇总表的等级就增加一级。

4.4.4 删除分类汇总

在对数据进行分类汇总以后，如果不再需要汇总表，可以将汇总表删除。下面将介绍删除汇总表的方法，具体操作步骤如下。

原始文件：下载资源\实例文件\原始文件\第4章\删除分类汇总.xlsx
最终文件：下载资源\实例文件\最终文件\第4章\删除分类汇总.xlsx

步骤01 选择单元格

打开原始文件，选中汇总表中包含数字的任意单元格，如下图所示。

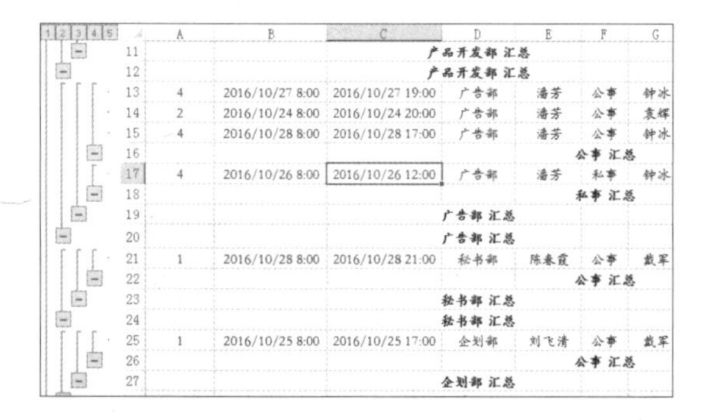

步骤02 删除分类汇总

打开“分类汇总”对话框，单击“全部删除”按钮，如下图所示。

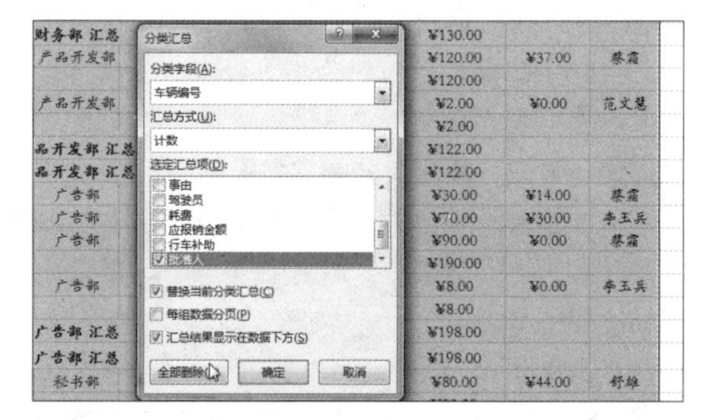

步骤03 查看效果

删除分类汇总后，返回工作表窗口，可看到工作表中的数据不再分类显示，效果如右图所示。

	A	B	C	D	E
1	车辆编号	调用时间	交车时间	调用部门	使用职员
2	3	2016/10/8 8:00	2016/10/8 15:00	财务部	李霞
3	2	2016/10/27 8:00	2016/10/27 19:00	财务部	李霞
4	4	2016/10/25 8:00	2016/10/25 20:30	产品开发部	张军
5	2	2016/10/28 8:00	2016/10/28 17:00	产品开发部	张军
6	4	2016/10/27 8:00	2016/10/27 19:00	广告部	潘芳
7	2	2016/10/24 8:00	2016/10/24 20:00	广告部	潘芳
8	4	2016/10/28 8:00	2016/10/28 17:00	广告部	潘芳
9	4	2016/10/26 8:00	2016/10/26 12:00	广告部	潘芳
10	1	2016/10/28 8:00	2016/10/28 21:00	秘书部	陈春霞
11	1	2016/10/25 8:00	2016/10/25 17:00	企划部	刘飞清
12	1	2016/10/27 8:00	2016/10/27 20:00	人力资源部	辛迅

4.4.5 分组显示汇总

分组显示就是为了使分类显示的各个部分更加清晰，在汇总表中添加“线”将其分开。下面将介绍两种分组显示的方法。

1 使用对话框建立分组显示

在“分类汇总”对话框中勾选“每组数据分页”复选框，即可建立分组显示，具体操作如下。

原始文件：下载资源\实例文件\原始文件\第4章\车辆管理表.xlsx
最终文件：下载资源\实例文件\最终文件\第4章\分组显示.xlsx

步骤01 选择单元格

打开原始文件，选中工作表中包含数据的任意单元格，如下左图所示。

步骤02 选择分组方式

打开“分类汇总”对话框，勾选“每组数据分页”复选框，然后单击“确定”按钮，如下右图所示。

	A	B	C	D
1	车辆编号	调用时间	交车时间	调用部门
2	3	2016/10/8 8:00	2016/10/8 15:00	财务部
3	2	2016/10/27 8:00	2016/10/27 19:00	财务部
4	4	2016/10/25 8:00	2016/10/25 20:30	产品开发部
5	2	2016/10/28 8:00	2016/10/28 17:00	产品开发部
6	4	2016/10/27 8:00	2016/10/27 19:00	广告部
7	2	2016/10/24 8:00	2016/10/24 20:00	广告部
8	4	2016/10/28 8:00	2016/10/28 17:00	广告部
9	4	2016/10/26 8:00	2016/10/26 12:00	广告部
10	1	2016/10/28 8:00	2016/10/28 21:00	秘书部

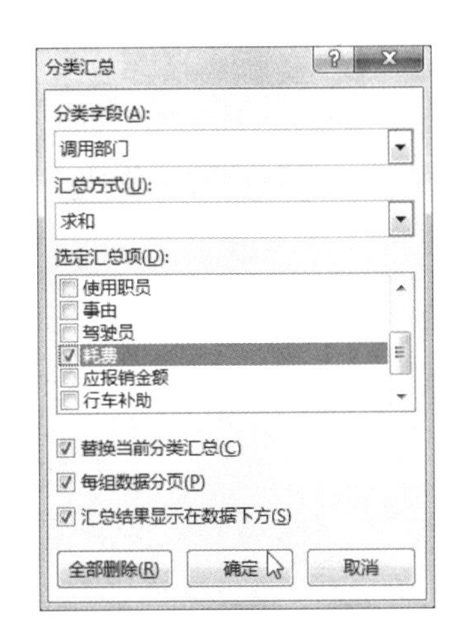

步骤03　查看分组显示效果

返回工作簿窗口，工作表中的数据显示如下图所示，每个汇总项下方都有明显的实线分隔。

	C	D	E	F	G	H
1	交车时间	调用部门	使用职员	事由	驾驶员	耗费
2	2016/10/8 15:00	财务部	李霞	公事	贺恩	¥60.00
3	2016/10/27 19:00	财务部	李霞	公事	袁辉	¥70.00
4		财务部 汇总				¥130.00
5	2016/10/25 20:30	产品开发部	张军	公事	钟冰	¥120.00
6	2016/10/28 17:00	产品开发部	张军	私事	袁辉	¥20.00
7		产品开发部 汇总				¥140.00
8	2016/10/27 19:00	广告部	潘芳	公事	钟冰	¥30.00
9	2016/10/24 20:00	广告部	潘芳	公事	袁辉	¥70.00
10	2016/10/28 17:00	广告部	潘芳	公事	钟冰	¥90.00
11	2016/10/26 12:00	广告部	潘芳	私事	钟冰	¥80.00
12		广告部 汇总				¥270.00
13	2016/10/28 21:00	秘书部	陈春霞	公事	戴军	¥80.00

步骤04　查看二级汇总项

单击工作表左上角的数字“2”按钮，此时只显示汇总项，隐藏明细项，如下图所示。

	C	D	E	F	G	H
1	交车时间	调用部门	使用职员	事由	驾驶员	耗费
4		财务部 汇总				¥130.00
7		产品开发部 汇总				¥140.00
12		广告部 汇总				¥270.00
14		秘书部 汇总				¥80.00
16		企划部 汇总				¥100.00
20		人力资源部 汇总				¥135.00
26		销售部 汇总				¥365.00
28		研发部 汇总				¥125.00
30		总务部 汇总				¥89.00
31		总计				¥1,434.00
32						
33						

2　使用自动建立分级显示功能

用户还可以使用 Excel 提供的自动建立分级显示功能，使用该功能之前，需要手动在表格中添加汇总行，具体操作步骤如下。

原始文件： 下载资源\实例文件\原始文件\第4章\车辆管理表.xlsx
最终文件： 下载资源\实例文件\最终文件\第4章\分组显示2.xlsx

步骤01　添加汇总行

打开原始文件，在需要汇总的数据下方插入空白行，然后输入汇总名称，再利用公式计算出指定字段的汇总数值，例如插入第 4 行，输入“财务部汇总”，计算出财务部的总耗费，对每个组进行相同操作，效果如下图所示。

	B	C	D	E	F	G	H
1	调用时间	交车时间	调用部门	使用职员	事由	驾驶员	耗费
2	2016/10/8 8:00	2016/10/8 15:00	财务部	李霞	公事	贺恩	¥60.00
3	2016/10/27 8:00	2016/10/27 19:00	财务部	李霞	公事	袁辉	¥70.00
4			财务部汇总				¥130.00
5	2016/10/25 8:00	2016/10/25 20:30	产品开发部	张军	公事	钟冰	¥120.00
6	2016/10/28 8:00	2016/10/28 17:00	产品开发部	张军	私事	袁辉	¥20.00
7			产品开发部汇总				¥140.00
8	2016/10/27 8:00	2016/10/27 19:00	广告部	潘芳	公事	钟冰	¥30.00
9	2016/10/24 8:00	2016/10/24 20:00	广告部	潘芳	公事	袁辉	¥70.00

步骤02　启动自动分级显示功能

切换至“数据”选项卡下，单击“分级显示”组中“创建组”右侧的下三角按钮，在展开的列表中单击“自动建立分级显示”选项，如下图所示。

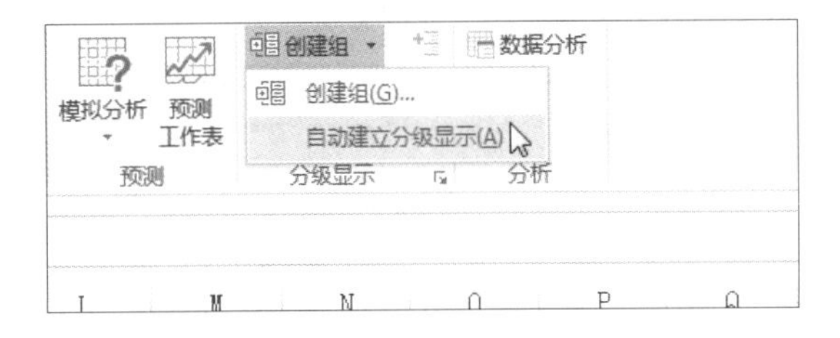

步骤03 **查看分级显示效果**

系统自动返回工作簿窗口，此时工作表中的数据依据创建的汇总行自动建立了分级显示，如下图所示。

	B	C	D	E	F	G
1	调用时间	交车时间	调用部门	使用职员	事由	驾驶员
2	2016/10/8 8:00	2016/10/8 15:00	财务部	李霞	公事	贺恩
3	2016/10/27 8:00	2016/10/27 19:00	财务部	李霞	公事	袁辉
4			财务部汇总			
5	2016/10/25 8:00	2016/10/25 20:30	产品开发部	张军	公事	钟冰
6	2016/10/28 8:00	2016/10/28 17:00	产品开发部	张军	私事	袁辉
7			产品开发部汇总			
8	2016/10/27 8:00	2016/10/27 19:00	广告部	潘芳	公事	钟冰
9	2016/10/24 8:00	2016/10/24 20:00	广告部	潘芳	公事	袁辉
10	2016/10/28 8:00	2016/10/28 17:00	广告部	潘芳	公事	钟冰
11	2016/10/26 8:00	2016/10/26 12:00	广告部	潘芳	私事	钟冰
12			广告部汇总			
13	2016/10/28 8:00	2016/10/28 21:00	秘书部	陈春霞	公事	戴军
14			秘书部汇总			

步骤04 **查看一级汇总项**

单击工作表左上角的数字“1”按钮，工作表中显示了每个汇总项的数据，如下图所示。

	B	C	D	E	F	G	H
1	调用时间	交车时间	调用部门	使用职员	事由	驾驶员	耗费
4			财务部汇总				¥130.00
7			产品开发部汇总				¥140.00
12			广告部汇总				¥270.00
13	2016/10/28 8:00	2016/10/28 21:00	秘书部	陈春霞	公事	戴军	¥80.00
14			秘书部汇总				¥80.00
15	2016/10/25 8:00	2016/10/25 17:00	企划部	刘飞清	公事	戴军	¥100.00
16			企划部汇总				¥100.00
20			人力资源部汇总				¥135.00
26			销售部汇总				¥365.00
27	2016/10/26 8:00	2016/10/26 19:00	研发部	刘鑫	公事	袁辉	¥125.00
28			研发部汇总				¥125.00
29	2016/10/25 8:00	2016/10/25 16:00	总务部	罗聪	公事	贺恩	¥89.00
30			总务部汇总				¥89.00
31							

实例演练：员工绩效排名与等级

本章主要介绍了 Excel 2016 中记录单的使用、数据排序与筛选的方法及分类汇总数据等内容。为了进一步巩固本章所学知识，加深理解和提高应用能力，接下来以分析员工绩效排名与等级工作表为例，综合应用本章知识点。

原始文件：下载资源\实例文件\原始文件\第4章\员工绩效排名与等级.xlsx
最终文件：下载资源\实例文件\最终文件\第4章\员工绩效排名与等级.xlsx

步骤01 **单击“记录单”按钮**

打开原始文件，首先将“记录单”按钮添加至快速访问工具栏中，然后选中工作表中的任意数据单元格，再单击“记录单”按钮，如下图所示。

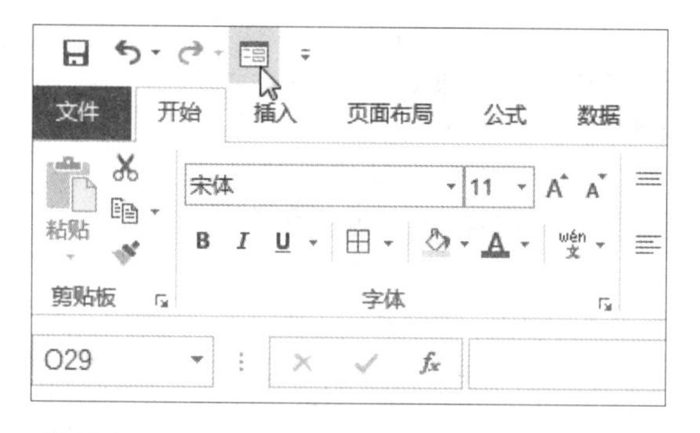

步骤02 **检查并修改数据**

弹出“Sheet1”对话框，单击“下一条”按钮，检查表格中的数据是否有漏写或错写的情况，然后修改销售员“周觅”的入职时间，单击“关闭”按钮，如下图所示。

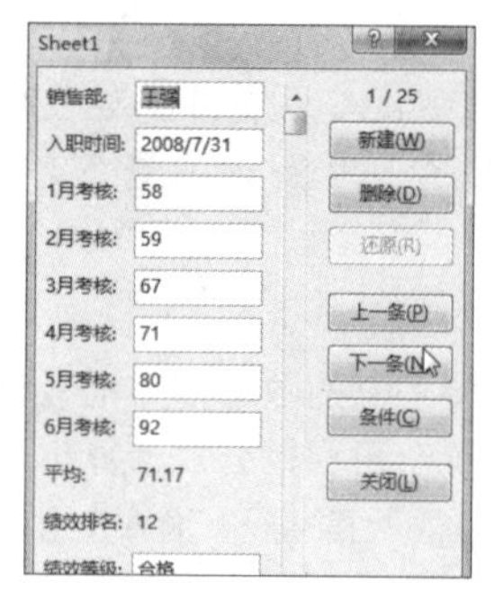

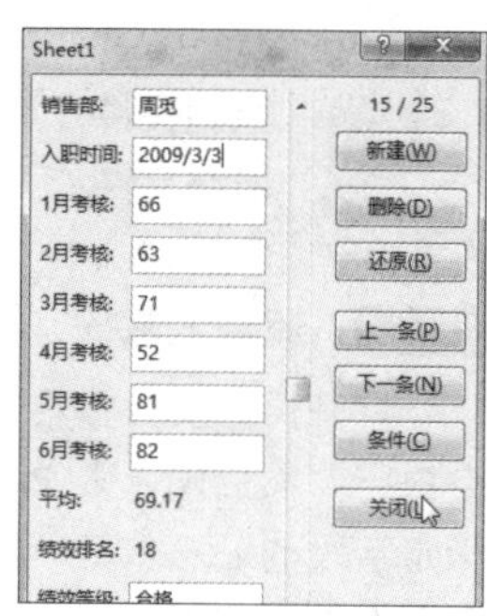

步骤03 **对数据进行排序**

选中表格中的任意数据单元格，然后单击“数据”选项卡下“排序和筛选”组中的“排序”按钮，如下左图所示。

步骤04 **设置筛选条件**

弹出“排序”对话框，单击“主要关键字”右侧的下三角按钮，在展开的下拉列表中选择“入职时间”，如下右图所示。

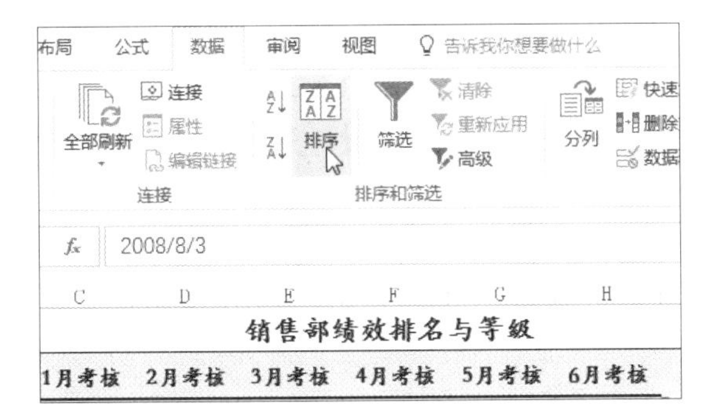

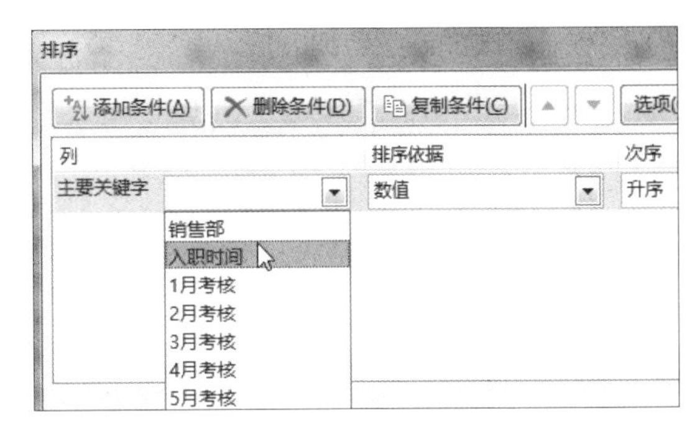

步骤05 添加排序条件

单击“添加条件”按钮，然后设置“次要关键字”为“1 月考核”，并设置两个关键字的排列次序都是降序，单击“确定”按钮，如下图所示。

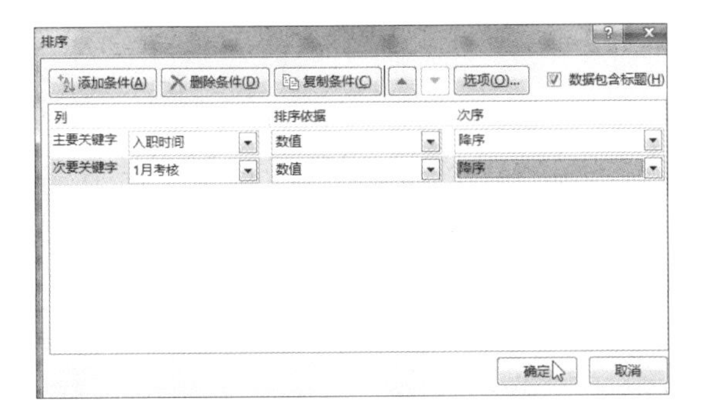

步骤06 查看排序后的工作表

返回工作表中，此时工作表中的数据按入职时间先后及 1 月考核成绩由高到低排列，如下图所示。

销售部绩效排名与等级

销售部	入职时间	1月考核	2月考核	3月考核	4月考核	5月考核	6月考
王志康	2012/11/02	89	88	90	95	78	86
周志华	2009/09/17	75	80	77	91	52	77
付佳欣	2009/09/10	69	74	93	57	89	88
杨立新	2009/07/31	77	88	54	62	89	94
吴凌霄	2009/07/31	60	53	81	73	72	79
朱太辉	2009/07/31	51	73	92	73	76	53
周志新	2009/07/17	74	66	92	94	64	58
黄莉莉	2009/07/17	72	59	56	84	60	80
蔡建军	2009/07/17	65	56	92	68	88	79
李兴民	2009/07/17	55	66	52	55	58	58
周宽	2009/03/03	66	63	71	52	81	82

步骤07 筛选数据

选中工作表中的任意数据单元格，然后单击“数据”选项卡下“排序和筛选”组中的“筛选”按钮，如下图所示。

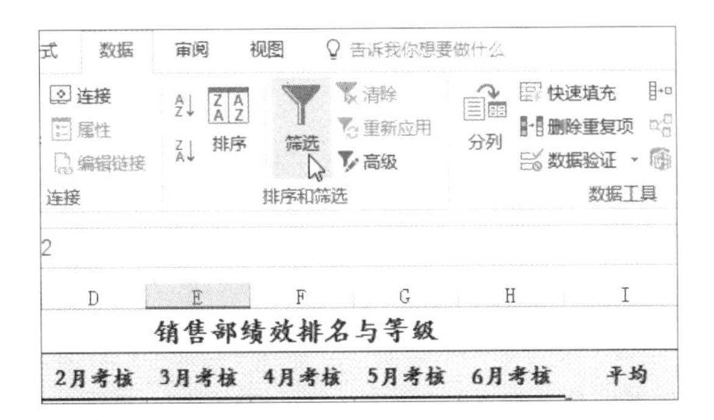

步骤08 选择筛选方式

此时工作表中第 2 行的字段都添加了筛选按钮，单击“1 月考核”筛选按钮，在展开的下拉列表中执行“数字筛选 > 大于或等于”命令，如下图所示。

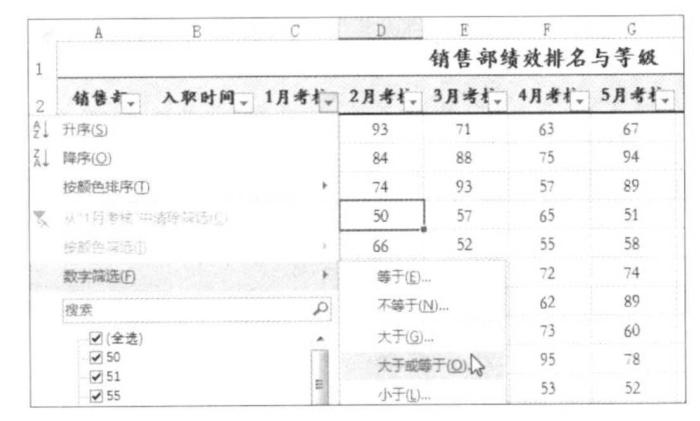

步骤09 设置筛选条件

弹出“自定义自动筛选方式”对话框，设置条件为大于或等于 80，然后单击“确定”按钮，如右图所示。

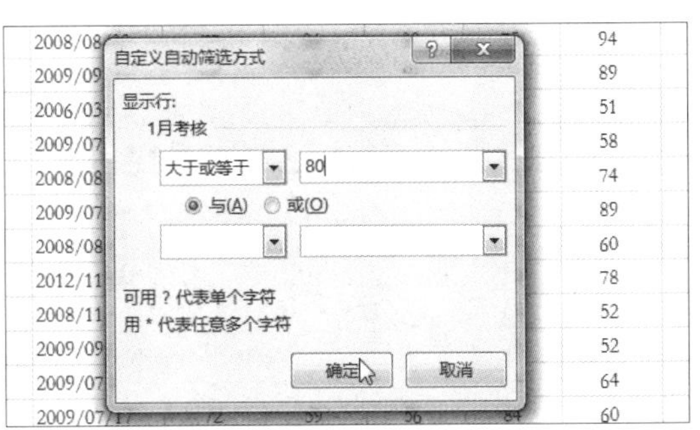

步骤10　查看筛选出的数据

返回工作表中，此时只显示了 1 月考核成绩大于或等于 80 的员工信息，如下图所示。

	A	B	C	D	E
1					销售部
2	销售部	入职时间	1月考核	2月考核	3月考核
3	何琳	2008/08/03	93	93	71
8	张东	2008/08/03	94	90	70
10	谢孝	2008/08/03	93	79	69
11	王志康	2012/11/02	89	88	90
28					
29					
30					

步骤11　分类汇总数据

对数据分类汇总时，首先清除表格中的所有筛选条件，然后对需要进行分类汇总的字段“绩效等级”进行升序排序，最后单击“数据”选项卡下“分级显示”组中的“分类汇总”按钮，如下图所示。

H	I	J	K	L	M
6月考核	平均	绩效排名	绩效等级		
71	74.17	10	合格		

步骤12　设置分类汇总条件

弹出“分类汇总”对话框，设置“分类字段”为“绩效等级”，“汇总方式”为“计数”，勾选“选定汇总项”选项组中的“绩效等级”单选按钮，最后单击“确定”按钮，如下左图所示。

步骤13　显示分类汇总结果

返回工作表中，此时工作表中的数据按照“合格”“良好”“需改进”和“优秀”4 个等级分别统计出了各等级的人数，如下右图所示。

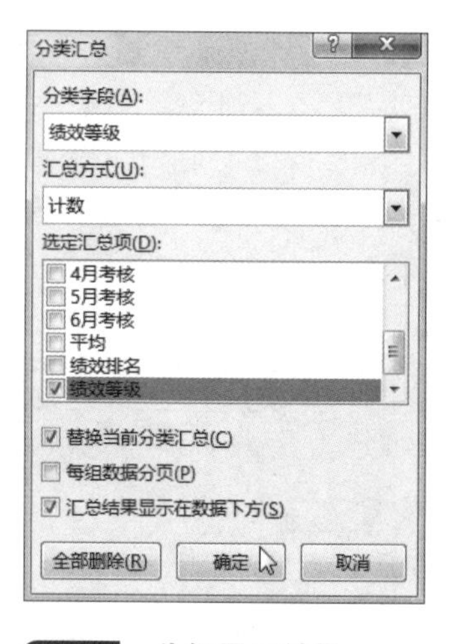

	D	E	F	G	H	I	J	K
11	56	79	64	83	64	66.17	23	合格
12	94	53	80	59	75	68.50	19	合格
13	66	92	94	64	58	74.67	8	合格
14	59	56	84	60	80	68.50	19	合格
15	56	92	68	88	79	74.67	8	合格
16	53	81	73	72	79	69.67	14	合格
17	73	92	73	76	53	69.67	14	合格
18	80	77	91	52	77	75.33	7	合格
19	88	90	95	78	86	87.67	1	合格
20	63	71	52	81	82	69.17	18	合格
21							合格 计数	18
22	90	70	72	74	55	75.83	6	良好
23	88	54	62	89	94	77.33	5	良好
24							良好 计数	2
25	50	57	65	51	75	59.50	24	需改进
26	66	52	55	58	58	57.33	25	需改进

步骤14　分级显示结果

单击级别“2”，隐藏中间的明细数据。此时，工作表中只显示了各等级的汇总人数，如下图所示。

	A	B	C	D	E	F	G	H	I	J	K
1	销售部绩效排名与等级										
2	销售部	入职时间	1月考核	2月考核	3月考核	4月考核	5月考核	6月考核	平均	绩效排名	绩效等级
21										合格 计数	18
24										良好 计数	2
27										需改进 计数	2
31										优秀 计数	3
32										总计数	25
33											

第5章 公式和函数的应用

在 Excel 2016 中，用户可以使用公式和函数对数据进行计算和分析。并且如果数据进行了改变，Excel 会根据新的数据自动更新计算结果。处理工作表中的数据时熟练使用公式及函数，能大大简化工作步骤，提高工作效率，降低出错率。本章将介绍公式与函数的概念和应用方法。

5.1 公式的基础应用

公式是以等号“=”开始，用来对数据进行计算的一种表达式，它由函数、引用、运算符和常量等组成。本节将介绍输入公式、编辑公式、复制公式的方法。

5.1.1 输入公式

公式一般是由运算符、单元格引用、数值或文本等组成的。输入公式的方法有很多，当不清楚数据所在单元格但知道单元格名称或具体数值时，可以选择手动输入，反之则选择鼠标输入。下面将介绍在工作表中输入公式的方法，具体操作步骤如下。

原始文件： 下载资源\实例文件\第5章\原始文件\产品销售情况表.xlsx
最终文件： 下载资源\实例文件\第5章\最终文件\输入公式.xlsx

1 手动输入

如果用户对参与公式计算的单元格和运算符都十分清楚，可以采用手动输入的方法。

步骤01 输入公式

打开原始文件，选中单元格 D3，然后在编辑栏中输入公式“=B3*C3”，如下图所示。输入公式时，参与公式计算的单元格将自动明显标示。

PMT　=B3*C3

	A	B	C	D
1	三季度公司产品销售情况表			
2	产品名称	销售数量(台)	销售单价(元)	销售总额(元)
3	电视	260	3600	=B3*C3
4	洗衣机	220	1900	
5	电脑	360	5800	
6	冰箱	200	2100	
7				

步骤02 显示计算结果

输入完毕后，按下【Enter】键，此时单元格 D3 中返回公式的计算结果，在编辑栏中则显示输入的计算公式，如下图所示。

D3　=B3*C3

	A	B	C	D
1	三季度公司产品销售情况表			
2	产品名称	销售数量(台)	销售单价(元)	销售总额(元)
3	电视	260	3600	936000
4	洗衣机	220	1900	
5	电脑	360	5800	
6	冰箱	200	2100	
7				

2 使用鼠标输入

用户也可以通过单击参与计算的单元格达到输入公式的目的，若函数参数是连续的单元格区域，则可以使用鼠标拖动选择。

步骤01　输入公式

打开原始文件，选中单元格 D4，在其中输入“=”，然后用鼠标单击单元格 B4，可看到“=”后自动添加了参数“B4”，如下图所示。

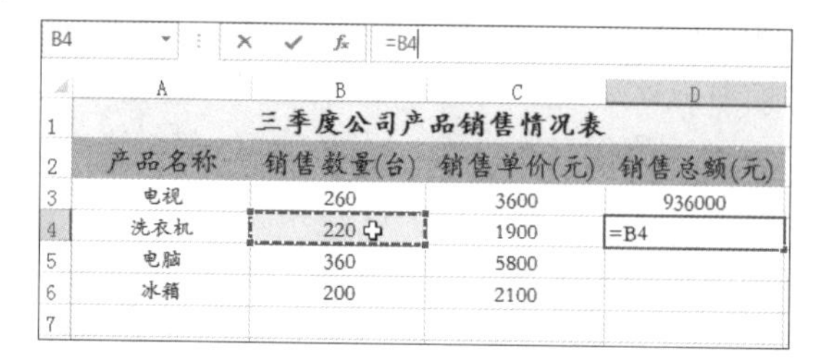

B4　=B4

	A	B	C	D
1	三季度公司产品销售情况表			
2	产品名称	销售数量(台)	销售单价(元)	销售总额(元)
3	电视	260	3600	936000
4	洗衣机	220	1900	=B4
5	电脑	360	5800	
6	冰箱	200	2100	
7				

步骤02　完善公式

接着在公式中输入运算符“*”，再单击单元格 C4，在单元格中将显示完整公式“=B4*C4”，如下图所示。

C4　=B4*C4

	A	B	C	D
1	三季度公司产品销售情况表			
2	产品名称	销售数量(台)	销售单价(元)	销售总额(元)
3	电视	260	3600	936000
4	洗衣机	220	1900	=B4*C4
5	电脑	360	5800	
6	冰箱	200	2100	
7				

步骤03　显示计算结果

输入完毕后，按下【Enter】键。此时可看到单元格 D4 中返回了计算的结果，编辑栏中显示了完整公式，如下图所示。

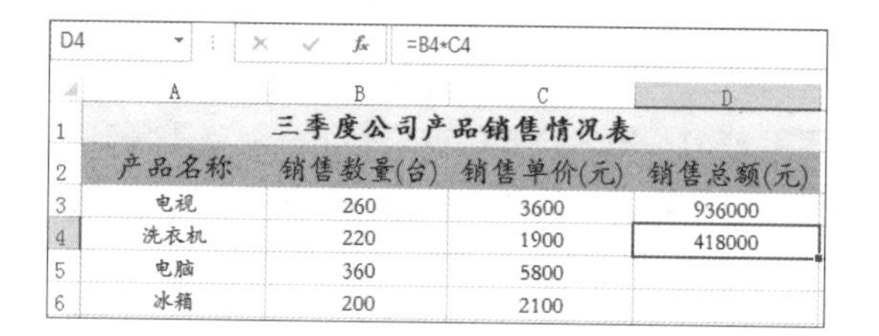

D4　=B4*C4

	A	B	C	D
1	三季度公司产品销售情况表			
2	产品名称	销售数量(台)	销售单价(元)	销售总额(元)
3	电视	260	3600	936000
4	洗衣机	220	1900	418000
5	电脑	360	5800	
6	冰箱	200	2100	

步骤04　继续输入公式

使用以上任意一种方法将其他两种产品的销售总额计算出来，计算完毕后，效果如下图所示。

	A	B	C	D
1	三季度公司产品销售情况表			
2	产品名称	销售数量(台)	销售单价(元)	销售总额(元)
3	电视	260	3600	936000
4	洗衣机	220	1900	418000
5	电脑	360	5800	2088000
6	冰箱	200	2100	420000
7				

5.1.2　编辑公式

在使用公式进行计算时，经常会遇到公式输入错误或者需要对公式进行修改的情况，此时就需要编辑公式，下面介绍具体的操作步骤。

原始文件：下载资源\实例文件\第5章\原始文件\编辑公式.xlsx
最终文件：下载资源\实例文件\第5章\最终文件\编辑公式.xlsx

步骤01　查看单元格中的公式

打开原始文件，单击单元格 D7，在编辑栏中可看到该单元格中的公式不正确，如下图所示。

D7　=B7*B7

	A	B	C	D
1	三季度公司产品销售情况表			
2	产品名称	销售数量(台)	销售单价(元)	销售总额(元)
3	电视	260	3600	936000
4	洗衣机	220	1900	418000
5	电脑	360	5800	2088000
6	冰箱	200	2100	420000
7	手机	580	1800	336400
8				
9				

步骤02　编辑公式

双击单元格 D7，使该单元格处于可编辑状态，然后在编辑栏中输入正确的公式“=B7*C7”，如下图所示。

PMT　=B7*C7

	A	B	C	D
1	三季度公司产品销售情况表			
2	产品名称	销售数量(台)	销售单价(元)	销售总额(元)
3	电视	260	3600	936000
4	洗衣机	220	1900	418000
5	电脑	360	5800	2088000
6	冰箱	200	2100	420000
7	手机	580	1800	=B7*C7
8				
9				

步骤03　显示编辑公式后的结果

按下【Enter】键，单元格 D7 中将返回正确的计算结果，如右图所示。在编辑栏中显示了编辑后的计算公式。

D7　=B7*C7

	A	B	C	D
1	三季度公司产品销售情况表			
2	产品名称	销售数量(台)	销售单价(元)	销售总额(元)
3	电视	260	3600	936000
4	洗衣机	220	1900	418000
5	电脑	360	5800	2088000
6	冰箱	200	2100	420000
7	手机	580	1800	1044000

5.1.3　复制公式

复制公式是将已经计算出结果的单元格中的公式复制到需要使用相同公式的单元格，使计算结果自动填充显示。复制公式可以使公式输入更加快捷且降低出错率，因此在 Excel 中得到广泛应用。下面将介绍三种复制公式的方法。

1　利用鼠标拖动复制公式

当要运用公式的单元格处于一个连续的区域中时，使用鼠标拖动的方法即可将公式复制到整个区域中，操作简单快捷。

原始文件： 下载资源\实例文件\第5章\原始文件\复制公式.xlsx
最终文件： 下载资源\实例文件\第5章\最终文件\复制公式_拖动.xlsx

步骤01　复制公式

打开原始文件，选中已经使用公式计算出结果的单元格 D3，然后将鼠标指针移至该单元格的右下角，当鼠标指针变成黑色十字形状时，按住鼠标左键向下拖动即可，如下图所示。

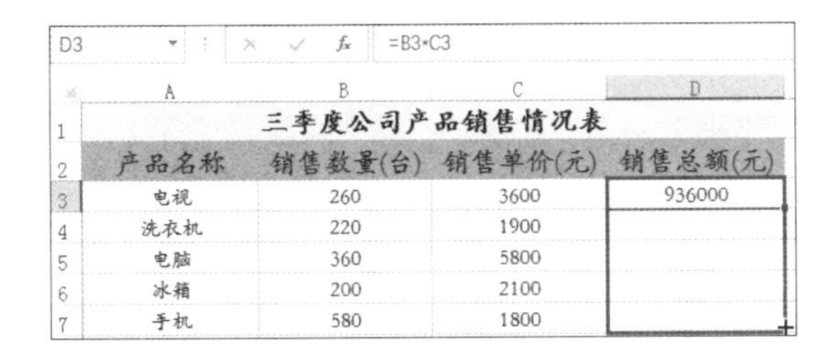
D3　=B3*C3

	A	B	C	D
1	三季度公司产品销售情况表			
2	产品名称	销售数量(台)	销售单价(元)	销售总额(元)
3	电视	260	3600	936000
4	洗衣机	220	1900	
5	电脑	360	5800	
6	冰箱	200	2100	
7	手机	580	1800	

步骤02　显示复制公式后的结果

拖动鼠标至目标单元格后释放，这里拖动至单元格 D7，此时可以看到拖动鼠标时经过的单元格中自动填充了计算结果。选中单元格 D6，在编辑栏中可看到公式中的参数根据结果所在单元格位置的变化有了相应的改变，如下图所示。

D6　=B6*C6

	A	B	C	D
1	三季度公司产品销售情况表			
2	产品名称	销售数量(台)	销售单价(元)	销售总额(元)
3	电视	260	3600	936000
4	洗衣机	220	1900	418000
5	电脑	360	5800	2088000
6	冰箱	200	2100	420000
7	手机	580	1800	1044000

2　利用快捷菜单复制公式

当要计算的单元格与已经完成了计算的单元格不连续或者是没有位于同一个工作表或工作簿时，使用拖动方式是无法复制公式的，此时可利用快捷菜单中的“复制”命令来复制公式。

原始文件： 下载资源\实例文件\第5章\原始文件\复制公式2.xlsx
最终文件： 下载资源\实例文件\第5章\最终文件\复制公式_快捷键.xlsx

步骤01　复制公式

打开原始文件，切换至“电子产品”工作表，选中工作表中的单元格区域 D4:D8，右击选中区域，在弹出的快捷菜单中单击“复制”命令，如下左图所示。

步骤02 粘贴公式

单击“健身器材”工作表标签，切换至“健身器材”工作表中，选中工作表中对应的单元格区域D4:D8，同样在选中的单元格区域上右击，在弹出的快捷菜单中进行选择性粘贴，这里选择“公式”，如下右图所示。

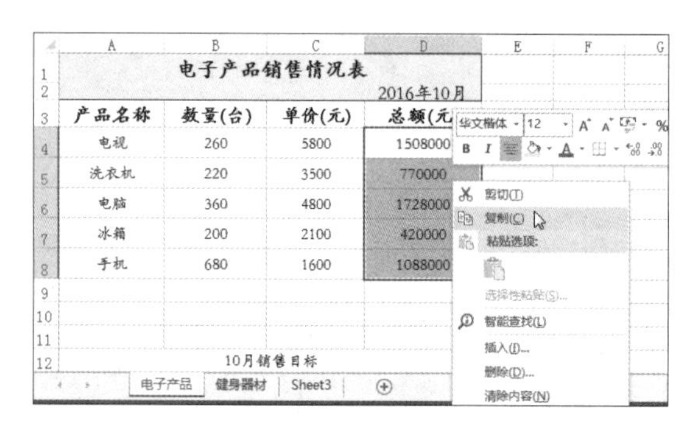

步骤03 查看复制公式的效果

此时“健身器材”工作表的单元格区域D4:D8中复制了公式，并返回了公式的计算结果，如右图所示。在单元格D8右下角显示有粘贴下三角按钮，用户可以通过选择性粘贴来实现仅粘贴数值、仅粘贴公式等目的。

知识补充 使用快捷键复制粘贴公式

选中包含公式的单元格后，按下【Ctrl+C】组合键即可复制公式，然后选中需粘贴公式的单元格，再按下【Ctrl+V】组合键即可粘贴公式。

3 利用复制按钮复制公式

除了可以使用以上两种方式复制公式外，还可以直接使用功能区中的复制按钮来实现公式的复制，具体操作如下。

原始文件：下载资源\实例文件\第5章\原始文件\复制公式2.xlsx
最终文件：下载资源\实例文件\第5章\最终文件\复制公式_按钮.xlsx

步骤01 复制公式

打开原始文件，选中单元格D4，单击“开始”选项卡下“剪贴板”组中“复制”右侧的下三角按钮，在展开的下拉列表中单击“复制”选项，如右图所示。

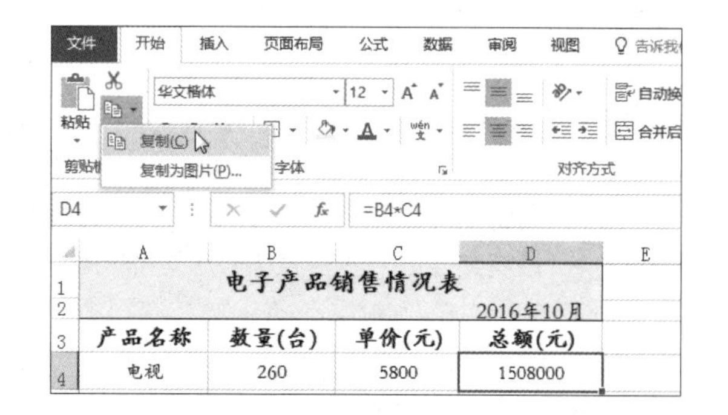

步骤02　选择目标单元格

复制公式后，选择需要粘贴公式的单元格，这里选择单元格区域 D14:D15，如右图所示。

	A	B	C	D
8	手机	680	1600	1088000
9				
10				
11				
12	10月销售目标			
13	产品类型	平均价（元）	目标数量（台、套）	预期总额（元）
14	电子产品	3560	2000	
15	健身器材	9280	800	

步骤03　粘贴公式

单击“开始”选项卡下“剪贴板”组中的“粘贴”下三角按钮，在展开的下拉列表中选择“粘贴”选项组中的“公式”选项，如下图所示。

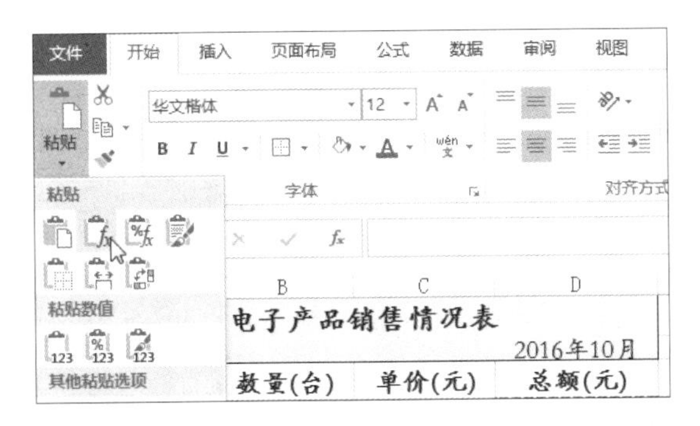

步骤04　查看复制公式后的效果

此时单元格中将返回公式的计算结果，最终效果如下图所示。

	A	B	C	D
8	手机	680	1600	1088000
9				
10				
11				
12	10月销售目标			
13	产品类型	平均价（元）	目标数量（台、套）	预期总额（元）
14	电子产品	3560	2000	7120000
15	健身器材	9280	800	7424000
16				

5.2 相对引用和绝对引用

公式中对单元格的引用分为相对引用和绝对引用。相对引用就是当把公式复制到其他单元格中时，行或列引用会改变，如 5.1.3 节介绍的复制公式就是相对引用。绝对引用就是在复制公式时，行和列引用都不会改变。因为引用的是单元格的实际地址，复制公式后的目标单元格将显示为与被复制公式单元格的值一样。输入绝对引用公式时，在单元格位置前需添加绝对符号“$”。

原始文件： 下载资源\实例文件\第5章\原始文件\相对引用和绝对引用.xlsx
最终文件： 下载资源\实例文件\第5章\最终文件\相对引用和绝对引用.xlsx

步骤01　输入公式

打开原始文件，在单元格 C4 中输入公式“=B4*D2”，然后在编辑栏中选中公式中的参数“D2”，按下【F4】键为其添加绝对符号，如下图所示。

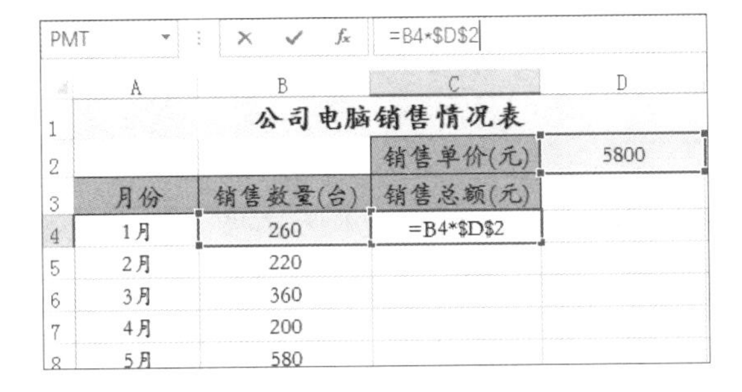

	A	B	C	D
1	公司电脑销售情况表			
2			销售单价(元)	5800
3	月份	销售数量(台)	销售总额(元)	
4	1月	260	=B4*$D$2	
5	2月	220		
6	3月	360		
7	4月	200		
8	5月	580		

步骤02　显示计算结果

输入完毕后按下【Enter】键，在单元格 C4 中返回公式的计算结果，如下图所示。

C4　=B4*$D$2

	A	B	C	D
1	公司电脑销售情况表			
2			销售单价(元)	5800
3	月份	销售数量(台)	销售总额(元)	
4	1月	260	1508000	
5	2月	220		
6	3月	360		
7	4月	200		
8	5月	580		

步骤03　复制公式

选中已经计算出结果的单元格 C4，将鼠标指针移至其右下角，然后拖动至目标单元格后释放鼠标左键，此时在鼠标经过的单元格中返回了计算结果，如下图所示。

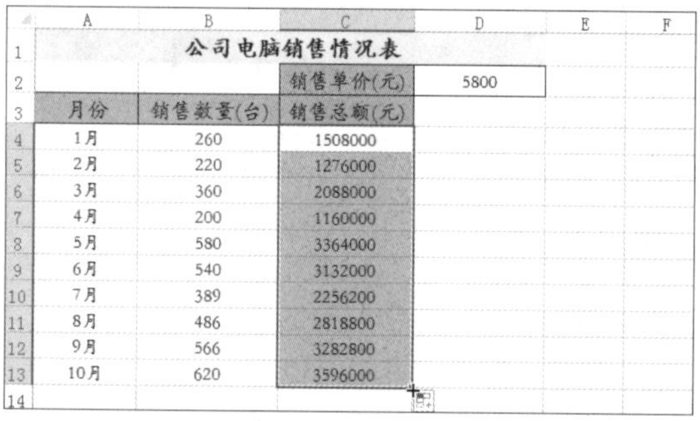

	A	B	C	D	E	F
1	公司电脑销售情况表					
2			销售单价(元)	5800		
3	月份	销售数量(台)	销售总额(元)			
4	1月	260	1508000			
5	2月	220	1276000			
6	3月	360	2088000			
7	4月	200	1160000			
8	5月	580	3364000			
9	6月	540	3132000			
10	7月	389	2256200			
11	8月	486	2818800			
12	9月	566	3282800			
13	10月	620	3596000			
14						

步骤04　显示公式中的引用

选择任意一个单元格，如选择单元格 C9，在编辑栏可看到公式中引用的第 1 个单元格发生了相对变化，而第 2 个单元格则保持不变，如下图所示。

C9　=B9*$D$2

	A	B	C	D
1	公司电脑销售情况表			
2			销售单价(元)	5800
3	月份	销售数量(台)	销售总额(元)	
4	1月	260	1508000	
5	2月	220	1276000	
6	3月	360	2088000	
7	4月	200	1160000	
8	5月	580	3364000	
9	6月	540	3132000	

5.3 函数的应用

为了方便用户简单快速地计算工作表中复杂的数据，Excel 提供了很多现成的函数供用户使用，这些函数涉及许多领域，如财务、工程、统计、数据库、时间、数学等，按照其功能不同分为 13 类。引用函数可以快速地计算出符合规定条件的值，如求平均值、统计个数，分析贷款与投资问题等。下面将以几种常用的逻辑函数、统计函数、财务函数为例，介绍函数的使用方法。

5.3.1 逻辑函数的应用

逻辑函数返回的是逻辑值，或者是以逻辑值作为条件判断出的结果。下面将介绍几种在实际工作中经常使用到的逻辑函数，并结合实例介绍它们的应用。

1 IF函数

IF 函数是用来判断条件真假的函数，它能根据逻辑值的真假返回不同的结果。

IF 函数的表达式为：IF(logical_test,[value_if_true],[value_if_false])。其中，logical_test 为公式或表达式，表示计算结果为 TRUE 或 FALSE 的任意值或表达式；value_if_true 为可选参数，为任意数据，表示当 logical_test 为 TRUE 时函数返回的值；value_if_false 为可选参数，为任意数据，表示当 logical_test 为 FALSE 时函数返回的值。具体操作步骤如下。

原始文件：下载资源\实例文件\第5章\原始文件\IF函数.xlsx
最终文件：下载资源\实例文件\第5章\最终文件\IF函数.xlsx

步骤01　打开“插入函数”对话框

打开原始文件，单击单元格 D3，然后切换至“公式”选项卡，单击“函数库”组中的“插入函数”按钮，如下左图所示。

步骤02　选择函数

弹出“插入函数”对话框，在该对话框中的“或选择类别”右侧的下拉列表框中选择“逻辑”，然后在“选择函数”列表框中选择“IF”函数，如下右图所示，最后单击“确定”按钮。

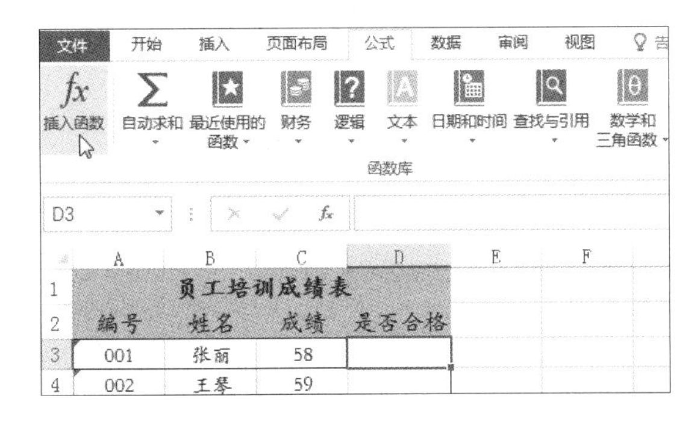

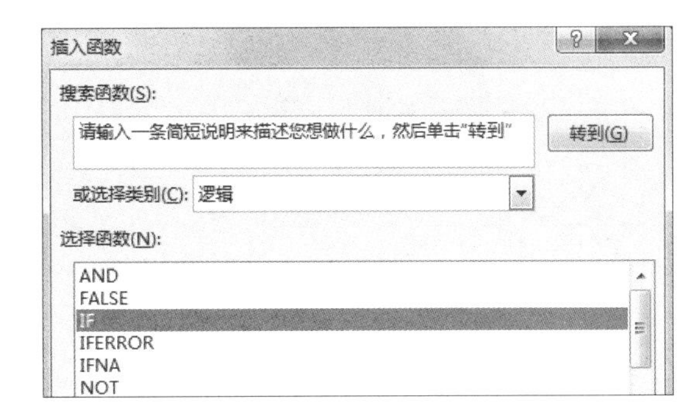

步骤03　设置函数参数

弹出“函数参数”对话框，在该对话框中设置逻辑条件。如设置“Logical_test”为“C3>=60”，“Value_if_true”为“合格”，“Value_if_false”为“不合格”，即当“C3>=60”为真时，返回“合格”，否则返回“不合格”，如下左图所示。最后单击“确定”按钮。

步骤04　显示使用IF函数计算的结果

返回工作表中，由于单元格 C3 中的值为“58”，不满足“>=60”的条件，可以看到在单元格 D3 中显示为“不合格”，在编辑栏中可看到完整的公式。复制公式至单元格 D9，得到其他员工培训成绩是否合格的结果，如下右图所示。

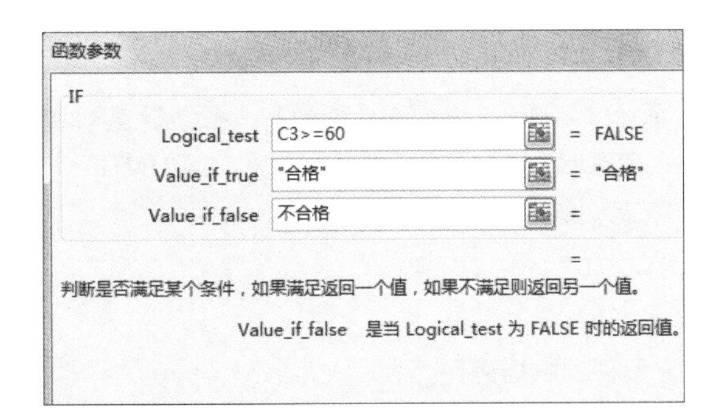

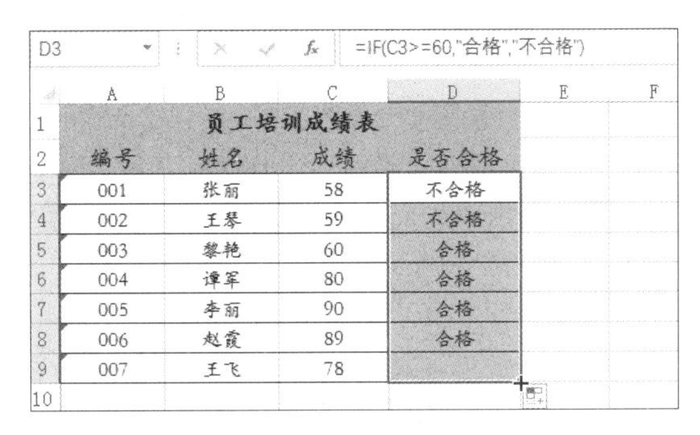

2 AND函数

AND 函数是逻辑函数，如果两个或两个以上的条件都满足，则返回逻辑值 TRUE；当任意一个条件不满足时，则返回逻辑值 FALSE。

AND 函数的表达式为：AND(logical1,logical2,……)。其中，logical 参数可选，个数在 1 到 255 之间，表示待计算的多个逻辑值。

下面介绍如何使用 AND 函数设置多个判断条件，具体步骤如下。

原始文件： 下载资源\实例文件\第5章\原始文件\AND函数.xlsx
最终文件： 下载资源\实例文件\第5章\最终文件\AND函数.xlsx

步骤01　选择函数

打开原始文件，选中单元格 F3，在编辑栏中输入“=if”，在下方显示的列表框中选择函数，这里双击“IF”函数，如下左图所示。

步骤02　完善公式

继续输入公式，单元格 F3 中的最终公式为“=IF(AND(D3="合格",E3<>"迟到"),"合格","不合格")”，然后按下【Enter】键，返回结果如下右图所示。

IF　=if

	A	B	C	D	E	F
1	员工培训成绩表					
2	编号	姓名	成绩	是否合格	备注	是否通过
3	001	张丽	58	不合格		=if
4	002	王琴	59	不合格	迟到	
5	003	黎艳	60	合格		
6	004	谭军	80	合格	迟到	
7	005	李丽	90	合格		
8	006	赵霞	89	合格		
9	007	王飞	78	合格		

IF　IFERROR　IFNA　判断是否满足某个条件，

F3　=IF(AND(D3="合格",E3<>"迟到"),"合格","不合格"

	A	B	C	D	E	F
1	员工培训成绩表					
2	编号	姓名	成绩	是否合格	备注	是否通过
3	001	张丽	58	不合格		不合格
4	002	王琴	59	不合格	迟到	
5	003	黎艳	60	合格		
6	004	谭军	80	合格	迟到	
7	005	李丽	90	合格		
8	006	赵霞	89	合格		
9	007	王飞	78	合格		

步骤03　复制公式

向下复制公式至单元格 F9，得到其他员工最终能否通过培训的情况，如右图所示。此例中使用 AND 函数，即最终通过的要求是同时满足成绩合格且没有迟到记录两个条件。

	B	C	D	E	F
1	员工培训成绩表				
2	姓名	成绩	是否合格	备注	是否通过
3	张丽	58	不合格		不合格
4	王琴	59	不合格	迟到	不合格
5	黎艳	60	合格		合格
6	谭军	80	合格	迟到	不合格
7	李丽	90	合格		合格
8	赵霞	89	合格		合格
9	王飞	78	合格		合格

5.3.2　统计函数的应用

统计函数是用于对数据区域进行统计分析的函数。Excel 2016 提供的统计函数有一般统计函数和比较专业的数理统计函数，如 RANK 函数、MAX 函数、COUNT 函数、COUNTA 函数、COUNTIF 函数等。合理使用统计函数能够使数据统计工作更简便。下面介绍几种最常用的统计函数。

1　COUNTIF函数

COUNTIF 函数是根据设定的条件对所选区域中符合条件的数据进行计数。

COUNTIF 函数的表达式为：COUNTIF(range,criteria)。其中，range 为需要统计满足条件的单元格数目的单元格区域，criteria 为用于判断的条件。

下面以统计销量统计表中各销售代表所销售的产品超过规定数量的产品类型个数为例，具体介绍 COUNTIF 函数的使用方法，操作步骤如下。

原始文件：下载资源\实例文件\第5章\原始文件\COUNTIF函数.xlsx

最终文件：下载资源\实例文件\第5章\最终文件\COUNTIF函数.xlsx

步骤01　打开“插入函数”对话框

打开原始文件，选择需插入公式的单元格，如选择单元格 B9，然后单击编辑栏处的“插入函数”按钮，如右图所示。

B9

	A	B	C	D	E
1	销量（台）销售代表 / 产品型号	张丽	王琴	黎艳	谭军
2	D453	58	89	53	75
3	S342	59	90	23	78
4	G501	60	91	59	59
5	H228	87	92	68	56
6	MS320	90	93	59	48
7	E422	65	80	76	88
9	销量高于85的产品个数				

步骤02　选择函数

弹出“插入函数”对话框，在“或选择类别”后的下拉列表框中选择函数类型为“统计”，在“选择函数”列表框中选择“COUNTIF”函数，如右图所示，最后单击“确定”按钮。

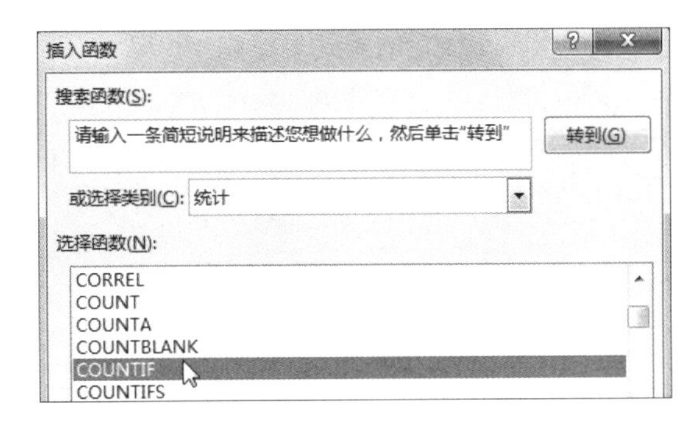

步骤03　设置函数参数

弹出“函数参数”对话框，在该对话框中单击“Range”右侧的单元格引用按钮，如下图所示。

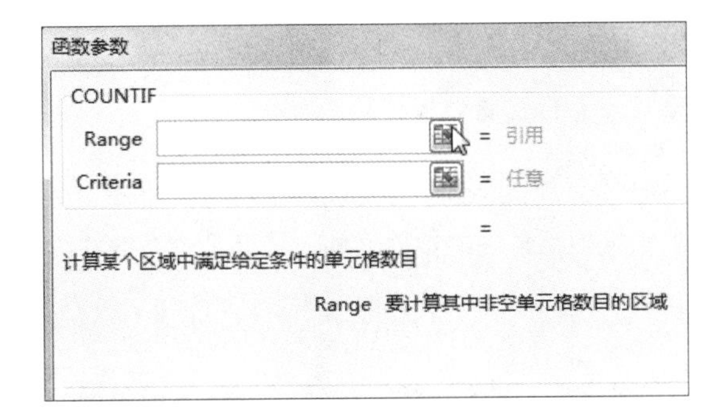

步骤04　选择统计范围

直接在工作表中选择统计范围即可，这里选择单元格区域 B2:B7，然后再次单击单元格引用按钮返回“函数参数”对话框，如下图所示。

销量（台）销售代表 / 产品型号	张丽	王琴	黎艳	谭军
D453	58	89	53	75
S342	59	90	23	78
G501	60	91	59	59
H228	87	92	68	56
MS320	90	93	59	48
E422	65	80	76	88

函数参数
B2:B7

步骤05　设置统计条件

返回“函数参数”对话框中，在“Criteria”右侧的文本框中输入条件为“>85”，如下图所示，设置完毕后单击“确定”按钮。

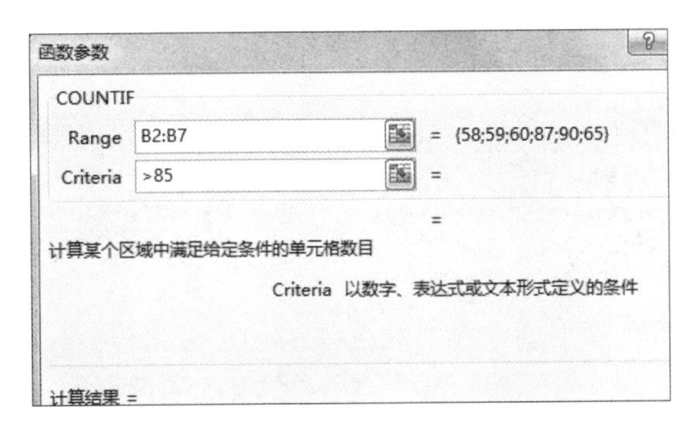

步骤06　显示统计结果

返回工作表中，可看到目标单元格中显示了统计的结果，如下图所示。

B9　=COUNTIF(B2:B7,">85")

销量（台）销售代表 / 产品型号	张丽	王琴	黎艳	谭军
D453	58	89	53	75
S342	59	90	23	78
G501	60	91	59	59
H228	87	92	68	56
MS320	90	93	59	48
E422	65	80	76	88
销量高于85的产品个数	2			

步骤07　复制公式

如果要计算其他销售代表销量超过 85 的产品个数，不必再次输入公式，直接向右拖动鼠标复制公式即可，如右图所示。

销量（台）销售代表 / 产品型号	张丽	王琴	黎艳	谭军
D453	58	89	53	75
S342	59	90	23	78
G501	60	91	59	59
H228	87	92	68	56
MS320	90	93	59	48
E422	65	80	76	88
销量高于85的产品个数	2			

步骤08 复制公式后的效果

释放鼠标后，分别得到了各个销售代表销售数量超过 85 的产品个数，如右图所示。从结果中可看出王琴是本次统计中的销售冠军。

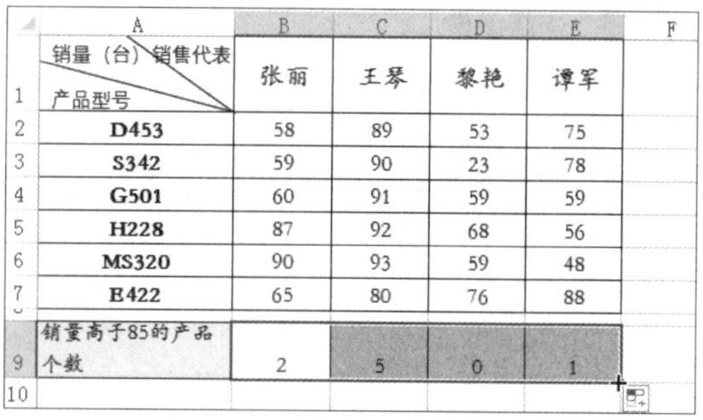

	A	B	C	D	E	F
1	销量（台）销售代表 产品型号	张丽	王琴	黎艳	谭军	
2	D453	58	89	53	75	
3	S342	59	90	23	78	
4	G501	60	91	59	59	
5	H228	87	92	68	56	
6	MS320	90	93	59	48	
7	E422	65	80	76	88	
9	销量高于85的产品个数	2	5	0	1	
10						

2 SUMIF函数

SUMIF 函数是条件求和函数，即在给定的区域内，按照用户设定的条件，对符合条件的单元格求和。

SUMIF 函数的表达式为：SUMIF(range,criteria,[sum_range])。共 3 个参数，其中 range 为用于条件判断的区域；criteria 为用于判断的条件；sum_range 参数可选，为需要求和的实际单元格，如果省略，则对 range 范围中满足条件的单元格求和。

下面将分别介绍在 SUMIF 函数中设置 2 个参数和 3 个参数时的具体操作方法。

（1）设置2个参数

当省略第 3 个参数时，SUMIF 函数返回条件区域中满足指定条件的数值之和。只有 2 个参数的情况下，通常条件判断的区域为数值型数据。

原始文件：下载资源\实例文件\第5章\原始文件\SUMIF_1函数.xlsx
最终文件：下载资源\实例文件\第5章\最终文件\SUMIF_1函数.xlsx

步骤01 打开“插入函数”对话框

打开原始文件，选中单元格 B9，然后单击编辑栏处的“插入函数”按钮，如下图所示。

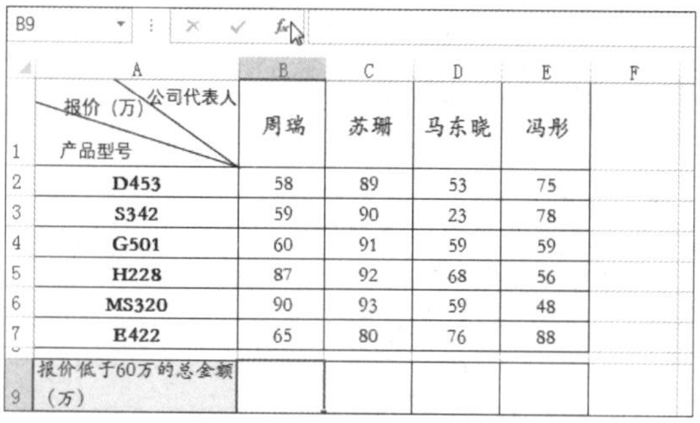

	A	B	C	D	E	F
1	报价（万）公司代表人 产品型号	周瑞	苏珊	马东晓	冯彤	
2	D453	58	89	53	75	
3	S342	59	90	23	78	
4	G501	60	91	59	59	
5	H228	87	92	68	56	
6	MS320	90	93	59	48	
7	E422	65	80	76	88	
9	报价低于60万的总金额（万）					

步骤02 选择函数

弹出“插入函数”对话框，在“选择函数”下方的列表框中单击“SUMIF”函数，如下图所示，最后单击“确定”按钮。

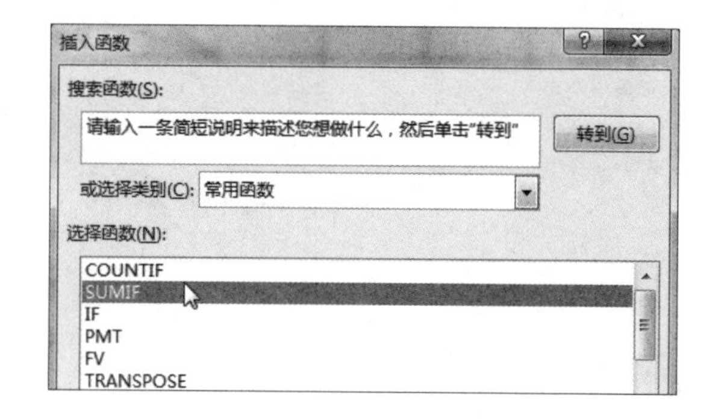

步骤03 单击单元格引用按钮

弹出“函数参数”对话框，单击“Range”文本框后的单元格引用按钮，如下左图所示。

步骤04 选择参数的条件范围

在工作表中选择条件判断的单元格区域 B2:B7，选择完毕后，在“函数参数”对话框的文本框中显示出了选择的参数范围，此时再次单击单元格引用按钮，如下右图所示。

	A	B	C	D	E
1	报价（万）公司代表人 产品型号	周瑞	苏珊	马东晓	冯彤
2	D453	58	89	53	75
3	S342	59	90	23	78
4	G501	60	91	59	59
5	H228	87	92	68	56
6	MS320	90	93	59	48
7	E422	65	80	76	88

函数参数
B2:B7

步骤05　设置函数的参数条件

返回到“函数参数”对话框中，在“Criteria”文本框中输入判断条件“<60”，即统计所选参数范围小于 60 的数值总和，如下图所示。参数设置完毕后，单击“确定”按钮。

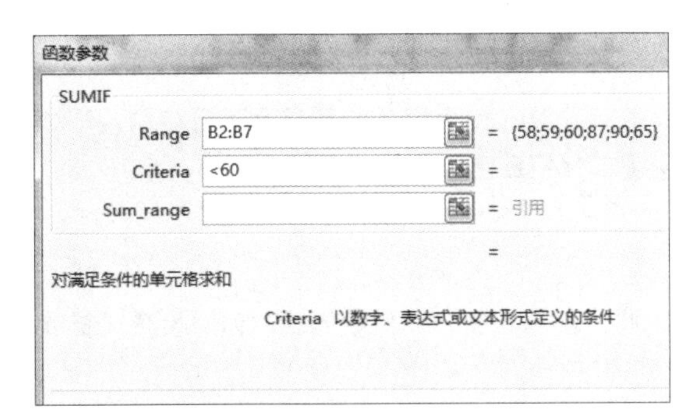

步骤06　显示统计结果

返回工作表中，可以看到目标单元格中显示了统计的结果为“117”，即低于 60 万的产品总报价为 117 万，同时在编辑栏中显示出了单元格 B9 的完整公式，如下图所示。

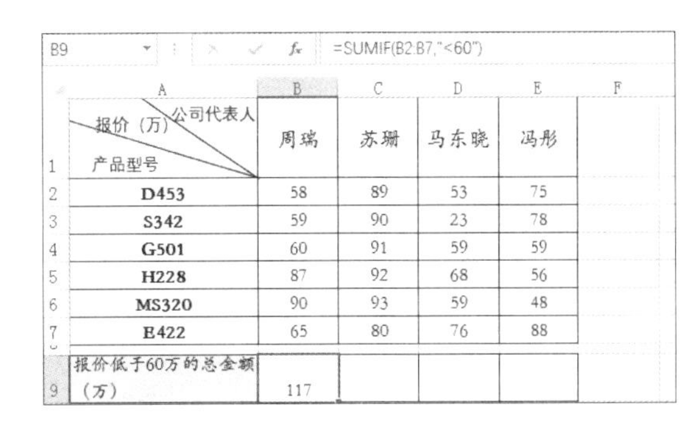

B9　=SUMIF(B2:B7,"<60")

	A	B	C	D	E
1	报价（万）公司代表人 产品型号	周瑞	苏珊	马东晓	冯彤
2	D453	58	89	53	75
3	S342	59	90	23	78
4	G501	60	91	59	59
5	H228	87	92	68	56
6	MS320	90	93	59	48
7	E422	65	80	76	88
9	报价低于60万的总金额（万）	117			

（2）设置3个参数

当 SUMIF 函数中包含 3 个参数时，判断条件的区域可为文本型数据，求和的数据则为第 3 个参数范围中的数据。

原始文件： 下载资源\实例文件\第5章\原始文件\SUMIF_2函数.xlsx
最终文件： 下载资源\实例文件\第5章\最终文件\SUMIF_2函数.xlsx

步骤01　输入公式

打开原始文件，选中单元格 C15，输入“=SUM”，在其下方将展开相关的函数列表，双击即可选择函数，这里选择“SUMIF”函数，如下图所示。

	A	B	C	D	E	F
5	第一季度	G501	60	91	59	59
6		H228	87	92	68	56
7		MS320	90	93	59	48
8		E422	65	80	76	88
9	第二季度	D453	58	89	53	75
10		S342	59	90	23	78
11		G501	60	91	59	59
12		H228	87	92	68	56
13		MS320	90	93	59	48
14		E422	65	80	76	88
15	第一、二季度中G501型号销量		=SUM			

SUM　计算单元格区域中所有数值的和
SUMIF
SUMIFS

步骤02　完善公式

设置公式中的参数，最终公式为“=SUMIF(B3:B14,"G501",C3:C14)”，如下图所示。此公式统计的是周瑞在第一、二季度销售 G501 产品的总数量。

	A	B	C	D	E	F
1		销量单位：台	销售员			
2		产品型号	周瑞	苏珊	马东晓	冯彤
3	第一季度	D453	58	89	53	75
4		S342	59	90	23	78
5		G501	60	91	59	59
6		H228	87	92	68	56
7		MS320	90	93	59	48
8		E422	65	80	76	88
9	第二季度	D453	58	89	53	75
10		S342	59	90	23	78
11		G501	60	91	59	59
12		H228	87	92	68	56
13		MS320	90	93	59	48
14		E422	65	80	76	88
15	第一、二季度中G501型号销量		=SUMIF(... ,"G501", ...)			

步骤03 为参数添加绝对符号

接着要复制公式，因判断条件为固定范围，所以需为判断条件添加绝对符号。这里在单元格C15 的编辑栏中选中第一个参数“B3:B14”，然后按【F4】键，得到最终公式如下图所示。

COUNTIF　=SUMIF($B$3:$B$14,"G501",C3:C14)

SUMIF(range, criteria, [sum_range])

	A	B	C	D	E	F
1		销量单位：台	销售员			
2		产品型号	周瑞	苏珊	马东晓	冯彤
3	第一季度	D453	58	89	53	75
4		S342	59	90	23	78
5		G501	60	91	59	59
6		H228	87	92	68	56
7		MS320	90	93	59	48
8		E422	65	80	76	88
9		D453	58	89	53	75
10		S342	59	90	23	78

步骤04 查看结果并复制公式

按下【Enter】键，在单元格 C15 中返回周瑞两个季度销售 G501 的数量，向右复制公式，得到其他销售员两个季度销售 G501 的数量，结果如下图所示。

C15　=SUMIF($B$3:$B$14,"G501",C3:C14)

	A	B	C	D	E	F	G
4	第一季度	S342	59	90	23	78	
5		G501	60	91	59	59	
6		H228	87	92	68	56	
7		MS320	90	93	59	48	
8		E422	65	80	76	88	
9	第二季度	D453	58	89	53	75	
10		S342	59	90	23	78	
11		G501	60	91	59	59	
12		H228	87	92	68	56	
13		MS320	90	93	59	48	
14		E422	65	80	76	88	
15	第一、二季度中G501型号销量		120	182	118	118	
16							

5.3.3 财务函数的应用

财务数据处理是 Excel 中经常使用的功能，处理财务问题时，使用相关函数是必不可少的。下面介绍几种常用的财务函数，如 PMT 函数、CUMIPMT 函数、RATE 函数等。

1 PMT函数

PMT 函数是一种常用的财务函数，该函数基于固定利率及等额的分期付款方式，返回投资或贷款的每期付款额。

PMT 函数的表达式为：PMT(rate,nper,pv,fv,type)。rate 为各期利率，为一固定值；nper 为总投资（或贷款）期，即该项投资（或贷款）的付款总期数；pv 为现值，或一系列未来付款以恰当折现率折合的当前值累积和；fv 为未来值，或最后一次付款后希望得到的现金余额，若省略，则默认其值为 0；type 为付款方式，值可为 0 或 1，0 表示期末，1 表示期初，省略则默认其值为 0。

下面以某人向银行贷款 30 万，年利率 6%，计划分 3 年还清为例，分别介绍如何利用 PMT 函数以按月和按年分期付款方式计算每期应支付的金额。

原始文件：下载资源\实例文件\第5章\原始文件\PMT函数.xlsx
最终文件：下载资源\实例文件\第5章\最终文件\PMT函数.xlsx

步骤01 单击“插入函数”按钮

打开原始文件，选择单元格 B6，单击编辑栏中的“插入函数”按钮，如下图所示。

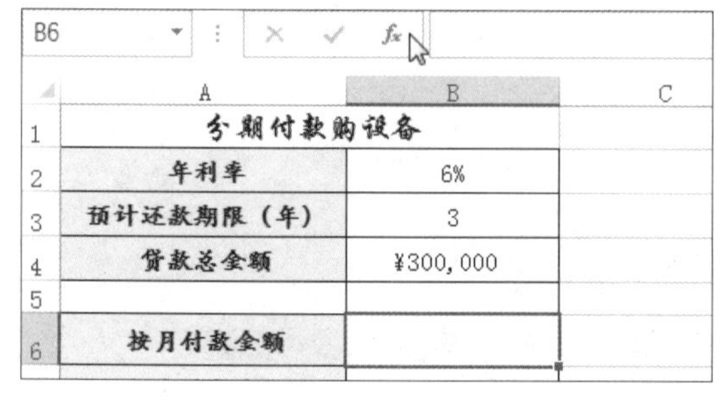

B6

	A	B	C
1	分期付款购设备		
2	年利率	6%	
3	预计还款期限（年）	3	
4	贷款总金额	¥300,000	
5			
6	按月付款金额		

步骤02 选择函数

弹出“插入函数”对话框，在“或选择类别”下拉列表框中选择“财务”类别，在“选择函数”列表框中选择“PMT”函数，如下图所示。

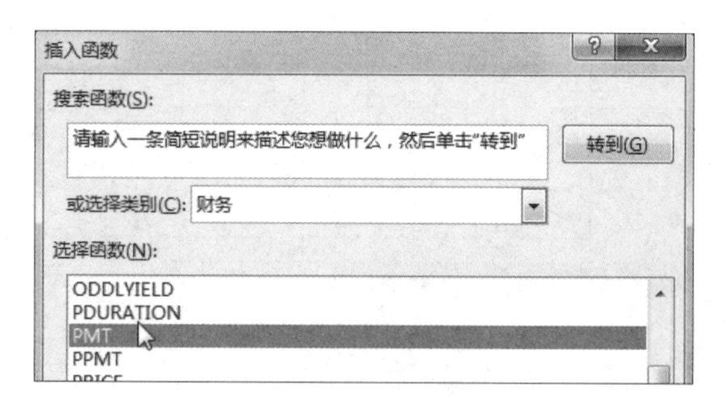

步骤03　设置参数

弹出“函数参数”对话框，分别设置“Rate”为“B2/12”，“Nper”为“B3*12”，“Pv”为“B4”，省略“Fv”和“Type”，表示最后一次付款结束后希望得到的现金余额为 0，付款方式为期末，如下图所示。单击“确定”按钮。

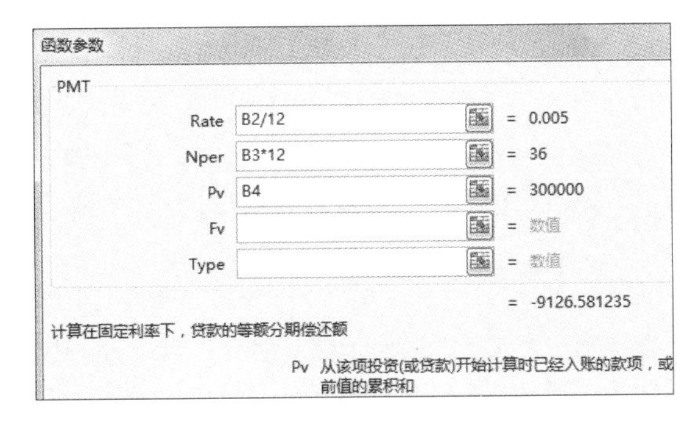

步骤04　查看结果

返回工作表中，在单元格中可看到计算结果，如下图所示。由结果可知，贷款 30 万，分 3 年还清，则每月还款 9126.58 元。图中单元格中返回的结果为红色且用小括号括起，这是默认的负数表达形式，表示的是支出即付款。

B6　=PMT(B2/12,B3*12,B4)

	A	B	C
1	分期付款购设备		
2	年利率	6%	
3	预计还款期限（年）	3	
4	贷款总金额	¥300,000	
5			
6	按月付款金额	(¥9,126.58)	
7	按年付款金额		

步骤05　修改参数计算年还款金额

PMT 函数中参数的单位应一致，利率为年利率则还款时间单位也应为年。因此，在单元格 B7 中输入如右图所示的公式，按下【Enter】键，返回年还款额为 112232.94 元。

B7　=PMT(B2,B3,B4)

	A	B	C
1	分期付款购设备		
2	年利率	6%	
3	预计还款期限（年）	3	
4	贷款总金额	¥300,000	
5			
6	按月付款金额	(¥9,126.58)	
7	按年付款金额	(¥112,232.94)	

2 CUMIPMT函数

CUMIPMT 函数用来计算一笔贷款在指定的还款时间段内累计偿还的利息金额。

CUMIPMT 函数的表达式为：CUMIPMT(rate,nper,pv,start_period,end_period,type)。其中，rate 为贷款利率；nper 为贷款时间；pv 为现值；start_period 为计算中的首期；end_period 为计算中的末期；type 为付款的时间类型，0 表示期末付款，1 表示期初付款。

下面还是以 PMT 函数的例子中的贷款方式为例，计算给定时间段内累计偿还的利息，具体操作步骤如下。

原始文件：下载资源\实例文件\第5章\原始文件\CUMIPMT函数.xlsx
最终文件：下载资源\实例文件\第5章\最终文件\CUMIPMT函数.xlsx

步骤01　输入公式

打开原始文件，选中单元格 B7，输入“=CUM”，此时下方展开相关函数，双击选择 CUMIPMT 函数，如右图所示。

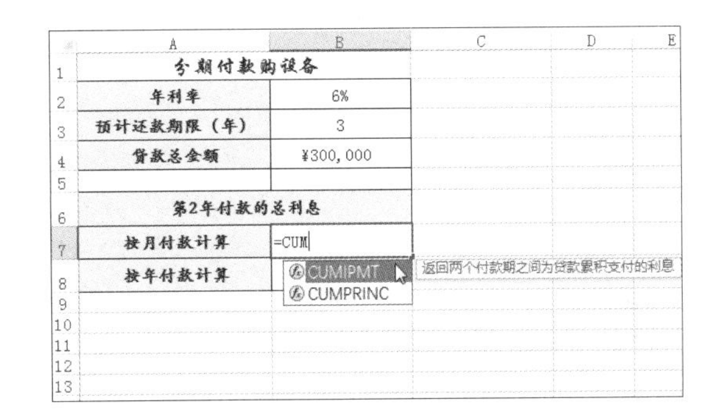

步骤02 设置参数

函数中的参数可手动输入，也可使用鼠标单击参数所在单元格进行设置，需注意时间单位的统一，如按月付款时的利率为“B2/12”，第 2 年的开始期数与结束期数分别为“13”“24”，最终完整的公式如右图所示。

	A	B	C
1	分期付款购设备		
2	年利率	6%	
3	预计还款期限（年）	3	
4	贷款总金额	¥300,000	
5			
6	第2年付款的总利息		
7	按月付款计算	=CUMIPMT(B2/12,B3*12,B4,13,24,0)	
8	按年付款计算		
9			
10			

步骤03 查看计算结果

按下【Enter】键，此时在单元格 B7 中返回计算结果，如下左图所示。可看到若按月付款，则第 2 年需要支付的总利息为 9638.27 元。

步骤04 修改公式再次计算

想要计算按年付款时第 2 年需要支付的总利息，只需在单元格 B8 中输入相同公式，然后修改函数中的参数即可。设置好参数后，按下【Enter】键，此时单元格 B8 中返回计算结果，编辑栏中显示了完整的函数，如下右图所示。可看到若按年付款，则第 2 年需要支付的总利息为 12346.02 元，显然按月付款利息更少、更划算。

B7 =CUMIPMT(B2/12,B3*12,B4,13,24,0)

	A	B	C	D
1	分期付款购设备			
2	年利率	6%		
3	预计还款期限（年）	3		
4	贷款总金额	¥300,000		
5				
6	第2年付款的总利息			
7	按月付款计算	(¥9,638.27)		
8	按年付款计算			
9				

B8 =CUMIPMT(B2,B3,B4,2,2,0)

	A	B	C
1	分期付款购设备		
2	年利率	6%	
3	预计还款期限（年）	3	
4	贷款总金额	¥300,000	
5			
6	第2年付款的总利息		
7	按月付款计算	(¥9,638.27)	
8	按年付款计算	(¥12,346.02)	

3 RATE函数

RATE 函数用来返回投资或贷款的每期利率。

RATE 函数的表达式为：RATE(nper,pmt,pv,[fv],[type],[guess])。其中，nper 为付款总期数；pmt 为每期付款的金额，通常 pmt 包括本金和利息，如省略则必须包含 fv；pv 为现值或一系列未来付款当前值的总和；fv 为可选参数，为未来值，或最后一次付款后希望得到的现金余额，省略时该参数默认值为 0，且 pv 参数不能省略；type 为可选参数，用以指定各期的付款时间是期末还是期初，分为数字 0 或 1，0 表示期末，1 表示期初，省略时其默认值为 0；guess 是预期利率，为可选参数，省略时则默认其值为 10%。

下面以贷款 40 万，分 20 年还清，且每月还款 2886 元为例，介绍利用 RATE 函数求解贷款利率的过程，具体操作步骤如下。

原始文件：下载资源\实例文件\第5章\原始文件\RATE函数.xlsx

最终文件：下载资源\实例文件\第5章\最终文件\RATE函数.xlsx

步骤01 输入公式

打开原始文件，选中单元格 B6，然后输入公式“=RATE(B3,B2*12,-B4)”，如下左图所示。

步骤02　显示结果

输入完毕后按下【Enter】键，在单元格 B6 中返回计算出的年利率为 5.91%，如下右图所示。公式中的 3 个参数分别为付款总期数、每期付款金额、一系列未来付款当前值的总和，因付款实际是支出，所以这里为贷款总金额添加负号。

	A	B
1	分期付款买房	
2	每月还款金额	¥2,886
3	预计还款期限（年）	20
4	贷款总金额	¥400,000
5		
6		=RATE(B3,B2*12,-B4)

B6　=RATE(B3,B2*12,-B4)

	A	B	C
1	分期付款买房		
2	每月还款金额	¥2,886	
3	预计还款期限（年）	20	
4	贷款总金额	¥400,000	
5			
6	贷款年利率	5.91%	

步骤03　计算月利率

前面计算出了此次贷款的年利率，还可以利用公式计算月利率，这里在单元格 B7 中输入公式“=RATE(B3*12,B2,-B4)”，如下图所示。

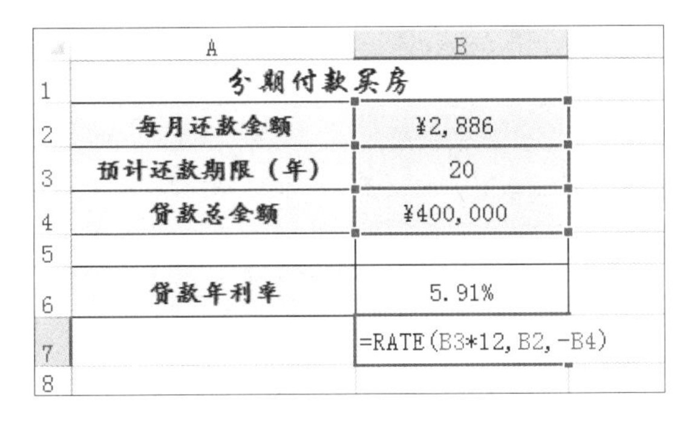

	A	B
1	分期付款买房	
2	每月还款金额	¥2,886
3	预计还款期限（年）	20
4	贷款总金额	¥400,000
5		
6	贷款年利率	5.91%
7		=RATE(B3*12,B2,-B4)
8		

步骤04　查看计算结果

按下【Enter】键，在单元格 B7 中返回计算结果为 0.51%，如下图所示。即每月还款一次则每个月的贷款利率为 0.51%。当然，先后两个计算结果并不能直接比较大小，应先转化为相同单位下的利率再进行比较。

B7　=RATE(B3*12,B2,-B4)

	A	B	C
1	分期付款买房		
2	每月还款金额	¥2,886	
3	预计还款期限（年）	20	
4	贷款总金额	¥400,000	
5			
6	贷款年利率	5.91%	
7		0.51%	

4 NPER函数

NPER 函数的功能是基于固定利率及等额分期付款方式，返回某项投资的总期数。

NPER 函数的表达式为：NPER(rate,pmt,pv,[fv],[type])。其中，rate 为各期利率；pmt 为各期应支付的金额，通常其值包含本金和利息；pv 为现值，或一系列未来付款当前值的累积和；fv 为可选参数，为未来值，或在最后一次付款后希望得到的现金余额，省略时默认其值为 0；type 为可选参数，为付款类型，分为数字 0 或 1，0 表示期末，1 表示期初。

下面以某项投资预测为例，介绍如何利用 NPER 函数计算投资年限，具体操作如下。

原始文件： 下载资源\实例文件\第5章\原始文件\NPER函数.xlsx
最终文件： 下载资源\实例文件\第5章\最终文件\NPER函数.xlsx

步骤01　输入公式

打开原始文件，在单元格 B6 中输入公式“=NPER(B2,-B4,-B3,B5,0)”，如下左图所示。公式中有负值参数是因为投资属于支出。

步骤02 查看结果

确认公式无误后，按下【Enter】键，在单元格 B6 中返回计算结果为 13，如下右图所示，表示要达到 400 万元的预期收益，在第一次投资 20 万元后，后期每年再投资 4 万元，将在 13 年后达成目标，期间年收益率固定不变。

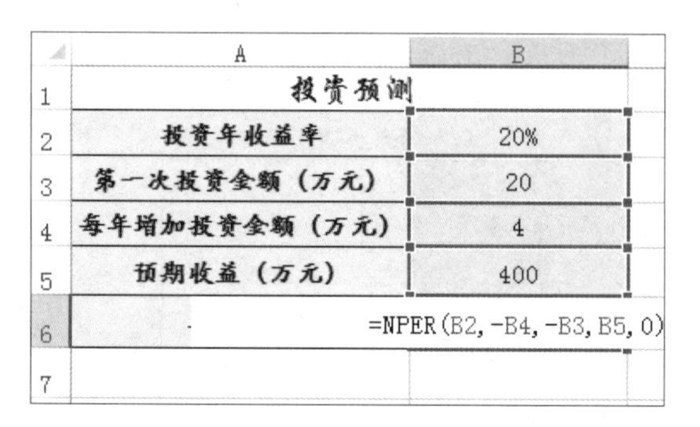

	A	B
1	投资预测	
2	投资年收益率	20%
3	第一次投资金额（万元）	20
4	每年增加投资金额（万元）	4
5	预期收益（万元）	400
6		=NPER(B2,-B4,-B3,B5,0)
7		

B6 =NPER(B2,-B4,-B3,B5,0)

	A	B	C
1	投资预测		
2	投资年收益率	20%	
3	第一次投资金额（万元）	20	
4	每年增加投资金额（万元）	4	
5	预期收益（万元）	400	
6	投资年限	13	
7			

5 PV函数

PV 函数的功能是根据固定利率计算贷款或投资的现值。

PV 函数的表达式为：PV(rate,nper,pmt,[fv],[type])。其中，rate 为各期利率；nper 为付款总期数；pmt 为各期等额付款的金额，包含本金和利息；fv 为可选参数，为未来值或最后一次付款后希望得到的现金余额，如省略则默认其值为 0；type 为可选参数，为付款类型，分为数字 0 或 1，0 表示期末，1 表示期初。

下面以计算贷款承受力为例，具体介绍 PV 函数的使用方法。

原始文件：下载资源\实例文件\第5章\原始文件\PV函数.xlsx

最终文件：下载资源\实例文件\第5章\最终文件\PV函数.xlsx

步骤01 输入公式

打开原始文件，在单元格 B5 中输入公式“=PV(B2/12,B4*12,-B3,,0)”，如下左图所示。

步骤02 查看公式结果

确认公式输入无误后，按下【Enter】键，在单元格 B5 中返回计算结果，如下右图所示。从结果可看出：若贷款年利率为 5.6%，以后每月还款 3000 元，总共贷款 20 年，则目前能够承受的贷款金额为 432559 元。

	A	B
1	贷款预测	
2	贷款年利率	5.60%
3	每月还款金额（元）	3000
4	贷款时间（年）	20
5	承	=PV(B2/12,B4*12,-B3,,0)
6		
7		

	A	B
1	贷款预测	
2	贷款年利率	5.60%
3	每月还款金额（元）	3000
4	贷款时间（年）	20
5	承受贷款现值	¥432,559
6		

实例演练：快速计算药品金额

本章主要介绍了 Excel 2016 中公式与函数的知识以及相对引用和绝对引用。为了进一步巩固本章所学知识，加深理解和提高应用能力，接下来以根据已知的进货药品名快速地从单价表中查找出相应药品的单价，再根据进货数量求得进货需要的金额为例，综合运用本章所学知识点。

原始文件：下载资源\实例文件\第5章\原始文件\综合运用函数.xlsx
最终文件：下载资源\实例文件\第5章\最终文件\综合运用函数.xlsx

步骤01　输入公式

打开原始文件，在单元格 F3 中输入公式“=VLOOKUP(B3,A16:B26,2,0)*E3*10”，如下图所示。

	B	C	D	E	F	G
1	进货单					
2	品名	规格-1	单位	数量（盒）	金额(元)	备注
3	亚硝酸钠维生素E注射液	10支*5ml	盒	=VLOOKUP(B3,A16:B26,2,0)*E3*10		
4	安乃近注射液	10支*6ml	盒	6		
5	复合维生素B注射液	10支*7ml	盒	7		
6	维生素C注射液	10支*8ml	盒	9		
7	病菌净	10支*9ml	盒	18		
8	地塞米松磷酸钠注射液	10支*10ml	盒	21		有一件资料
9	盐酸林那霉菌注射液	10支*11ml	盒	30		
10	硝酸庆大霉素注射液	10支*12ml	盒	5		
11	复方氨基比林注射液	10支*13ml	盒	13		
12	水杨硝酸注射液	10支*14ml	盒	8		

步骤02　添加绝对符号

在编辑栏中选中公式中的“A16:B26”，然后按下【F4】键，为其添加绝对符号，如下图所示。

CUMIPMT　=VLOOKUP(B3,$A$16:$B$26,2,0)*E3*10

VLOOKUP(lookup_value, **table_array**, col_ind

	B	C	D	E	F
1	进货单				
2	品名	规格-1	单位	数量（盒）	金额(元)
3	亚硝酸钠维生素E注射液	10支*5ml	盒	=VLOOKUP(B3,$A$16:B	
4	安乃近注射液	10支*6ml	盒	6	
5	复合维生素B注射液	10支*7ml	盒	7	
6	维生素C注射液	10支*8ml	盒	9	
7	病菌净	10支*9ml	盒	18	
8	地塞米松磷酸钠注射液	10支*10ml	盒	21	
9	盐酸林那霉菌注射液	10支*11ml	盒	30	

步骤03　查看计算结果

添加绝对符号后，按下【Enter】键，在单元格 F3 中返回计算结果，如下图所示。

F3　=VLOOKUP(B3,$A$16:$B$26,2,0)*E3*10

	B	C	D	E	F
1	进货单				
2	品名	规格-1	单位	数量（盒）	金额(元)
3	亚硝酸钠维生素E注射液	10支*5ml	盒	5	¥175.00
4	安乃近注射液	10支*6ml	盒	6	
5	复合维生素B注射液	10支*7ml	盒	7	
6	维生素C注射液	10支*8ml	盒	9	
7	病菌净	10支*9ml	盒	18	
8	地塞米松磷酸钠注射液	10支*10ml	盒	21	
9	盐酸林那霉菌注射液	10支*11ml	盒	30	

步骤04　向下复制公式

将鼠标指针移至单元格 F3 右下角处，待鼠标指针呈十字形状时按住鼠标左键向下拖动复制公式，如下图所示。

	B	C	D	E	F	G
1	进货单					
2	品名	规格-1	单位	数量（盒）	金额(元)	备注
3	亚硝酸钠维生素E注射液	10支*5ml	盒	5	¥175.00	
4	安乃近注射液	10支*6ml	盒	6		
5	复合维生素B注射液	10支*7ml	盒	7		
6	维生素C注射液	10支*8ml	盒	9		
7	病菌净	10支*9ml	盒	18		
8	地塞米松磷酸钠注射液	10支*10ml	盒	21		有一件资料
9	盐酸林那霉菌注射液	10支*11ml	盒	30		
10	硝酸庆大霉素注射液	10支*12ml	盒	5		
11	复方氨基比林注射液	10支*13ml	盒	13		
12	水杨硝酸注射液	10支*14ml	盒	8		

步骤05　查看复制公式后的结果

拖动鼠标至目标位置后释放鼠标，此时鼠标经过的单元格区域复制了单元格 F3 中的公式，结果如右图所示。

	B	C	D	E	F	G
1	进货单					
2	品名	规格-1	单位	数量（盒）	金额(元)	备注
3	亚硝酸钠维生素E注射液	10支*5ml	盒	5	¥175.00	
4	安乃近注射液	10支*6ml	盒	6	¥150.00	
5	复合维生素B注射液	10支*7ml	盒	7	¥105.00	
6	维生素C注射液	10支*8ml	盒	9	¥180.00	
7	病菌净	10支*9ml	盒	18	¥90.00	
8	地塞米松磷酸钠注射液	10支*10ml	盒	21	¥945.00	有一件资料
9	盐酸林那霉菌注射液	10支*11ml	盒	30	¥1,050.00	
10	硝酸庆大霉素注射液	10支*12ml	盒	5	¥150.00	
11	复方氨基比林注射液	10支*13ml	盒	13	¥325.00	
12	水杨硝酸注射液	10支*14ml	盒	8	¥128.00	
13	恩诺沙星注射液	10支*15ml	盒	6	¥168.00	
14						
15	单价（元/每支）					

第6章 图表的使用

Excel 不仅可以编辑和处理数据，还可以制作图表。将表格中的数据用图形表示出来、将数据可视化，是图表的重要用途。通过图表，用户可以很直观地看出数据的宏观走向、总结数据的变化规律，或者快速得出自己想要的结论。

6.1 认识图表的类型与作用

如果想将数据可视化，创建图表无疑是很好的办法。Excel 能够生成多达 14 个标准类型和多种组合类型的图表，选择合适的图表类型能够更加有效地突出重点数据。下面介绍图表的组成及图表的类型与作用。

6.1.1 图表的组成

要正确使用图表，首先要了解图表的相关术语和组成部分。下面以柱形图为例介绍图表的组成，如下图所示。

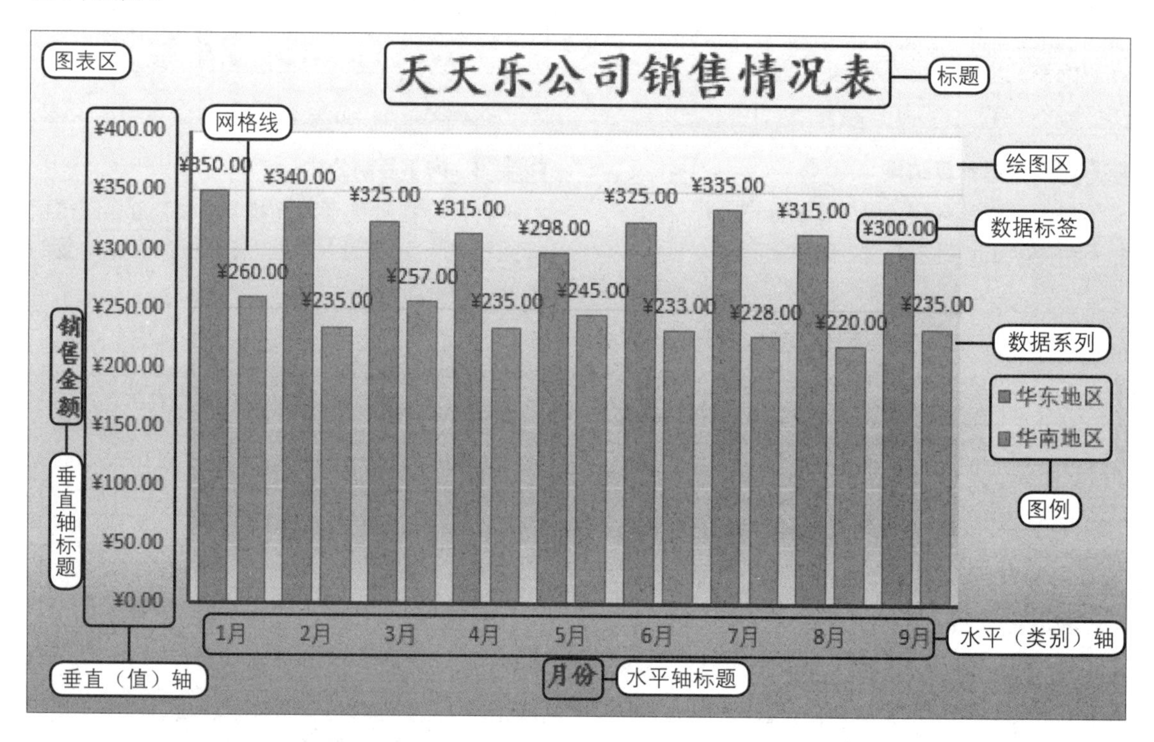

6.1.2 图表的类型与作用

相同的数据用不同类型的图表表达，效果千差万别。合适的图表类型能够使数据的可视化效果更加完美。Excel 提供了多种图表类型供用户选择，几种常用的图表类型介绍见下表。

图表类型	图表子类型	用途
柱形图	共 7 种，包括“簇状柱形图”“堆积柱形图”“百分比堆积柱形图”“三维簇状柱形图”“三维堆积柱形图”“三维百分比堆积柱形图”“三维柱形图”	柱形图用于展示不同项目之间的比较结果或说明一段时间内数据的变化。由于柱形图中数据系列的排列方向与日常阅读的方向一致，都是从左到右，因此柱形图适合用于左右比较的时间系列
条形图	共6种，包括“簇状条形图”“堆积条形图”“百分比堆积堆积条形图”“三维簇状条形图”“三维堆积条形图”“三维百分比堆积条形图”	条形图显示了各个项目之间的比较情况，纵轴表示分类，横轴表示数值。当图表的轴标签过长或显示的数值是持续型的时候，建议使用条形图
饼图	共5种，包括“饼图”“三维饼图”“复合饼图”“复合条饼图”，还有一种特殊的图表类型“圆环图”	饼图强调总体与个体的比例关系，显示数据系列中的项目和该项目数值总和之间的比例关系。当创建图表的数据仅有一个要绘制的数据系列、绘制的数据没有负值且各类别能分别代表饼图中的一部分时，建议使用饼图
折线图	共7种，包括“折线图”“堆积折线图”“百分比堆积折线图”“带数据标记的折线图”“带标记的堆积折线图”“带数据标记的百分比堆积折线图”“三维折线图”	折线图强调数据的发展趋势，能清晰地反映数据随时间变化而呈现的走势，因此非常适合展示数据在同等时间间隔下的变化趋势
面积图	共6种，包括“面积图”“堆积面积图”“百分比堆积面积图”“三维面积图”“三维堆积面积图”“三维百分比堆积面积图”	面积图用于显示不同数据系列之间的对比关系，同时也显示各数据系列与整体的比例关系，尤其强调数据随时间推移而产生的变化幅度。通过显示数据的总和，还能直观地表现出整体与部分的关系

以下是用不同的图表类型分析相同的数据的效果。

地区 月份	翔宇公司销售情况表(单位:万元)		
	华东地区	华南地区	西南地区
一月	¥350.00	¥260.00	¥210.00
二月	¥340.00	¥235.00	¥200.00
三月	¥325.00	¥257.00	¥224.00
四月	¥315.00	¥235.00	¥168.00
五月	¥298.00	¥245.00	¥214.00
六月	¥325.00	¥233.00	¥198.00
七月	¥335.00	¥228.00	¥203.00
八月	¥315.00	¥220.00	¥186.00

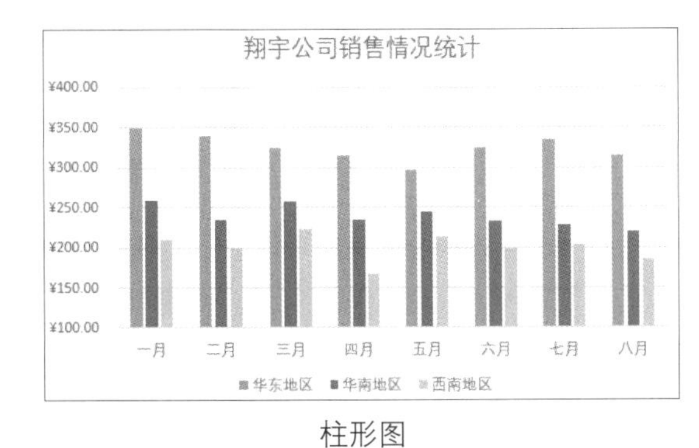

柱形图

反映三个地区各月份销售额的对比情况。

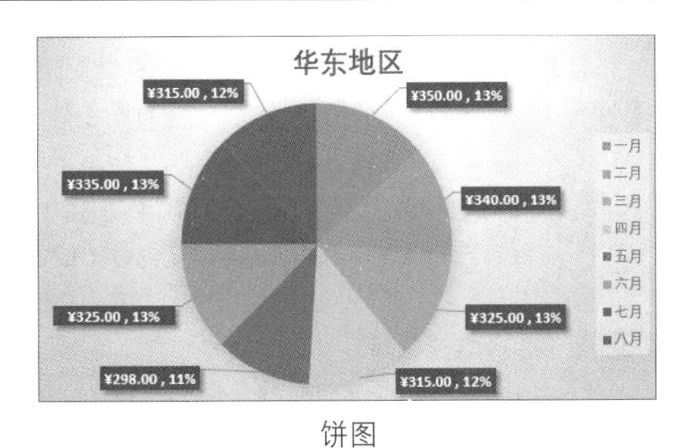

饼图

反映各月销售额与整体销售额之间的比例关系。

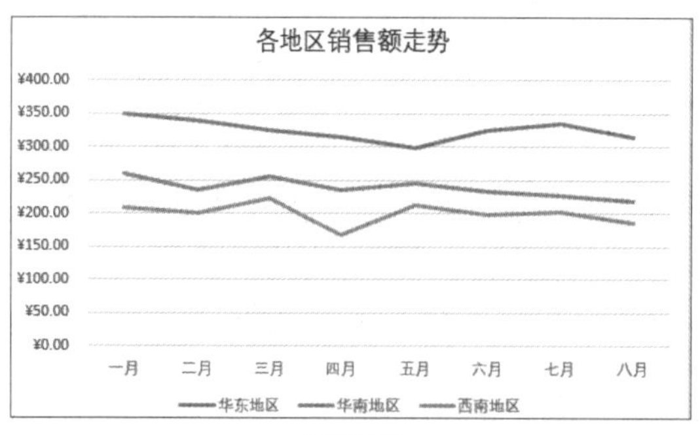

折线图

反映各地区销售额走势。

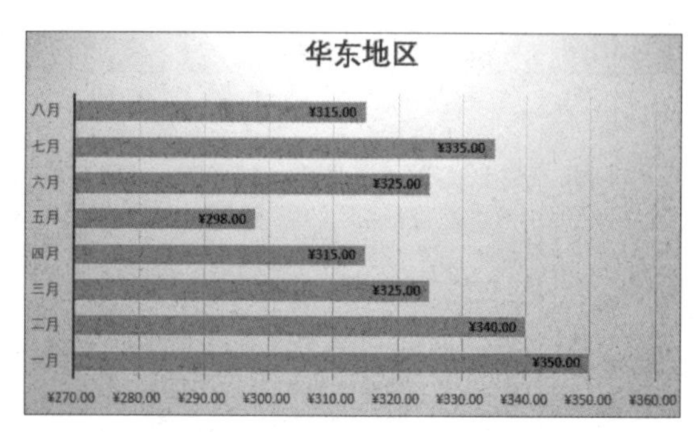

条形图

销售额的纵向对比，更容易得出比较项的差异。

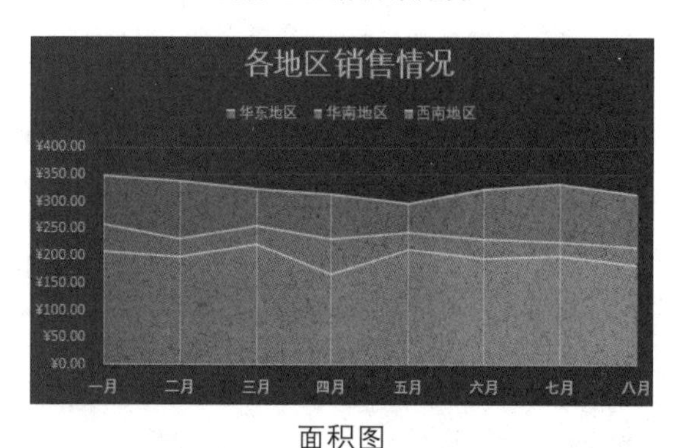

面积图

反映三个地区各月份销售额变化的幅度。

其他图表类型：XY散点图、股价图、曲面图、雷达图、树状图、旭日图、直方图、箱形图、瀑布图、组合图。

6.2 创建与更改图表

了解了图表的组成与分类之后，就可以创建图表了。创建图表是为了使表格中的数据更加清晰、直观，但对相同的数据源以不同图表类型展示往往会有很大的差别，根据数据分析的实际情况，有时可能需要对创建好的图表进行修改与调整，让图表更加符合实际需求。

6.2.1 创建图表

创建图表的方法很多，这里主要介绍使用快捷键创建和使用“插入图表”对话框创建两种方法。创建图表之前需要制作或者打开一个包含数据源的电子表格，然后再选择合适的图表类型。

1 使用快捷键创建图表

想要快速创建图表，且对图表类型没有特殊要求，可首先选择要创建图表的数据区域，然后按下【Alt+F1】组合键，此时在工作表中将自动创建一个关于所选数据区域的柱形图类型的图表。

原始文件：下载资源\实例文件\第6章\原始文件\翔宇公司销售情况表.xlsx
最终文件：下载资源\实例文件\第6章\最终文件\创建图表_Alt+F1键.xlsx

步骤01　选择数据区域

打开原始文件，选择需要创建图表的数据区域，如选择单元格区域 A2:B11，如下左图所示。

步骤02　自动创建图表

按下【Alt+F1】组合键，自动创建如下右图所示的图表。图表中横轴表示月份，纵轴表示销售额。

	A	B	C	D	E	F
1		翔宇公司销售情况表(单位:万元)				
2	月份	华东地区	华南地区	西南地区		
3	1月	¥350.00	¥260.00	¥210.00		
4	2月	¥340.00	¥235.00	¥200.00		
5	3月	¥325.00	¥257.00	¥224.00		
6	4月	¥315.00	¥235.00	¥168.00		
7	5月	¥298.00	¥245.00	¥214.00		
8	6月	¥325.00	¥233.00	¥198.00		
9	7月	¥335.00	¥228.00	¥203.00		
10	8月	¥315.00	¥220.00	¥186.00		
11	9月	¥300.00	¥235.00	¥195.00		

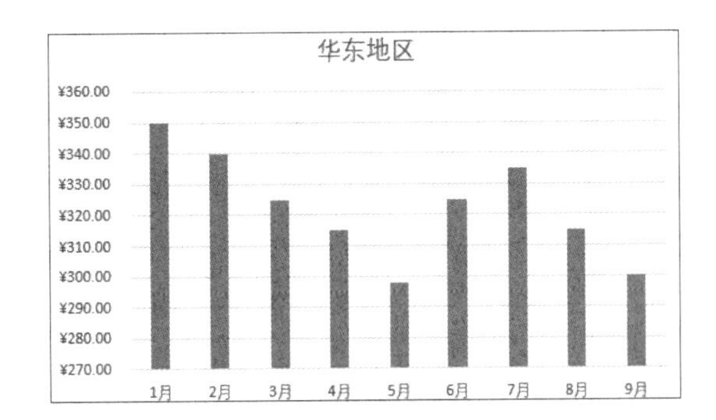

知识补充　使用【F11】键创建

选择要创建图表的数据区域后，按下【F11】键也可自动创建图表。不过，图表会另存在自动插入的新工作表“Chart1”中。

2 使用对话框创建图表

当对创建的图表类型有要求时，可通过“插入图表”对话框手动创建图表。单击“图表”组的对话框启动器即可弹出“插入图表”对话框。

原始文件：下载资源\实例文件\第6章\原始文件\翔宇公司销售情况表.xlsx

最终文件：下载资源\实例文件\第6章\最终文件\创建图表_自定义.xlsx

步骤01　选择数据源

打开原始文件，选择创建图表所需的数据源，连续的单元格区域可按住鼠标左键然后拖动选择，这里按下【Ctrl】键后选择单元格区域 A2:A11、C2:C11，如下图所示。

	A	B	C	D	E	F
1		翔宇公司销售情况表(单位:万元)				
2	月份	华东地区	华南地区	西南地区		
3	1月	¥350.00	¥260.00	¥210.00		
4	2月	¥340.00	¥235.00	¥200.00		
5	3月	¥325.00	¥257.00	¥224.00		
6	4月	¥315.00	¥235.00	¥168.00		
7	5月	¥298.00	¥245.00	¥214.00		
8	6月	¥325.00	¥233.00	¥198.00		
9	7月	¥335.00	¥228.00	¥203.00		
10	8月	¥315.00	¥220.00	¥186.00		
11	9月	¥300.00	¥235.00	¥195.00		

步骤02　启动“插入图表”对话框

切换至“插入”选项卡下，单击“图表”组中的对话框启动器，如下图所示。

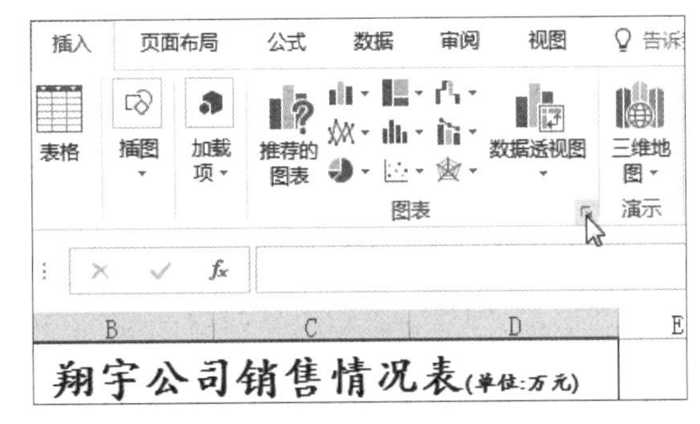

步骤03　选择图表类型

弹出“插入图表”对话框，可选择推荐的图表类型，也可自定义图表类型。这里切换至“所有图表”选项卡，在左侧选择图表类型，如选择“柱形图”，然后在右侧选择图表，如选择“三维簇状柱形图”，如右图所示。

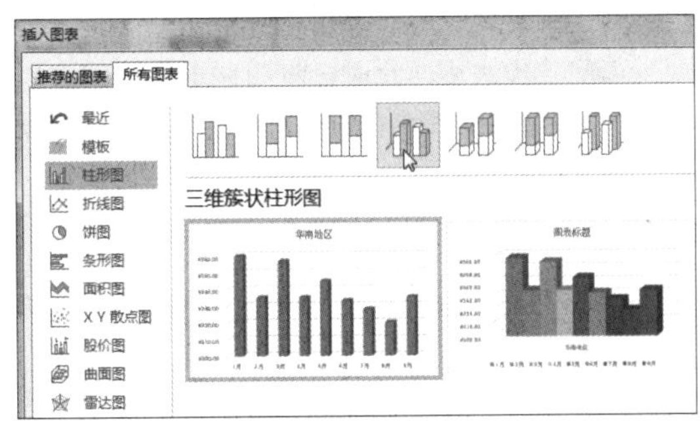

步骤04 查看创建的图表

单击“确定”按钮，返回工作表中，可看到创建了选择的图表，效果如右图所示。

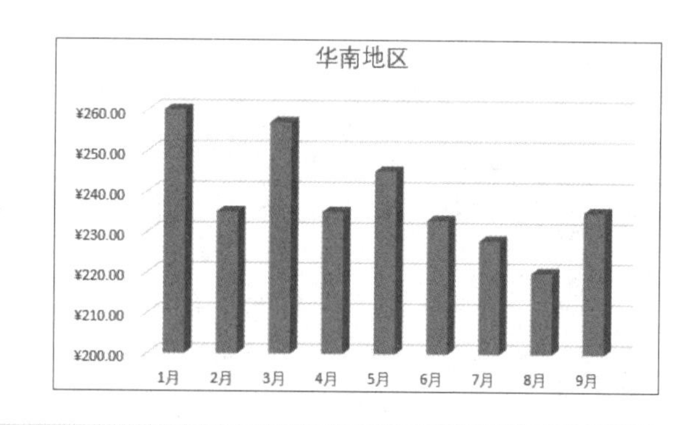

知识补充 在功能区命令中选择图表类型

在“插入”选项卡下的“图表”组中包含一些常用的图表类型，用户只需单击图表类型右侧的下三角按钮，在展开的下拉列表中选择图表类型，即可创建对应的图表。

6.2.2 更改图表类型

在日常工作中，创建的图表可能并不能满足用户的实际需要，这时用户可根据实际情况，对已创建好的图表的类型进行修改，以便更好地分析数据。

原始文件：下载资源\实例文件\第6章\原始文件\更改图表.xlsx
最终文件：下载资源\实例文件\第6章\最终文件\更改图表.xlsx

步骤01 更改图表类型

打开原始文件，首先选择创建好的图表，然后切换至“图表工具-设计”选项卡下，单击“类型”组中的“更改图表类型”按钮，如下图所示。

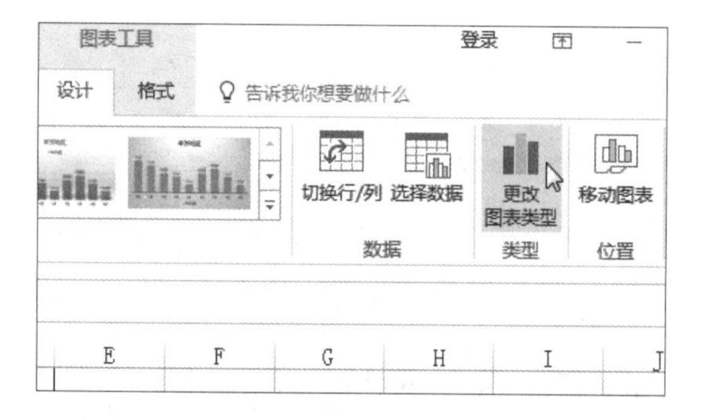

步骤02 选择需要的图表类型

弹出“更改图表类型”对话框，该对话框与“插入图表”对话框一样。切换至“所有图表”选项卡，在左侧选择图表类型，在右侧选择需要的图表子类型，如下图所示，最后单击“确定”按钮。

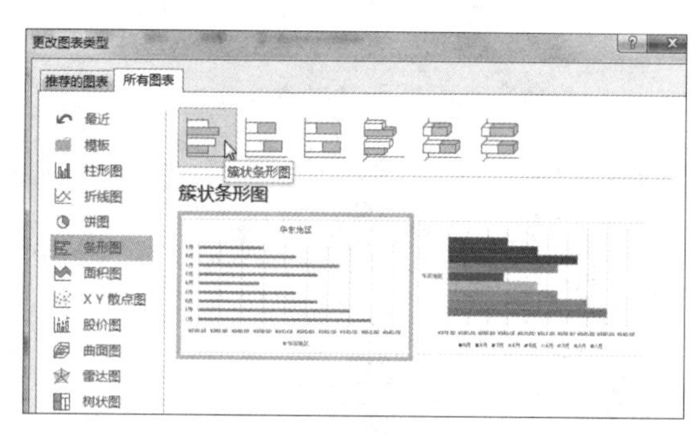

步骤03 查看更改后的图表

返回工作表中，此时已将图表更改为所选的“簇状条形图”，得到如右图所示的效果。此图表能清晰反映华东地区1—9月的销售额对比情况。

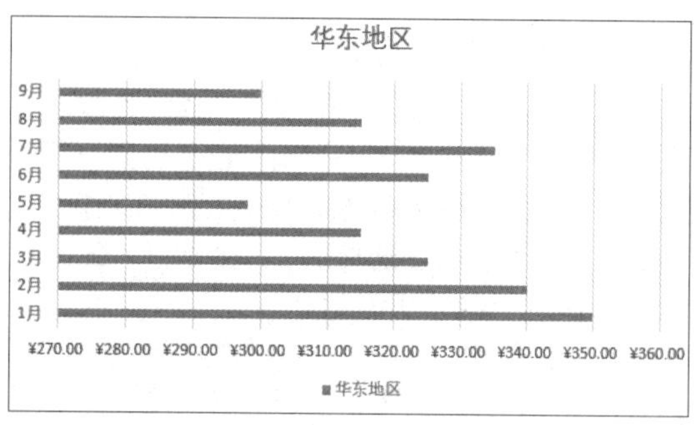

6.2.3　更改图表数据源

如果需要更改创建图表的数据，也不用重新创建一个图表。例如，想要切换图表中的横纵坐标数据，只需单击“切换行 / 列”按钮即可。若工作表中的数据源范围有变化，则需要打开“选择数据源”对话框，重新选择创建图表的数据区域。

1　转换数据系列与分类

用户创建图表后，若需要互换横 / 纵坐标的数据，可以按照以下方法操作。

原始文件： 下载资源\实例文件\第6章\原始文件\更改数据源.xlsx
最终文件： 下载资源\实例文件\第6章\最终文件\切换行列.xlsx

步骤01　切换行/列数据

打开原始文件，选中图表，切换至“图表工具 - 设计”选项卡下，单击“数据”组中的“切换行 / 列”按钮，如下图所示。

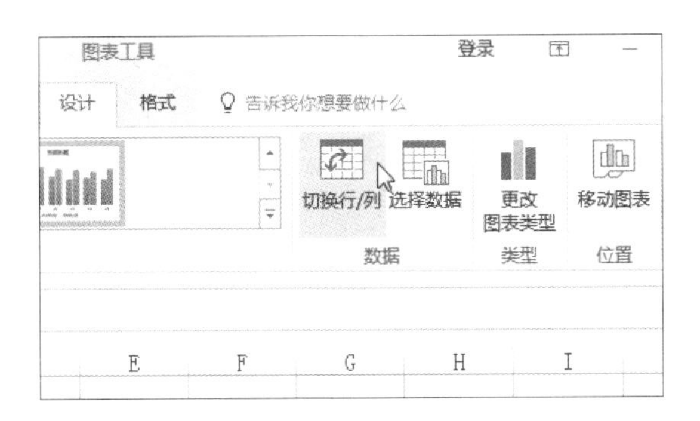

步骤02　查看修改后的效果

返回工作表中，可看到将图表中数据的行列交换后，效果如下图所示。此时的图表将数据分为两组，更方便对实际销售额和预期销售额进行单独对比分析。

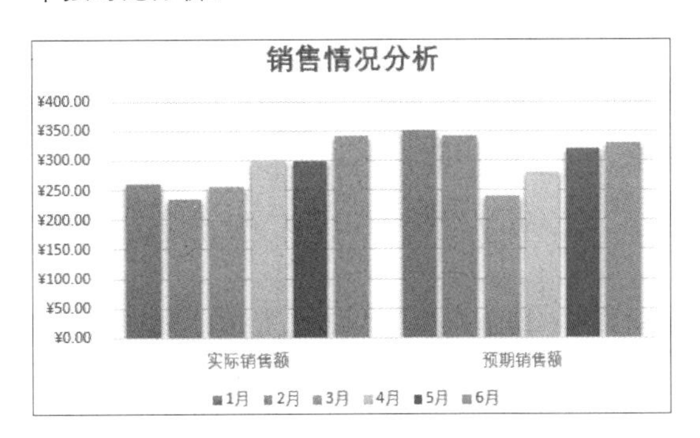

2　重新选择图表数据

若需更改图表中的数据区域范围，可通过“选择数据源”对话框重新选择。例如将“销售情况分析”表中的图表数据源更改为实际销售额，具体操作如下。

原始文件： 下载资源\实例文件\第6章\原始文件\更改数据源.xlsx
最终文件： 下载资源\实例文件\第6章\最终文件\重选数据源.xlsx

步骤01　单击“选择数据”按钮

打开原始文件，选中图表，切换至“图表工具 - 设计”选项卡，单击“数据”组中的“选择数据”按钮，如下图所示。

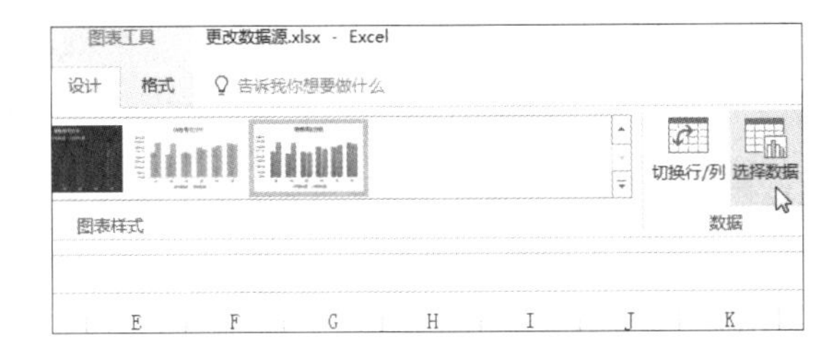

步骤02　选择数据源

弹出“选择数据源”对话框，单击“图表数据区域”右侧的单元格引用按钮，然后在工作表中选择新的数据区域，如下图所示。

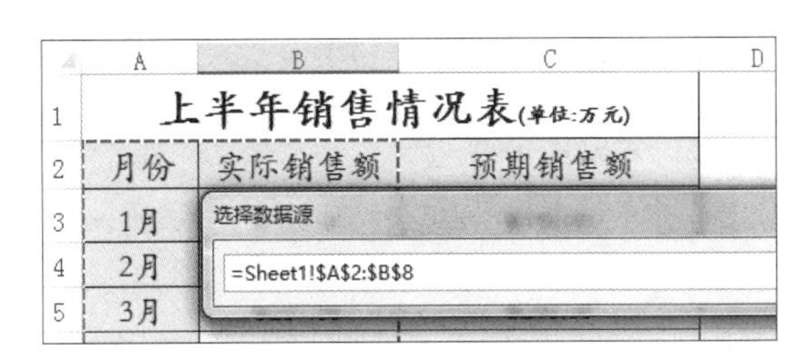

步骤03 确定数据选择

单击文本框右侧的单元格引用按钮，返回“选择数据源”对话框，此时“图表数据区域”文本框中显示了所选的数据区域，确定无误后单击“确定”按钮，如下图所示。

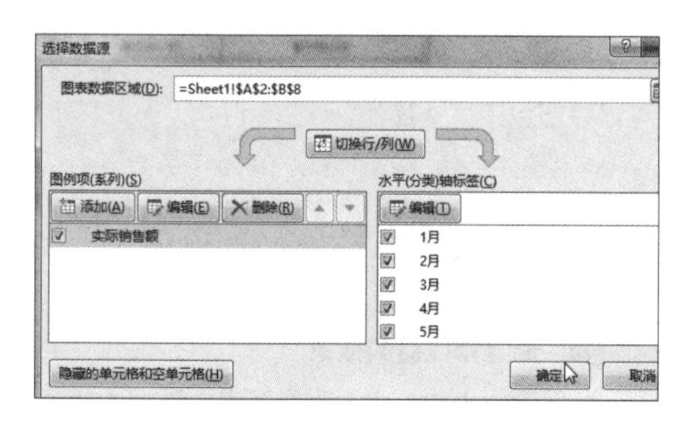

步骤04 查看更改后的效果

返回工作表中，可看到更改图表数据源后的效果如下图所示。此时图表中仅显示了实际销售额每月的变化情况。

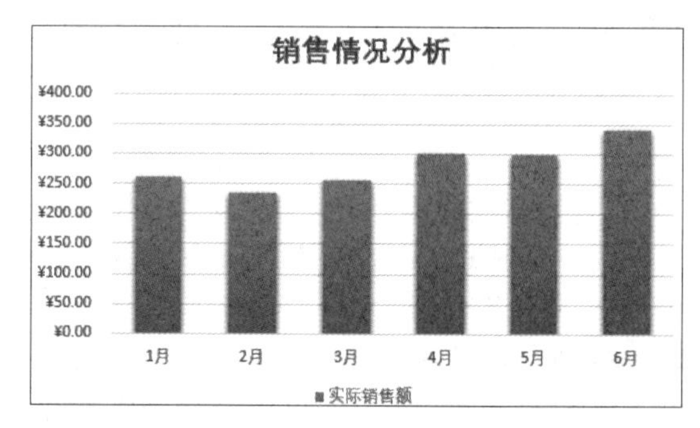

6.2.4 移动图例位置

当一个图表中有多个数据系列时，图例就显得非常重要，因为它是区分各个系列的标志，能够帮助用户快速正确地读图。如果图例位置不合适，就可能会与坐标轴重叠，这时就需要更改图例的位置。这里介绍两种移动图例的方法，具体操作如下。

1 鼠标拖动改变图例位置

在绘制好的图表中，可利用鼠标拖动图例来改变其位置。

原始文件： 下载资源\实例文件\第6章\原始文件\更改图例位置.xlsx
最终文件： 下载资源\实例文件\第6章\最终文件\更改图例位置1.xlsx

步骤01 选择图例

打开原始文件，双击需要更改位置的图例，如下图所示。

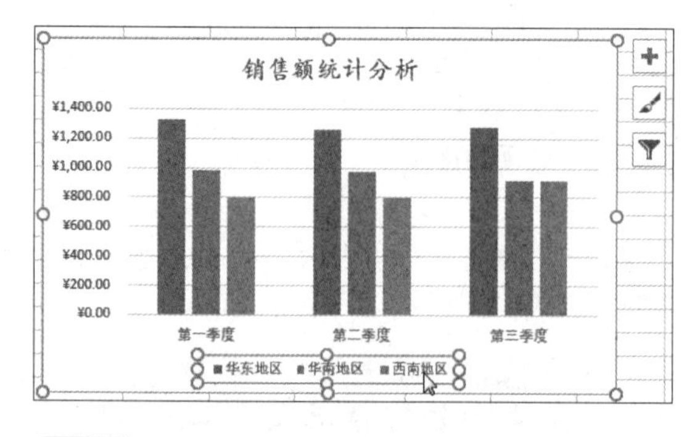

步骤02 设置图例选项

弹出“设置图例格式”任务窗格，单击“图例选项”三角按钮，在“图例位置”选项组下取消勾选“显示图例，但不与图表重叠”复选框，如下图所示。

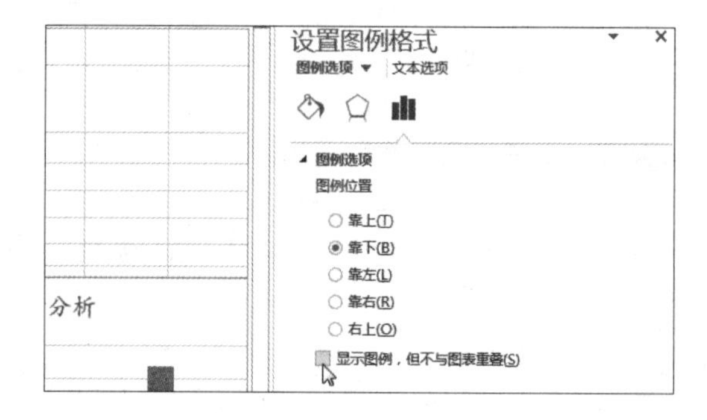

步骤03 移动图例

单击图例，当鼠标指针变成双向十字箭头时，按住鼠标左键不放，拖动图例至合适的位置，如下左图所示。

步骤04　查看移动图例后的效果

释放鼠标左键，即可看到图表中的图例被移动到了自定义的位置，效果如下右图所示。

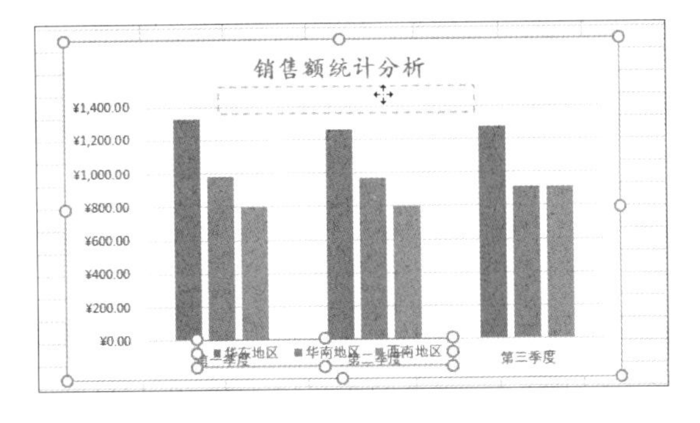

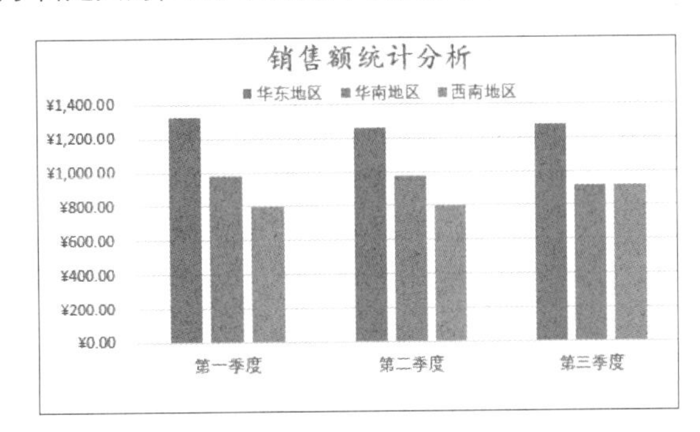

2 利用“图表元素”按钮改变图例位置

用户还可以利用“图表元素”按钮更改图例位置。此方法便于在添加图例元素的同时设置图例位置，具体步骤如下。

原始文件： 下载资源\实例文件\第6章\原始文件\更改图例位置.xlsx
最终文件： 下载资源\实例文件\第6章\最终文件\更改图例位置2.xlsx

步骤01　快速修改图例位置

打开原始文件，选中图表，单击图表右上角的“图表元素”按钮，在展开的列表中执行“图例 > 右”命令，如下图所示。

步骤02　查看修改后的图例效果

此时，图表中的图例被移到图表右侧，效果如下图所示。

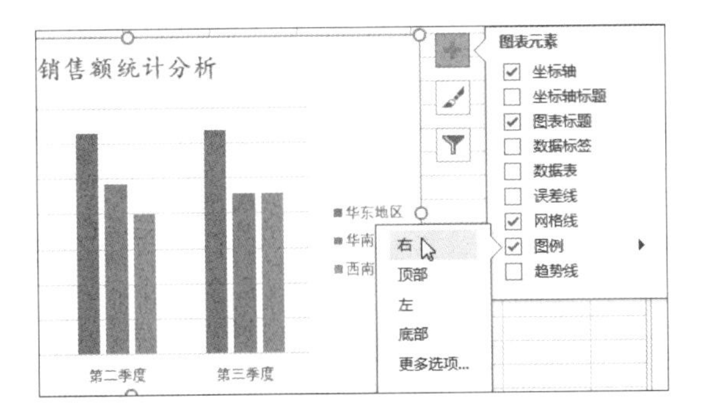

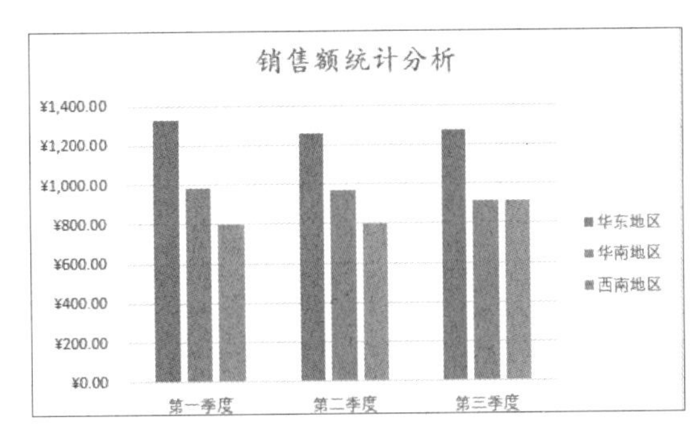

6.2.5　更改图表布局

Excel 2016 中内置了多种图表布局样式，用户只需简单操作，即可对图表的整体样式进行修改。

原始文件： 下载资源\实例文件\第6章\原始文件\更改图表布局.xlsx
最终文件： 下载资源\实例文件\第6章\最终文件\更改图表布局.xlsx

步骤01　选择图表布局样式

打开原始文件，选中图表，切换至“图表工具 - 设计”选项卡下，单击“图表布局”组中的“快速布局”按钮，在展开的下拉列表中选择需要的布局样式，这里选择“样式 5”，如下左图所示。

步骤02　查看更改布局样式后的效果

此时图表的布局样式更改为如下右图所示的效果，图表中增加了图表标题、坐标轴标题及数据表。

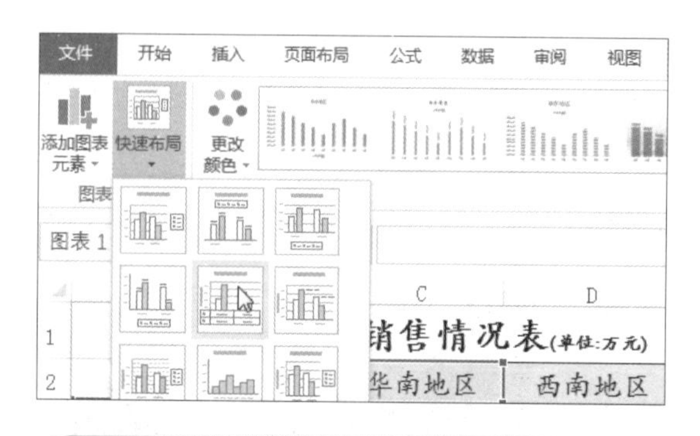

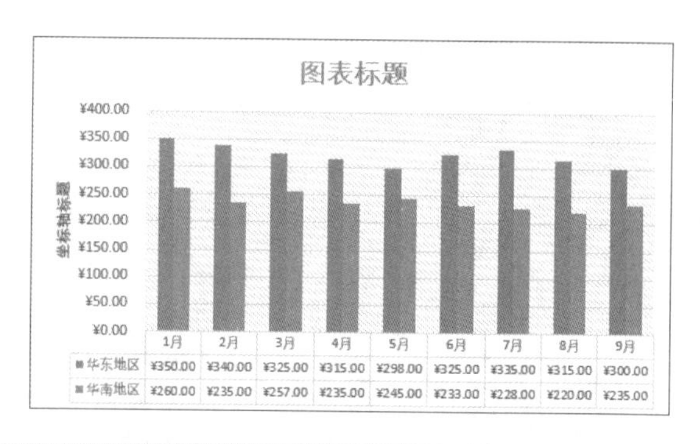

6.3 图表元素的添加与格式化

如果预设的图表布局样式不能满足实际需要，用户就可以自定义图表元素，包括图表标题、图例、数据标签及数据表等。

6.3.1 添加图表标题

标题作为图表的重要组成部分，能让用户快速了解图表的主要内容，因此在需要强调图表主题时就可以添加标题元素，下面介绍具体的操作步骤。

原始文件：下载资源\实例文件\第6章\原始文件\添加图表标题.xlsx
最终文件：下载资源\实例文件\第6章\最终文件\添加图表标题.xlsx

步骤01 添加标题

打开原始文件，选中图表，切换至“图表工具-设计”选项卡下，单击“图表布局”组中的“添加图表元素”按钮，在展开的下拉列表中执行“图表标题 > 图表上方”命令，如下图所示。

步骤02 输入标题文字

可看到在图表上方添加了标题占位符，输入标题文字“员工工资表”，然后单击标题占位符外任意处，即可完成标题的添加，如下图所示。

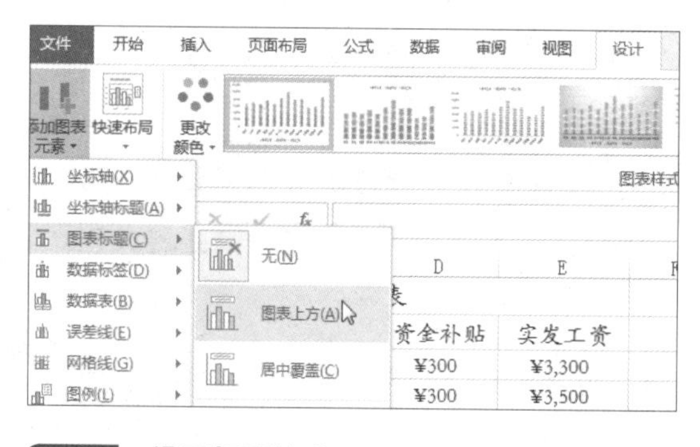

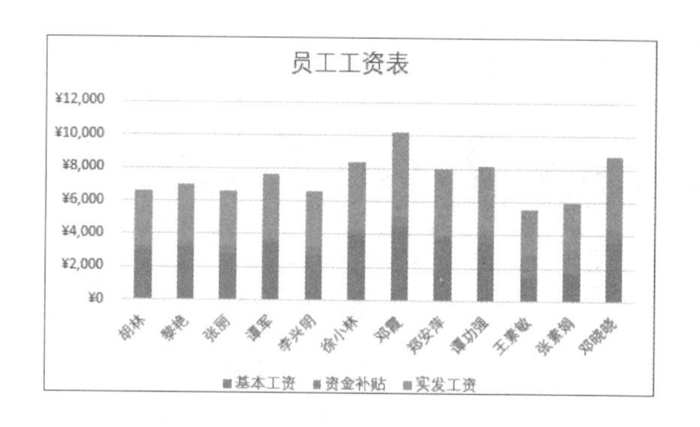

步骤03 设置标题格式

右击图表标题，在展开的快捷菜单中单击“设置图表标题格式”命令，如下左图所示。

步骤04 设置标题填充色

弹出“设置图表标题格式”任务窗格，在“标题选项”选项卡下单击“填充”选项组中的“纯色填充”单选按钮，然后设置填充颜色为金色，如下右图所示。

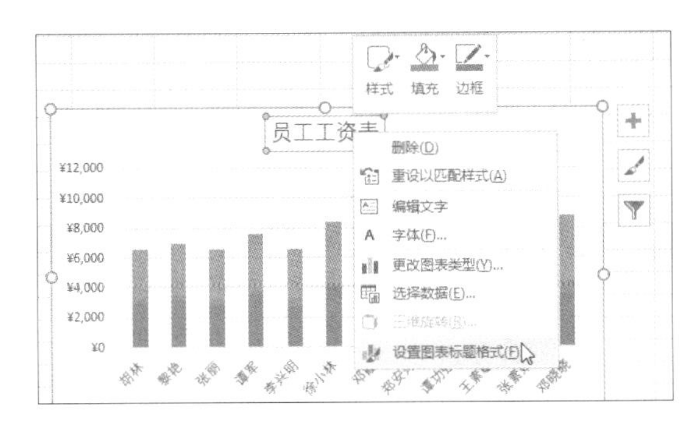

设置图表标题格式
标题选项 ▼　文本选项
填充
无填充(N)
纯色填充(S)
渐变填充(G)
图片或纹理填充(P)
图案填充(A)
自动(U)
颜色(C)

步骤05　设置文本填充色

切换至"文本选项"选项卡下，单击"文本填充与轮廓"图标，然后单击"文本边框"选项组中的"实线"单选按钮，设置"颜色"为"蓝色"，如下图所示。

步骤07　设置标题字体

弹出"字体"对话框，在此对话框中可对文本字体进行自定义，这里只设置"中文字体"为"华文新魏"，如下图所示。最后单击"确定"按钮。

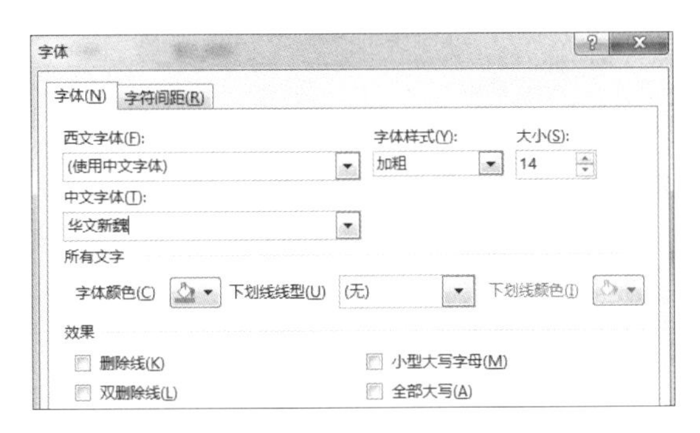

步骤06　单击"字体"命令

关闭任务窗格，返回工作表，此时可看到设置后的效果，然后右击图表标题，在展开的快捷菜单中单击"字体"命令，如下图所示。

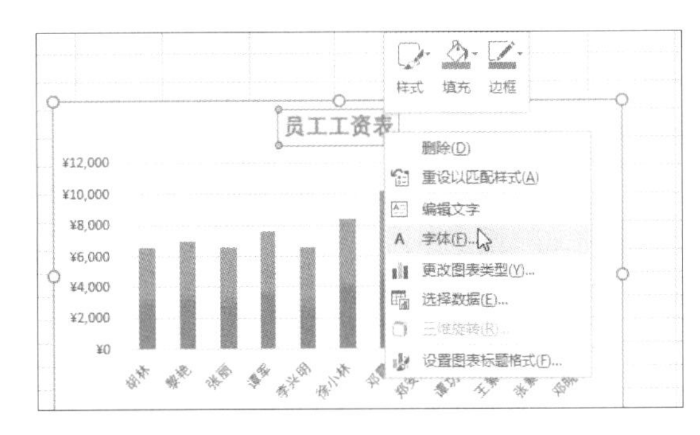

步骤08　查看最终效果

返回工作表中，此时图表标题的显示效果如下图所示。

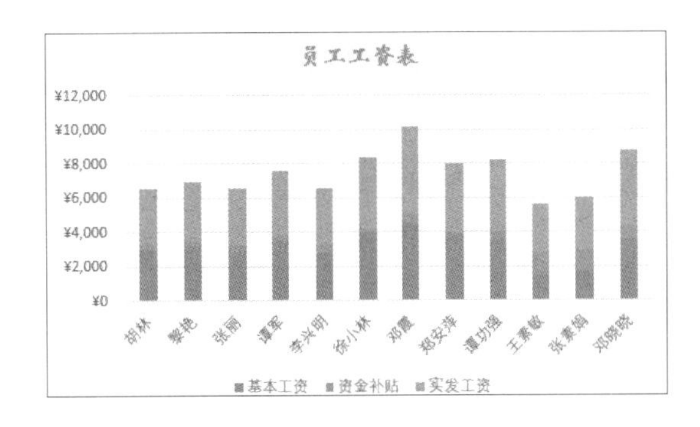

6.3.2　添加坐标轴标题

为了使图表更清晰明了，可添加坐标轴标题并对其格式进行设置，具体操作步骤如下。

原始文件：下载资源\实例文件\第6章\原始文件\添加坐标轴标题.xlsx
最终文件：下载资源\实例文件\第6章\最终文件\添加坐标轴标题.xlsx

步骤01 更改图表类型

打开原始文件，选中图表，切换至“图表工具-设计”选项卡下，单击“类型”组中的“更改图表类型”按钮，如下图所示。

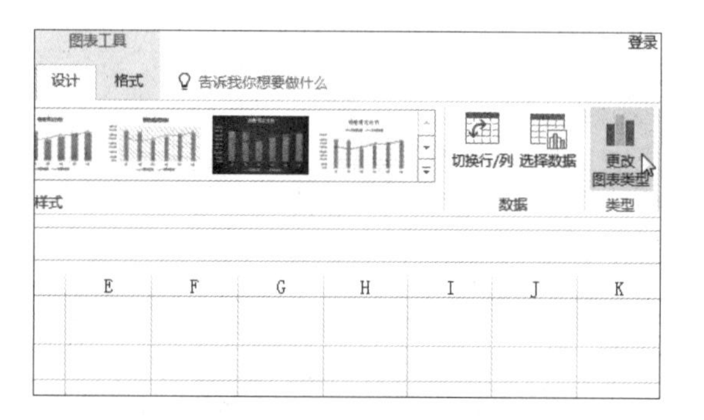

步骤02 设置图表类型

弹出“更改图表类型”对话框，在左侧列表框中选择“组合”类型，在右侧将“实际销售额”数据系列设置为“带数据标记的折线图”类型，勾选后方的“次坐标轴”复选框，将“预期销售额”数据系列设置为“簇状柱形图”类型，最后单击“确定”按钮，如下图所示。

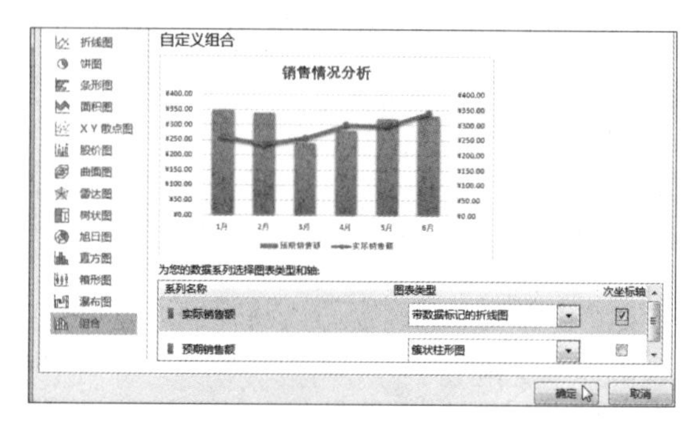

步骤03 添加横坐标轴占位符

选中图表，切换至“图表工具-设计”选项卡下，单击“图表布局”组中的“添加图表元素”按钮，在展开的下拉列表中执行“轴标题 > 主要横坐标轴”命令，如下图所示。

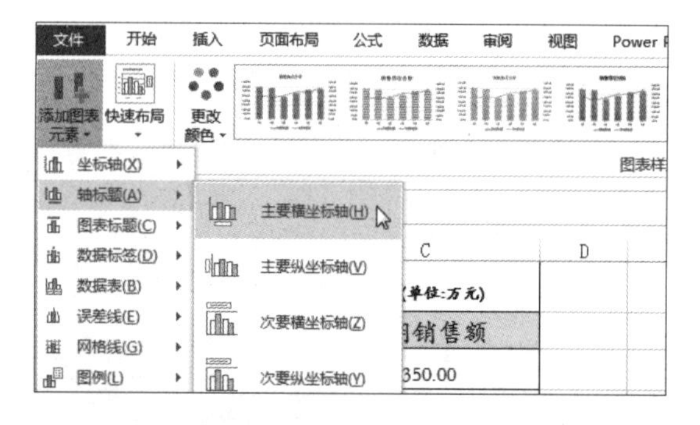

步骤04 添加纵坐标轴占位符

使用同样的方法，添加“主要纵坐标轴”和“次要纵坐标轴”占位符，最终效果如下图所示。

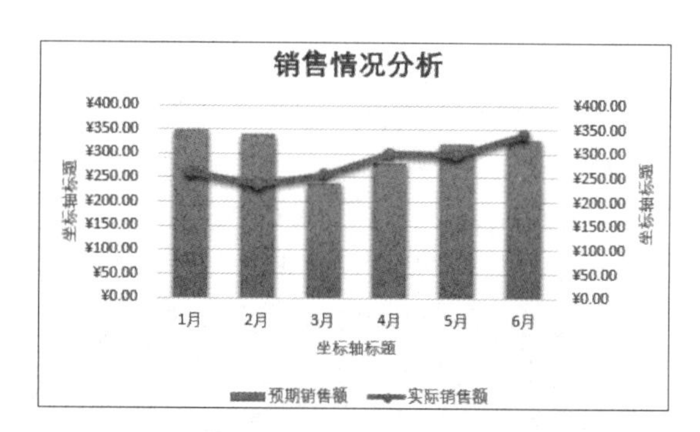

步骤05 输入坐标轴名称

在添加的横纵坐标轴占位符中输入合适的标题名称，这里将主要横坐标轴标题设置为“月份”，主要纵坐标轴标题设置为“预期销售额”，次要纵坐标轴标题设置为“实际销售额”，如下图所示。

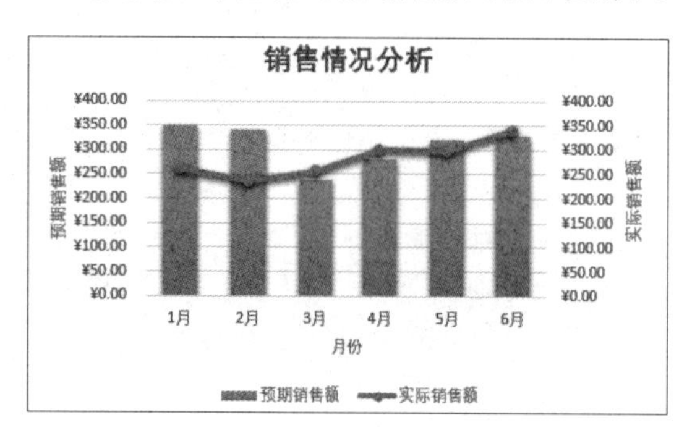

步骤06 选择需要修改格式的坐标轴标题

选择需要更改格式的坐标轴标题，这里选择主要纵坐标轴标题，如下图所示。

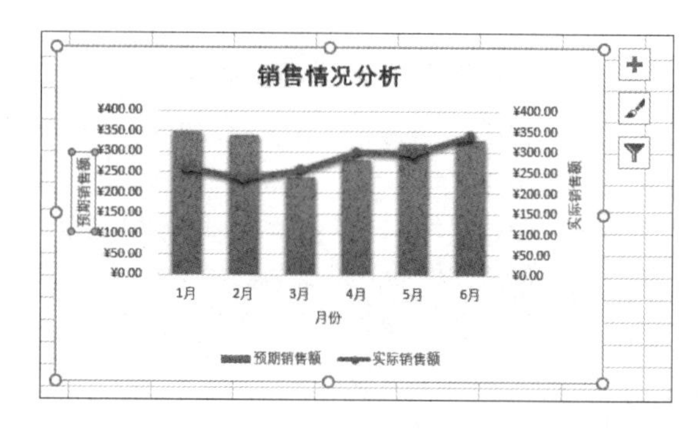

步骤07　设置格式

切换至“开始”选项卡下，在“字体”选项组中设置“字体”为“华文楷体”、“字号”为“12”，然后单击“填充”右侧的下三角按钮，在展开的下拉列表中选择填充颜色，如下图所示。

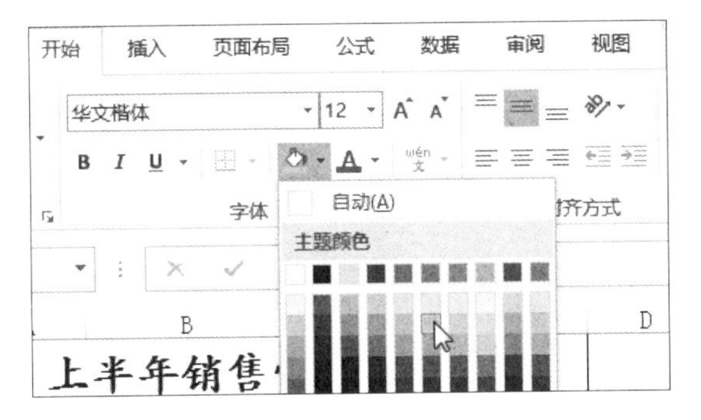

步骤08　设置文本方向

在“开始”选项卡下的“对齐方式”组中单击“方向”右侧的下三角按钮，在展开的下拉列表中选择“竖排文字”选项，如下图所示。

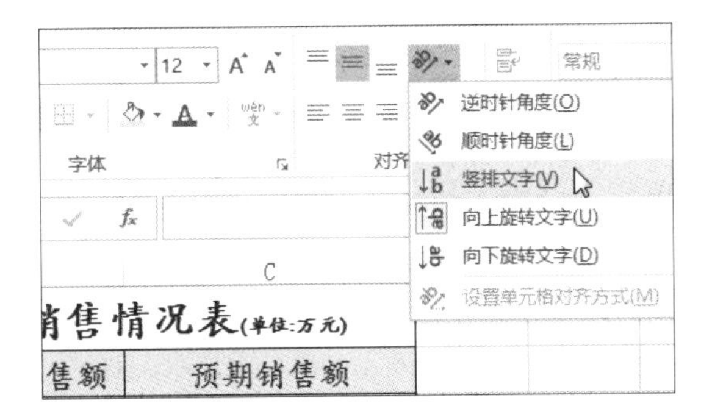

步骤09　查看设置效果

经过以上操作后，图表的显示效果如下图所示，左侧的主要纵坐标轴标题字体、字号、方向和背景色都发生了变化。

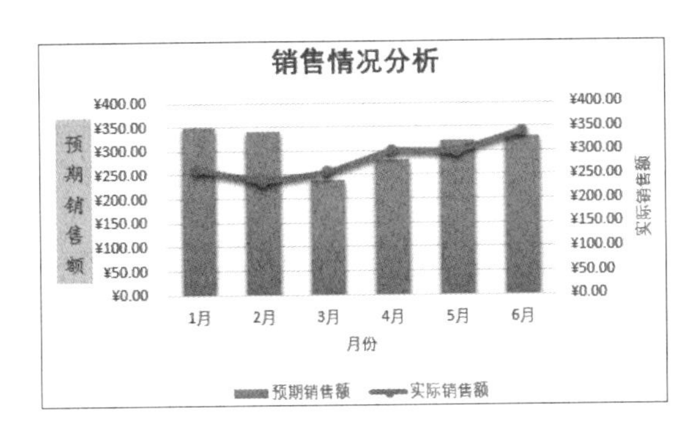

步骤10　设置其他坐标轴标题的格式

重复步骤 06～步骤 08（横坐标轴标题文本方向不需更改），对主要横坐标轴标题及次要纵坐标轴标题的格式进行设置，设置后的效果如下图所示。

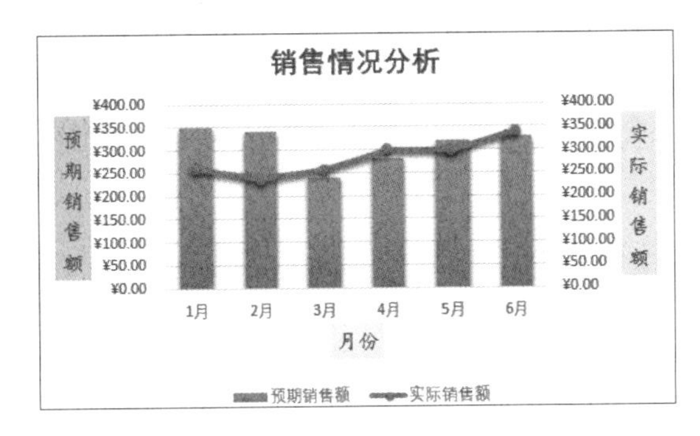

步骤11　单击“字体”命令

可以看到主要纵坐标轴标题和次要纵坐标轴标题文本字符的间隔较大，可进行调整。首先右击需调整字符间距的文本框，这里右击主要纵坐标轴标题，在弹出的快捷菜单中单击“字体”命令，如下图所示。

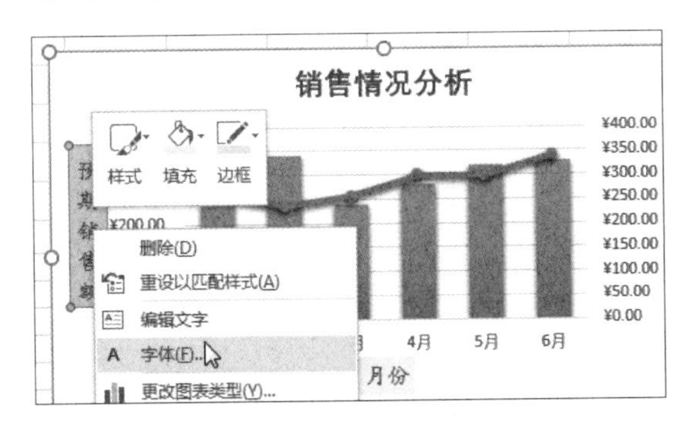

步骤12　设置字符间距

弹出“字体”对话框，切换至“字符间距”选项卡下，设置“间距”为“紧缩”、“度量值”为“3”磅，如下图所示。设置后单击“确定”按钮。

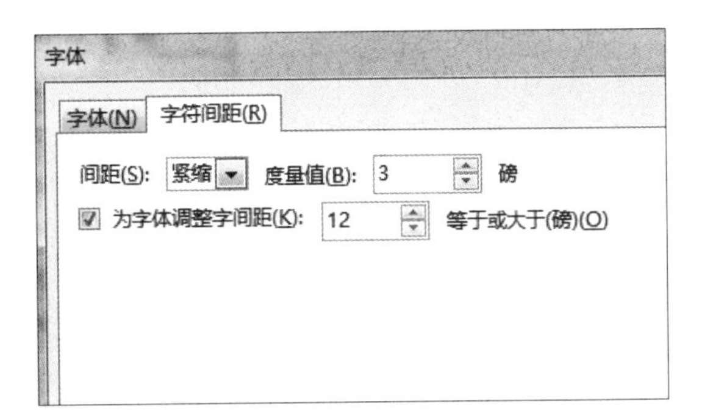

步骤13 显示最终效果

使用相同方法对右侧的次要纵坐标轴标题的字符间距进行调整，最终效果如右图所示。

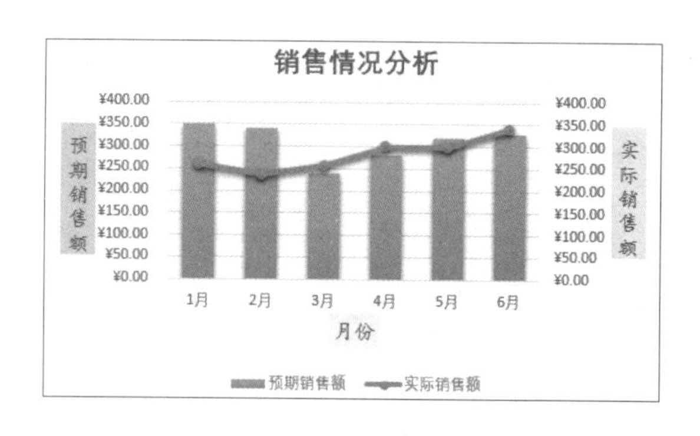

6.3.3 数据标签

默认状态下，创建的图表是没有数据标签的，这种表现方式只能让人看到图表中各数据系列的大概意义，不能看到数据系列所代表的精确数值。如果需要同时看到图表以及其中各数据点所代表的值，可以为图表添加数据标签。数据标签可以是各数据点的值，也可以是与数据点有关的分类轴标志。

原始文件：下载资源\实例文件\第6章\原始文件\添加数据标签.xlsx
最终文件：下载资源\实例文件\第6章\最终文件\添加数据标签.xlsx

步骤01 添加数据标签

打开原始文件，选中图表，单击“图表元素”按钮，在展开的列表中首先取消勾选“图例”复选框，然后勾选“数据标签”复选框，再单击其右侧的三角按钮，在展开的列表中单击“更多选项”命令，如下图所示。

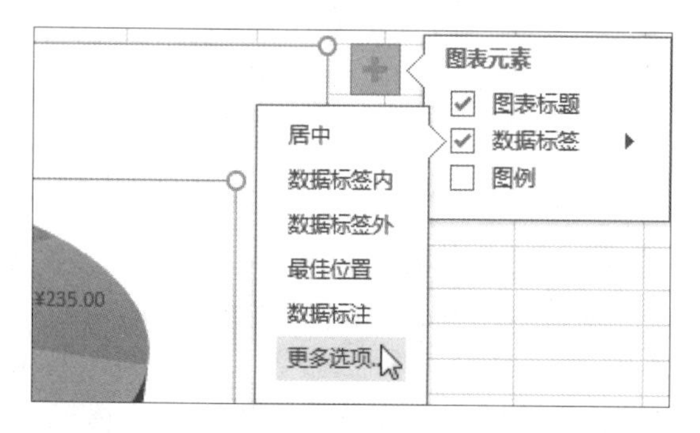

步骤02 设置数据标签显示内容

弹出“设置数据标签格式”任务窗格，在“标签选项”选项卡下“标签选项”选项组中的“标签包括”列表框中勾选要在标签中显示的内容，这里勾选“类别名称”“值”“百分比”“显示引导线”，如下图所示。

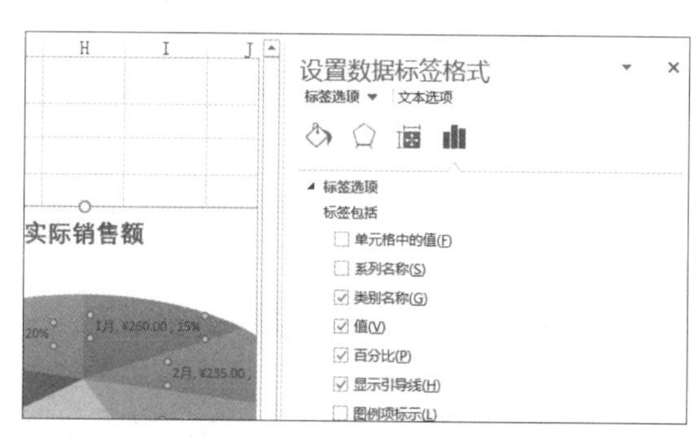

步骤03 设置数据标签格式

单击“填充与线条”图标，在其选项卡下的“边框”选项组中单击“实线”单选按钮，然后设置“颜色”为“橙色”，如右图所示。

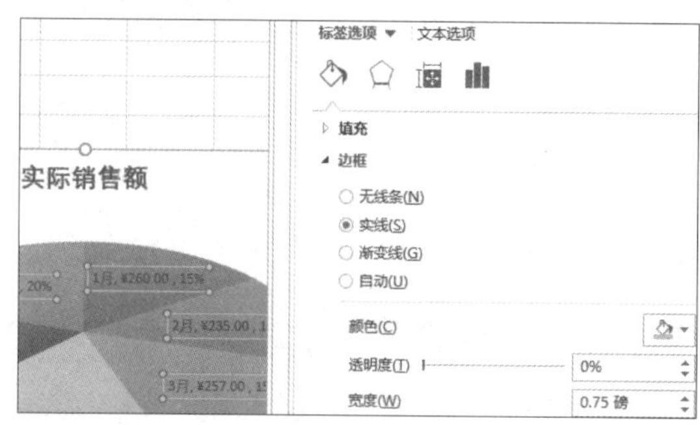

步骤04　设置字体和字号

切换至“开始”选项卡下，在“字体”组中设置“字体”为“楷体”、“字号”为“11”，如下图所示。

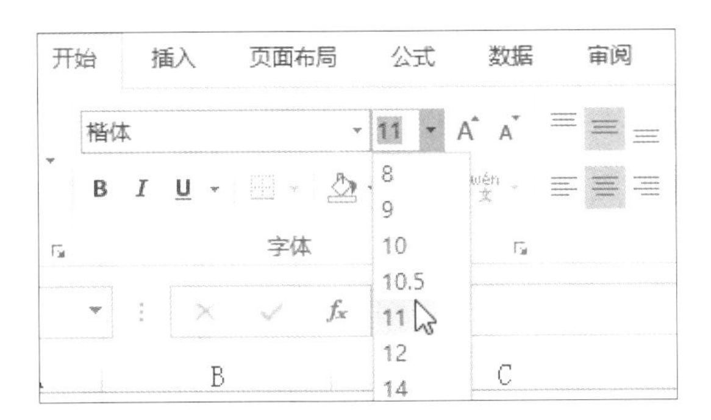

步骤05　移动数据标签

关闭任务窗格，返回工作表中，此时图表中已添加数据标签。选中数据标签，当鼠标指针变成双向十字箭头时，按住鼠标左键拖动，如下图所示。

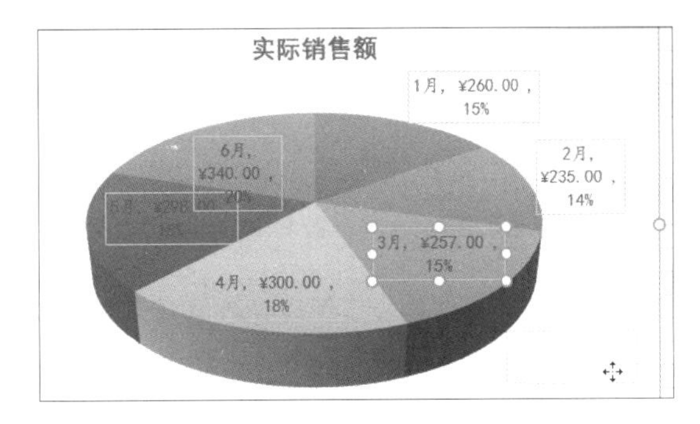

步骤06　显示移动位置后的效果

拖动至适当位置后，释放鼠标左键，即可将数据标签移动至需要的位置，移动后将显示数据指引线，将其他数据标签均移至适当位置，最终效果如下图所示。

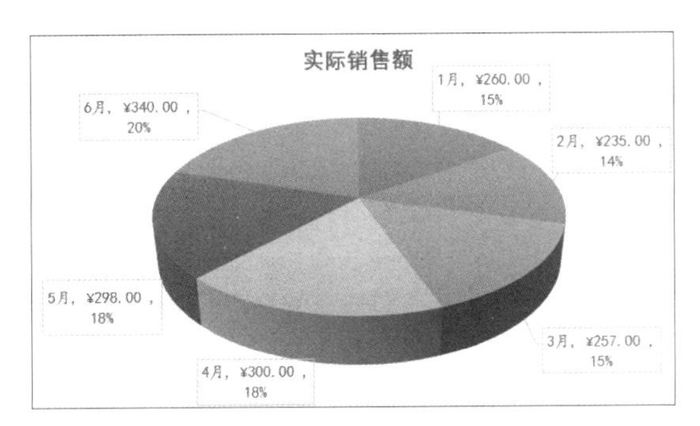

步骤07　设置引导线格式

右击图表中的引导线，在弹出的快捷菜单中单击“设置引导线格式”命令，如下图所示。

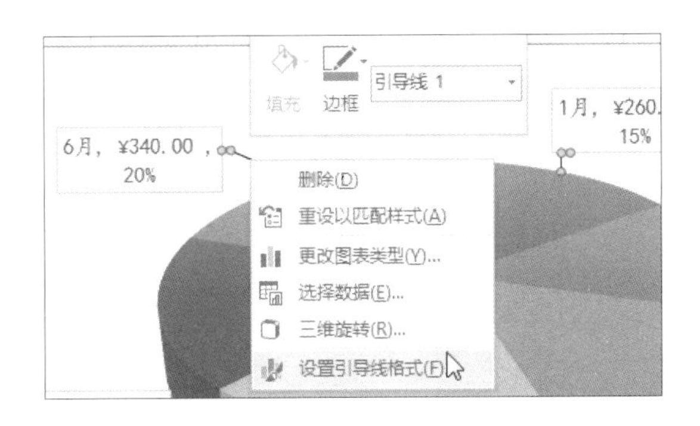

步骤08　设置引导线颜色和宽度

弹出“设置引导线格式”任务窗格，在“线条”选项组中单击“实线”单选按钮，然后设置“颜色”为“黑色”、“宽度”为“1 磅”，如下图所示。

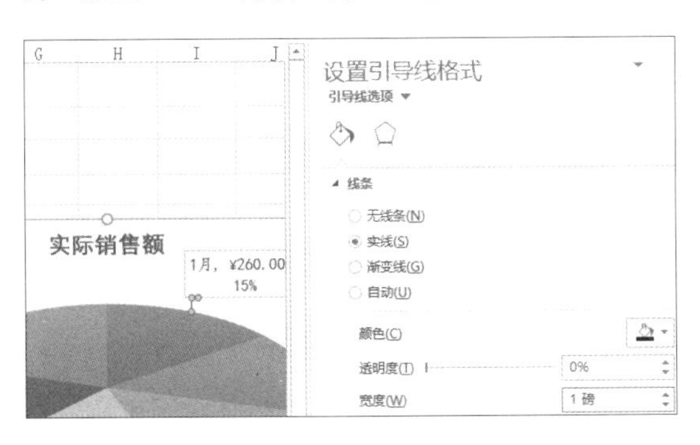

步骤09　查看最终效果

关闭任务窗格，更改后的数据标签外观及引导线显示效果如下图所示。

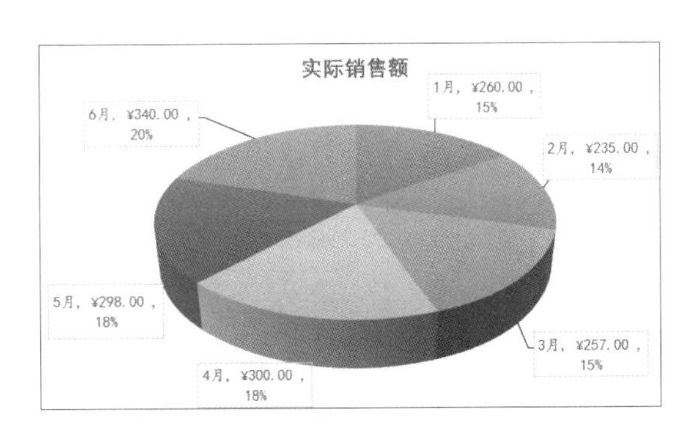

知识补充　快速切换任务窗格

在对数据标签设置完毕后，需要对图表中的其他内容进行设置时，可单击任务窗格顶部“标签选项”右侧的下三角按钮，在展开的下拉列表中选择需要设置的内容即可，如右图所示。如选择“引导线1”，将立即切换至“设置引导线格式”任务窗格。

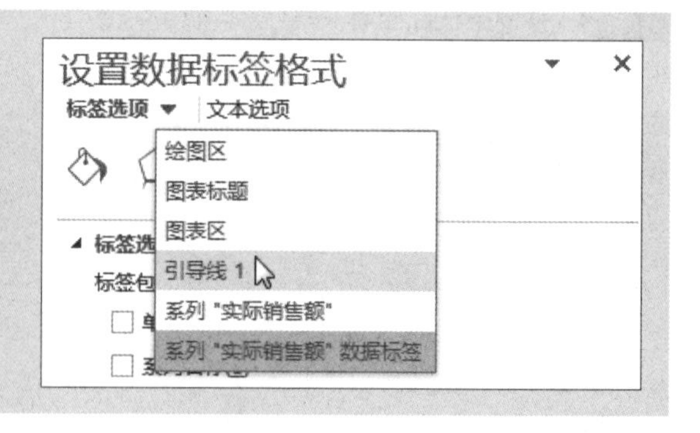

6.3.4　数据表

数据表能够准确显示图表中数据系列的具体数值。在图表中添加数据表，使图表中的数据以表格的形式显示，会使图表显得更加完整。

原始文件： 下载资源\实例文件\第6章\原始文件\添加数据表.xlsx
最终文件： 下载资源\实例文件\第6章\最终文件\添加数据表.xlsx

步骤01　添加数据表

打开原始文件，选中图表，单击“图表元素”按钮，在展开的列表中勾选“数据表”复选框，如下图所示。

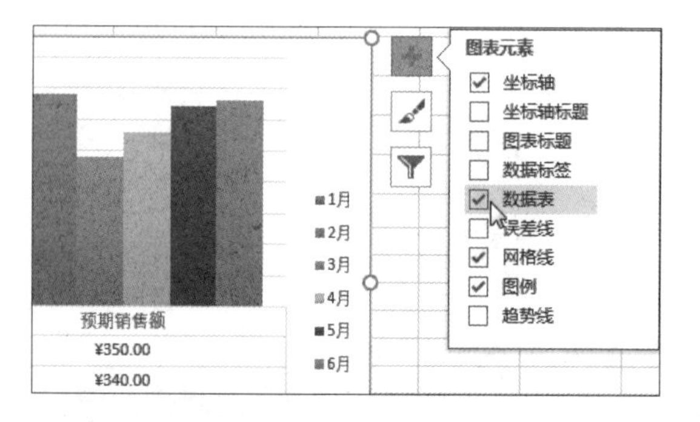

步骤02　查看添加的数据表

此时工作表中的图表下方添加了数据表，如下图所示。在数据表前显示了图例项标示。

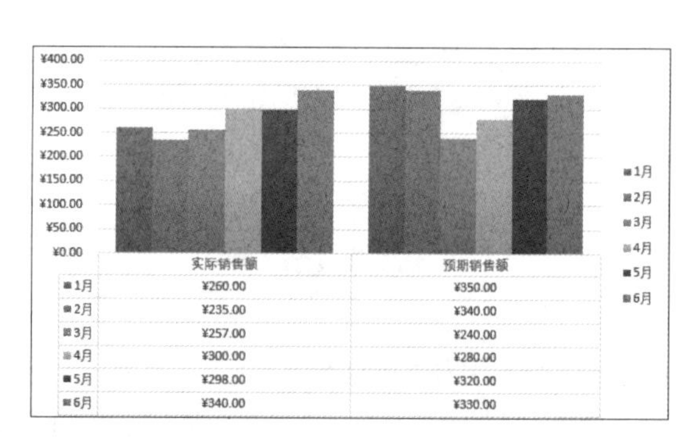

步骤03　取消图例项标示

再次选中图表，单击“图表元素”按钮，在展开的列表中执行“数据表 > 无图例项标示”命令，如下图所示。

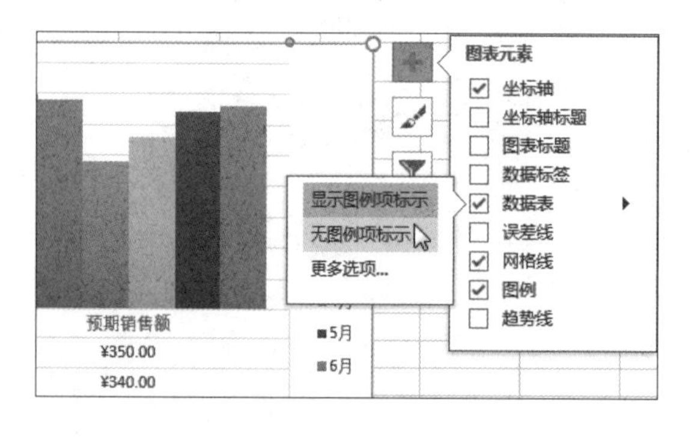

步骤04　显示效果

此时工作表中的数据表前的图例项标示消失了，效果如下图所示。

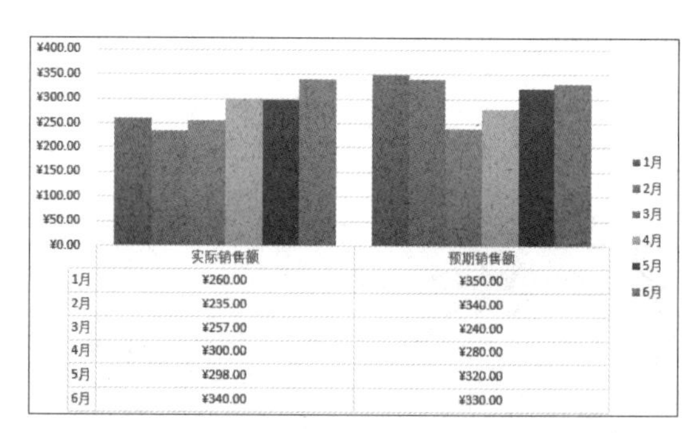

步骤05　切换行列数据源

在需要分析相同时间段内两个数据项的对比情况时，上述的图表表达方式显然欠妥，需要更改行列数据源。切换至“图表工具 - 设计”选项卡下，单击“数据”组中的“切换行 / 列”按钮即可，更改后的最终效果如右图所示。

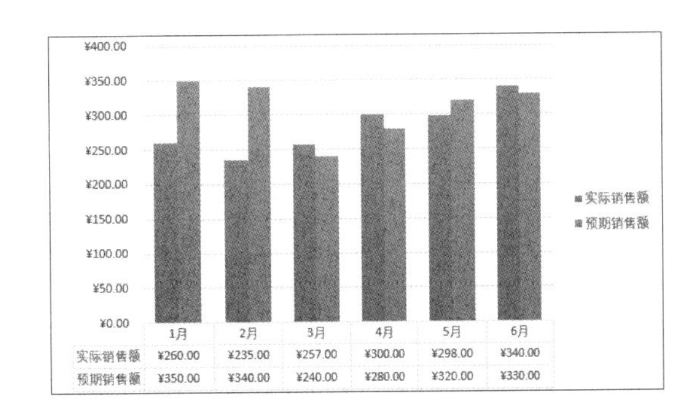

6.4 美化图表

美观的图表能够给人视觉上的享受，让信息传达更有效。在 Excel 中，用户可在内置的图表样式库中选择相应的样式套用，也可根据自己的需要自定义图表的样式。

6.4.1　套用图表样式

如果用户想要快速实现图表的美化，可直接套用系统提供的多个外观样式，具体操作如下。

原始文件： 下载资源\实例文件\第6章\原始文件\套用图表样式.xlsx
最终文件： 下载资源\实例文件\第6章\最终文件\套用图表样式.xlsx

步骤01　选择图表样式

打开原始文件，选中图表，切换至“图表工具 - 设计”选项卡下，单击“图表样式”组的快翻按钮，在展开的样式库中选择图表样式，这里选择“样式 7”，如下图所示。

步骤02　查看样式效果

此时工作表中的图表应用了所选的图表样式，效果如下图所示。

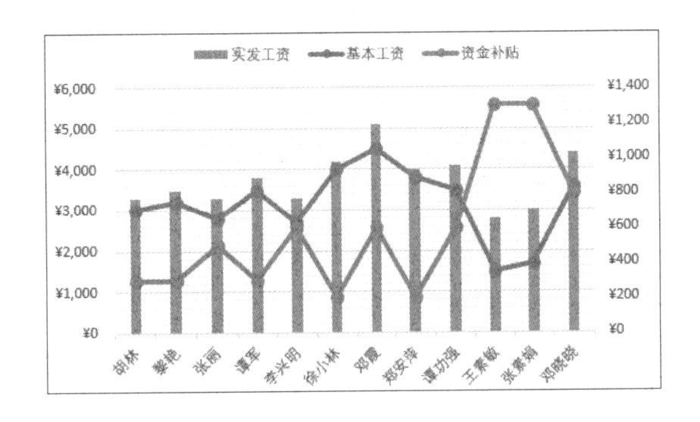

6.4.2　更改图表配色

当创建的图表系列较多时，为了有效地区分各个数据系列，体现数据分析的重点，更加方便用户对图表的识别，可以对图表的颜色重新进行设置。下面介绍两种更改图表颜色的方法，具体操作如下。

1 更改主题

原始文件： 下载资源\实例文件\第6章\原始文件\更改数据源.xlsx
最终文件： 下载资源\实例文件\第6章\最终文件\更改主题.xlsx

步骤01 选择主题

打开原始文件，选中图表，切换至“页面布局”选项卡下，单击“主题”组中的“主题”按钮，在展开的库中选择主题，这里选择“环保”，如下图所示。

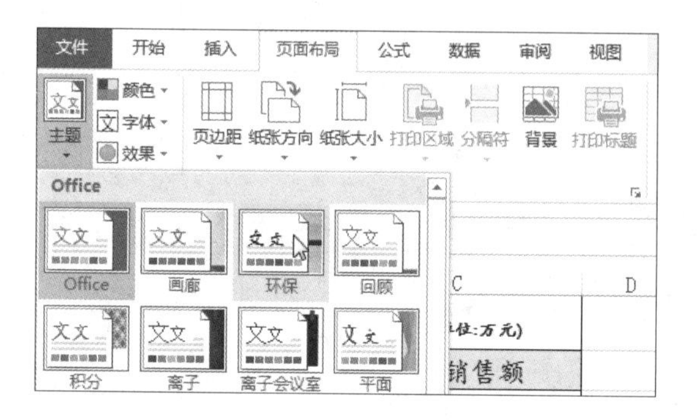

步骤02 查看图表效果

返回工作表中，此时的图表整体效果如下图所示，可看到数据系列的颜色及文本字体都发生了变化。

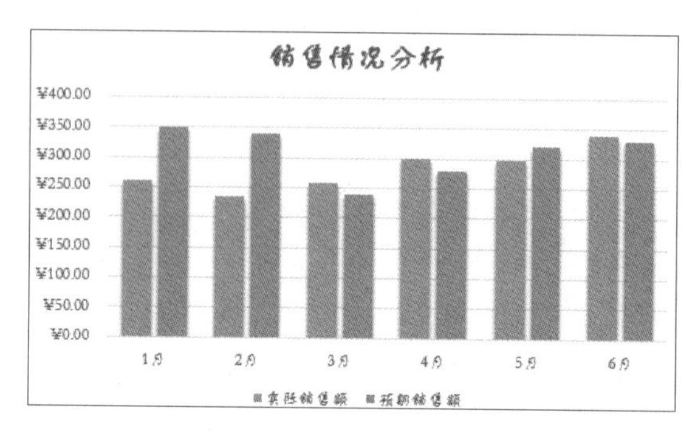

2 更改颜色

原始文件： 下载资源\实例文件\第6章\原始文件\更改数据源.xlsx
最终文件： 下载资源\实例文件\第6章\最终文件\更改配色.xlsx

步骤01 更改图表颜色

打开原始文件，选中图表，切换至“页面布局”选项卡下，在“主题”选项组中单击“颜色”按钮，在展开的下拉列表中选择数据系列颜色，这里选择“蓝色暖调”，如下图所示。

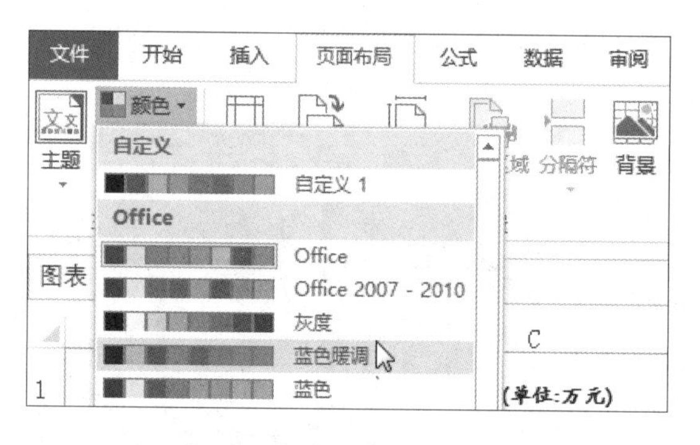

步骤02 查看更改后的效果

此时图表中的数据系列颜色变为如下图所示的效果，但图表中的文本格式未发生变化。

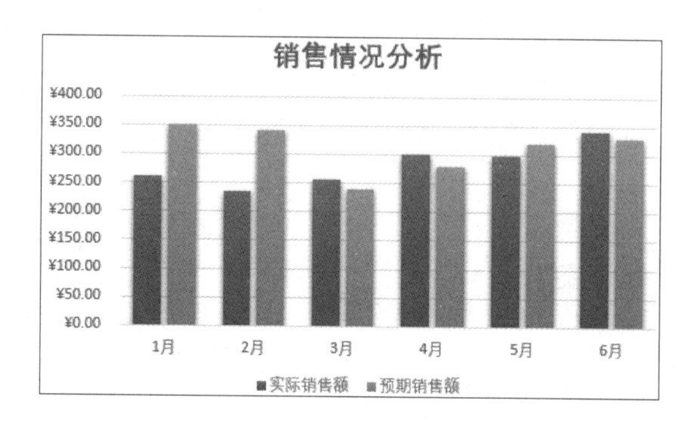

6.4.3 自定义图表样式

如果 Excel 样式库中提供的样式不能满足需要，用户可以自定义图表样式。下面以为销售情况分析表自定义样式为例，介绍具体的操作步骤。

原始文件： 下载资源\实例文件\第6章\原始文件\自定义图表样式.xlsx
最终文件： 下载资源\实例文件\第6章\最终文件\自定义图表样式.xlsx

步骤01 更改柱形图颜色

打开原始文件，右击图表中的柱形图数据系列，在弹出的快捷菜单中单击“填充”右侧的下三角按钮，在展开的库中选择填充颜色，这里选择绿色，如下左图所示。

步骤02　更改折线数据系列

右击折线图数据系列，在展开的快捷菜单中单击“设置数据系列格式”命令，如下右图所示，启动“设置数据系列格式”任务窗格。

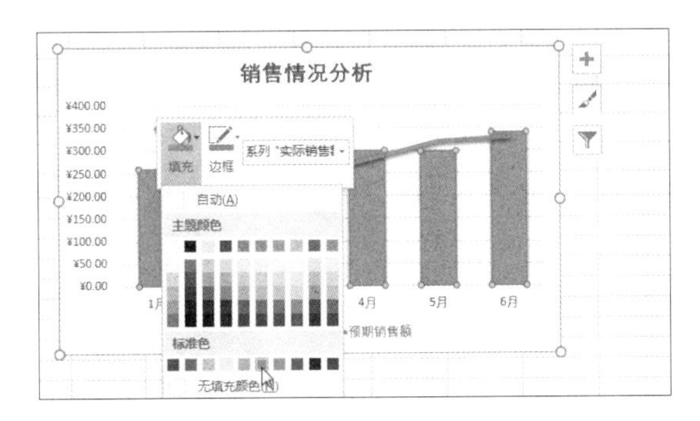

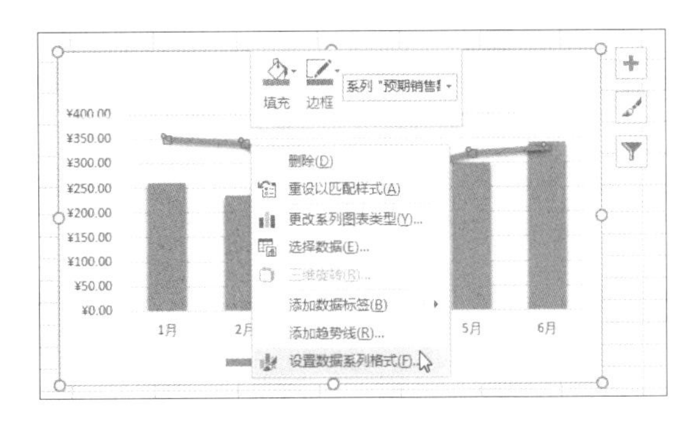

步骤03　更改折线标记点颜色

在展开的“设置数据系列格式”任务窗格中切换至“填充与线条”选项卡，单击“标记”选项，然后再单击“填充”选项组中的“纯色填充”单选按钮，最后设置其填充色为红色，如下图所示。

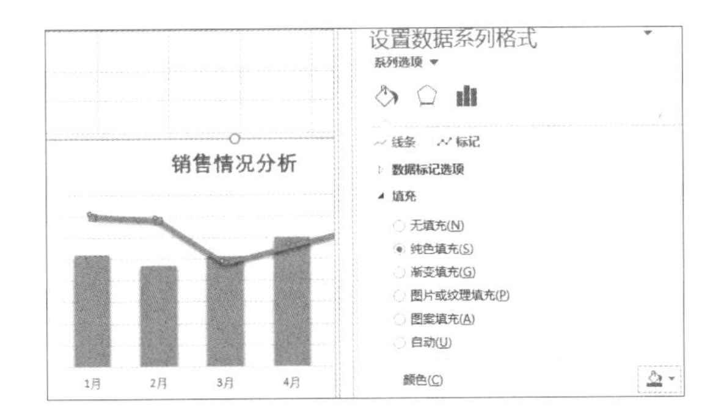

步骤04　更改标记点类型

在上一步的任务窗格中，切换至“标记”选项卡下的“数据标记选项”选项组中，单击“内置”单选按钮，然后设置“类型”为“菱形”，“大小”为“6”，如下图所示。

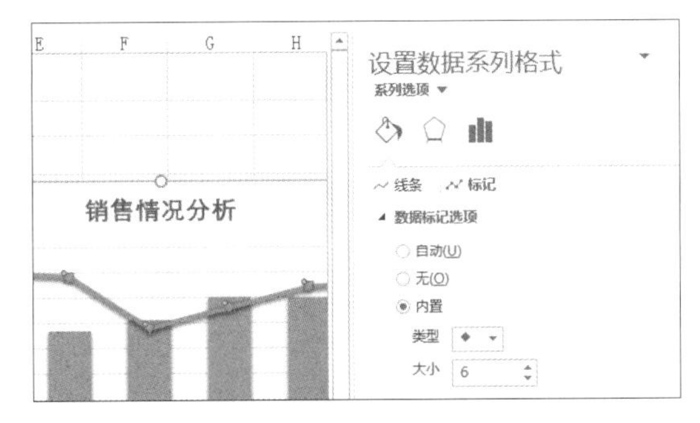

步骤05　添加坐标轴标题

关闭任务窗格，然后单击图表右上角的“图表元素”按钮，在展开的列表中勾选“坐标轴标题”复选框，如下图所示。

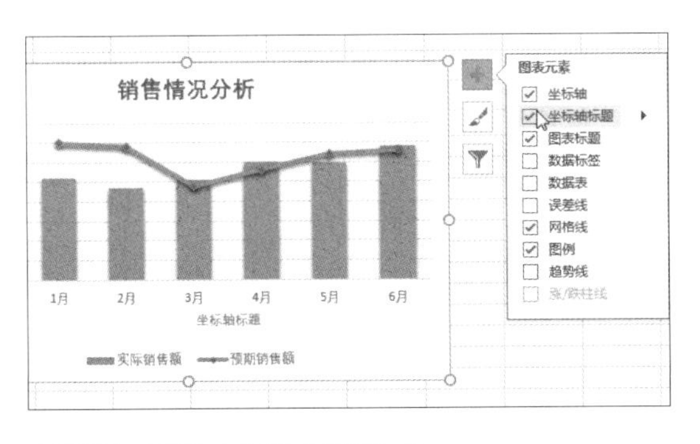

步骤06　输入并设置标题文字

添加坐标轴标题后，输入横轴的标题名字为“月份”，设置“字体”为“华文楷体”、字号为“12”，如下图所示。使用同样的方法，输入纵轴的标题文字为“销售额”，并修改其字体和字号。

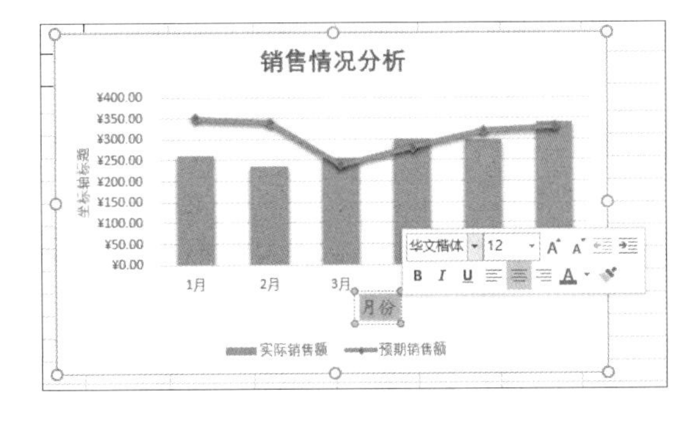

步骤07　更改坐标轴标题格式

右击纵轴标题，在展开的快捷菜单中单击“设置坐标轴标题格式”命令，如下左图所示。

步骤08 设置文字方向

弹出“设置坐标轴标题格式”任务窗格，单击“大小与属性”图标，单击“对齐方式”组中“文字方向”下拉列表框右侧的下三角按钮，在展开的下拉列表中单击“竖排”选项，如下右图所示。

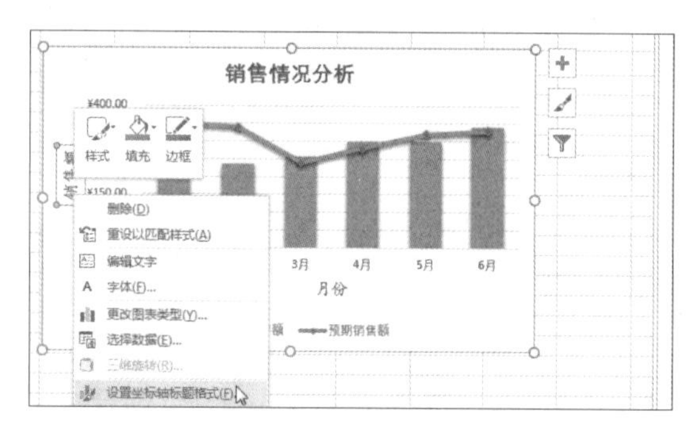

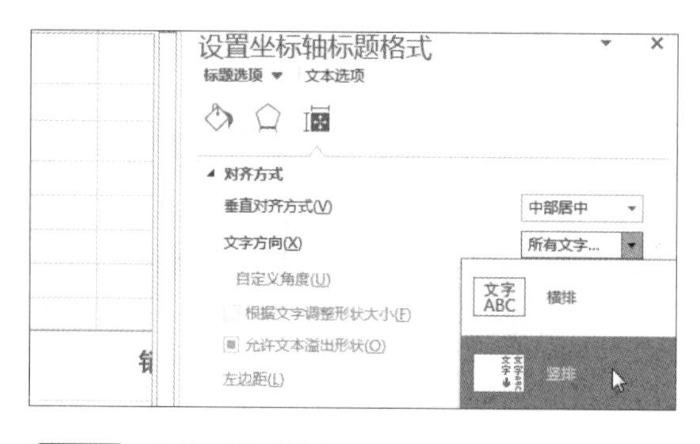

步骤09 设置图表标题格式

首先修改标题字体为华文楷体，然后右击标题，在展开的下拉列表中单击“设置图表标题格式”命令，如下图所示。

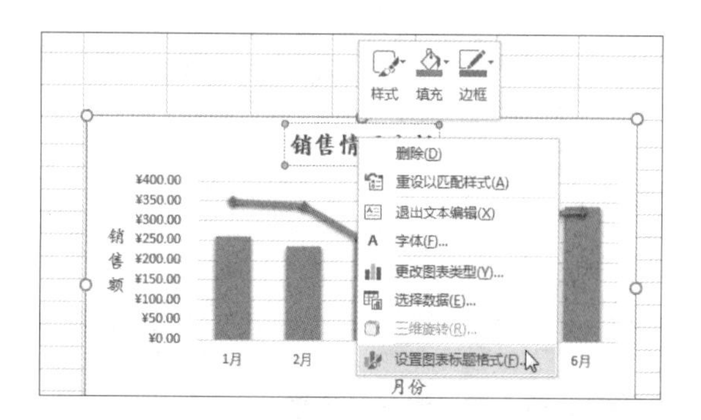

步骤10 添加映像效果

弹出“设置图表标题格式”任务窗格，切换至“文本选项”选项卡下，单击“文字效果”图标，在其下方的“映像”选项组中单击“预设”右侧的下三角按钮，在展开的库中选择如下图所示的映像效果。

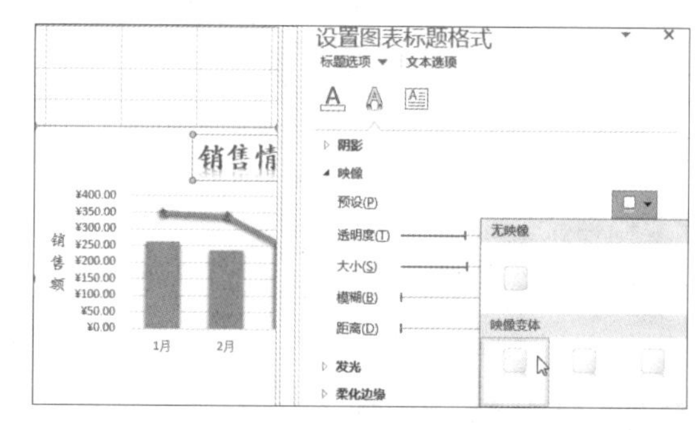

步骤11 设置绘图区样式

右击图表中的绘图区，在展开的快捷菜单中单击“设置绘图区格式”命令，如下图所示。

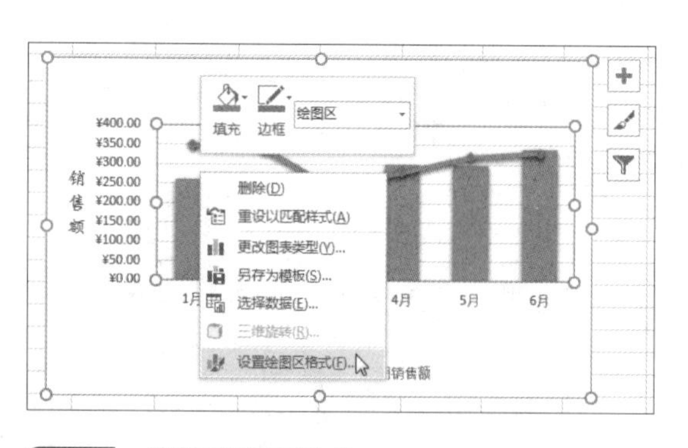

步骤12 设置填充颜色

弹出“设置绘图区格式”任务窗格，单击“填充”选项组下的“纯色填充”单选按钮，设置其颜色为浅灰色，如下图所示。

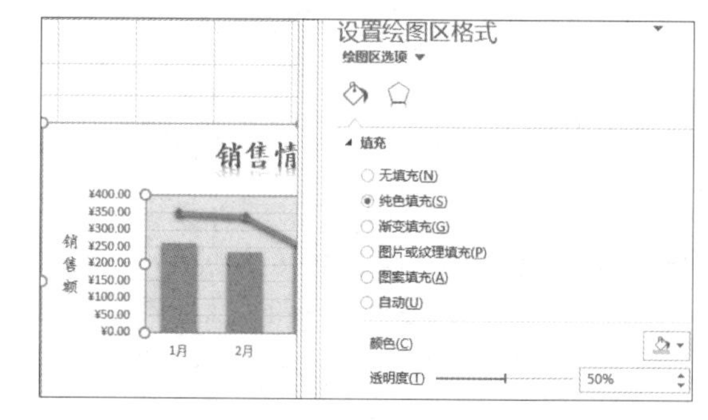

步骤13 设置图表区样式

单击图表区，将自动切换至“设置图表区格式”任务窗格。在该任务窗格下的“填充”选项组中单击“图片或纹理填充”单选按钮，设置“纹理”为“羊皮纸”，如下左图所示。

步骤14　显示最终效果

关闭任务窗格，返回工作表中，此时图表的显示效果如下右图所示。

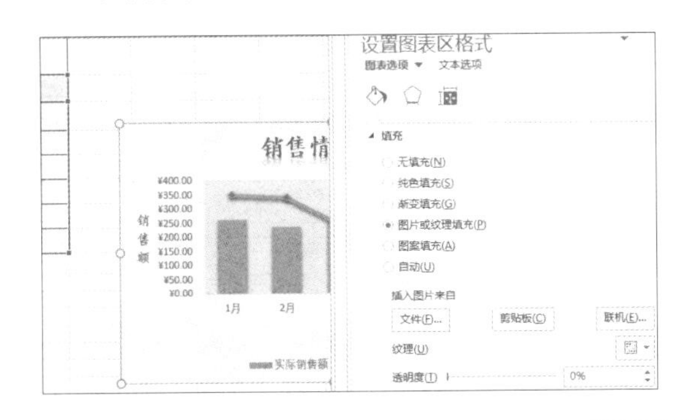

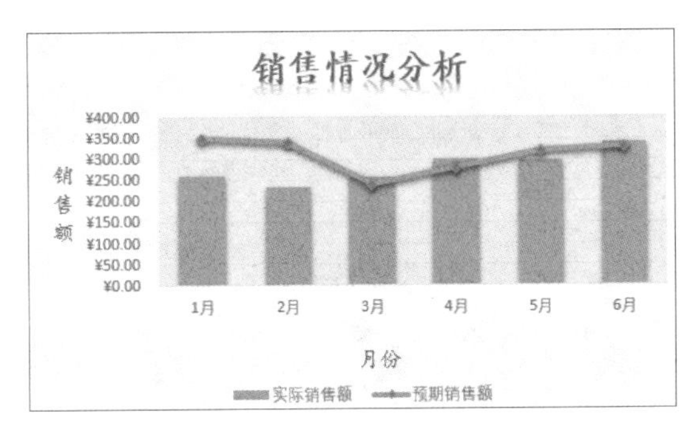

实例演练：创建气温走势图

制作气温走势图的目的是反映气温的变化与走势情况，合理的设计更能突显表达的重点。下面以创建 10 月气温走势图为例，巩固本章所学的图表相关的知识。

原始文件： 下载资源\实例文件\第6章\原始文件\10月气温走势.xlsx
最终文件： 下载资源\实例文件\第6章\最终文件\10月气温走势.xlsx

步骤01　创建图表

打开原始文件，选择单元格区域 A2:C33，然后单击“插入”选项卡下“图表”组中的对话框启动器，如下左图所示。

步骤02　选择图表类型

弹出“插入图表”对话框，切换至“所有图表”选项卡，单击左侧列表框中的“柱形图”，然后在右侧列表框中选择“簇状柱形图”，因为簇状柱形图的高度代表数值的大小，且所有数据起点相同，所以高度差能够有效帮助用户分析出数据的变化程度，如下右图所示。

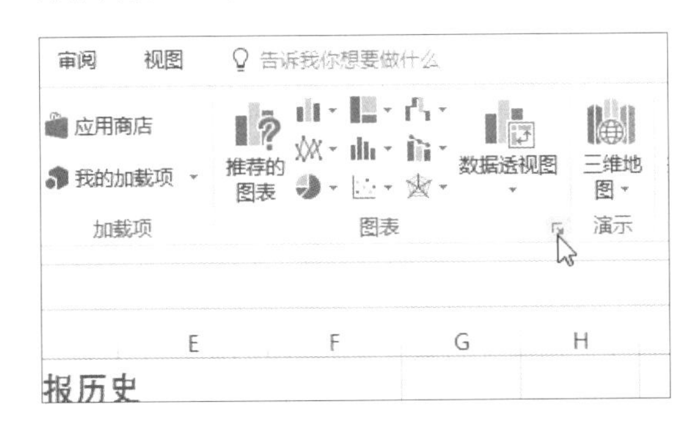

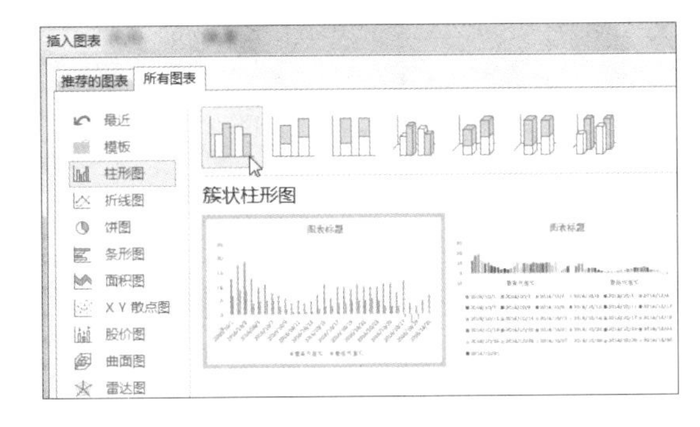

步骤03　设置坐标轴格式

单击“确定”按钮后，工作表中自动创建了所选类型的图表，右击水平坐标轴，在弹出的快捷菜单中单击“设置坐标轴格式”命令，如下左图所示。

步骤04　设置坐标轴数字类型

弹出“设置坐标轴格式”任务窗格，在“坐标轴选项”选项卡下的“数字”选项组中设置“日期”类别的“类型”为“3/14”，如下右图所示。

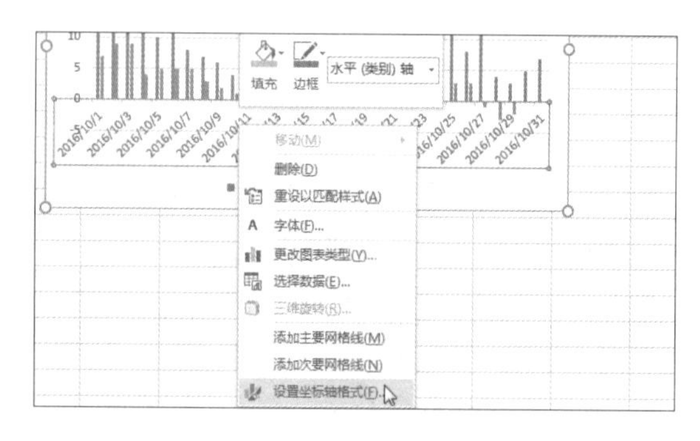

步骤05　添加坐标轴标题

关闭任务窗格，选中图表，切换至“图表工具-设计”选项卡下，单击“图表布局”组中的“添加图表元素”按钮，在展开的下拉列表中执行“轴标题 > 主要横坐标轴”命令，如下图所示，使用同样的方法添加主要纵坐标轴标题。

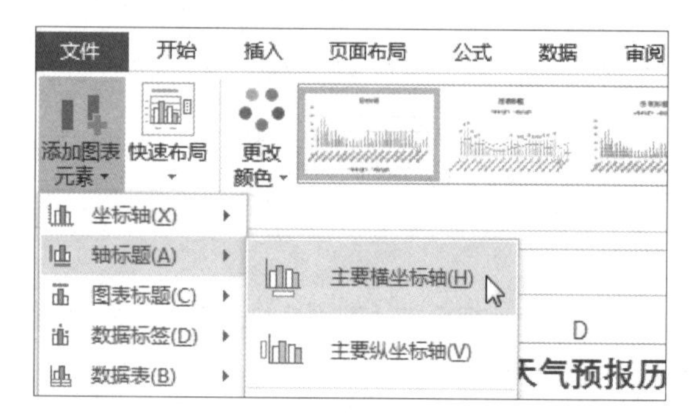

步骤06　输入标题

在图表中设置图表标题为“10月气温走势”，水平坐标轴标题为“日期”，垂直坐标轴标题为“气温：℃”，然后右击垂直坐标轴标题，在弹出的快捷菜单中单击“设置坐标轴标题格式”命令，如下图所示。

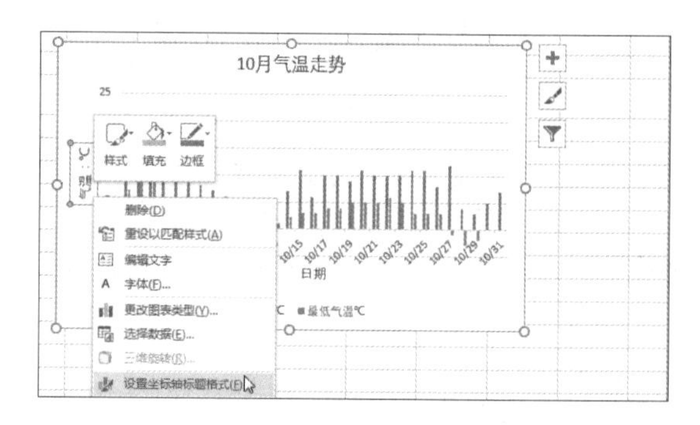

步骤07　更改文字方向

弹出“设置坐标轴标题格式”任务窗格，在“文本框”选项卡下的“文本框”选项组中设置“文字方向”为“竖排”，如下图所示。

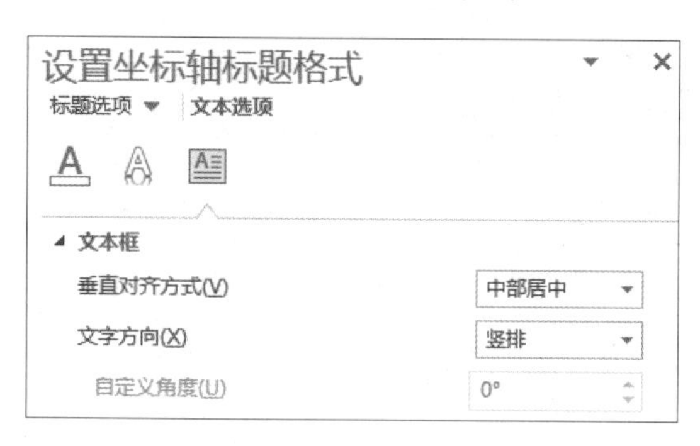

步骤08　移动图例位置

关闭任务窗格，单击“图表元素”按钮，在展开的列表中单击“图例”右侧的三角按钮，在展开的列表中单击“顶部”选项，如下图所示。

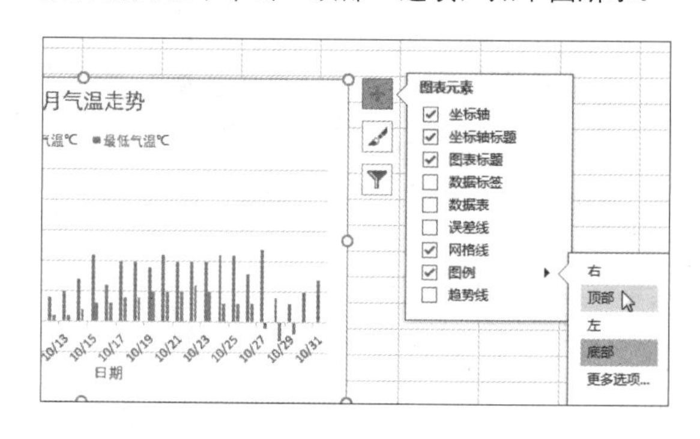

步骤09　更改图表样式

选中图表，切换至“图表工具-设计”选项卡下，单击“图表样式”组中的快翻按钮，在展开的库中选择“样式12”，如下左图所示。

步骤10　添加趋势线

单击“图表元素”按钮，在展开的列表中单击“趋势线”复选框，如下右图所示。

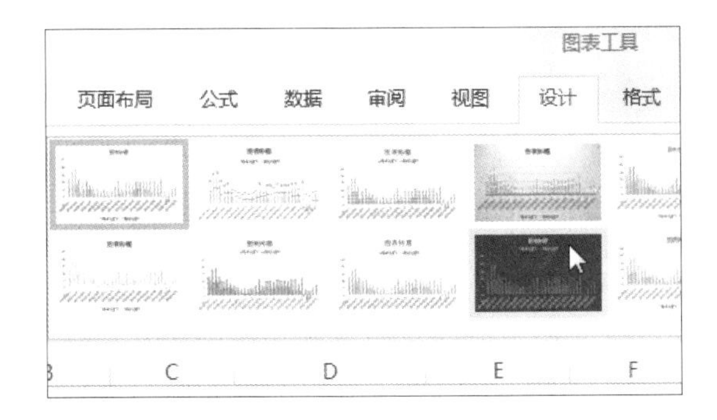

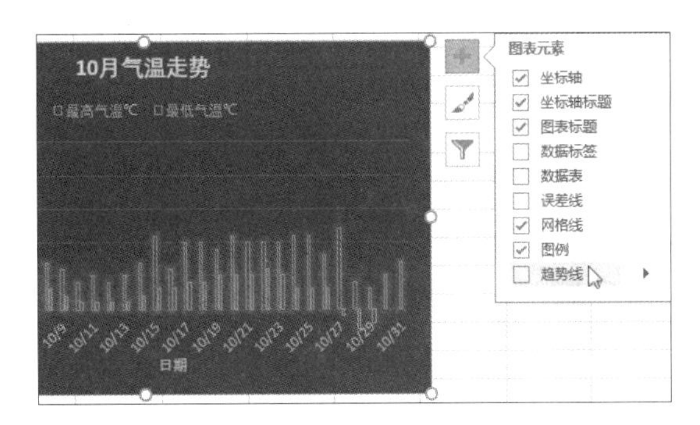

步骤11　选择趋势线

弹出“添加趋势线”对话框，选择“最高气温℃”，即添加基于“最高气温℃”的趋势线，然后单击“确定”按钮，如下图所示。

步骤12　设置趋势线格式

此时可看到图表中添加了趋势线，右击趋势线，在展开的快捷菜单中单击“设置趋势线格式”命令，如下图所示。

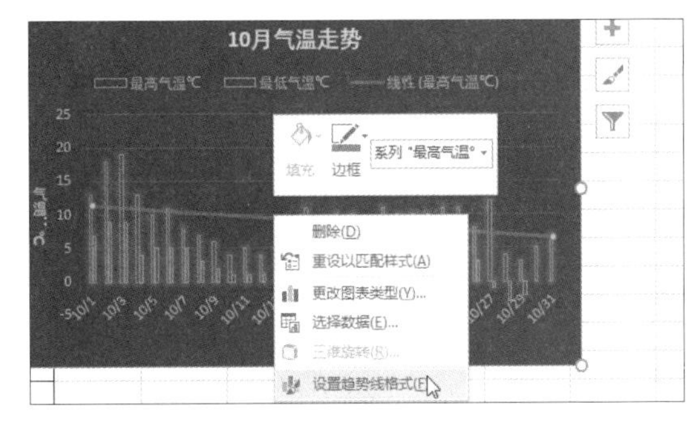

步骤13　更改趋势线颜色与末端箭头类型

在“填充与线条”选项卡下设置趋势线的颜色为白色，单击“箭头末端类型”下三角按钮，在展开的列表中选择如下图所示的箭头类型。

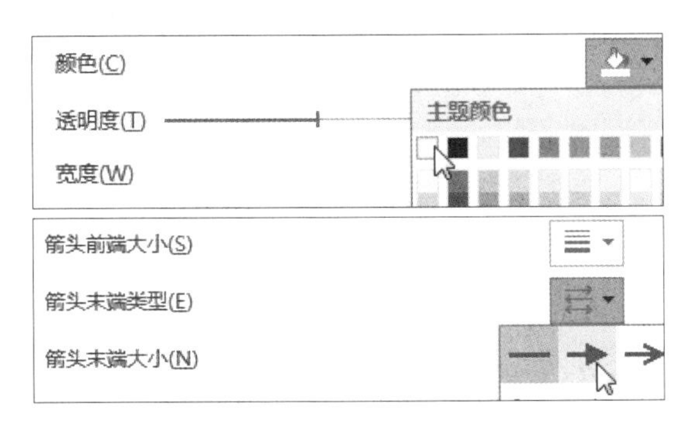

步骤14　查看图表效果

此时的图表效果如下图所示，从趋势线可看出 10 月的气温在逐渐下降。

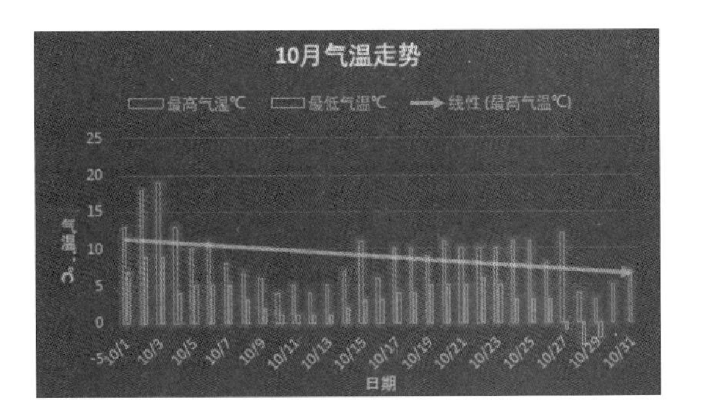

步骤15　设置数据系列格式

选择默认样式创建的图表类型中，最高气温用冷色调表示，有点不符合常理，下面对数据系列的颜色进行自定义。右击“最高气温℃”数据系列，在弹出的快捷菜单中单击“设置数据系列格式”命令，如下左图所示。

步骤16　设置“最高气温℃”数据系列边框颜色

弹出“设置数据系列格式”任务窗格，切换至“填充与线条”选项卡下，单击“边框”选项组中“颜色”右侧的下三角按钮，在展开的下拉列表中选择如下右图所示的橙色。

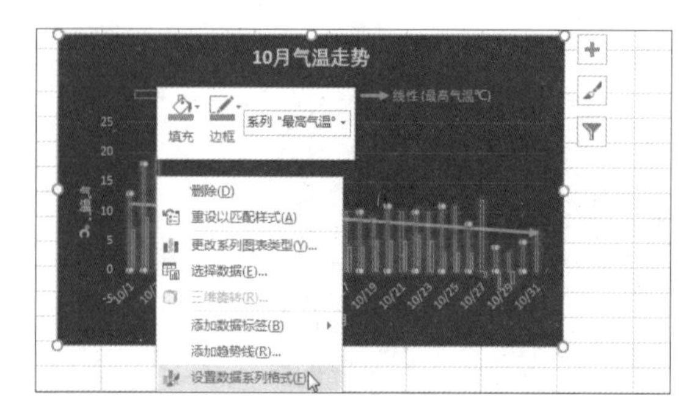

步骤17　设置发光颜色

切换至“效果”选项卡下，设置“发光”选项组中的“颜色”也为相应的橙色，如下图所示。

步骤19　设置“最低气温℃”数据系列的发光颜色

单击“发光”选项组“颜色”右侧的下三角按钮，在展开的下拉列表中选择如下图所示的冷色调颜色。

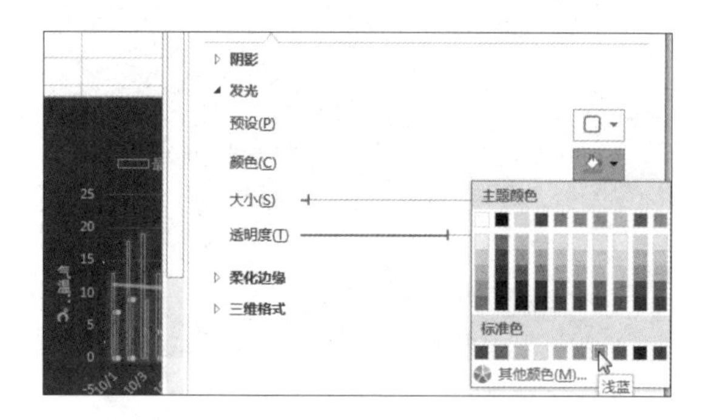

步骤21　显示最终图表效果

此时数据系列的颜色应用了上述步骤中设置的效果，完成的图表样式如右图所示。

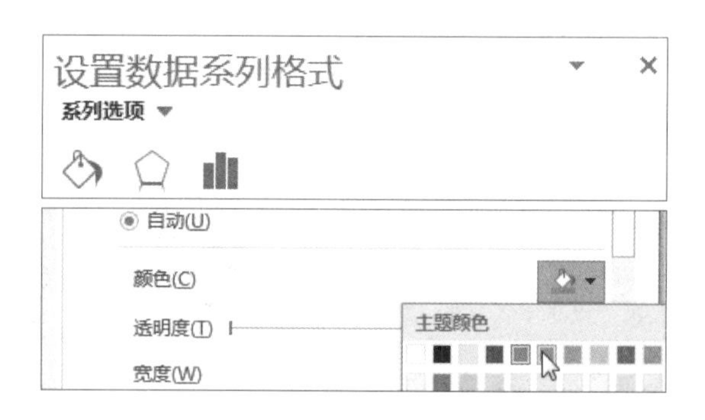

步骤18　切换数据系列

单击“设置数据系列格式”任务窗格中“系列选项”右侧的下三角按钮，在展开的列表框中单击“系列‘最低气温℃’”选项，如下图所示。

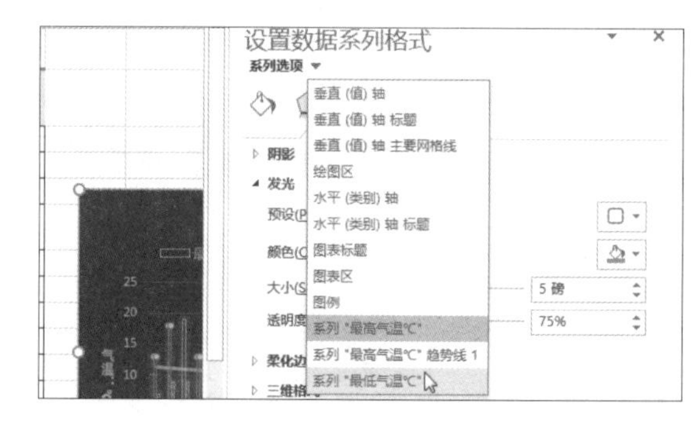

步骤20　设置数据边框颜色

切换至“填充与线条”选项卡下，设置“边框”选项组中的“颜色”为“绿色”，然后按住鼠标左键，向右拖动“透明度”滑块至其右侧的数值框中显示“50%”时释放鼠标左键，如下图所示。

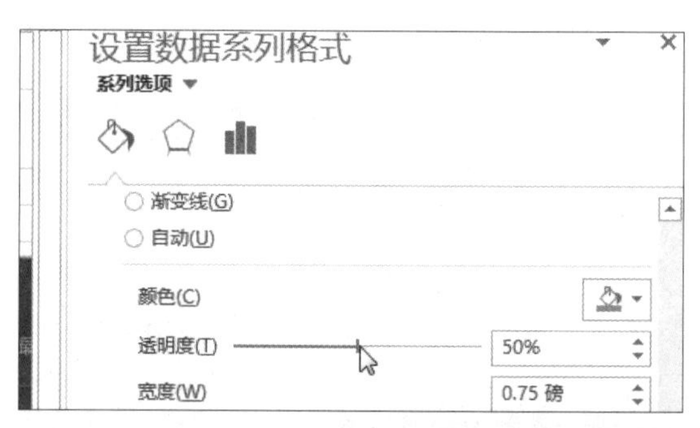

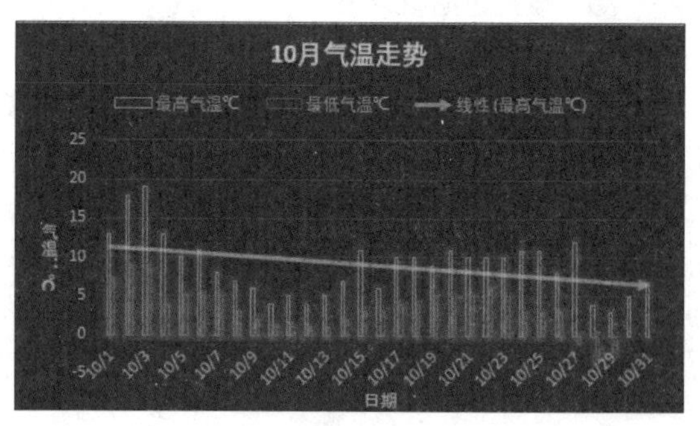

第7章 数据透视表与透视图的使用

数据透视表是 Excel 创建的一种交互式报表，适用于对多种数据进行汇总和分析，将纷繁的数据转化为有价值的信息，这些数据包括工作表中的数据和 Excel 的外部数据（如数据库记录）。数据透视图则是将数据透视表中的数据图形化，让用户更加清楚地认识表中数据的关系。本章将介绍数据透视表和数据透视图的创建和使用方法。

7.1 创建数据透视表

数据透视表能够重新组织并统计分析工作表中的数据，创建数据透视表时，用户只需设置待分析数据的所在区域和所创建数据透视表的放置位置。下面介绍创建数据透视表的方法。

1 根据工作表中数据创建

在 Excel 2016 中，可以使用数据透视表和数据透视图向导创建数据透视表。选择要创建数据透视表的数据区域及放置数据透视表的区域，在此基础上创建数据透视表的模型，然后再根据要分析的要点，勾选要在数据透视表中显示的字段。

原始文件： 下载资源\实例文件\第7章\原始文件\创建数据透视表.xlsx
最终文件： 下载资源\实例文件\第7章\最终文件\创建数据透视表.xlsx

步骤01 选择单元格区域

打开原始文件，选择要创建数据透视表的数据区域，如选中单元格区域A2:E14，如下图所示。

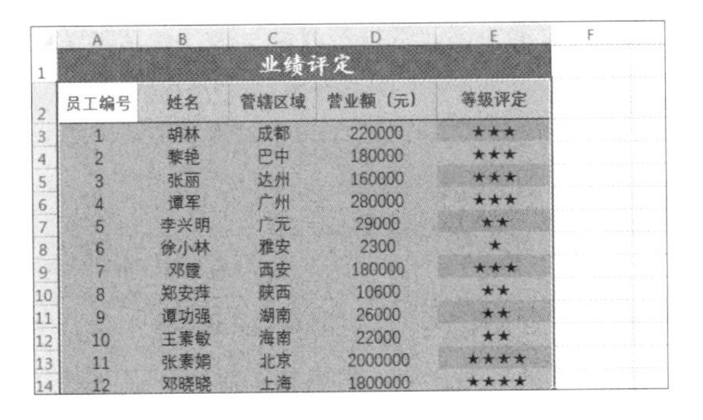

业绩评定

员工编号	姓名	管辖区域	营业额（元）	等级评定
1	胡林	成都	220000	★★★
2	黎艳	巴中	180000	★★★
3	张丽	达州	160000	★★★
4	谭军	广州	280000	★★★
5	李兴明	广元	29000	★★
6	徐小林	雅安	2300	★
7	邓霞	西安	180000	★★★
8	郑安萍	陕西	10600	★★
9	谭功强	湖南	26000	★★
10	王素敏	海南	22000	★★
11	张素娟	北京	2000000	★★★★
12	邓晓晓	上海	1800000	★★★★

步骤02 单击“数据透视表”按钮

切换至“插入”选项卡下，单击“表格”组中的“数据透视表”按钮，如下图所示。

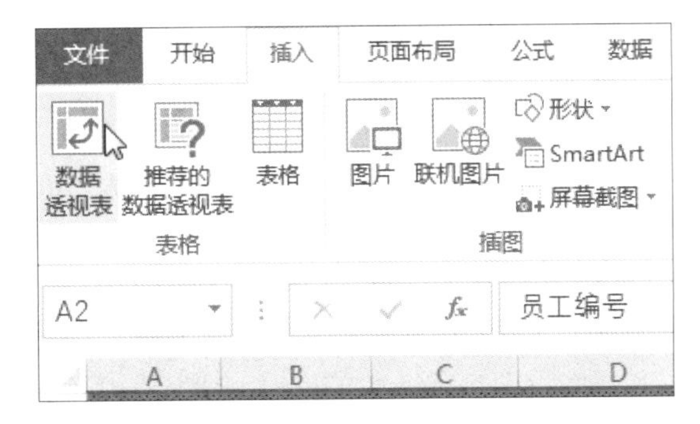

步骤03 选择放置位置

弹出“创建数据透视表”对话框，在“表 / 区域”文本框中自动填充了所选区域，单击“选择放置数据透视表的位置”选项组中的“新工作表”单选按钮，如下左图所示。

步骤04 查看创建的空白数据透视表

单击“确定”按钮，返回工作簿中，此时新建了一个工作表，且工作表的右侧显示了“数据透视表字段”任务窗格。重命名工作表名称为“数据透视表”，如下右图所示。

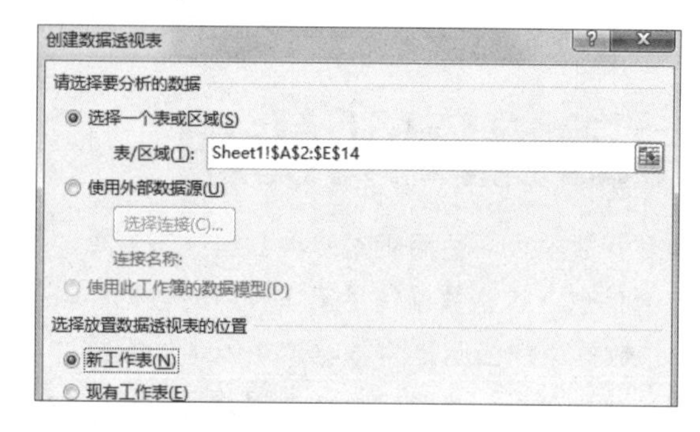

步骤05 选择数据透视表字段

在“数据透视表字段”任务窗格中勾选需要显示的字段，这里勾选“姓名”“管辖区域”“营业额（元）”“等级评定”，如下图所示。

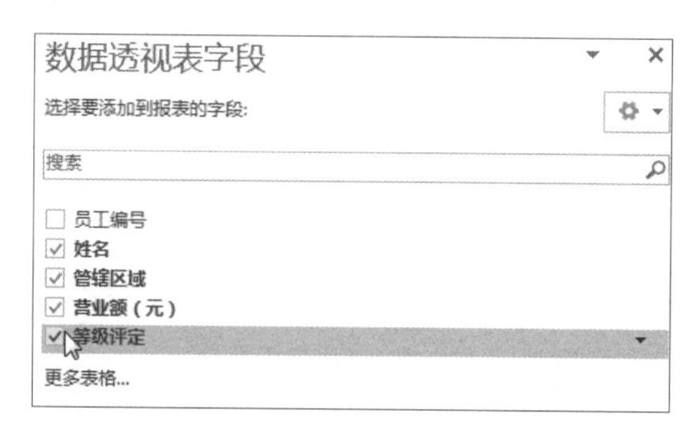

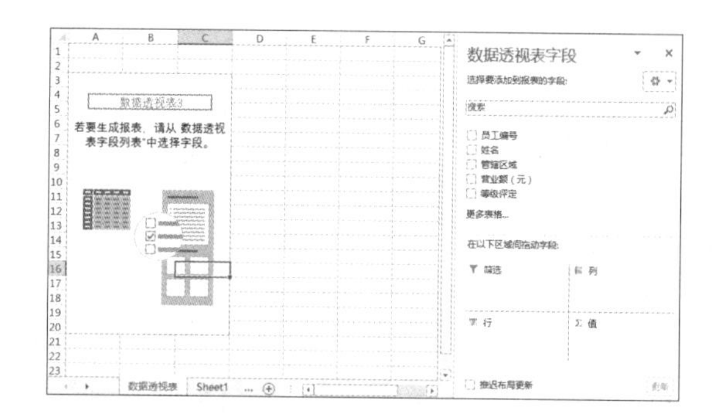

步骤06 查看数据透视表效果

勾选后工作表中的数据透视表效果如下图所示，可看到数据透视表中对营业额进行了汇总。

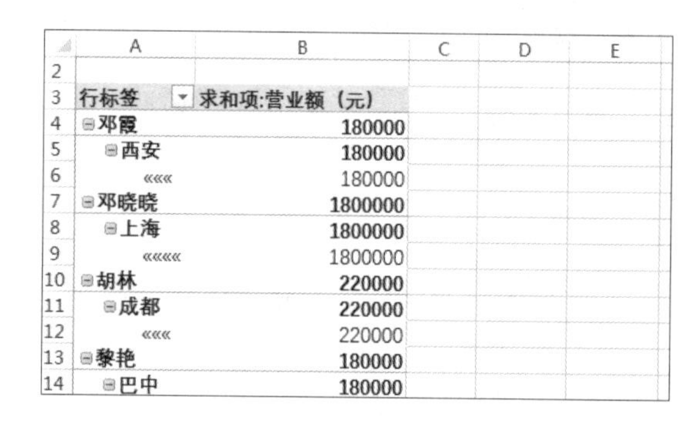

	A	B	C	D	E
2					
3	行标签	求和项:营业额（元）			
4	⊟邓霞	180000			
5	⊟西安	180000			
6	«««	180000			
7	⊟邓晓晓	1800000			
8	⊟上海	1800000			
9	««««	1800000			
10	⊟胡林	220000			
11	⊟成都	220000			
12	«««	220000			
13	⊟黎艳	180000			
14	⊟巴中	180000			

知识补充 使用推荐的数据透视表

在Excel中，用户还可以直接使用“推荐的数据透视表”功能自定义多个数据透视表，从而对复杂的数据进行汇总。

2 导入外部数据源创建

如果用户需要引用本地计算机或网络上的外部数据，可以通过 Excel 的“使用外部数据源”功能来达到目的。下面以引用文件“10 月销售报表 .accdb”中的数据并创建数据透视表为例，介绍具体的操作步骤。

原始文件：下载资源\实例文件\第7章\原始文件\10月销售报表.accdb

最终文件：下载资源\实例文件\第7章\最终文件\创建数据透视表2.xlsx

步骤01 打开“创建数据透视表”对话框

新建一空白工作簿，切换至“插入”选项卡下，单击“表格”组中的“数据透视表”按钮，如下左图所示。

步骤02 单击“选择连接”按钮

弹出“创建数据透视表”对话框，单击“使用外部数据源”单选按钮，然后单击“选择连接”按钮，如下右图所示。

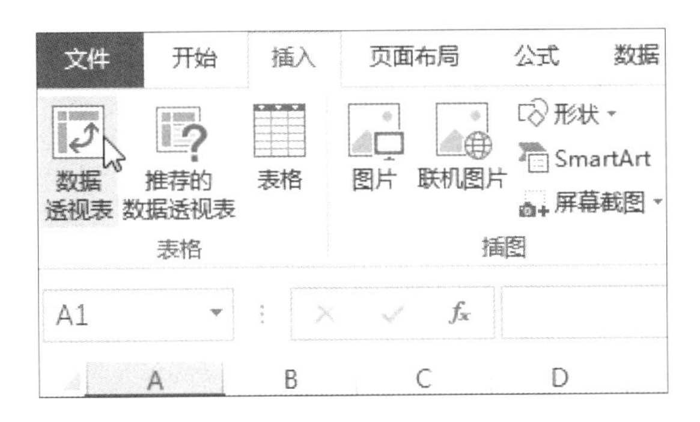

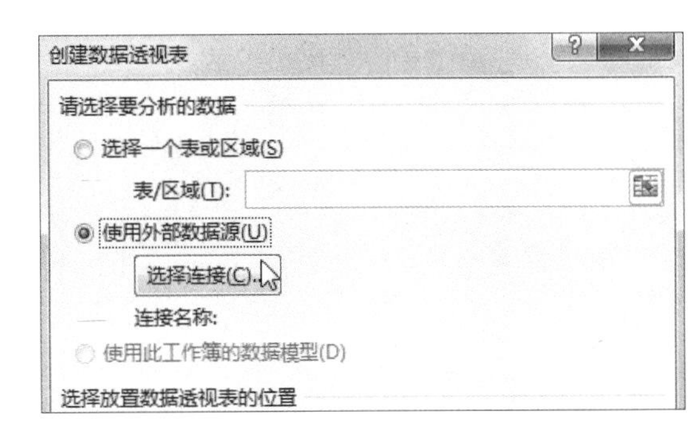

步骤03 单击“浏览更多”按钮

弹出“现有连接”对话框，单击左下角的“浏览更多”按钮，如下图所示。

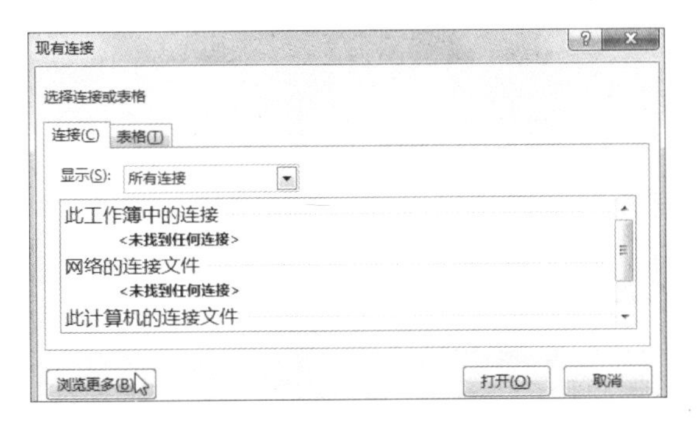

步骤04 选择数据源

弹出“选取数据源”对话框，在地址栏中选择要导入文件的保存路径，然后双击需要导入的文件，这里双击“10 月销售报表 .accdb”文件，如下图所示。

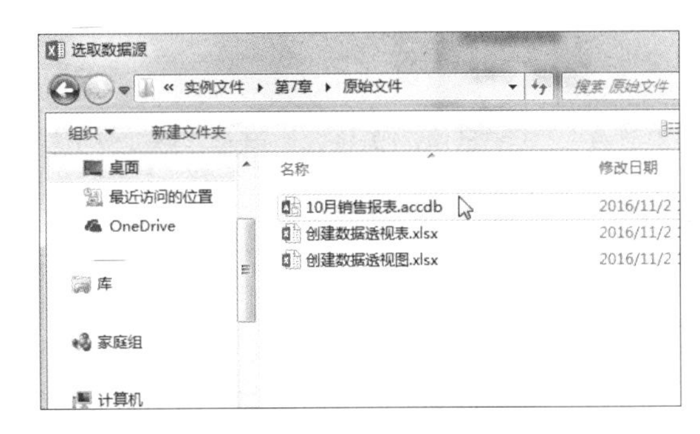

步骤05 选择数据透视表的放置位置

返回“创建数据透视表”对话框中，在“选择放置数据透视表的位置”选项组下单击“现有工作表”单选按钮，并设置“位置”为单元格 A1，最后单击“确定”按钮，如下图所示。

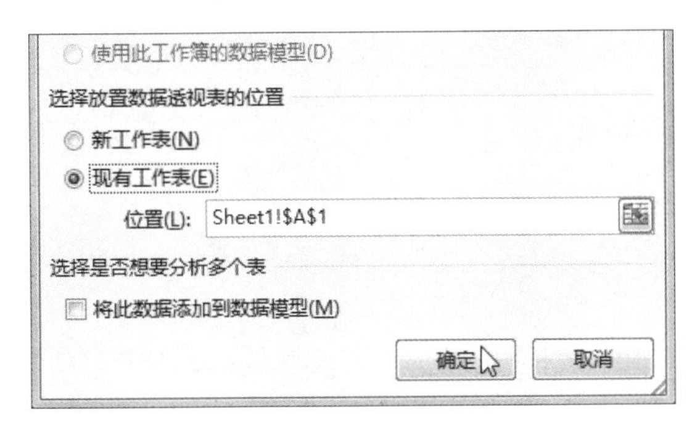

步骤06 查看创建的数据透视表

返回工作簿中，此时在工作表“Sheet1”中创建了一个空白数据透视表，且工作表右侧同样显示了“数据透视表字段”任务窗格，如下图所示。

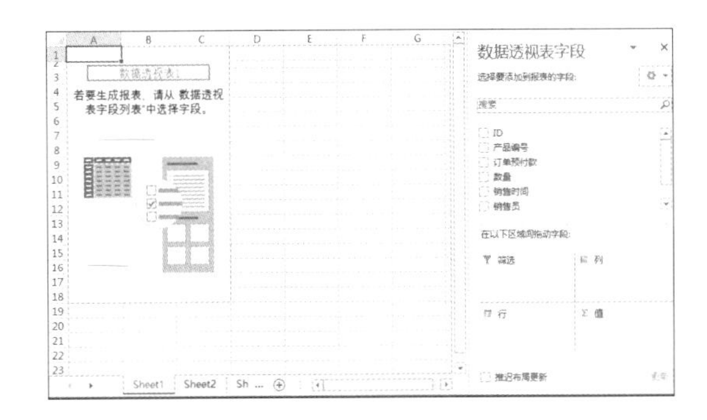

步骤07 添加字段

在“数据透视表字段”任务窗格中勾选需要显示的字段，这里勾选“订单预付款”“数量”“销售时间”“销售员”复选框，如下左图所示。

步骤08 查看添加字段后的数据透视表

向数据透视表中添加字段后，效果如下右图所示。表格中的数据根据销售时间对销售数量进行了求和。

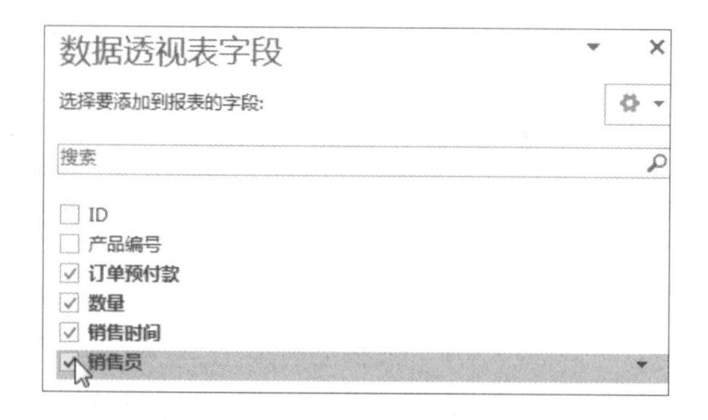

	A	B
1	行标签	求和项:数量
2	2016/10/10	51
3	180	31
4	杨凡	31
5	200	20
6	周睿	20
7	2016/10/12	21
8	200	21
9	何华	21
10	2016/10/15	34
11	200	34
12	郭德	34
13	2016/10/16	35
14	150	35
15	张霞	35
16	2016/10/18	64
17	150	15
18	夏伟怡	15
19	300	49
20	杨珂	49
21	2016/10/19	87

7.2 设置数据透视表布局与数据格式

在数据透视表中添加的字段默认情况下都是系统自动分配到各个区域的，但实际应用中用户可能并不想这样分配，此时可根据需要将分配到各区域的字段进行移动，重新调整其布局。数据透视表中的数据默认情况下是常规格式，但有时为了使其所表达的意义能够更加清晰明了，需要将数字格式设置为与实际意义相匹配的格式。本节将介绍如何设置数据透视表的布局与数据格式。

7.2.1 调整数据透视表字段布局

数据透视表的字段布局合理，能够帮助用户更好地对数据进行分析。移动字段至相应区域即可改变布局。下面介绍两种移动字段的方法。

原始文件： 下载资源\实例文件\第7章\原始文件\字段布局.xlsx
最终文件： 下载资源\实例文件\第7章\最终文件\字段布局.xlsx

步骤01 移动字段至筛选标签

打开原始文件，切换至“数据透视表”工作表中，在“数据透视表字段”任务窗格中单击“行”区域中的“管辖区域”字段，在展开的列表中单击“移动至报表筛选”命令，如下图所示。

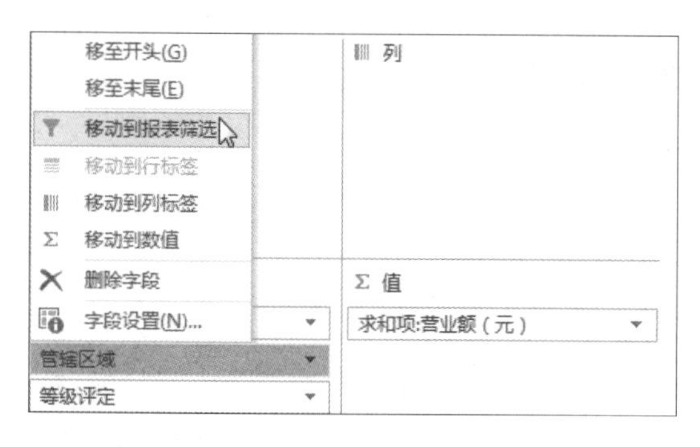

步骤02 拖动移动字段

除上述的移动方法外，还可以拖动鼠标进行移动。首先选择需要移动的字段，如选择“行”区域中的“等级评定”字段，然后按住鼠标左键不放，将其拖曳至“列”区域中，如下图所示。

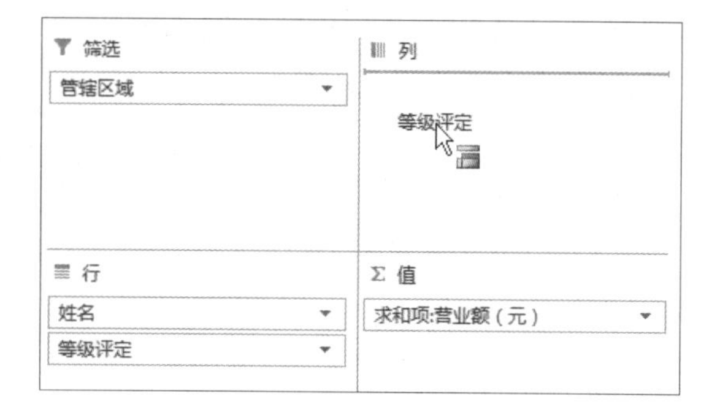

步骤03 查看各字段区域分布

释放鼠标左键后可看到调整位置后的字段布局，其中，“管辖区域”字段位于“筛选”区域，“等级评定”字段位于“列”区域，如下左图所示。

步骤04 查看数据透视表的显示效果

此时在工作表中可看到调整字段后的数据透视表信息，“等级评定”字段呈每行显示，“管辖区域”字段的信息在最顶部，且带有筛选按钮，效果如下右图所示。

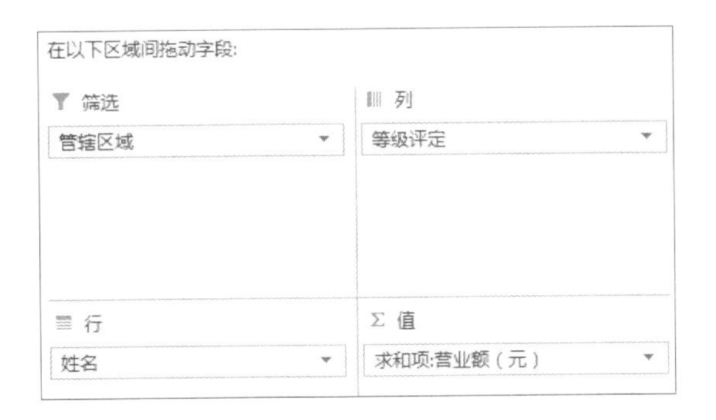

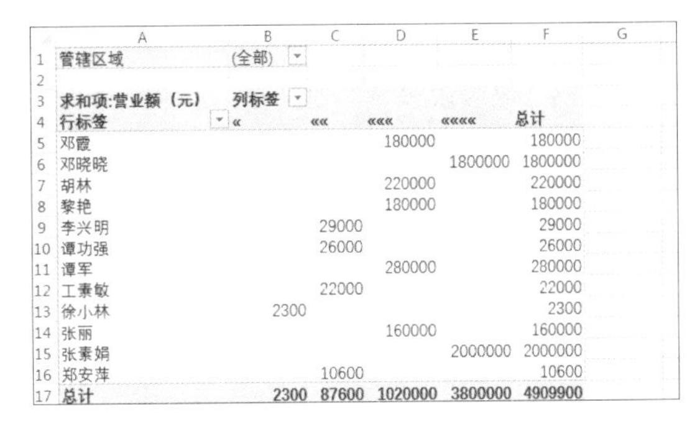

管辖区域	(全部)				
求和项:营业额（元）	列标签				
行标签	«	««	«««	««««	总计
邓霞			180000		180000
邓晓晓				1800000	1800000
胡林			220000		220000
黎艳			180000		180000
李兴明		29000			29000
谭功强		26000			26000
谭军			280000		280000
工秉敏		22000			22000
徐小林	2300				2300
张丽			160000		160000
张秉娟				2000000	2000000
郑安萍		10600			10600
总计	2300	87600	1020000	3800000	4909900

知识补充　删除字段

若用户需要删除多余的字段，可在“数据透视表字段”任务窗格中单击要删除的字段，从展开的下拉列表中单击“删除字段”命令。也可按住鼠标左键不放，将要删除的字段拖曳出任务窗格。

7.2.2　更改数据透视表的计算方式与数字格式

在默认设置下，Excel 对数据透视表数据区域的数字字段应用求和函数，对非数字字段应用计数函数。Excel 提供了多种汇总方式供用户选择，包括“求和”“计数”“平均数”“最大值”“最小值”“乘积”等，用户可根据自己的需求进行选择。创建的数据透视表中的数字在默认情况下都是常规格式，但很多时候为了让数据透视表所表达的意义更加清晰明了，需要将数字格式设置为与所要表达的含义相匹配的格式。

原始文件： 下载资源\实例文件\第7章\原始文件\数据透视表.xlsx
最终文件： 下载资源\实例文件\第7章\最终文件\数据透视表_计算方式.xlsx

步骤01　选中单元格

打开原始文件，切换至“数据透视表”工作表中，选中工作表中任意一个单元格，如选中单元格 B9，如下图所示。

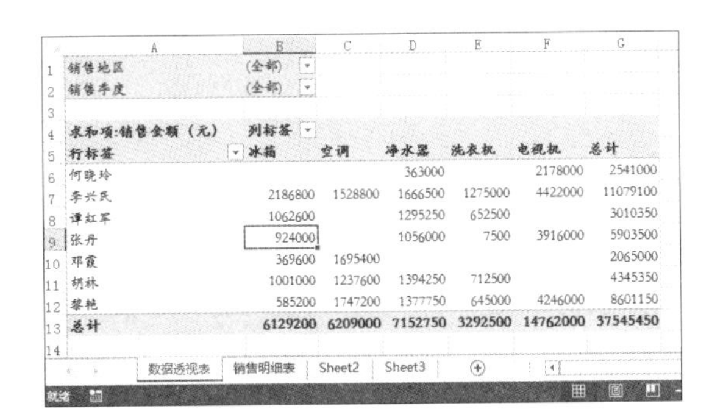

销售地区	(全部)					
销售季度	(全部)					
求和项:销售金额（元）	列标签					
行标签	冰箱	空调	净水器	洗衣机	电视机	总计
何晓玲			363000		2178000	2541000
李兴民	2186800	1528800	1666500	1275000	4422000	11079100
谭红军	1062600		1295250	652500		3010350
张丹	924000		1056000	7500	3916000	5903500
邓霞	369600	1695400				2065000
胡林	1001000	1237600	1394250	712500		4345350
黎艳	585200	1747200	1377750	645000	4246000	8601150
总计	6129200	6209000	7152750	3292500	14762000	37545450

步骤02　值字段设置

单击“数据透视表字段”任务窗格下需要设置的字段，如单击“求和项：销售金额（元）”，在展开的列表中单击“值字段设置”命令，如下图所示。

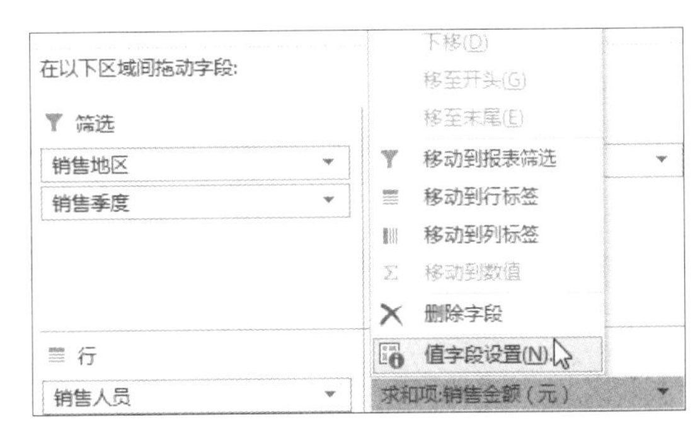

知识补充　显示“数据透视表字段”任务窗格

有时，单击数据透视表中的单元格后，“数据透视表字段”任务窗格没有显示，此时需要单击“数据透视表工具-分析”选项卡下“显示”组中的“字段列表”按钮，按钮为选中状态时表示显示任务窗格，再次单击则取消显示，如右图所示。

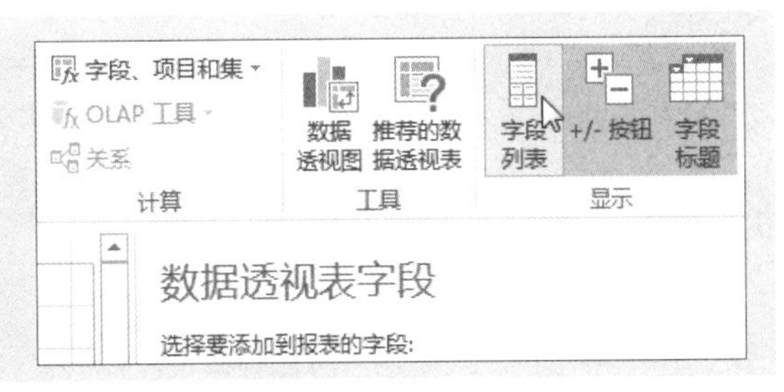

步骤03　设置计算类型

弹出“值字段设置”对话框，切换至“值汇总方式”选项卡下，在“计算类型”列表框中选择“平均值”，然后单击对话框左下角的“数字格式”按钮，如下图所示。

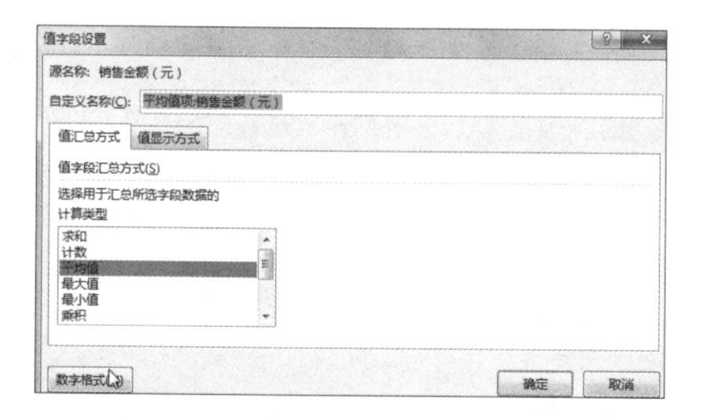

步骤04　设置数字格式

弹出“设置单元格格式”对话框，在“分类”列表框中选择“货币”选项，在右侧的“小数位数”数值框中输入“0”，如下图所示。

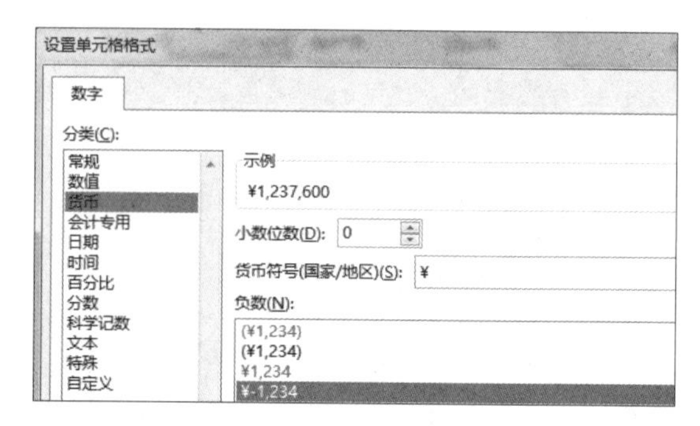

知识补充　在“数据透视表工具-分析”选项卡下选择值汇总方式

用户还可以在“数据透视表工具-分析”选项卡下单击“活动字段”组中的“字段设置”按钮，同样可以打开对话框设置汇总方式，如右图所示。

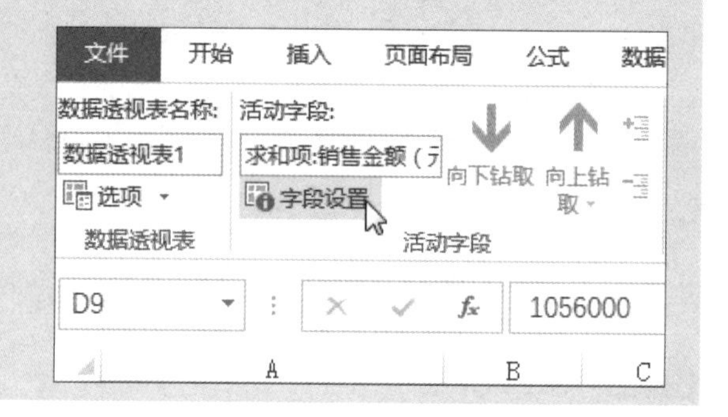

步骤05　查看设置后的数据透视表

连续单击对话框中的“确定”按钮返回工作表，可看到更改计算方式和数字格式后的数据透视表，“总计”行显示了该行或列中销售金额的平均值，且表格中的数字均为“货币”格式，如下图所示。

	A	B	C	D	E	F	G
1	销售地区	(全部)					
2	销售季度	(全部)					
3							
4	平均值项:销售金额（元）	列标签					
5	行标签	冰箱	空调	净水器	洗衣机	电视机	总计
6	何晓玲			¥363,000		¥544,500	¥508,200
7	李兴民	¥546,700	¥1,528,800	¥416,625	¥318,750	¥884,400	¥615,506
8	谭红军	¥1,062,600		¥431,750	¥326,250		¥501,725
9	张丹	¥462,000		¥352,000	¥7,500	¥1,305,333	¥655,944
10	邓霞	¥369,600	¥565,133				¥516,250
11	胡林	¥1,001,000	¥1,237,600	¥464,750	¥356,250		¥620,764
12	黎艳	¥292,600	¥582,400	¥459,250	¥322,500	¥1,415,333	¥661,627
13	总计	¥557,200	¥776,125	¥420,750	¥299,318	¥984,133	¥605,572

7.3 插入切片器筛选数据

在数据透视表中对多个项目进行筛选后，如果要查看对哪些字段进行了筛选、是怎样进行筛选的，需要打开筛选下拉列表，显得比较麻烦。此时借助 Excel 2016 中的切片器工具，不仅能对数据透视表进行筛选操作，还可以非常直观地查看筛选到的信息。下面结合实例说明切片器的使用方法和作用。

原始文件：下载资源\实例文件\第7章\原始文件\数据透视表_计算方式.xlsx
最终文件：下载资源\实例文件\第7章\最终文件\插入切片器.xlsx

步骤01　选中单元格

打开原始文件，选中数据透视表中任意一个单元格，如下图所示。

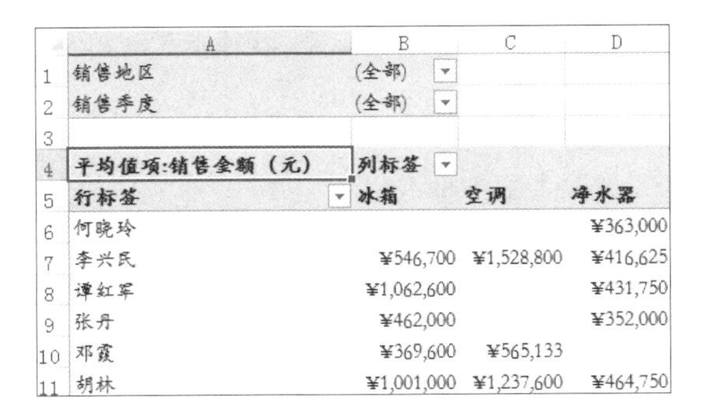

	A	B	C	D
1	销售地区	(全部)		
2	销售季度	(全部)		
3				
4	平均值项:销售金额（元）	列标签		
5	行标签	冰箱	空调	净水器
6	何晓玲			¥363,000
7	李兴民	¥546,700	¥1,528,800	¥416,625
8	谭红军	¥1,062,600		¥431,750
9	张丹	¥462,000		¥352,000
10	邓霞	¥369,600	¥565,133	
11	胡林	¥1,001,000	¥1,237,600	¥464,750

步骤02　插入切片器

单击“数据透视表工具 - 分析”选项卡下“筛选”组中的“插入切片器”按钮，如下图所示。

步骤03　选择插入的切片器

弹出“插入切片器”对话框，选择需要创建的切片器，如勾选“销售地区”“销售人员”“品名”“销售季度”复选框，然后单击“确定”按钮，如下图所示。

步骤04　查看插入的切片器

返回工作表中，此时可看到创建的“销售地区”“销售人员”“品名”“销售季度”4 个切片器，如下图所示。

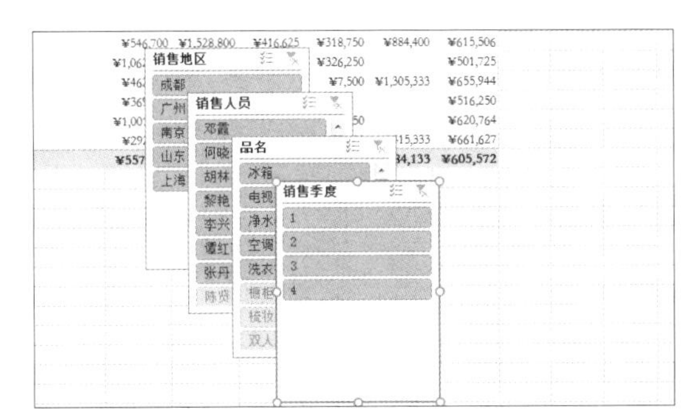

步骤05　设置筛选条件

选择“销售季度”切片器中的“3”，再选择“销售地区”切片器中的“成都”，表示要筛选出成都第 3 季度的销售数据信息，如下左图所示。

步骤06　查看筛选出的数据

此时可看到利用切片器筛选出的数据如下右图所示。其中，数据透视表中表头添加了用切片器设置的筛选条件。

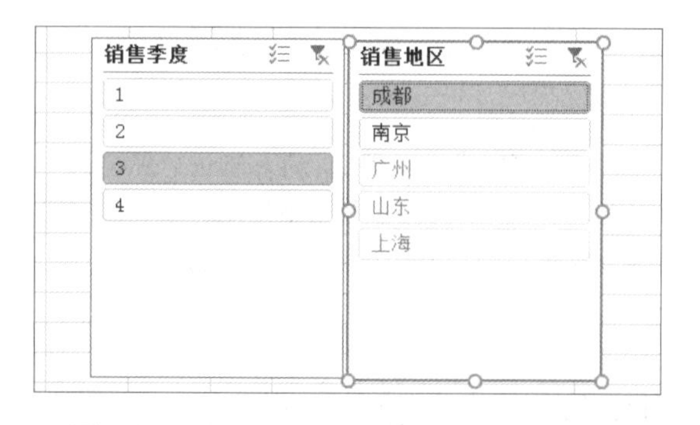

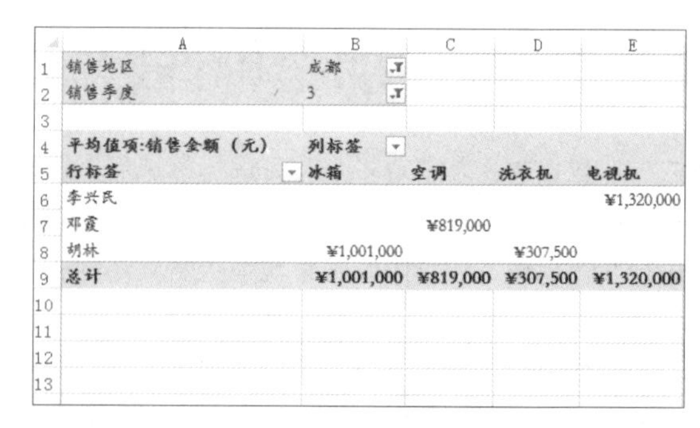

	A	B	C	D	E
1	销售地区	成都			
2	销售季度	3			
3					
4	平均值项:销售金额（元）	列标签			
5	行标签	冰箱	空调	洗衣机	电视机
6	李兴民				¥1,320,000
7	邓霞		¥819,000		
8	胡林	¥1,001,000		¥307,500	
9	总计	¥1,001,000	¥819,000	¥307,500	¥1,320,000

7.4 根据数据透视表创建数据透视图

数据透视图是数据透视表的可视化表现，将数据透视表形象地用图形表示出来，有助于用户更加方便地分析数据。根据数据透视表创建数据透视图时，在包含数据透视表的工作簿中执行“数据透视表工具 - 分析 > 数据透视图”菜单命令，根据提示即可完成数据透视图的创建。具体操作步骤如下。

原始文件：下载资源\实例文件\第7章\原始文件\数据透视图.xlsx

最终文件：下载资源\实例文件\第7章\最终文件\数据透视图.xlsx

步骤01 选中单元格

打开原始文件，选中数据透视表中的任意一个单元格，如选择单元格 B7，如下图所示。

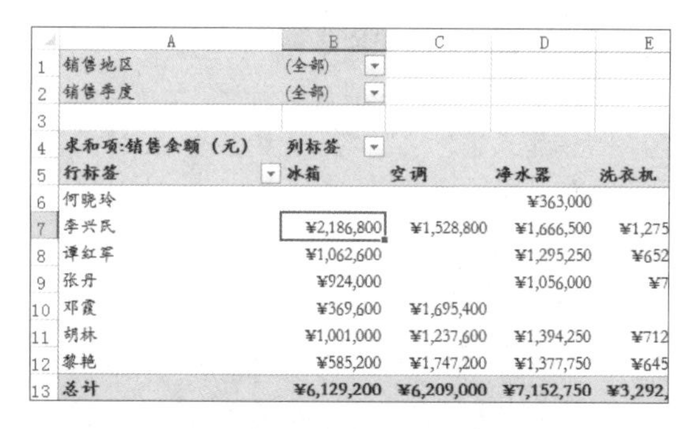

	A	B	C	D	E
1	销售地区	(全部)			
2	销售季度	(全部)			
3					
4	求和项:销售金额（元）	列标签			
5	行标签	冰箱	空调	净水器	洗衣机
6	何晓玲			¥363,000	
7	李兴民	¥2,186,800	¥1,528,800	¥1,666,500	¥1,275
8	谭红军	¥1,062,600		¥1,295,250	¥652
9	张丹	¥924,000		¥1,056,000	¥7
10	邓霞	¥369,600	¥1,695,400		
11	胡林	¥1,001,000	¥1,237,600	¥1,394,250	¥712
12	黎艳	¥585,200	¥1,747,200	¥1,377,750	¥645
13	总计	¥6,129,200	¥6,209,000	¥7,152,750	¥3,292,

步骤02 创建数据透视图

单击“数据透视表工具 - 分析”选项卡下“工具”组中的“数据透视图”按钮，如下图所示。

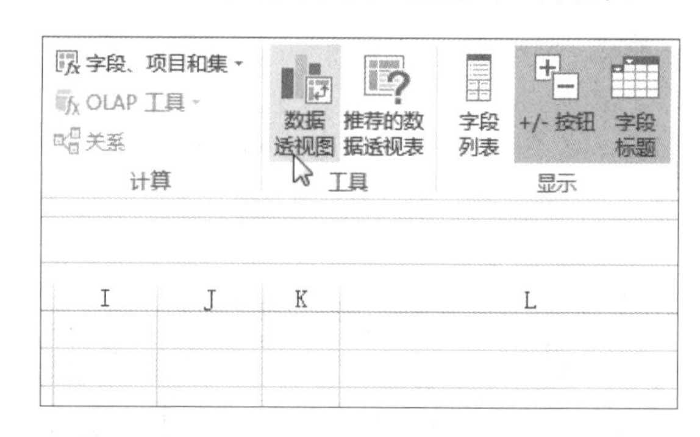

步骤03 选择图表类型

弹出“插入图表”对话框，在左侧列表框中选择图表类型，如选择“柱形图”，然后在右侧单击“簇状柱形图”子类型，如下图所示。

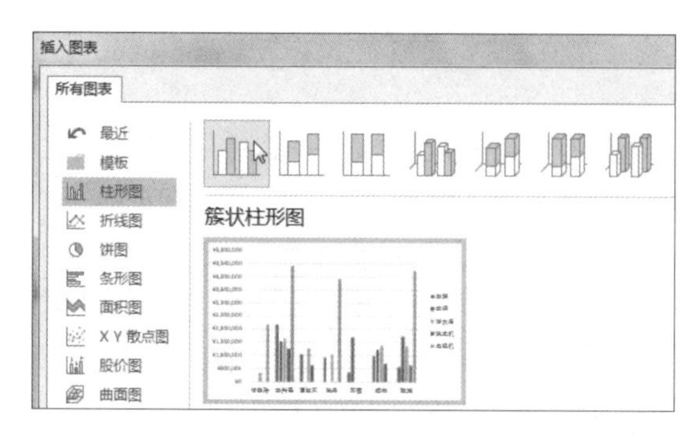

步骤04 查看创建的数据透视图

单击“确定”按钮，返回工作表，此时 Excel 根据数据透视表的内容自动创建了数据透视图，效果如下图所示。

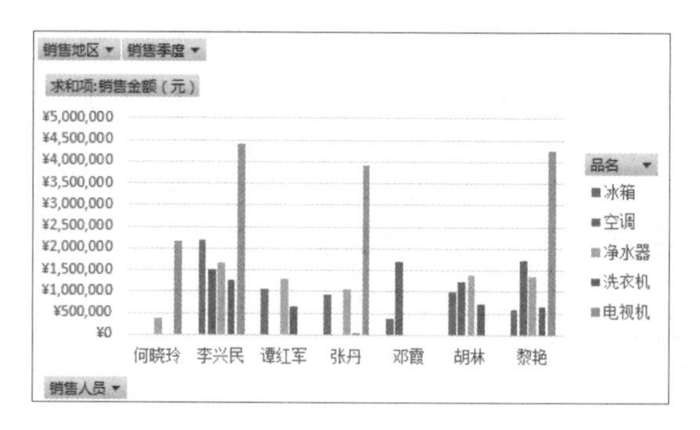

步骤05　设置销售地区筛选条件

单击数据透视图中的“销售地区”按钮，在展开的下拉列表中选择需要显示的地区，如选择“成都”，然后单击“确定”按钮，如下图所示。

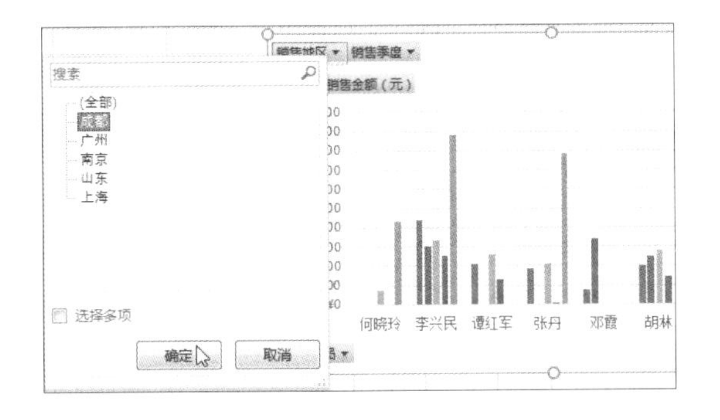

步骤06　查看筛选后的图表

此时数据透视图中只显示了成都地区的销售信息，如下图所示。

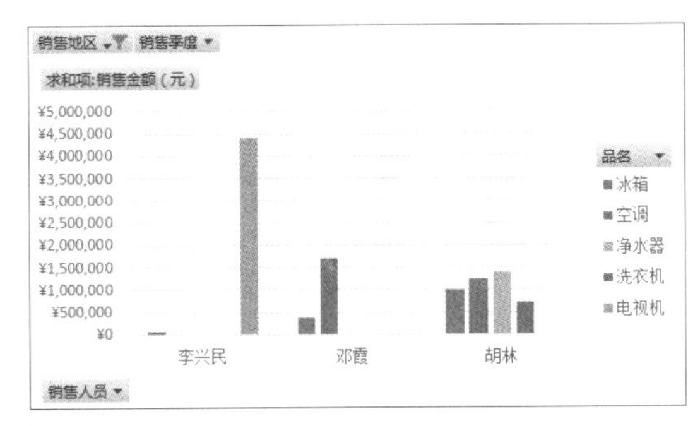

实例演练：创建数据透视表分析采购清单

通过本章的学习，相信读者已经对数据透视表和数据透视图有了一定的了解，也学会了如何创建数据透视表，并根据数据透视表创建数据透视图。下面以创建采购清单的数据透视图为例，使读者对本章的知识有一个连贯性的认识。

原始文件：下载资源\实例文件\第7章\原始文件\企业采购明细表.xlsx
最终文件：下载资源\实例文件\第7章\最终文件\企业采购明细表.xlsx

步骤01　启动“数据透视表”功能

打开原始文件，选中工作表中任意一个包含数据的单元格，如选择单元格A2，然后切换至“插入”选项卡下，单击“表格”组中的“数据透视表”按钮，如下图所示。

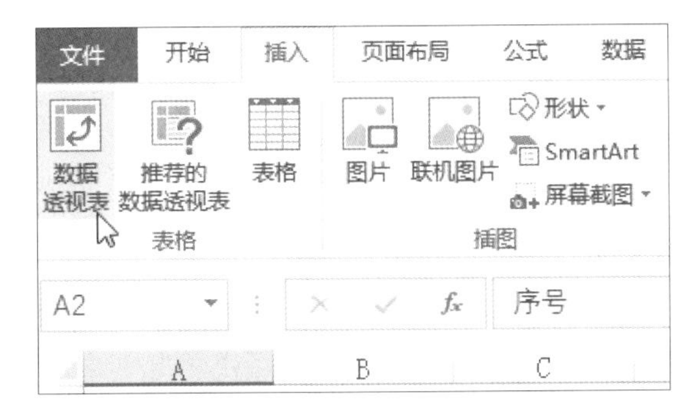

步骤02　设置对话框

弹出“创建数据透视表”对话框，保持默认设置，如下图所示，直接单击“确定”按钮。

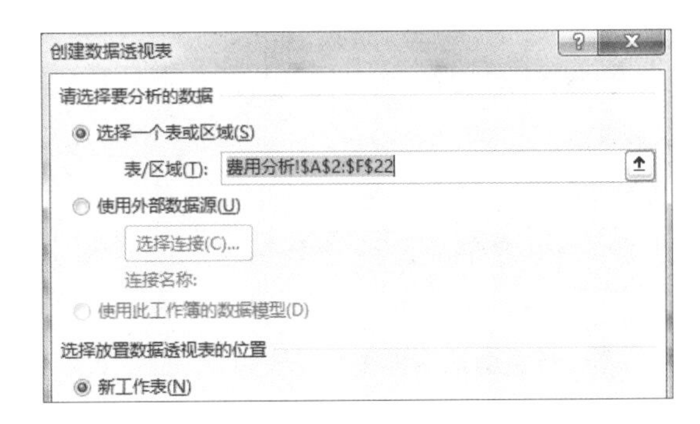

步骤03　查看创建的数据透视表

此时系统自动新建一个工作表，将工作表名称更改为“透视分析”，如下左图所示。

步骤04　添加字段

在“数据透视表字段”任务窗格中的“选择要添加到报表的字段”列表框中勾选“所属部门”“费用类别”“金额”复选框，如下右图所示。

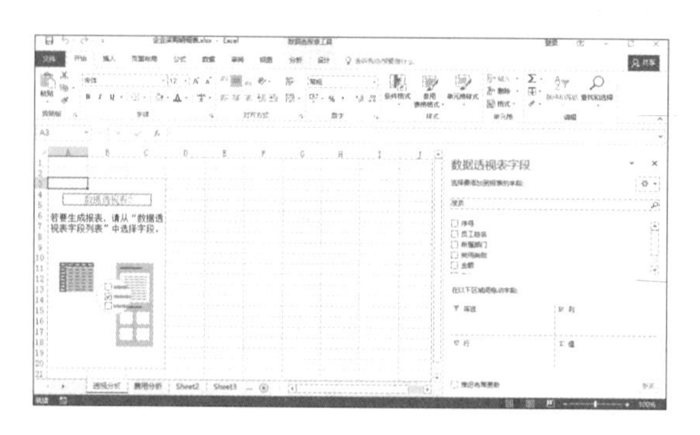

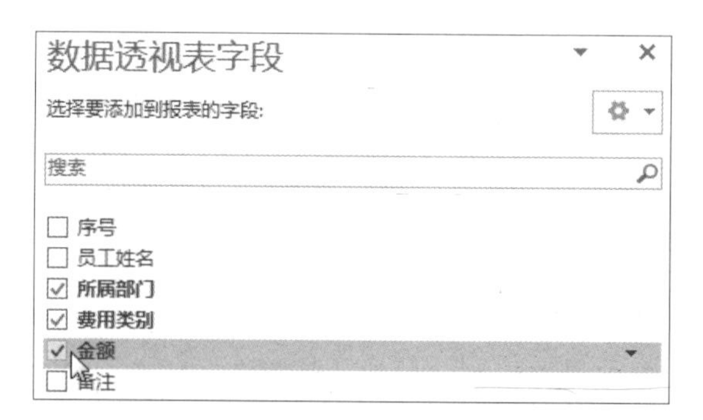

步骤05　调整字段分布区域

单击“行”组中的“费用类别”选项，在展开的列表中单击“移动到报表筛选”命令，如下图所示。

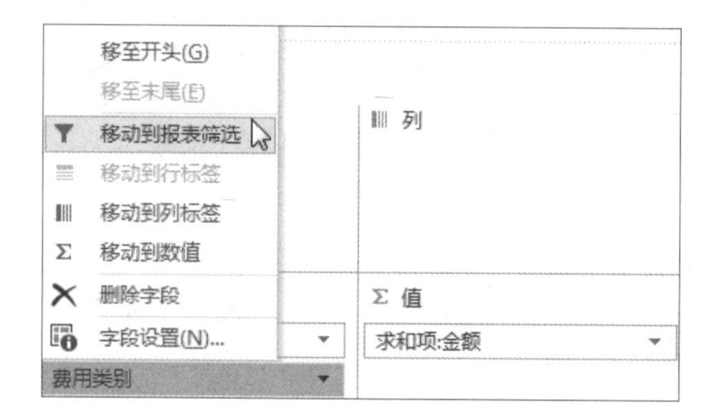

步骤06　值字段设置

单击“值”组中的“求和项：金额”选项，在展开的列表中单击“值字段设置”命令，如下图所示。

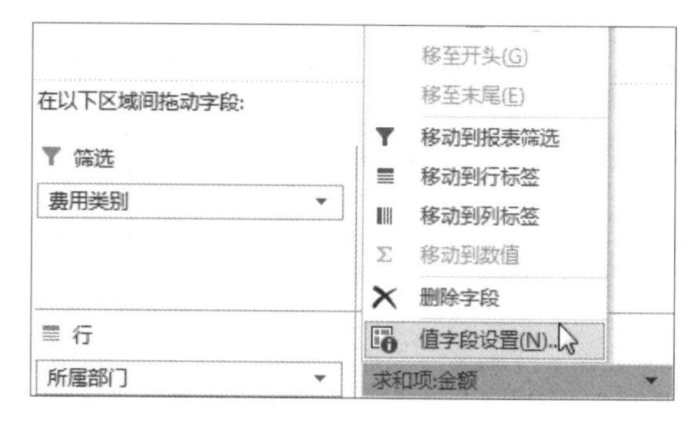

步骤07　选择值显示方式

弹出“值字段设置”对话框，切换至“值显示方式”选项卡下，设置“值显示方式”为“总计的百分比”，如下图所示。

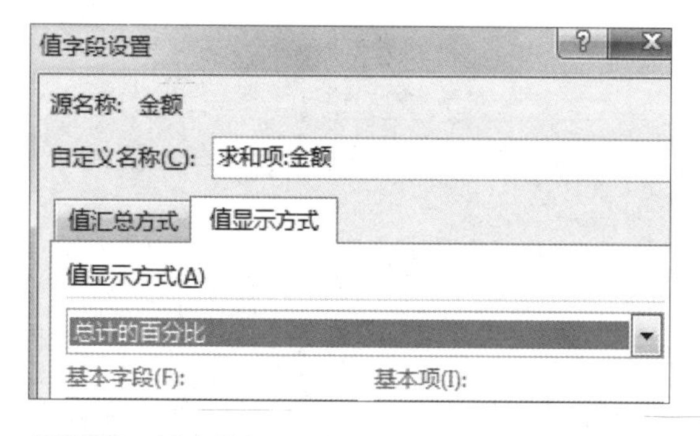

步骤08　选择创建数据透视图的区域

单击“确定”按钮，返回数据透视表中，然后选中单元格区域A3:B8，如下图所示。

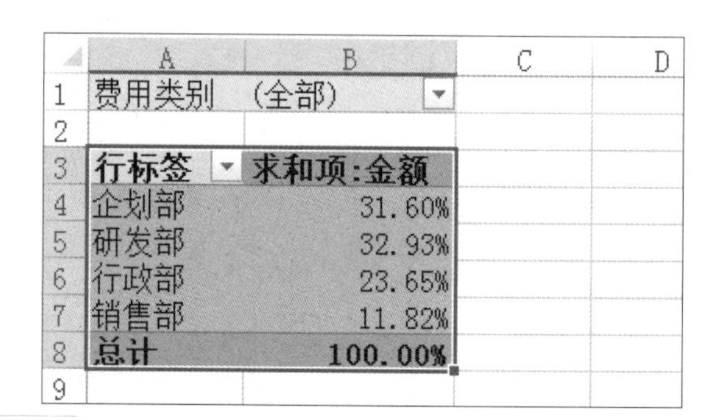

	A	B	C	D
1	费用类别	(全部)		
2				
3	行标签	求和项:金额		
4	企划部	31.60%		
5	研发部	32.93%		
6	行政部	23.65%		
7	销售部	11.82%		
8	总计	100.00%		
9				

步骤09　创建数据透视图

切换至“插入”选项卡下，单击“图表”组中的“数据透视图”下三角按钮，在展开的下拉列表中单击“数据透视图”选项，如下左图所示。

步骤10　选择图表类型

弹出“插入图表”对话框，在左侧列表框中选择图表的类型，如选择“饼图”，然后在右侧双击图表子类型图标，如双击“饼图”图标，如下右图所示。

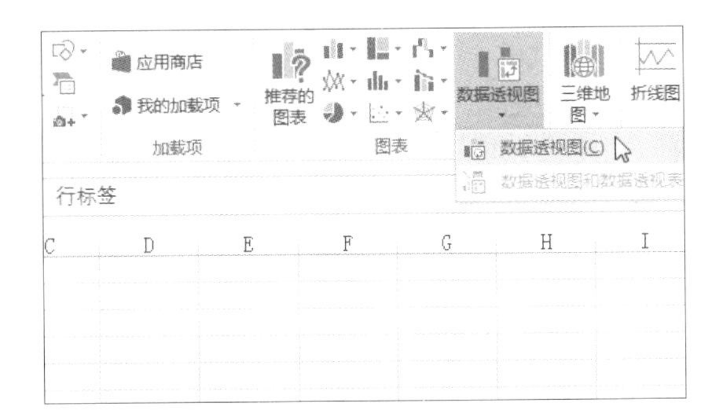

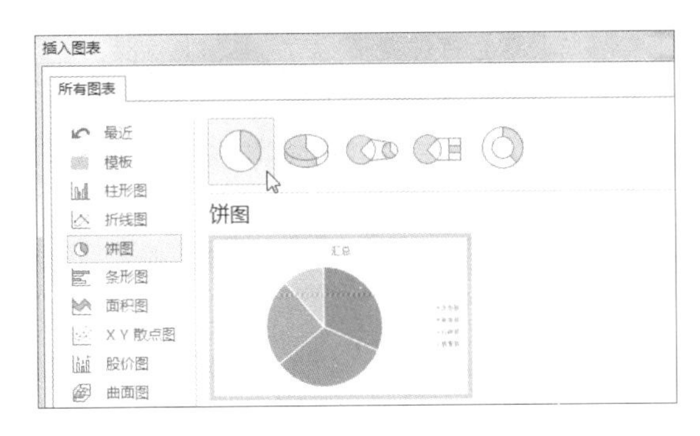

步骤11　查看创建的数据透视图

此时工作表中自动新建一个“饼图”类型的数据透视图，效果如下图所示。

步骤12　调整绘图区大小

选中图表区，选中图表的控制点，然后按住鼠标左键拖动，扩大绘图区域，如下图所示。

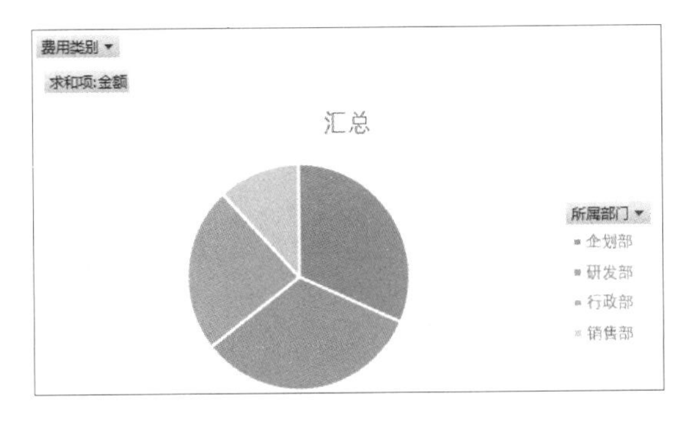

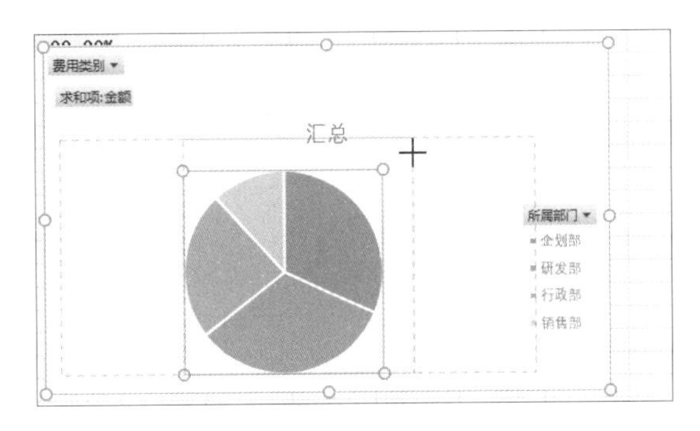

步骤13　输入图表标题

输入图表标题“各部门采购金额比例”，然后将字体设置为“华文隶书”，如下图所示。

步骤14　添加数据标签

选中图表，单击“图表元素”按钮，在展开的列表中执行“数据标签 > 更多选项”命令，如下图所示。

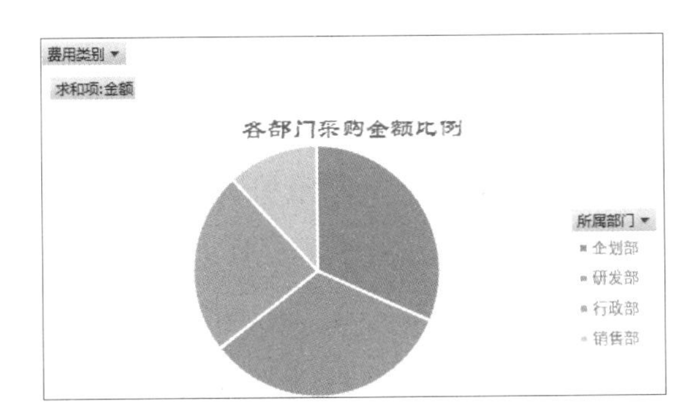

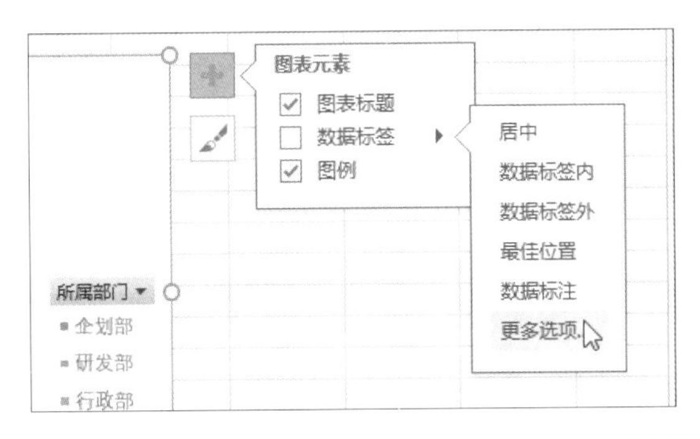

步骤15　设置标签选项

弹出“设置数据标签格式”任务窗格，在“标签选项”选项卡下取消勾选“值”复选框，然后勾选“百分比”“显示引导线”复选框，如右图所示。

步骤16 设置标签位置

在“标签选项”选项卡下的“标签位置”选项组中单击“数据标签外”单选按钮，如右图所示。

步骤17 移动图表标题

单击“关闭”按钮返回工作表中，此时数据透视图显示了各部门采购费用所占的比例，选中图表标题，向上拖动至合适位置，如下图所示。

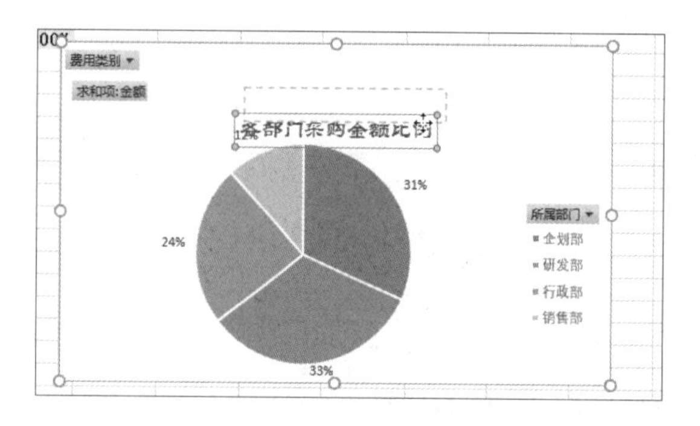

步骤18 选择数据系列

首先选择需要重新设置颜色的数据区域，这里选择“销售部”数据系列，如下图所示。

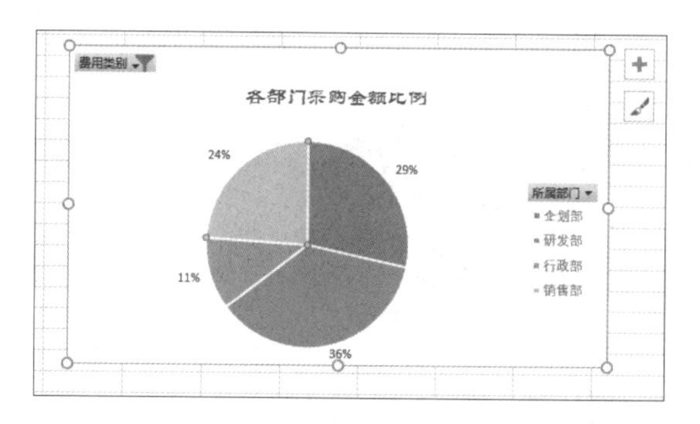

步骤19 选择“销售部”数据系列的填充颜色

单击“数据透视图工具 - 格式”选项卡下“形状样式”组中的“形状填充”按钮，在展开的下拉列表中单击“白色，背景 1，深色 15%”图标，如下图所示。

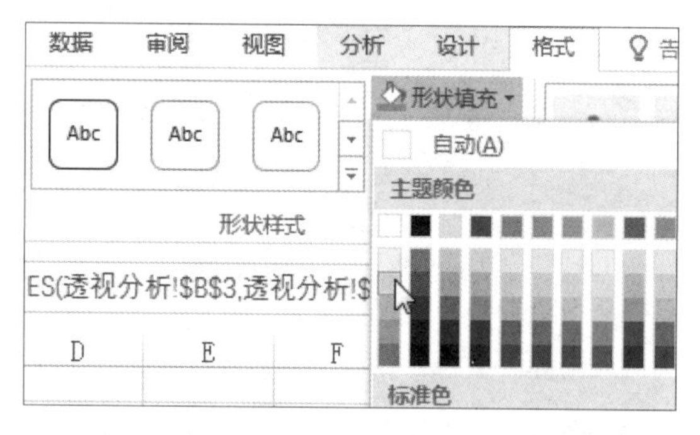

步骤20 设置“企划部”数据系列的填充颜色

首先选中“企划部”数据系列，然后单击“数据透视图工具 - 格式”选项卡下“形状样式”组中的“形状填充”按钮，在展开的下拉列表中单击“黑色，文字 1，淡色 50%”图标，如下图所示。

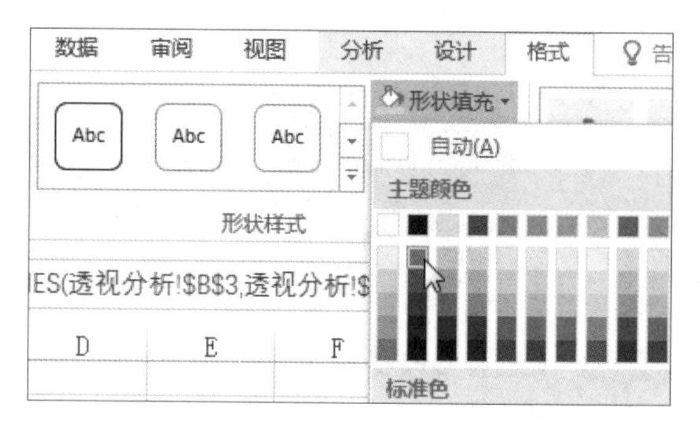

步骤21 显示更改数据系列填充颜色后的图表样式

更改“销售部”和“企划部”数据系列的填充颜色后，图表样式如下左图所示。

步骤22 设置“研发部”数据系列的数据点格式

右击“研发部”数据系列，在弹出的快捷菜单中单击“设置数据点格式”命令，如下右图所示。

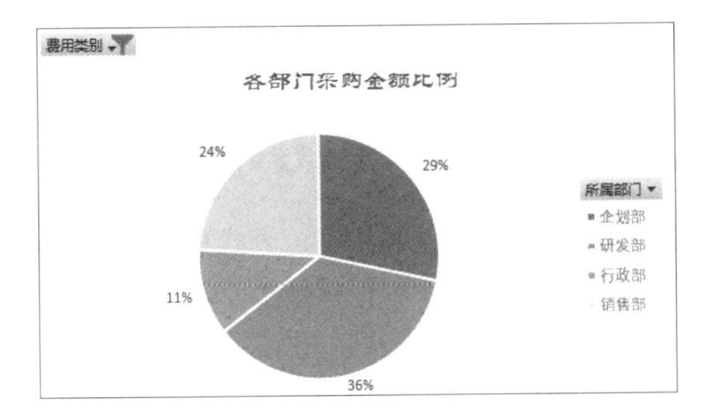

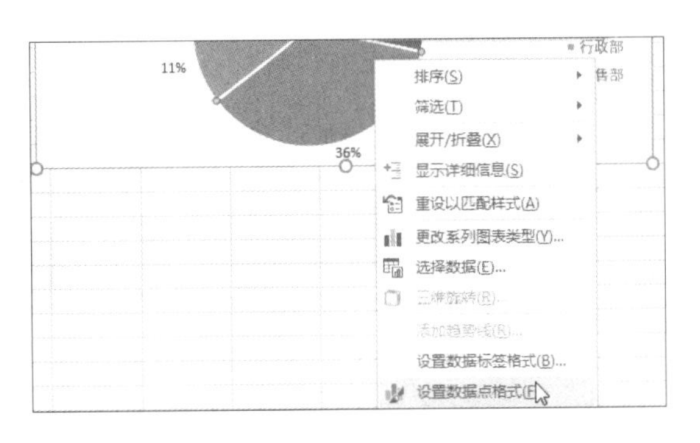

步骤23 设置数据点系列选项

弹出“设置数据点格式”任务窗格，切换至“系列选项”选项卡下，设置“第一扇区起始角度”为“264°”，设置“点爆炸型”为“9%”，如下图所示。

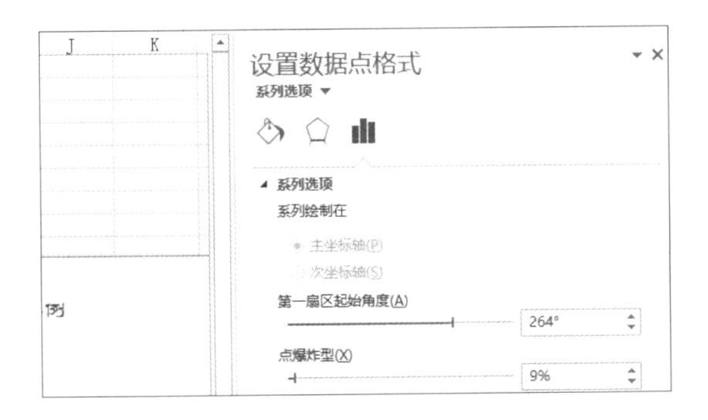

步骤24 调整数据标签位置

返回工作表中，可看到代表各数据系列的扇形位置发生了改变，且“研发部”数据系列的扇形被分离开。按住“研发部”的数据标签，拖动至合适位置，如下图所示。

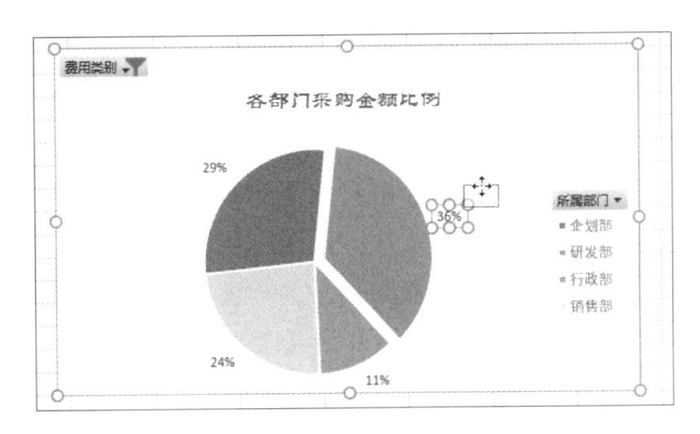

步骤25 显示图表的最终效果

经过以上操作，图表的最终效果如右图所示。

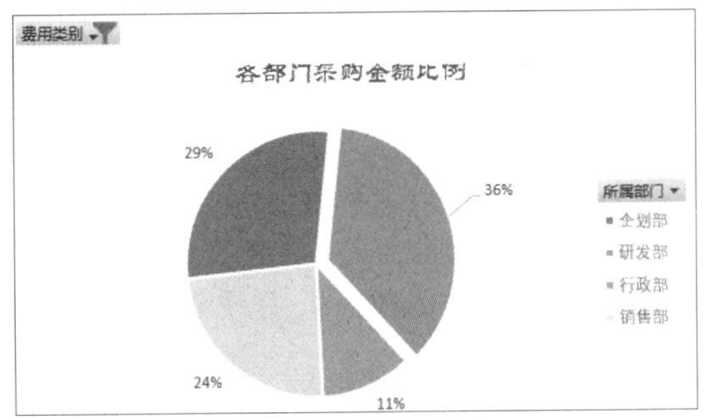

第8章 Excel数据分析和高级功能

在前面的章节中学习了工作表的美化、数据的筛选和排序、公式和函数的使用和使用图表分析数据等。在这一章中，将介绍 Excel 数据分析工具和一些高级功能，包括数据审核、模拟分析、方案分析等内容。

8.1 数据审核

Excel 提供的数据验证功能可以拒绝一些不符合要求的数据的输入，或者弹出出错提示框。另外，用户也可以对数据设置一定的规则，Excel 会对不符合指定规则的数据进行圈释标记。下面对这两种设置方法分别进行介绍。

8.1.1 数据有效性验证

为了减小输入数据时出错的概率，同时提高办公速度，可通过数据验证功能对单元格中允许输入的数据类型或有效数据的取值范围进行限定。在设置过程中，用户既可以对整数和小数类数据进行条件设置，又可以设置序列条件，还可以自行定义实际工作中所需的条件。用户还可以设置提示信息和出错警告，及时提醒输入错误以及错误的原因。

原始文件： 下载资源\实例文件\第8章\原始文件\车辆管理登记表.xlsx

最终文件： 下载资源\实例文件\第8章\最终文件\车辆管理登记表.xlsx

1 允许范围内的有效性设定

当设置的有效性条件为“整数”时，用户可以设置其为有效范围。一旦输入的数值超出了设置的范围或者输入了其他内容时，系统会弹出提示信息。

步骤01 选择单元格区域

打开原始文件，选择单元格区域 J2:J21，如下图所示。

	E	F	G	H	I	J	K
1	使用职员	事由	驾驶员	耗费	应报销金额	行车补助	批准人
2	辛迅		戴军	¥50.00	¥50.00		舒雄
3	李霞		贺恩	¥60.00	¥60.00		李慧云
4	潘芳		袁辉	¥70.00	¥70.00		李玉兵
5	孙井副		钟冰	¥30.00	¥3.00		蔡霜
6	孙井副		袁辉	¥70.00	¥70.00		舒雄
7	罗聪		贺恩	¥89.00	¥89.00		李慧云
8	刘飞清		戴军	¥100.00	¥100.00		李玉兵
9	张军		钟冰	¥120.00	¥120.00		蔡霜
10	刘鑫		袁辉	¥125.00	¥125.00		舒雄
11	孙井副		贺恩	¥90.00	¥90.00		李慧云
12	潘芳		钟冰	¥80.00	¥8.00		李玉兵
13	辛迅		戴军	¥50.00	¥50.00		蔡霜

步骤02 打开“数据验证”对话框

切换至“数据”选项卡下，单击“数据工具”组中的“数据验证”下三角按钮，在展开的下拉列表中单击“数据验证”选项，如下图所示。

H	I	J	K	L	M	N
耗费	应报销金额	行车补助	批准人			
¥50.00	¥50.00		舒雄			
¥60.00	¥60.00		李慧云			
¥70.00	¥70.00		李玉兵			

步骤03　设置数据验证方式

弹出“数据验证”对话框，在“设置”选项卡下单击“允许”右侧的下三角按钮，在展开的下拉列表中选择“整数”，如下图所示。

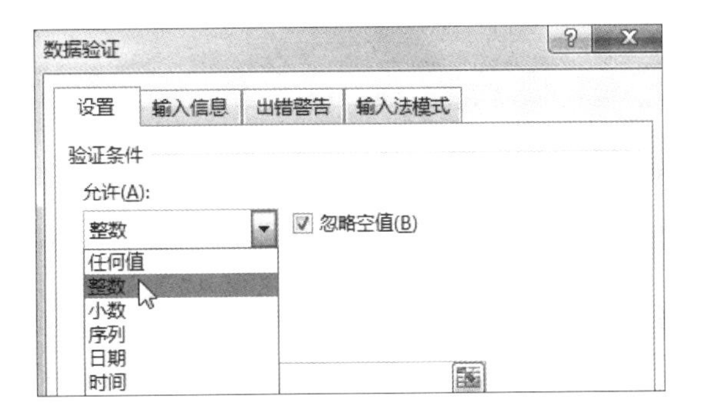

步骤04　设置数字条件

继续设置验证条件，在“最小值”文本框中输入“0”，“最大值”文本框中输入“100”，最后单击“确定”按钮，如下图所示。

步骤05　输入错误值时弹出提示框

返回工作表中，在单元格 J2 中输入“150”，按下【Enter】键，此时弹出“Microsoft Excel”提示框，提示“此值与此单元格定义的数据验证限制不匹配。”，单击“取消”按钮，如下图所示。

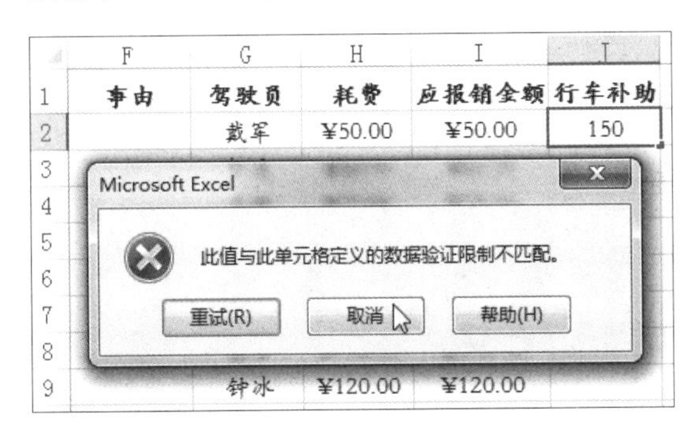

步骤06　输入有效值

重新输入有效范围内的数据，如下图所示，然后录入所有“行车补助”列中的数据。

	F	G	H	I	J	K	L
1	事由	驾驶员	耗费	应报销金额	行车补助	批准人	
2		戴军	¥50.00	¥50.00	¥20.00	舒雄	
3		贺恩	¥60.00	¥60.00	¥30.00	李慧云	
4		袁辉	¥70.00	¥70.00	¥44.00	李玉兵	
5		钟冰	¥30.00	¥3.00	¥22.00	蔡霜	
6		袁辉	¥70.00	¥70.00	¥0.00	舒雄	
7		贺恩	¥89.00	¥89.00	¥0.00	李慧云	
8		戴军	¥100.00	¥100.00	¥37.00	李玉兵	
9		钟冰	¥120.00	¥120.00	¥14.00	蔡霜	
10		袁辉	¥125.00	¥125.00	¥0.00	舒雄	
11		贺恩	¥90.00	¥90.00	¥0.00	李慧云	
12		钟冰	¥80.00	¥8.00	¥0.00	李玉兵	

知识补充　提示框中各按钮的含义

重试：单击“重试”按钮回到工作表，之前在该单元格输入的数据处于选中状态，可以编辑修改。
取消：单击“取消”按钮回到工作表，之前在该单元格输入的数据被清除。
帮助：单击“帮助”按钮打开帮助窗口。

2　设定序列的有效性

设置有效性条件为序列，则需要预先把允许的数据编辑在一个序列里，Excel 通过核对这个序列来判定数据是否有效，用户只需从下拉列表中选择要录入的数据即可。

步骤01　选择单元格区域

继续之前的操作，选中单元格区域 F2:F21，如下左图所示。

步骤02　设置数据验证方式

打开“数据验证”对话框，在“设置”选项卡下设置“允许”为“序列”，在“来源”文本框中输入“公事，私事”（注意分隔号为英文状态下的逗号），如下右图所示。

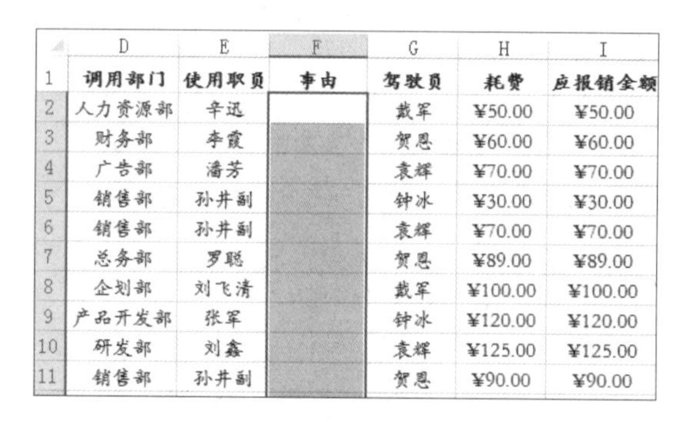

	D	E	F	G	H	I
1	调用部门	使用职员	事由	驾驶员	耗费	应报销金额
2	人力资源部	辛迅		戴军	¥50.00	¥50.00
3	财务部	李霞		贺恩	¥60.00	¥60.00
4	广告部	潘芳		袁辉	¥70.00	¥70.00
5	销售部	孙井副		钟冰	¥30.00	¥30.00
6	销售部	孙井副		袁辉	¥70.00	¥70.00
7	总务部	罗聪		贺恩	¥89.00	¥89.00
8	企划部	刘飞清		戴军	¥100.00	¥100.00
9	产品开发部	张军		钟冰	¥120.00	¥120.00
10	研发部	刘鑫		袁辉	¥125.00	¥125.00
11	销售部	孙井副		贺恩	¥90.00	¥90.00

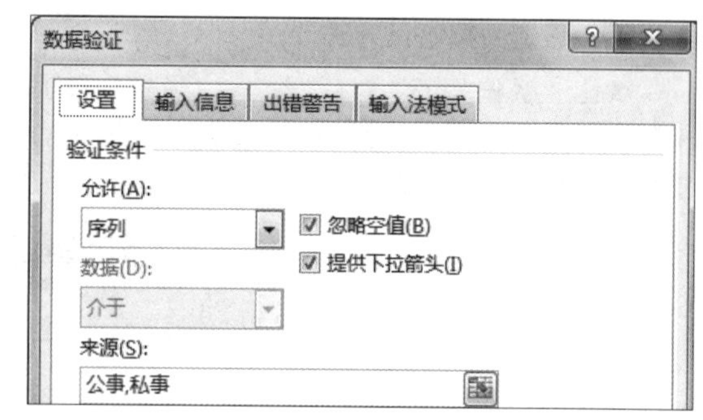

步骤03 从下拉列表中选择事由

单击“确定”按钮，返回工作表中，选中单元格 F2，将在其右侧出现下三角按钮，单击下三角按钮，从展开的下拉列表中选择“公事”，如下图所示。

	D	E	F	G	H	I
1	调用部门	使用职员	事由	驾驶员	耗费	应报销金额
2	人力资源部	辛迅		戴军	¥50.00	¥50.00
3	财务部	李霞	公事 / 私事	贺恩	¥60.00	¥60.00
4	广告部	潘芳		袁辉	¥70.00	¥70.00
5	销售部	孙井副		钟冰	¥30.00	¥30.00
6	销售部	孙井副		袁辉	¥70.00	¥70.00
7	总务部	罗聪		贺恩	¥89.00	¥89.00
8	企划部	刘飞清		戴军	¥100.00	¥100.00
9	产品开发部	张军		钟冰	¥120.00	¥120.00
10	研发部	刘鑫		袁辉	¥125.00	¥125.00
11	销售部	孙井副		贺恩	¥90.00	¥90.00

步骤04 完善“事由”字段数据

同样，选中单元格区域 F3:F21 中的任意一个单元格时，都将出现下三角按钮，按同样的方法输入所有“事由”字段的数据，最终效果如下图所示。

	D	E	F	G	H	I	J
1	调用部门	使用职员	事由	驾驶员	耗费	应报销金额	行车补助
2	人力资源部	辛迅	公事	戴军	¥50.00	¥50.00	¥20.00
3	财务部	李霞	公事	贺恩	¥60.00	¥60.00	¥30.00
4	广告部	潘芳	公事	袁辉	¥70.00	¥70.00	¥44.00
5	销售部	孙井副	公事	钟冰	¥30.00	¥30.00	¥22.00
6	销售部	孙井副	私事	袁辉	¥70.00	¥70.00	¥0.00
7	总务部	罗聪	私事	贺恩	¥89.00	¥89.00	¥0.00
8	企划部	刘飞清	私事	戴军	¥100.00	¥100.00	¥37.00
9	产品开发部	张军	公事	钟冰	¥120.00	¥120.00	¥14.00
10	研发部	刘鑫	公事	袁辉	¥125.00	¥125.00	¥0.00
11	销售部	孙井副	私事	贺恩	¥90.00	¥90.00	¥0.00
12	广告部	潘芳	私事	钟冰	¥80.00	¥8.00	¥0.00
13	人力资源部	辛迅	公事	戴军	¥50.00	¥50.00	¥30.00

3 自定义有效性

自定义的有效性条件相对灵活，可以根据需要进行相对复杂的设置。

步骤01 选择单元格区域

继续之前的操作，选中单元格区域 C2:C21，如下图所示。

	A	B	C	D
1	车辆编号	调用时间	交车时间	调用部门
2	1	2016/9/24 8:00		人力资源部
3	3	2016/9/24 8:00		财务部
4	2	2016/9/24 8:00		广告部
5	4	2016/9/24 8:00		销售部
6	2	2016/9/25 8:00		销售部
7	3	2016/9/25 8:00		总务部
8	1	2016/9/25 8:00		企划部
9	4	2016/9/25 8:00		产品开发部
10	2	2016/9/26 8:00		研发部
11	3	2016/9/26 8:00		销售部

步骤02 设置数据验证方式

打开“数据验证”对话框，在“设置”选项卡下设置“允许”为“自定义”，然后单击“公式”文本框后的折叠按钮，如下图所示。

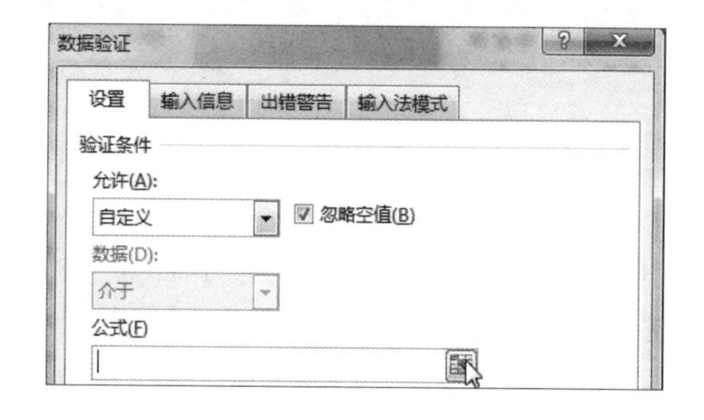

步骤03 设置数据验证条件

在工作表中拖动鼠标选择单元格区域 C2:C21，然后输入“>=”，再选择单元格区域 B2:B21，最后再次单击折叠按钮，如下左图所示。

步骤04　确认设置

返回“数据验证”对话框中，此时“公式”文本框中显示了完整的公式“=C2:C21>=B2:B21”，如下右图所示，确认无误后单击“确定”按钮。此公式表示交车时间不能早于调用时间。

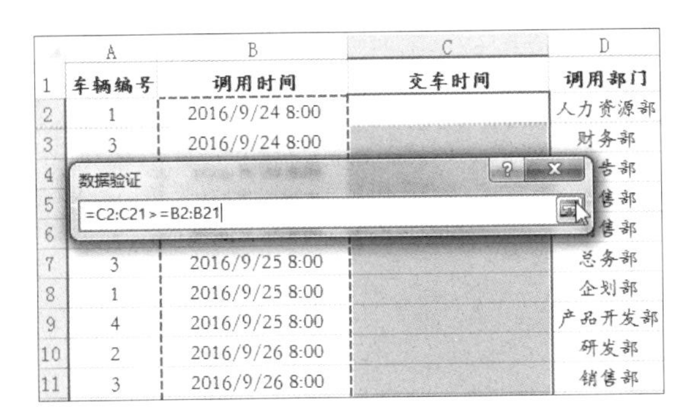

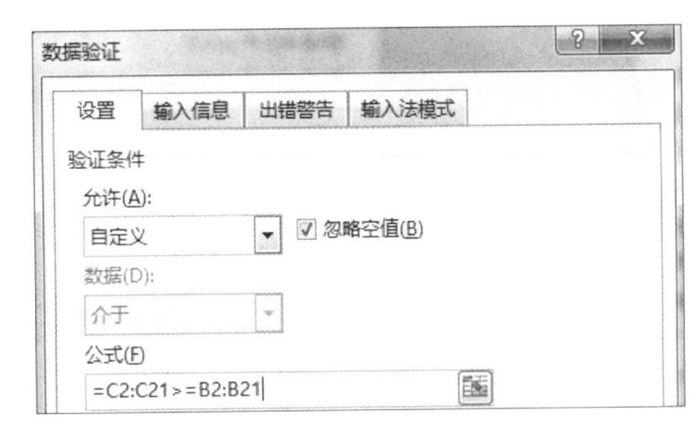

步骤05　输入交车时间

返回工作表中，在单元格 C2 中输入“2016/9/24 5:00”，然后按下【Enter】键，此时弹出“Microsoft Excel”提示框，提示输入值与数据验证限制不匹配，单击“取消”按钮，如下图所示。

步骤06　完善交车字段数据

在单元格 C2 中输入“2016/9/24 18:00”，按下【Enter】键，在单元格中将返回输入的数据而不再弹出提示框，如下图所示。然后在单元格区域 C3:C21 输入正确的数据。

	A	B	C	D
1	车辆编号	调用时间	交车时间	调用部门
2	1	2016/9/24 8:00	2016/9/24 18:00	人力资源部
3	3	2016/9/24 8:00	2016/9/24 15:00	财务部
4	2	2016/9/24 8:00	2016/9/24 20:00	广告部
5	4	2016/9/24 8:00	2016/9/24 21:00	销售部
6	2	2016/9/25 8:00	2016/9/25 19:30	销售部
7	3	2016/9/25 8:00	2016/9/25 16:00	总务部
8	1	2016/9/25 8:00	2016/9/25 17:00	企划部
9	4	2016/9/25 8:00	2016/9/25 20:30	产品开发部
10	2	2016/9/26 8:00	2016/9/26 19:00	研发部
11	3	2016/9/26 8:00	2016/9/26 18:00	销售部

4 设置提示信息和出错警告

通过设置提示信息，可以在定位到设置了数据有效性的单元格时显示相关提示信息，以帮助用户输入有效的数据。而如果设置了出错警告，当用户在单元格区域中输入了不符合有效性规则的数据时，Excel 会弹出提示框显示出错。

原始文件： 下载资源\实例文件\第8章\原始文件\车辆管理登记表1.xlsx
最终文件： 下载资源\实例文件\第8章\最终文件\车辆管理登记表1.xlsx

步骤01　选择单元格区域

打开原始文件，选择单元格区域 A2:A21，如下左图所示。

步骤02　打开“数据验证”对话框

切换至“数据”选项卡下，单击“数据工具”组中的“数据验证”按钮，如下右图所示。

	A	B	C	D	E
1	车辆编号	调用时间	交车时间	调用部门	使用职员
2		2016/9/24 8:00	2016/9/24 18:00	人力资源部	辛迅
3		2016/9/24 8:00	2016/9/24 15:00	财务部	李霞
4		2016/9/24 8:00	2016/9/24 20:00	广告部	潘芳
5		2016/9/24 8:00	2016/9/24 21:00	销售部	孙井刷
6		2016/9/25 8:00	2016/9/25 19:30	销售部	孙井刷
7		2016/9/25 8:00	2016/9/25 16:00	总务部	罗聪
8		2016/9/25 8:00	2016/9/25 17:00	企划部	刘飞清
9		2016/9/25 8:00	2016/9/25 20:30	产品开发部	张军
10		2016/9/26 8:00	2016/9/26 19:00	研发部	刘鑫
11		2016/9/26 8:00	2016/9/26 18:00	销售部	孙井刷
12		2016/9/26 8:00	2016/9/26 12:00	广告部	潘芳
13		2016/9/26 8:00	2016/9/26 17:00	人力资源部	辛迅

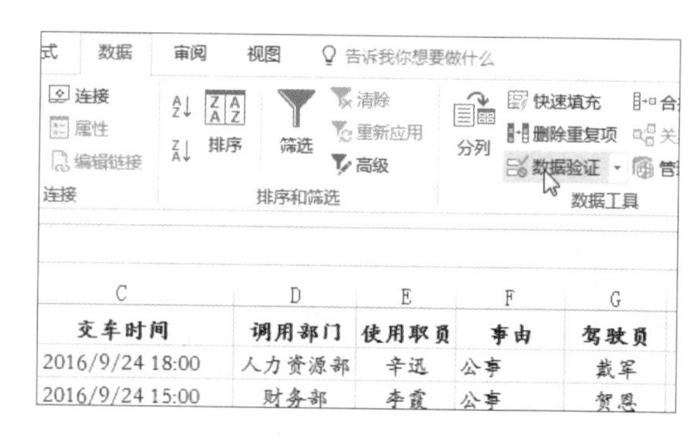

C	D	E	F	G
交车时间	调用部门	使用职员	事由	驾驶员
2016/9/24 18:00	人力资源部	辛迅	公事	裁军
2016/9/24 15:00	财务部	李霞	公事	贺恩

步骤03 设置数据验证方法与条件

弹出“数据验证”对话框，设置“允许”为“整数”，“数据”为“介于”，“最小值”为“1”，“最大值”为“4”，如下左图所示。

步骤04 设置输入提示信息

切换至“输入信息”选项卡，在“标题”文本框中输入“公司车辆”，在“输入信息”文本框中输入“编号 1—4”，如下中图所示。

步骤05 设置出错警告

切换至“出错警告”选项卡，选择“样式”为“停止”，在“标题”文本框中输入“出错啦！”，在“错误信息”文本框中输入“请按照提示输入。”，如下右图所示。

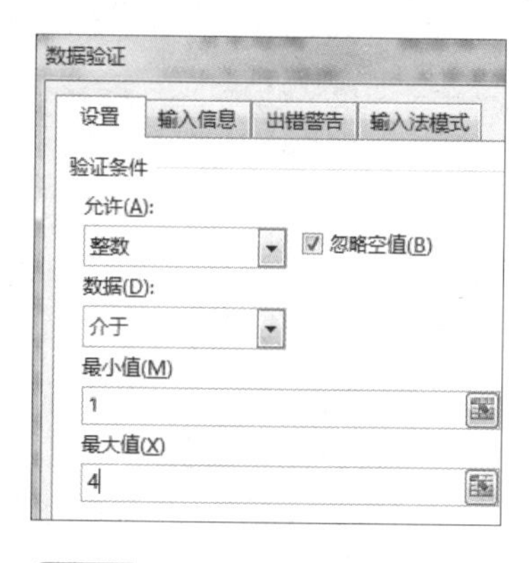

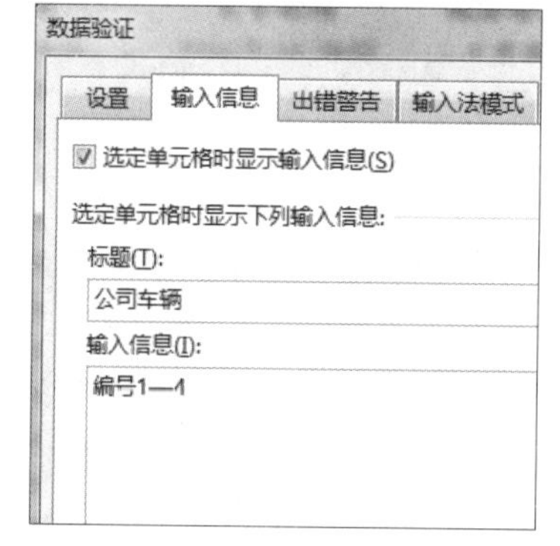

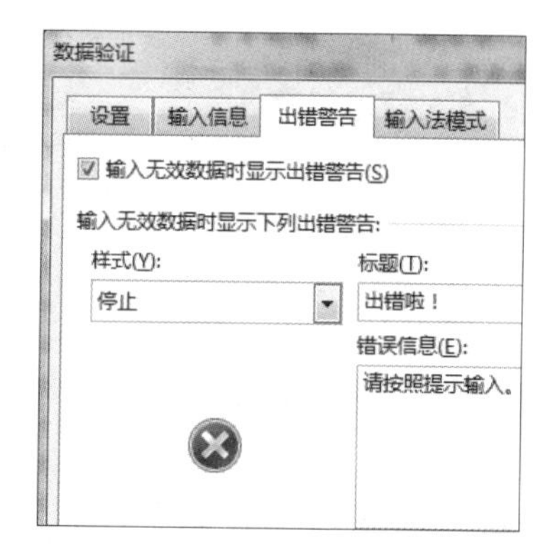

步骤06 输入车辆编号

单击“确定”按钮，返回工作表中，选中单元格 A2，将显示一个浅黄色的提示框，提示框中的内容即为用户设置的输入信息，如下图所示。

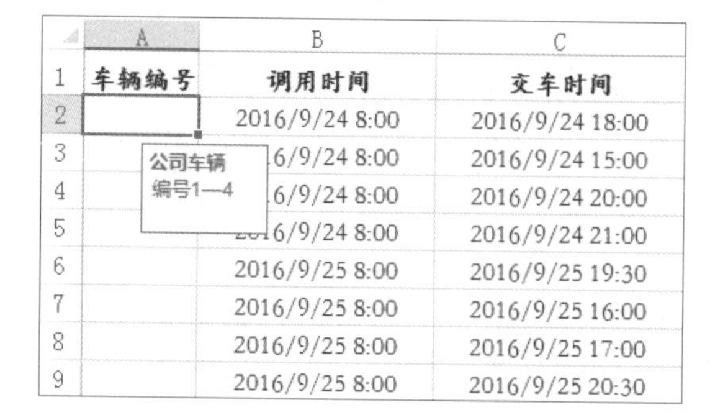

	A	B	C
1	车辆编号	调用时间	交车时间
2		2016/9/24 8:00	2016/9/24 18:00
3		6/9/24 8:00	2016/9/24 15:00
4		6/9/24 8:00	2016/9/24 20:00
5		6/9/24 8:00	2016/9/24 21:00
6		2016/9/25 8:00	2016/9/25 19:30
7		2016/9/25 8:00	2016/9/25 16:00
8		2016/9/25 8:00	2016/9/25 17:00
9		2016/9/25 8:00	2016/9/25 20:30

步骤07 查看出错提示

在单元格 A6 中输入“5”，按下【Enter】键，弹出“出错啦！”对话框，提示用户“请按照提示输入。”，单击“取消”按钮，如下图所示。

	A	B	C	D	E
1	车辆编号	调用时间	交车时间	调用部门	使用职员
2	1	2016/9/24 8:00	2016/9/24 18:00	人力资源部	辛迅
3	2	2016/9/24 8:00	2016/9/24 15:00	财务部	李霞
4	3	2016/9/24 8:00	2016/9/24 20:00	广告部	潘芳
5	4	2016/9/24 8:00	2016/9/24 21:00	销售部	孙井刷
6	5	2016/9/25 8:00	2016/9/25 19:30	销售部	孙井刷
7				总务部	罗聪
8				企划部	刘飞清
9				产品开发部	张军
10				研发部	刘鑫
11				销售部	孙井刷
12				广告部	潘芳
13		2016/9/26 8:00	2016/9/26 17:00	人力资源部	辛迅

8.1.2　圈释无效数据

使用“数据验证”功能可以限制单元格中可输入的数据，但对于已经输入了数据的工作表区域来说，使用该规则就不能显示出有误的数据了。在 Excel 中，对于已经输入的数据，可以先设置有效性规则，再利用“圈释无效数据”功能，将不满足有效性规则的错误单元格标示出来。

原始文件：下载资源\实例文件\第8章\原始文件\花蕊耗材公司.xlsx
最终文件：无

步骤01　选择“圈释无效数据”命令

打开原始文件，其中在输入完数据后设置了退货价不能大于进货价、日期必须为 2016 年 9 月的某一天等有效性规则。在“数据”选项卡下单击“数据工具”组中的“数据验证”下三角按钮，在展开的列表中选择“圈释无效数据”命令，如下图所示。

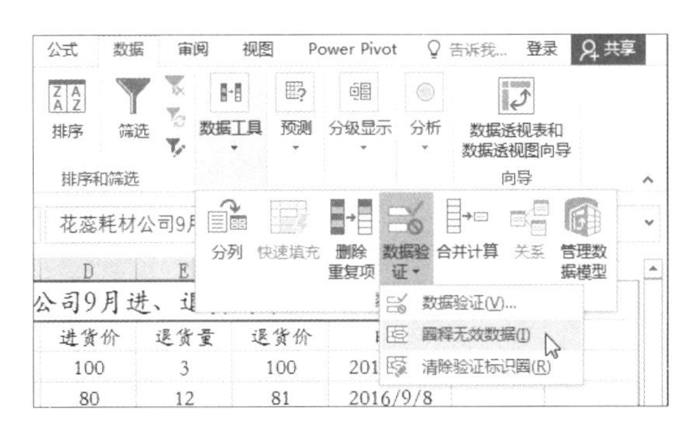

步骤02　圈释出无效数据

此时，Excel 把工作表中所有数据验证区域中的错误数据用红圈标示了出来，效果如下图所示。

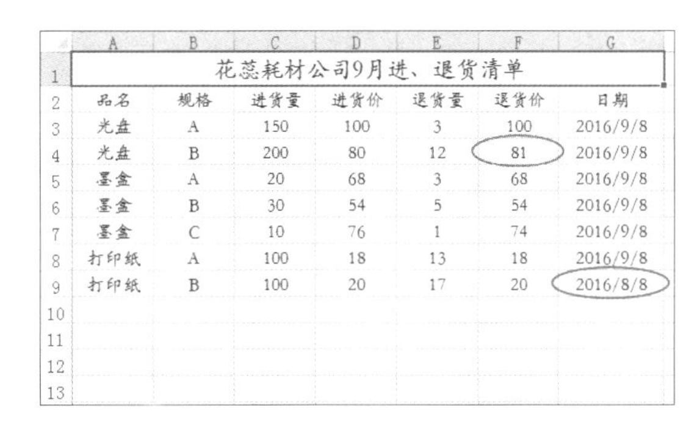

花蕊耗材公司9月进、退货清单						
品名	规格	进货量	进货价	退货量	退货价	日期
光盘	A	150	100	3	100	2016/9/8
光盘	B	200	80	12	81	2016/9/8
墨盒	A	20	68	3	68	2016/9/8
墨盒	B	30	54	5	54	2016/9/8
墨盒	C	10	76	1	74	2016/9/8
打印纸	A	100	18	13	18	2016/9/8
打印纸	B	100	20	17	20	2016/8/8

知识补充　选择圈释区域

若只需圈释出工作表某区域中的无效数据，则在执行“数据验证>圈释无效数据”命令之前应先选择要圈释的单元格区域。

8.2　模拟运算表与单变量求解

模拟运算表是一个单元格区域，用于显示公式中一个或两个变量对公式结果的影响。模拟运算表分为单变量模拟运算表和双变量模拟运算表，顾名思义，单变量模拟运算表就是在公式中只使用一个变量，双变量模拟运算表就是在公式中使用两个变量。模拟运算表是已知变量求结果，而单变量求解是已知结果求变量，即假定一个公式要取的某一结果值，求其中变量的引用单元格的取值。

8.2.1　单变量模拟运算表

单变量模拟运算表就是使用同一个公式对整个区域中的数据依次求解，然后将解输入到相应的单元格区域中。如已知贷款的利率、还款期限，求不同月偿还额下的贷款总额，可以利用单变量模拟运算表求解，具体操作步骤如下。

原始文件：下载资源\实例文件\第8章\原始文件\单变量模拟运算表.xlsx
最终文件：下载资源\实例文件\第8章\最终文件\单变量模拟运算表.xlsx

步骤01 输入公式

打开原始文件，选中单元格 B7，输入公式“=PMT(B2/12, A7*12,-B3)”，如下图所示。

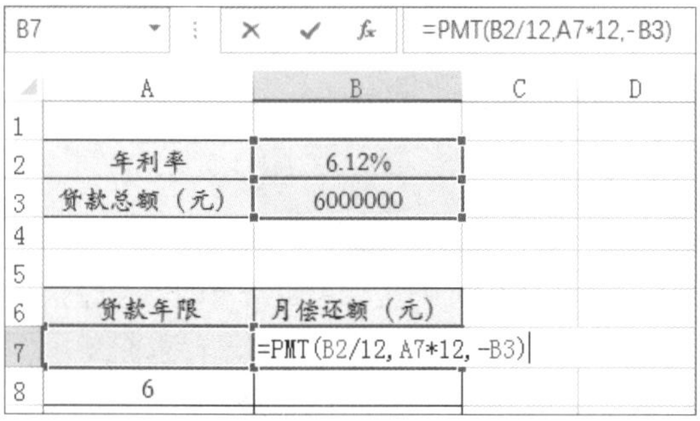

B7 | =PMT(B2/12,A7*12,-B3)

	A	B	C	D
1				
2	年利率	6.12%		
3	贷款总额（元）	6000000		
4				
5				
6	贷款年限	月偿还额（元）		
7		=PMT(B2/12, A7*12, -B3)		
8	6			

步骤02 显示计算结果

公式输入完毕后，按下【Enter】键，此时可以看到在单元格 B7 中显示的计算结果为一错误值，如下图所示。

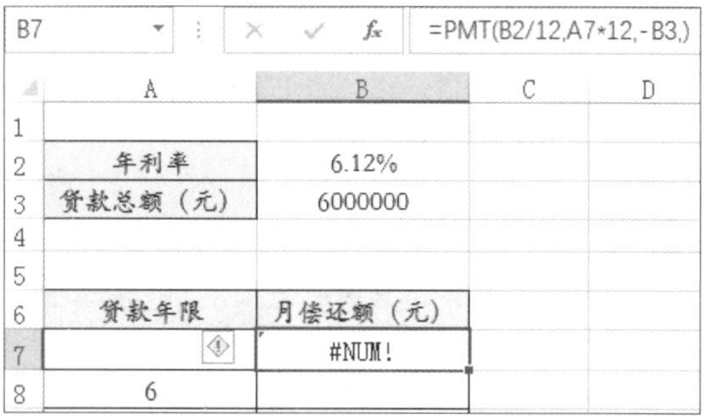

B7 | =PMT(B2/12,A7*12,-B3,)

	A	B	C	D
1				
2	年利率	6.12%		
3	贷款总额（元）	6000000		
4				
5				
6	贷款年限	月偿还额（元）		
7		#NUM!		
8	6			

步骤03 打开“模拟运算表”对话框

选择单元格区域 A7:B17，单击“数据”选项卡下“预测”组中的“模拟分析”按钮，在展开的下拉列表中单击“模拟运算表”选项，如下图所示。

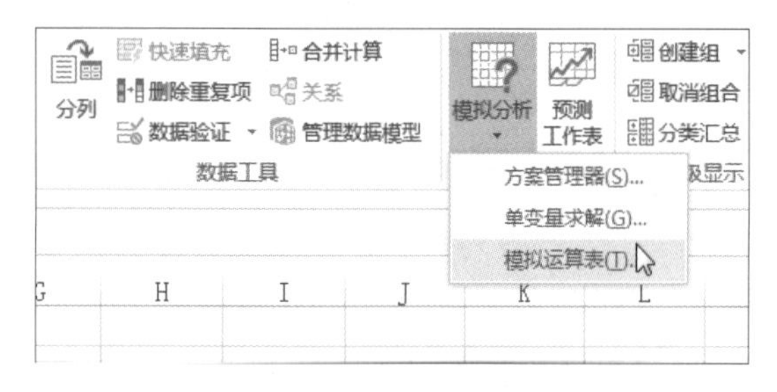

步骤04 输入引用列的单元格

弹出“模拟运算表”对话框，在“输入引用列的单元格”文本框中输入“$A$7”，然后单击“确定”按钮，如下图所示。

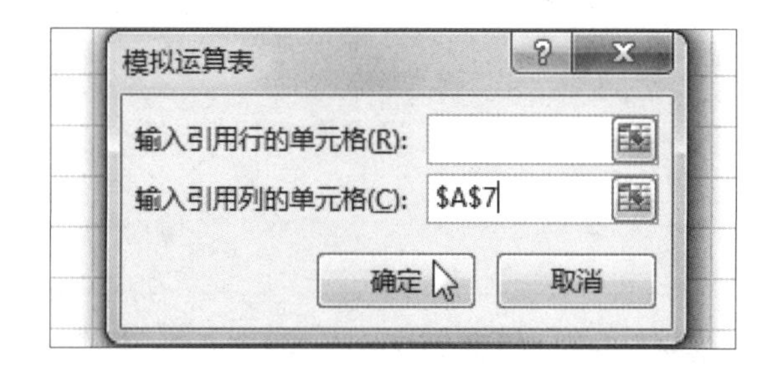

步骤05 显示单变量模拟运算的结果

返回工作表中，可以看到在单元格区域 B8:B17 显示了每个数据依次代入公式后返回的值，如下图所示。

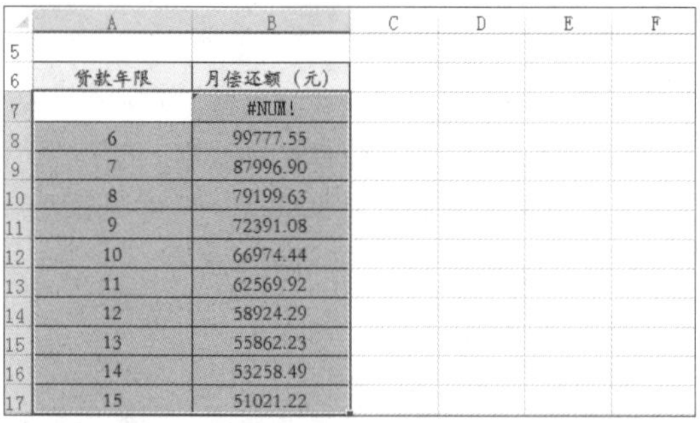

	A	B
5		
6	贷款年限	月偿还额（元）
7		#NUM!
8	6	99777.55
9	7	87996.90
10	8	79199.63
11	9	72391.08
12	10	66974.44
13	11	62569.92
14	12	58924.29
15	13	55862.23
16	14	53258.49
17	15	51021.22

步骤06 查看单元格的引用

单击该区域中任意一个单元格，在编辑栏中显示了该区域是一个整体的表格，如下图所示。

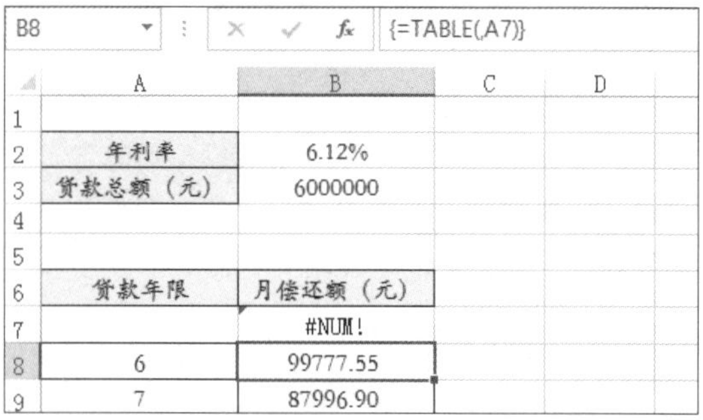

B8 | {=TABLE(,A7)}

	A	B	C	D
1				
2	年利率	6.12%		
3	贷款总额（元）	6000000		
4				
5				
6	贷款年限	月偿还额（元）		
7		#NUM!		
8	6	99777.55		
9	7	87996.90		

知识补充 引用单元格的意义

在上面的步骤中，单元格区域B8:B16返回了将引用区域A8:A16中每个数据依次代入公式中所到的值，使用单元格区域A8:A16中每个数据分别代替公式中的A7，然后将得到的结果分别输入到单元格区域B8:B16中去，因此将单元格A7称之为引用单元格，因为它引用了单元格区域A8:A16。

8.2.2　双变量模拟运算表

双变量模拟运算表就是在公式中使用两个变量，这两个变量在公式里面使用两个空白单元格来代表，分别称之为行引用单元格和列引用单元格。如已知贷款总额，求不同还款年限和不同利率情况下的月偿还额，可以利用双变量模拟运算表计算结果，操作步骤如下。

原始文件：下载资源\实例文件\第8章\原始文件\双变量模拟运算表.xlsx
最终文件：下载资源\实例文件\第8章\最终文件\双变量模拟运算表.xlsx

步骤01　计算当前利率的月偿还额

打开原始文件，在单元格 B7 中输入公式“=PMT(C3/12,C4*12,-C2)”，按下【Enter】键，计算出利率 5.00% 下的月偿还额，如下图所示。

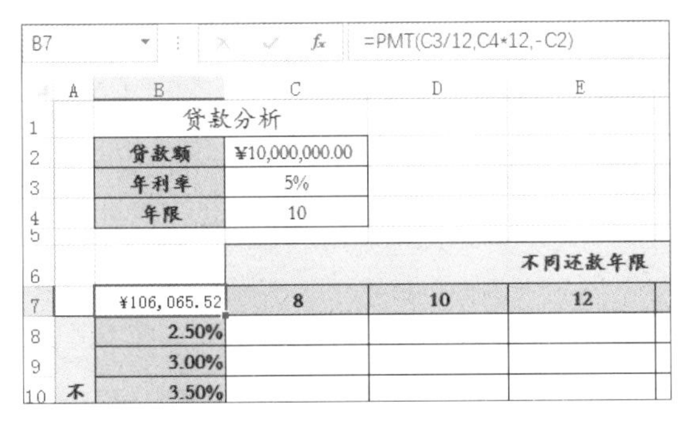

步骤02　选择模拟运算区域

选择要进行模拟分析的单元格区域 B7:G16，如下图所示。

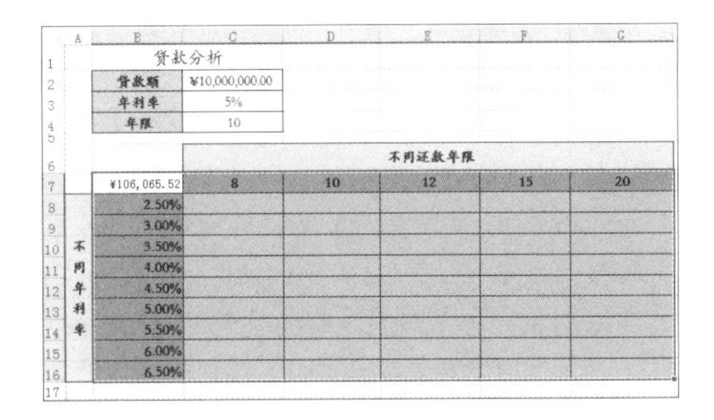

步骤03　单击“模拟运算表”选项

单击“数据”选项卡下“预测”组中的“模拟分析”按钮，从展开的下拉列表中单击“模拟运算表”选项，如下图所示。

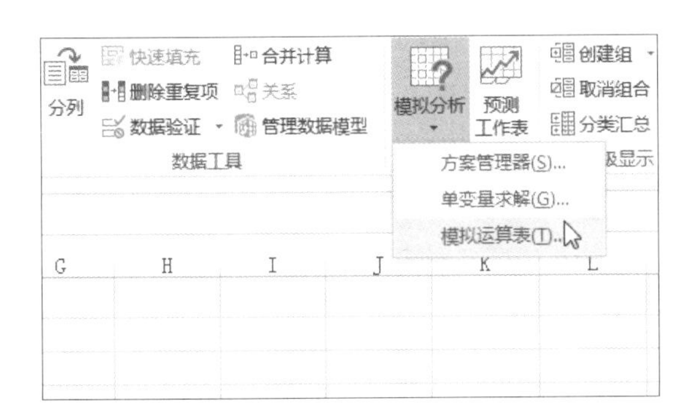

步骤04　设置“模拟运算表”对话框

弹出“模拟运算表”对话框，在“输入引用行的单元格”文本框中输入“$C$4”，在“输入引用列的单元格”文本框中输入“$C$3”，然后单击“确定”按钮，如下图所示。

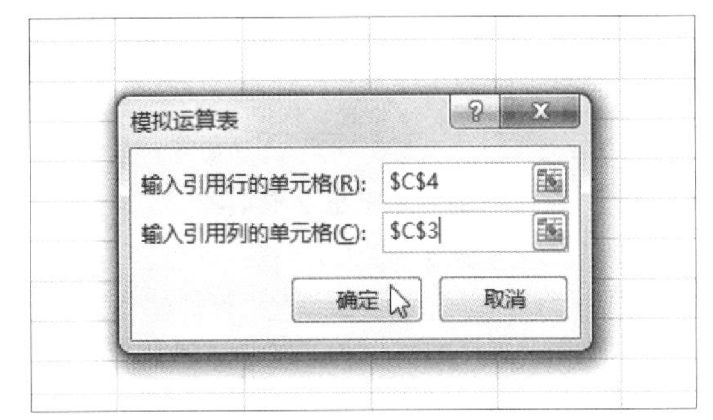

步骤05　显示双变量模拟运算结果

返回工作表中，单元格区域 C8:G16 中计算出不同贷款年限和不同利率下的月偿还额，如右图所示。

贷款额	¥10,000,000.00				
年利率	5%				
年限	10				
	不同还款年限				
¥106,065.52	8	10	12	15	20
2.50%	¥115,038.43	¥94,269.90	¥80,452.94	¥66,678.92	¥52,990.29
3.00%	¥117,295.72	¥96,560.74	¥82,778.67	¥69,058.16	¥55,459.76
3.50%	¥119,580.52	¥98,885.87	¥85,145.37	¥71,488.25	¥57,995.97
4.00%	¥121,892.75	¥101,245.14	¥87,552.84	¥73,968.79	¥60,598.03
4.50%	¥124,232.34	¥103,638.41	¥90,000.82	¥76,499.33	¥63,264.94
5.00%	¥126,599.20	¥106,065.52	¥92,489.04	¥79,079.36	¥65,995.57
5.50%	¥128,993.22	¥108,526.28	¥95,017.22	¥81,708.35	¥68,788.73
6.00%	¥131,414.30	¥111,020.50	¥97,585.02	¥84,385.68	¥71,643.11
6.50%	¥133,862.33	¥113,547.98	¥100,192.11	¥87,110.74	¥74,557.31

知识补充　行引用单元格与列引用单元格

在上面的步骤中，在单元格区域C8:G16中，显示了将引用区域B8:B16和C7:G7中每个数据依次代入公式中所得到的值，使用单元格区域C7:G7中每个数据分别代替公式中的C4，使用单元格区域B8:B16中每个数据分别代替公式中的C3，然后将得到的结果分别输入到单元格区域C8:G16中去。因此将单元格C3称为列引用单元格，因为它引用了单元格区域B8:B16，单元格C4称为行引用单元格，因为它引用了单元格区域C7:G7。

8.2.3　单变量求解

“单变量求解”是一组命令的组成部分，这些命令有时也称为假设分析工具。如果已知单个公式的预测结果，而用于确定此公式结果的输入值未知，则可使用“单变量求解”功能。如已知某商品的单价与成本，求获得目标利润需达到的销售数量，具体操作如下。

原始文件：下载资源\实例文件\第8章\原始文件\单变量求解.xlsx
最终文件：下载资源\实例文件\第8章\最终文件\单变量求解.xlsx

步骤01　输入公式计算利润

打开原始文件，根据利润的计算方式，在单元格E3中输入公式“=(B3-C3)*D3”，按下【Enter】键，拖动单元格E3右下角的控制柄至单元格E6，因为此时的数量默认为0，得到的利润值为0，结果如下图所示。

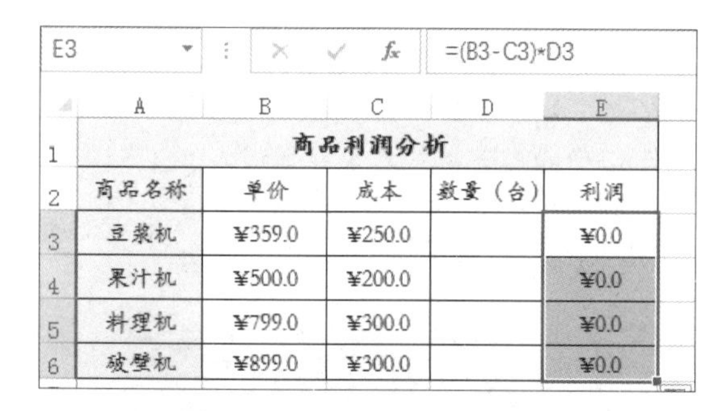

步骤02　单击“单变量求解”选项

单击“数据”选项卡下“预测”组中的“模拟分析”按钮，在展开的下拉列表中单击“单变量求解”选项，如下图所示。

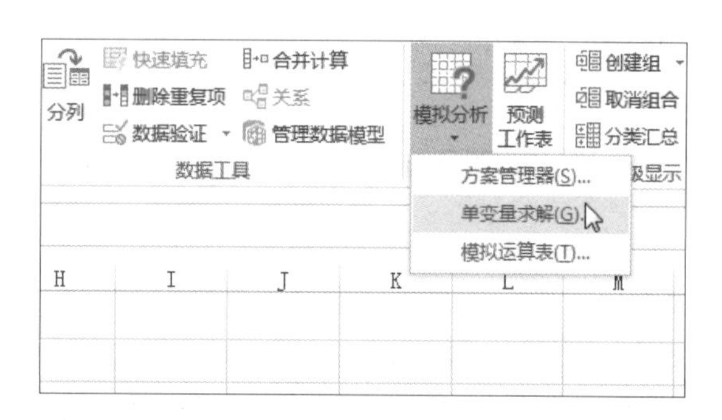

步骤03　设置“单变量求解”对话框

弹出“单变量求解”对话框，设置“目标单元格”为“E3”，“目标值”为“50000”，“可变单元格”为“$D$3”，然后单击“确定”按钮，如下图所示。

步骤04　确认求解的值

弹出“单变量求解状态”对话框，提示用户已经求出了一个值能使得目标值为50000，单击“确定”按钮，如下图所示。

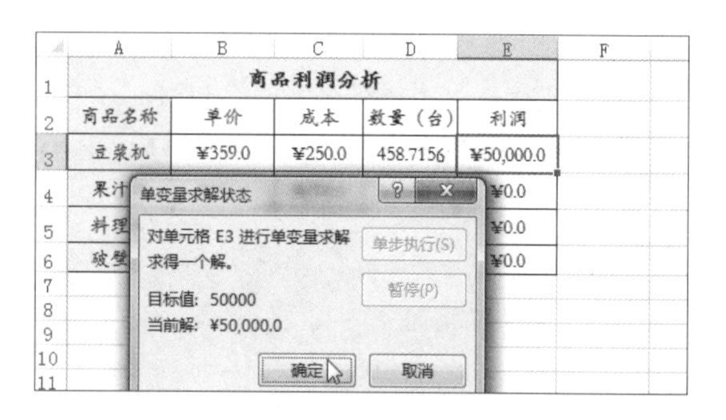

步骤05　显示求解结果

返回工作表中，此时在单元格 D3 中求得了豆浆机至少出售 459 台，才能获得 50000 元的利润，如下图所示。

	A	B	C	D	E
1	商品利润分析				
2	商品名称	单价	成本	数量（台）	利润
3	豆浆机	¥359.0	¥250.0	458.7156	¥50,000.0
4	果汁机	¥500.0	¥200.0		¥0.0
5	料理机	¥799.0	¥300.0		¥0.0
6	破壁机	¥899.0	¥300.0		¥0.0

步骤06　计算其他商品的销售数量

用同样方法，分别计算果汁机获得利润 30000 元、料理机获得利润 40000 元、破壁机获得利润 80000 元时的最低销售数量，结果如下图所示。

	A	B	C	D	E
1	商品利润分析				
2	商品名称	单价	成本	数量（台）	利润
3	豆浆机	¥359.0	¥250.0	458.7156	¥50,000.0
4	果汁机	¥500.0	¥200.0	100	¥30,000.0
5	料理机	¥799.0	¥300.0	80.160321	¥40,000.0
6	破壁机	¥899.0	¥300.0	133.5559	¥80,000.0

8.3 方案分析

在进行一项工作前必须制定计划，计划就是方案，通常都会设计多种方案，比较后选出最合适的一种，这时就需要创建方案报告表。在这一节中将讲解 Excel 中的方案创建、显示及编辑。

8.3.1 方案的创建

为了更好地对 Excel 中的数据进行分析，可以为其创建方案，下面将介绍使用“方案管理器”添加方案的方法，其操作步骤如下。

原始文件：下载资源\实例文件\第8章\原始文件\方案的创建.xlsx
最终文件：下载资源\实例文件\第8章\最终文件\方案的创建.xlsx

步骤01　打开“方案管理器”对话框

打开原始文件，单击“数据”选项卡下“预测”组中的“模拟分析”按钮，在展开的下拉列表中单击“方案管理器”选项，如下图所示。

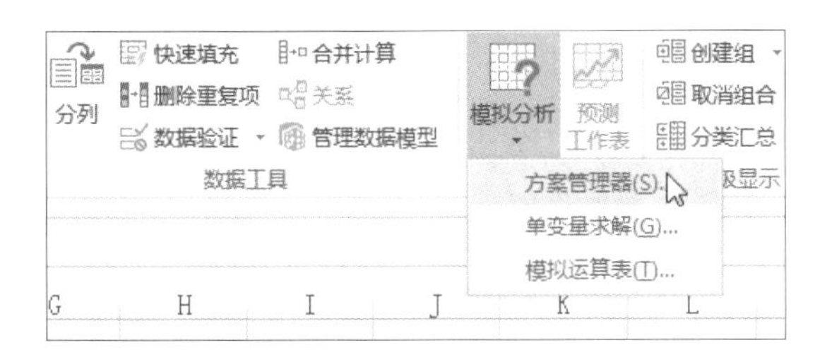

步骤02　打开“编辑方案”对话框

在弹出的“方案管理器”对话框中单击“添加”按钮，如下图所示。

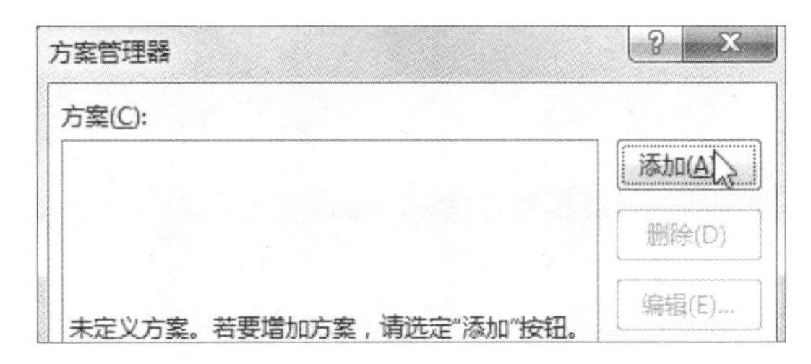

步骤03　设置方案名称

弹出“添加方案”对话框，输入方案的名称及可变单元格区域，这里设置“方案名”为“方案一”，“可变单元格”为“$B$3:$B$7”，同时可以看到在备注文本框中显示了创建者和创建日期，如下左图所示，最后单击“确定”按钮。

步骤04　设置可变单元格的值

弹出“方案变量值”对话框，输入“方案一”的参数，然后单击“确定”按钮，如下右图所示。

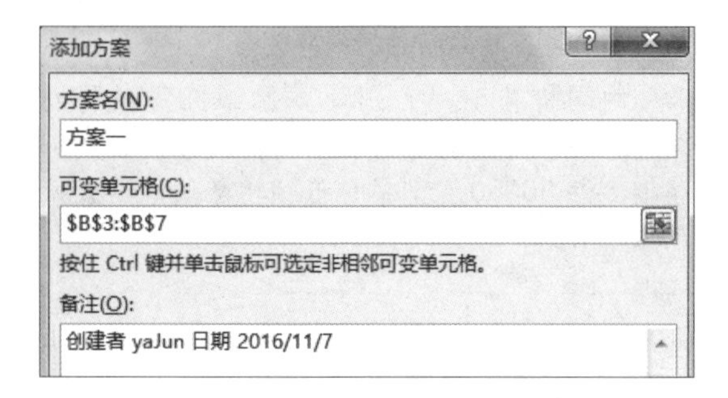

步骤05 打开“添加方案”对话框

返回“方案管理器”对话框中，可以看到在“方案”列表框中显示了添加的方案名称，需要再次添加则单击“添加”按钮，如下图所示。

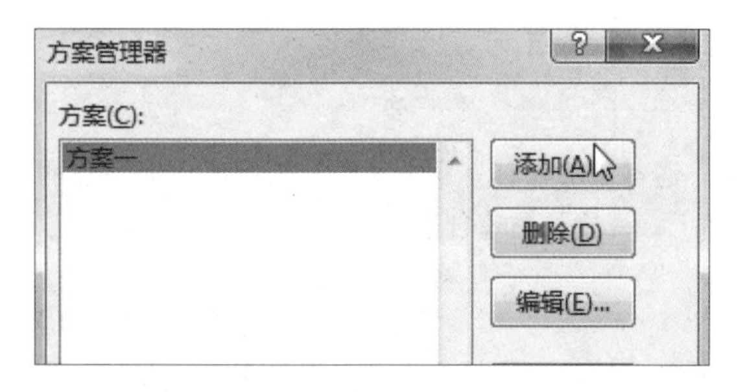

步骤06 设置方案名称

弹出“添加方案”对话框，设置方案的名称和可变单元格区域，如下图所示，最后单击“确定”按钮。

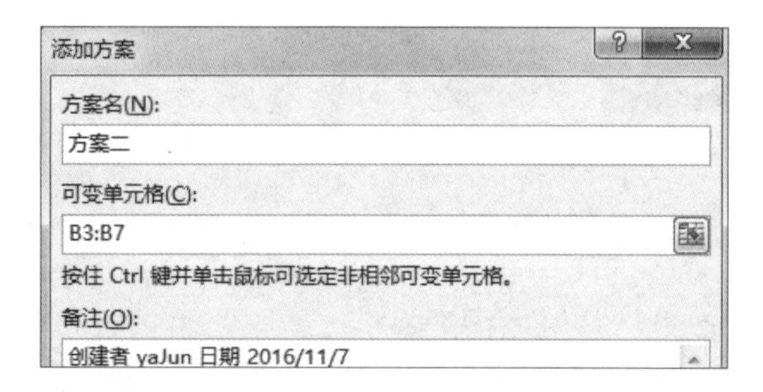

步骤07 设置可变单元格的值

在弹出的“方案变量值”对话框中输入“方案二”的参数，然后单击“确定”按钮，如下图所示。

步骤08 添加方案

用同样的方法打开“添加方案”对话框，然后设置方案三的名称和可变单元格区域，如下图所示，最后单击“确定”按钮。

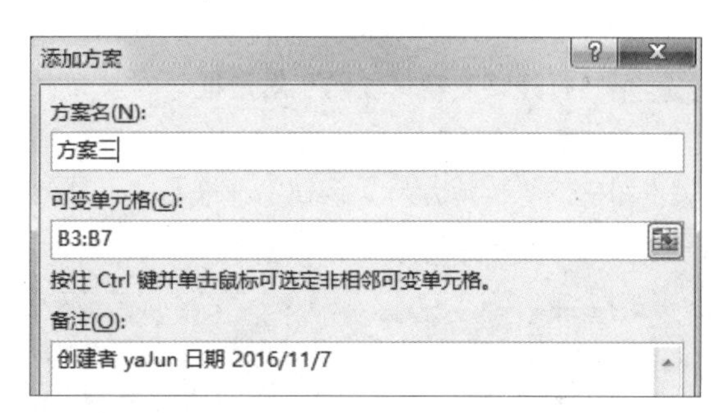

步骤09 设置可变单元格的值

在弹出的“方案变量值”对话框中输入“方案三”的参数，然后单击“确定”按钮，如下图所示。

步骤10 添加方案

用同样的方法设置方案四的名称和可变单元格区域，如下图所示，最后单击“确定”按钮。

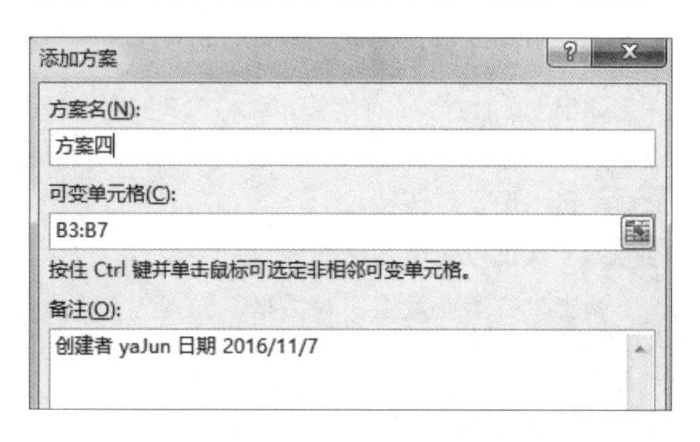

步骤11　设置可变单元格的值

在弹出的“方案变量值”对话框中输入“方案四”的参数，然后单击“确定”按钮，如下图所示。

步骤12　关闭对话框

返回“方案管理器”对话框，在“方案”列表框中显示了添加的四个方案，然后单击对话框右上角的“关闭”按钮，也可单击对话框右下角的“关闭”按钮，如下图所示。

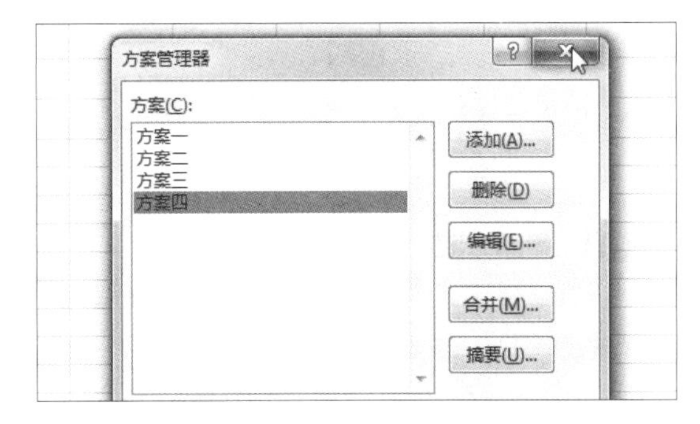

8.3.2　方案的显示

在工作簿中添加了方案后，不能直接显示使用这些方案计算的结果，下面介绍如何显示这些方案的结果，操作步骤如下。

原始文件：下载资源\实例文件\第8章\原始文件\显示方案.xlsx

最终文件：下载资源\实例文件\第8章\最终文件\显示方案.xlsx

步骤01　打开“方案管理器”对话框

打开原始文件，单击“数据”选项卡下“预测”组中的“模拟分析”按钮，在展开的下拉列表中单击“方案管理器”选项，如下图所示。

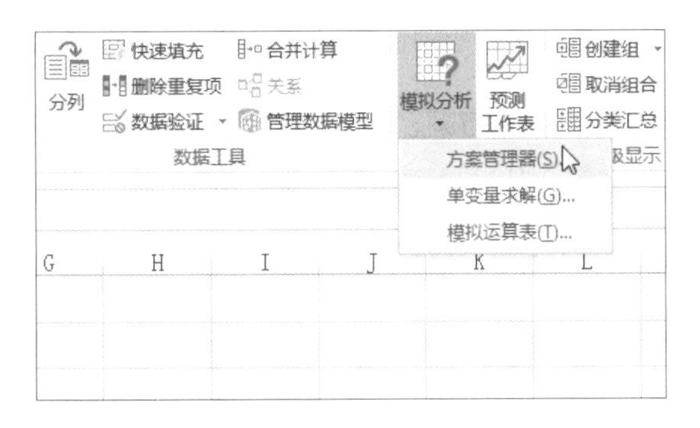

步骤02　选择需要显示的方案

弹出“方案管理器”对话框，在“方案”列表框中显示了添加的方案，单击其中的“方案二”选项，然后再单击“显示”按钮，如下图所示。

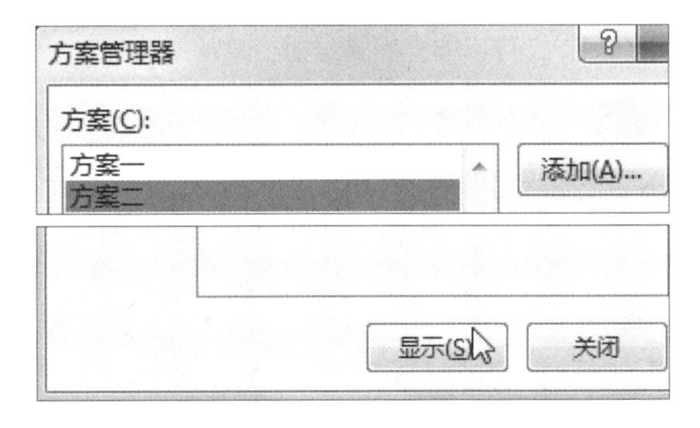

步骤03　显示方案的结果

单击“关闭”按钮，返回工作表中，可以看到在单元格区域 C3:C7 显示了“方案二”的结果，如右图所示。

销售计划		5个月总销售目标金额（万）	30
月份	销售比例	每月销售目标金额（万）	
一月	18%	5.4	
二月	19%	5.7	
三月	20%	6	
四月	21%	6.3	
五月	22%	6.6	

8.3.3 方案的管理

方案的管理就是在方案管理器中进行方案的删除、添加、编辑等操作，下面介绍具体方法。

原始文件： 下载资源\实例文件\第8章\原始文件\显示方案.xlsx
最终文件： 无

1 删除方案

有些方案在工作中已经没有了实际意义，因此需要将其删除，删除方案的操作步骤如下。

步骤01 删除方案

打开原始文件，打开“方案管理器”对话框，选择需要删除的方案，然后单击“方案管理器”中的“删除”按钮即可，如下图所示。

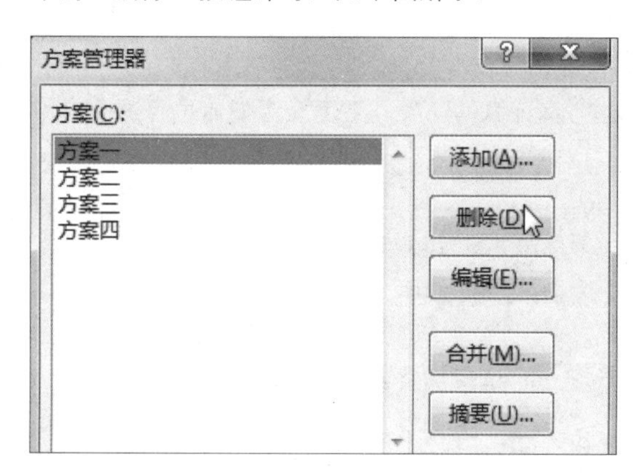

步骤02 显示删除方案后的效果

单击“删除”按钮后可以看到在“方案”列表框中删除了“方案一”，如下图所示。

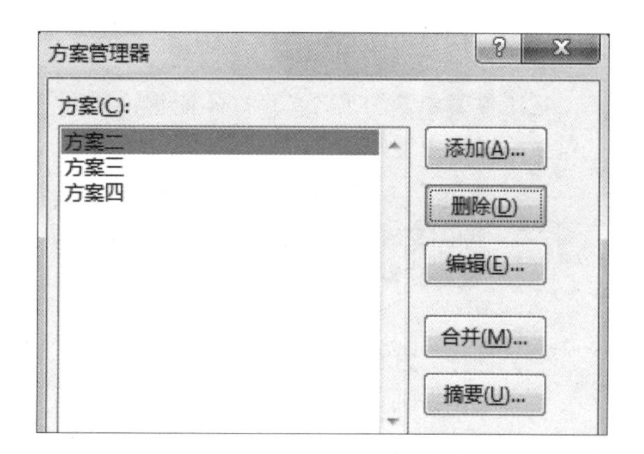

2 添加方案

用户还可以向方案管理器中添加新的方案，添加方案的操作步骤如下。

步骤01 添加方案

继续之前的操作，在“方案管理器”对话框中单击“添加”按钮，如下图所示。

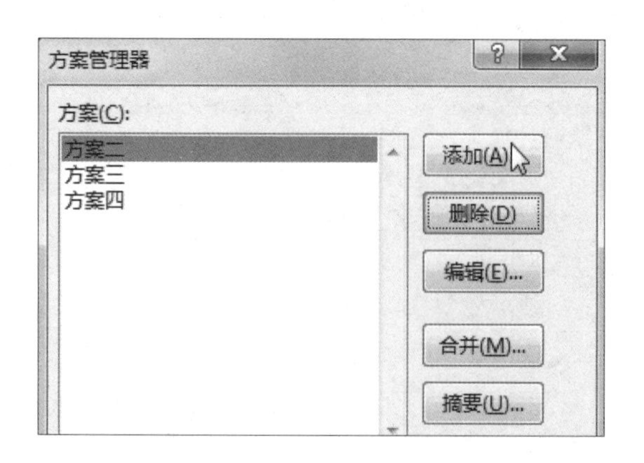

步骤02 设置方案

弹出“添加方案”对话框，在其中输入新的方案名称和可变单元格区域，单击“确定”按钮，然后根据向导设置其参数即可，如下图所示。

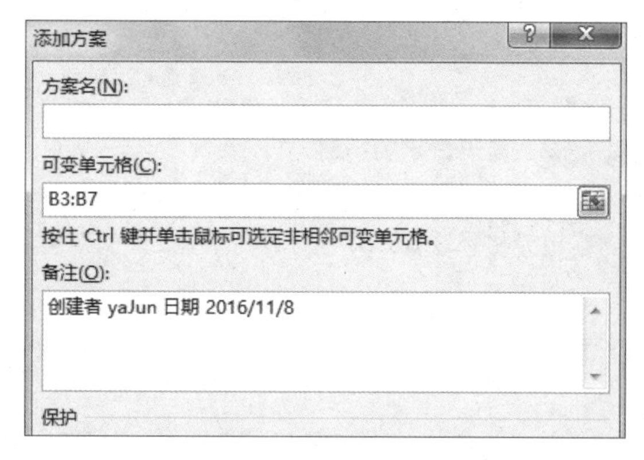

3 编辑方案

如果已经存在的方案不合理，就需要对其进行编辑，其操作步骤如下。

步骤01　打开“编辑方案”对话框

继续之前的操作，在“方案管理器”对话框中的“方案”列表框中选择需要编辑的方案名称，如选择“方案四”，然后单击“编辑”按钮，如下图所示。

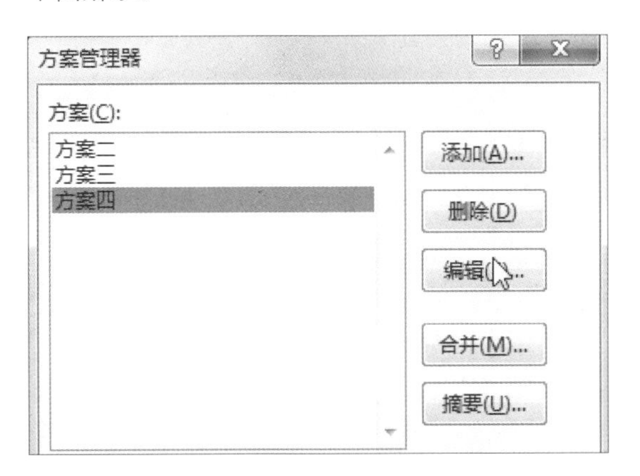

步骤02　重新设置方案

弹出“编辑方案”对话框，在该对话框中可以重新输入该方案的名称及可变单元格区域，如下图所示，单击“确定”按钮后还可以继续设置可变单元格的值。

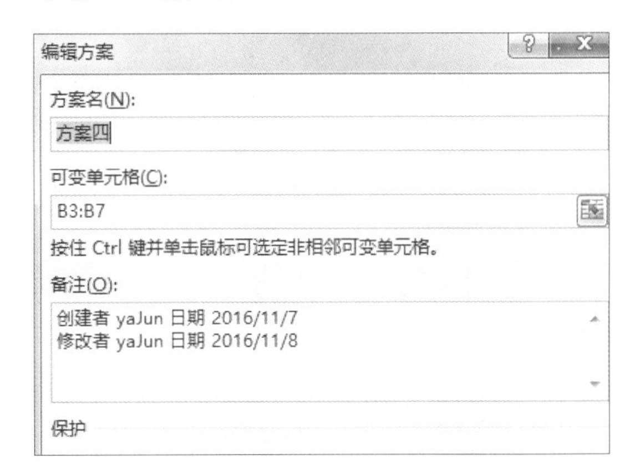

实例演练：制定合理的销售方案

在销售一种产品之前，首先要制定销售方案，因为产品的宣传力度、定价等不同因素的变化都会对销量产生影响。下面以使用方案管理器创建方案摘要为例，对不同的销售方案进行对比，选出最合理的销售方案，作出最正确的营销决策。

原始文件：下载资源\实例文件\第8章\原始文件\制定合理计划.xlsx
最终文件：下载资源\实例文件\第8章\最终文件\制定合理计划.xlsx

步骤01　选择目标单元格

打开原始文件，选中需要添加信息提示的单元格，这里选择单元格 B6，如下图所示。

	A	B	C	D
1	销售决策方案			
2	产品定价（元）	180		
3	产品进价（元）	80		
4	销量（台）	500		
5				
6	宣传费（元）	150		
7	成本（元）	40150		
8	营业收入（元）	90000		
9	毛利润（元）			

步骤02　单击“数据验证”按钮

单击“数据”选项卡下“数据工具”组中的“数据验证”按钮，如下图所示。

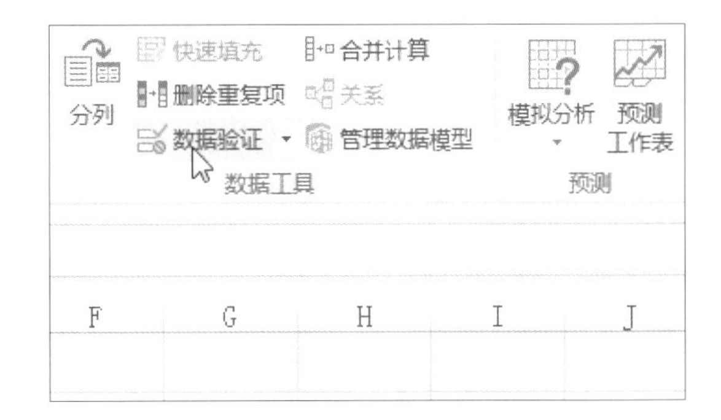

步骤03　输入提示信息

弹出“数据验证”对话框，切换至“输入信息”选项卡下，然后在“输入信息”文本框中输入提示信息，如“销量的百分之三十”，如下左图所示，最后单击“确定”按钮即可。

步骤04 显示数据验证效果

此时选中单元格 B6，下方即显示提示信息框，提示内容为所设置的“销量的百分之三十”，如下右图所示。接下来设置单元格 B7、B8 的提示信息分别为“宣传费 + 进货成本”“销量 * 定价”。

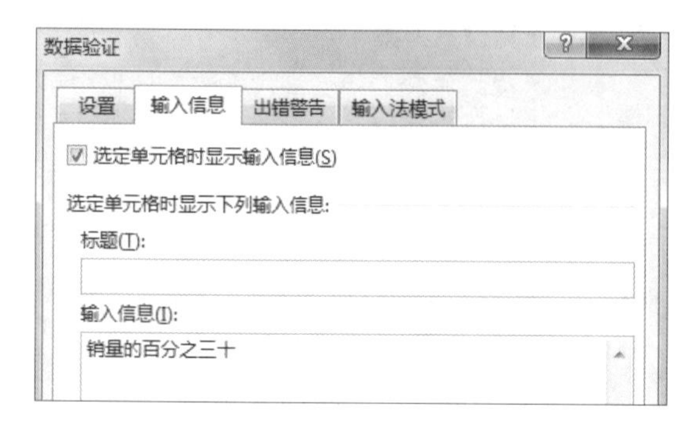

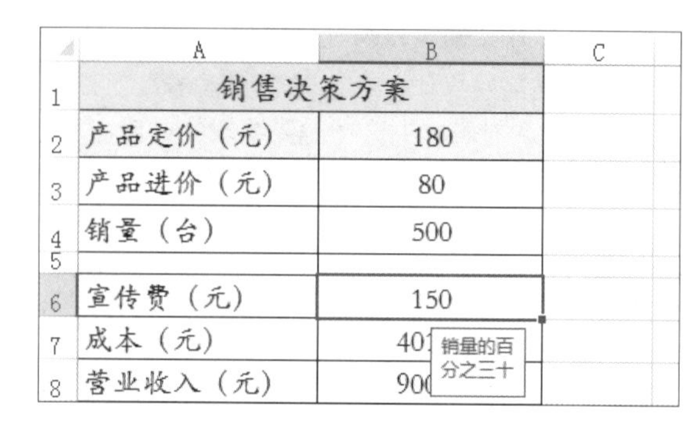

	A	B
1	销售决策方案	
2	产品定价（元）	180
3	产品进价（元）	80
4	销量（台）	500
5		
6	宣传费（元）	150
7	成本（元）	401
8	营业收入（元）	900

步骤05 计算纯利润

选中单元格 B9，然后输入公式“=B8-B7”，再按下【Enter】键即得到此时的毛利润，如下图所示。

B9 =B8-B7

	A	B
1	销售决策方案	
2	产品定价（元）	200
3	产品进价（元）	80
4	销量（台）	650
5		
6	宣传费（元）	195
7	成本（元）	52195
8	营业收入（元）	130000
9	毛利润（元）	77805

步骤06 启动“方案管理器”

单击“数据”选项卡下“预测”组中的“模拟分析”按钮，在展开的下拉列表中单击“方案管理器”选项，如下图所示。

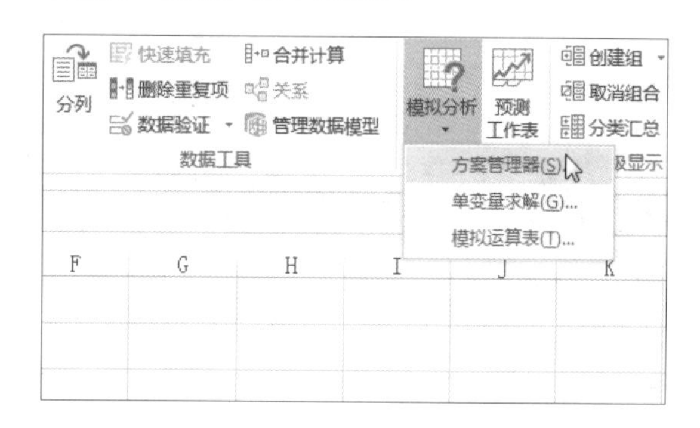

步骤07 添加方案

弹出“方案管理器”对话框，此时没有任何方案，单击“添加”按钮添加第一个方案，如下图所示。

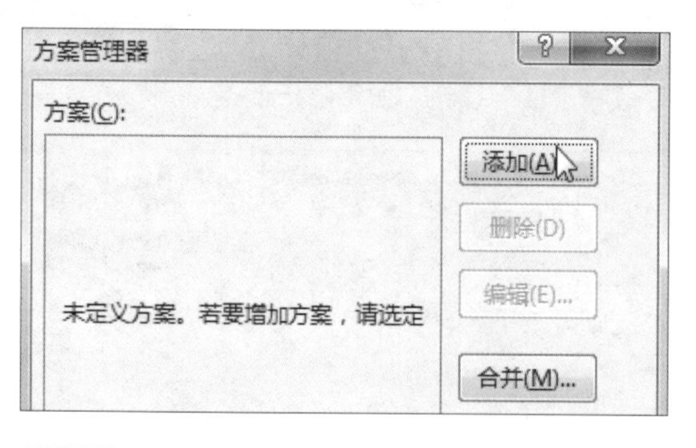

步骤08 添加方案一

弹出“添加方案”对话框，设置“方案名”为“方案一”，“可变单元格”为“$B$2,$B$4”，如下图所示，最后单击“确定”按钮。

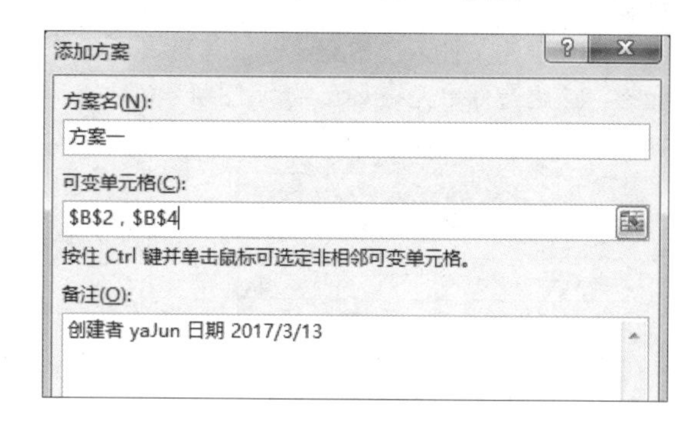

步骤09 设置变量值

弹出“方案变量值”对话框，为选择的可变单元格设置数值，如设置单元格 B2 和 B4 的值分别为“200”和“650”，然后单击“添加”按钮再添加一个方案，如下左图所示。

步骤10 添加方案二

再次弹出“添加方案”对话框，输入方案名和可变单元格，如下右图所示，最后单击“确定”按钮。

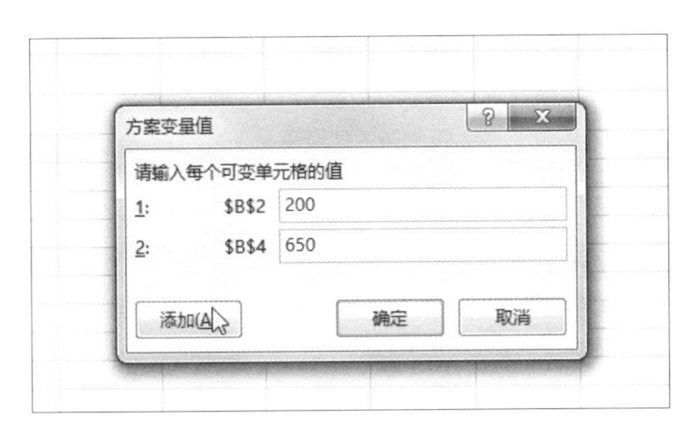

步骤11　设置方案二的变量值

弹出“方案变量值”对话框，设置方案二中可变单元格的变量值，如设置单元格 B2 和 B4 的值分别为“165”和“700”，然后单击“确定”按钮，如下图所示。

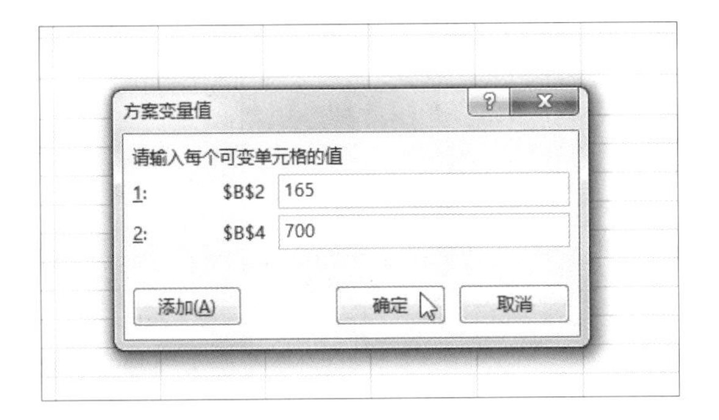

步骤13　设置结果单元格

弹出“方案摘要”对话框，单击“方案摘要”单选按钮，然后在“结果单元格”文本框中输入“=$B$9”，最后单击“确定”按钮，如下图所示。

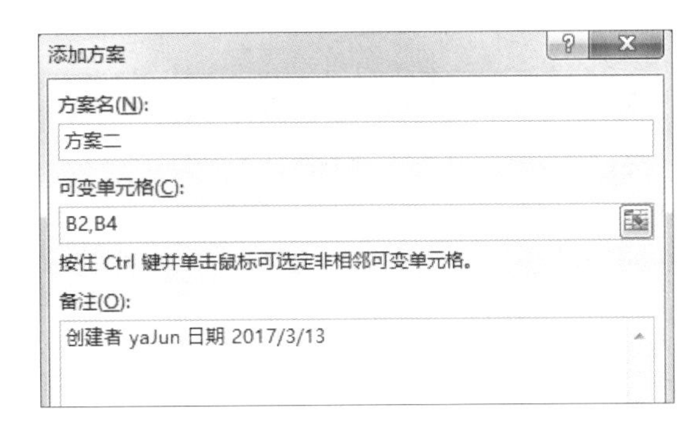

步骤12　单击“摘要”按钮

两个方案添加完毕后，返回“方案管理器”对话框，可看到“方案”列表中显示了所添加的方案名称，然后单击右侧的“摘要”按钮，如下图所示。

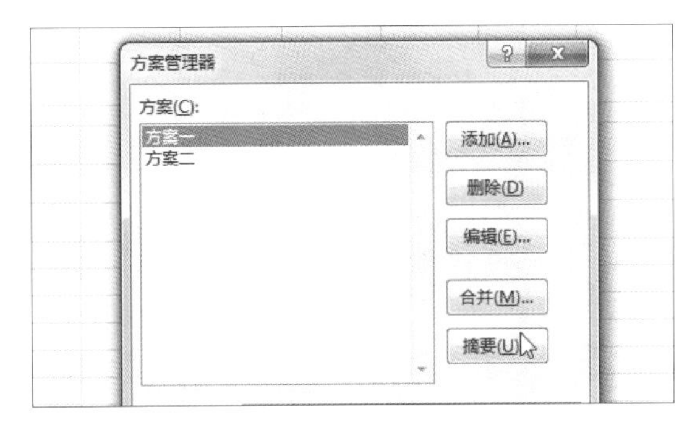

步骤14　查看方案摘要

此时，Excel 自动新建“方案摘要”工作表，并显示了添加的所有方案的结果，效果如下图所示。

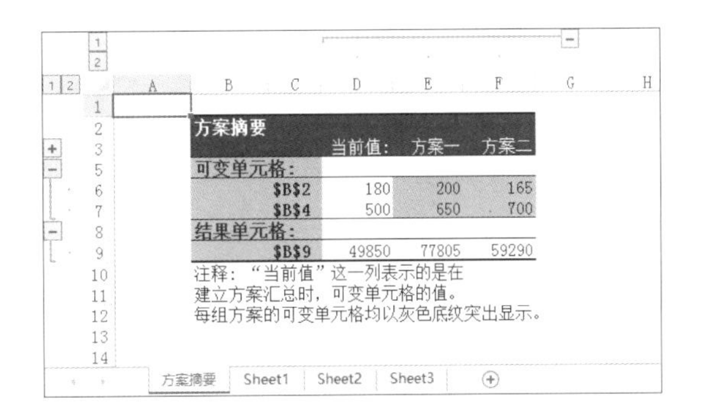

方案摘要	当前值:	方案一	方案二
可变单元格:			
$B$2	180	200	165
$B$4	500	650	700
结果单元格:			
$B$9	49850	77805	59290

注释：“当前值”这一列表示的是在建立方案汇总时，可变单元格的值。每组方案的可变单元格均以灰色底纹突出显示。

步骤15　编辑方案一

切换至“Sheet1”工作表，打开“方案管理器”对话框，选择“方案一”，然后单击“编辑”按钮，如下左图所示。

步骤16　更改方案名

修改方案名，能有效帮助用户判断方案优劣。弹出“编辑方案”对话框，从方案摘要结果中可看出方案一的毛利润更高，因此这里更改方案名为“更优方案”，如下右图所示，最后连续单击“确定”按钮。

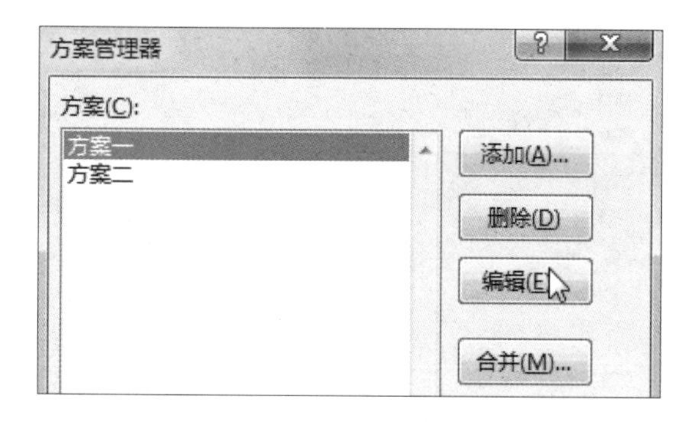

步骤17 单击“显示”按钮

返回“方案管理器”对话框，单击“显示”按钮，如下图所示。

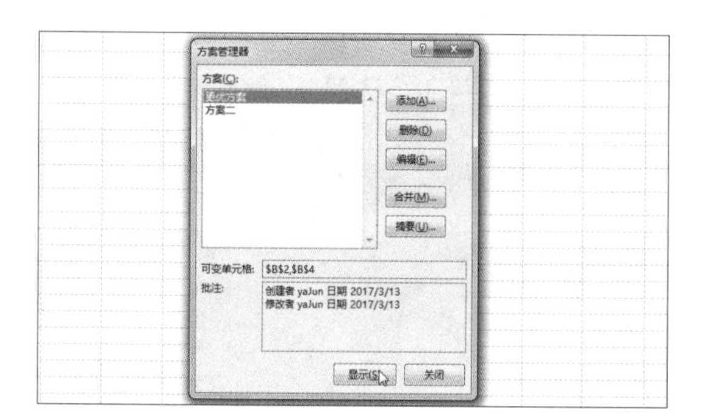

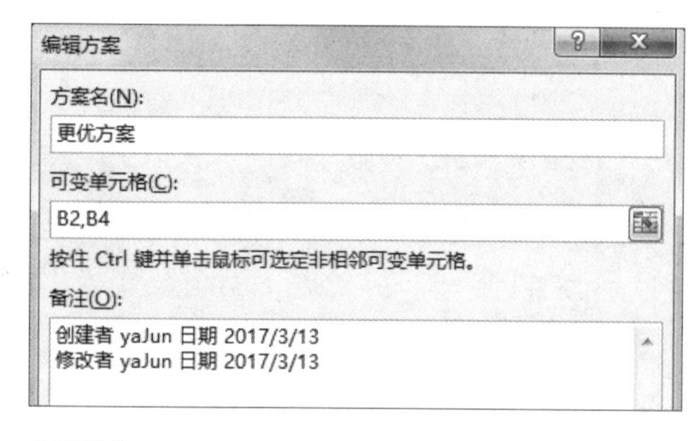

步骤18 显示方案结果

返回工作表中，此时目标单元格 B9 中显示为定价 200 元，销量达到 650 台，得到的毛利润为 77805 元，如下图所示。

	A	B	C	D
1	销售决策方案			
2	产品定价（元）	200		
3	产品进价（元）	80		
4	销量（台）	650		
5				
6	宣传费（元）	195		
7	成本（元）	52195		
8	营业收入（元）	130000		
9	毛利润（元）	77805		

读书笔记

第9章 Excel常用办公技巧

在实际工作中，快速高效地查找与替换数据、了解多人协作中的批注功能、隐藏工作表中的部分数据或整个工作表、打印工作表等，都是办公人员必备的技能。本章将介绍一些 Excel 常用的办公技巧，让工作变得更加简单。

9.1 数据的查找与替换

使用 Excel 处理大量数据时，经常由于用户失误而输入一些错误数据，此时就需要将这些错误的数据找出来并加以修改。如果挨个查找，不仅工作效率低下，而且有可能遗漏。此时用户可使用 Excel 提供的查找与替换功能，本节将对该功能进行详细介绍。

9.1.1 数据的查找

如果用户想要在有大量数据的 Excel 表格中快速找到指定的数据内容，以便进行编辑，可使用 Excel 中的查找功能。具体操作如下。

原始文件：下载资源\实例文件\第9章\原始文件\数据的查找与替换.xlsx
最终文件：无

步骤01 打开“查找和替换”对话框

打开原始文件，单击“开始”选项卡下“编辑”组中的“查找和选择”按钮，在展开的下拉列表中单击“查找”命令，如下图所示。

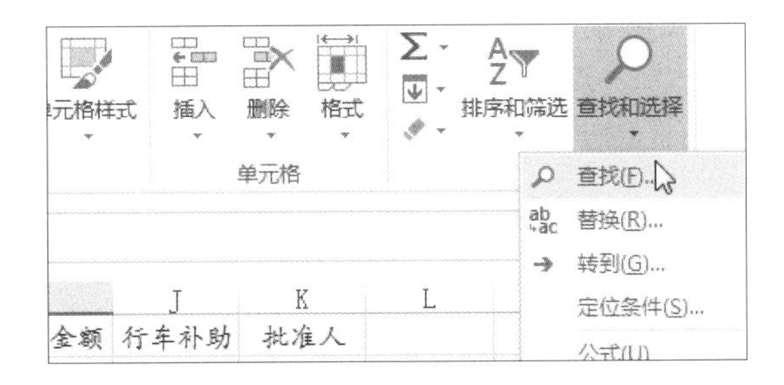

步骤02 单击“查找全部”按钮

弹出“查找和替换”对话框，在“查找”选项卡下的“查找内容”文本框中输入查找对象，然后单击“查找全部”按钮，如下图所示。

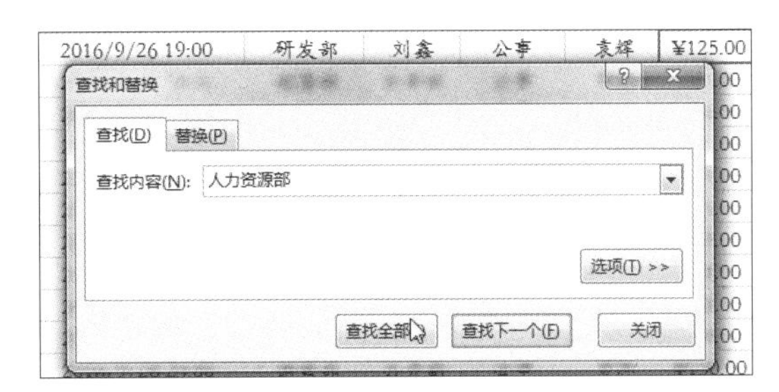

知识补充 快速打开“查找和替换”对话框

用户还可以利用【Ctrl+F】组合键快速打开“查找和替换”对话框。

步骤03 显示查找结果

此时在该对话框下方显示了工作表中所有含有“人力资源部”的单元格，如下左图所示。

步骤04 单击“选项”按钮

接下来查找符合指定格式的单元格。首先删除“查找内容”文本框中的文本，然后单击“选项”按钮，如下右图所示。

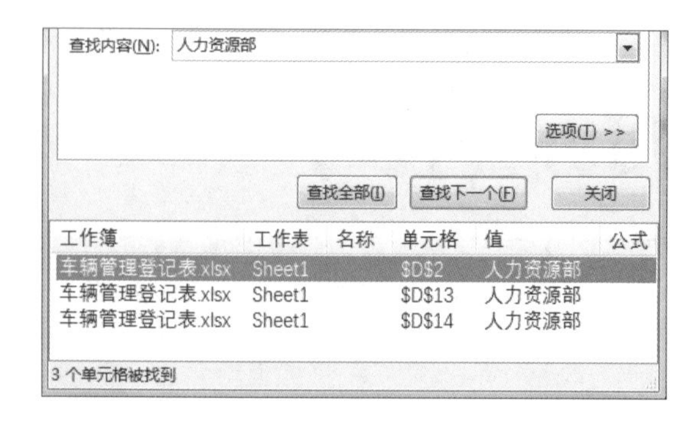

步骤05 单击“格式”按钮

弹出“查找和替换”对话框，可以看到默认的查找范围为“工作表”，搜索方式为“按行”，查找范围为“公式”，用户可根据需要重新设置。这里保持默认值不变，直接单击“格式”按钮，如下图所示。

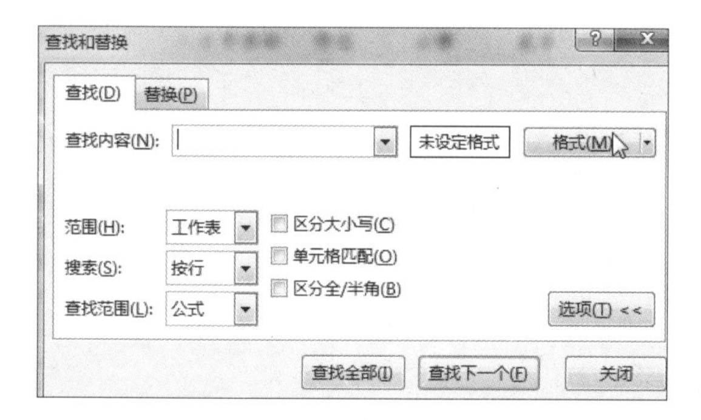

步骤07 选择单元格

此时鼠标指针呈✚🖊状，单击单元格 D7，如下图所示。

	B	C	D	E
1	调用时间	交车时间	调用部门	使用职员
2	2016/9/24 8:00	2016/9/24 18:00	人力资源部	辛迅
3	2016/9/24 8:00	2016/9/24 15:00	财务部	李霞
4	2016/9/24 8:00	2016/9/24 20:00	广告部	潘芳
5	2016/9/24 8:00	2016/9/24 21:00	销售部	孙井副
6	2016/9/25 8:00	2016/9/25 19:30	销售部	孙井副
7	2016/9/25 8:00	2016/9/25 16:00	总务部	罗聪
8	2016/9/25 8:00	2016/9/25 17:00	企划部	刘飞清
9	2016/9/25 8:00	2016/9/25 20:30	产品开发部	张军
10	2016/9/26 8:00	2016/9/26 19:00	研发部	刘鑫
11	2016/9/26 8:00	2016/9/26 18:00	销售部	孙井副

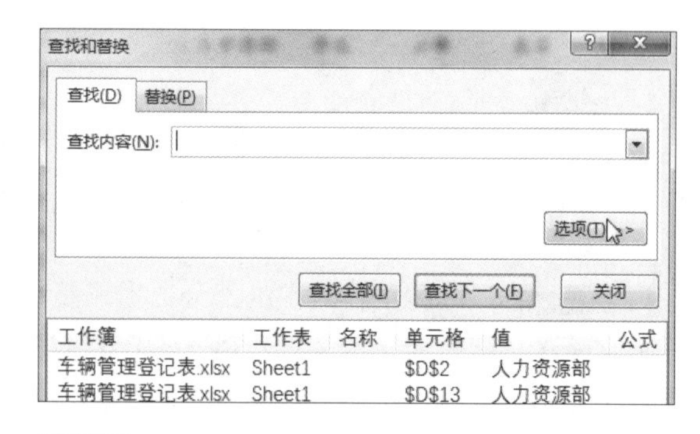

步骤06 从单元格中选择格式

弹出“查找格式”对话框，单击该对话框左下角的“从单元格选择格式”按钮，如下图所示。

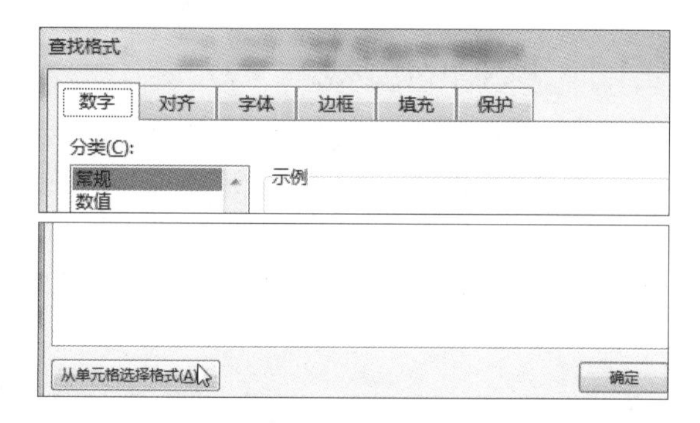

步骤08 查找单元格

返回“查找和替换”对话框中，此时“查找内容”文本框后出现格式预览，单击“查找全部”按钮，如下图所示。

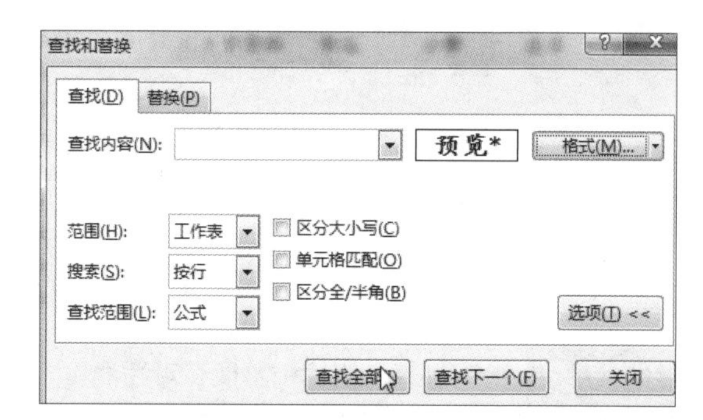

知识补充 设置查找范围

在“查找和替换”对话框中不但可以通过条件格式查找，还可以选择查找的范围，比如只查找批注中的某些内容，就需要设定查找范围，查找范围有“公式”“值”“批注”三种。

步骤09　查看符合条件格式的单元格

此时，在“查找和替换”对话框的下方显示了工作表中与单元格 D7 格式一样的单元格共有 5 个，如右图所示。

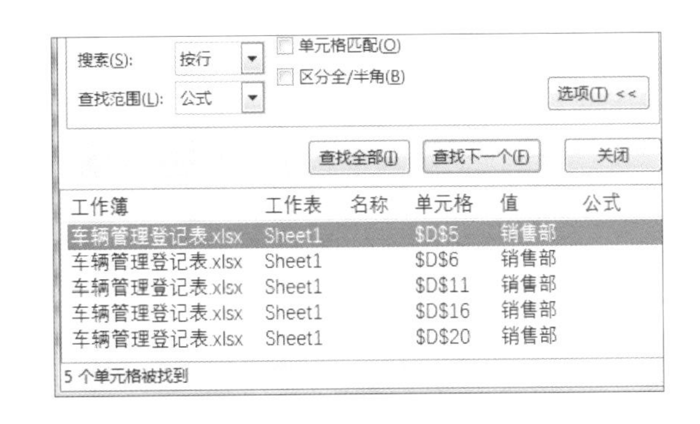

9.1.2　数据的替换

对于查找出的内容，可以直接在工作表中进行修改，也可以通过“查找和替换”对话框来修改。下面介绍替换单元格中内容的方法，具体操作步骤如下。

原始文件：下载资源\实例文件\第9章\原始文件\数据的查找与替换.xlsx
最终文件：下载资源\实例文件\第9章\原始文件\数据的替换.xlsx

步骤01　打开“查找和替换”对话框

打开原始文件，单击“开始”选项卡下“编辑”组中的“查找和选择”按钮，在展开的下拉列表中单击“替换”选项，如下图所示。

步骤02　设置查找和替换对象

弹出“查找和替换”对话框，在“替换”选项卡下的“查找内容”文本框中输入需要查找的内容，然后在“替换为”文本框中输入新的内容，再单击“全部替换”按钮，如下图所示。

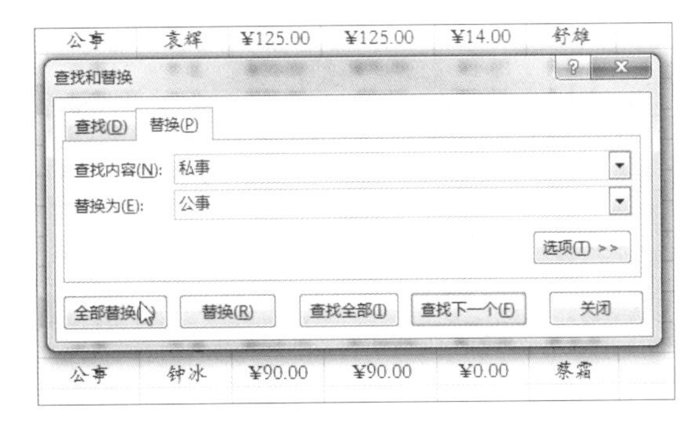

步骤03　完成替换

弹出“Microsoft Excel”提示框，提示完成 3 处替换，单击“确定”按钮，如下图所示。

步骤04　单击“选项”按钮

返回“查找和替换”对话框，删除文本框中的查找和替换内容，单击“选项”按钮，如下图所示。

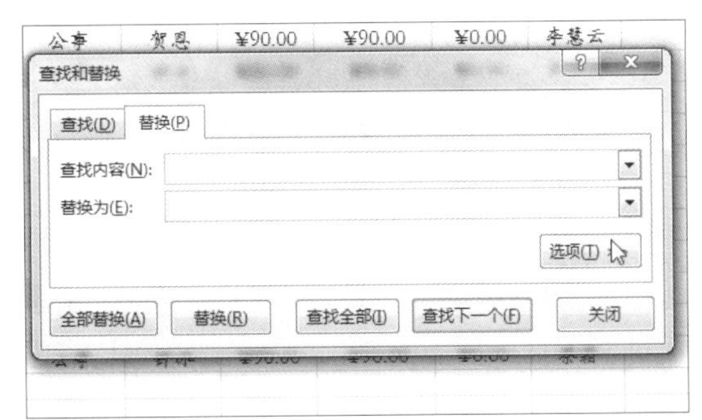

步骤05 **单击“格式”按钮**

在“查找和替换”对话框中单击“查找内容”文本框右侧的“格式”按钮，如下图所示。

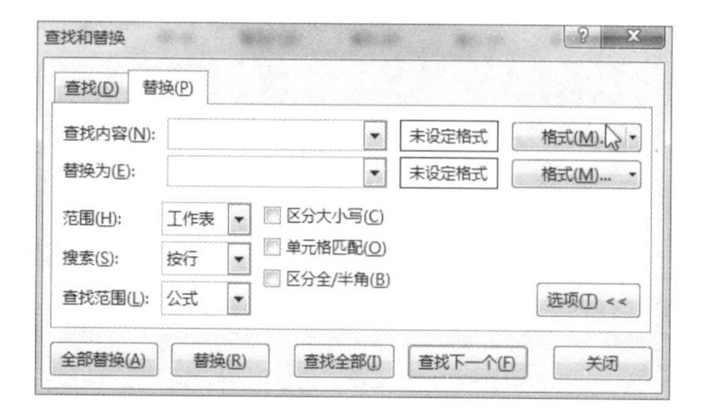

步骤06 **设置查找的字体格式**

弹出“查找格式”对话框，切换至“字体”选项卡下，设置查找的字体、字形、字号及字体颜色，如下图所示。

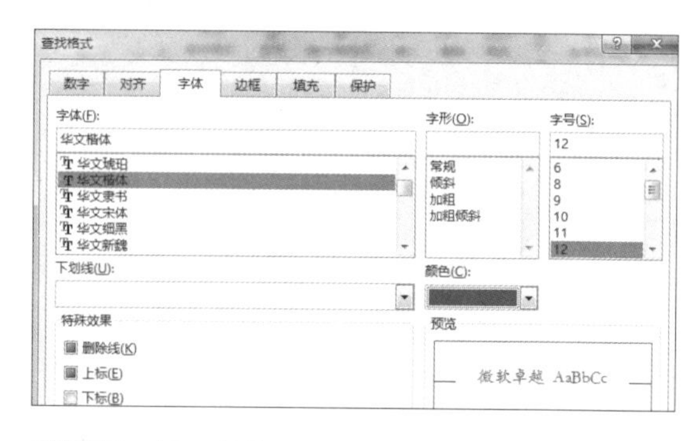

步骤07 **单击“格式”按钮**

单击“确定”按钮返回“查找和替换”对话框，单击“替换为”文本框右侧的“格式”按钮，如下图所示。

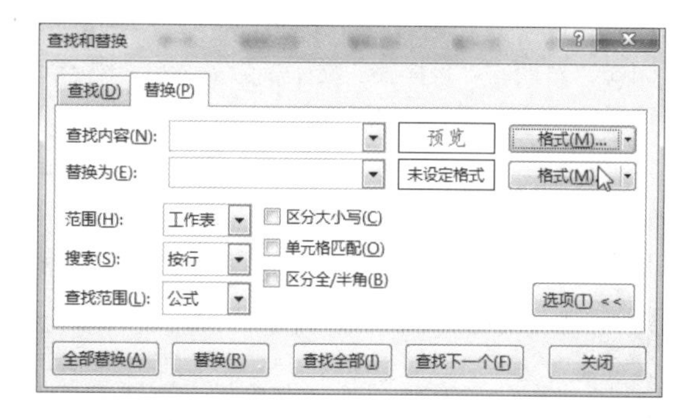

步骤08 **设置替换后的单元格格式**

弹出“替换格式”对话框，切换至“字体”选项卡下，设置“字体”为“方正姚体”、“字形”为“加粗”、“字号”为“12”、“颜色”为“黑色”，如下图所示，最后单击“确定”按钮。

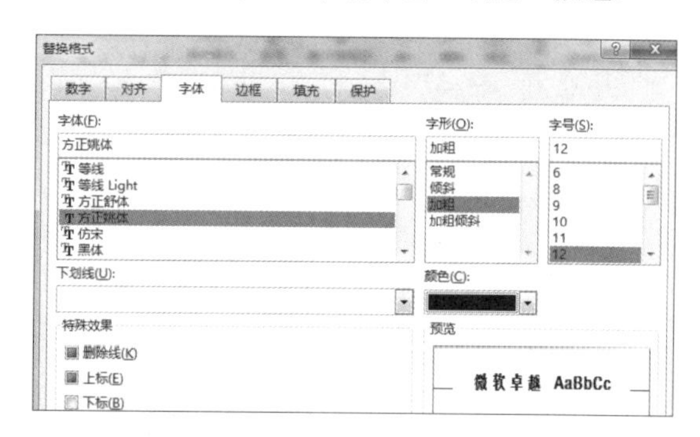

步骤09 **全部替换**

返回“查找和替换”对话框中，单击“全部替换”按钮，如下图所示。

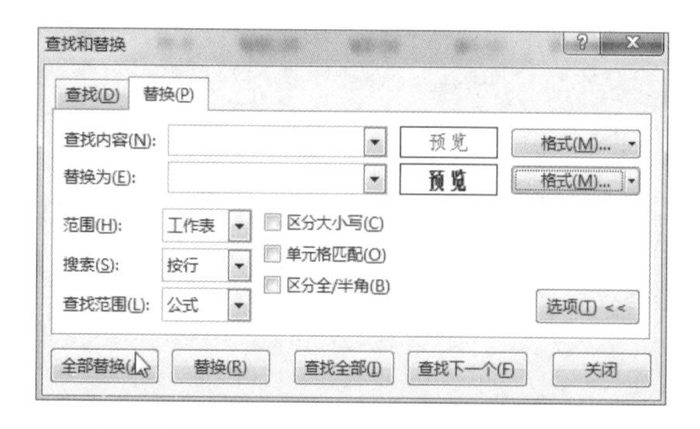

步骤10 **完成替换**

替换完毕之后，弹出替换完成的提示框，显示完成了 4 处替换，单击“确定”按钮即可，如下图所示。

步骤11　显示替换完毕后的效果

单击“确定”按钮后可以看到，工作表中所有字体为红色华文楷体的单元格都更改为了黑色方正姚体，且字体加粗显示，效果如右图所示。

	B	C	D	E	F
1	调用时间	交车时间	调用部门	使用职员	事由
2	2016/9/24 8:00	2016/9/24 18:00	人力资源部	辛迅	公事
3	2016/9/24 8:00	2016/9/24 15:00	财务部	李霞	公事
4	2016/9/24 8:00	2016/9/24 20:00	广告部	潘芳	公事
5	2016/9/24 8:00	2016/9/24 21:00	销售部	孙井副	公事
6	2016/9/25 8:00	2016/9/25 19:30	销售部	孙井副	公事
7	2016/9/25 8:00	2016/9/25 16:00	总务部	罗聪	公事
8	2016/9/25 8:00	2016/9/25 17:00	企划部	刘飞清	公事
9	2016/9/25 8:00	2016/9/25 20:30	产品开发部	张军	公事
10	2016/9/26 8:00	2016/9/26 19:00	研发部	刘鑫	公事
11	2016/9/26 8:00	2016/9/26 18:00	销售部	孙井副	公事
12	2016/9/26 8:00	2016/9/26 12:00	广告部	潘芳	公事
13	2016/9/26 8:00	2016/9/26 17:00	人力资源部	辛迅	公事

9.2 多人协同工作

在实际工作中，有时可能要多人参与编辑和审阅同一张工作簿，此时，使用Excel的共享工作簿功能，既能保证工作的高效，又能确保数据的安全。本节将介绍如何共享工作簿、如何设置有效编辑区、如何添加批注及如何显示与隐藏批注。

9.2.1 共享工作簿

在 Excel 中设置工作簿的共享，可以加快数据的录入速度，提高工作效率。共享工作簿的用户必须使用同一个局域网，当多人同时对共享工作簿进行编辑时，Excel 会自动保持信息不断更新，且编辑过程中可以随时查看各自所做的改动。

原始文件： 下载资源\实例文件\第9章\原始文件\年度考核表.xlsx
最终文件： 下载资源\实例文件\第9章\最终文件\年度考核表.xlsx

步骤01　共享工作簿

打开原始文件，切换至“审阅”选项卡，单击“更改”组中的“共享工作簿”按钮，如下图所示。

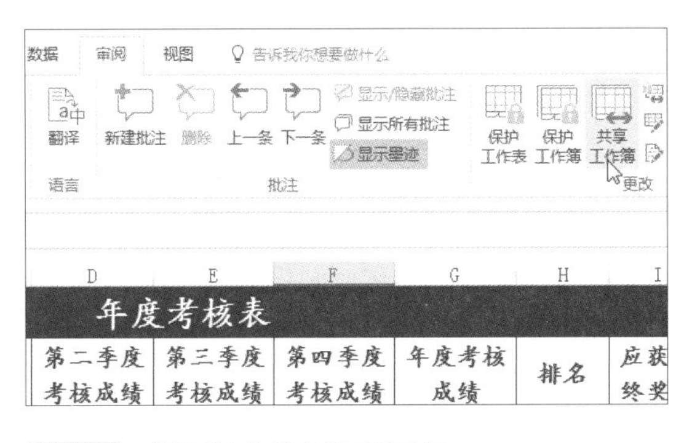

步骤02　允许多人同时编辑

弹出“共享工作簿”对话框，在“编辑”选项卡下勾选“允许多用户同时编辑，同时允许工作簿合并”复选框，如下图所示。

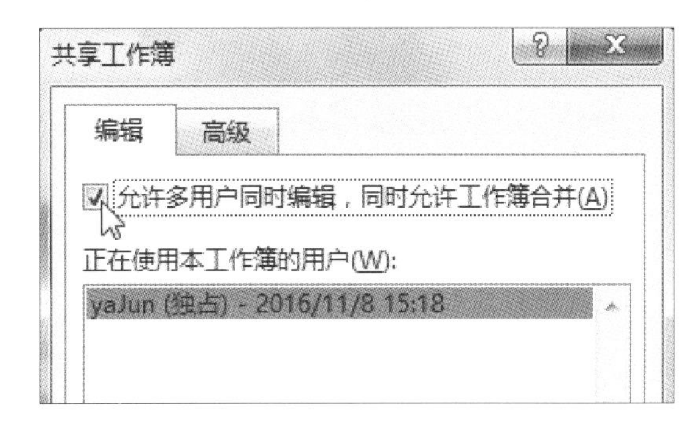

步骤03　设置保存修订记录时间

切换至“高级”选项卡，设置保存修订记录的时间为 10 天，如下左图所示，设置完毕后单击“确定”按钮。

步骤04　保存文档

弹出“Microsoft Excel”提示框，提示此操作将保存文档，单击“确定”按钮，如下右图所示。

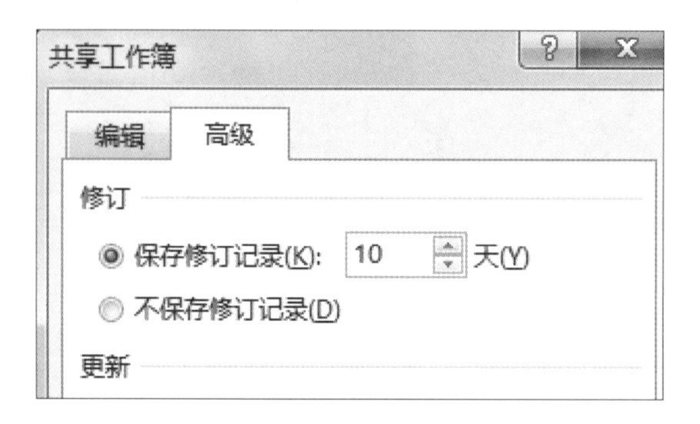

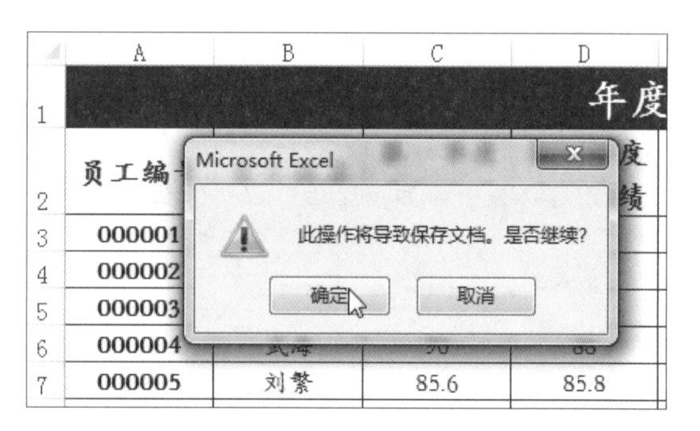

步骤05　查看共享后的工作簿

此时在工作簿的标题栏中显示“[共享]”字样，表示工作簿共享成功，效果如右图所示。

9.2.2　设置有效编辑区

共享工作簿时，如果希望保护工作表中的一部分内容，而另一部分内容允许编辑或修改，就可以对共享的工作簿设置有效编辑区，具体操作步骤如下。

原始文件：下载资源\实例文件\第9章\原始文件\新员工信息登记表.xlsx

最终文件：下载资源\实例文件\第9章\最终文件\新员工信息登记表.xlsx

步骤01　单击“允许用户编辑区域”按钮

打开原始文件，切换至“审阅”选项卡，单击“更改”组中的“允许用户编辑区域”按钮，如下图所示。

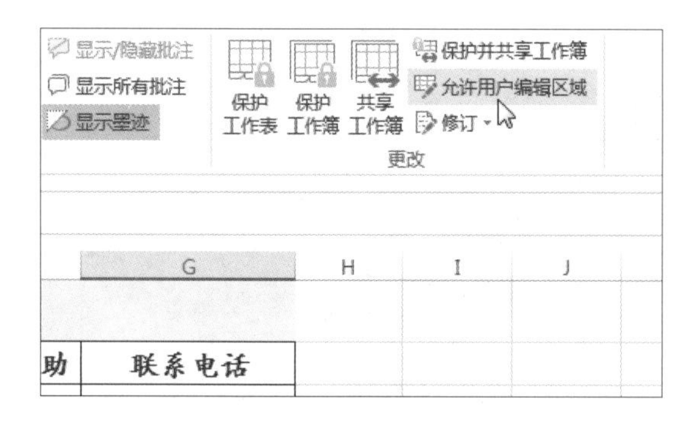

步骤02　新建允许编辑区域

弹出“允许用户编辑区域”对话框，单击对话框中的“新建”按钮，如下图所示。

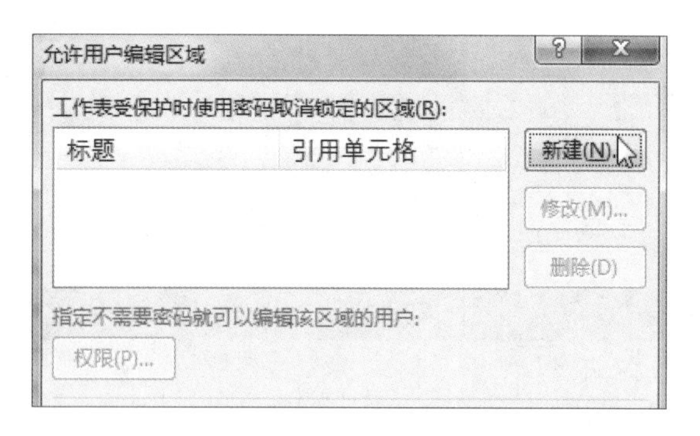

步骤03　单击折叠按钮

弹出“新区域”对话框，设置“标题”为“区域 1”，单击“引用单元格”文本框右侧的折叠按钮，如下左图所示。

步骤04　选择允许编辑的单元格区域

在工作表中拖动鼠标选择单元格区域 G3:G20，然后再次单击折叠按钮，如下右图所示。

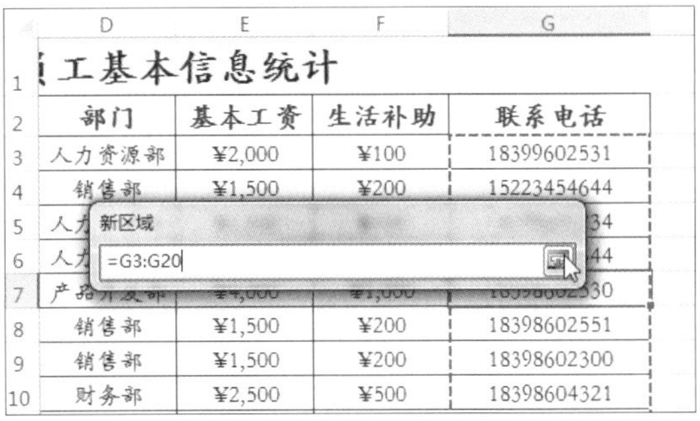

步骤05　设置区域密码

返回“新区域”对话框，设置区域密码为“12345”，然后单击“确定”按钮，如下图所示。

步骤06　确认密码

弹出“确认密码”对话框，在“重新输入密码”文本框中再次输入密码“12345”，然后单击“确定”按钮，如下图所示。

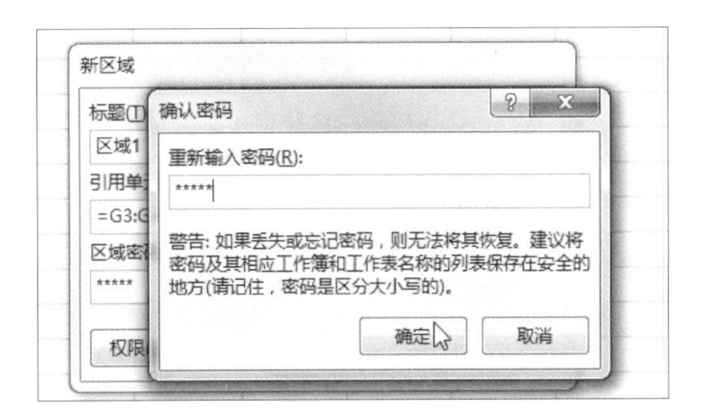

步骤07　保护工作表

返回“允许用户编辑区域”对话框，此时可看到添加的允许用户编辑的单元格区域，然后单击“保护工作表”按钮，如下图所示。

步骤08　设置工作表保护密码

弹出“保护工作表”对话框，输入密码“12345”，勾选允许用户修改的项目，然后单击“确定”按钮，如下图所示。

步骤09　确认密码

弹出“确认密码”对话框，在“重新输入密码”文本框中再次输入保护工作表的密码“12345”，然后单击“确定”按钮，如下左图所示。

步骤10　更改区域数据

返回工作表中，检查是否设置成功，双击单元格 G3，弹出“取消锁定区域”对话框，输入正确的区域密码，然后单击“确定”按钮，如下右图所示。

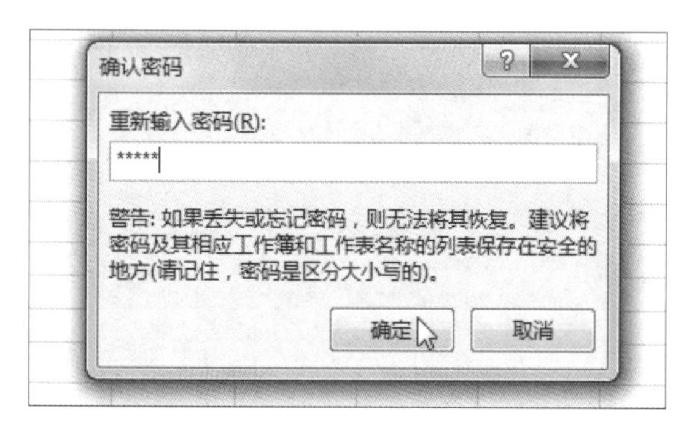

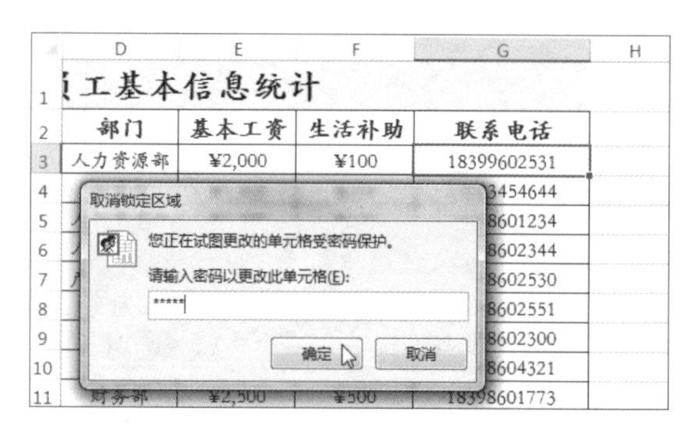

步骤11　显示更改区域数据后的效果

在单元格 G3 中输入新的数据，最终效果如右图所示。当再次打开工作簿对保护区域进行编辑时，将再次提示输入密码。

	D	E	F	G	H
1	员工基本信息统计				
2	部门	基本工资	生活补助	联系电话	
3	人力资源部	¥2,000	¥100	18398602531	
4	销售部	¥1,500	¥200	15223454644	
5	人力资源部	¥2,000	¥100	18398601234	
6	人力资源部	¥2,000	¥100	18398602344	
7	产品开发部	¥4,000	¥1,000	18398602530	
8	销售部	¥1,500	¥200	18398602551	
9	销售部	¥1,500	¥200	18398602300	
10	财务部	¥2,500	¥500	18398604321	
11	财务部	¥2,500	¥500	18398601773	

9.2.3　添加批注

Excel 提供了批注功能，可以对单元格进行进一步解释、说明。下面介绍在工作表中添加批注的方法，具体操作步骤如下。

原始文件：下载资源\实例文件\第9章\原始文件\员工出勤表.xlsx
最终文件：下载资源\实例文件\第9章\最终文件\员工出勤表.xlsx

步骤01　添加批注

打开原始文件，选中需要添加批注的单元格，如选中单元格 B4，然后切换至“审阅”选项卡下，单击“批注”组中的“新建批注”按钮，如下图所示。

步骤02　输入批注内容

此时在单元格 B4 的右边弹出一个批注框，在该批注框中输入“因公出差”，表示该员工虽然缺勤，但是属于因公出差，对该员工的出勤记录做进一步解释说明，如下图所示。

	A	B	C	D	E
1	十月份出勤记录表				
2	员工名称	缺勤			
3	郭强	5	yaJun: 因公出差		
4	张良昌	0			
5	于林	3			
6	陈立	4			
7	赵明成	1			
8	黄则为	9			
9	姜峰	2			
10	定宝夏	3			
11	夏天	1			

步骤03　查看批注标记

单击工作表中任意位置，即完成对单元格的批注，此时批注框消失，在添加批注的单元格右上角出现一个红色小三角标记，如下左图所示。

步骤04　查看批注

将鼠标指针移至单元格 B4 上，此时显示了批注框及其中的批注内容，如下右图所示。

十月份出勤记录表	
员工名称	缺勤
郭强	5
张良昌	0
于林	3
陈立	4
赵明威	1
黄则为	9
姜峰	2
定宝夏	3
夏天	1

十月份出勤记录表	
员工名称	缺勤
郭强	5
张良昌	0
于林	3
陈立	4
赵明威	1
黄则为	9
姜峰	2
定宝夏	3
夏天	1

yaJun:
因公出差

9.2.4　显示与隐藏批注

为单元格添加批注后，用户可以选择对其进行显示或隐藏，下面介绍显示与隐藏批注的方法，具体操作步骤如下。

原始文件： 下载资源\实例文件\第9章\原始文件\显示与隐藏批注.xlsx

最终文件： 下载资源\实例文件\第9章\最终文件\显示与隐藏批注.xlsx

步骤01　显示批注

打开原始文件，选择任意单元格，切换至“审阅”选项卡下，单击“批注”组中的“显示所有批注”按钮，如下图所示。

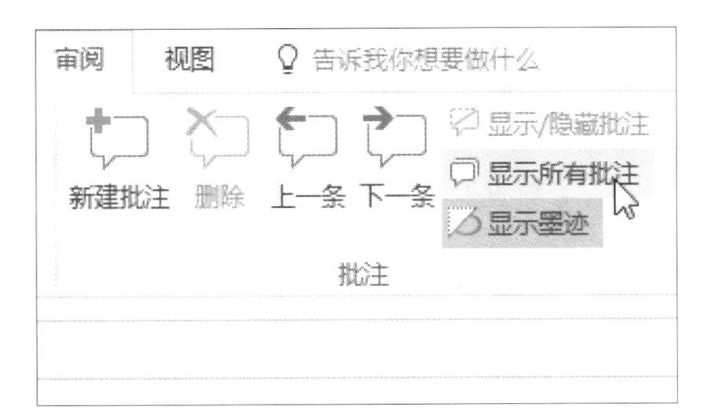

步骤02　显示批注后的效果

此时可以看到工作表中所有单元格的批注都显示了出来，如下图所示。

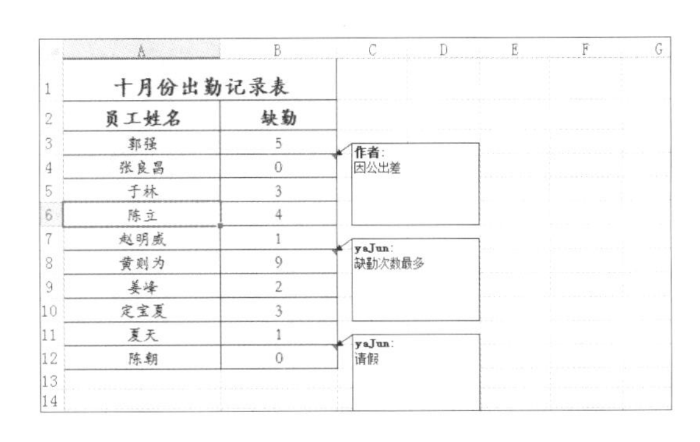

步骤03　隐藏批注

选中需隐藏批注信息的单元格，这里选中单元格 B4，然后单击“审阅”选项卡下“批注”组中的“显示 / 隐藏批注”按钮，如下图所示。

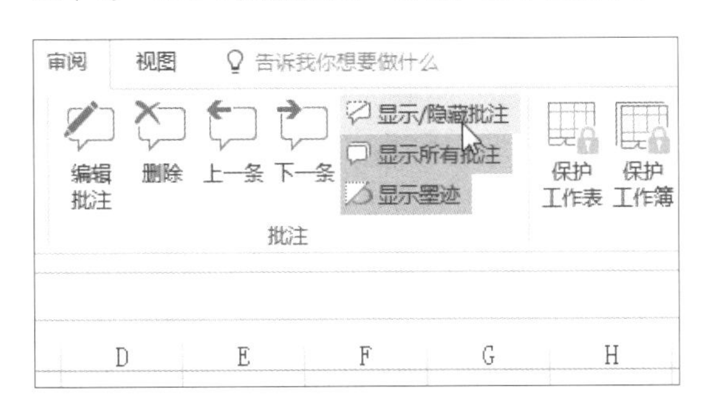

步骤04　显示隐藏批注后的效果

此时可以看到单元格 B4 的批注已经隐藏，如下图所示。

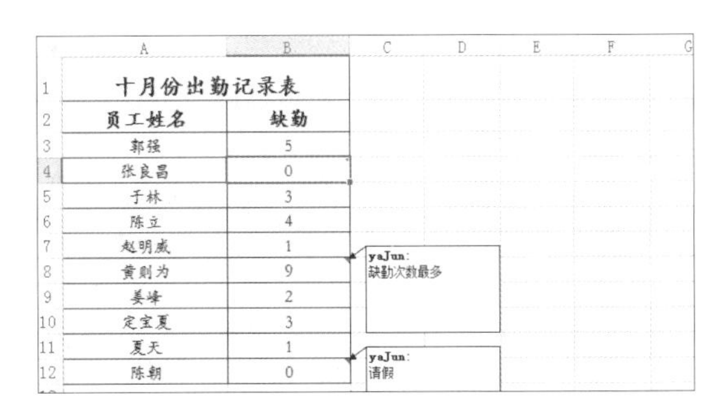

9.3 高效查看工作表中的数据

如果一个工作表中的数据量特别庞大，查看起来就会很不方便。为了更加快速有效地查看需要的数据信息，用户可以选择将不需要查看的行 / 列隐藏，或者将窗口冻结，让需要显示的行 / 列始终显示在窗口视图中，从而方便对数据进行分析、比较。

9.3.1 隐藏和显示工作表中的行/列

当 Excel 工作中的数据较多时，为了便于编辑，可以使用隐藏功能隐藏暂时不需要的数据。如果需要让这些数据重新显示，可以使用取消隐藏功能。隐藏和显示工作表行 / 列的具体操作方法如下。

1 隐藏工作表中的行/列

原始文件： 下载资源\实例文件\第9章\原始文件\兴瑞耗材公司.xlsx
最终文件： 下载资源\实例文件\第9章\最终文件\隐藏行和列.xlsx

步骤01 选择需隐藏的行

打开原始文件，切换至“一月份销售台账”工作表中，选中第 9 ～ 13 行，如下图所示。

	A	B	C	D	E	F	G	H	I
1	兴瑞耗材公司一月份销售台账								
2	品名	规格	进货量	进货价	退货量	退货价	销售量	销售价	金额
3	打印纸	A	100	18			80	25	2000
4	打印纸	A	100	18			60	25	1500
5	打印纸	A	100	18			80	25	2000
6	打印纸	A	100	18			60	25	1500
7	打印纸	A	100	18			80	25	2000
8	打印纸	A	100	18			60	25	1500
9	打印纸	B	100	20			65	28	1820
10	打印纸	B	100	20			71	28	1988
11	打印纸	B	100	20			65	28	1820
12	打印纸	B	100	20			71	28	1988
13	打印纸	B	100	20			65	28	1820
14	光盘	A	150	100			80	400	32000
15	光盘	A	150	100			73	400	29200

一月份销售台账 二月份销售台账 三月份销售台账

步骤02 隐藏行

单击“开始”选项卡下“单元格”组中的“格式”按钮，在展开的下拉列表中执行“隐藏和取消隐藏 > 隐藏行”命令，如下图所示。

步骤03 显示隐藏行的效果

此时可以看到工作表中选中的行已经隐藏，效果如下图所示。

	A	B	C	D	E	F	G	H
1	兴瑞耗材公司一月份销售台账							
2	品名	规格	进货量	进货价	退货量	退货价	销售量	销售价
3	打印纸	A	100	18			80	25
4	打印纸	A	100	18			60	25
5	打印纸	A	100	18			80	25
6	打印纸	A	100	18			60	25
7	打印纸	A	100	18			80	25
8	打印纸	A	100	18			60	25
14	光盘	A	150	100			80	400
15	光盘	A	150	100			73	400
16	光盘	A	150	100			80	400
17	光盘	A	150	100			73	400
18	光盘	A	150	100			80	400
19	光盘	B	200	80			142	350

步骤04 隐藏列

在“一月份销售台账”工作表中选中 F 列和 I 列，然后右击选中的任意列的列标，在展开的快捷菜单中单击“隐藏”命令，如下图所示。

	C	D	E	F	G	H	I	J
1	兴瑞耗材公司一月							
2	进货量	进货价	退货量	退货价			金额	日期
3	100	18					2000	2016/9/8
4	100	18					1500	2016/9/9
5	100	18					2000	2016/9/10
6	100	18					1500	2016/9/13
7	100	18					2000	2016/9/22
8	100	18					1500	2016-9-31
9	100	20					1820	2016/9/8
10	100	20					1988	2016/9/9
11	100	20					1820	2016/9/10
12	100	20					1988	2016/9/14
13	100	20			65	28	1820	2016/9/23
14	150	100			80	400	32000	2016/9/8
15	150	100			73	400	29200	2016/9/9

剪切(T)
复制(C)
粘贴选项:
选择性粘贴(S)...
插入(I)
删除(D)
清除内容(N)
设置单元格格式(F)...
列宽(W)...
隐藏(H)
取消隐藏(U)

步骤05　显示隐藏列的效果

此时可以看到工作表中选中的列已经隐藏，效果如右图所示。

	B	C	D	E	G	H	J
1	兴瑞耗材公司一月份销售台账						
2	规格	进货量	进货价	退货量	销售量	销售价	日期
3	A	100	18		80	25	2016/9/8
4	A	100	18		60	25	2016/9/9
5	A	100	18		80	25	2016/9/10
6	A	100	18		60	25	2016/9/13
7	A	100	18		80	25	2016/9/22
8	A	100	18		60	25	2016-9-31
14	A	150	100		80	400	2016/9/8
15	A	150	100		73	400	2016/9/9
16	A	150	100		80	400	2016/9/10
17	A	150	100		73	400	2016/9/15
18	A	150	100		80	400	2016/9/24

2 显示工作表中的行/列

原始文件： 下载资源\实例文件\第9章\原始文件\隐藏行和列.xlsx

最终文件： 下载资源\实例文件\第9章\最终文件\显示行和列.xlsx

步骤01　显示隐藏的行

单击“开始”选项卡下“单元格”组中的“格式”按钮，在展开的下拉列表中执行“隐藏和取消隐藏 > 取消隐藏行”命令，如下图所示。

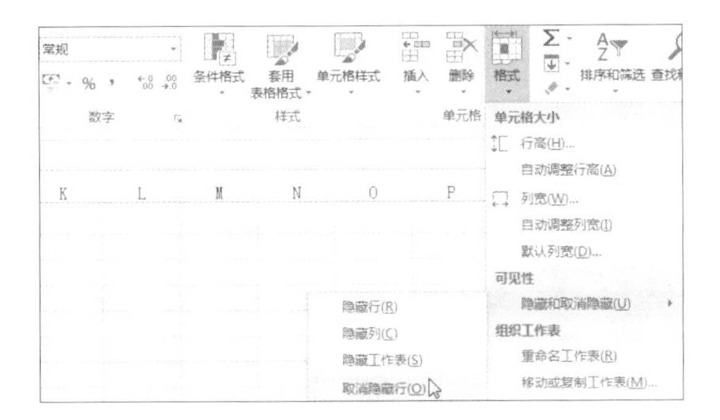

步骤02　查看取消隐藏行后的效果

此时工作表中被隐藏的行再次显示出来，效果如下图所示。

	A	B	C	D	E	G	H	J
1	兴瑞耗材公司一月份销售台账							
2	品名	规格	进货量	进货价	退货量	销售量	销售价	日期
3	打印纸	A	100	18		80	25	2016/9/8
4	打印纸	A	100	18		60	25	2016/9/9
5	打印纸	A	100	18		80	25	2016/9/10
6	打印纸	A	100	18		60	25	2016/9/13
7	打印纸	A	100	18		80	25	2016/9/22
8	打印纸	A	100	18		60	25	2016-9-31
9	打印纸	B	100	20		65	28	2016/9/8
10	打印纸	B	100	20		71	28	2016/9/9
11	打印纸	B	100	20		65	28	2016/9/10
12	打印纸	B	100	20		71	28	2016/9/14
13	打印纸	B	100	20		65	28	2016/9/23
14	光盘	A	150	100		80	400	2016/9/8
15	光盘	A	150	100		73	400	2016/9/9

步骤03　显示隐藏的列

将鼠标指针移至隐藏的列标处，这里移至 E 列与 G 列之间，待鼠标指针呈⟛形状时右击，在展开的列表中单击“取消隐藏”命令，如下图所示。

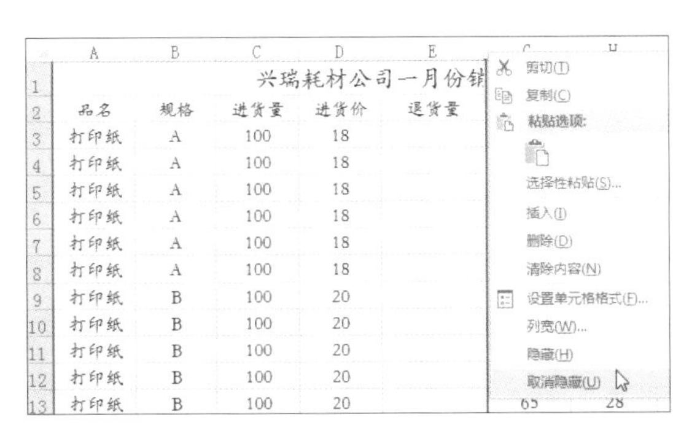

步骤04　查看取消隐藏列后的效果

此时，工作表中隐藏的 F 列再次显示了出来，效果如下图所示。

	A	B	C	D	E	F	G
1	兴瑞耗材公司一月份销售台账						
2	品名	规格	进货量	进货价	退货量	退货价	销售量
3	打印纸	A	100	18			80
4	打印纸	A	100	18			60
5	打印纸	A	100	18			80
6	打印纸	A	100	18			60
7	打印纸	A	100	18			80
8	打印纸	A	100	18			60
9	打印纸	B	100	20			65
10	打印纸	B	100	20			71
11	打印纸	B	100	20			65
12	打印纸	B	100	20			71
13	打印纸	B	100	20			65

9.3.2　窗口的冻结

为了方便查看工作表中的信息，可以将表格的表头和标题冻结起来，使其始终显示在窗口的固定位置。

原始文件：下载资源\实例文件\第9章\原始文件\兴瑞耗材公司.xlsx
最终文件：下载资源\实例文件\第9章\最终文件\窗口的冻结.xlsx

步骤01 单击“冻结拆分窗格”选项

打开原始文件，切换至“一月份销售台账”工作表，选中单元格B3，然后切换至“视图”选项卡下，单击“窗口”组中的“冻结窗格”按钮，在展开的下拉列表中单击“冻结拆分窗格”选项，如下图所示。

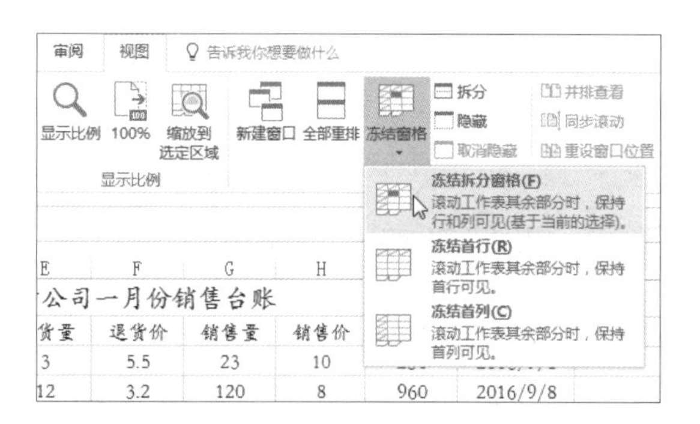

步骤02 显示拆分效果

此时工作表中相应的区域被冻结起来，向下向右滑动滚动条，可发现单元格B3左侧和上方的内容固定不变，如下图所示。

	A	D	E	F	G	H	I
1	兴瑞耗材公司一月份销售台账						
2	品名	进货价	退货量	退货价	销售量	销售价	金额
9	打印纸	20			65	28	1820
10	光盘	100			80	400	32000
11	光盘	80			142	350	49700
12	软盘	5.5	3	5.5	65	10	650
13	软盘	3	12	3.2	230	8	1840
14	墨盒	68			15	90	1350
15	墨盒	54			33	85	2805
16	墨盒	76			8	98	784
17	打印纸	18			60	25	1500
18	打印纸	20			71	28	1988

知识补充 冻结首行或首列

若用户希望工作表中的首行或首列固定不变，单击“视图”选项卡下“窗口”组中的“冻结窗格”按钮，在展开的下拉列表中单击“冻结首行”或“冻结首列”选项即可。

9.4 Excel中数据的保护技巧

为防止工作表中的信息泄露，做好工作表的保护十分必要。隐藏工作表和对工作表加密是保护Excel中数据的有效方法，本节将介绍如何对Excel中的数据进行常规保护。

9.4.1 隐藏工作表

当一个工作簿中包含太多工作表时，如果需要同时对两个不相邻的工作表进行操作，可以隐藏中间部分的工作表，让界面更简洁，操作更方便，在需要的时候再将其显示出来即可。

原始文件：下载资源\实例文件\第9章\原始文件\部长意见.xlsx
最终文件：无

步骤01 隐藏工作表

打开原始文件，右击“部长意见”工作表标签，在展开的快捷菜单中单击“隐藏”命令，如下左图所示。

步骤02 查看隐藏后的效果

此时工作簿中只包含一张工作表，“部长意见”工作表被隐藏，效果如下右图所示。

步骤03　单击“取消隐藏”命令

若要将隐藏的工作表再次显示出来，则右击未隐藏的工作表标签，然后在弹出的快捷菜单中单击“取消隐藏”命令，如下图所示。

步骤04　选择取消隐藏的工作表

弹出“取消隐藏”对话框，在“取消隐藏工作表”列表框中选择需要显示的工作表，再单击“确定”按钮即可重新显示隐藏的工作表，如下图所示。

9.4.2　加密工作表

Excel 还提供了工作表的保护功能，可以防止他人更改工作表中的数据。下面介绍具体的操作步骤。

原始文件：下载资源\实例文件\第9章\原始文件\部长意见.xlsx

最终文件：下载资源\实例文件\第9章\最终文件\加密保护工作表.xlsx

步骤01　保护工作表

打开原始文件，切换至“部长意见”工作表，然后单击“审阅”选项卡下“更改”组中的“保护工作表”按钮，如下图所示。

步骤02　输入保护密码

弹出“保护工作表”对话框，在“取消工作表保护时使用的密码”文本框中输入密码“123456”，然后勾选允许所有用户进行更改的项目，最后单击“确定”按钮，如下图所示。

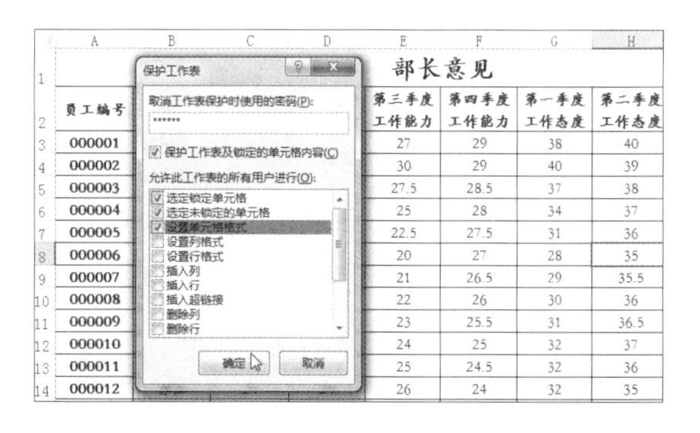

步骤03 **确认密码**

弹出“确认密码”对话框，再次输入密码“123456”，然后单击“确定”按钮，如下图所示。

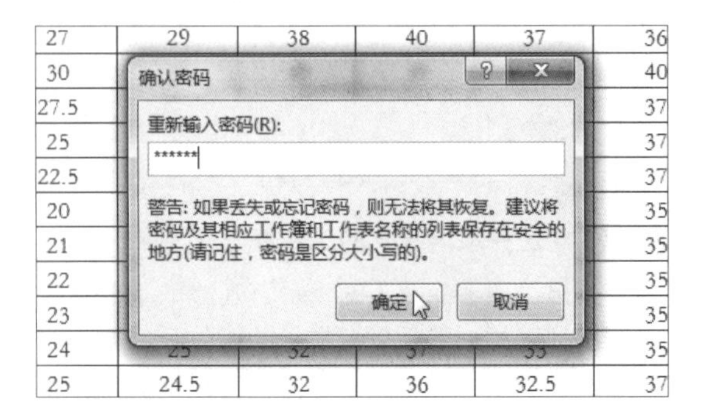

步骤04 **查看工作表信息**

返回工作簿中，单击“文件”按钮，展开视图菜单，在“信息”选项面板中可看到工作表处于保护状态，如下图所示。

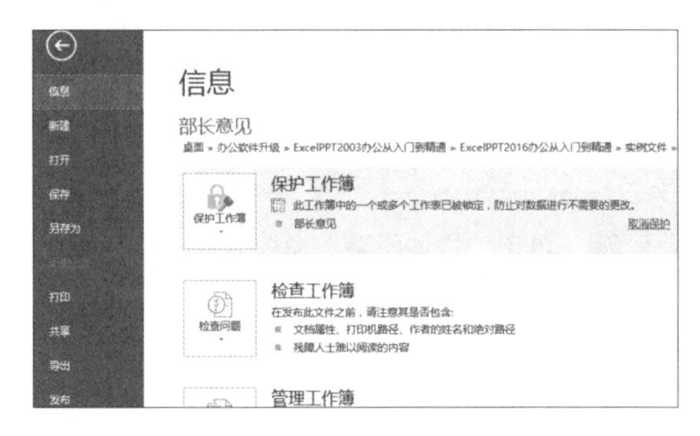

步骤05 **修改数据**

双击需要修改数据的单元格，如双击单元格C3，此时弹出对话框，提示试图修改的单元格位于保护的工作表中，若要修改，请取消保护，如下图所示。

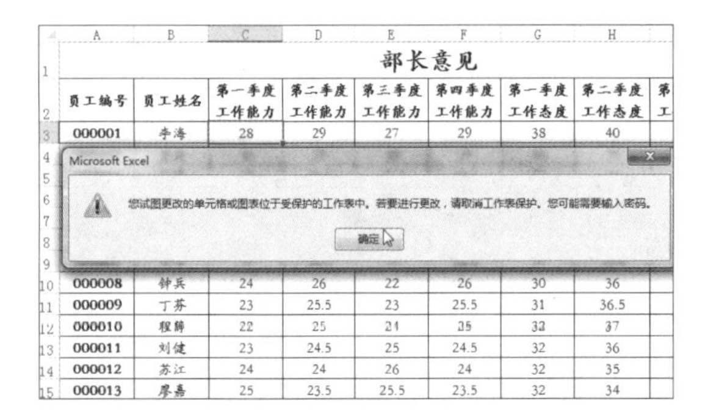

步骤06 **取消工作表保护**

右击处于保护状态的“部长意见”工作表标签，在弹出的快捷菜单中单击“撤销工作表保护”命令，如下图所示。

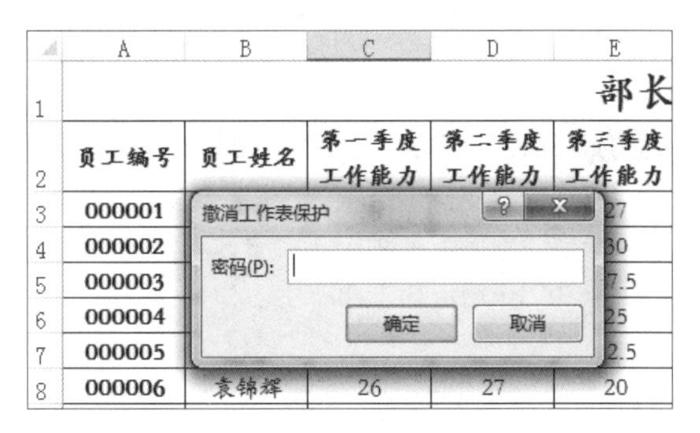

步骤07 **输入取消保护密码**

弹出“撤销工作表保护”对话框，如右图所示，在“密码”文本框中输入之前设定的密码，单击“确定”按钮即可取消对工作表的保护，然后就可以对工作表中的数据进行修改了。

9.5 工作表的打印设置

对已经制作好的电子表格，有时用户希望将表格中的数据打印输出。打印工作表之前需对工作表进行打印设置，下面就详细介绍如何设置需打印的 Excel 工作表。

原始文件：下载资源\实例文件\第9章\原始文件\工作表的打印.xlsx
最终文件：下载资源\实例文件\第9章\最终文件\工作表的打印.xlsx

9.5.1　工作表的打印设置

默认情况下，Excel 通常会打印整个工作表，为了使打印的工作表更加美观与适用，用户可以设置打印区域，添加页眉和页脚。为了避免打印错误，在正式打印前最好进行打印预览，这样不但可以节约纸张，而且还可以提高工作效率。

步骤01　设置打印区域

打开原始文件，选择工作表中需要打印的单元格区域 A1:E12，单击“页面布局”选项卡下“页面设置”组中的“打印区域”按钮，在展开的下拉列表中单击“设置打印区域”选项，如下图所示。

步骤02　查看设置打印区域后的效果

此时工作表中设置为打印区域的单元格区域四边框线呈灰色，如下图所示。

公司内部培训成效统计				
员工姓名	培训时间	培训地点	培训内容	收获
李海				
苏杨				
陈霞				
苏江				
廖嘉				
刘佳				
陈永				
周繁				
周波				
熊亮				

步骤03　设置页边距

单击“页面布局”选项卡下“页面设置”组中的“页边距”按钮，在展开的下拉列表中选择“宽”选项，如下图所示。

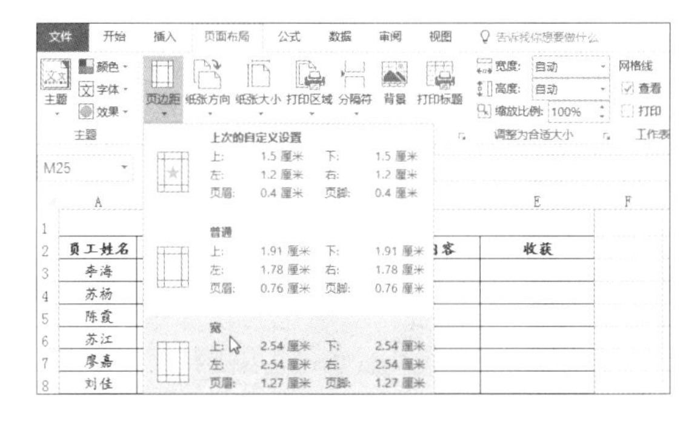

步骤04　打开“页面设置”对话框

单击“页面设置”组的对话框启动器，如下图所示。

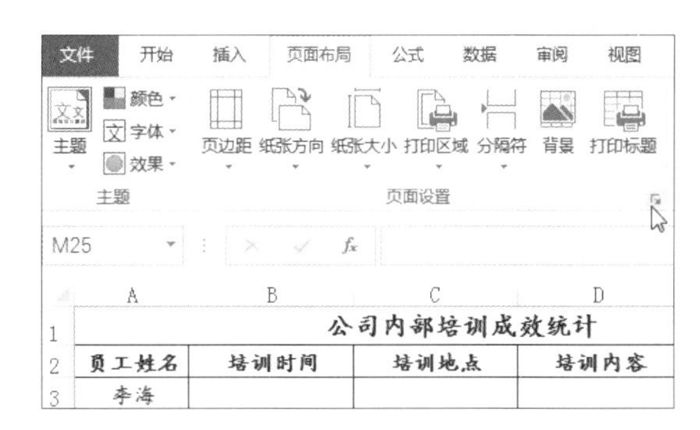

步骤05　设置页眉

弹出“页面设置”对话框，在“页眉 / 页脚”选项卡下单击“页眉”下拉列表框右侧的下三角按钮，在展开的下拉列表中选择“公司培训”选项，如下图所示。

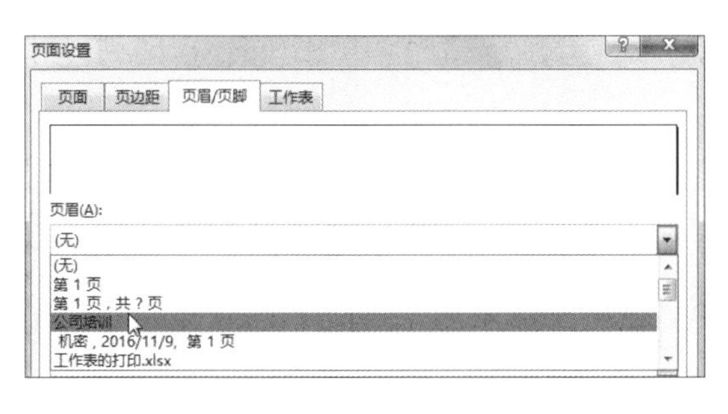

步骤06　设置页脚

此时“页眉”文本框中显示了选择的页眉内容，然后单击“自定义页脚”按钮，如下图所示。

步骤07　自定义页脚形式和内容

弹出“页脚”对话框，将插入点定位到“左”文本框中，然后单击“日期”图标，如下图所示。

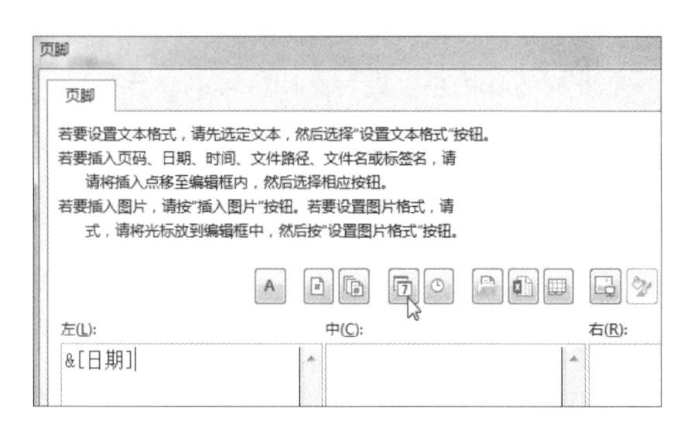

步骤08　单击“打印预览”按钮

单击“确定”按钮，返回“页面设置”对话框中，此时“页脚”文本框显示了当前的日期，然后单击“打印预览”按钮，如下图所示。此时跳转到“打印”选项面板，在其右侧显示了打印预览的效果。

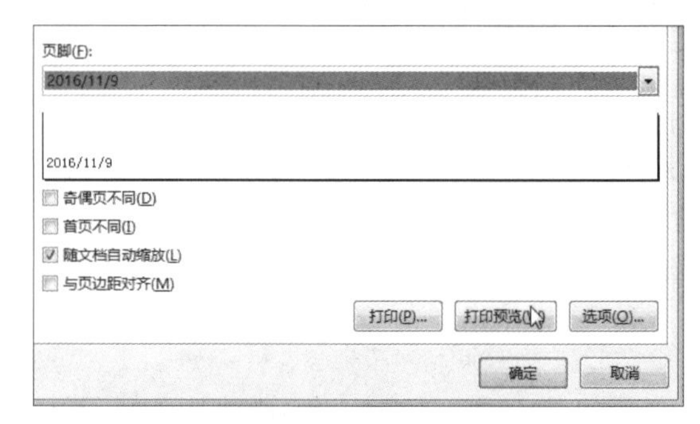

9.5.2　打印工作表

对工作表进行设置后就可以打印了，在打印之前也可以对工作表再次调整，以使打印内容与页面更加协调。下面介绍在“打印”面板中设置页边距、纸张大小和打印份数的方法。

步骤01　单击“打印”命令

继续之前的操作，单击“文件”按钮，在弹出的菜单中单击“打印”命令，如下图所示。

步骤02　设置纸张大小

在展开的“打印”选项面板中单击“设置”选项组中的“A4”下三角按钮，在展开的列表中选择合适的纸张大小，如下图所示。

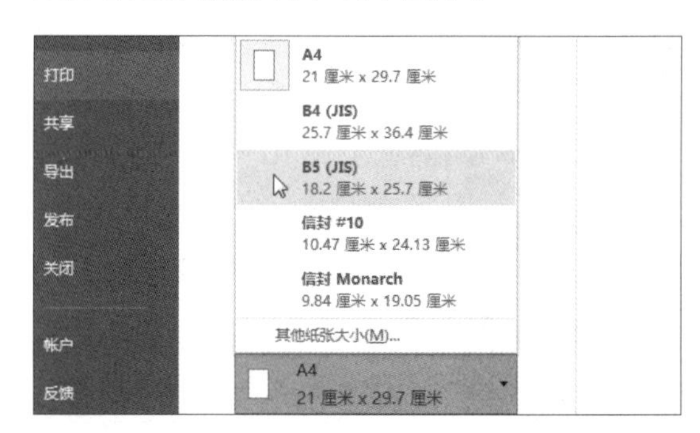

步骤03　设置页边距

单击“上一个自定义边距设置”下三角按钮，在展开的列表中选择合适的页边距，如下图所示。

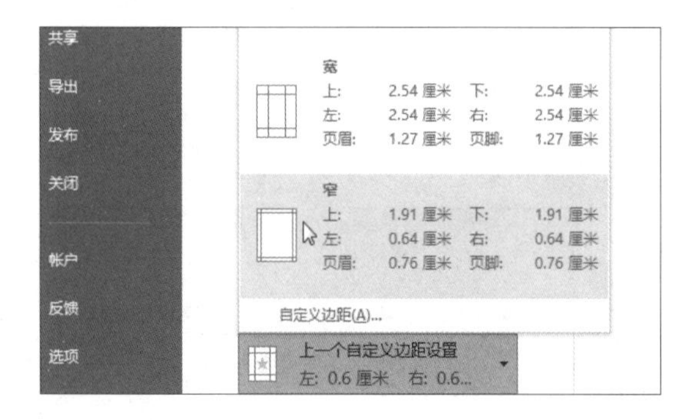

步骤04　打印预览

调整完毕后可在预览窗口看到调整后的效果，如下图所示。

步骤05 设置打印份数与打印机

在“份数”数值框中输入打印的份数，然后设置好打印机，最后单击“打印”按钮，如右图所示。

实例演练：设置并共享销售明细表

下面以设置并共享销售明细表为例，介绍在制作好的销售明细表中添加批注，对表格中的数据作必要解释说明，然后根据需要设置工作表中允许编辑的区域，对部分工作表进行隐藏，最后共享整个工作簿的操作，综合运用本章所学知识点。

原始文件： 下载资源\实例文件\第9章\原始文件\设置并共享.xlsx

最终文件： 下载资源\实例文件\第9章\最终文件\设置并共享.xlsx

步骤01 添加批注

打开原始文件，切换到“11 月销售明细”工作表，选中单元格 A1，然后单击“审阅”选项卡下“批注”组中的“新建批注”按钮，如下图所示。

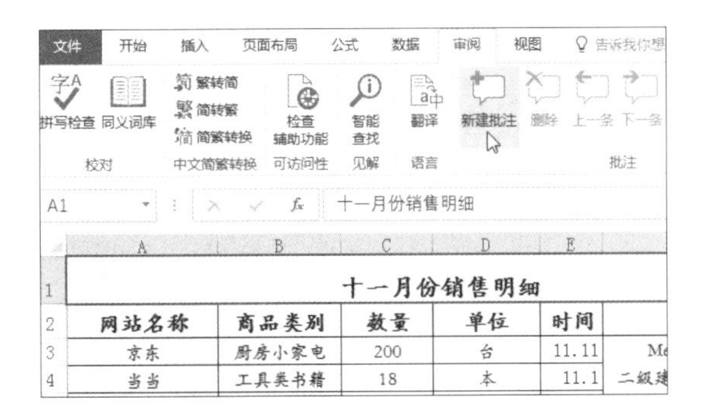

步骤02 输入批注信息

在弹出的批注框中输入批注信息，如下图所示，输入完毕后单击工作表任意位置结束输入。

十一月份销售明细

数量	单位	时间	说明
200	台	11.11	Media、格兰仕
18	本	11.1	二级建造、会计、外语
300	件	11.11	棉服、夹克（男、女）
30	箱	11.8	夏威夷果、杏仁、核桃
20	套	11.9	浴霸、热水器、花洒
100	套	11.5	保湿水、滋润霜
54	套	11.5	修眉刀、粉底扑
60	件	11.11	羽绒夹克、羊毛披肩

yaJun:
明细数据仅供参考。

步骤03 选择允许用户编辑的区域

若要设置有效编辑区，首先选择允许编辑的区域，这里选择单元格区域 C3:E10，如下图所示。

十一月份销售明细

网站名称	商品类别	数量	单位	时间
京东	厨房小家电	200	台	11.11
当当	工具类书籍	18	本	11.1
淘宝	秋冬服饰	300	件	11.11
1号店	坚果零食	30	箱	11.8
苏宁易购	浴室用具	20	套	11.9
聚美优品	保湿套装	100	套	11.5
唯品会	美妆工具	54	套	11.5
韩都衣社	初冬新品	60	件	11.11

步骤04 单击“允许用户编辑区域”按钮

单击“审阅”选项卡下“更改”组中的“允许用户编辑区域”按钮，如下图所示。

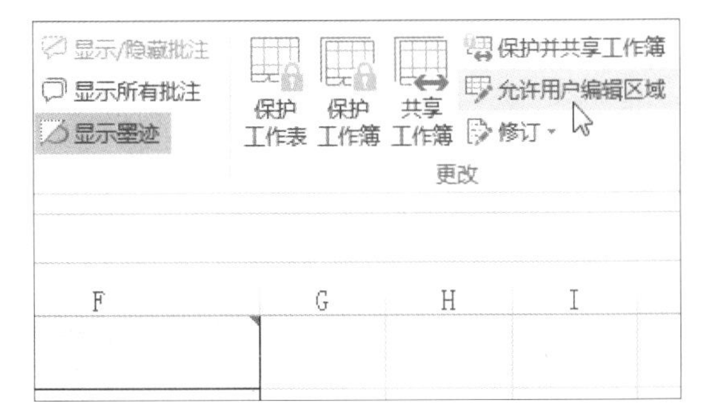

步骤05 **新建锁定区域**

弹出“允许用户编辑区域”对话框，单击“新建”按钮，如下图所示。

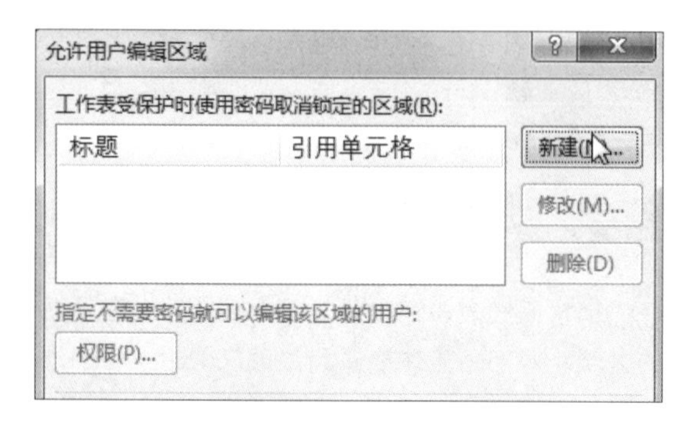

步骤06 **设置区域密码**

弹出“新区域”对话框，对话框中包含默认的标题名和引用的单元格，只需设置区域密码，这里设置密码为“123456”，然后单击“确定”按钮，如下图所示。

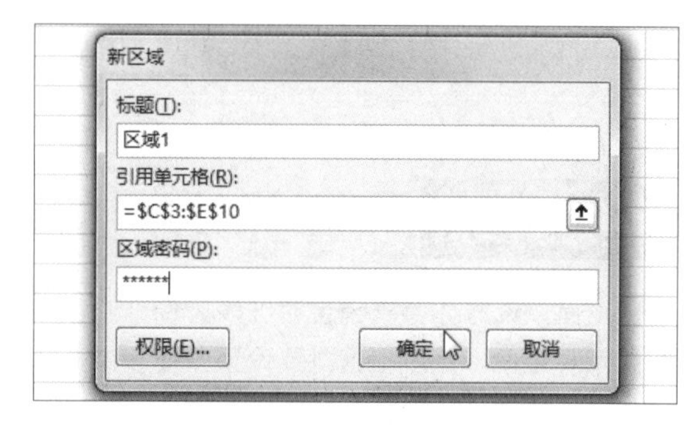

步骤07 **确认密码**

弹出“确认密码”对话框，再次输入密码，然后单击“确定”按钮，如下图所示。

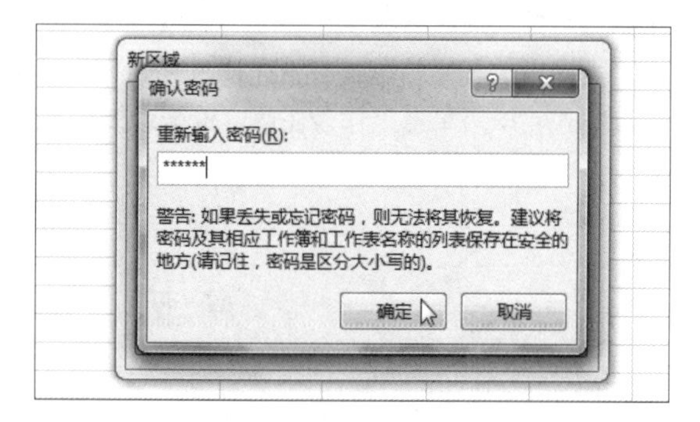

步骤08 **保护工作表**

返回“允许用户编辑区域”对话框，此时可看到添加的允许用户编辑的单元格区域，然后单击“保护工作表”按钮，如下图所示。

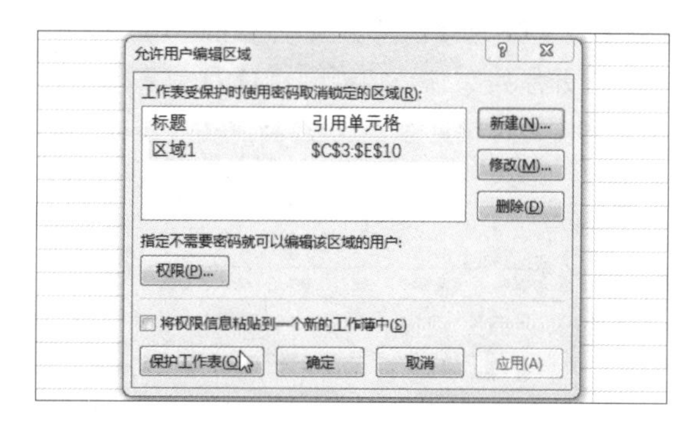

步骤09 **设置保护工作表密码**

弹出“保护工作表”对话框，输入工作表的保护密码为“123”，设置允许所有用户修改的项目，然后单击“确定”按钮，如下图所示。

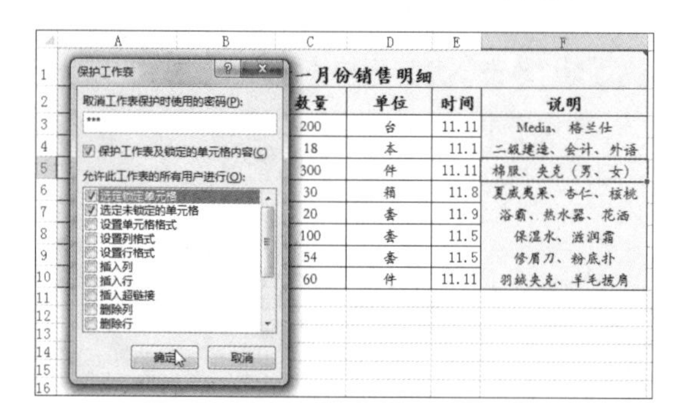

步骤10 **确认密码**

弹出“确认密码”对话框，在“重新输入密码”文本框中再次输入工作表的保护密码“123”，然后单击“确定”按钮，如下图所示。

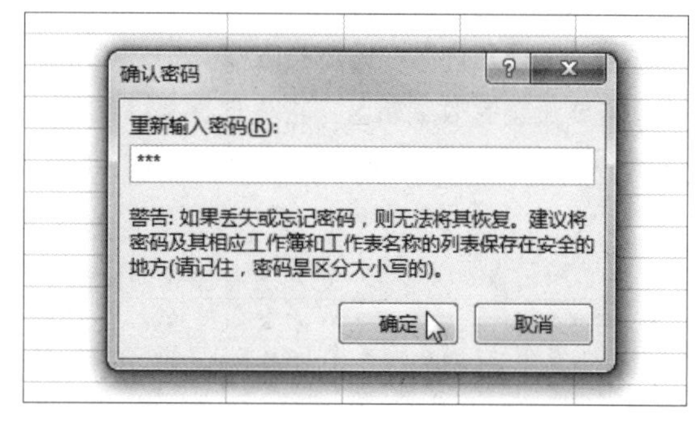

步骤11　隐藏工作表

右击“部长意见”工作表标签，在弹出的快捷菜单中单击“隐藏”命令，如下图所示。

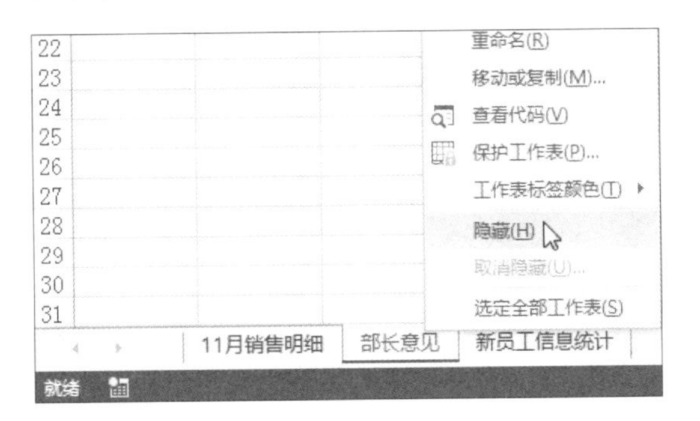

步骤12　共享工作簿

单击“审阅”选项卡下“更改”组中的“共享工作簿”按钮，如下图所示。

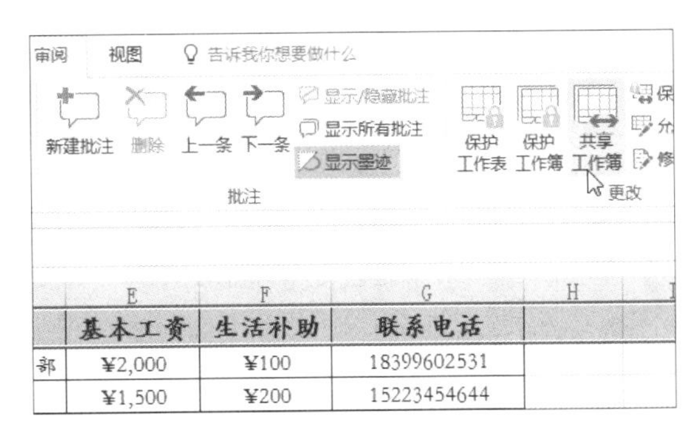

步骤13　允许多人同时编辑

弹出“共享工作簿”对话框，在“编辑”选项卡下勾选“允许多用户同时编辑，同时允许工作簿合并”复选框，如下图所示。

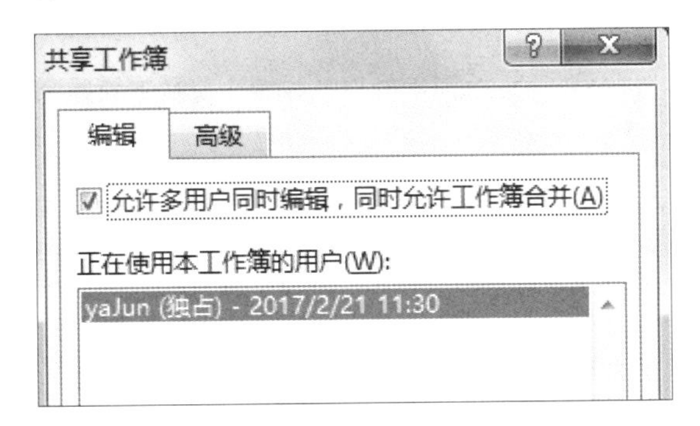

步骤14　保存文档

弹出“Microsoft Excel”对话框，提示此操作将保存文档，单击“确定”按钮，如下图所示。

第10章 制作企业日常费用表

企业的日常费用表应详细记录费用的类别、发生时间、报销人等内容，以便根据相关数据进行下一个季度的财务预算。

本章将结合前面所学的知识制作企业日常费用表，从输入数据、整理数据、分析数据三个方面入手，串连前面章节中讲解的 Excel 工作表中数据的输入、编辑与分析等知识点。

原始文件： 无

最终文件： 下载资源\实例文件\第10章\最终文件\企业日常费用表.xlsx

10.1 创建与管理日常费用表

创建日常费用表，首先要在表格中输入基础数据，然后对其进行简单的格式设置，使数据看起来整齐、有序、美观。

10.1.1 数据的输入与编辑

在 Excel 2016 中，可以在单元格中输入的数据类型有很多种，如文本、数字等。输入的方法也很多，对于有规律的文本或数据，可以使用自动填充功能，还可以使用数据验证进行选择性输入。对输入的数据可以使用多种方法设置其字体、字号、颜色和对齐方式等。

步骤01 新建空白工作簿

启动 Excel 2016，在启动界面中单击“空白工作簿”缩略图，如下图所示。

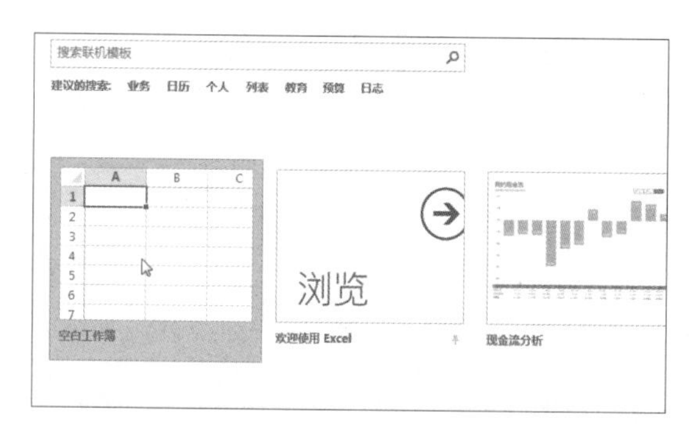

步骤02 查看新建工作簿

此时系统自动创建名为“工作簿 1”的空白工作簿，如下图所示。

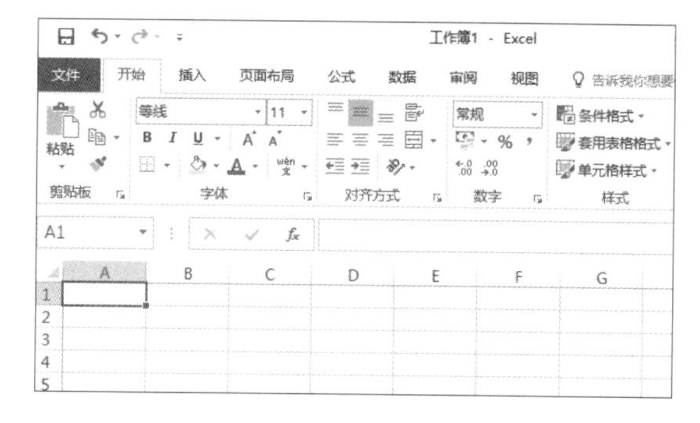

步骤03 输入标题行文本

在工作表的首行输入合适的标题文本，如下左图所示。

步骤04 输入序号

选中单元格 A2，然后输入“'001”，按下【Enter】键，此时单元格 A2 中返回文本值“001”，再将鼠标指针移至单元格 A2 右下角，当鼠标指针呈十字形状时，按住鼠标左键向下拖动至单元格 A18，如下右图所示。

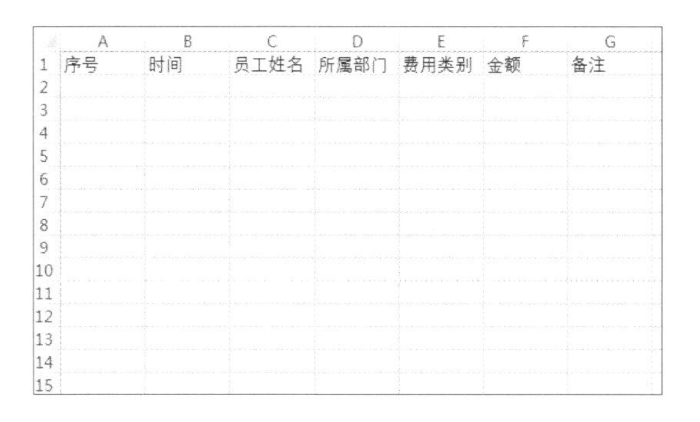

步骤05　输入日期

拖动过的单元格自动填充数据。在单元格 B2 中输入日期“2016-8-1”，然后按下【Enter】键，再选中单元格区域 B2:B18，如下图所示。

步骤07　设置填充序列

弹出“序列”对话框，设置序列产生在“列”中，填充类型为“日期”，日期单位为“工作日”，然后设置其步长值为 2，最后单击“确定”按钮，如下图所示。

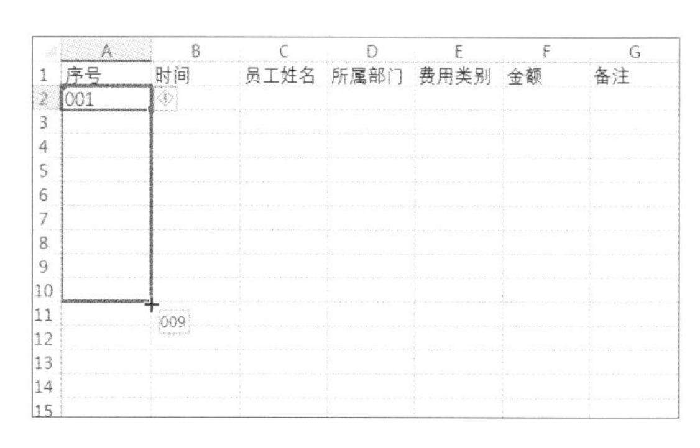

步骤06　单击“序列”选项

单击“开始”选项卡下“编辑”组中的“填充”按钮，在展开的列表中单击“序列”选项，如下图所示。

步骤08　查看填充序列

此时选择的单元格区域自动填充了步长为 2 的工作日，然后输入员工姓名，再选中单元格区域 D2:D18，如下图所示。

步骤09　单击“数据验证”选项

切换至“数据”选项卡下，单击“数据工具”组中“数据验证”右侧的下三角按钮，在展开的列表中单击“数据验证”选项，如下左图所示。

步骤10　输入序列值

弹出“数据验证”对话框，在“设置”选项卡下的“允许”下拉列表框中选择“序列”，然后在“来源”文本框中输入“行政部，销售部，企划部，研发部”，如下右图所示，最后单击“确定”按钮。

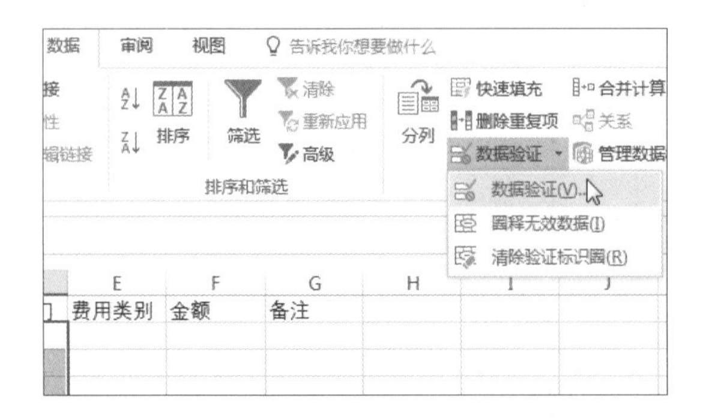

步骤11　选择序列

此时所选的 D 列单元格区域中选中单元格的右侧会出现下三角按钮。单击该下三角按钮，在展开的下拉列表中选择员工所属部门，如下图所示。

步骤12　完善工作表中的数据

完善所属部门、费用类别、金额数据及备注内容，如下图所示。

序号	时间	员工姓名	所属部门	费用类别	金额	备注
001	2016/8/1	陈权	销售部	办公费	700	打印机墨盒
002	2016/8/3	胡林	行政部	办公费	250	打印纸
003	2016/8/5	熊雨寒	企划部	办公费	350	打印机墨盒
004	2016/8/9	邓小强	企划部	差旅费	2100	广州
005	2016/8/11	王燕	销售部	办公费	300	办公用笔
006	2016/8/15	吴珊	研发部	差旅费	3500	深圳
007	2016/8/17	郭强	销售部	招待费	2600	锦江宾馆
008	2016/8/19	黄玲秀	企划部	办公费	1000	打印纸
009	2016/8/23	黎艳	研发部	办公费	300	办公桌
010	2016/8/25	王安娜	行政部	宣传费	800	商报上的广告
011	2016/8/29	刘文娟	研发部	招待费	980	蓉城饭店
012	2016/8/31	李秀灵	销售部	招待费	1600	金和宾馆
013	2016/9/2	唐瑛	企划部	招待费	1200	四川宾馆
014	2016/9/6	李良慧	研发部	招待费	1400	兴荣饭店
015	2016/9/8	张奇雨	行政部	办公费	1800	办公书柜
016	2016/9/12	谭军	研发部	差旅费	580	上海
017	2016/9/14	徐小林	销售部	办公费	600	办公椅

步骤13　设置字体和对齐方式

选中单元格区域 A1:G18，在“开始”选项卡下的“字体”组中设置字体为“华文楷体”，然后单击“对齐方式”组中的“居中”按钮，如下图所示。

步骤14　调整行高

此时表格中的数据都居中显示，将鼠标指针移至行号“1”和“2”的交界处，当鼠标指针呈十字箭头时，按住鼠标左键向下拖动至合适的行高时释放，如下图所示。使用同样方法调整其他行的行高和其他列的列宽。

步骤15　设置数字显示格式

选中单元格区域 F2:F18，单击“开始”选项卡下“数字”组中的对话框启动器，如下左图所示。

步骤16　选择数字格式

弹出“设置单元格格式”对话框，切换至“数字”选项卡下，在左侧的“分类”列表框中单击“货币”选项，然后在右侧的“小数位数”数值框中输入“2”，如下右图所示。

步骤17　查看更改数字格式后的效果

单击“确定”按钮，返回工作表中，此时 F 列中的数字显示如下图所示。

序号	时间	员工姓名	所属部门	费用类别	金额	备注
001	2016/8/1	陈权	销售部	办公费	¥700.00	打印机墨盒
002	2016/8/3	胡林	行政部	办公费	¥250.00	打印纸
003	2016/8/5	熊雨寒	企划部	办公费	¥350.00	打印机墨盒
004	2016/8/9	邓小强	企划部	差旅费	¥2,100.00	广州
005	2016/8/11	王燕	销售部	办公费	¥300.00	办公用笔
006	2016/8/15	吴珊	研发部	差旅费	¥3,500.00	深圳
007	2016/8/17	郭强	销售部	招待费	¥2,600.00	锦江宾馆
008	2016/8/19	黄玲秀	企划部	办公费	¥1,000.00	打印纸
009	2016/8/23	黎艳	研发部	办公费	¥300.00	办公桌
010	2016/8/25	王安娜	行政部	宣传费	¥800.00	商报上的广告

步骤18　修改工作表名称

双击工作表标签“Sheet1”，输入“企业日常费用表”，然后按下【Enter】键，完成工作表的重命名，如下图所示。

009	2016/8/23	黎艳	研发部	办公费	¥300.00
010	2016/8/25	王安娜	行政部	宣传费	¥800.00
011	2016/8/29	刘义娟	研发部	招待费	¥980.00
012	2016/8/31	李秀灵	销售部	招待费	¥1,600.00
013	2016/9/2	唐瑛	企划部	招待费	¥1,200.00
014	2016/9/6	李良慧	研发部	招待费	¥1,400.00
015	2016/9/8	张奇雨	行政部	办公费	¥1,800.00
016	2016/9/12	谭军	研发部	差旅费	¥580.00
017	2016/9/14	徐小林	销售部	办公费	¥600.00

企业日常费用表　Sheet2　Sheet3

10.1.2　工作表的格式设置

用户可对 Excel 工作表的格式进行自定义设置，如设置表格边框、背景填充、字体等，还可以直接套用 Excel 中自带的表格格式。

步骤01　选中单元格区域

继续之前的操作，首先选中需要更改格式的单元格区域，这里选中单元格区域 A1:G18，如下图所示。

序号	时间	员工姓名	所属部门	费用类别	金额	备注
001	2016/8/1	陈权	销售部	办公费	¥700.00	打印机墨盒
002	2016/8/3	胡林	行政部	办公费	¥250.00	打印纸
003	2016/8/5	熊雨寒	企划部	办公费	¥350.00	打印机墨盒
004	2016/8/9	邓小强	企划部	差旅费	¥2,100.00	广州
005	2016/8/11	王燕	销售部	办公费	¥300.00	办公用笔
006	2016/8/15	吴珊	研发部	差旅费	¥3,500.00	深圳
007	2016/8/17	郭强	销售部	招待费	¥2,600.00	锦江宾馆
008	2016/8/19	黄玲秀	企划部	办公费	¥1,000.00	打印纸
009	2016/8/23	黎艳	研发部	办公费	¥300.00	办公桌
010	2016/8/25	王安娜	行政部	宣传费	¥800.00	商报上的广告
011	2016/8/29	刘义娟	研发部	招待费	¥980.00	蓉城饭店

步骤02　选择表格格式

单击“开始”选项卡下“样式”组中的“套用表格格式”按钮，在展开的下拉列表中选择“浅色”组中的“表样式浅色 11”，如下图所示。

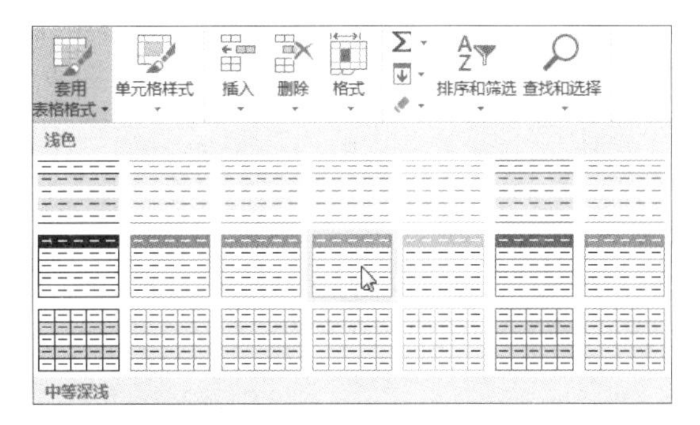

步骤03　确认表数据来源

弹出“套用表格式”对话框，此时在“表数据的来源”文本框中自动填充了之前选择的单元格区域，且勾选了“表包含标题”复选框，确认无误后单击“确定”按钮即可，如下左图所示。

步骤04　查看套用表格格式后的效果

此时表格套用了所选的格式，效果如下右图所示。

序号	时间	员工姓名	所属部门	费用类别	金额	备注
001	2016/8/1	陈权	销售部	办公费	¥700.00	打印机墨盒
002	2016/8/3	胡林	行政部	办公费	¥250.00	打印纸
003	2016/8/5	熊雨寒	企划部	办公费	¥350.00	打印机墨盒
004	2016/8/9	邓小强	企划部	差旅费	¥2,100.00	广州
005	2016/8/11	王燕	销售部	办公费	¥300.00	办公用笔
006	2016/8/15	吴姗	研发部	差旅费	¥3,500.00	深圳
007	2016/8/17	郭强	销售部	招待费	¥2,600.00	锦江宾馆
008	2016/8/19	黄玲秀	企划部	办公费	¥1,000.00	打印纸
009	2016/8/23	黎艳	研发部	办公费	¥300.00	办公桌
010	2016/8/25	王安娜	行政部	宣传费	¥800.00	商报上的广告
011	2016/8/29	刘义娟	研发部	招待费	¥980.00	蓉城饭店
012	2016/8/31	李秀灵	销售部	招待费	¥1,600.00	金和宾馆

10.1.3 突出重要的数据

当用户想要在 Excel 中通过改变颜色、字形、填充效果等方式，使得某一类具有共性的单元格突出显示时，可通过“条件格式”下的多种功能来实现。

下面以突出显示金额超过 1000 元和备注项包含“打印”文本的数据单元格为例，详细讲解条件格式中的突出显示单元格规则功能。

步骤01 选择需要突出显示的单元格区域

继续之前的操作，在工作表中选择单元格区域 F2:F18，如下图所示。

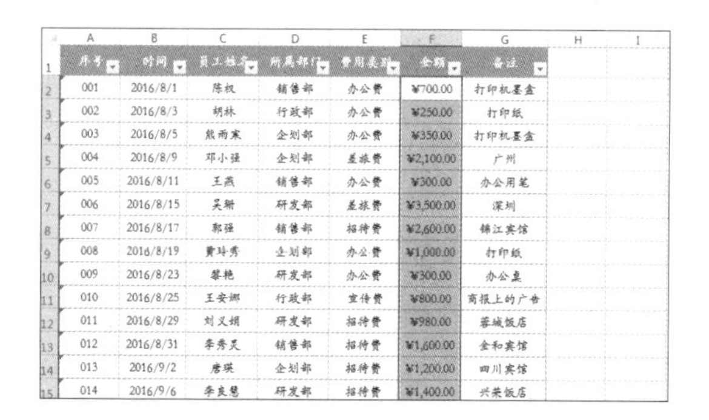

步骤02 选择突出显示规则

单击“开始”选项卡下“样式”组中的“条件格式”按钮，在展开的下拉列表中指向“突出显示单元格规则”选项，然后在展开的级联列表中单击“大于”选项，如下图所示。

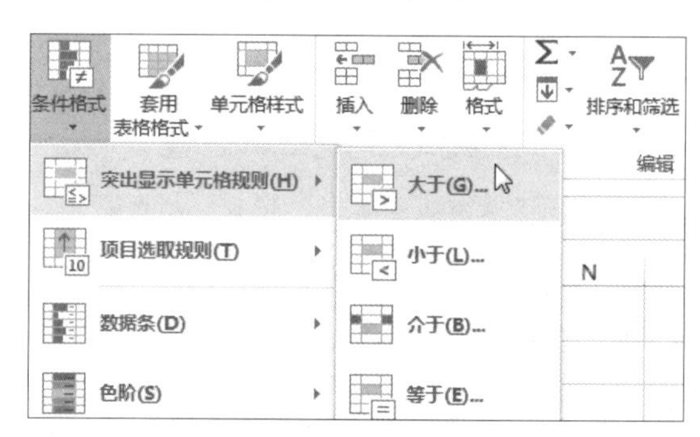

步骤03 设置条件格式

弹出“大于”对话框，在“为大于以下值的单元格设置格式”文本框中输入“1000”，然后选择“设置为”为“浅红填充色深红色文本”，最后单击“确定”按钮，如下图所示。

步骤04 选择需要设置条件格式的单元格区域

返回工作表中，可看到此时大于 1000 的单元格底纹由浅红色填充，文本为深红色，然后选择单元格区域 G2:G18，如下图所示。

序号	时间	员工姓名	所属部门	费用类别	金额	备注
003	2016/8/5	熊雨寒	企划部	办公费	¥350.00	打印机墨盒
004	2016/8/9	邓小强	企划部	差旅费	¥2,100.00	广州
005	2016/8/11	王燕	销售部	办公费	¥300.00	办公用笔
006	2016/8/15	吴姗	研发部	差旅费	¥3,500.00	深圳
007	2016/8/17	郭强	销售部	招待费	¥2,600.00	锦江宾馆
008	2016/8/19	黄玲秀	企划部	办公费	¥1,000.00	打印纸
009	2016/8/23	黎艳	研发部	办公费	¥300.00	办公桌
010	2016/8/25	王安娜	行政部	宣传费	¥800.00	商报上的广告
011	2016/8/29	刘义娟	研发部	招待费	¥980.00	蓉城饭店
012	2016/8/31	李秀灵	销售部	招待费	¥1,600.00	金和宾馆
013	2016/9/2	唐瑛	企划部	招待费	¥1,200.00	四川宾馆
014	2016/9/6	李良慧	研发部	招待费	¥1,400.00	兴荣饭店
015	2016/9/8	张奇雨	行政部	办公费	¥1,800.00	办公书柜
016	2016/9/12	谭军	研发部	差旅费	¥580.00	上海
017	2016/9/14	徐小林	销售部	办公费	¥600.00	办公椅

步骤05　单击“文本包含”选项

单击“开始”选项卡下“样式”组中的“条件格式”按钮，在展开的下拉列表中指向“突出显示单元格规则”选项，在展开的级联列表中单击“文本包含”选项，如下图所示。

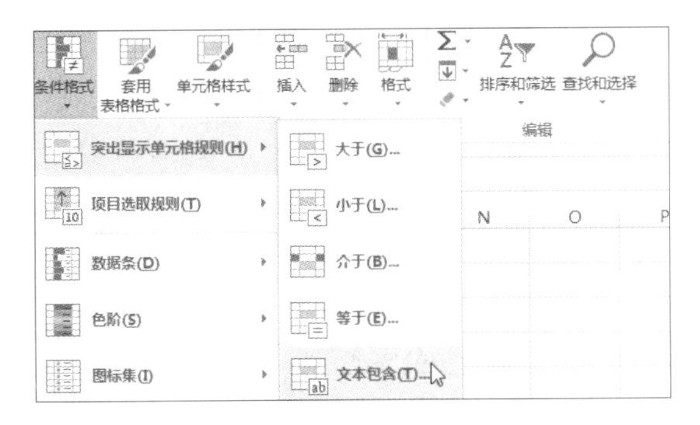

步骤06　设置单元格的条件格式

弹出“文本中包含”对话框，在左侧文本框中输入“打印”，然后单击“设置为”下拉列表框右侧的下三角按钮，在展开的下拉列表中选择“自定义格式”，如下图所示。

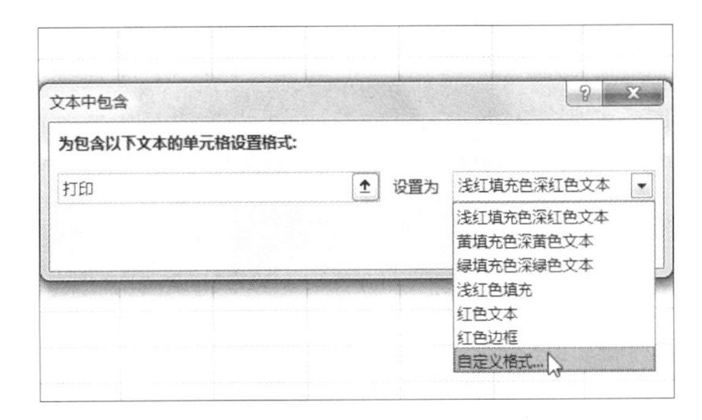

步骤07　设置单元格的填充格式

弹出“设置单元格格式”对话框，切换至“填充”选项卡，设置“图案颜色”为“蓝色，个性色 1”，然后单击“图案样式”下拉列表框右侧的下三角按钮，在展开的下拉列表中选择如下图所示的图案。设置完毕后单击“确定”按钮，在返回的“文本中包含”对话框中继续单击“确定”按钮。

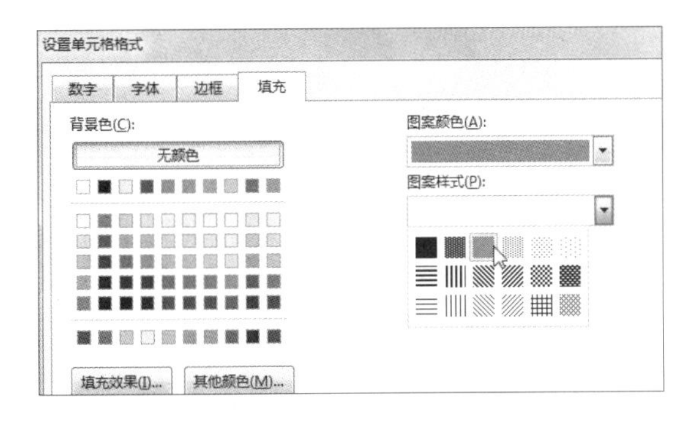

步骤08　查看最终效果

返回工作表中，可看到设置单元格条件格式后，满足条件的单元格被突出显示了，效果如下图所示。

10.2 计算与分析表格中的数据

Excel 的一项重要功能是对表格中的数据进行计算和分析。若表格中包含大量数据，想要快速计算出所需结果，可以选择合适的公式或函数。若要快速统计出相同类别的数据，还需要用到分类汇总功能。

10.2.1　计算日常费用表中的数据

在日常费用表中，要想统计出各类别的消费总金额，可以使用 SUMIF 函数对数据区域进行条件求和，然后复制公式即可快速得出统计结果。

步骤01　输入汇总行

继续之前的操作，在单元格区域 I2:J6 中输入需要汇总的项目，并设置其字体格式和表格格式，完成后的效果如下左图所示。

步骤02 输入求和公式

选中单元格 J3，然后输入“=SUM”，此时在单元格下方显示出相关函数，双击其中的“SUMIF”函数，如下右图所示。

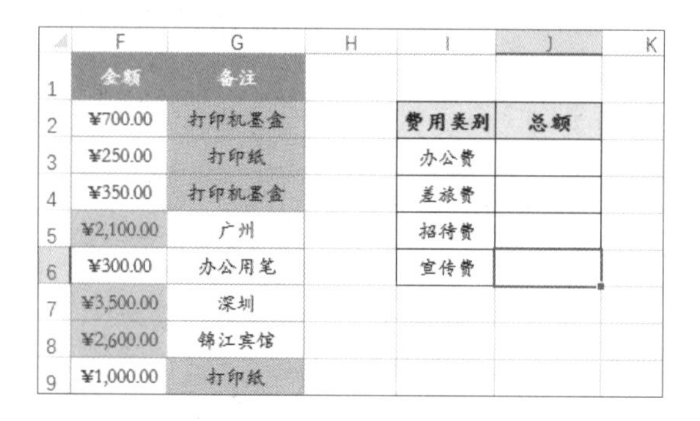

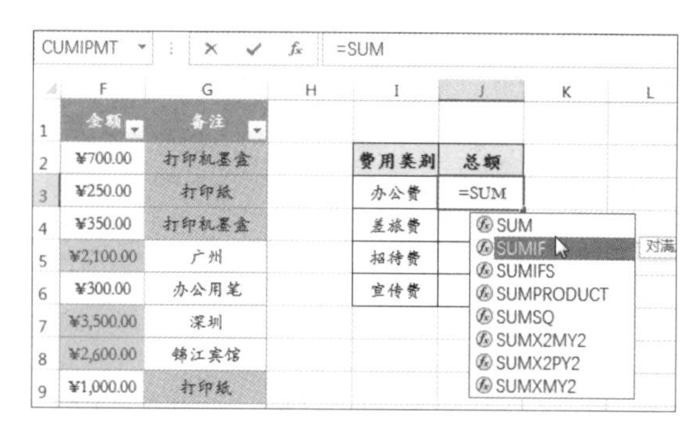

步骤03 选择函数的参数

系统将自动将函数插入单元格中，然后在表格中拖动选择函数的第一个参数，这里选择单元格区域 E2:E18，如下图所示。

步骤04 完善函数的参数

设置第 2 个参数为 I3，第 3 个参数为 F2:F18，且参数间须使用英文逗号分隔，最终公式如下图所示。

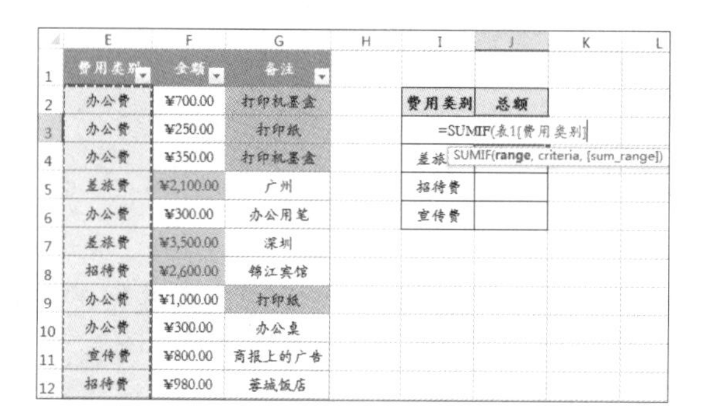

步骤05 向下复制公式

按下【Enter】键，此时单元格 J3 中返回对办公费用的求和结果，然后拖动鼠标向下复制公式至单元格 J6，如下图所示。

步骤06 查看最终计算结果

复制公式后，在各单元格中返回了相应费用类别的总额，结果如下图所示。

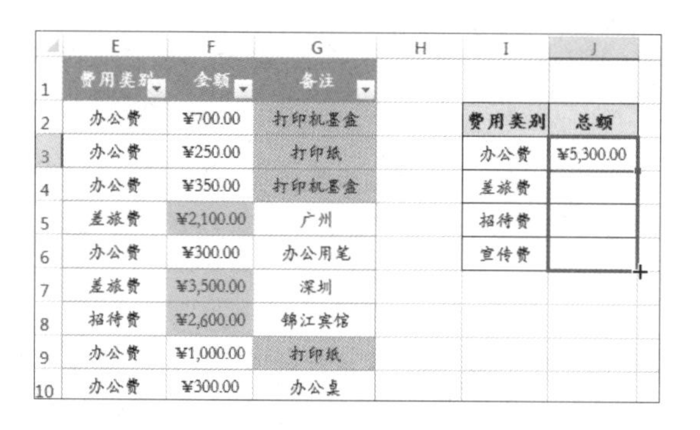

10.2.2 显示需要的数据

想让表格中的数据按照一定顺序显示，可对其进行条件排序；对于不重要或暂时不需要查看的数据行或列，可将其隐藏；若只查看工作表中满足某些条件的数据，可对单元格进行条件筛选，既可根据单元格颜色或字体颜色筛选，也可根据数字值的区间范围进行筛选。

步骤01　隐藏列

继续之前的操作，选中需要隐藏的列，这里选择 A 列和 B 列，然后在选中的任意列上右击，在弹出的快捷菜单中单击“隐藏”命令，如下图所示。

步骤02　查看隐藏后的效果

此时选中的 A 列和 B 列被隐藏了，效果如下图所示。需要再次显示时，在隐藏的行号或列标处右击，在弹出的快捷菜单中单击“取消隐藏”命令即可。

步骤03　单击“排序”按钮

选择表格中任意包含数据的单元格，单击“数据”选项卡下“排序和筛选”组中的“排序”按钮，如下图所示。

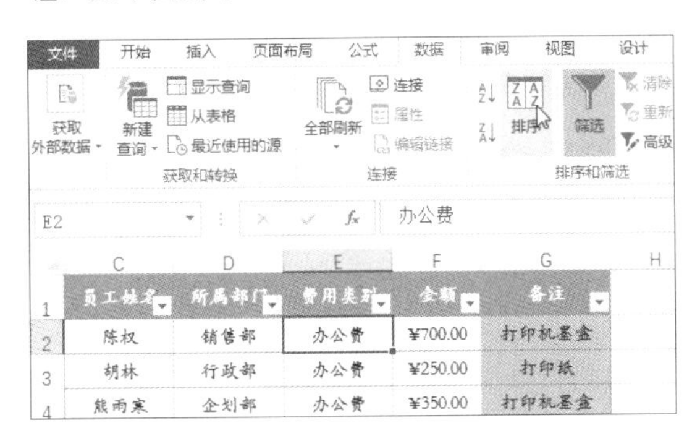

步骤04　设置关键字

弹出“排序”对话框，设置“主要关键字”为“所属部门”，单击“添加条件”按钮，如下图所示。

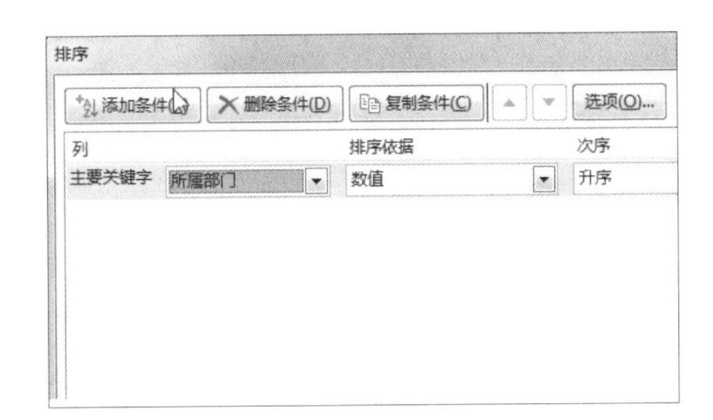

步骤05　添加次要关键字

此时增加了次要关键字，设置“次要关键字”为“金额”，“排序依据”和“次序”保持默认值不变，最后单击“确定”按钮，如下图所示。

步骤06　查看排序后的显示效果

此时表格中的数据按照“所属部门”和“金额”字段升序排列，效果如下图所示。

步骤07　选择数据筛选条件

单击“金额”字段右侧的筛选按钮，在展开的下拉列表中指向“按颜色筛选”，然后在展开的级联列表中选择“按单元格颜色筛选”组中的“浅红色”，如下左图所示。

步骤08 显示筛选结果

此时表格中只显示了“金额”列中颜色为浅红色单元格的数据行，效果如下右图所示。

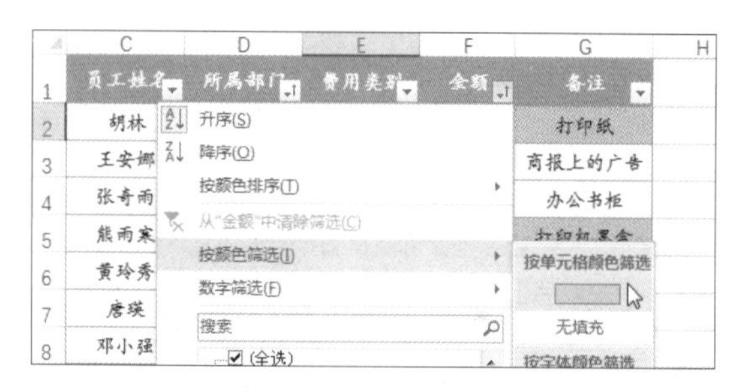

	员工姓名	所属部门	费用类别	金额	备注
4	张奇雨	行政部	办公费	¥1,800.00	办公书柜
7	唐瑛	企划部	招待费	¥1,200.00	四川宾馆
8	邓小强	企划部	差旅费	¥2,100.00	广州
12	李秀灵	销售部	招待费	¥1,600.00	金和宾馆
13	郭强	销售部	招待费	¥2,600.00	锦江宾馆
17	李良慧	研发部	招待费	¥1,400.00	兴荣饭店
18	吴珊	研发部	差旅费	¥3,500.00	深圳

步骤09 筛选差旅费

单击“费用类别”右侧的筛选按钮，在展开的下拉列表中取消勾选“全选”复选框，再勾选“差旅费”复选框，如下图所示。最后单击“确定”按钮。

步骤10 查看筛选结果

此时表格中只显示了费用类别为差旅费且金额大于1000元的数据行，如下图所示。

10.2.3 统计同一类别的费用

统计同一类别的费用可使用分类汇总功能。在创建分类汇总前，首先要将需要汇总的数据进行排序，让同类字段显示在一起，然后再进行汇总。如选择手动汇总，则需要计算汇总项及手动创建组。汇总时可以根据需要选择汇总方式，对数据汇总后，同时会将该字段组合为一组，并可以将其隐藏。

步骤01 升序排列“费用类别”

继续之前的操作，取消隐藏A列和B列，清除所有筛选及排序条件，选择“费用类别”项中的任意一个单元格，这里选择单元格E2，然后单击“数据”选项卡下“排序和筛选”组中的“升序”按钮，如下图所示。

步骤02 显示升序排列后的效果

此时“费用类别”按照升序排列显示，效果如下图所示。

	序号	时间	员工姓名	所属部门	费用类别	金额	备注
2	002	2016/8/3	胡林	行政部	办公费	¥250.00	打印纸
3	015	2016/9/8	张奇雨	行政部	办公费	¥1,800.00	办公书柜
4	003	2016/8/5	熊雨寒	企划部	办公费	¥350.00	打印机墨盒
5	008	2016/8/19	黄玲秀	企划部	办公费	¥1,000.00	打印纸
6	005	2016/8/11	王燕	销售部	办公费	¥300.00	办公用笔
7	017	2016/9/14	徐小林	销售部	办公费	¥600.00	办公椅
8	001	2016/8/1	陈权	销售部	办公费	¥700.00	打印机墨盒
9	009	2016/8/23	黎艳	研发部	办公费	¥300.00	办公桌
10	004	2016/8/9	邓小强	企划部	差旅费	¥2,100.00	广州
11	016	2016/9/12	谭军	研发部	差旅费	¥580.00	上海

步骤03　插入汇总行

要想在第 10 行上方新增一行，则选中第 10 行，然后在所选的区域右击，在弹出的快捷菜单中单击“插入”命令，如下图所示。

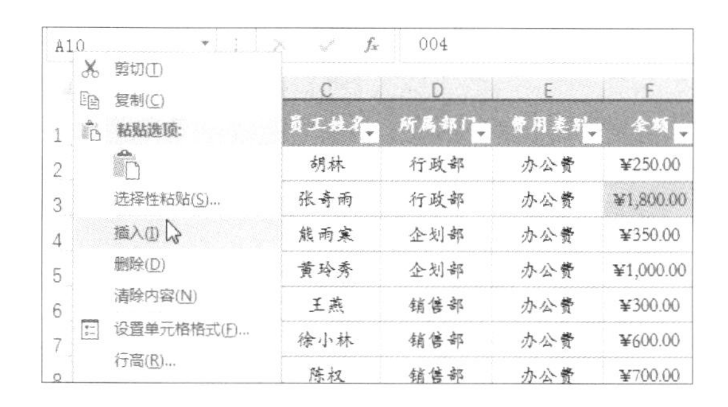

步骤04　输入并计算汇总数据

此时新增加了一行，在单元格 E10 中输入“办公费汇总”，然后在单元格 F10 中输入 J 列中计算出的办公费总金额。使用同样方法分别汇总差旅费、宣传费和招待费，效果如下图所示。

步骤05　选择单元格区域

选择一组数据，这里选择单元格区域 A2:G9，如下图所示。

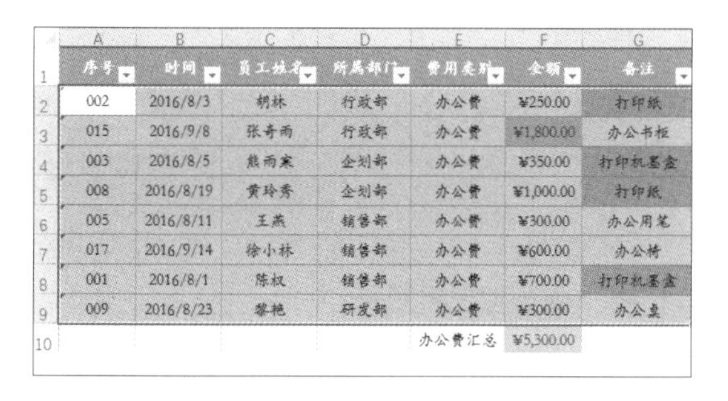

步骤06　单击“创建组”选项

单击“数据”选项卡下“分级显示”组中“创建组”右侧的下三角按钮，在展开的列表中单击“创建组”选项，如下图所示。

步骤07　选择创建方式

弹出“创建组”对话框，单击“行”单选按钮，单击“确定”按钮，如下图所示。

步骤08　继续创建分组

创建组后，表格的左上角出现了级数按钮，继续选择同一类别的费用并将其创建为同一组，创建完成后，单击表格左上角的数字“1”按钮，如下图所示。

步骤09　查看一级汇总项

此时该汇总表只显示第 1 级汇总项数据，即各费用类别的汇总情况，如右图所示。

10.3 图形化日常费用表

图形化日常费用表就是将日常费用表中的数据内容、数据与数据之间的比较信息用图形表现出来，让读者一目了然地了解表格中的数据。Excel 提供了多种图表类型，对于不同的表格，用户可根据需要选择合适的图表类型。

10.3.1 图表的创建与编辑

在日常费用表中创建图表时，用户既可以自行选择 Excel 2016 提供的多种图表类型中的任意一种，也可以直接通过系统推荐的图表快速创建。在创建好图表后，用户还可以对图表的元素、数据源及图表的位置进行编辑和更改。

步骤01　选择需要创建图表的单元格区域

继续之前的操作，单击工作表左上角的数字“2”按钮，使表格中的数据完全显示，然后选择单元格区域 A1:G22，如下图所示。

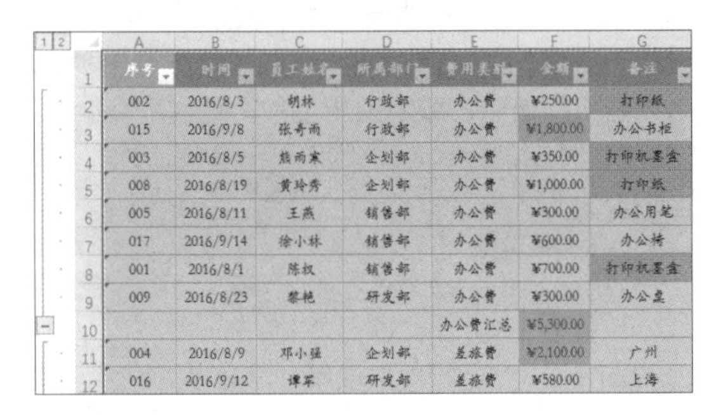

序号	时间	员工姓名	所属部门	费用类别	金额	备注
002	2016/8/3	胡林	行政部	办公费	¥250.00	打印纸
015	2016/9/8	张奇雨	行政部	办公费	¥1,800.00	办公书柜
003	2016/8/5	熊雨寒	企划部	办公费	¥350.00	打印机墨盒
008	2016/8/19	黄玲秀	企划部	办公费	¥1,000.00	打印纸
005	2016/8/11	王燕	销售部	办公费	¥300.00	办公用笔
017	2016/9/14	徐小林	销售部	办公费	¥600.00	办公椅
001	2016/8/1	陈权	销售部	办公费	¥700.00	打印机墨盒
009	2016/8/23	黎艳	研发部	办公费	¥300.00	办公桌
				办公费汇总	¥5,300.00	
004	2016/8/9	邓小强	企划部	差旅费	¥2,100.00	广州
016	2016/9/12	谭军	研发部	差旅费	¥580.00	上海

步骤02　启动“插入图表”对话框

切换至“插入”选项卡下，单击“图表”组中的对话框启动器，如下图所示。

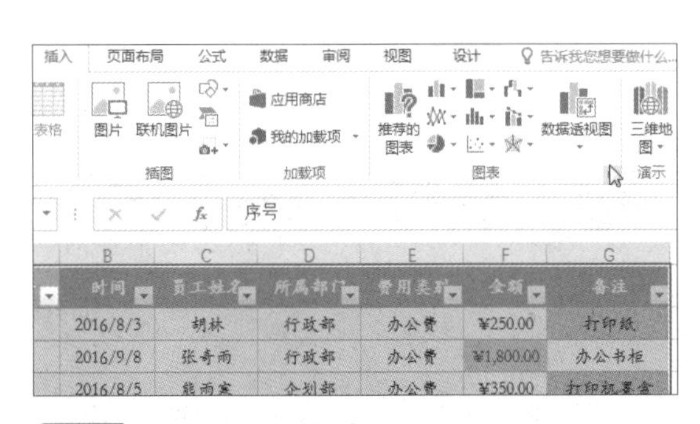

步骤03　选择需要创建的图表类型

弹出“插入图表”对话框，在“推荐的图表”选项卡下单击左侧列表框中的簇状柱形图，在右侧可预览选择的图表，如下图所示，选定图表后单击“确定”按钮。

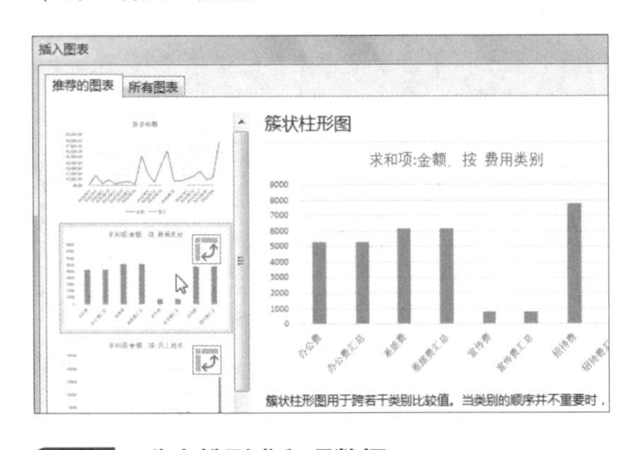

步骤04　查看创建的图表

此时 Excel 根据所选数据源自动创建了数据透视图与数据透视表，且将其放置于新建的工作表“Shee1”中，如下图所示。

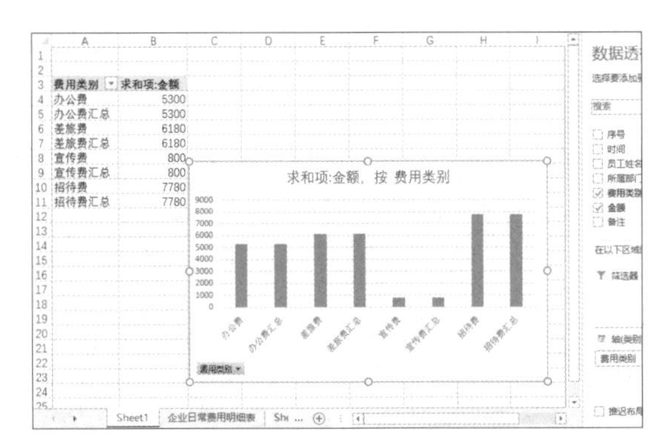

步骤05　升序排列求和项数据

在数据透视表中选择“求和项：金额”列中的数据，即选择单元格区域 B4:B11，单击“数据”选项卡下“排序和筛选”组中的“升序”按钮，如下左图所示。

步骤06　查看数据透视图中数据系列的变化

此时数据透视图根据数据源顺序的改变进行了相应的调整，显示效果如下右图所示。

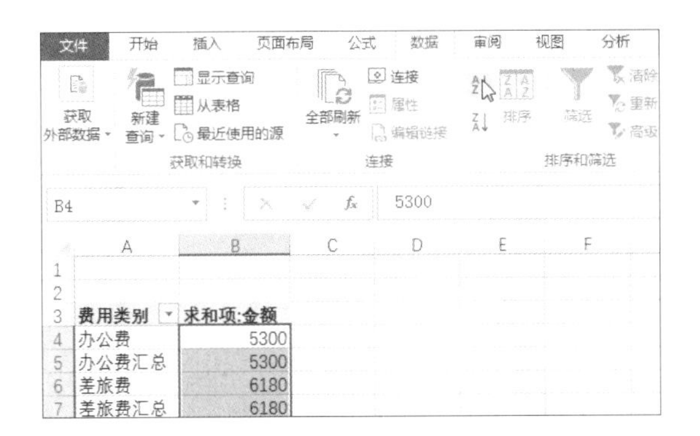

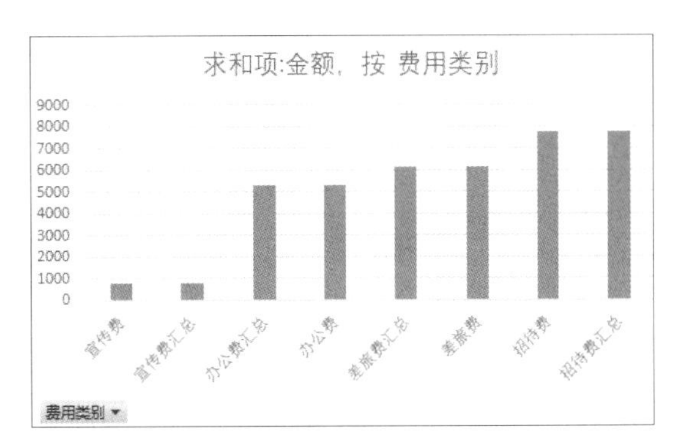

步骤07　筛选显示的费用类别

单击图表中的“费用类别”按钮，在弹出的快捷菜单中执行“标签筛选 > 结尾是”命令，如下图所示。

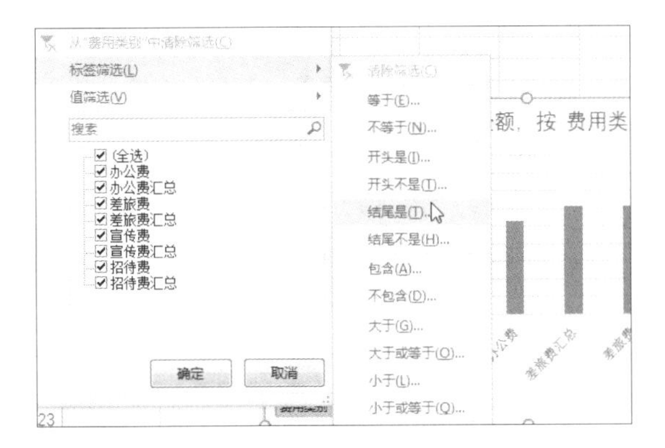

步骤08　设置标签筛选条件

弹出“标签筛选（费用类别）”对话框，设置显示的项目的标签结尾是“汇总”，即显示汇总项数据，然后单击“确定”按钮，如下图所示。

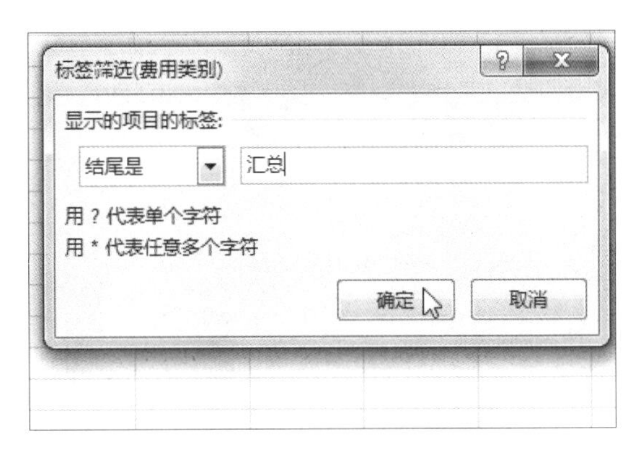

步骤09　查看汇总项数据

此时筛选出了图表中的汇总项数据，效果如下图所示。

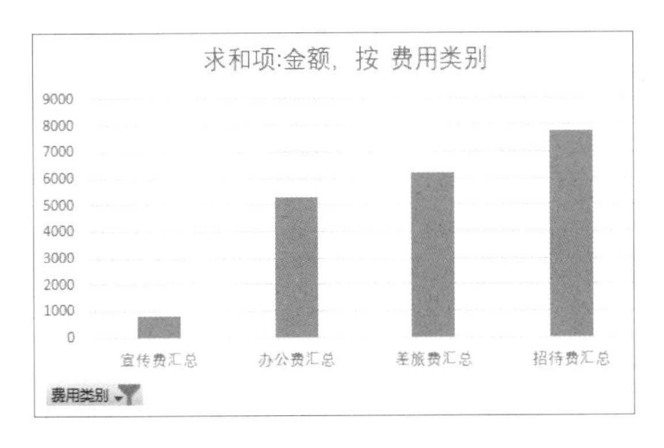

步骤10　添加数据标签

选中图表，单击图表右上角的“图表元素”按钮，在展开的列表中勾选“数据标签”复选框，如下图所示。

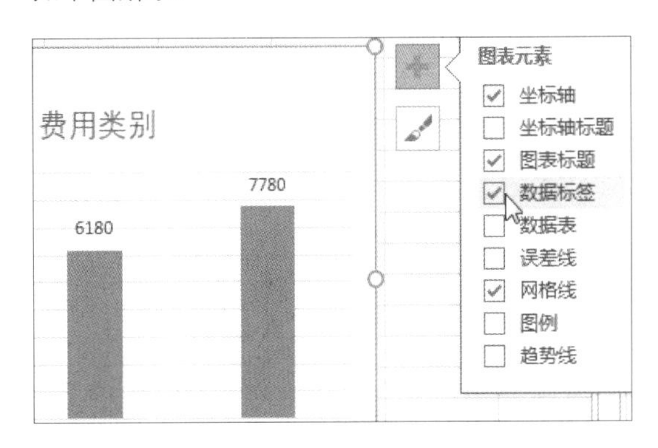

步骤11　添加坐标轴标题

同样打开图表元素列表，勾选“坐标轴标题”复选框，如下左图所示。

步骤12　输入图表标题和坐标轴标题

修改图表标题为“各类费用汇总金额对比”，设置纵坐标轴标题为“金额：元”、横坐标轴标题为“汇总项类别”，如下右图所示。

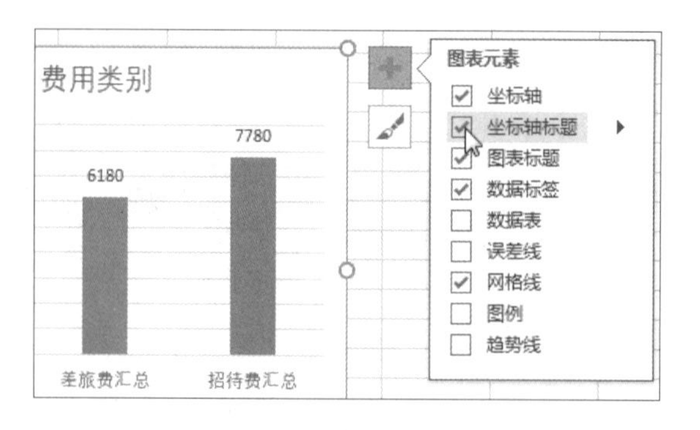

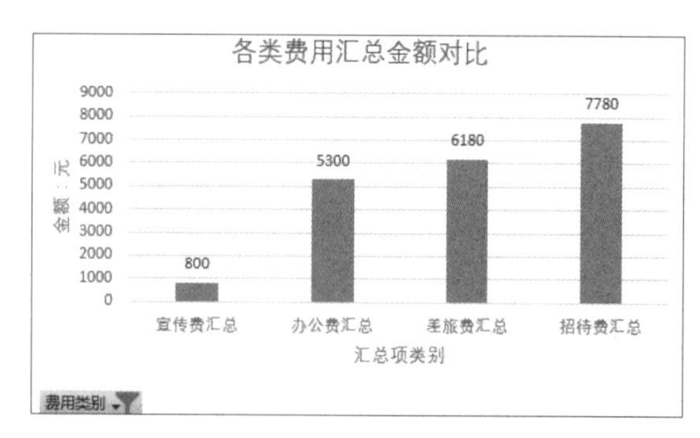

10.3.2 美化图表

图表创建完毕后会应用默认的格式，为了让图表能够更清晰地表达数据，也更加美观，用户在后期可对图表的布局、数据系列、背景等内容进行设置。

步骤01 删除网格线

继续之前的操作，右击图表中的网格线，在弹出的快捷菜单中单击"删除"命令，如下图所示。

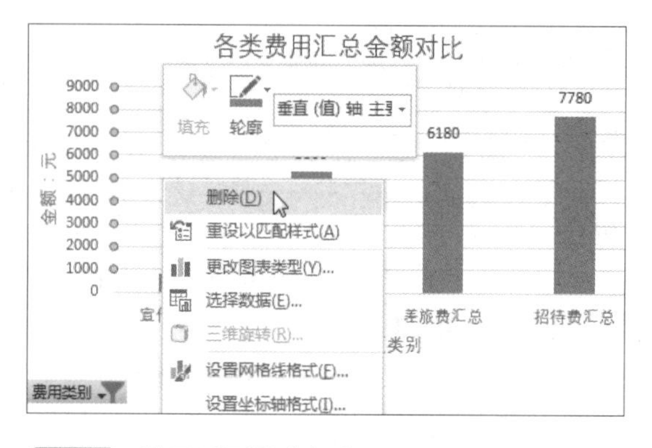

步骤02 设置数据系列填充颜色

右击图表中的数据系列，在弹出的快捷菜单中单击"填充"按钮，在展开的颜色库中单击"绿色，个性色 6"，如下图所示。

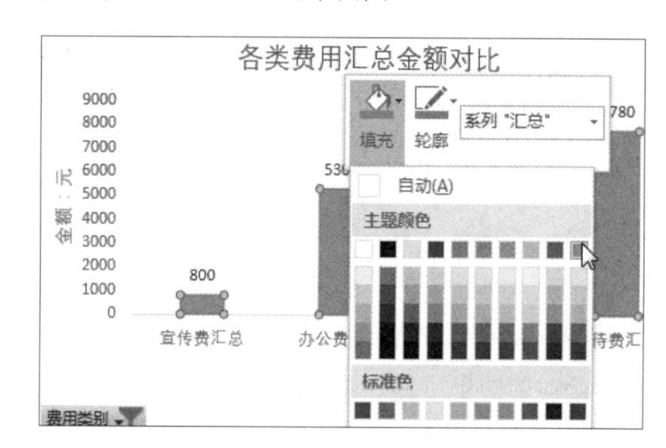

步骤03 设置系列轮廓颜色

继续右击数据系列，在弹出的快捷菜单中单击"轮廓"按钮，在展开的颜色库中单击"黑色，文字 1"，如下图所示。

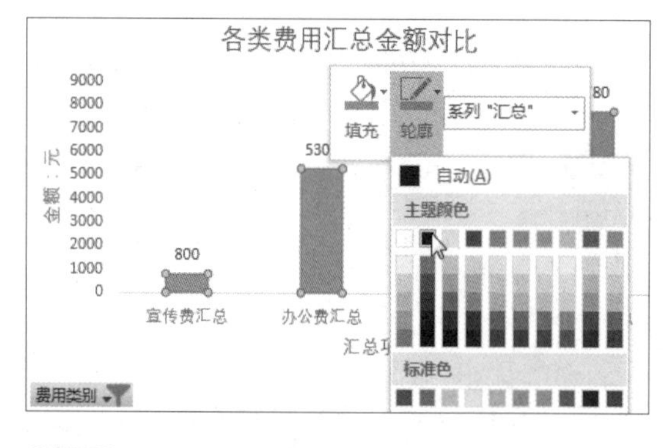

步骤04 设置数据系列格式

右击数据系列，在弹出的快捷菜单中单击"设置数据系列格式"命令，如下图所示。

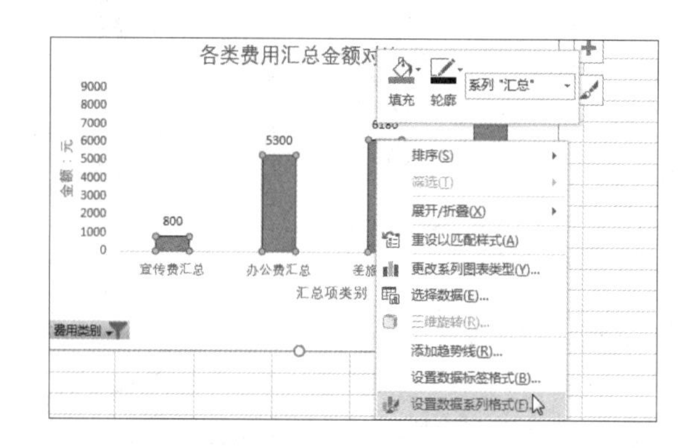

步骤05 设置分类间距

表格右侧弹出"设置数据系列格式"任务窗格，在"系列选项"选项卡下拖动"分类间距"滑块，直至分类间距为"90%"，如下左图所示。

步骤06　设置轮廓的宽度

切换至“填充与线条”选项卡下，在“边框”选项组下单击“宽度”右侧的数字调节按钮，设置数据系列的轮廓宽度为“2 磅”，如下右图所示。

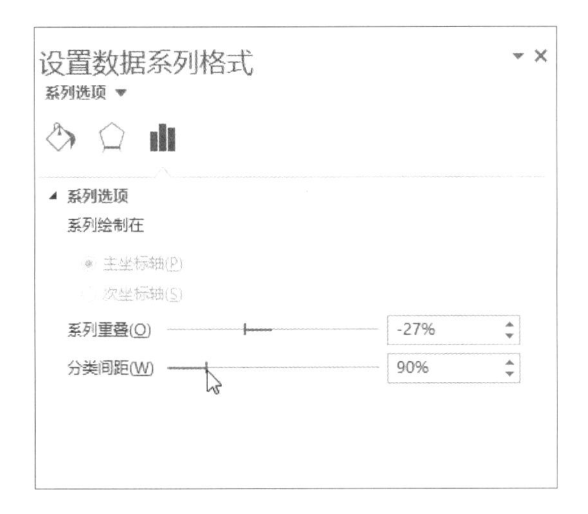

步骤07　设置图表区填充

选中图表的图表区，可看到任务窗格名称变为了“设置图表区格式”，在“填充与线条”选项卡下的“填充”选项组中单击“图案填充”单选按钮，如下图所示。

步骤08　选择填充图案

在“图案”选项组下保持默认的“前景”颜色，单击要选择的填充图案，如“10%”，如下图所示。

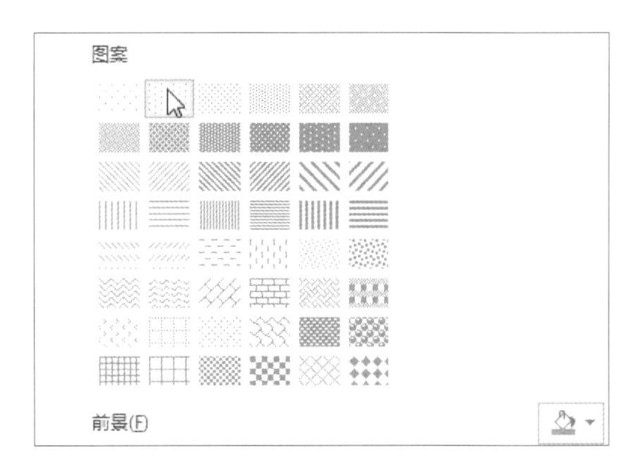

步骤09　设置图表字体格式

选中图表后，在“开始”选项卡下的“字体”组中设置“字体”为“微软雅黑”、“字号”为“10”磅，单击“加粗”按钮，如下图所示。

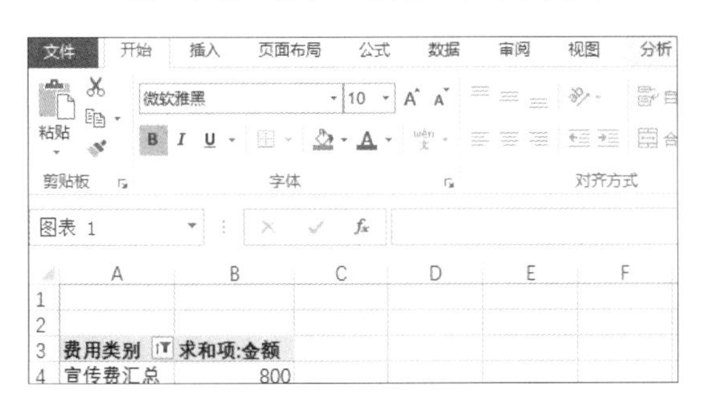

步骤10　查看美化图表后的效果

随后可看到设置图表数据系列、图表区及字体格式后的效果，如下图所示。

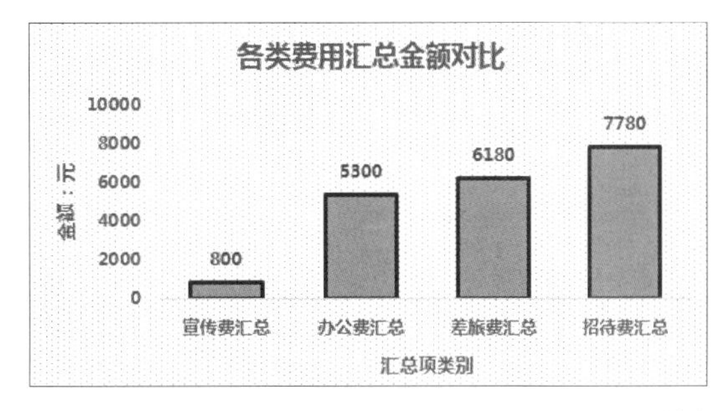

10.4 数据的安全管理

对于 Excel 工作簿来说，数据的安全管理至关重要。为了确保数据的安全，在 Excel 2016 中可以检查工作簿问题、验证数据安全、保护工作簿等，下面介绍具体的操作方法。

10.4.1 检查工作簿问题

如果用户需要详细掌握当前表格的制作情况，可对文档的属性和个人信息、数据模型、内容外接程序、任务窗格加载项等多达 20 项进行检查，用户可自定义需要检查的内容。由于 Excel 程序有很多个版本，当用户需要对 Excel 表格进行版本之间的转换时，为了防止当前表格中的某些效果丢失，可先对版本之间的兼容性进行检查。

步骤01 单击“信息”命令

继续之前的操作，单击“文件”按钮，在弹出的菜单中单击“信息”命令，如下图所示。

步骤02 单击“检查文档”选项

单击“信息”选项面板中的“检查问题”按钮，在展开的下拉列表中单击“检查文档”选项，如下图所示。

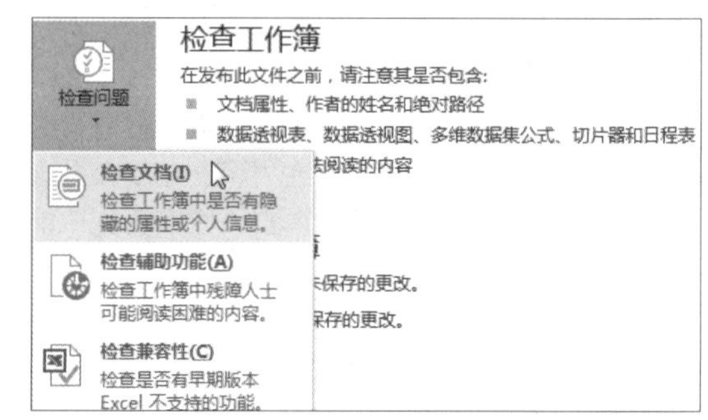

步骤03 选择需要检查的内容

弹出“文档检查器”对话框，取消不需要检查的选项前面的复选框，如取消对“批注和注释”的选择，然后单击“检查”按钮，如下图所示。

步骤04 完成检查

程序将表格中的内容检查完成后，在“文档检查器”对话框中显示审阅检查结果。对于检查到的不需要的内容，可单击检查结果右侧的“全部删除”按钮。如果不需要将检查结果的内容删除，则可以单击“关闭”按钮，然后返回工作表中对表格内容进行编辑，如下图所示。

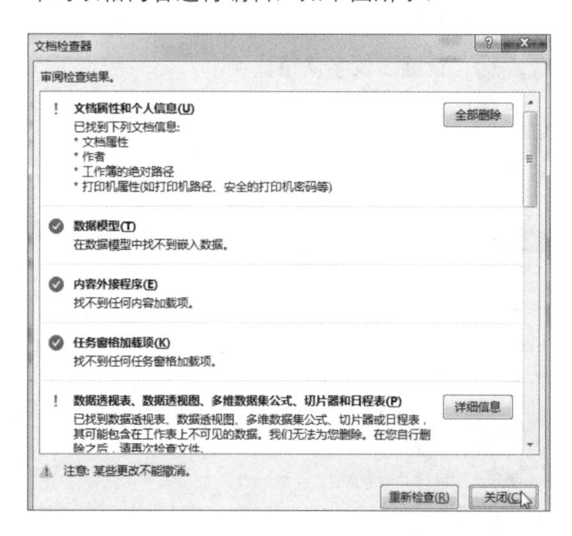

步骤05　检查兼容性

单击“信息”选项面板中的“检查问题”按钮，在展开的下拉列表中单击“检查兼容性”选项，如下图所示。

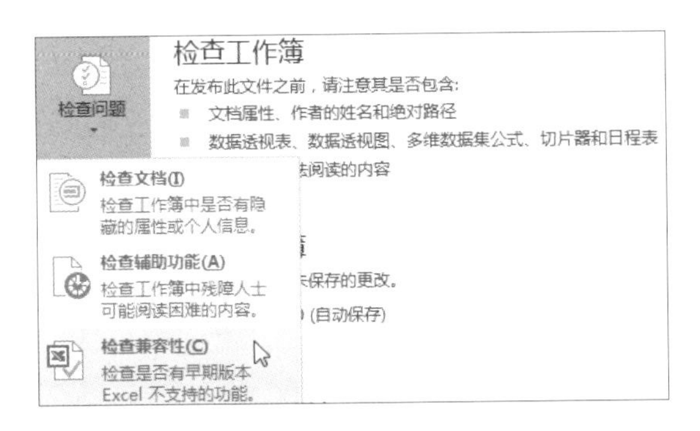

步骤06　选择要显示的版本

弹出“Microsoft Excel-兼容性检查器”对话框，单击“选择要显示的版本”按钮，在展开的下拉列表中默认选择 Excel 2016 之前的所有版本，如下图所示，单击“确定”按钮。

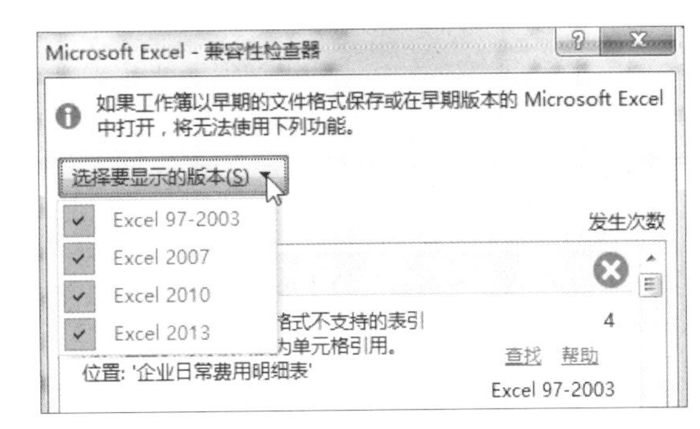

10.4.2　保护工作簿

为了确保工作簿的安全，防止别人随意查看或更改，用户可以对工作簿进行加密、保护工作簿结构等操作。

步骤01　执行加密工作簿操作

继续之前的操作，单击“文件”按钮，自动切换至“信息”选项面板下，单击“保护工作簿”按钮，在展开的下拉列表中单击“用密码进行加密”选项，如下图所示。

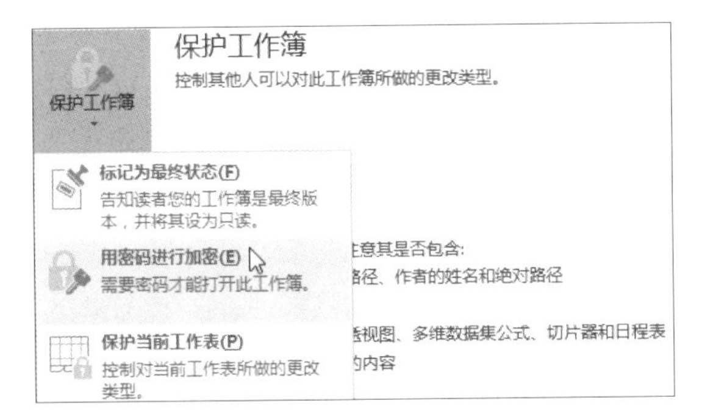

步骤02　输入加密工作簿的密码

弹出“加密文档”对话框，在“密码”文本框中输入密码，这里输入“123456”，然后单击“确定”按钮，如下图所示。

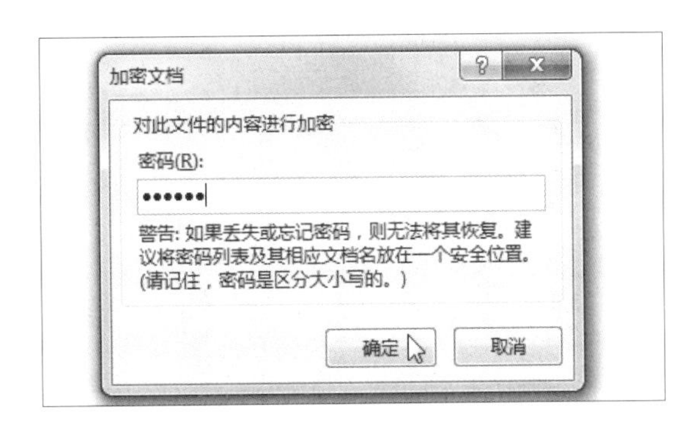

步骤03　确认密码

弹出“确认密码”对话框，在“重新输入密码”文本框中再次输入密码“123456”，然后单击“确定”按钮，如下图所示。

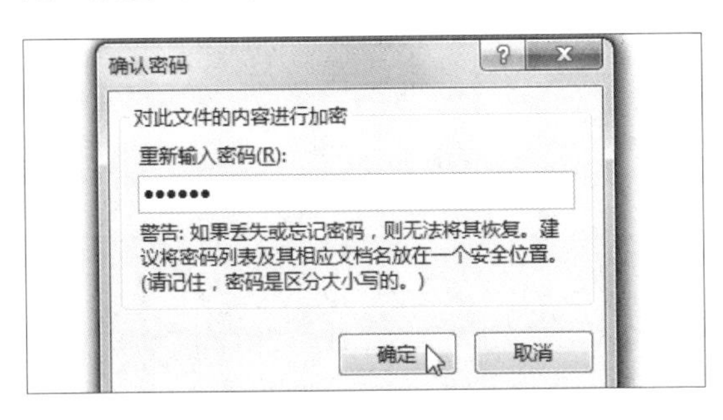

步骤04　保护工作簿的信息状态

当对工作簿进行加密保护后，“信息”选项面板中的“保护工作簿”以黄色背景突出显示，如下图所示。

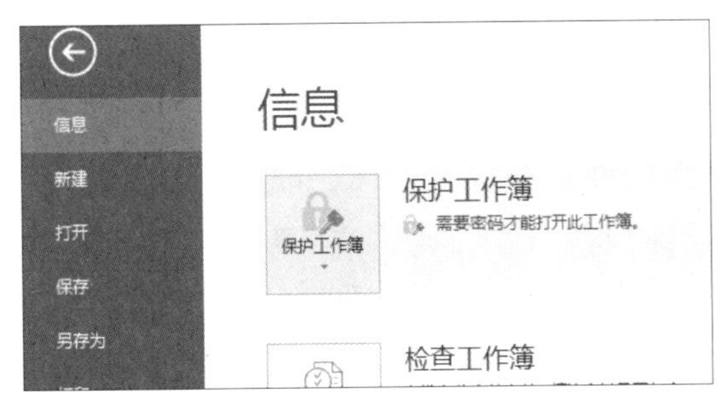

步骤05 **保存文档**

单击“保存”按钮，自动跳转至“另存为”选项面板，单击“浏览”按钮，如右图所示。

步骤06 **选择保存位置**

弹出“另存为”对话框，在地址栏中选择文档保存的位置，然后输入文件名，选择保存类型，如下图所示，设置完毕后单击“保存”按钮。

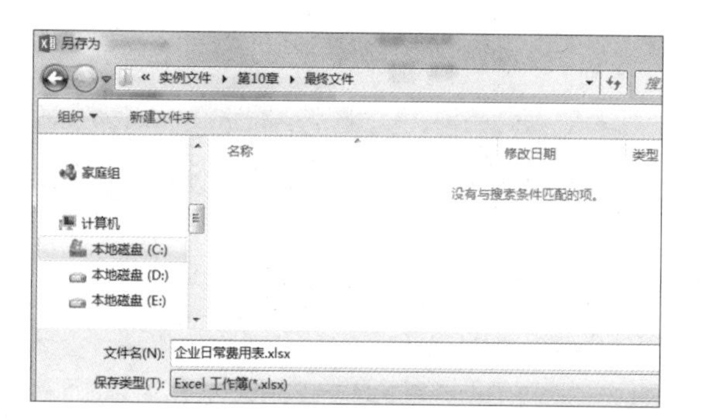

步骤07 **再次打开工作簿**

当再次打开工作簿时会弹出“密码”对话框，如下图所示。只有输入正确的密码后单击“确定”按钮，才能够打开该工作簿。

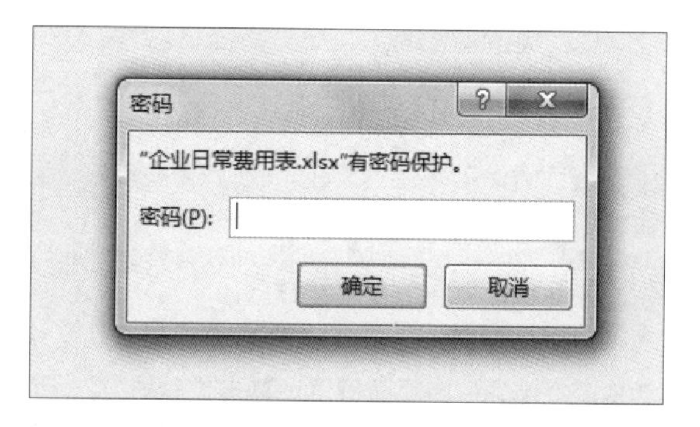

读书笔记

第11章 PowerPoint 2016基本操作

PowerPoint 也是 Microsoft Office 家庭中的重要成员之一。本章将介绍 PowerPoint 2016 的一些基本操作，主要包括如何创建演示文稿、如何编辑演示文稿中的文本、如何设置文本或段落格式、如何添加和删除幻灯片及如何调整幻灯片的顺序等内容。

11.1 创建演示文稿

PowerPoint 2016 为用户提供了多种创建演示文稿的方法，本节主要介绍两种，分别为使用快捷菜单创建空白演示文稿和基于模板创建演示文稿。

11.1.1 使用快捷菜单创建空白演示文稿

用户可以在桌面或文件夹中利用快捷菜单新建一个空白演示文稿，具体操作步骤如下。

原始文件： 无
最终文件： 下载资源\实例文件\第11章\最终文件\新建的空白演示文稿.pptx

步骤01 新建演示文稿

在桌面空白处右击，在弹出的快捷菜单中执行“新建 >Microsoft PowerPoint 演示文稿”命令，如下左图所示。

步骤02 重命名演示文稿

此时，在桌面新建了一个名为“新建 Microsoft PowerPoint 演示文稿 .pptx”的演示文稿，并且该演示文稿的名称处于可编辑状态，如下中图所示。可直接输入需要的演示文稿名称，如“新建的空白演示文稿”，然后按下【Enter】键。

步骤03 查看创建的演示文稿效果

双击新建的演示文稿图标可以打开该演示文稿，单击幻灯片窗格任意位置，可以自动创建标题幻灯片，如下右图所示。

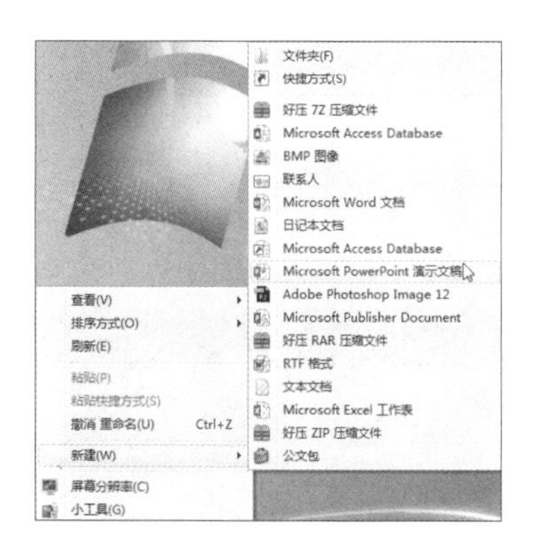

11.1.2 基于模板创建演示文稿

PowerPoint 2016 为用户提供了比以往更加丰富多彩的样本模板。样本模板中包含多项已设置完成的演示文稿外观效果，用户只需对其中的内容进行修改，即可创建美观、专业的演示文稿。基于模板创建演示文稿的具体步骤如下。

原始文件：无

最终文件：下载资源\实例文件\第11章\最终文件\带有图片的标题版式.pptx

步骤01 单击“新建”命令

启动 PowerPoint，单击“文件”按钮，在弹出的菜单中单击“新建”命令，如下图所示。

步骤02 选择主题模板

在展开的“新建”选项面板中，可直接单击需要的模板进行创建，还可对模板进行分类搜索，如单击“主题”选项，如下图所示。

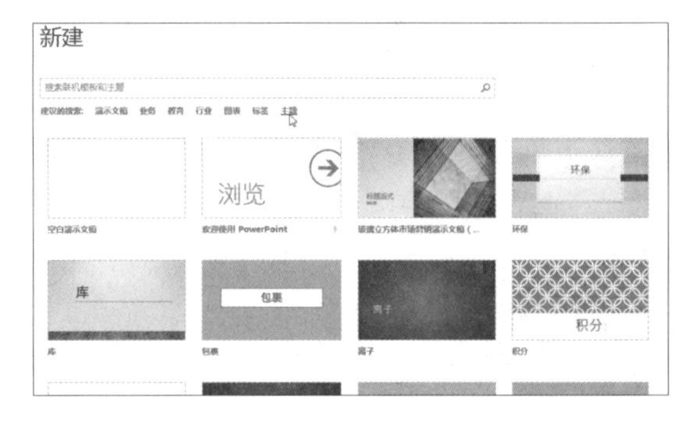

步骤03 选择需要使用的模板

此时选项面板中显示更多“主题”系列模板，单击需要的模板，如下图所示。

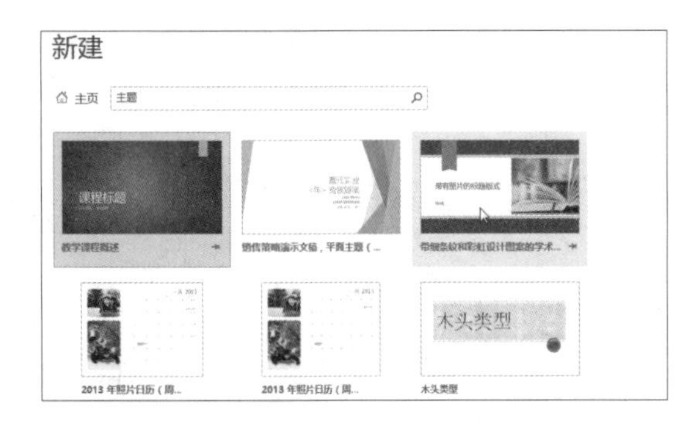

步骤04 创建模板演示文稿

弹出所选演示文稿模板对话框，在对话框中展示了该模板的首页样式，单击“创建”按钮，如下图所示。

步骤05 显示创建的模板演示文稿

系统根据选定的模板，创建了如右图所示的演示文稿，该文稿包含了格式、外观及内容等。

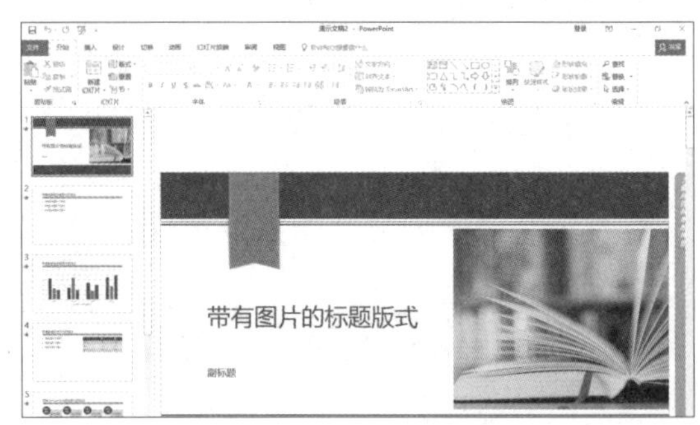

知识补充　启动程序后自动新建空白演示文稿

PowerPoint 2016启动后默认显示的是开始屏幕，若要在启动后自动新建一个空白演示文稿，可打开“PowerPoint选项”对话框，在“常规”选项卡下的“启动选项”选项组中取消勾选“此应用程序启动时显示开始屏幕”复选框。

11.2 保存演示文稿

创建好演示文稿后，应该及时将其保存起来，避免因停电或没有制作完成就误将演示文稿关闭而造成的损失，同时也方便以后使用。具体分为将演示文稿保存在原来的位置和另存到其他位置两种。

11.2.1 将演示文稿保存在原来位置

如果希望快速保存演示文稿，可以使用“保存”命令来实现。当第一次使用“保存”命令来保存时，会弹出“另存为”对话框，要求设定演示文稿的保存路径、文件名及保存类型。

原始文件：无
最终文件：下载资源\实例文件\第11章\最终文件\工作日程安排.pptx

步骤01　单击“保存”命令

新建一模板演示文稿，第一次保存时单击“文件”按钮，在弹出的菜单中单击“保存”命令，在展开的“另存为”选项面板中双击“这台电脑”选项，如下左图所示。

步骤02　设置保存选项

弹出“另存为”对话框，在地址栏中选择演示文稿的保存位置，在“文件名”文本框中输入名称，这里输入“工作日程安排”，如下中图所示，最后单击“保存”按钮即可。

步骤03　显示保存后的演示文稿效果

此时可以看到当前演示文稿的标题更改为“工作日程安排”，如下右图所示。

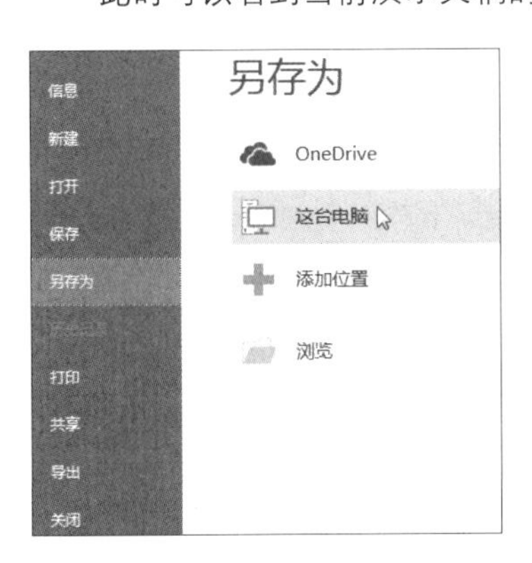

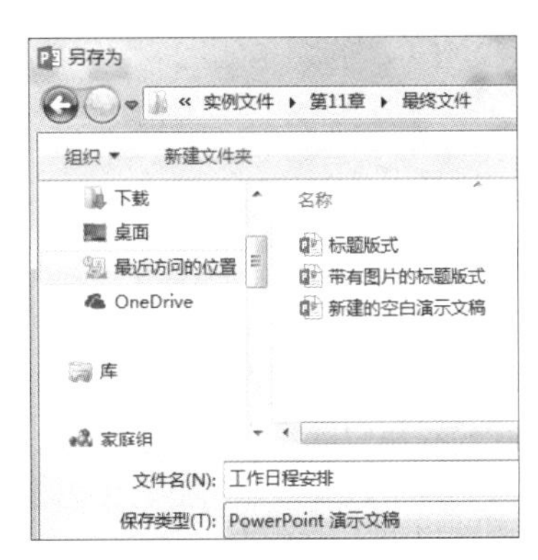

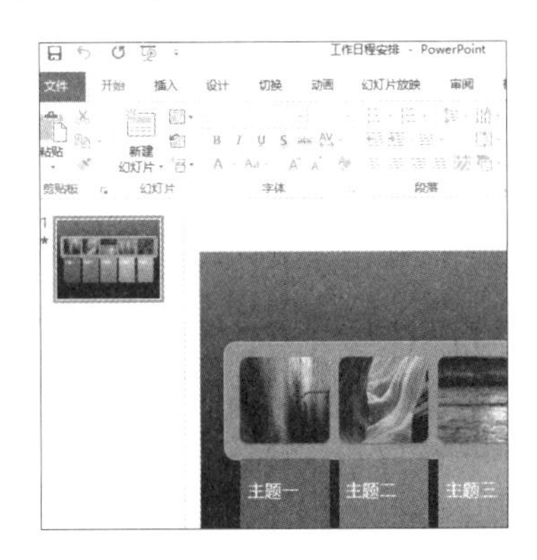

知识补充　快速保存现有演示文稿

如果要保存的演示文稿已存在，可以直接单击快速访问工具栏中的“保存”按钮，将不会弹出“另存为”对话框，而是将现有演示文稿在原位置保存。还可以直接按下【Ctrl+S】组合键在原位置保存演示文稿。

11.2.2 将演示文稿保存在其他位置

如果希望在保存时更改演示文稿的位置，可以使用“另存为”命令来保存。将演示文稿保存在其他位置时，将不会更改原有演示文稿中的内容。另外，在“另存为”对话框中可以更改演示文稿的文件类型或文件名。

原始文件：下载资源\实例文件\第11章\原始文件\工作日程安排.pptx
最终文件：下载资源\实例文件\第11章\最终文件\更改保存位置.pptx

步骤01 单击“另存为”命令

打开原始文件，对演示文稿中的内容进行修改，然后单击“文件”按钮，在弹出的菜单中单击“另存为”命令，在“另存为”选项面板中双击“这台电脑”，如下左图所示。

步骤02 设置保存选项

弹出“另存为”对话框，在地址栏中选择文件要保存到的位置，然后在“文件名”文本框中输入新的文件名称，这里输入“更改保存位置”，如下中图所示，最后单击“保存”按钮。

步骤03 显示另存为演示文稿的效果

此时演示文稿保存至指定的位置，且标题栏中的名称更改为“更改保存位置”，如下右图所示。

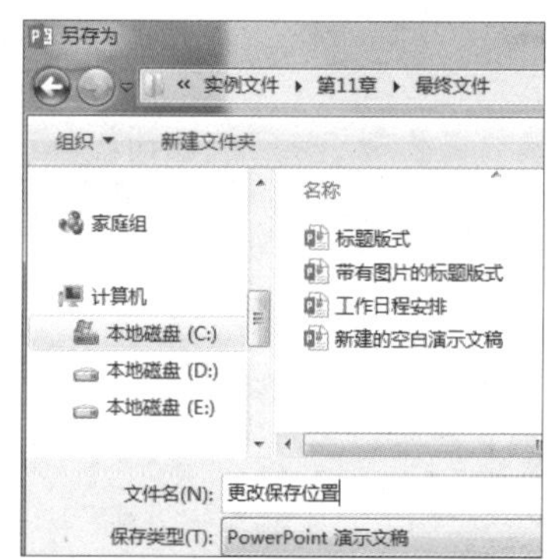

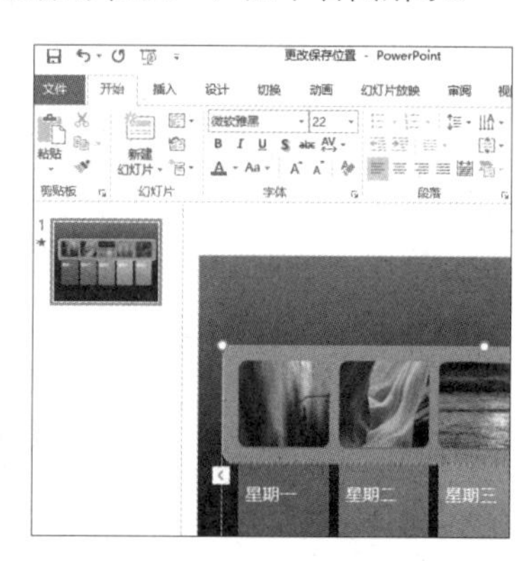

11.3 编辑幻灯片中的文本

演示文稿中的内容非常丰富，包括文本、图片、图表、声音、视频等。其中，文本是最基本的元素。在幻灯片中添加文本有 4 种方式：版式文本占位符、文本框、自选图形文本和艺术字。下面对前三种方式进行详细讲解，并介绍文本的相关编辑操作。

11.3.1 利用占位符输入文本

有些幻灯片的版式中自带占位符，用户也可以在幻灯片中自定义占位符，然后单击占位符并输入文字即可。

原始文件：下载资源\实例文件\第11章\原始文件\输入文本_占位符.pptx
最终文件：下载资源\实例文件\第11章\最终文件\输入文本_占位符.pptx

步骤01 查看文本占位符

打开原始文件，切换至第一张幻灯片，在幻灯片窗格中可以看到其中包括两个文本占位符：一个是标题占位符，另一个是副标题占位符，如下左图所示。

步骤02　单击标题占位符

单击标题占位符，此时示例文本消失，占位符内出现闪烁的插入点，占位符边框出现控点，如下右图所示。

步骤03　输入文本

在标题占位符中输入文本，输入完成后单击占位符外任意位置，即可退出文本编辑状态，完成输入。使用同样的方法输入副标题，如下图所示。

步骤04　单击列表占位符

在幻灯片浏览窗格中单击第 2 张幻灯片缩略图，切换至第 2 张幻灯片，然后重复前面的步骤，添加标题文本，再单击项目符号列表占位符，插入点会显示在第一个项目符号后，如下图所示。

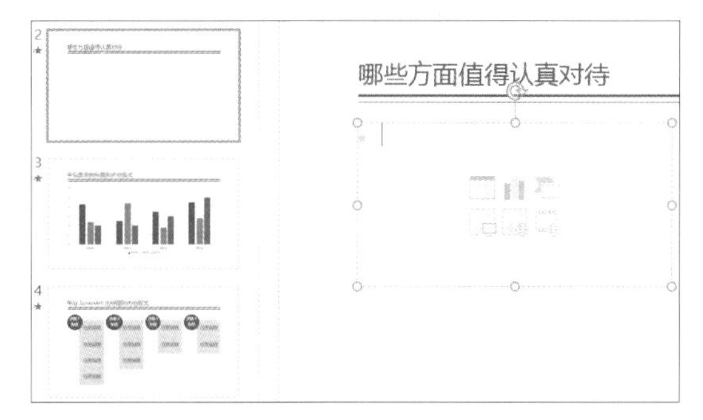

步骤05　输入列表内容

输入第一行列表内容，按下【Enter】键，会在下一行出现一个新的带项目符号的列表项，如下图所示。

步骤06　继续输入列表项内容

完成 5 项列表项内容的输入，此时可以看到文本自动缩小，同时，占位符左下角出现“自动调整选项”按钮，如下图所示。

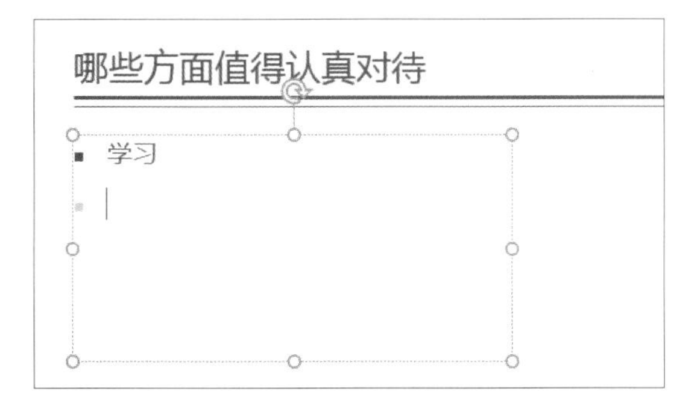

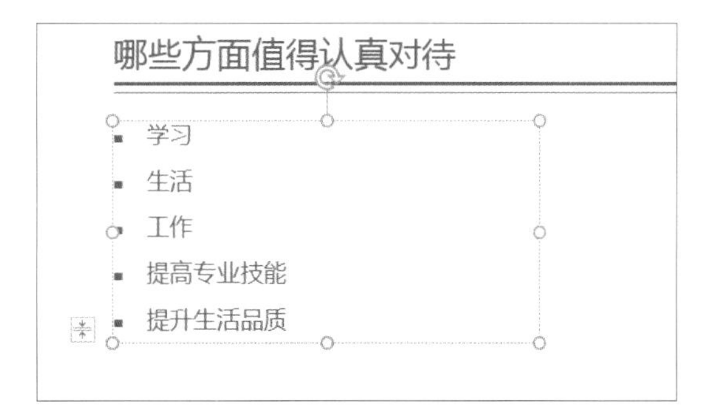

步骤07　单击“控制自动更正选项”命令

将鼠标指针移到“自动调整选项”按钮上，然后单击出现的下三角按钮。此时，在展开的下拉列表中可看到默认选项为“根据占位符自动调整文本”，单击“控制自动更正选项”命令，如下左图所示。

步骤08 设置自动更正选项

弹出“自动更正”对话框，在“键入时自动套用格式”选项卡下，当某个选项前面的复选框被勾选，表示该功能目前打开；想要关闭某种功能，则取消勾选相应选项前面的复选框。这里取消勾选“自动项目符号和编号列表”复选框，如下右图所示，最后单击“确定”按钮。

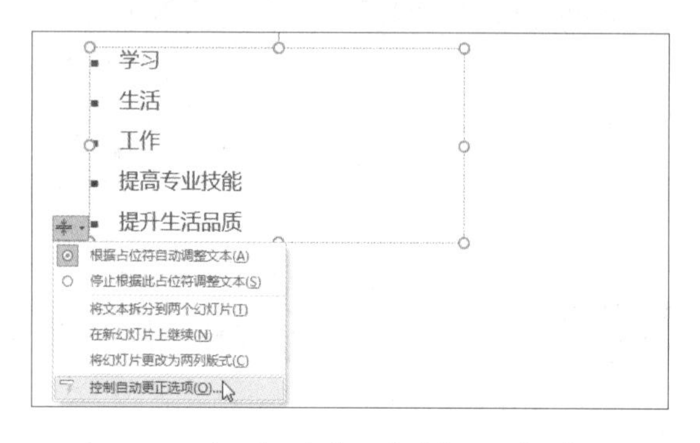

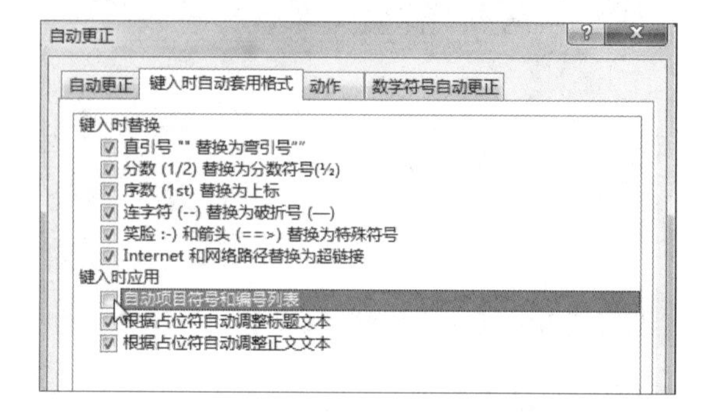

11.3.2 在文本框内输入文本

用户也可以使用文本框在幻灯片中添加文本，添加文本之前首先向幻灯片中插入横排或竖排文本框，插入的文本框可以放在幻灯片的任何位置。使用文本框添加文本的具体步骤如下。

原始文件：下载资源\实例文件\第11章\原始文件\内部培训.pptx
最终文件：下载资源\实例文件\第11章\最终文件\输入文本_文本框.pptx

步骤01 选中第2张幻灯片

打开原始文件，在幻灯片浏览窗格中单击第2张幻灯片缩略图，如下图所示。

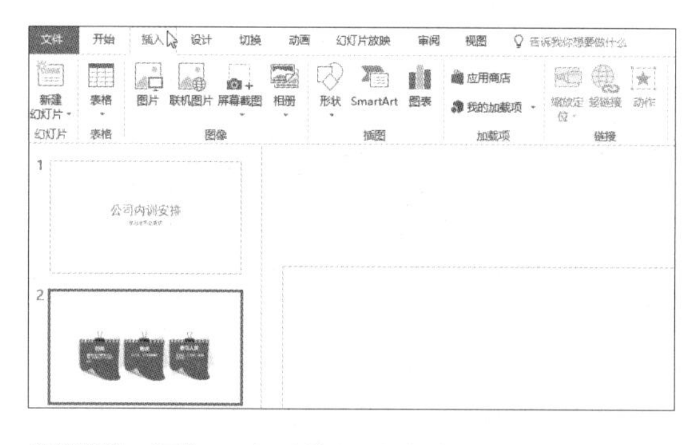

步骤02 插入横排文本框

单击“插入”选项卡下“文本”组中的“文本框”按钮，在展开的下拉列表中单击“横排文本框”选项，如下图所示。如果单击“竖排文本框”选项即可向幻灯片中插入竖排文本框，竖排文本框的文字从右到左、从上到下排列。

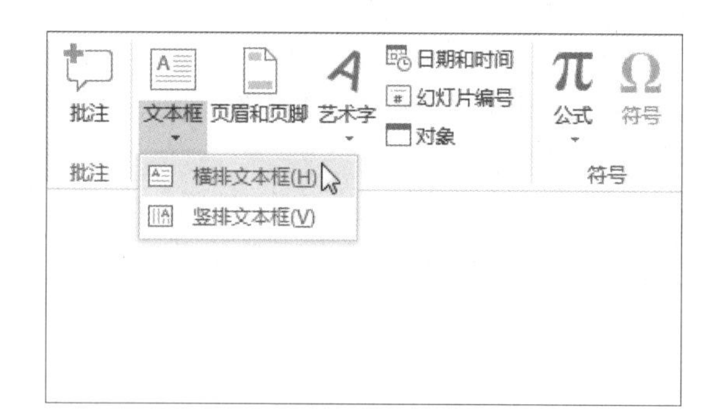

步骤03 添加不自动换行的文本

直接在想要添加文本的位置单击，并开始输入文本。可以看到文本会一直向右延伸，如下左图所示。输入完成后单击文本框外任何位置，即可退出文本编辑状态。

步骤04 绘制文本框

再次单击“横排文本框”选项，在幻灯片中的适当位置单击，按住鼠标左键拖动绘制文本框，拖至合适大小后释放鼠标左键，即可在闪烁的插入点处开始输入文本，如下右图所示。

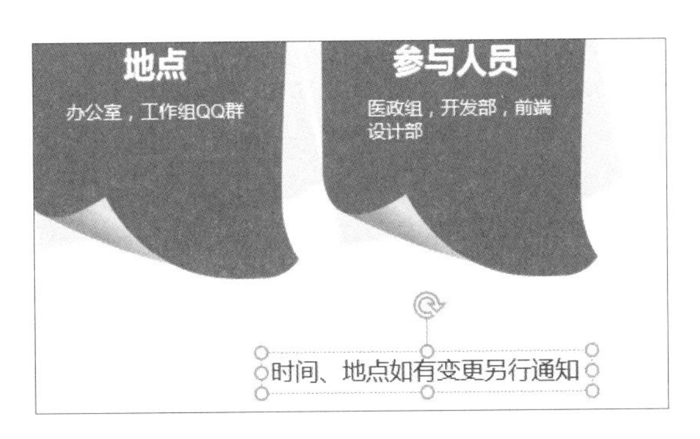

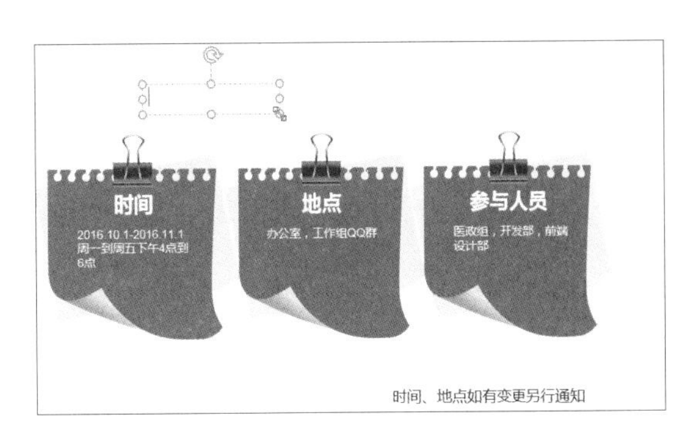

步骤05　添加自动换行文本

在插入的文本框中输入文本，可看到输入的文本按文本框的宽度自动换行，如下图所示。

步骤06　调整文本框大小

按住鼠标左键，拖动文本框上的八个控点中的任何一个，可以调整文本框的大小，调整后的效果如下图所示。

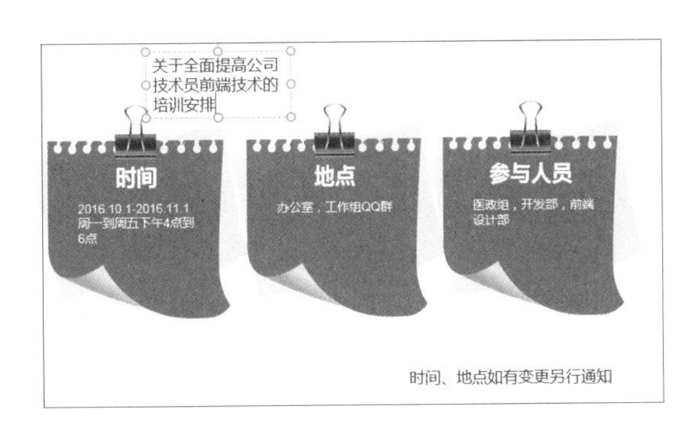

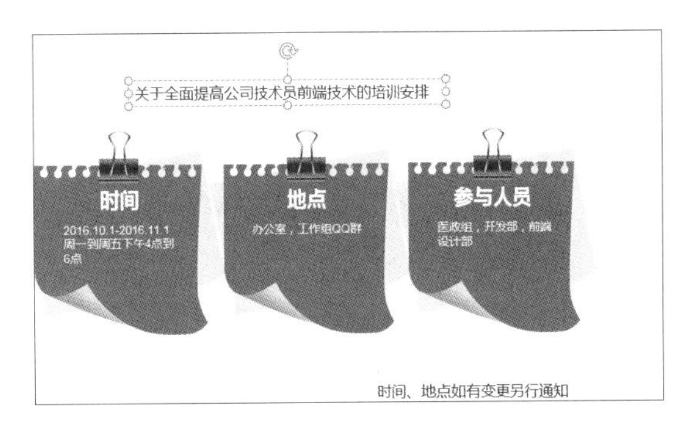

知识补充　设置文本框对象格式

选中现有的文本框对象后，在“绘图工具-格式”选项卡下，通过“形状样式”组中的功能可以更改文本框的样式、填充颜色、轮廓颜色及形状效果。使用“艺术字样式”组中的命令将文本框中的文本更改为艺术字，使用“大小”组中的命令设置文本框的大小，使用“排列”组中的命令更好地在幻灯片中排列文本框对象。

11.3.3　使用自选图形输入文本

在幻灯片中添加自选图形，然后在自选图形中添加文字，可作为对繁杂的文字的解释说明，使重点更加突出。下面介绍标注图形的添加及其文字的编辑方法。

原始文件：下载资源\实例文件\第11章\原始文件\平台介绍.pptx

最终文件：下载资源\实例文件\第11章\最终文件\输入文本_自选图形.pptx

步骤01　单击“形状”按钮

打开原始文件，切换至第 2 张幻灯片，单击“插入”选项卡下“插图”组中的“形状”按钮，如下左图所示。

步骤02　选择要插入的图形

在展开的下拉列表中选择合适的图形，这里选择“标注”组中的“对话气泡：椭圆形”，如下右图所示。

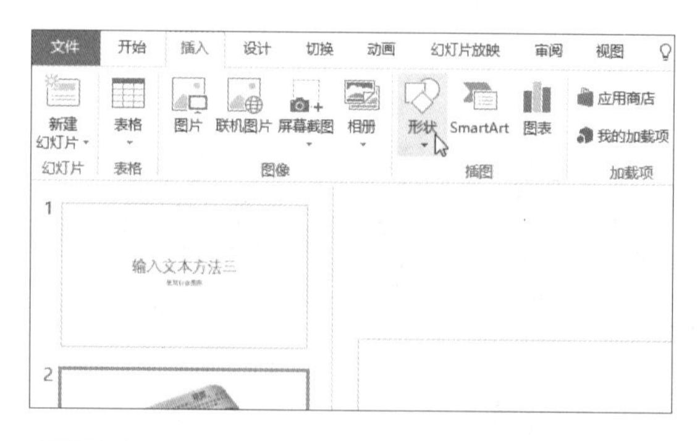

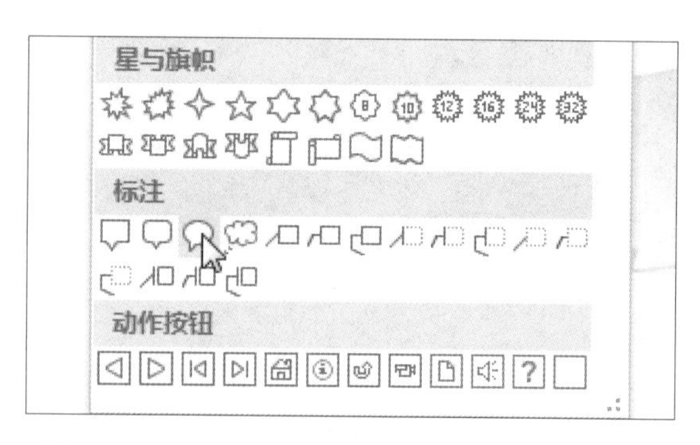

步骤03　绘制图形

选择图形后，在幻灯片中需插入图形的位置单击，然后按住鼠标左键不放进行拖动，如下图所示。

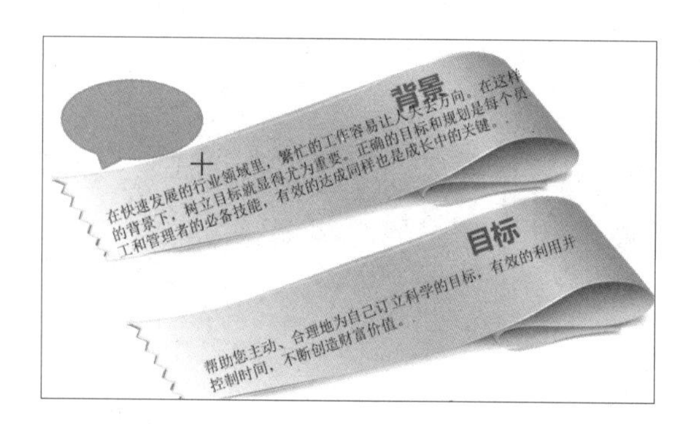

步骤04　编辑文字

释放鼠标左键后，可看到插入了所选择的图形，右击该图形，在展开的快捷菜单中单击“编辑文字”命令，如下图所示。选中图形后双击也可将插入点定位至图形内。

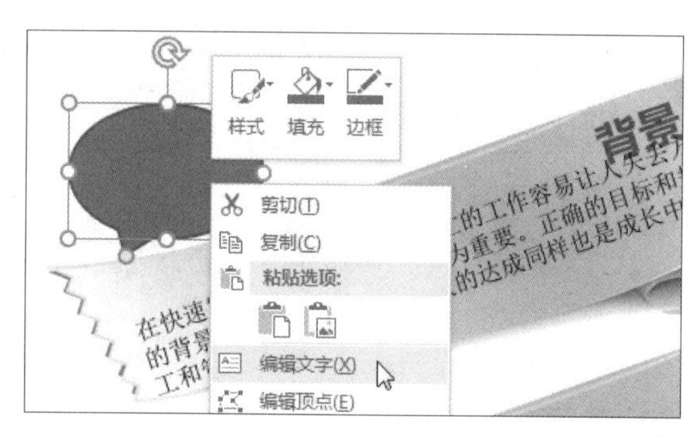

步骤05　输入文字

此时图形中出现闪烁的插入点，输入文本，如下左图所示。

步骤06　更改图形形状

选中图形后，拖动图形边框上的控点可对图形的大小和形状进行更改，这里单击图形边框上的黄色控点，然后按住鼠标左键拖动至合适位置后释放，最终效果如下右图所示。

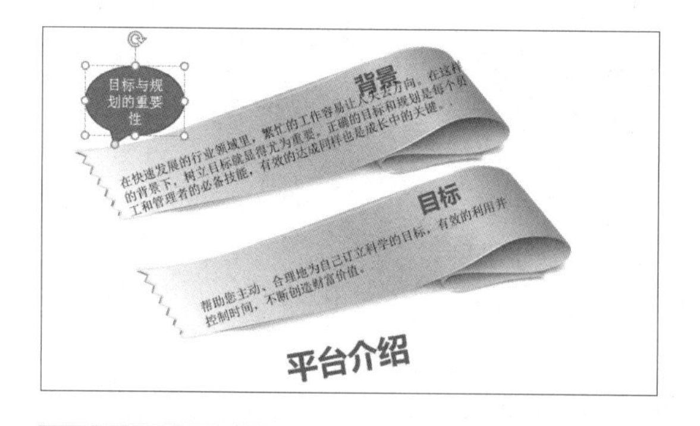

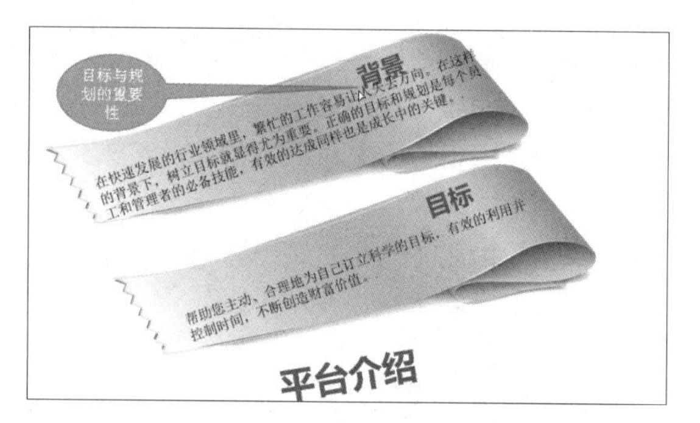

知识补充　插入艺术字

单击“插入”选项卡下“文本”组中的“艺术字”按钮，然后选择相应样式，即可在幻灯片中插入艺术字文本框，输入的文本即显示为选择的艺术字样式，也可在“绘图工具-格式”选项卡下对其样式进行修改。

11.3.4　选择与删除文本

选择与删除文本是文本编辑中的基本操作。选择不同的文本可使用不同的方法，删除文本的方法也有多种，用户可根据实际需要选择最适合的方法。

原始文件： 下载资源\实例文件\第11章\原始文件\选择与删除文本.pptx
最终文件： 下载资源\实例文件\第11章\最终文件\选择与删除文本.pptx

1 选择文本

选择文本的方式根据用户的需要而有所区别，例如选中整个文本框、选择整段文本、选取部分文本等。

（1）选中整个文本框中的文本

步骤01　激活占位符

打开原始文件，切换到第 2 张幻灯片中，若想要选取文本，则在文本中的任何位置处单击，此时文本周围显示出一个虚线边框，并且鼠标单击的位置出现一个闪烁的插入点，如下图所示。

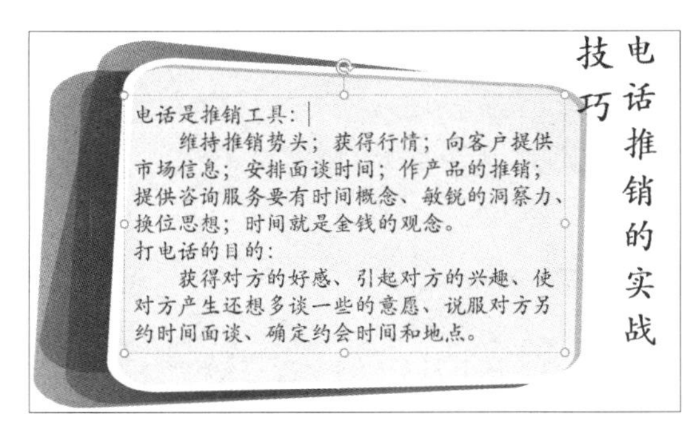

步骤02　选中整个文本框

单击虚线边框，虚线边框自动转变为实线边框，即表示已经选取整个文本框，如下图所示。单击文本框外任何位置，即可取消文本框的选中状态。

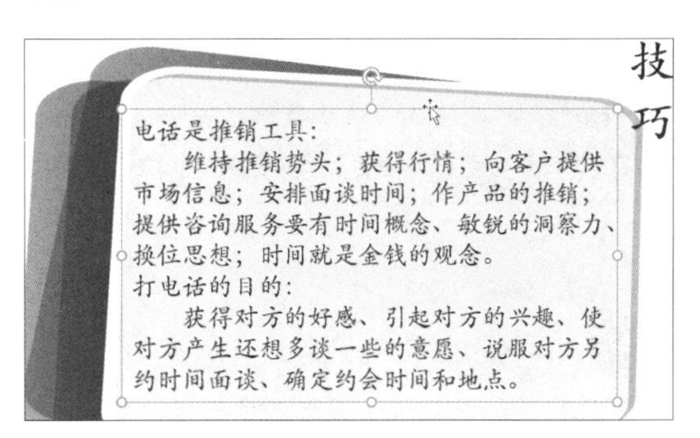

（2）选择整段文本

步骤01　将插入点置于要选取的文本段落中

继续之前的操作，切换至第 2 张幻灯片中，在想要选取的段落中的任意位置单击，出现一个闪烁的插入点，如下图所示。

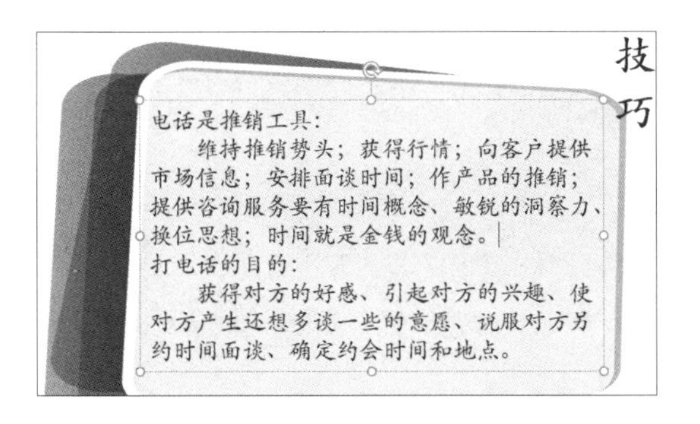

步骤02　连续三击选取整段文本

选择 3 次快速单击鼠标左键，即可选取整段文本，此时，被选取的段落呈反白显示，如下图所示。单击该段落外任何位置，即可取消段落选中状态。

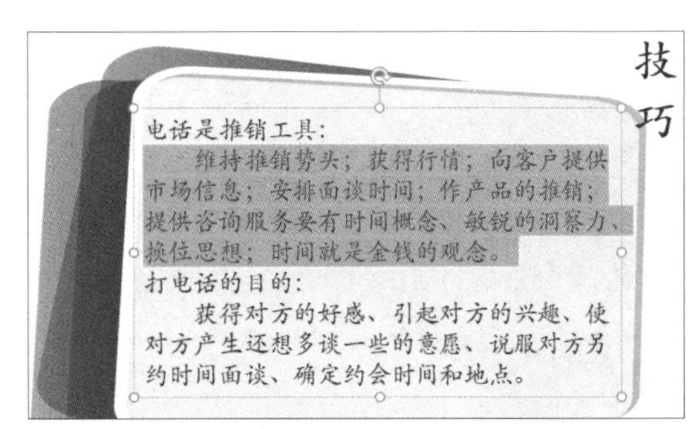

（3）选取部分文本

步骤01　将插入点置于文本中

继续之前的操作，在想要选取文本的开始处单击，将插入点置于需选取的文本的第一个字符前，如下图所示。

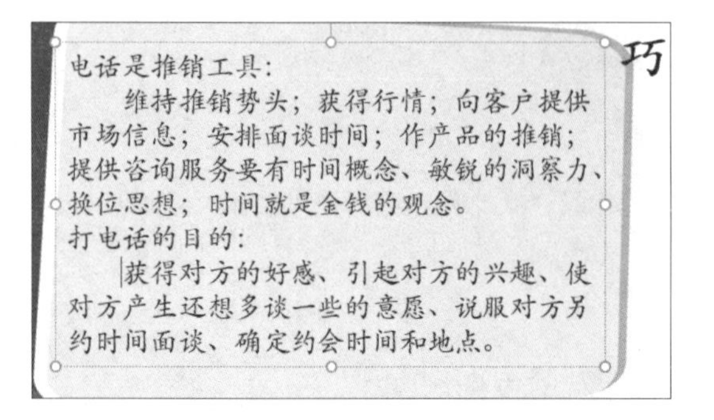

步骤02　拖动选择文本

按下鼠标左键进行拖动，至想要选取的文本的最后一个字符处，然后释放鼠标左键，此时被选取的文本呈反白显示，如下图所示。

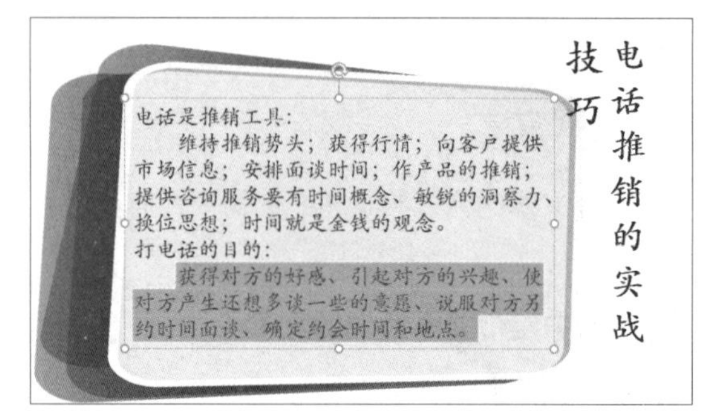

2 删除文本

在 PowerPoint 2016 中删除文本比较简单，主要是利用键盘上的【Delete】键或【Backspace】键删除。

步骤01　执行删除操作

继续之前的操作，选中需要删除的文本，然后按下键盘中的【Delete】键或【Backspace】键，如下图所示。

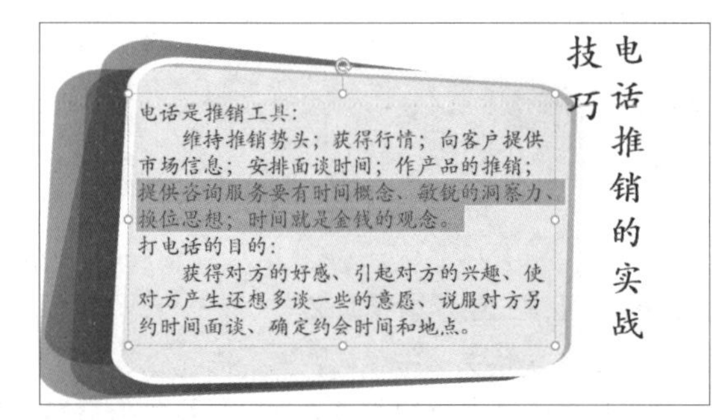

步骤02　显示删除文本后的效果

执行上一步的操作之后，可以看到选中的文本已被删除，如下图所示。

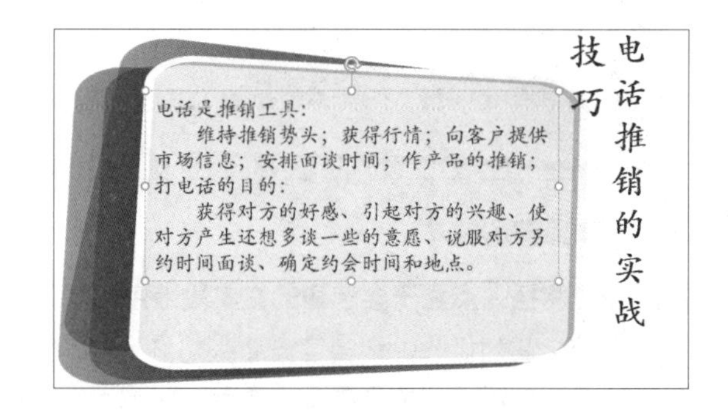

知识补充　编辑时快速删除文本

在编辑文本的过程中如果发现有多余或者不恰当的地方，可以直接使用【Delete】键删除插入点右侧的文本，使用【Backspace】键删除插入点左侧的文本。

11.3.5 移动与复制文本

文本的移动是指将文本从一个位置移动到另一个位置，移动文本后，原位置的文本将不再显示。文本的复制是指将所选的文本复制一份至另一个位置，复制后原位置的文本内容不变。

1 移动文本

移动文本时，可以移动整个文本框，也可以只移动文本框中的部分文本，下面分别对这两种情况进行介绍。

原始文件： 下载资源\实例文件\第11章\原始文件\移动与复制.pptx
最终文件： 下载资源\实例文件\第11章\最终文件\移动与复制.pptx

（1）移动整个文本框

步骤01　选择需要移动的文本框

打开原始文件，切换至第 2 张幻灯片，在需要移动的文本的任意位置单击，然后将鼠标指针移到文本框的边框上，此时鼠标指针变为十字箭头形状，如下图所示。

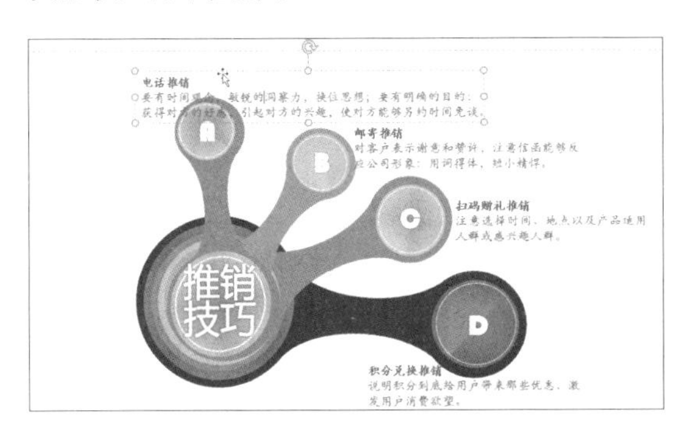

步骤02　移动文本框

按住鼠标左键向右拖动，出现方便与其他内容对齐的虚线边框，如下图所示。

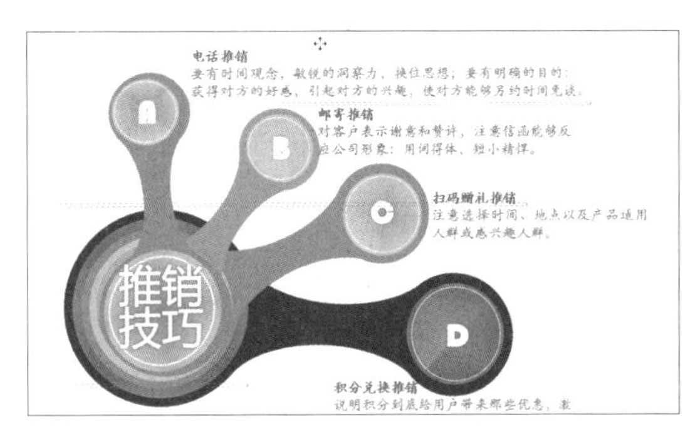

步骤03　显示移动位置后的效果

拖动至适当位置后释放鼠标左键，完成移动操作。此时可以看到文本框移动到了新的位置，效果如右图所示。

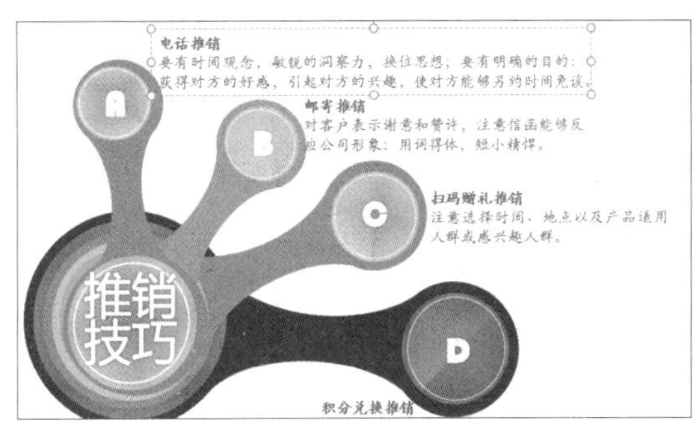

（2）移动部分文本

步骤01　选择需要移动的文本

继续之前的操作，切换至第 3 张幻灯片，然后选取需要移动的文本，如下图所示。

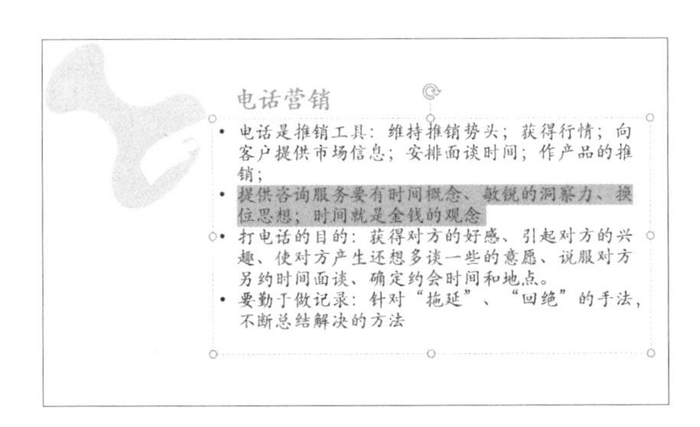

步骤02　移动文本

将鼠标指针移至选中的文本上，按下鼠标左键拖动，拖动时会出现一个灰色实线插入点，引导移动的位置，如下图所示。

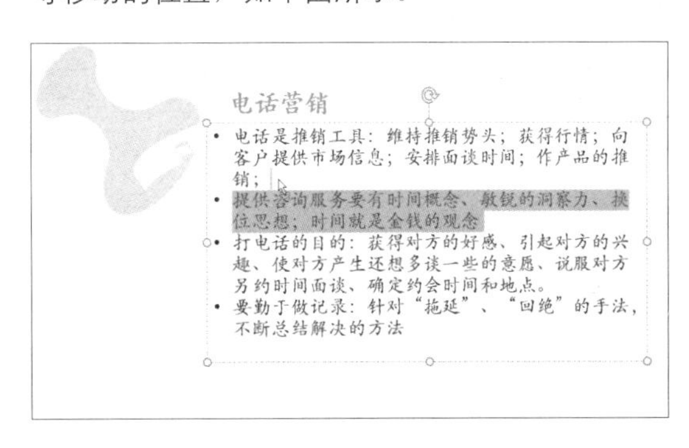

步骤03 查看移动后的效果

拖动至新位置，释放鼠标左键完成移动操作。此时可以看到所选文本移动到了新位置，如右图所示。单击该文本外任何位置，可退出文本选中状态。

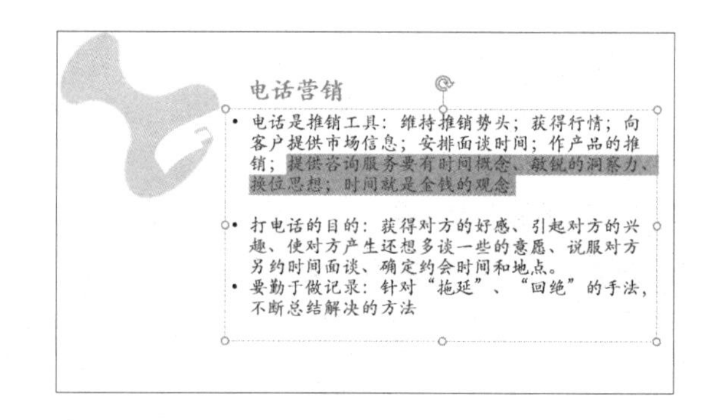

2 复制文本

复制文本后，原位置的文本仍然存在，因此复制文本也可以说是创建文本副本。复制后可对文本进行选择性粘贴，除了可以使用【Ctrl+C】组合键复制文本然后利用【Ctrl+V】组合键粘贴外，也可以利用功能区命令进行复制、粘贴，下面介绍后者的操作方法。

原始文件： 下载资源\实例文件\第11章\原始文件\复制文本.pptx
最终文件： 下载资源\实例文件\第11章\最终文件\复制文本.pptx

步骤01 选择需要复制的文本

打开原始文件，切换至第 2 张幻灯片，选中需要复制的文本，如下图所示。

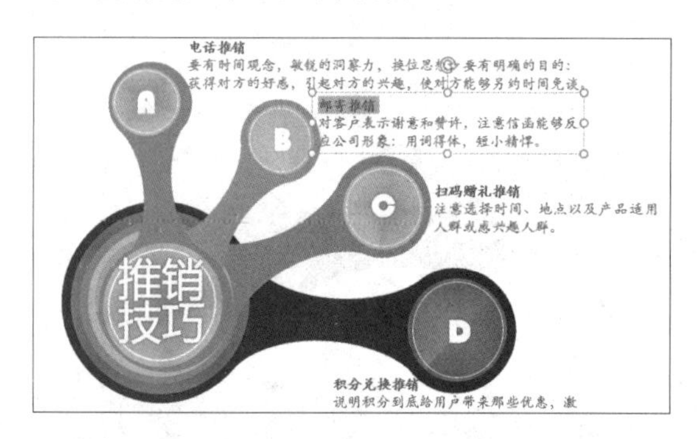

步骤02 复制文本

单击“开始”选项卡下“剪贴板”组中的“复制”按钮，如下图所示。

步骤03 粘贴文本

切换至第 3 张幻灯片，单击“开始”选项卡下“剪贴板”组中的“粘贴”按钮，在展开的下拉列表中单击“保留源格式”选项，如下图所示。

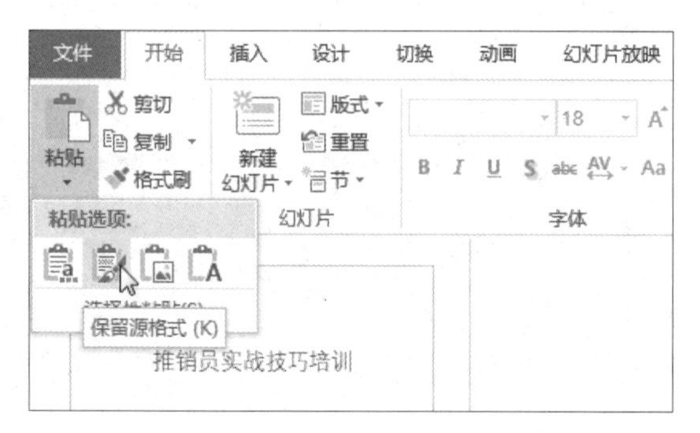

步骤04 查看复制的文本效果

此时第 3 张幻灯片中显示了复制的文本，将文本框移动至合适位置，最终效果如下图所示。

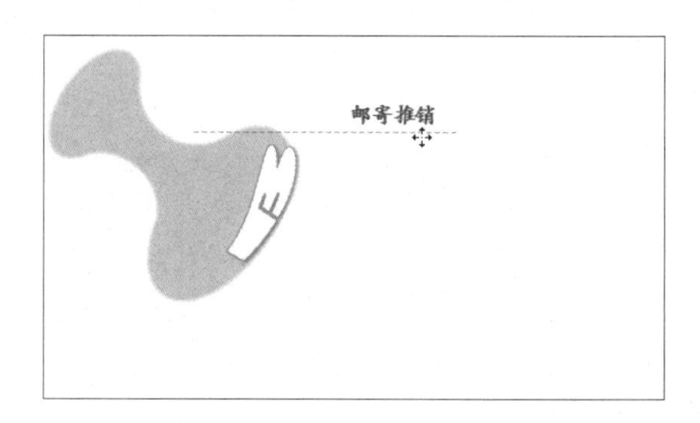

知识补充 在同一幻灯片中拖动复制文本

在同一张幻灯片中若要复制文本，可以选取文本，然后按住【Ctrl】键，将选取的文本拖至目标位置，即可将选中的文本复制到目标位置。

11.3.6 查找与替换文本

如果发现演示文稿中的某处内容写错了，或是要将演示文稿中某个名称更改为另一个名称，若是逐个地查找是相当麻烦的，这时可以使用查找功能。若要将所有的错误内容都更改为新的内容，可以使用替换功能。

1 查找文本

利用查找功能可以快速搜索到指定单词或短语出现的所有位置，下面介绍查找功能的使用方法。

原始文件： 下载资源\实例文件\第11章\原始文件\查找与替换文本.pptx
最终文件： 无

步骤01 单击“查找”按钮

打开原始文件，切换至第 2 张幻灯片，单击“开始”选项卡下“编辑”组中的“查找”按钮，如下图所示。

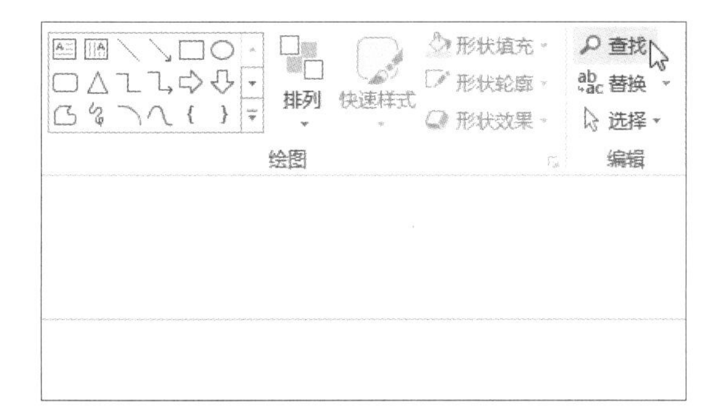

步骤02 输入查找内容

弹出“查找”对话框，在“查找内容”文本框中输入要查找的内容，如“大纲”，然后单击“查找下一个”按钮，如下图所示。

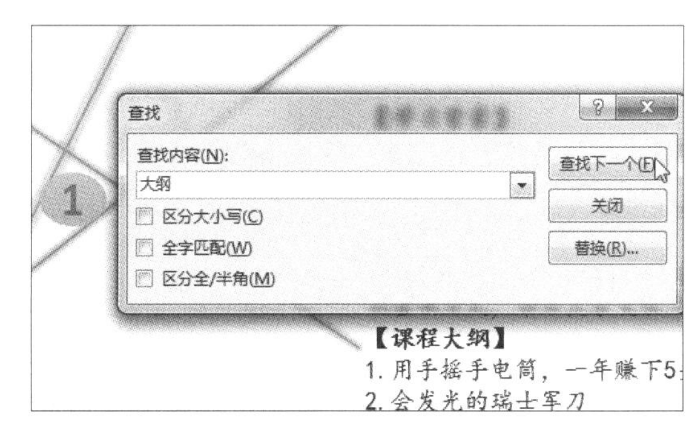

步骤03 显示查找结果

系统将会自动查找出包含有“大纲”一词的文本，如下图所示。

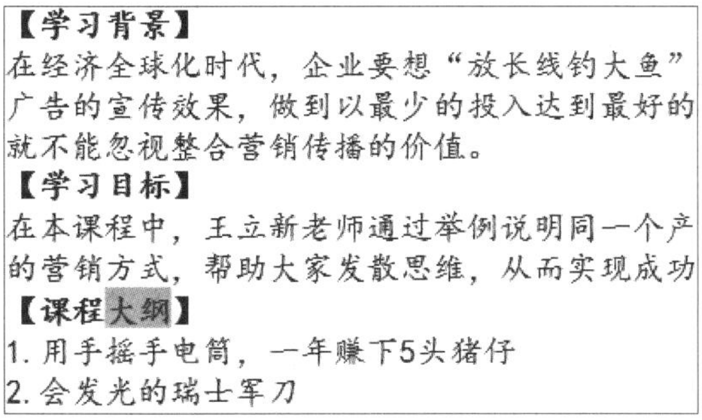

【学习背景】
在经济全球化时代，企业要想“放长线钓大鱼”
广告的宣传效果，做到以最少的投入达到最好的
就不能忽视整合营销传播的价值。
【学习目标】
在本课程中，王立新老师通过举例说明同一个产
的营销方式，帮助大家发散思维，从而实现成功
【课程大纲】
1. 用手摇手电筒，一年赚下5头猪仔
2. 会发光的瑞士军刀

步骤04 查看下一个符合条件的字符

继续单击“查找下一个”按钮即可跳转到下一处符合条件的字符处，如下图所示。

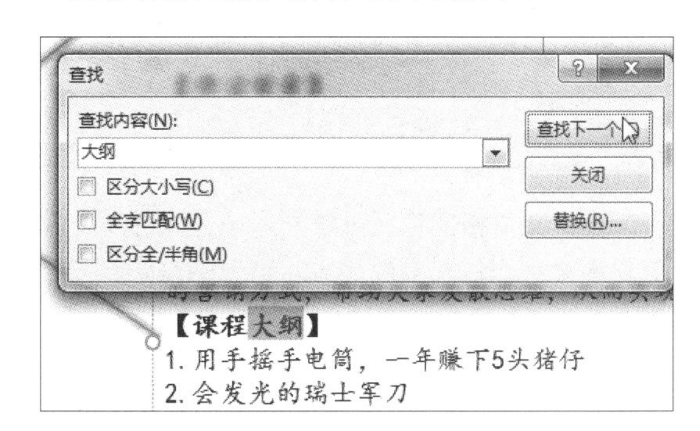

2 替换文本

使用替换功能可以自动将演示文稿中的某个单词或短语替换为其他单词或短语。下面介绍替换文本的操作方法。

原始文件：下载资源\实例文件\第11章\原始文件\查找与替换文本.pptx
最终文件：下载资源\实例文件\第11章\最终文件\替换文本.pptx

步骤01　单击“替换”按钮

打开原始文件，切换至第 2 张幻灯片，单击“开始”选项卡下“编辑”组中“替换”右侧的下三角按钮，在展开的下拉列表中单击“替换”选项，如下图所示。

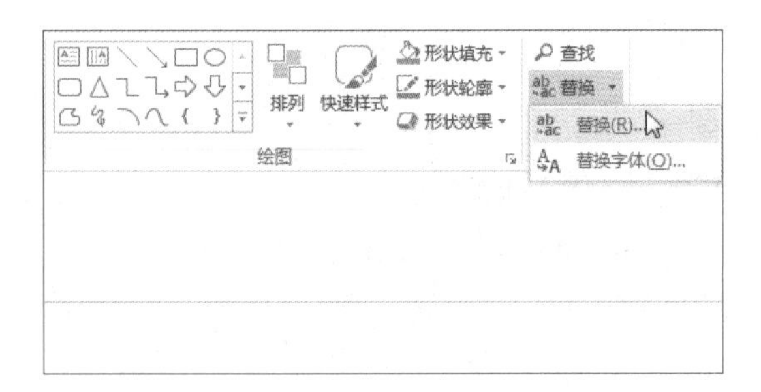

步骤02　输入查找与替换内容

弹出“替换”对话框，在“查找内容”文本框中输入要查找的内容，如“营销”，然后在“替换为”文本框中输入要替换为的内容，如“销售”，再单击“查找下一个”按钮，如下图所示。

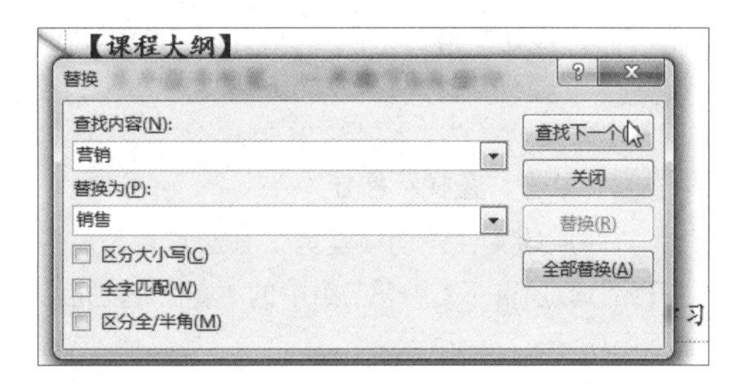

步骤03　显示查找结果

此时，插入点跳转至符合条件的第一处，并突出显示查找到的文本，接着单击“替换”按钮，如下图所示。

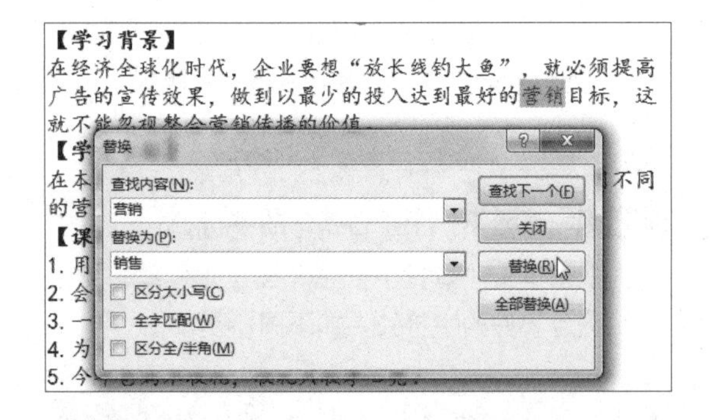

步骤04　替换文本

查找到的文本被替换为指定的文本，如下图所示。继续使用相同方法查找和替换其他文本。

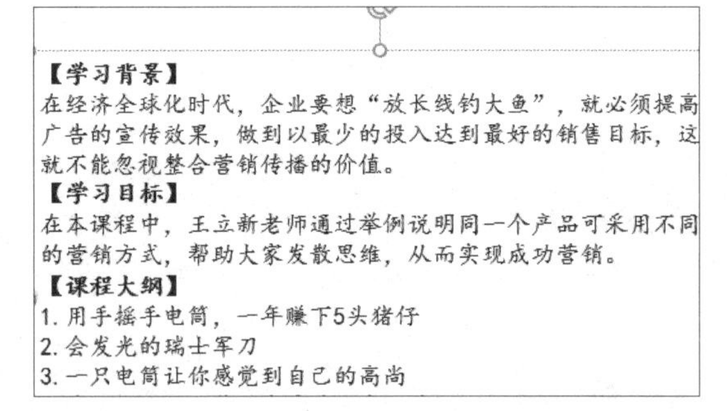

11.4 设置文本格式

设置文本格式包括设置文本的基本格式、文本的特殊效果格式及更改字母的大小写。有时，为了更好地表达幻灯片中的文字，可以适当地调整默认的文本格式，使单调乏味的文档变得醒目美观，不仅有助于美化文档，还能在很大程度上增强信息传递的力度。

11.4.1 在功能区设置文本格式

在 PowerPoint 2016 的“开始”选项卡下的“字体”组中汇集了用于设置文本的字体、字号、字形、字体颜色、文字阴影、字符间距等的按钮和下拉列表框，利用它们可以快速更改选定文本的格式。

原始文件： 下载资源\实例文件\第11章\原始文件\课程安排1.pptx
最终文件： 下载资源\实例文件\第11章\最终文件\通过功能区设置文本格式.pptx

步骤01　选取文本

打开原始文件，切换至第 2 张幻灯片，拖动鼠标选取如下图所示的文本。

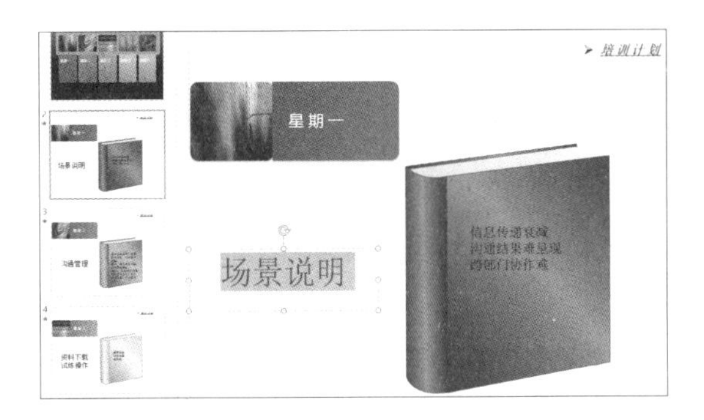

步骤02　设置字体

在“开始”选项卡下的“字体”组中，单击“字体”下拉列表框右侧的下三角按钮，在展开的列表中单击“华文楷体”选项，如下图所示。

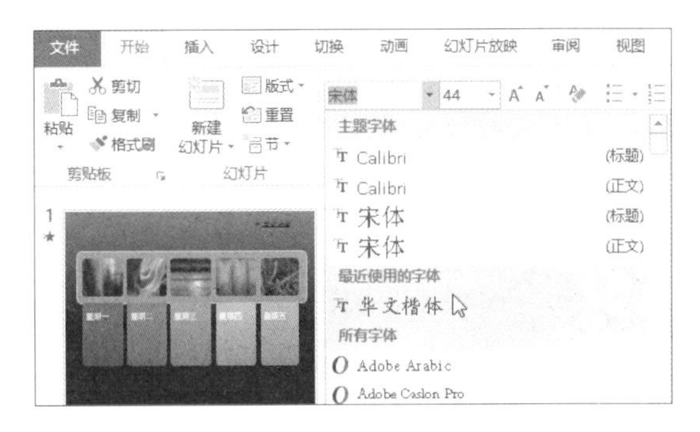

步骤03　设置字号

接着单击“字号”下拉列表框右侧的下三角按钮，在展开的列表中单击“48”选项，如下图所示。若要增大或减小字号，也可以通过单击“增大字号”或“减小字号”按钮来实现，对“华文楷体”字体来说，每单击一次字号将增加或减小 4 磅。

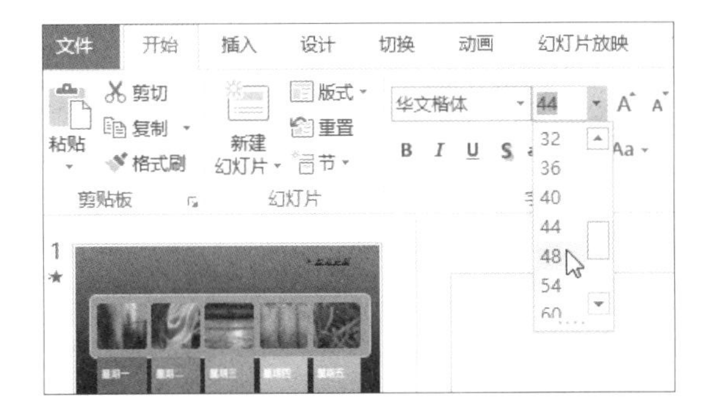

步骤04　单击“加粗”按钮

若要设置选定文本的字体为加粗，可直接单击“字体”组中的“加粗”按钮，如下图所示。

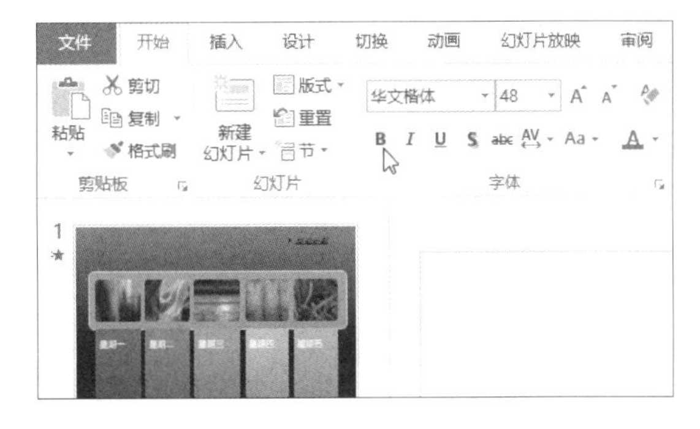

步骤05　设置字符间距

若要将选定文本的字符间距增大，可单击“字符间距”按钮，在展开的下拉列表中单击“稀疏”选项，如下图所示。

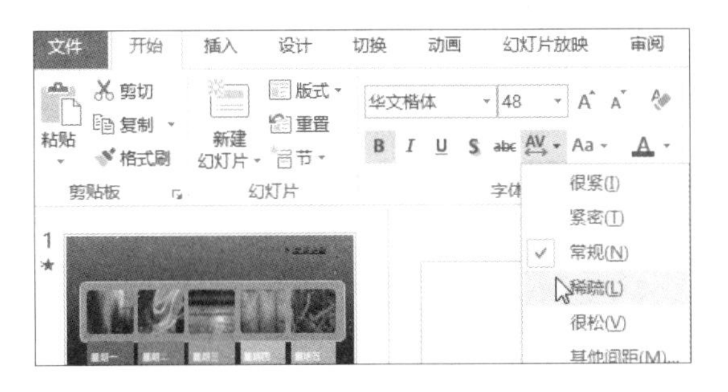

步骤06　设置字体颜色

若要更改文本颜色，可单击“字体”组中的“字体颜色”按钮，在展开的下拉列表中选择合适的颜色，如下图所示。

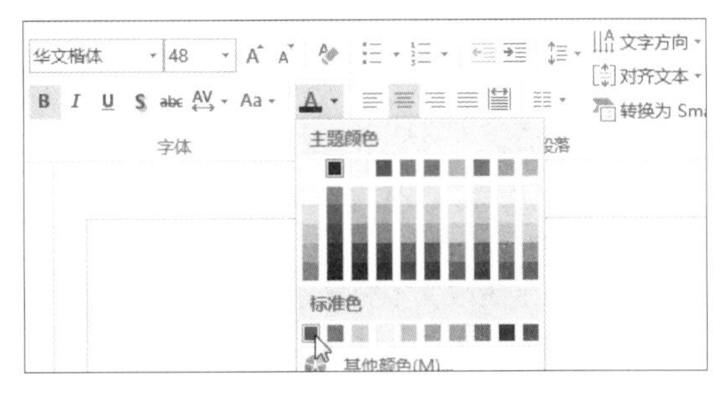

步骤07 显示设置文本格式后的效果

此时选定文本即更改为如右图所示的效果。

知识补充 更改文字大小写

若要将所选文字更改为全部大写、全部小写或者其他常见的大小写形式，可以在“字体”组中单击“更改大小写”按钮，在展开的下拉列表中选择相应的选项即可。

知识补充 清除字符格式

如果对所选文本设置的格式不满意，或者是需要对现有文本的格式重新进行设置，可单击“开始”选项卡下“字体”组中的“清除所有格式”按钮，即可将所选文本的格式恢复为默认的格式。

11.4.2 通过对话框设置文本格式

除了可以使用“功能区”中“字体”组的命令设置文本格式外，还可以通过“字体”对话框来设置，具体操作步骤如下。

原始文件：下载资源\实例文件\第11章\原始文件\课程安排2.pptx

最终文件：下载资源\实例文件\第11章\最终文件\通过对话框设置文本格式.pptx

步骤01 选取文本

打开原始文件，切换至第 3 张幻灯片，拖动鼠标选取如下图所示的文本。

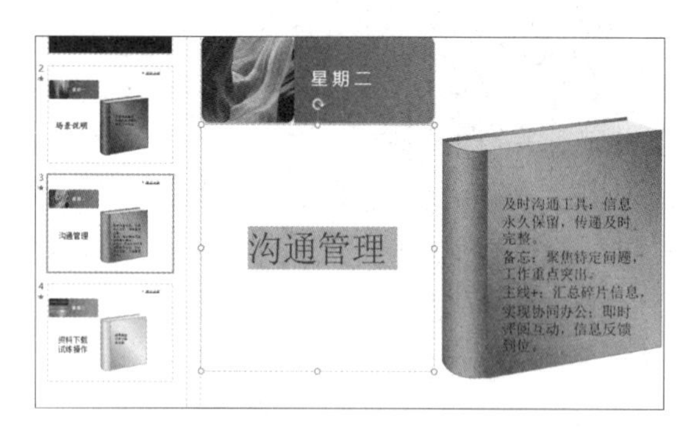

步骤02 单击“字体”组对话框启动器

单击“开始”选项卡下“字体”组中的对话框启动器，如下图所示。

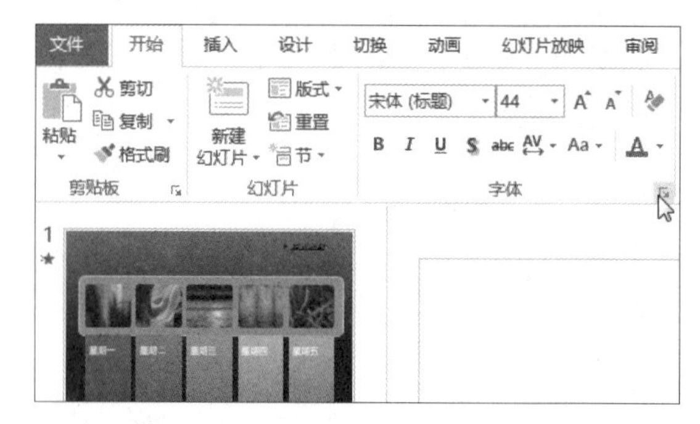

步骤03 设置文本格式

弹出“字体”对话框，在“字体”选项卡下设置“西文字体”为“微软雅黑”、“中文字体”为“华文楷体”、“大小”为“48”磅，“字体颜色”为“浅蓝”，如下左图所示。设置完毕后单击“确定”按钮，返回幻灯片中。

步骤04 显示更改文本格式后的效果

此时选定文本的格式根据设置进行了调整，得到如下右图所示的效果。

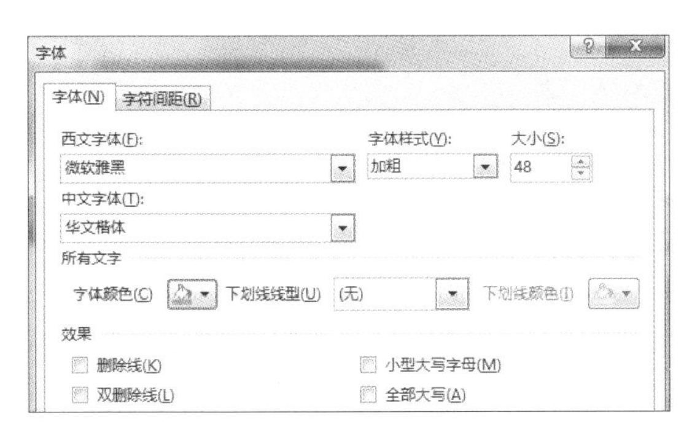

11.4.3　使用浮动工具栏设置文本格式

除了上面介绍的两种设置文本格式的操作方法外，还可以使用浮动工具栏设置文本格式。浮动工具栏是选取或取消选取文本时，显示或隐藏的一个工具栏。浮动工具栏提供了设置字体、字形、字号、对齐方式、字体颜色、缩进级别和项目符号等功能。

原始文件： 下载资源\实例文件\第11章\原始文件\课程安排3.pptx

最终文件： 下载资源\实例文件\第11章\最终文件\通过浮动工具栏设置文本格式.pptx

步骤01　选取文本

打开原始文件，切换至第 4 张幻灯片，在幻灯片中选择需要设置格式的文本内容，如下图所示。

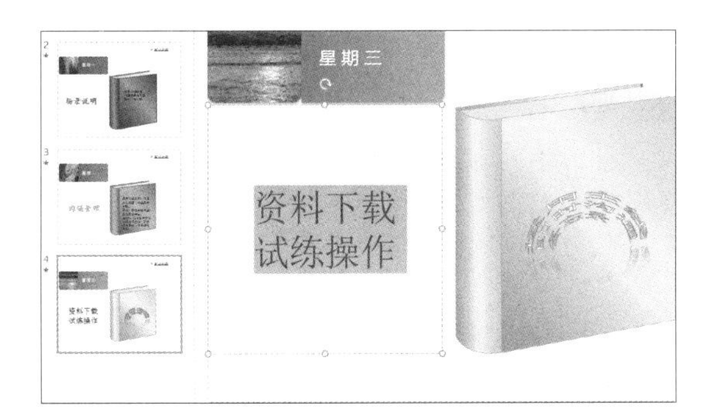

步骤02　设置字体

右击选中的文本，在弹出的浮动工具栏中单击“字体”下拉列表框右侧的下三角按钮，在展开的列表中单击“华文楷体”选项，如下图所示。

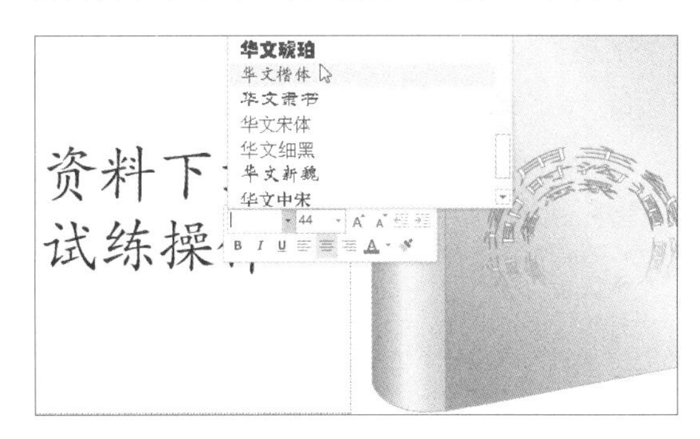

步骤03　增大字号

若要增大字号，可以单击浮动工具栏中的“增大字号”按钮，如下图所示。

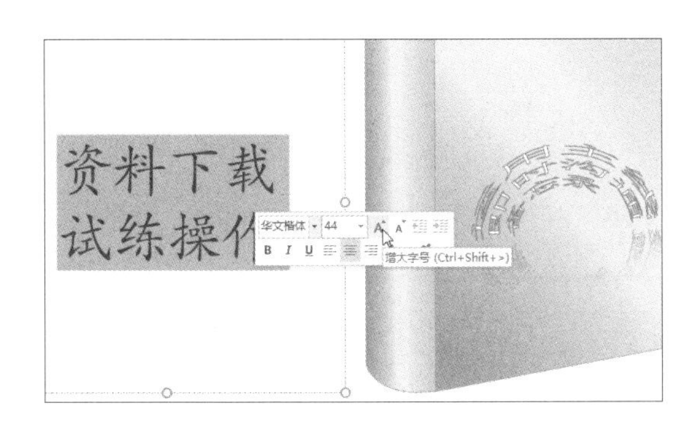

步骤04　设置字形与字体颜色

如果希望字体加粗显示，则直接单击“加粗”按钮，然后单击“字体颜色”右侧的下三角按钮，在展开的下拉列表中选择如下图所示的颜色。

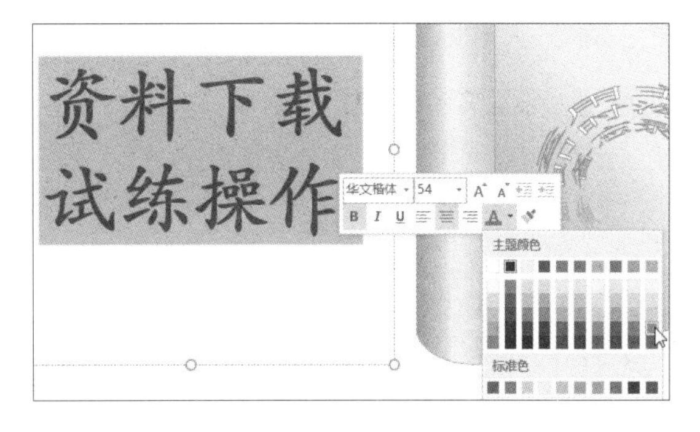

步骤05 显示更改文本格式后的效果

完成所选文本的格式设置后，单击幻灯片中的任意位置，取消文本的选取，得到如右图所示的文本效果。

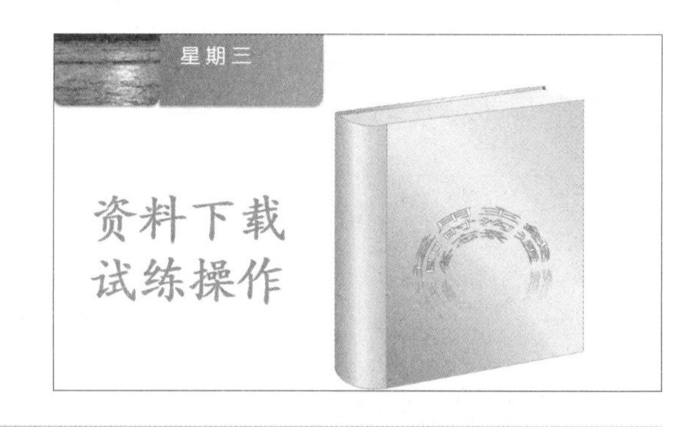

11.5 设置段落格式

设置段落的对齐与缩进可以让文本段落更规整，设置合理的行距和段间距可以使文本段落看起来更清晰，制表位和文字分栏的设置都可以让段落布局更美观。本节将介绍如何设置段落格式，包括文本的行距、段落缩进、项目符号和编号、文本方向、对齐方式等操作。

11.5.1 设置文本对齐方式

PowerPoint 2016 中的文本对齐方式包括左对齐、居中、右对齐和分散对齐等，使用文本对齐功能能够调整文本在文本框或占位符中的排列方式。下面以设置文本的水平居中和垂直居中为例，介绍设置对齐方式的具体操作步骤。

原始文件： 下载资源\实例文件\第11章\原始文件\段落格式1.pptx
最终文件： 下载资源\实例文件\第11章\最终文件\设置文本对齐方式.pptx

步骤01 设置文本水平居中

打开原始文件，切换至第 2 张幻灯片，选中需要设置对齐方式的文本内容，单击“开始”选项卡下“段落”组中的“居中”按钮，如下图所示。

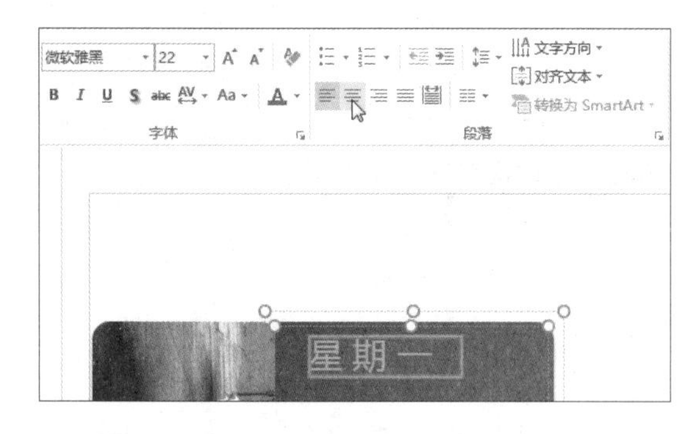

步骤02 显示居中效果

此时选中的文本呈水平居中显示，效果如下图所示。

步骤03 设置文本垂直居中

若要让文本在占位符中垂直居中对齐，可以先将插入点置于占位符中文本的任意位置，或选中占位符中的文本，然后单击“开始”选项卡下“段落”组中“对齐文本”右侧的下三角按钮，在展开的下拉列表中选择“居中”选项，如下左图所示。

步骤04 显示最终效果

此时，占位符中的文本既水平居中又垂直居中，效果如下右图所示。

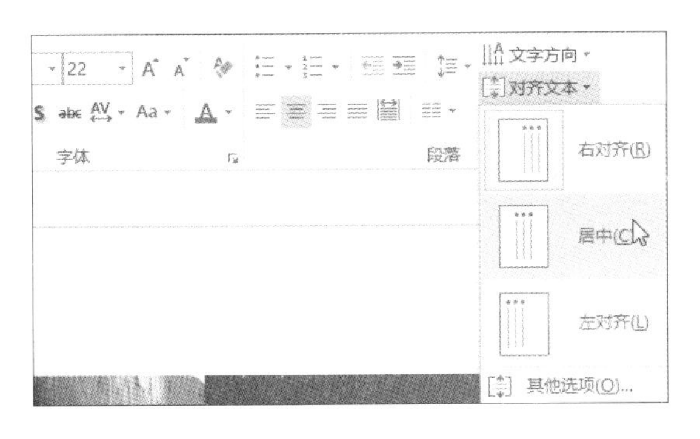

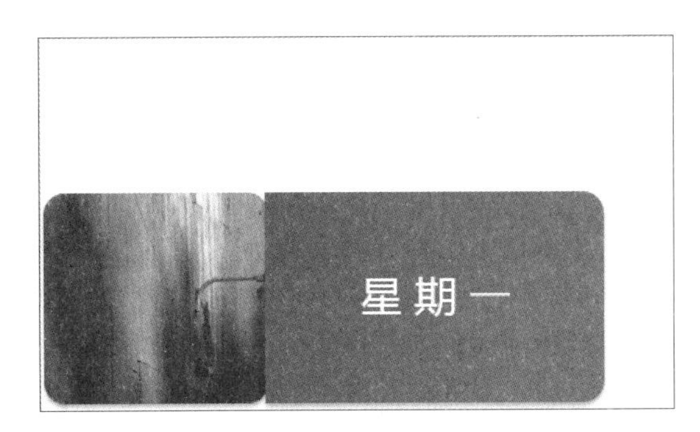

11.5.2　设置文本段落缩进

段落缩进指文本与文本框或占位符边框之间的距离，使用段落缩进能清晰地反映出文本之间的层次关系。下面介绍通过“段落”对话框对缩进量进行设置的方法。

原始文件： 下载资源\实例文件\第11章\原始文件\段落格式2.pptx
最终文件： 下载资源\实例文件\第11章\最终文件\设置文本段落缩进.pptx

步骤01　选择文本

打开原始文件，切换至第 3 张幻灯片，选中需要设置缩进的段落，如下图所示。

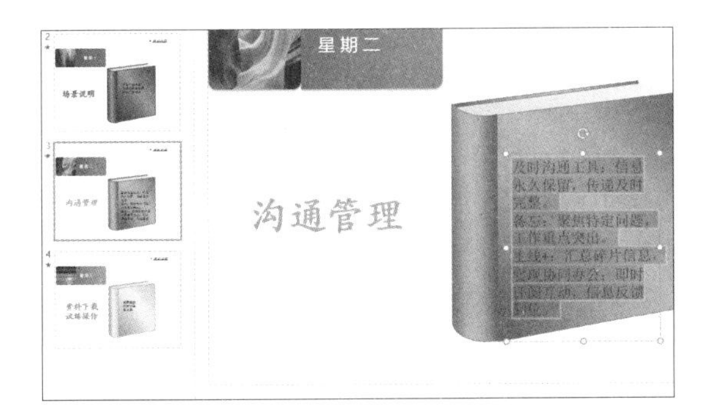

步骤02　打开“段落”对话框

单击“开始”选项卡下“段落”组中的对话框启动器，如下图所示。

步骤03　设置缩进量

弹出“段落”对话框，在“缩进和间距”选项卡下的“缩进”选项组中设置“特殊格式”为“首行缩进”，“度量值”为“1.2 厘米”，如下图所示。

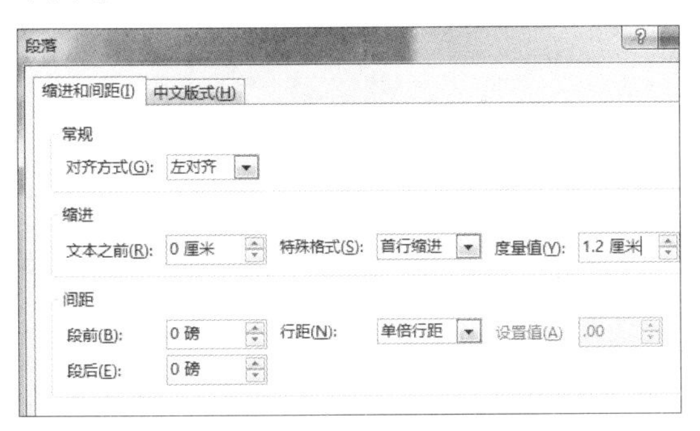

步骤04　查看首行缩进的效果

单击“确定”按钮返回幻灯片中，可看到选取的段落文本缩进进行了相应的调整，效果如下图所示。

知识补充　快速调整段落缩进

选取要调整段落缩进的段落，在“开始”选项卡下的“段落”组中单击“提高列表级别”或“降低列表级别”按钮，即可按默认度量值进行段落缩进。

11.5.3　设置行间距和段间距

行间距指的是段落中各行文字间的距离；段间距指的是段落之间的距离，可分别设置段前、段后的间隔距离。合理的行间距和段间距能够增强文档的美观度。

原始文件：下载资源\实例文件\第11章\原始文件\段落格式3.pptx
最终文件：下载资源\实例文件\第11章\最终文件\设置行间距和段间距.pptx

步骤01　选择文本

打开原始文件，切换至第 3 张幻灯片，选中需要设置行间距的文本，如下图所示。

步骤02　设置行间距

单击“开始”选项卡下“段落”组中的“行距”下三角按钮，在展开的下拉列表中单击“1.5”选项，如下图所示。

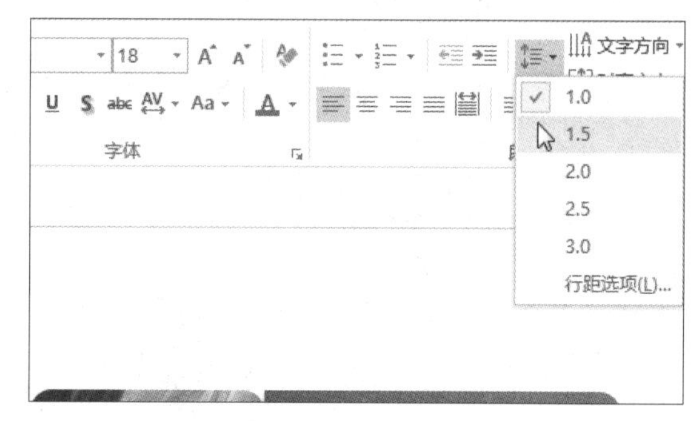

步骤03　显示更改行距后的效果

此时选中的文本段落的行距调整为如下图所示的距离。

步骤04　选取设置段间距的段落

拖动选择幻灯片中需要设置段间距的段落，如下图所示。

步骤05　单击“行距选项”选项

单击“开始”选项卡下“段落”组中的“行距”下三角按钮，在展开的下拉列表中单击“行距选项”选项，如下左图所示。

步骤06　设置间距

弹出“段落”对话框，在“缩进和间距”选项卡下的“间距”选项组中，单击数字微调按钮设置段前、段后的间距值，如下右图所示。

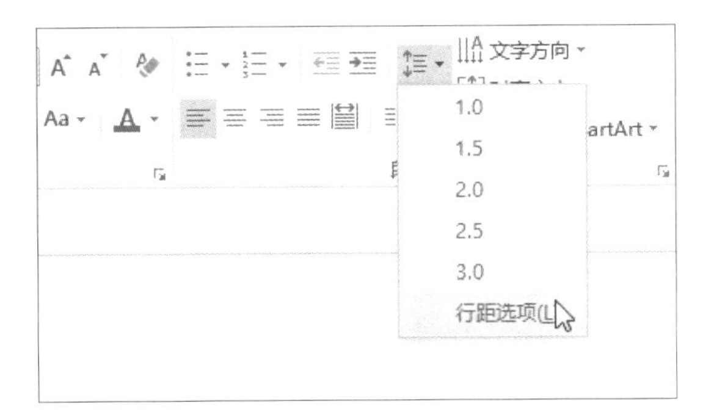

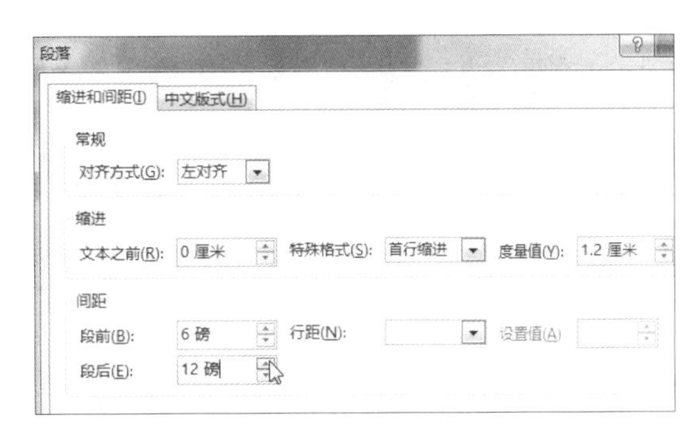

步骤07　查看调整段间距后的效果

单击“确定”按钮返回幻灯片中，可看到选中的文本的段前段后间距效果，如右图所示。

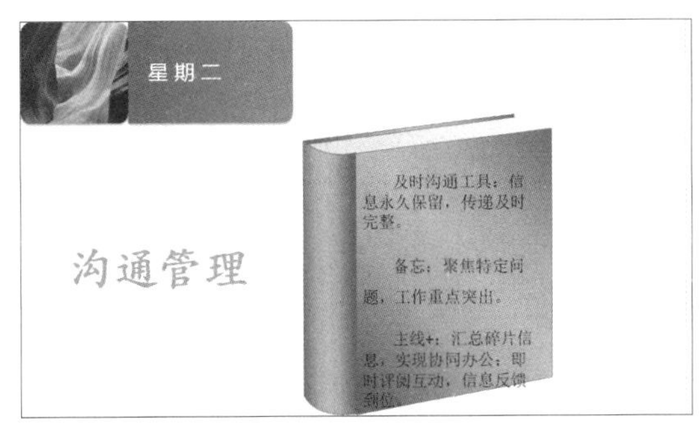

知识补充　自定义行距

如果对“行距”下拉列表中的预设行距值不满意，可以打开“段落”对话框，在“间距”选项组中的“行距”下拉列表中选择“多倍行距”选项或“固定值”选项，然后在“设置值”数值框中输入相关的磅值即可。

11.5.4　设置项目符号与编号

为文本段落添加项目符号或编号，可以使文本的层次更加分明。项目符号与编号是以段落为单位的。下面介绍如何添加项目符号与编号。

原始文件： 下载资源\实例文件\第11章\原始文件\段落格式4.pptx
最终文件： 下载资源\实例文件\第11章\最终文件\设置符号与编号.pptx

1　设置项目符号

添加项目符号的文本段落之间是并列关系，PowerPoint 2016 中预设了几种项目符号，用户根据需要直接选择即可添加。如果对已有的项目符号不满意，可以使用“项目符号和编号”对话框自定义项目符号。下面介绍选择预设项目符号和自定义项目符号的具体操作步骤。

（1）选择预设项目符号

步骤01　选择文本段落

打开原始文件，切换至第 2 张幻灯片，选中如下左图所示的文本。

步骤02　选择项目符号

单击“开始”选项卡下“段落”组中“项目符号”右侧的下三角按钮，在展开的下拉列表中选择如下右图所示的项目符号。

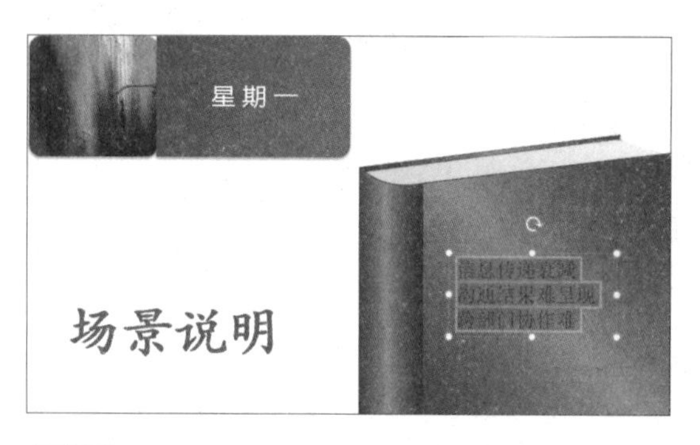

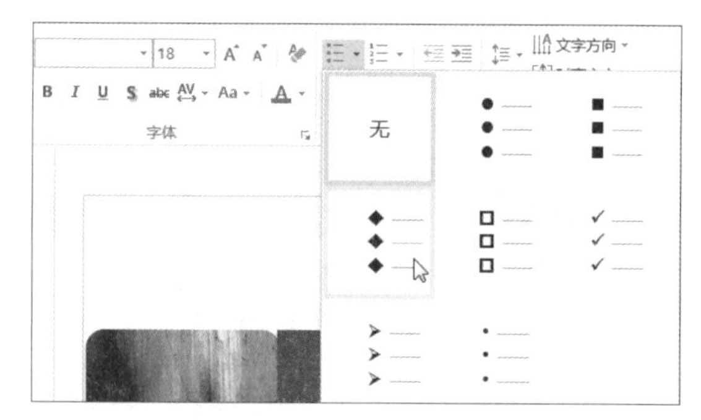

步骤03　显示添加项目符号后的效果

此时选中的文本段落前添加了黑色菱形项目符号，效果如右图所示。

知识补充　更改项目符号或编号

更改文本段落中已添加的项目符号或编号的方法与为文本段落添加项目符号或编号的方法一样。

（2）自定义项目符号

步骤01　选择文本段落

继续之前的操作，切换至第 4 张幻灯片，选择需要设置项目符号的文本段落，如下图所示。

步骤02　设置项目符号

单击“开始”选项卡下“段落”组中“项目符号”右侧的下三角按钮，在展开的下拉列表中单击“项目符号和编号”选项，如下图所示。

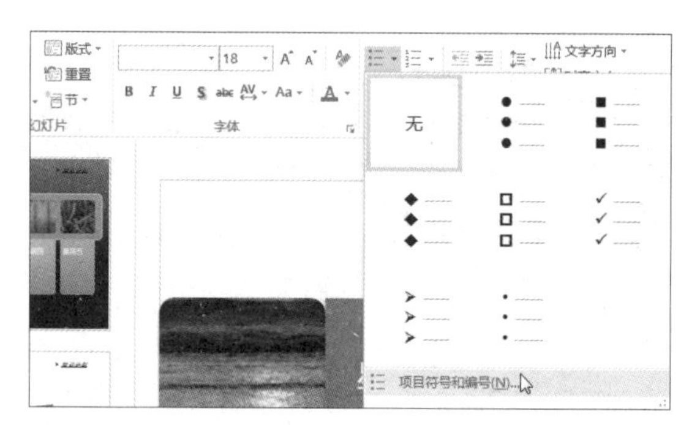

步骤03　自定义项目符号

弹出“项目符号和编号”对话框，单击对话框中的“自定义”按钮，如下左图所示。

步骤04　设置自定义项目符号

弹出“符号”对话框，设置“字体”为“Wingdings 2”，然后在下方的列表框中选择需要的符号，最后单击“确定”按钮，如下右图所示。

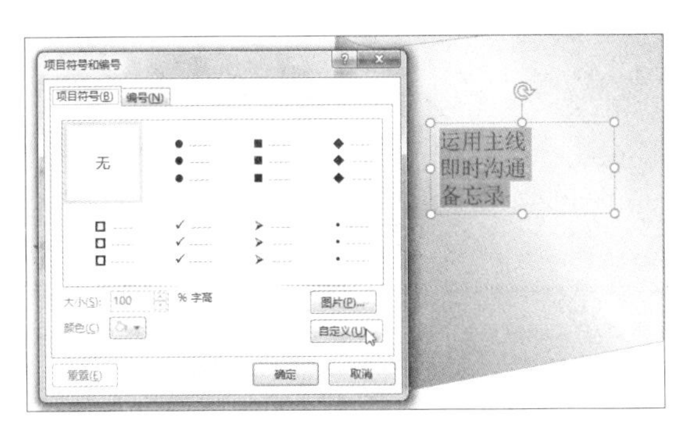

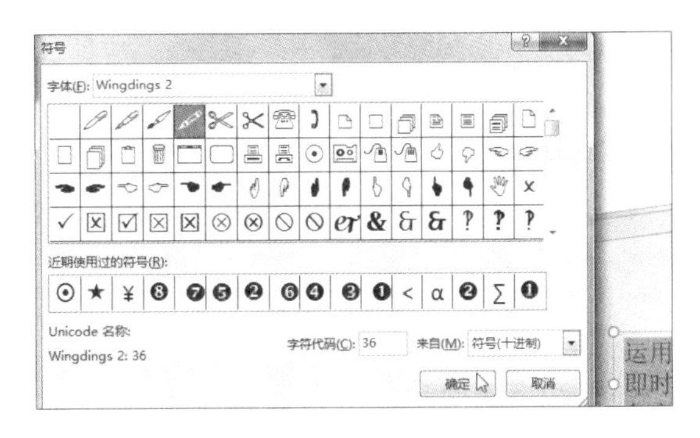

步骤05　确认项目符号

返回“项目符号和编号”对话框，在“项目符号”选项卡下的列表框中选择刚刚设置的项目符号，然后单击“确定”按钮，如下图所示。

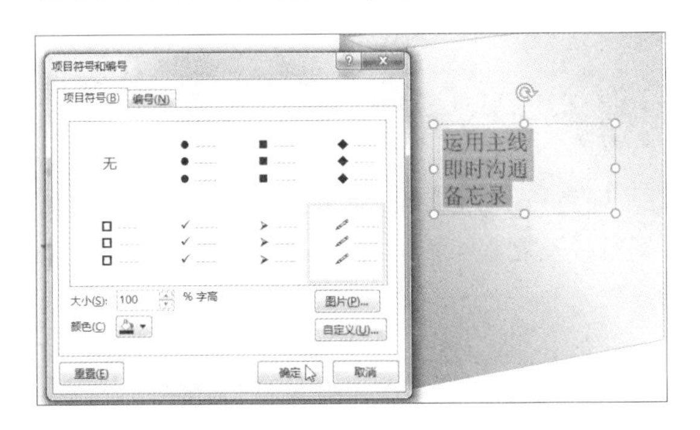

步骤06　查看添加项目符号后的效果

返回幻灯片中，此时选中的文本段落前添加了自定义的项目符号，效果如下图所示。

2 添加编号

项目符号常用于表示并列的文本层次，而编号则用于表示文本的先后次序。编号与项目符号不能同时使用。下面将介绍如何为文本段落添加编号。

步骤01　选择文本

继续之前的操作，切换至第 3 张幻灯片，选中需要添加编号的文本段落，如下图所示。

步骤02　选择编号类型

单击“开始”选项卡下“段落”组中“编号”右侧的下三角按钮，在展开的下拉列表中选择如下图所示的编号类型。

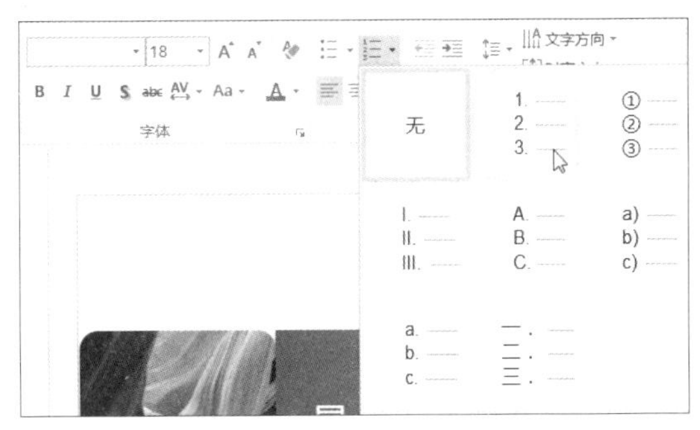

步骤03　显示添加编号后的效果

此时选中的文本段落前添加了数字编号，效果如右图所示。

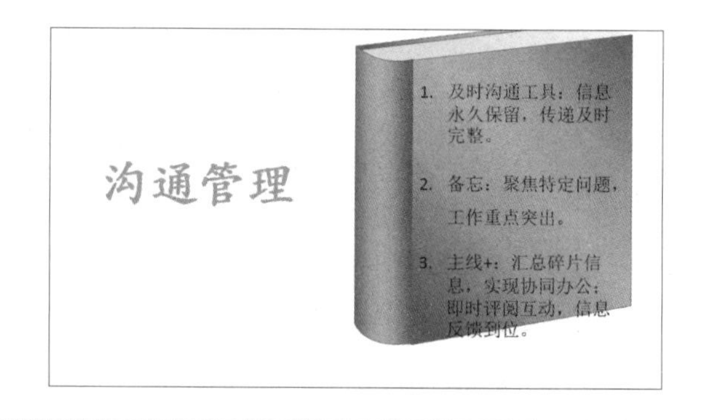

知识补充　自定义编号起始值

在为幻灯片中的段落添加编号时，还可以设置编号的起始值。只需单击“编号”右侧的下三角按钮，在展开的下拉列表中单击“项目符号和编号”选项，弹出“项目符号和编号”对话框，在“编号”选项卡下的“起始编号”数值框中输入起始值，单击“确定”按钮即可。

11.6 幻灯片的操作

用户在编辑演示文稿的过程中，经常需要添加幻灯片或者将不需要的幻灯片删除，或者将已经制作好的幻灯片复制到其他位置。本节将介绍添加和删除幻灯片及复制和粘贴幻灯片的方法。

11.6.1 添加和删除幻灯片

在编辑演示文稿的过程中，用户可以根据需要添加和删除幻灯片，具体操作步骤如下。

原始文件：下载资源\实例文件\第11章\原始文件\课程安排1.pptx
最终文件：无

步骤01　插入幻灯片

打开原始文件，单击“开始”选项卡下“幻灯片”组中的“新建幻灯片”按钮，在展开的下拉列表中选择新幻灯片的样式，如下图所示。

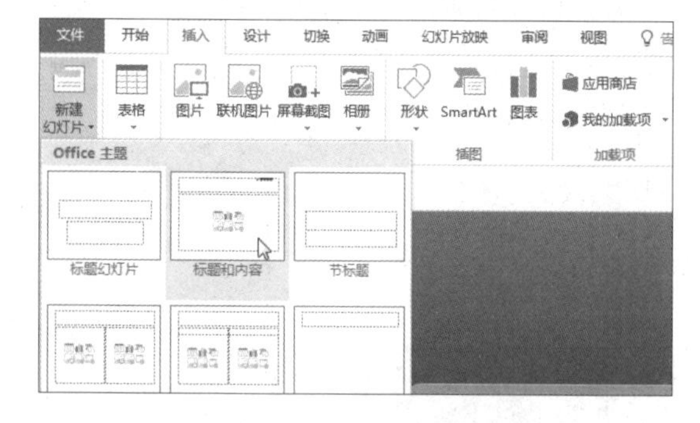

步骤02　显示插入的幻灯片

因为执行上一步操作之前选中的是第 1 张幻灯片，所以插入的幻灯片在其后面，如下图所示。

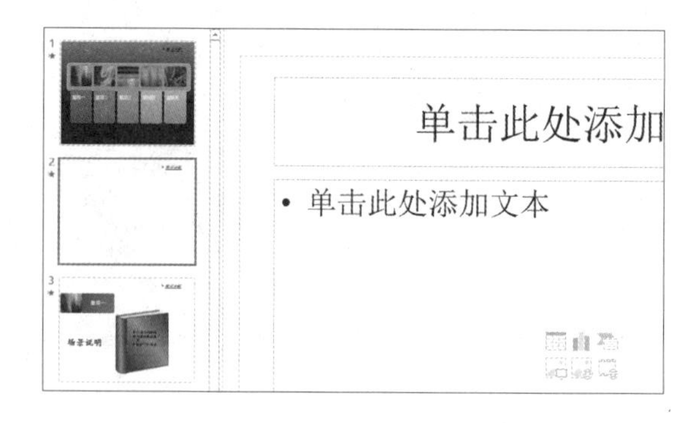

步骤03　删除幻灯片

选中需要删除的幻灯片缩略图并右击，在弹出的快捷菜单中单击“删除幻灯片”命令，如下左图所示。

步骤04　显示删除幻灯片后的效果

执行上一步的操作之后，可以看到选中的幻灯片已经被删除，效果如下右图所示。

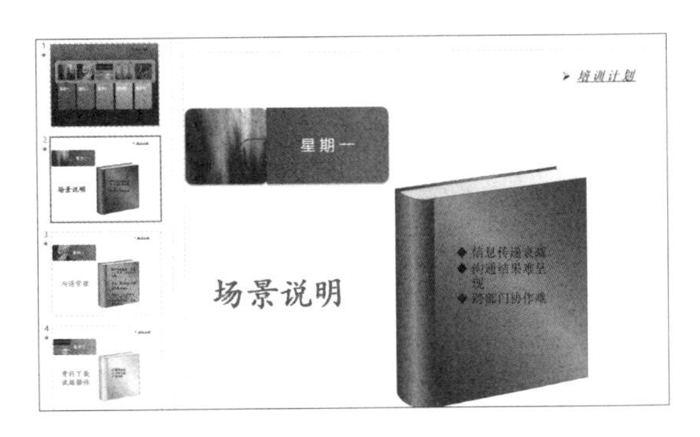

知识补充　添加或删除幻灯片的快捷方法

添加幻灯片的方法有多种，用户可以选中需要添加幻灯片位置的前一张幻灯片缩略图，然后按下【Enter】键或者【Ctrl+M】组合键即可添加；或者选中幻灯片后右击，在弹出的快捷菜单中单击“新建幻灯片”命令。删除幻灯片的方法也有多种，用户可以选中需要删除的幻灯片缩略图，然后按下【Delete】键进行删除。

11.6.2　复制与粘贴幻灯片

当用户需要插入相同格式或者相同内容的幻灯片时，可以直接复制粘贴幻灯片，节约操作时间。

原始文件： 下载资源\实例文件\第11章\原始文件\课程安排1.pptx
最终文件： 下载资源\实例文件\第11章\最终文件\复制幻灯片.pptx

步骤01　复制幻灯片

打开原始文件，选中第 3 张幻灯片缩略图并右击，在弹出的快捷菜单中单击“复制”命令，如下图所示。

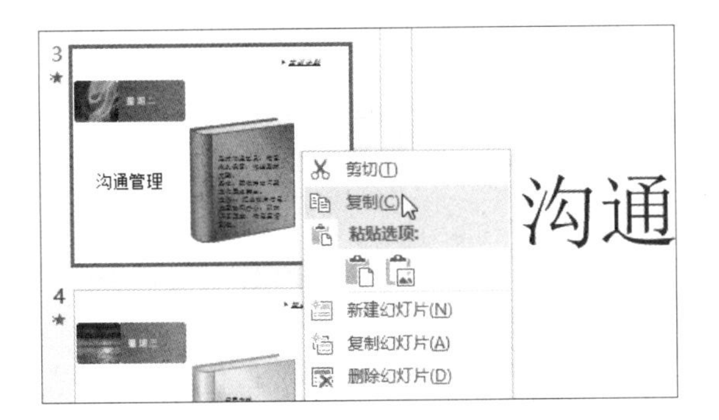

步骤02　粘贴幻灯片

选中第 4 张幻灯片缩略图并右击，在弹出的快捷菜单中单击“粘贴”命令，如下图所示。

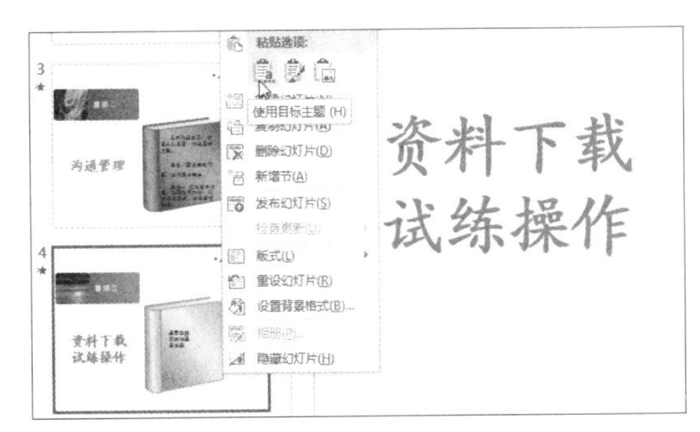

步骤03　显示粘贴幻灯片后的效果

此时可以看到第 4 张幻灯片缩略图的下方显示了复制的幻灯片，效果如右图所示。

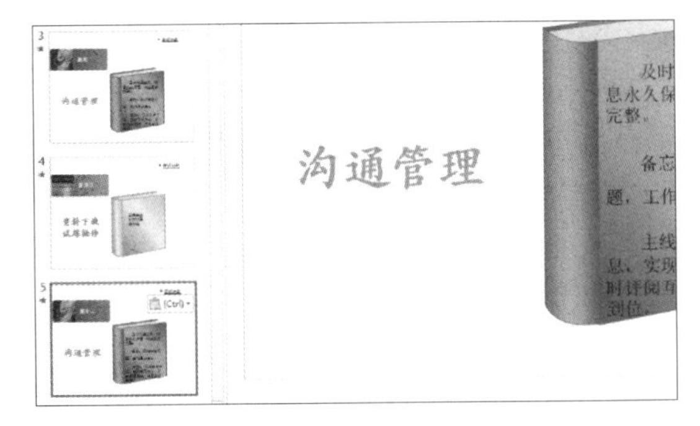

知识补充　利用快捷菜单中的命令复制幻灯片

如果想要快速复制某张幻灯片，可右击该幻灯片，在弹出的快捷菜单中单击“复制幻灯片”命令，即可发现该幻灯片的下方添加了一张相同内容的幻灯片。

11.7 调整幻灯片顺序

用户在制作演示文稿的过程中，还可以调整幻灯片的顺序，具体操作步骤如下。

原始文件：下载资源\实例文件\第11章\原始文件\移动文本.pptx
最终文件：下载资源\实例文件\第11章\最终文件\调整幻灯片顺序.pptx

步骤01　选择幻灯片

打开原始文件，选中第 3 张幻灯片缩略图，按住鼠标左键不放，将其拖至第 1 张幻灯片缩略图的后面，如下图所示。

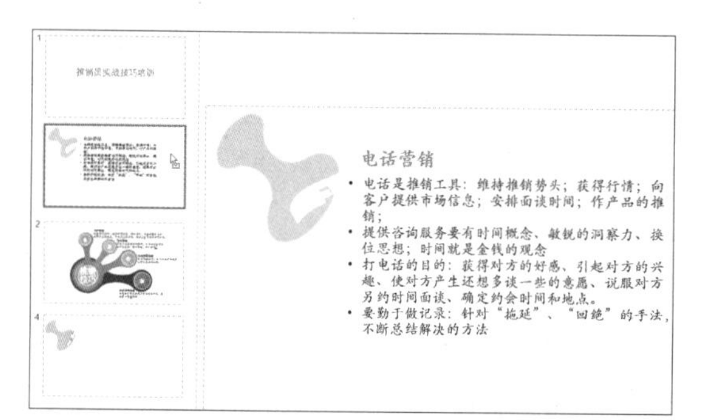

步骤02　显示调整幻灯片位置后的效果

经过上一步的操作，可以看到原来的第 3 张幻灯片已经调整为第 2 张幻灯片，如下图所示。

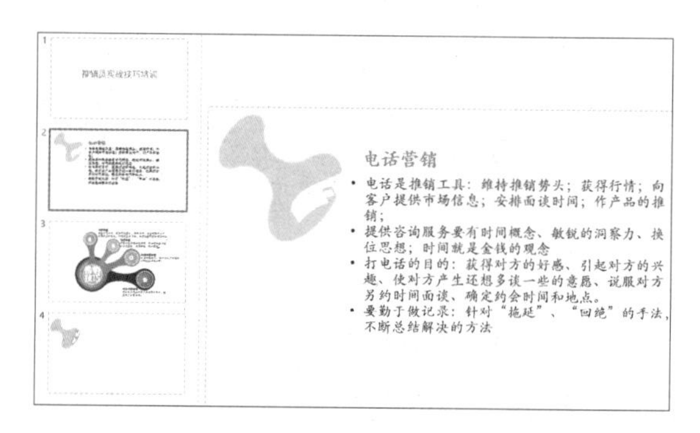

实例演练：制作年终工作总结演示文稿

本章主要介绍了演示文稿的创建方法、幻灯片中文本的编辑方法、文本与段落的格式设置及幻灯片的基本操作。下面以制作年终工作总结演示文稿为例，串连本章大部分知识要点，达到巩固知识、加深印象的目的。

原始文件：无
最终文件：下载资源\实例文件\第11章\最终文件\2016工作总结.pptx

步骤01　启动PowerPoint 2016

双击桌面上的 PowerPoint 2016 快捷图标，如右图所示，启动 PowerPoint 应用程序。

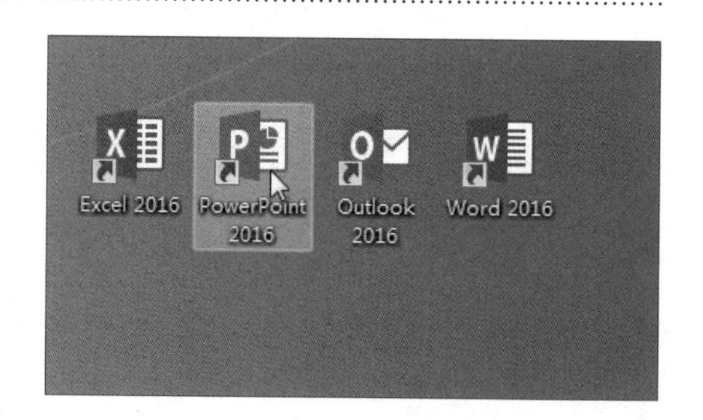

步骤02　搜索演示文稿模板

在弹出的面板中搜索需要的模板，如在搜索框中输入“工作总结”，如下图所示。注意只有处于联网状态下才能启动搜索功能。

步骤03　选择演示文稿模板

按下【Enter】键后，在“新建”选项面板中显示了从 PowerPoint 模板库中搜索到的与工作总结相关的演示文稿模板，单击如下图所示的演示文稿模板。

步骤04　创建演示文稿

弹出“大气商务工作总结汇报”面板，单击“创建”按钮，如下图所示。

步骤05　查看新建的演示文稿

此时系统根据选定的模板创建了如下图所示的演示文稿。

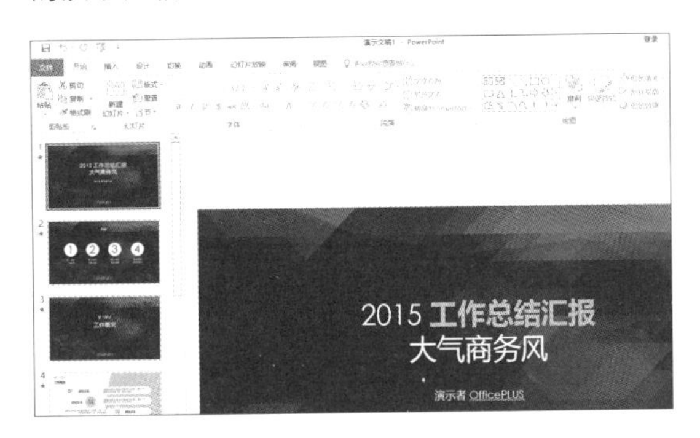

步骤06　选择文本框

单击第 1 张幻灯片中的标题文本，此时单击处出现闪烁的插入点，如下图所示。

步骤07　修改文本

删除多余的文字，并将“2015”改为“2016”，修改后的效果如下图所示。

步骤08　选择幻灯片

在幻灯片浏览窗格中单击第 6 张幻灯片缩略图，切换至第 6 张幻灯片，如下左图所示。

步骤09　输入内容并删除多余的文本框和形状

根据占位符输入相应的文本，按下【Ctrl】键选择如下右图所示的形状和文本框，然后按下【Delete】键将其删除。

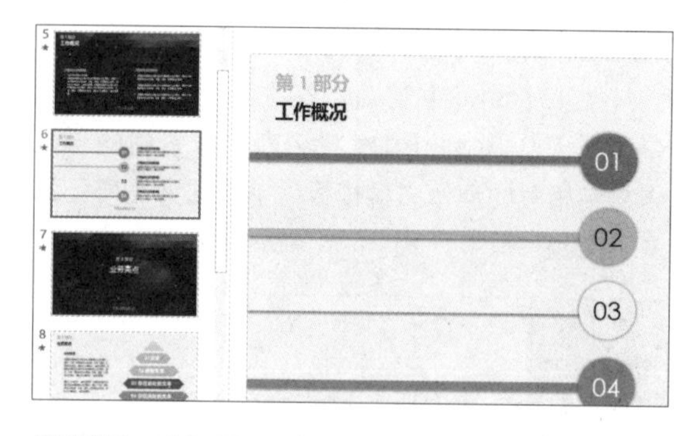

步骤10　选择需要移动的文本框

单击需要移动的文本框，此时文本框周围出现 8 个控点，将鼠标指针移至文本框边框处，直至鼠标指针呈十字箭头状，如下图所示。

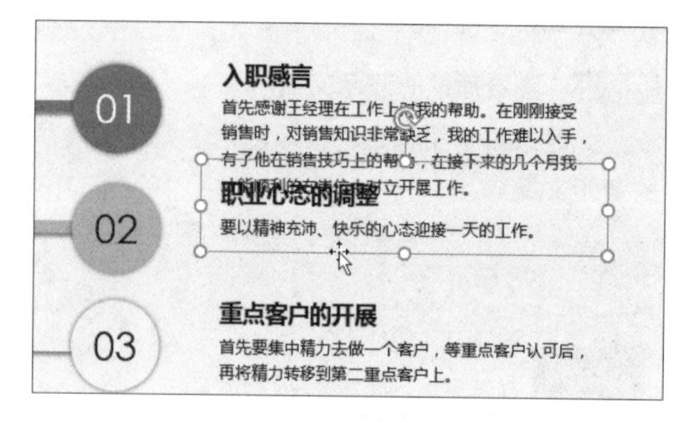

步骤12　选择需要设置格式的文本

移至合适位置处后释放鼠标左键即可，拖动选中需要设置格式的文本，如下图所示。

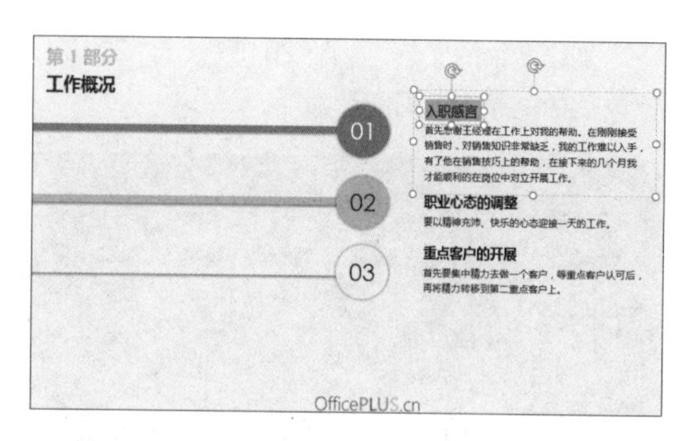

步骤11　移动文本框

按住鼠标左键，向下拖动鼠标，此时文本框周围出现红色虚线帮助确定位置，如下图所示。

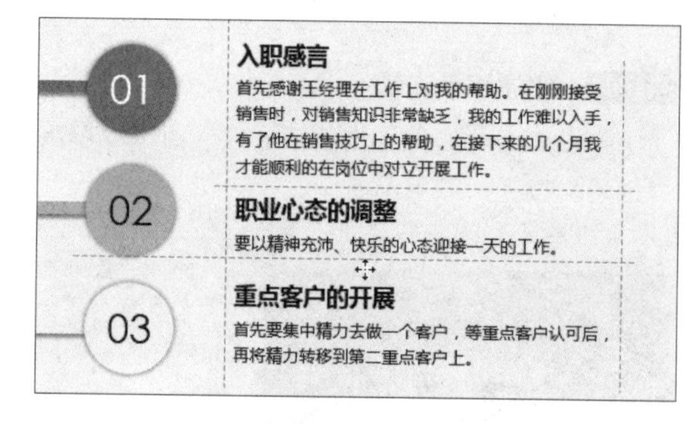

步骤13　设置文本格式

在“开始”选项卡下的“字体”组中设置“字体”为“幼圆”、“字号”为“20”、“字形”为“加粗”，然后单击“字体颜色”右侧的下三角按钮，在展开的下拉列表中选择“白色”，如下图所示。

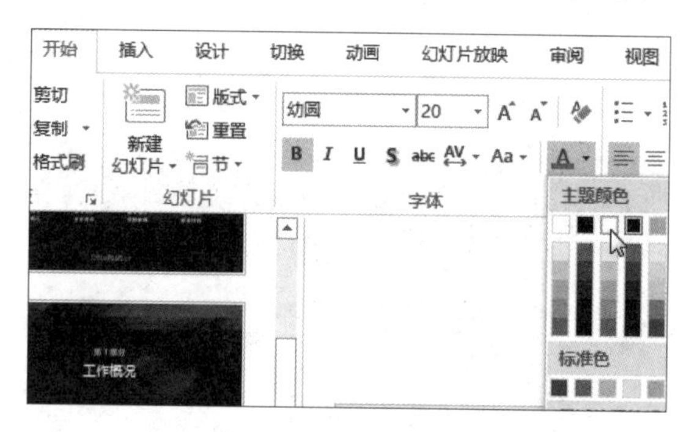

步骤14　设置形状填充

切换至“绘图工具 - 格式”选项卡下，单击“形状样式”组中的“形状填充”按钮，在展开的下拉列表中选择如下左图所示的颜色。

步骤15　查看设置后的效果

经过上述操作，对所选文本框进行一系列设置后的效果如下右图所示。

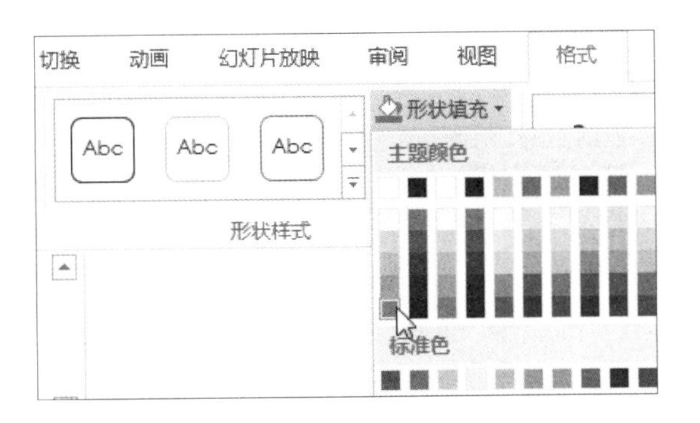

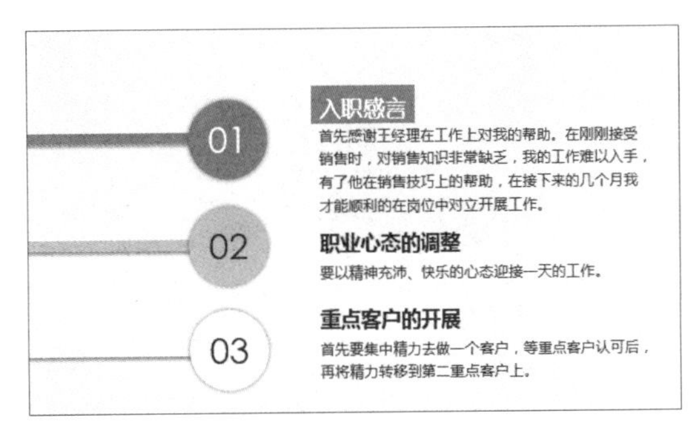

步骤16　选择下一个文本框

利用步骤 12 和步骤 13 的方法，将幻灯片中的标题文本“职业心态的调整”和“重点客户的开展”的格式设置为“幼圆、加粗、20 号”，然后单击需要设置形状样式的文本框，此时插入点将在鼠标单击处闪烁，如下图所示。

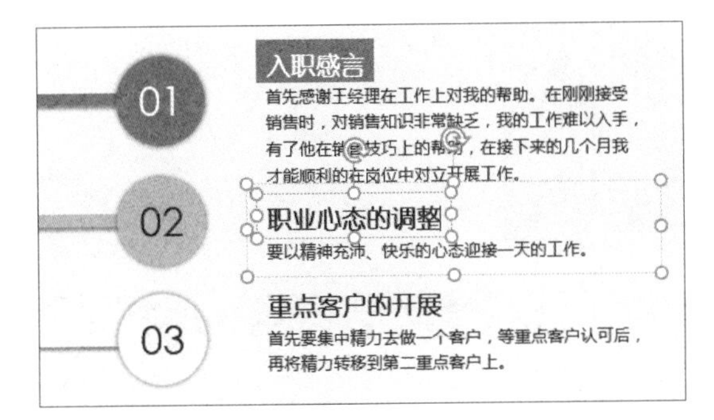

步骤17　展开样式库

单击“绘图工具 - 格式”选项卡下“形状样式”组中的快翻按钮，如下图所示。

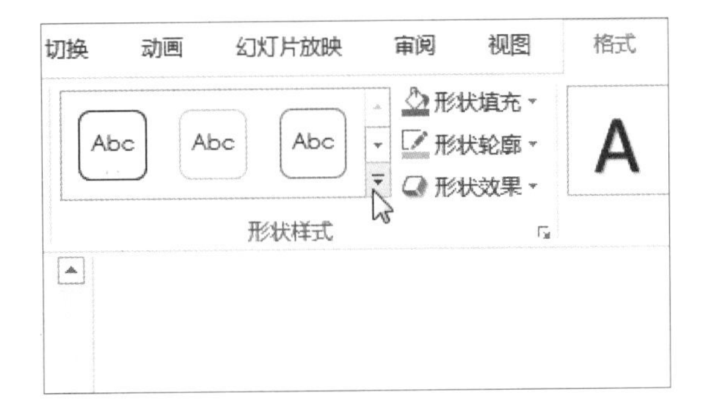

步骤18　选择样式效果

在展开的样式库中选择合适的样式，如选择“主题样式”组中如下图所示的样式效果。

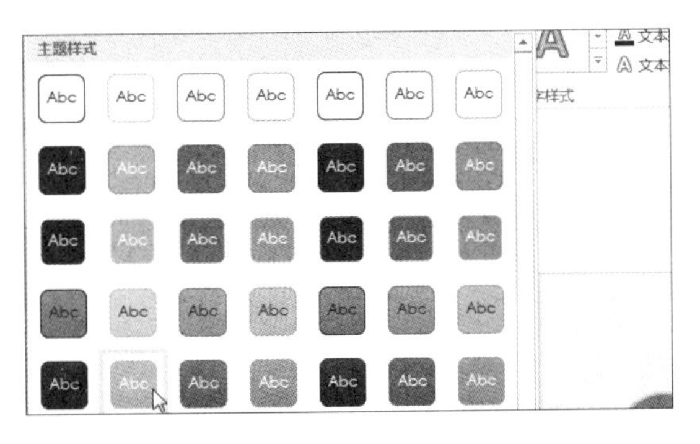

步骤19　继续设置形状样式

选择标题文本“重点客户的开展”，单击“绘图工具 - 格式”选项卡下“形状样式”组中的快翻按钮，在展开的库中选择如下图所示的样式。

步骤20　查看样式效果

对三个标题文本的形状样式设置完毕后，最终效果如下左图所示。

步骤21　删除多余幻灯片

按住【Ctrl】键，单击幻灯片浏览窗格中需要删除的第 4 张和第 5 张幻灯片缩略图，然后在选中的幻灯片缩略图上右击，在弹出的快捷菜单中单击“删除幻灯片”命令，如下右图所示。

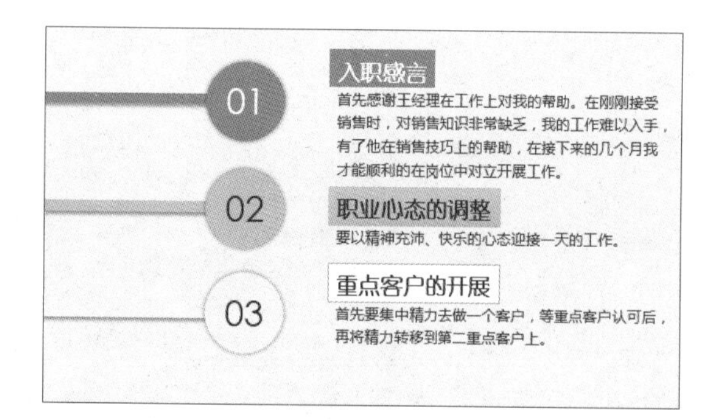

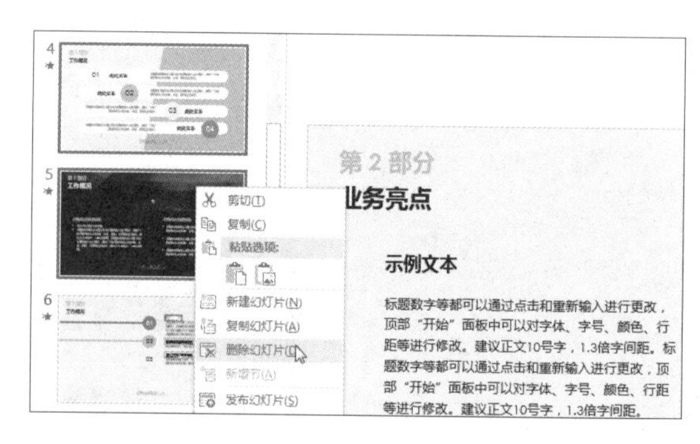

步骤22　查看删除后的效果

此时在幻灯片浏览窗格中可看到第 4 张和第 5 张幻灯片被删除了，如下图所示。

步骤23　保存演示文稿

单击"保存"按钮，系统自动跳转至"另存为"选项面板，单击"浏览"按钮，如下图所示。

步骤24　设置保存位置和文件名

弹出"另存为"对话框，在地址栏中选择演示文稿的保存路径，在"文件名"文本框中输入"2016 工作总结"，"保存类型"保持默认值不变，如右图所示。最后单击"保存"按钮。

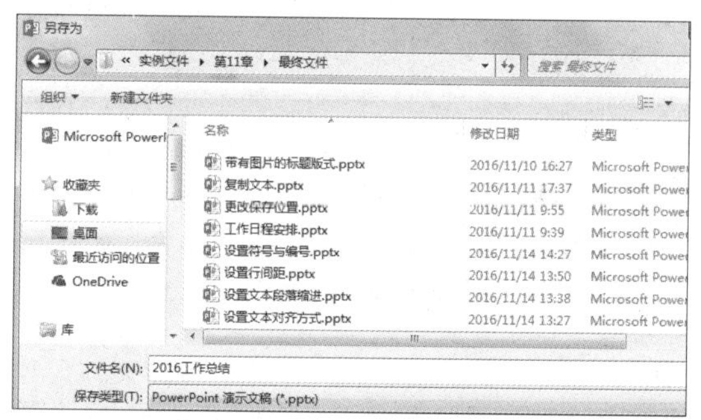

第12章 用图片和图形美化演示文稿

用户制作演示文稿时，可以向幻灯片中添加一些对象，起到美化演示文稿的作用。本章将介绍插入图片、设置图片格式、插入SmartArt图形及插入自选图形并设置其格式等内容，帮助读者制作出美观、专业的演示文稿。

12.1 插入图片

在幻灯片中加入精美的图片可以更清楚地表达主题，丰富演示文稿的内容，使演示文稿更具吸引力。根据演示文稿表达主题和所需素材的不同，用户可选择性插入本机保存的图片、联机图片或者屏幕截图。

12.1.1 插入计算机中的图片

为幻灯片插入计算机中的图片的方法有很多种，下面介绍通过功能区按钮插入的操作步骤。

原始文件： 下载资源\实例文件\第12章\原始文件\插入图片1.pptx
最终文件： 下载资源\实例文件\第12章\最终文件\插入图片.pptx

步骤01 单击"图片"按钮

打开原始文件，选中第1张幻灯片，切换至"插入"选项卡下，单击"图像"组中的"图片"按钮，如下图所示。

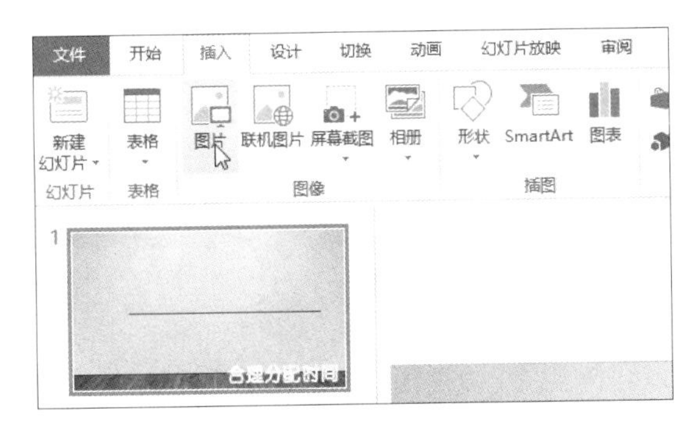

步骤02 选择图片

弹出"插入图片"对话框，在地址栏中选择图片的保存位置，然后选择需要插入幻灯片中的图片，最后单击"插入"按钮即可，如下图所示。

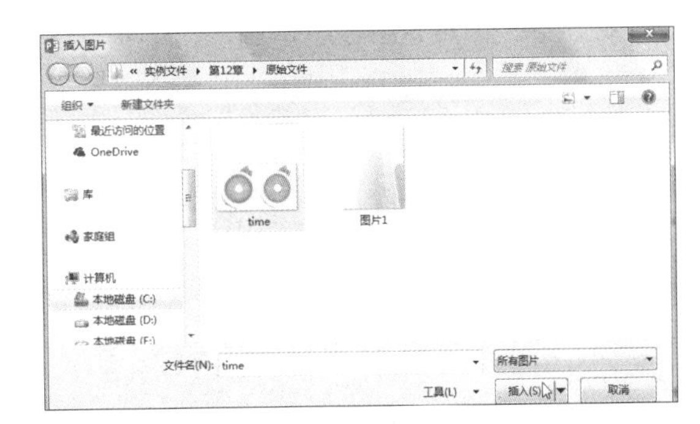

步骤03 显示插入图片后的效果

此时幻灯片中自动插入选择的图片，效果如右图所示。

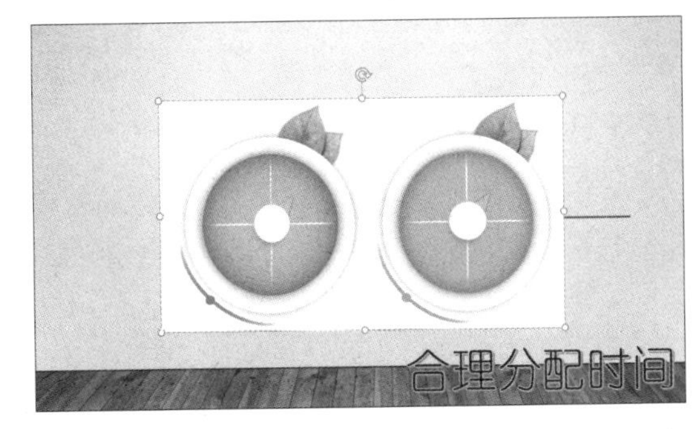

12.1.2 插入联机图片

使用 PowerPoint 2016 中的插入联机图片功能可以方便地插入互联网上的图片，即联机图片，而不用事先下载到本地。利用 PowerPoint 内置的搜索功能搜索图片，然后直接选择合适的图片插入到幻灯片中即可。

原始文件：下载资源\实例文件\第12章\原始文件\插入图片2.pptx
最终文件：下载资源\实例文件\第12章\最终文件\插入联机图片.pptx

步骤01 单击“联机图片”按钮

打开原始文件，首先在幻灯片浏览窗格中选择需要插入图片的幻灯片，如选择第 2 张幻灯片，然后单击“插入”选项卡下“图像”组中的“联机图片”按钮，如下图所示。

步骤02 输入关键字

弹出“插入图片”面板，在“必应图像搜索”搜索框中输入关键字，如输入“微笑”，然后单击“搜索”按钮，如下图所示。

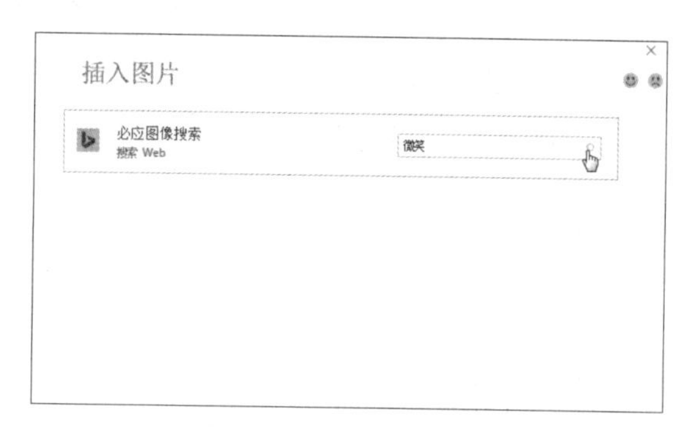

步骤03 选择插入的图片

弹出与输入的关键字有关的图片，单击需要插入的图片，此时所选图片的左上角将出现勾选符号，然后单击“插入”按钮，如下图所示。

步骤04 查看插入的联机图片效果

返回演示文稿中，此时在幻灯片中插入了所选的图片，效果如下图所示。

12.1.3 插入屏幕截图

有时需要在幻灯片中插入屏幕截图，此时可以利用 PowerPoint 2016 自带的屏幕截取功能。用户可直接选择截取整个程序窗口，也可以自定义截取的屏幕区域。

原始文件：下载资源\实例文件\第12章\原始文件\插入图片3.pptx
最终文件：下载资源\实例文件\第12章\最终文件\插入屏幕截图.pptx

步骤01　选择插入屏幕截图的幻灯片

打开原始文件，并打开需要截图的程序窗口，单击幻灯片浏览窗格中的第 3 张幻灯片，如下图所示。

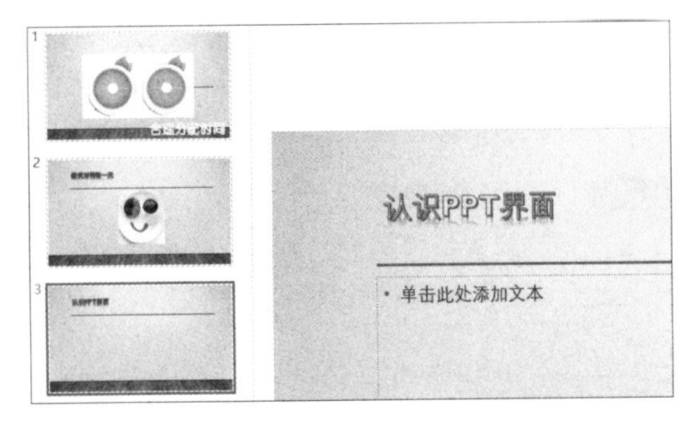

步骤02　单击“屏幕截图”按钮

单击“插入”选项卡下“图像”组中的“屏幕截图”下三角按钮，此时在展开的下拉列表中可看到当前打开的程序窗口，直接单击“可用的视窗”选项组中的缩略图，如下图所示。

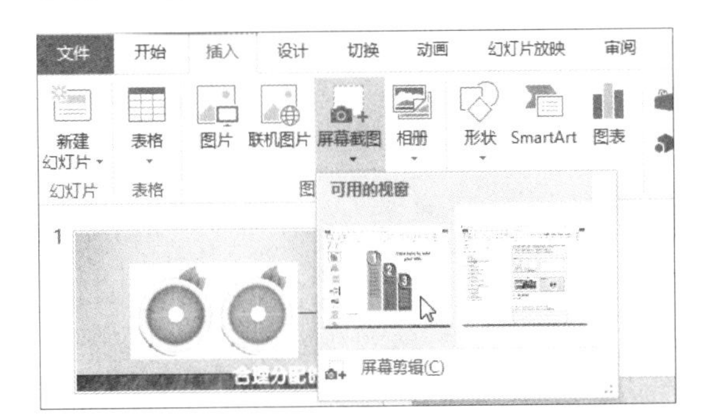

步骤03　查看插入的屏幕截图

此时第 3 张幻灯片中插入了所选窗口的截图，如右图所示。若用户执行“屏幕截图 > 屏幕剪辑”命令，则可用鼠标划定截图的区域。

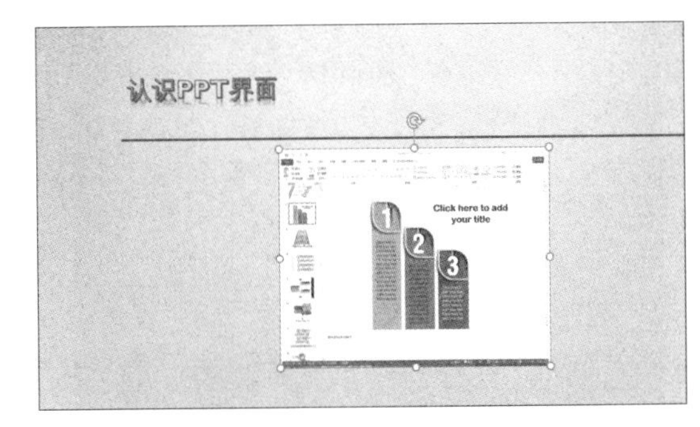

12.2 设置图片格式

如果用户觉得演示文稿中插入的图片大小、位置或者显示效果和图片边框样式与幻灯片中的文本不能相得益彰，可使用 PowerPoint 2016 提供的多种图片调整功能对图片进行处理。

12.2.1　按比例裁剪图片

当插入的图片宽高比例不合适时，使用 PowerPoint 2016 提供的按比例裁剪图片功能，可以裁剪出 2 : 3、4 : 5 等多种不同的比例。

原始文件：下载资源\实例文件\第12章\原始文件\旅行相册.pptx
最终文件：下载资源\实例文件\第12章\最终文件\裁剪图片.pptx

步骤01　选择要裁剪的图片

打开原始文件，切换至第 1 张幻灯片，单击要裁剪的图片，如下左图所示。

步骤02　选择裁剪比例

选中目标图片后，单击“图片工具 - 格式”选项卡下“大小”组中的“裁剪”按钮，在展开的下拉列表中单击“纵横比”选项，在展开的比例库中单击“横向”组内的“4 : 3”选项，如下右图所示。

步骤03　调整裁剪区域

程序根据所选择的比例，显示了图片裁剪后的效果，将鼠标指针指向图片中未被裁剪的区域，通过拖动鼠标来移动图片，对要裁剪掉的部分进行调整，如下图所示。

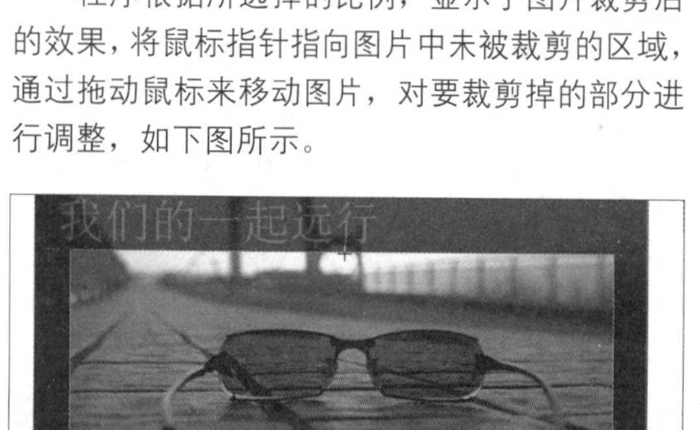

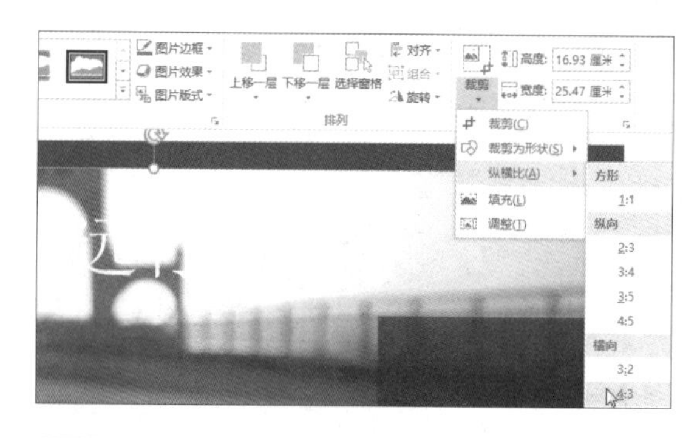

步骤04　显示裁剪效果

设置好裁剪的区域后，单击图片外的任意位置，就完成了图片的裁剪操作，效果如下图所示。

12.2.2　更正图片亮度与对比度

为了让插入幻灯片中的图片与所表达的内容更加协调，有时需要修改图片的亮度与对比度。用户可以直接在幻灯片中进行调整，可使用程序中预设的参数，也可手动调整。

1　使用程序预设亮度与对比度参数

原始文件： 下载资源\实例文件\第12章\原始文件\高原风光.pptx
最终文件： 下载资源\实例文件\第12章\最终文件\更正亮度与对比度1.pptx

步骤01　选中图片

打开原始文件，在第 1 张幻灯片中选择如右图所示的图片。

步骤02　调整图片的亮度和对比度

切换至“图片工具 - 格式”选项卡下，单击“调整”组中的“更正”按钮，在展开的库中选择“亮度：0%（正常）对比度：-20%”，即亮度不变，对比度降低，如下左图所示。

步骤03　查看调整后的图片效果

经过以上操作，就完成了对图片的亮度和对比度的调整，效果如下右图所示。

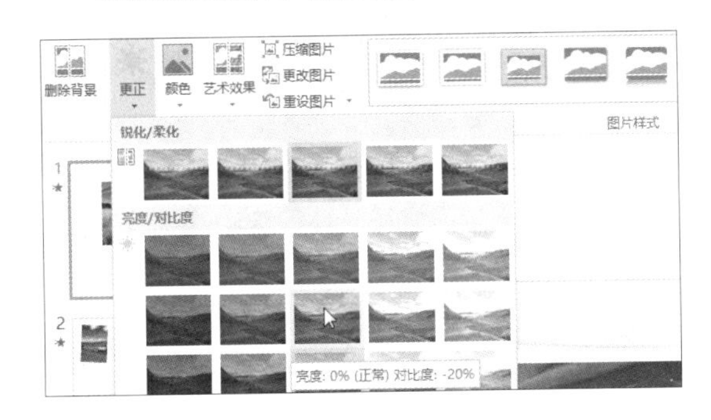

2 自定义调整亮度与对比度

原始文件：下载资源\实例文件\第12章\原始文件\高原风光.pptx

最终文件：下载资源\实例文件\第12章\最终文件\更正亮度与对比度2.pptx

步骤01　选择目标图片

打开原始文件，在第 1 张幻灯片中单击选中如下图所示的图片。

步骤02　单击“图片更正选项”选项

单击“图片工具 - 格式”选项卡下“调整”组中的“更正”按钮，在展开的库中单击“图片更正选项”选项，如下图所示。

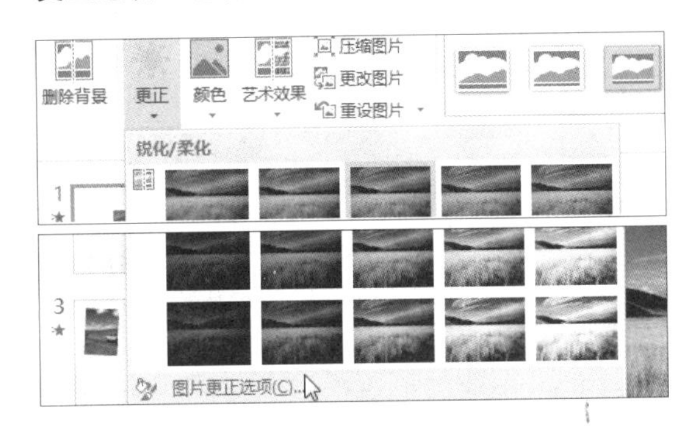

步骤03　设置图片更正参数

弹出“设置图片格式”任务窗格，在“图片”选项卡下的“图片更正”选项组中单击“亮度”右侧的滑块，按住鼠标左键进行拖动调节，在其后的数值框中可看到亮度值，然后使用同样的方法调整对比度，如下左图所示。用户也可直接在数值框中输入需要的值。

步骤04　显示调整效果

关闭任务窗格后，就完成了对图片的亮度与对比度的自定义调整，效果如下右图所示。

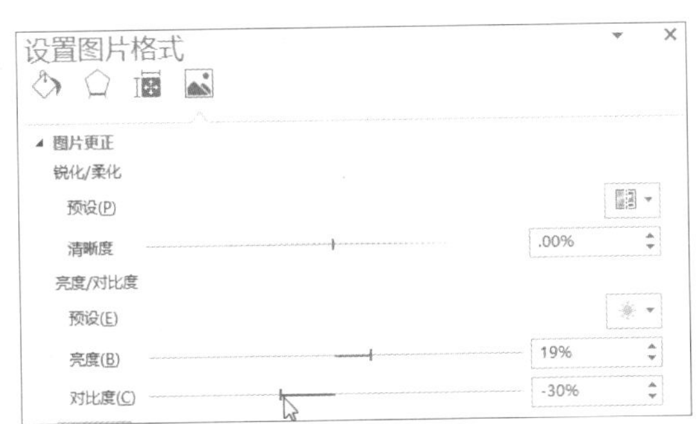

知识补充　重设图片

对图片的效果进行编辑后，如果用户对设置后的效果不满意，可在选中该图片后，切换到“图片工具-格式”选项卡，单击“调整”组中的“重设图片”按钮，即可将图片恢复为刚插入到幻灯片时的效果。

12.2.3　校正图片的颜色

调整图片颜色时，可从饱和度、色调、着色三个方面入手，下面依次介绍具体的操作方法。

1 调整图片饱和度

饱和度反映了图片中色彩的鲜艳程度，饱和度越高，图片色彩越鲜艳；饱和度最低的图片就是黑白效果。下面介绍使用程序中预设的参数调整图片饱和度的操作。

原始文件： 下载资源\实例文件\第12章\原始文件\调整饱和度.pptx
最终文件： 下载资源\实例文件\第12章\最终文件\调整饱和度.pptx

步骤01　选择目标图片

打开原始文件，切换至第 2 张幻灯片，单击要调整饱和度的图片，如下图所示。

步骤02　调整图片饱和度

选择图片后，单击“图片工具 - 格式”选项卡下“调整”组中的“颜色”按钮，在展开的库中单击“颜色饱和度”组中的“饱和度：100%”选项，如下图所示。

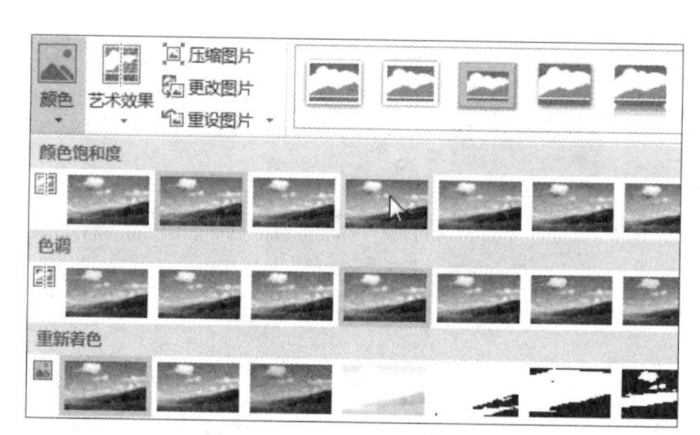

步骤03　显示调整饱和度后的图片效果

经过以上操作，就完成了对图片饱和度的调整，此时选中图片的饱和度增加，颜色更明亮，效果如右图所示。

2 更改图片色调

调整图片的色调是通过调整色温来实现的。设置的色温较高时，图片偏向暖色调；设置的色温较低时，图片偏向冷色调。

原始文件：下载资源\实例文件\第12章\原始文件\更改色调.pptx
最终文件：下载资源\实例文件\第12章\最终文件\更改色调.pptx

步骤01　选择目标图片

打开原始文件，单击第 3 张幻灯片中需要调整色调的图片，如下图所示。

步骤02　选择色调

选择目标图片后，单击“图片工具 - 格式”选项卡下“调整”组中的“颜色”按钮，在展开的库中单击“色调”组中的“色温：5300K”选项，如下图所示。

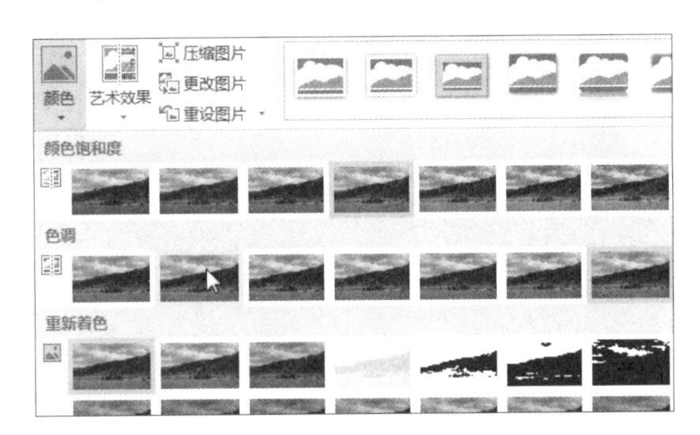

步骤03　显示调整色调后的效果

经过以上操作，将图片的色温值调整到 5300K，效果如右图所示。

3 对图片进行重新着色

对图片进行着色就是调整图片的整体颜色，调整时可使用程序中预设的着色效果，也可以自定义着色色彩，下面分别介绍设置方法。

（1）使用预设着色色彩

原始文件：下载资源\实例文件\第12章\原始文件\重新着色.pptx
最终文件：下载资源\实例文件\第12章\最终文件\预设着色.pptx

步骤01　选择目标图片

打开原始文件，切换至第 2 张幻灯片，选中需要重新着色的图片，如下左图所示。

步骤02　选择着色色彩

单击“图片工具 - 格式”选项卡下“调整”组中的“颜色”按钮，在展开的库中选择“重新着色”组中的“灰色，个性色 3 深色”选项，如下右图所示。

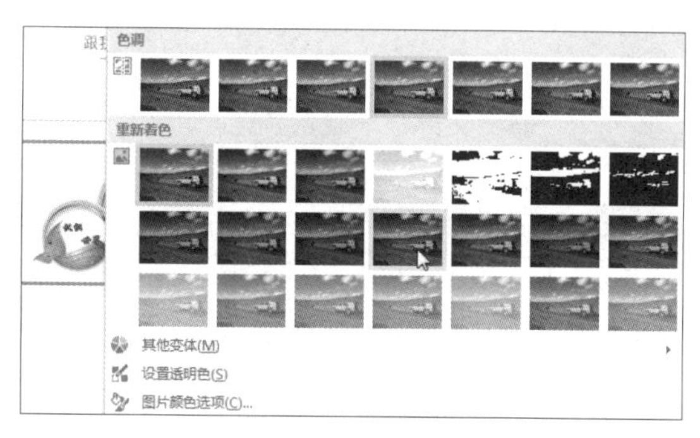

步骤03 显示重新着色后的效果

此时选中图片的颜色进行了调整，效果如右图所示。

（2）自定义着色色彩

原始文件：下载资源\实例文件\第12章\原始文件\重新着色.pptx
最终文件：下载资源\实例文件\第12章\最终文件\自定义色彩.pptx

步骤01 打开“颜色”对话框

打开原始文件，选中第 2 张幻灯片中需要重新着色的图片，单击“图片工具 - 格式”选项卡下“调整”组中的“颜色”按钮，在展开的库中执行“其他变体 > 其他颜色”命令，如下图所示。

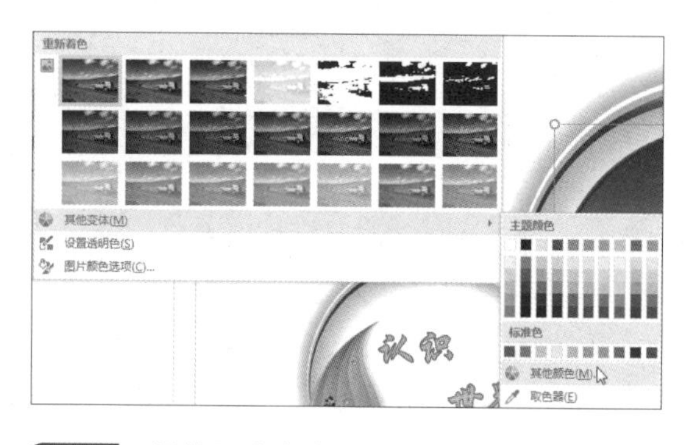

步骤02 自定义颜色

弹出“颜色”对话框，在“标准”选项卡下选择要使用的颜色，然后按住鼠标左键向右拖动“透明度”调节滑块，最后单击“确定”按钮，如下图所示。

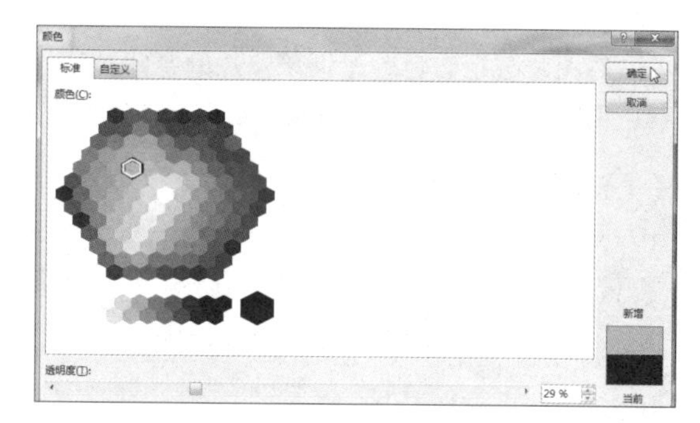

步骤03 调整图片亮度与对比度

选择色彩后，为了使着色效果更加出众，返回幻灯片，单击“调整”组中的“更正”按钮，在展开的库中单击“亮度：+20% 对比度：+40%”，如下左图所示。

步骤04 显示着色效果

经过以上操作，就完成了图片的自定义着色，返回幻灯片即可看到着色后的效果，如下右图所示。

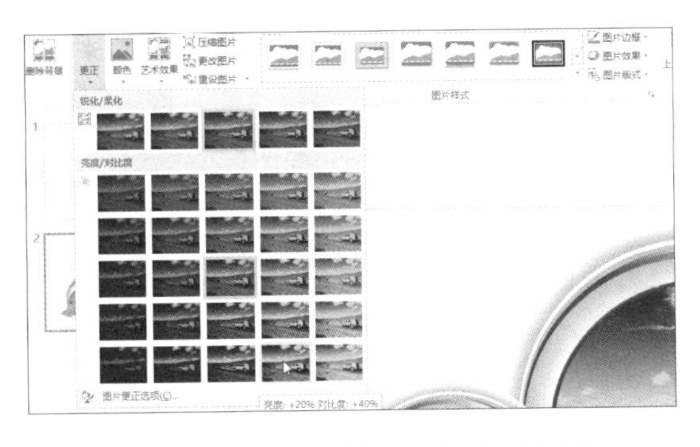

12.2.4　设置图片大小和位置

为幻灯片插入图片后，图片的大小和位置都有可能不符合需要，这时用户需对图片大小及位置进行适当的编辑。

1 调整图片大小

图片大小可手动调整，也可在功能组中启动相应任务窗格后调整，下面分别介绍这两种方法的具体操作步骤。

（1）手动调整图片大小

原始文件： 下载资源\实例文件\第12章\原始文件\裁剪图片.pptx
最终文件： 下载资源\实例文件\第12章\最终文件\设置图片大小与位置1.pptx

步骤01　拖动控点调整图片大小

打开原始文件，单击第 2 张幻灯片中的图片，然后将鼠标指针指向图片四个角上的控点，这里指向左上角的控点，当鼠标指针呈↘形状时，按住鼠标左键向内拖动，如下图所示。

步骤02　显示调整图片大小后的效果

向内拖动鼠标时，图片会随着鼠标的拖动进行收缩，鼠标指针会变成十字形，如下图所示，将图片调整到合适大小后，释放鼠标，就完成了调整大小的操作。

知识补充　利用控点调整图片的宽或高

将鼠标指针指向图片四条边中点的控点时，鼠标指针会变为横向或纵向箭头形状，此时拖动鼠标，将会对图片进行横向或纵向的单独调整，图片会因为纵横比发生变化而出现变形。

（2）在任务窗格中调整图片大小

原始文件： 下载资源\实例文件\第12章\原始文件\裁剪图片.pptx
最终文件： 下载资源\实例文件\第12章\最终文件\设置图片大小与位置2.pptx

步骤01 选择目标图片

打开原始文件，切换至第 2 张幻灯片，单击需要调整大小的图片，如下图所示。

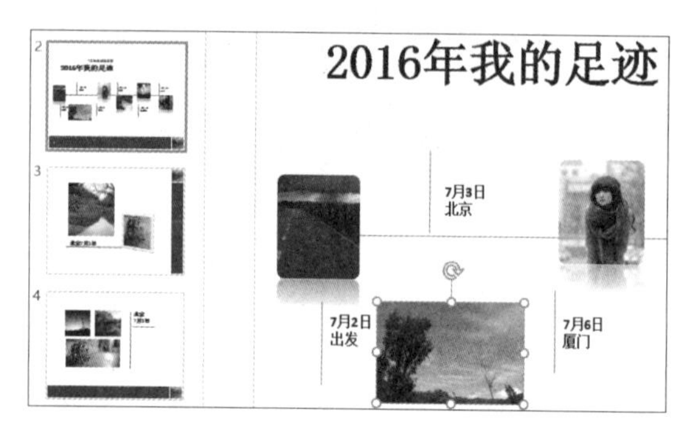

步骤02 打开“设置图片格式”任务窗格

选中图片后，单击“图片工具 - 格式”选项卡下“大小”组中的对话框启动器，如下图所示。

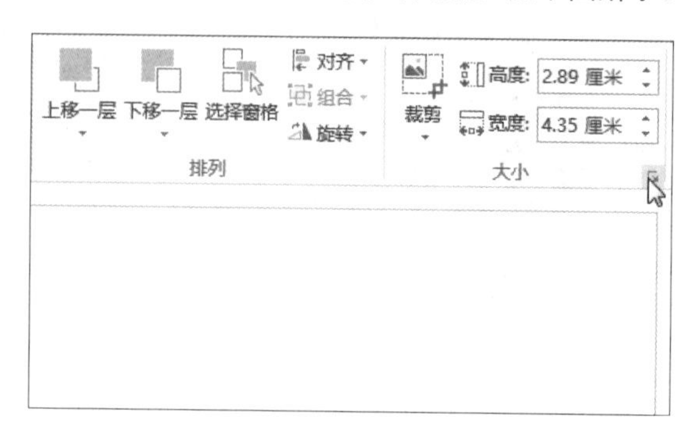

步骤03 设置图片大小

弹出“设置图片格式”任务窗格，在“大小”组中取消勾选“锁定纵横比”复选框，然后分别在“高度”和“宽度”数值框中输入图片的高、宽值，如下图所示。

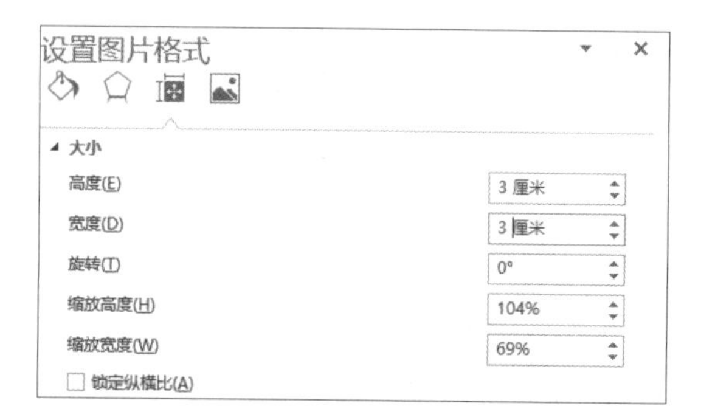

步骤04 显示调整图片大小后的效果

经过以上操作后，幻灯片中选中的图片的大小进行了相应的更改，如下图所示。

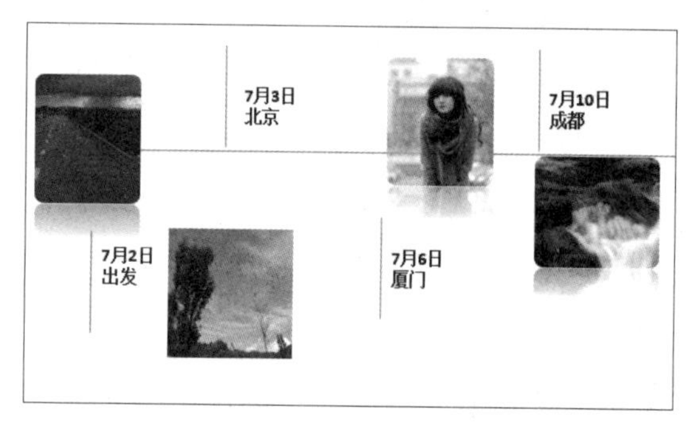

知识补充 在功能区调整图片大小

用户在“图片工具-格式”选项卡下“大小”组中的“高度”与“宽度”数值框中直接输入数值，按下【Enter】键，也可对图片大小进行调整，只是图片大小将按原始纵横比进行变化。

2 调整图片位置

要想调整图片在幻灯片中的位置，最方便快捷的方法就是通过拖动鼠标，具体步骤如下。

步骤01 选择目标图片

继续之前的操作，选择第 2 张幻灯片中要移动位置的图片，将鼠标指针移至选中的图片上方，此时鼠标指针变为十字箭头形状，如下左图所示。

步骤02 移动图片

按住鼠标左键，将图片向目标位置拖动，在移动鼠标期间，幻灯片中会出现红色线条，帮助确定位置，如下右图所示。将图片移动到目标位置后释放鼠标，就完成了图片的移动操作。

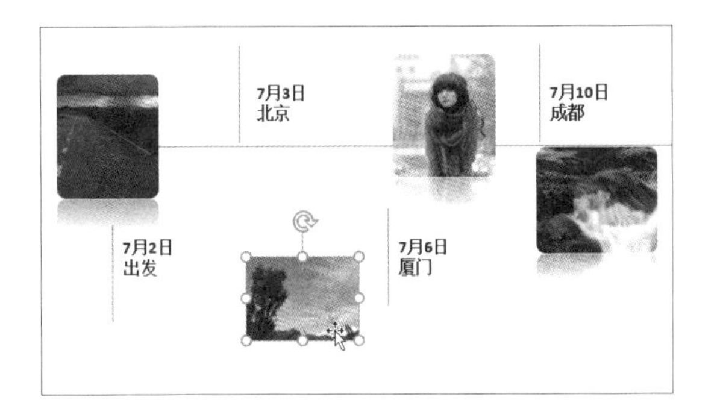

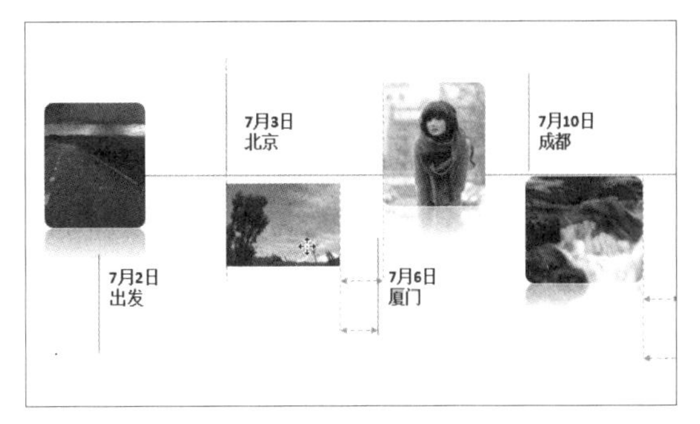

12.2.5　更改图片样式

PowerPoint 2016 中预设了 28 种图片样式，用户可根据需要选用。内置的图片样式中集合了边框、阴影、棱台等多种效果，使用这些样式可以快速完成图片的美化。

原始文件： 下载资源\实例文件\第12章\原始文件\设置图片大小与位置.pptx
最终文件： 下载资源\实例文件\第12章\最终文件\更改图片样式.pptx

步骤01　选择目标图片

打开原始文件，切换至第 3 张幻灯片，单击需要更改样式的图片，如下图所示。

步骤02　打开图片样式库

选中目标图片后，切换到“图片工具 - 格式”选项卡，单击“图片样式”组中的快翻按钮，如下图所示。

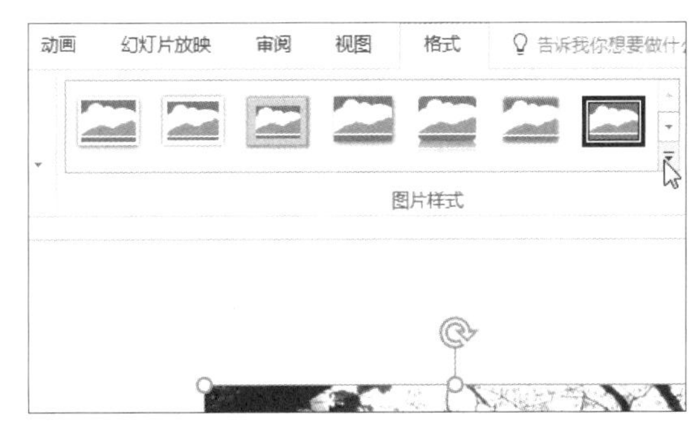

步骤03　选择预设图片样式

打开“图片样式”库后，单击要使用的样式“中等复杂框架，白色”图标，如下图所示。

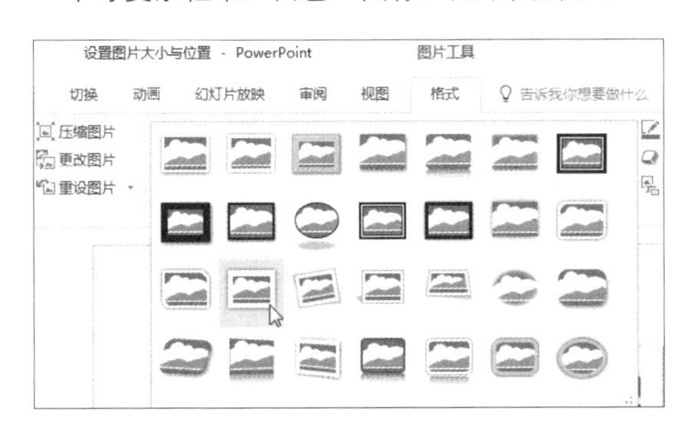

步骤04　显示应用图片样式后的效果

经过以上操作后，就完成了为图片应用内置样式的操作，最终效果如下图所示。

12.3 使用SmartArt图形制作图示

PowerPoint 2016 提供的 SmartArt 图形有列表、流程、层次结构、关系等，共 8 种类型。用户可根据需要选择适合的 SmartArt 图形，以使制作出来的图示不仅可以直观地表现出企业组织内部的层次关系、生产过程中的循环关系、会议报告中的递进关系、各种活动事项的流程关系等，而且在视觉效果上更加美观，为幻灯片增加不少魅力。

12.3.1 插入SmartArt图形

在幻灯片中插入 SmartArt 图形的方法非常简单，只需单击相应的按钮即可打开“选择 SmartArt 图形”对话框，在其中选择相应的选项即可，操作步骤如下。

原始文件： 下载资源\实例文件\第12章\原始文件\插入图片1.pptx
最终文件： 下载资源\实例文件\第12章\最终文件\插入SmartArt图形.pptx

步骤01 单击“SmartArt”按钮

打开原始文件，切换至需要插入 SmartArt 图形的幻灯片中，然后单击“插入”选项卡下“插图”组中的“SmartArt”按钮，如下图所示。

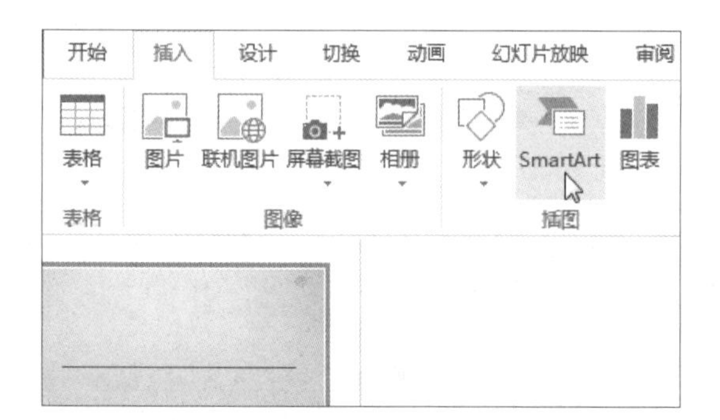

步骤02 选择图形类型

弹出“选择 SmartArt 图形”对话框，在左侧列表框中单击“关系”选项，然后在中间的列表框中选择“关系”类型的子类型，如选择“平衡”，在右侧可预览所选图形样式，最后单击“确定”按钮，如下图所示。

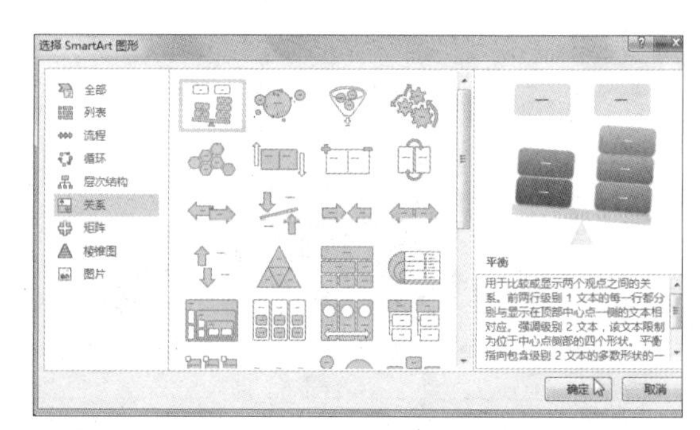

步骤03 幻灯片中插入SmartArt图形

返回幻灯片中，此时所选择的“关系”图形插入到了幻灯片中，效果如下图所示。

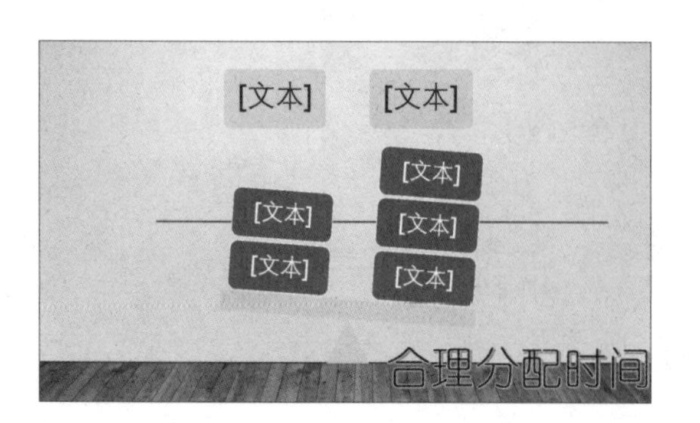

步骤04 将插入点定位在形状中

若要在 SmartArt 图形的某个形状中输入文本，首先需单击该形状中的“[文本]”，将插入点定位在形状中，如下图所示。

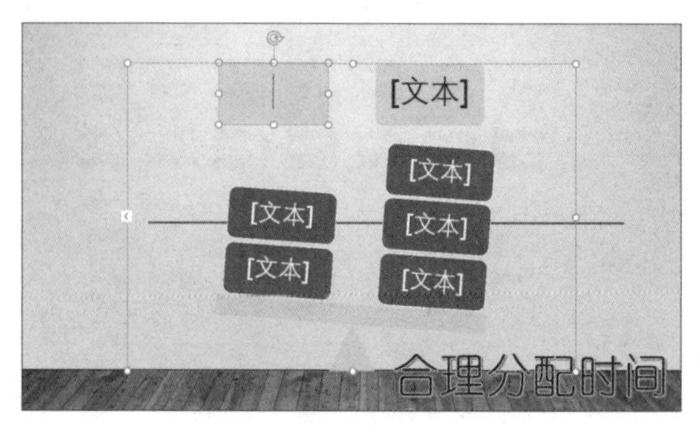

步骤05　在形状中输入文本

输入标题文本，如输入“孰轻”，然后单击 SmartArt 图形左侧的展开 / 折叠按钮，如下图所示。

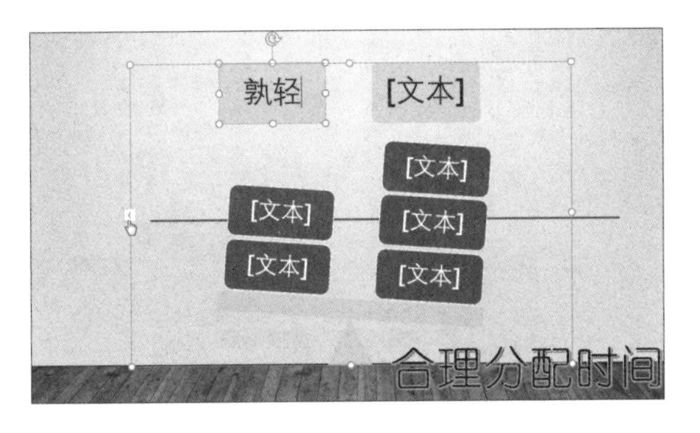

步骤06　在文本窗格中输入文本

上一步中单击按钮后在 SmartArt 图形左侧展开了一个文本窗格，可在其中输入和编辑图形中的文字。在窗格的相应位置输入下一级文本内容，如输入“不重要的事”，在对应形状中将显示输入的文本，如下图所示。

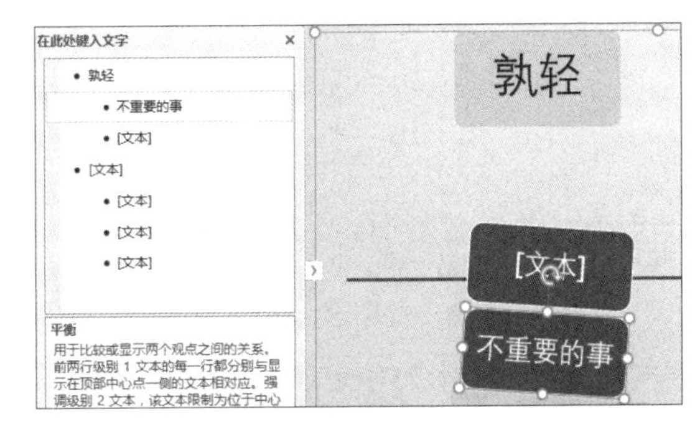

步骤07　显示输入文本后的图形效果

运用以上任意一种方法，在 SmartArt 图形中添加文本内容，最终效果如右图所示。

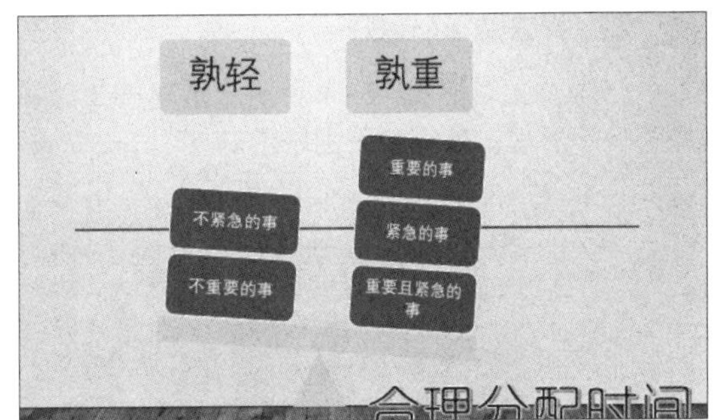

12.3.2　为SmartArt图形添加形状和文本

插入的 SmartArt 图形有默认的形状与结构，但可能并不符合用户的要求，此时就需要用户手动在 SmartArt 图形中添加和删除形状，具体操作步骤如下。

原始文件：下载资源\实例文件\第12章\原始文件\编辑SmartArt图形.pptx
最终文件：下载资源\实例文件\第12章\最终文件\添加形状和文本.pptx

步骤01　选择要添加形状的位置

打开原始文件，切换至第 1 张幻灯片，选中要添加形状的位置，这里选择“紧急的事”所在的形状，如下图所示。

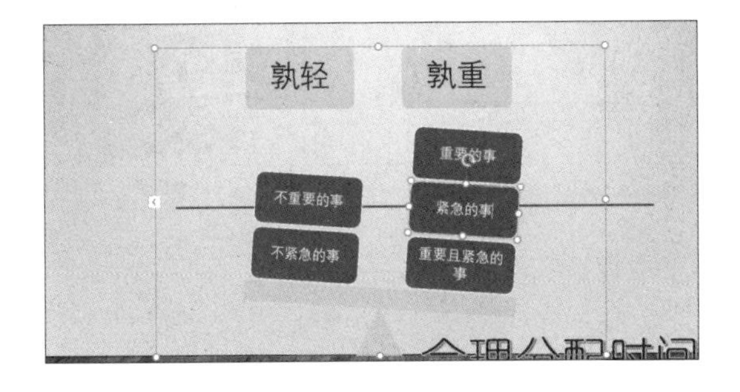

步骤02　选择添加形状的位置

单击“SmartArt 工具 - 设计”选项卡下“创建图形”组中“添加形状”右侧的下三角按钮，在展开的下拉列表中选择添加形状的位置，这里单击“在后面添加形状”选项，如下图所示。

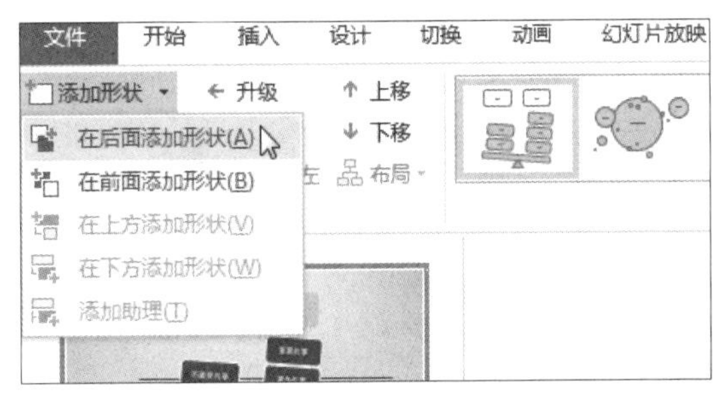

步骤03 查看添加的形状

此时，在 SmartArt 图形中“紧急的事”所在形状的上方自动插入了一个形状，效果如下图所示。

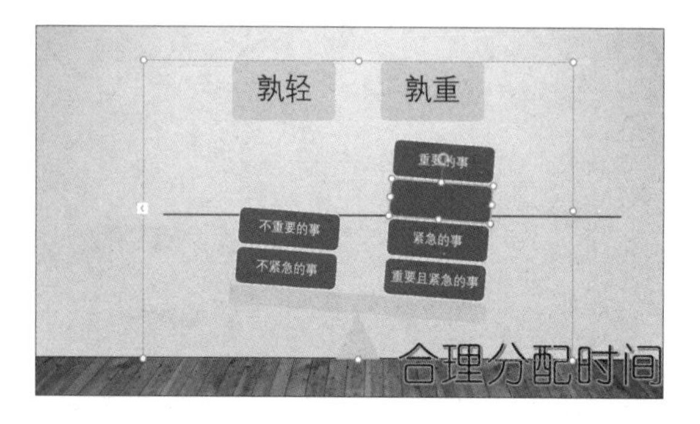

步骤04 通过快捷菜单命令添加形状

用户还可以通过快捷菜单命令来添加形状。例如，右击“不紧急的事”所在的形状，从弹出的快捷菜单中指向“添加形状”命令，在弹出的级联菜单中单击“在后面添加形状”命令，如下图所示。

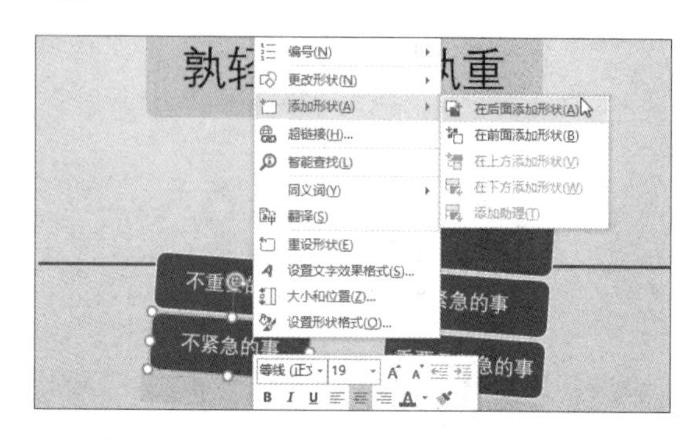

步骤05 查看添加的形状

此时，在“不紧急的事”所在形状的上方添加了一个形状，效果如下图所示。

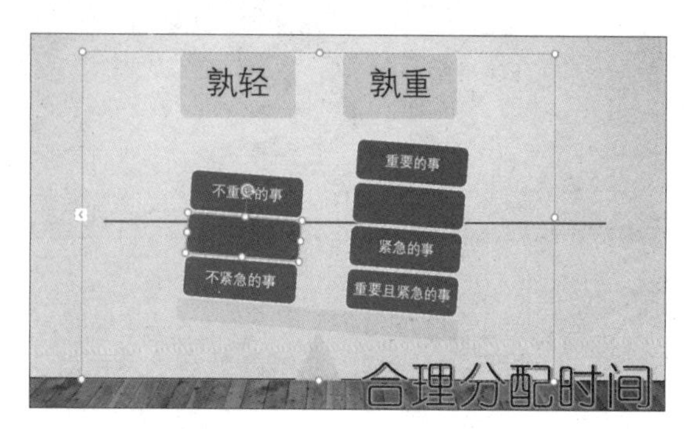

步骤06 单击“编辑文字”命令

右击添加的形状，从弹出的快捷菜单中单击“编辑文字”命令，如下图所示。

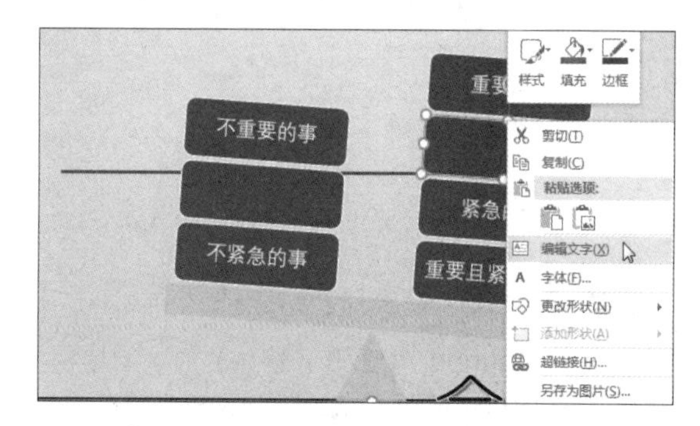

步骤07 在形状中输入文字

此时插入点定位在形状中，输入文本“重要不紧急的事”，如下图所示。

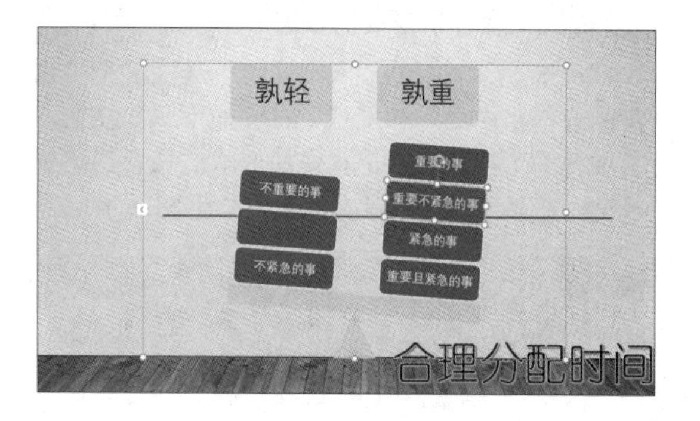

步骤08 在文本窗格中输入文本

向添加的形状中输入文本，同样可单击 SmartArt 图形左侧的展开 / 折叠按钮，然后在文本窗格中对应的位置输入文本，如下图所示。

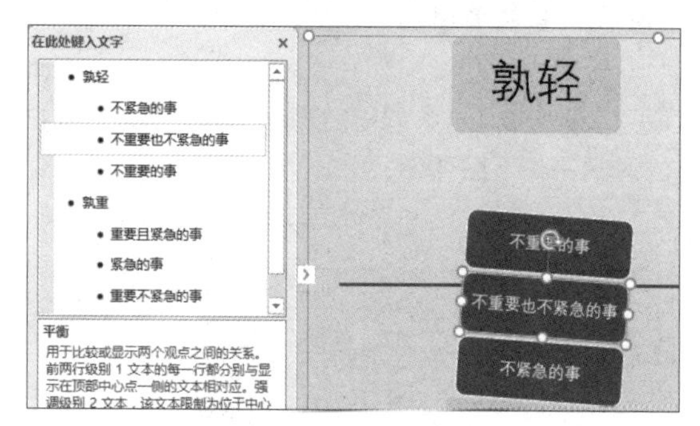

12.3.3　更改SmartArt图形布局并美化

对于创建完毕的 SmartArt 图形，若其布局不符合要求，用户还可以更改其布局样式。方法很简单，只需从“布局”库中选择要套用的样式然后单击即可。

原始文件： 下载资源\实例文件\第12章\原始文件\添加形状和文本.pptx
最终文件： 下载资源\实例文件\第12章\最终文件\更改布局.pptx

步骤01　展开“布局”库

打开原始文件，切换至第 1 张幻灯片，选中 SmartArt 图形，在“SmartArt 工具 - 设计”选项卡下单击“版式”组中的快翻按钮，如下图所示。

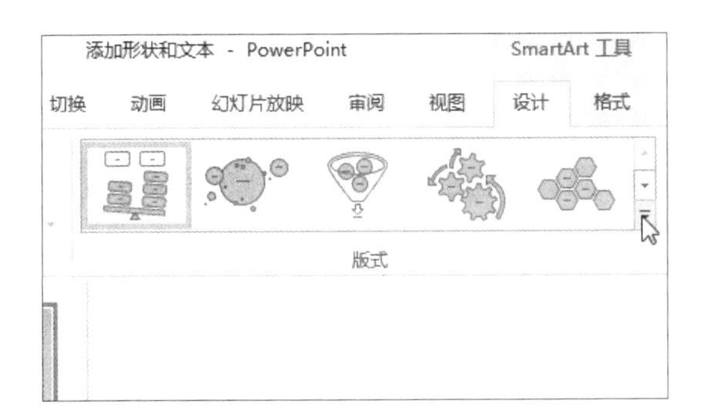

步骤02　选择要套用的布局样式

在展开的库中选择要套用的布局样式，这里选择“反向箭头”布局样式，如下图所示。

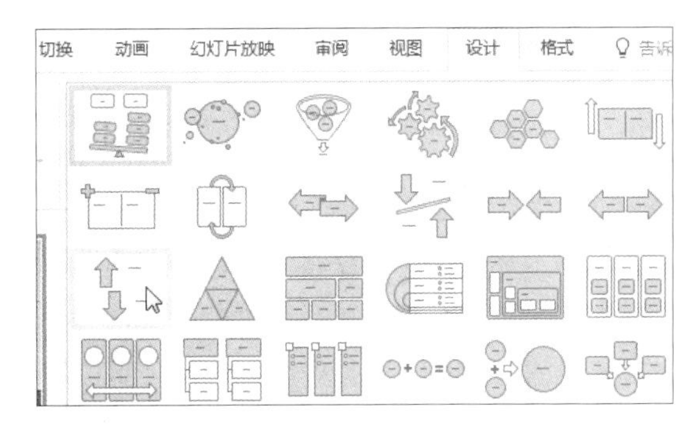

步骤03　显示更改布局后的效果

套用上一步中选择的布局样式后，得到的关系图效果如下图所示。

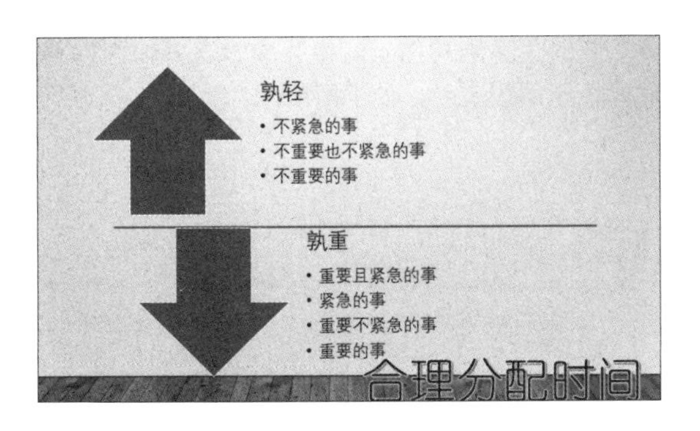

步骤04　更改颜色

更改布局后，还可以更改 SmartArt 图形的颜色。选中图形，单击“SmartArt 工具 - 设计”选项卡下“SmartArt 样式”组中的“更改颜色”按钮，在展开的库中选择配色，如选择“主题颜色（主色）”选项组中如下图所示的样式。

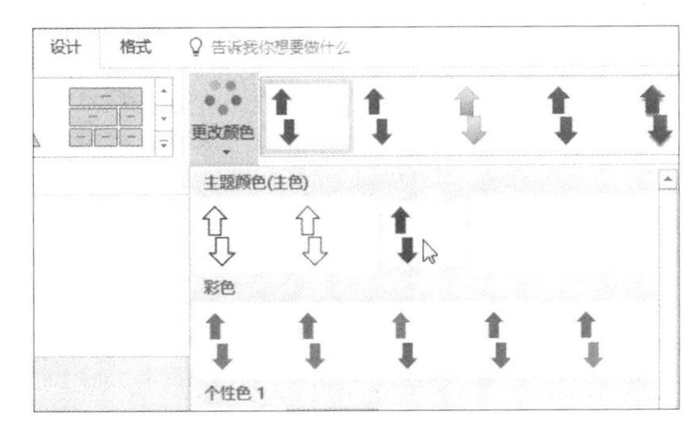

步骤05　更改样式

单击“SmartArt 样式”组的快翻按钮，如下左图所示，将展开更多的图形样式。

步骤06　选择图形样式

在展开的样式库中单击“三维”选项组中的“卡通”样式，如下右图所示。

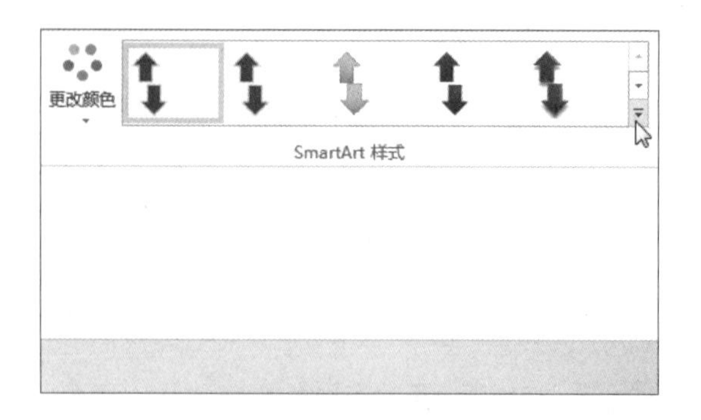

步骤07　查看更改后的效果

经过以上操作，完成了对 SmartArt 图形的布局及样式的更改，最终效果如右图所示。

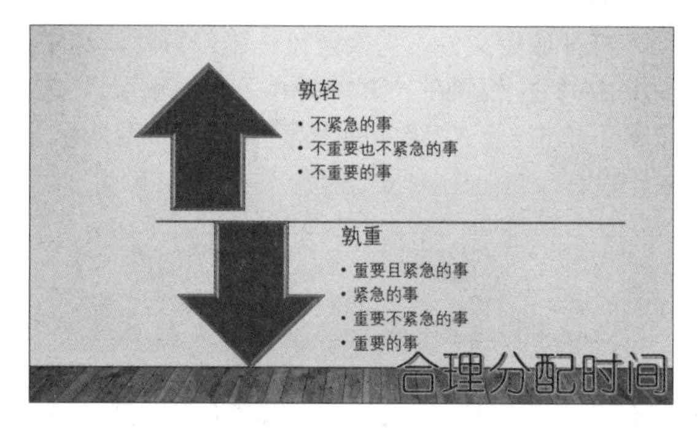

12.3.4　将SmartArt图形转换为文本或形状

若观众对于 SmartArt 图形所表达的意义不是很明白，而是习惯了文本的表达形式，用户还可以将制作完成的 SmartArt 图形转换为文本。为了能够对 SmartArt 图形中的单个形状进行移动或重点编辑处理，可以将 SmartArt 图形先转换为形状，然后将其“取消组合”，这样即可对单个形状进行更多的编辑处理。

原始文件：下载资源\实例文件\第12章\原始文件\更改布局.pptx
最终文件：下载资源\实例文件\第12章\最终文件\转换为文本.pptx、转换为形状.pptx

步骤01　单击“转换为文本”选项

打开原始文件，切换至第 1 张幻灯片，选中 SmartArt 图形，单击“SmartArt 工具 - 设计”选项卡下“重置”组中的“转换”按钮，在展开的下拉列表中单击“转换为文本”选项，如下图所示。

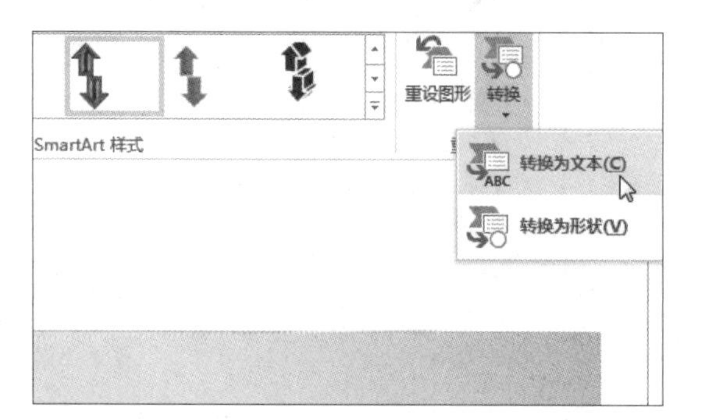

步骤02　转换为文本的效果

此时关系结构图被转换为文本，并以大纲的形式显示层级关系，如下图所示。

步骤03　单击“转换为形状”选项

撤销前面的操作，再次选中第 1 张幻灯片中的 SmartArt 图形，单击“SmartArt 工具 - 设计”选项卡下“重置”组中的“转换”按钮，在展开的下拉列表中单击“转换为形状”选项，如下图所示。

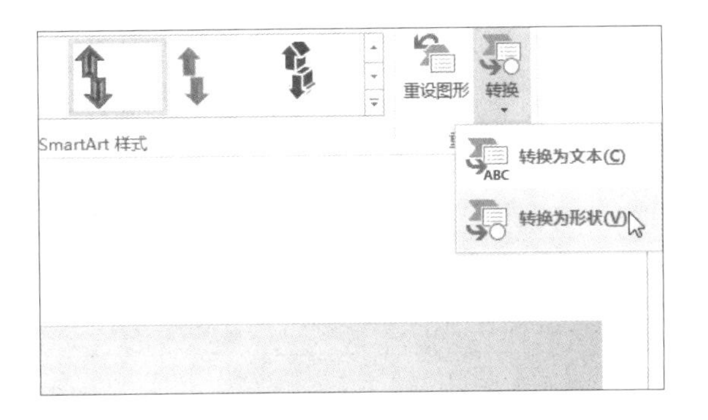

步骤04　转换为形状的效果

此时可以看到组织结构图被转换为形状，选中组合后的形状，将出现“绘图工具”标签，说明当前选中的是绘制的形状，而不再是 SmartArt 图形了，如下图所示。

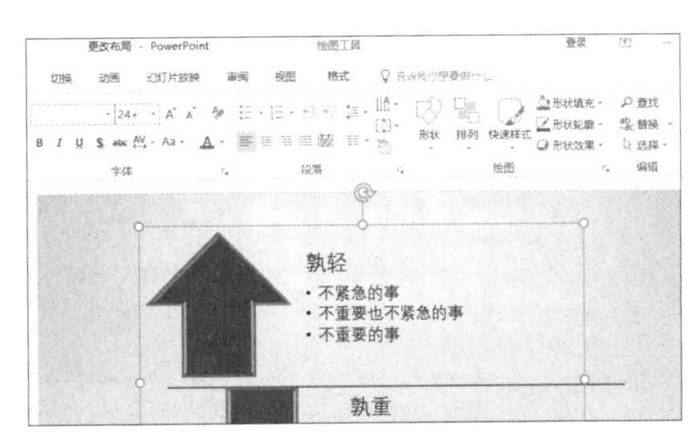

12.4 插入自选图形并美化

自选图形包括一些基本的线条、矩形、圆形、箭头和其他稍微复杂的流程图、旗帜、星形等图形。线条、连接符和任意多边形等自选图形常用于连接有关系的对象或内容，它们不具备添加文本的功能。矩形、圆、箭头、流程图符号、星与旗帜、标注等自选图形常用于表示带有说明性的对象、过程或内容，在其中是可以添加文本的。本节将介绍如何在幻灯片中插入自选图形并更改其样式。

12.4.1　插入自选图形

在幻灯片中插入自选图形的方法很简单，首先切换至要插入自选图形的幻灯片中，然后单击“插入”选项卡下“插图”组中的“形状”按钮，在展开的下拉列表中选择要绘制的图形，然后按住鼠标左键在幻灯片中拖动即可。

原始文件： 下载资源\实例文件\第12章\原始文件\插入自选图形.pptx
最终文件： 下载资源\实例文件\第12章\最终文件\插入自选图形.pptx

步骤01　单击“形状”按钮

打开原始文件，切换至第 2 张幻灯片，单击“插入”选项卡下“插图”组中的“形状”按钮，如下图所示。

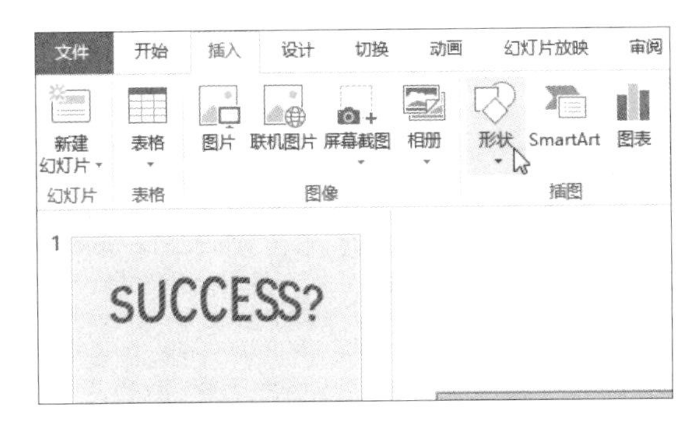

步骤02　选择插入的形状

在展开的形状库中选择“星与旗帜”组中的“波形”形状，如下图所示。

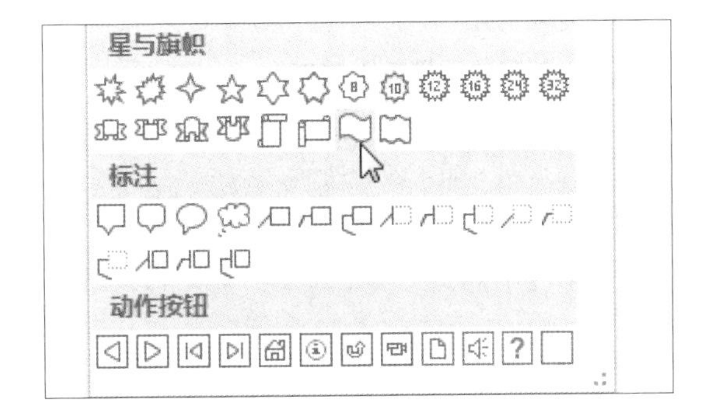

步骤03 绘制形状

在需要插入形状的位置单击，然后按住鼠标左键拖动，此时鼠标指针呈十字形状，如下图所示。释放鼠标左键后，幻灯片中即出现所选的形状。

步骤04 复制形状

若想插入相同形状，可按相同方法操作，也可以选中已插入的形状，按【Ctrl+C】组合键复制，然后按【Ctrl+V】组合键粘贴，并拖动粘贴的形状以更改位置，最终效果如下图所示。

12.4.2 在图形中添加文字

在实际操作中，有时需要在图形中添加一些说明文字，以便对图形的用途和意义进行说明。PowerPoint 2016 允许用户在自选图形（线条和自由曲线除外）中添加文本，这些文本将附加在对象之上并随对象一起移动。

原始文件：下载资源\实例文件\第12章\原始文件\插入自选图形2.pptx
最终文件：下载资源\实例文件\第12章\最终文件\自选图形_添加文字.pptx

步骤01 编辑文字

打开原始文件，选中需要添加文字的图形并右击，在弹出的快捷菜单中单击“编辑文字”命令，如下图所示。

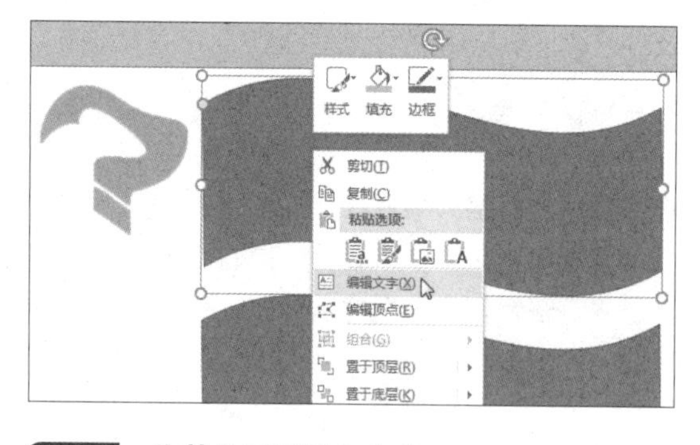

步骤02 输入文字

此时插入点定位在图形内，输入合适的文字即可，如下图所示。

步骤03 为其他图形输入文字

继续为幻灯片中的其他图形输入文字。除了使用上述方法之外，还可以直接双击图形，将插入点定位在图形内，如下左图所示。

步骤04 输入文字后的最终效果

在幻灯片中的两个自选图形中输入需要的文字后，效果如下右图所示。

12.4.3　更改图形形状

用户绘制自选图形后，若不满意当前的形状，可以通过命令更换形状。另外，自选图形中除了四周的图形控点外，一般还有一个或多个用于调整图形形状的黄色圆形控点，拖动该黄色圆形控点，可按照自己的意愿改变图形。

原始文件：下载资源\实例文件\第12章\原始文件\自选图形_添加文字.pptx
最终文件：下载资源\实例文件\第12章\最终文件\自选图形_更改形状.pptx

步骤01　选择目标图形

打开原始文件，切换至第 2 张幻灯片，单击需要更改形状的图形，如下图所示。

步骤02　选择形状

单击“绘图工具 - 格式”选项卡下“插入形状”组中的“编辑形状”按钮，在展开的下拉列表中指向“更改形状”选项，然后在展开的库中选择“基本形状”组中的“云形”，如下图所示。

步骤03　查看更改为云形后的效果

此时幻灯片中选中的图形形状更改为了云形，效果如下图所示。

步骤04　移动鼠标指针至图形控点

选中幻灯片中的另一个图形，然后将鼠标指针移至图形下边框上的黄色圆形控点，如下图所示。

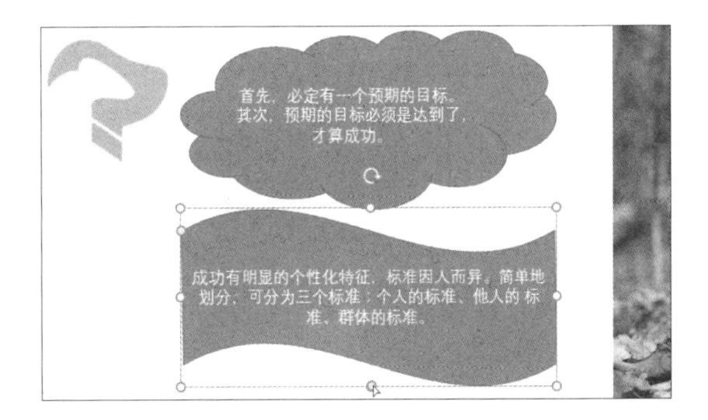

步骤05　拖动鼠标更改图形形状

待鼠标指针呈▷形状时，按住鼠标左键向右拖动，如下图所示。

步骤06　查看更改图形形状后的效果

使用两种方法分别对两个图形的形状进行了更改，最终效果如下图所示。

12.4.4　为图形添加阴影效果

设置图形的阴影效果，可以使图形有一种“悬浮”在幻灯片上的感觉。单击“绘图工具 - 格式”选项卡下“形状样式”组中的“形状效果”按钮，从展开的下拉列表中指向“阴影”选项，即可看到系统预设的所有阴影效果，单击适合的效果即可套用。

原始文件：下载资源\实例文件\第12章\原始文件\自选图形_更改形状.pptx
最终文件：下载资源\实例文件\第12章\最终文件\自选图形_更改样式.pptx

步骤01　选择目标图形

打开原始文件，切换至第 2 张幻灯片，按住【Ctrl】键，同时选中两个图形，如下图所示。

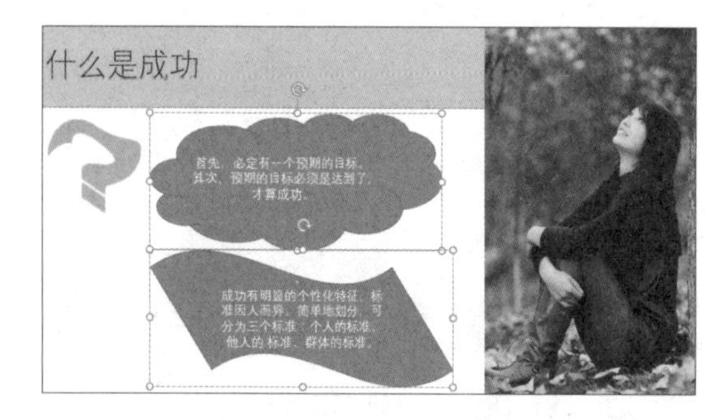

步骤02　打开样式库

切换至“绘图工具 - 格式”选项卡下，单击“形状样式”组中的快翻按钮，如下图所示。

步骤03　选择形状样式

在展开的库中选择如下图所示的样式。

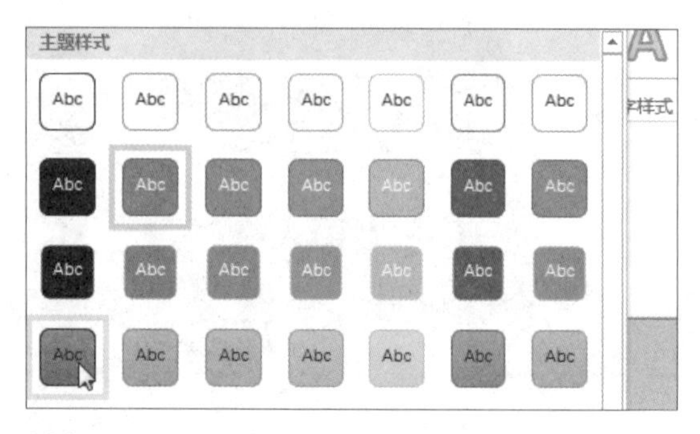

步骤04　查看更改样式后的效果

返回幻灯片中，可看到更改样式后的图形效果如下图所示。

步骤05　设置阴影效果

继续在“形状样式”组中执行“形状效果 > 阴影”命令，在展开的库中选择“外部”组中的“偏移：左上”，如下图所示。

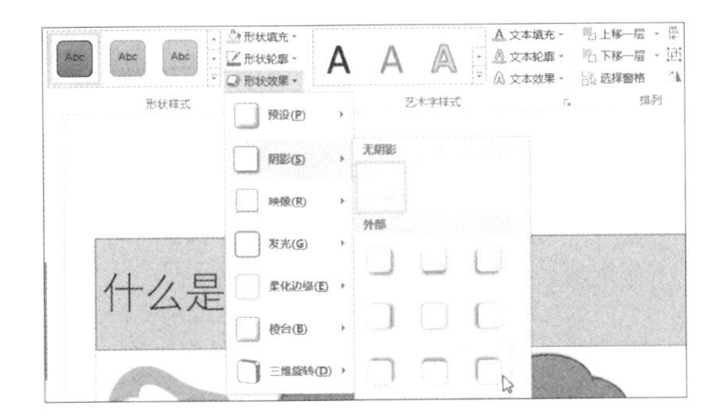

步骤06　查看最终效果

更改图形样式并添加阴影后的最终效果如下图所示。

12.4.5　为图形添加三维效果

要想让图形更具立体感，可为图形添加 PowerPoint 2016 中预设的三维效果。

原始文件： 下载资源\实例文件\第12章\原始文件\自选图形_更改样式.pptx
最终文件： 下载资源\实例文件\第12章\最终文件\自选图形_三维效果.pptx

步骤01　选择目标图形及三维样式

打开原始文件，在第 2 张幻灯片中选择目标图形。在“绘图工具 - 格式”选项卡下“形状样式”组中执行“形状效果 > 棱台”命令，在展开的库中选择预设的“柔圆”三维效果，如下图所示。

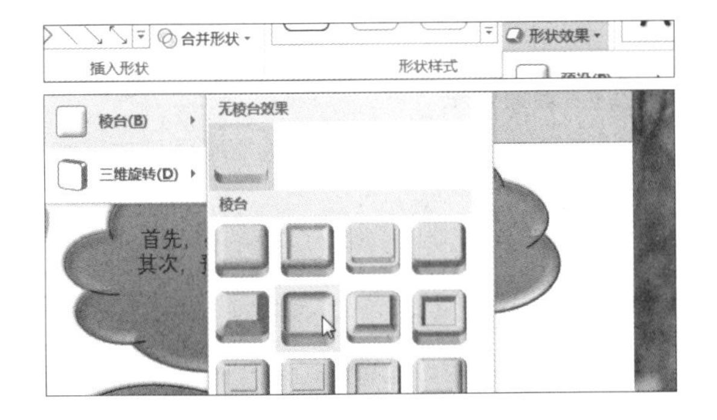

步骤02　显示套用三维样式后的效果

套用了“柔圆”三维样式后的图形效果如下图所示。

实例演练：美化公司简介演示文稿

美观的演示文稿中总是汇聚了各种图片和图形，有照片、SmartArt 图形、自选图形等。本章介绍了用图片和图形美化演示文稿的方法，下面以美化公司简介演示文稿为例，一起回顾所学知识。

原始文件： 下载资源\实例文件\第12章\原始文件\乐予科技有限公司.pptx
最终文件： 下载资源\实例文件\第12章\最终文件\乐予科技有限公司_公司简介.pptx

步骤01 插入联机图片

打开原始文件，切换至第 5 张幻灯片，单击“插入”选项卡下“图像”组中的“联机图片”按钮，如下图所示。

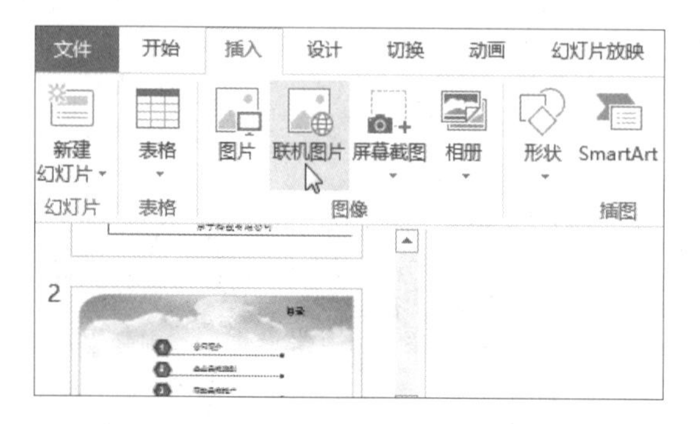

步骤02 搜索图片

弹出“插入图片”面板，在“必应图像搜索”搜索框中输入搜索关键字，如输入“奋斗”，然后单击“搜索”按钮，如下图所示。

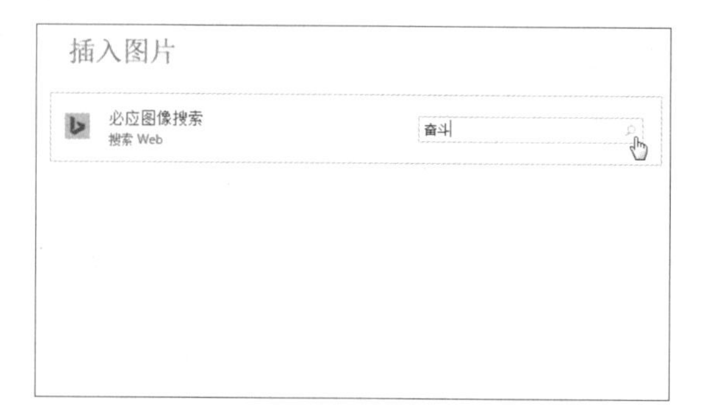

步骤03 选择插入的图片

此时展开与关键字相关的图片，单击需要插入到幻灯片中的图片，此时选中的图片左上角出现勾选符号，如下图所示。

步骤04 移动图片

单击“插入”按钮后，图片自动插入到幻灯片中。选中图片，然后按住鼠标左键向右拖动图片至合适位置，如下图所示。

步骤05 调整图片大小

选中图片，将鼠标指针移至图片下边框的控点，按住鼠标左键进行拖动，调整图片大小，如下图所示。

步骤06 查看效果

调整图片位置与大小后，图片的显示效果如下图所示。

步骤07 调整图片对象层次

选中图片，单击“图片工具 - 格式”选项卡下“排列”组中的“下移一层”下三角按钮，在展开的下拉列表中单击“置于底层”选项，如下左图所示。

步骤08 查看图片置于底层后的效果

此时被图片遮挡的文本重新显示出来，如下右图所示。

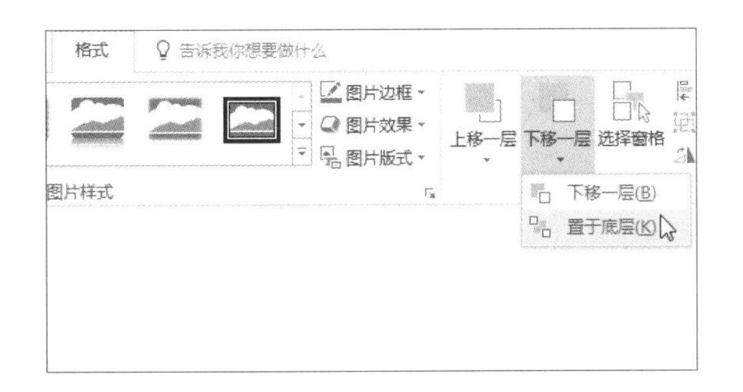

步骤09　设置图片样式

选中图片，单击“图片工具 - 格式”选项卡下“图片样式”组中如下图所示的图片样式。

步骤10　查看图片样式效果

设置完图片样式后，图片的显示效果如下图所示。

步骤11　插入文本框

切换至第 6 张幻灯片，单击“插入”选项卡下“插图”组中的“形状”按钮，在展开的下拉列表中单击“文本框”图标，如下图所示。

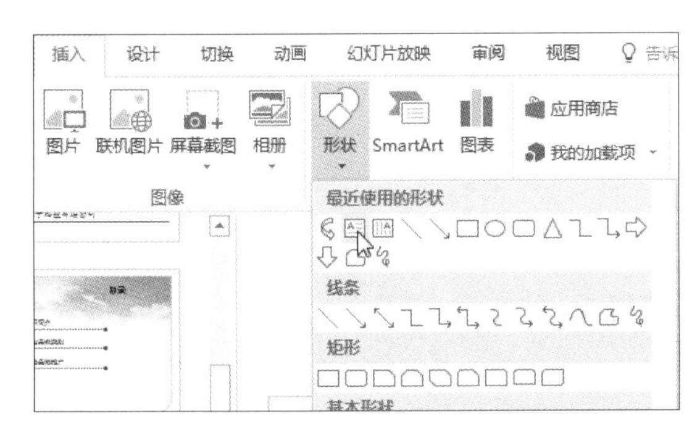

步骤12　绘制文本框

在幻灯片中需要插入文本框的位置单击并按住鼠标左键不放，拖动鼠标绘制文本框，如下图所示。

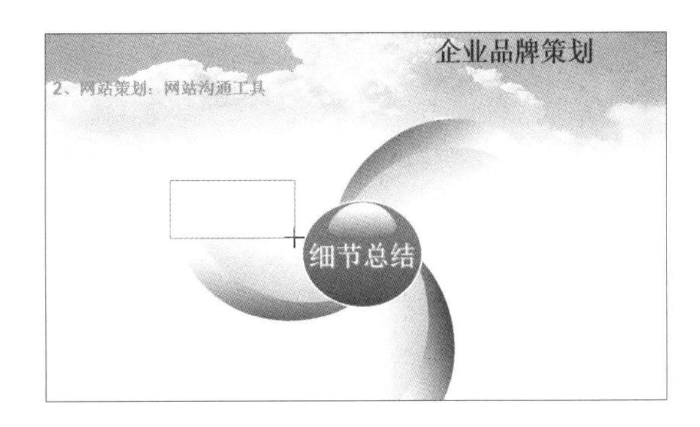

步骤13　激活文本框

绘制好文本框后，插入点自动定位至文本框内，如下图所示。

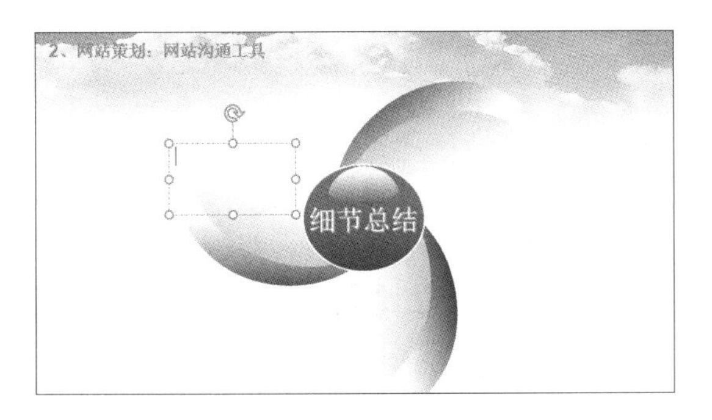

步骤14　输入文本

在文本框内输入合适的文本。用相同方法继续插入文本框并输入文本，效果如下图所示。

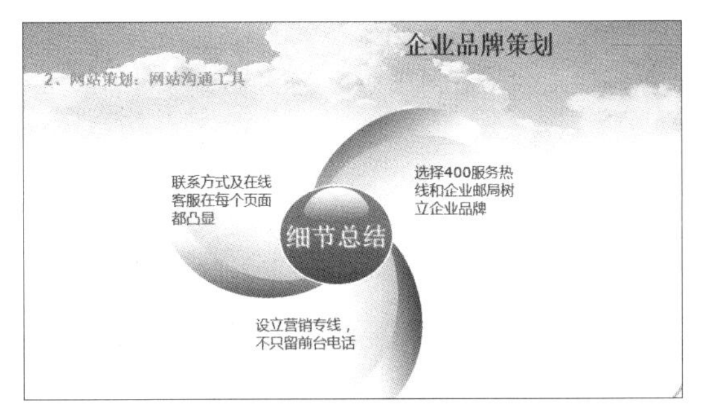

步骤15 插入SmartArt图形

切换至第 7 张幻灯片，然后单击“插入”选项卡下“插图”组中的“SmartArt”按钮，如下图所示。

步骤16 选择SmartArt图形

弹出“选择 SmartArt 图形”对话框，在左侧列表框中选择 SmartArt 图形类型，这里选择“循环”图形类型，然后在中间的列表框中选择 SmartArt 图形，在对话框右侧可预览到所选图形的样式，选定后单击“确定”按钮，如下图所示。

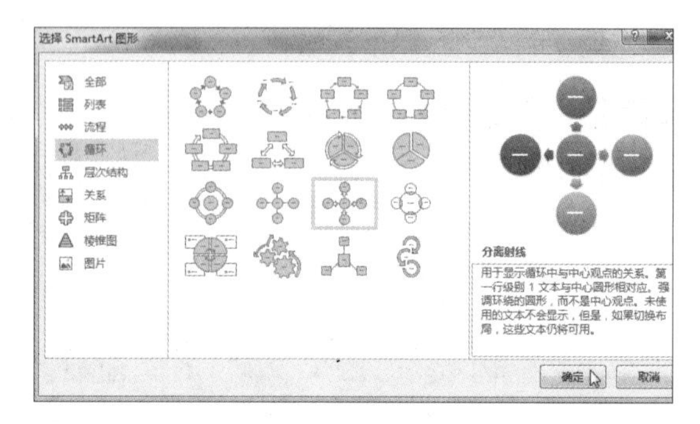

步骤17 输入文本

此时幻灯片中插入所选的 SmartArt 图形。依次单击圆形中的“[文本]”占位符激活文本框，输入相关文本，完成后的效果如下图所示。

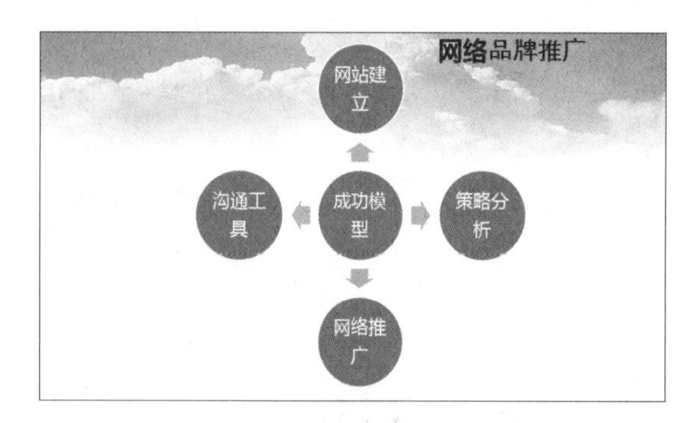

步骤18 更改颜色

选中 SmartArt 图形，单击“SmartArt 工具 - 设计”选项卡下“SmartArt 样式”组中的“更改颜色”按钮，在展开的库中选择“彩色”组中如下图所示的颜色。

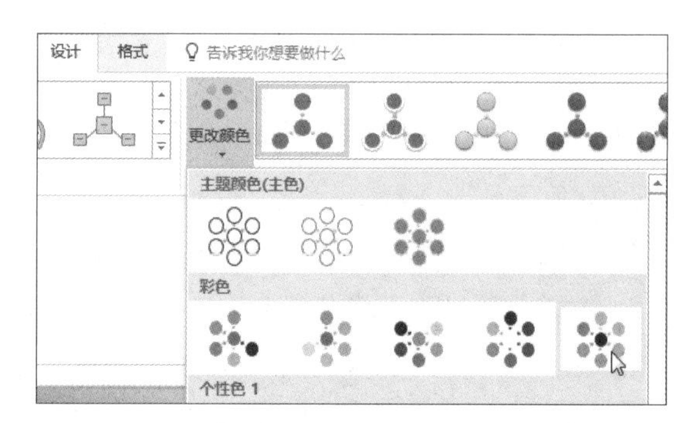

步骤19 套用SmartArt样式

单击“SmartArt 工具 - 设计”选项卡下“SmartArt 样式”组的快翻按钮，在展开的样式库中选择合适的样式，如“三维”组中的“卡通”样式，如下图所示。

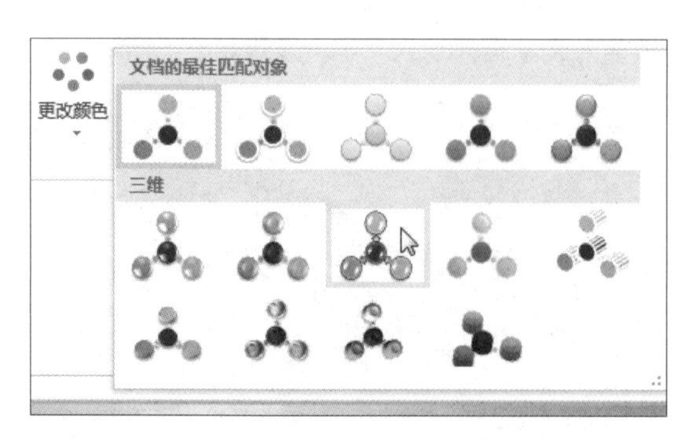

步骤20 查看最终效果

经过对颜色和样式的设置，SmartArt 图形的最终效果如下图所示。

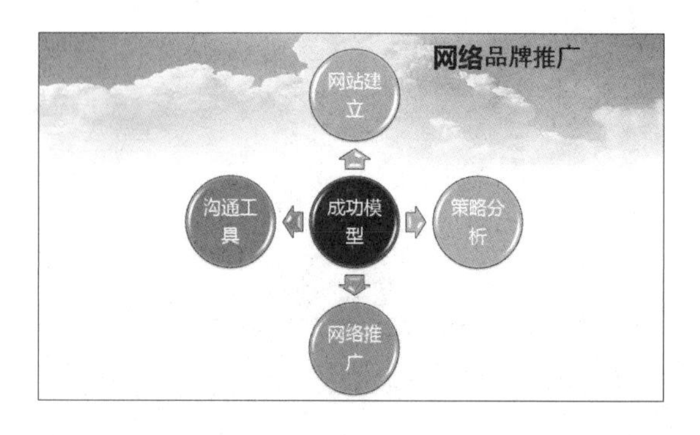

第13章 快速统一演示文稿的外观

在日常应用中，一个演示文稿中的每张幻灯片应该保持整体风格和谐统一。PowerPoint 2016 提供了便于实现这种效果的工具，即主题与母版。用户可以使用主题统一更改演示文稿的颜色、字体及图形外观效果，还可以在母版中加入个性化的标志、图片和文字等内容，而且这些内容在演示文稿的正常状态下是无法修改和编辑的。本章将详细介绍演示文稿的主题设置、母版和版式的相关操作、更改幻灯片背景等内容。

13.1 设置演示文稿的主题

所谓主题，就是指将一组设置好的颜色、字体和图形外观效果整合到一起，即一个主题中结合了这 3 个部分的设置结果。在 PowerPoint 2016 中，可以使用预置的主题样式，或是基于现有主题样式更改颜色、字体和效果生成新的主题样式，快速更改演示文稿的外观。

13.1.1 为演示文稿设置默认主题

PowerPoint 2016 中预置了多种主题样式，用户可以从中进行选择，快速更改演示文稿的外观。

原始文件：下载资源\实例文件\第13章\原始文件\还没飘到中国的商机.pptx
最终文件：下载资源\实例文件\第13章\最终文件\使用默认主题样式.pptx

步骤01 单击主题快翻按钮

打开原始文件，切换至“设计”选项卡下，单击“主题”组中的快翻按钮，如下左图所示。

步骤02 选择主题样式

在展开的主题样式库中选择如下中图所示的内置主题样式。

步骤03 显示应用内置主题样式后的效果

此时对当前演示文稿中的所有幻灯片应用了选定的主题样式，效果如下右图所示。

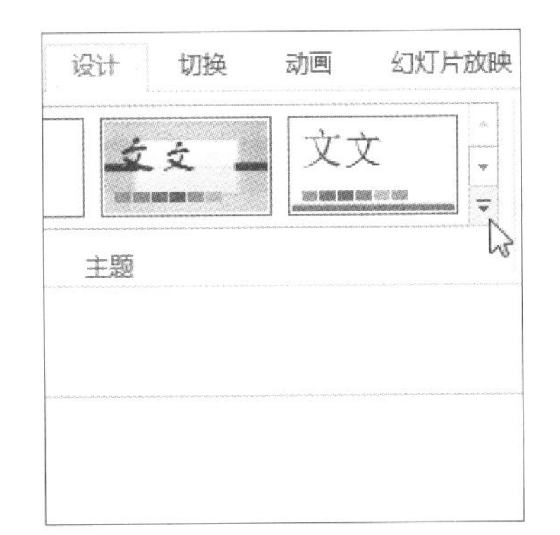

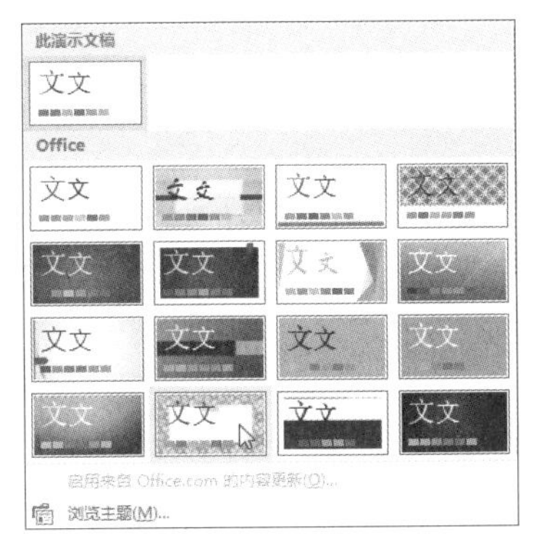

知识补充　将主题样式应用于选定幻灯片

如果希望只对特定的幻灯片应用主题，则先选择要应用主题样式的幻灯片，打开主题样式库，右击要应用的主题样式，从弹出的快捷菜单中单击“应用于选定幻灯片”命令即可。

13.1.2　自定义演示文稿的主题

如果对演示文稿中应用的主题样式不满意，可以从主题颜色、主题字体、主题效果等方面进行设置，从而让演示文稿的外观符合需求。

原始文件：无

最终文件：下载资源\实例文件\第13章\最终文件\自定义主题样式.pptx

步骤01　展开“变体”列表

继续之前的操作，在打开的演示文稿中单击“设计”选项卡下“变体”组中的快翻按钮，如下图所示。

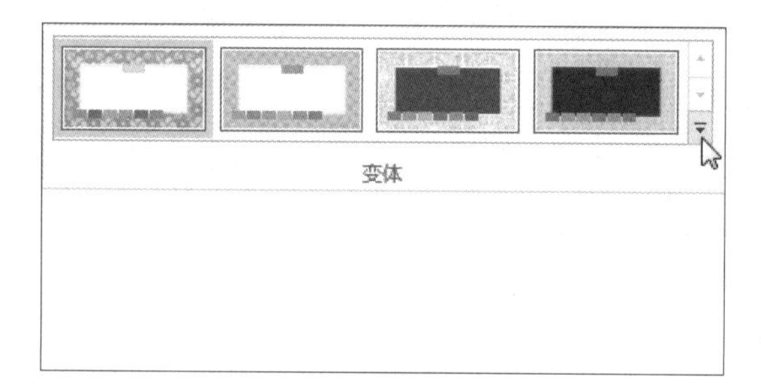

步骤02　设置主题颜色

在展开的列表中指向“颜色”选项，在展开的级联列表中选择一种主题颜色，这里选择“橙色”，如下图所示。

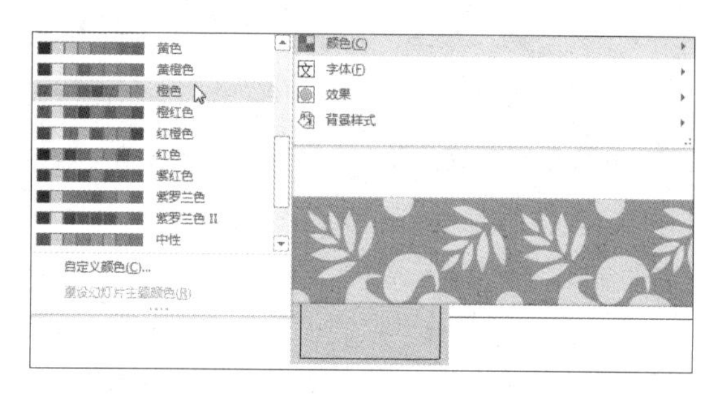

步骤03　设置主题字体

再次单击“变体”组中的快翻按钮，在弹出的下拉列表中指向“字体”选项，然后在展开的级联列表中选取需要的字体样式，这里选择“Georgia 方正舒体”选项，如下图所示。

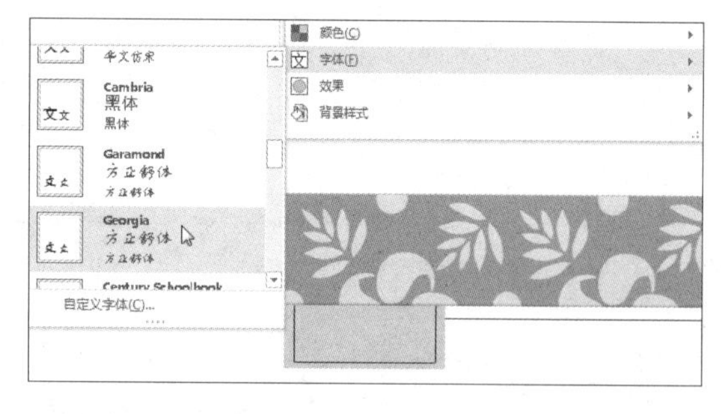

步骤04　设置主题效果

再次单击快翻按钮，在弹出的下拉列表中指向“效果”选项，然后在展开的效果库中选择需要的效果样式，如选择“磨砂玻璃”选项，如下图所示。

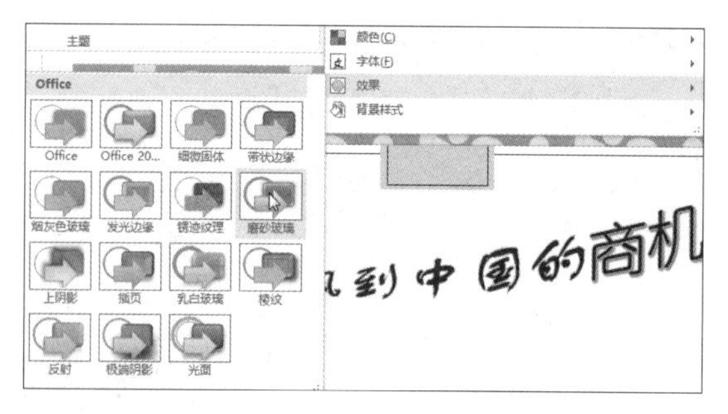

步骤05　显示更改主题颜色、字体和效果后的演示文稿

经过以上操作，演示文稿的外观更改为如下左图所示的效果。

步骤06　保存主题

为方便下次直接套用设置的主题样式，可将设置好的主题进行保存。单击“主题”组中的快翻按钮，在展开的下拉列表中单击“保存当前主题”选项，如下右图所示。

步骤07　设置保存位置与名称

弹出“保存当前主题”对话框，在地址栏中选择主题的保存位置，在“文件名”文本框中输入主题名称，这里输入“自定义主题”，如下图所示，最后单击“保存”按钮。

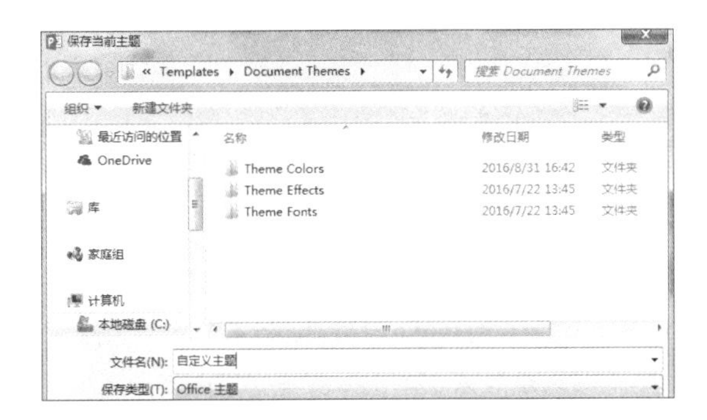

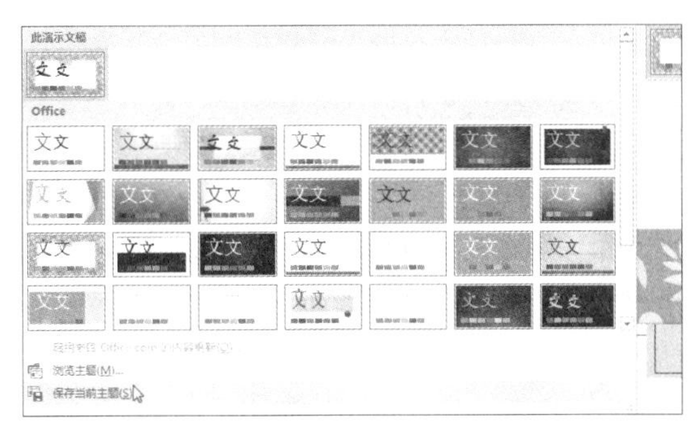

步骤08　查看保存的自定义主题

再次单击“主题”组中的快翻按钮，可看到在展开的主题样式库中增加了“自定义”选项组，并且在其中显示了保存的自定义主题，如下图所示。

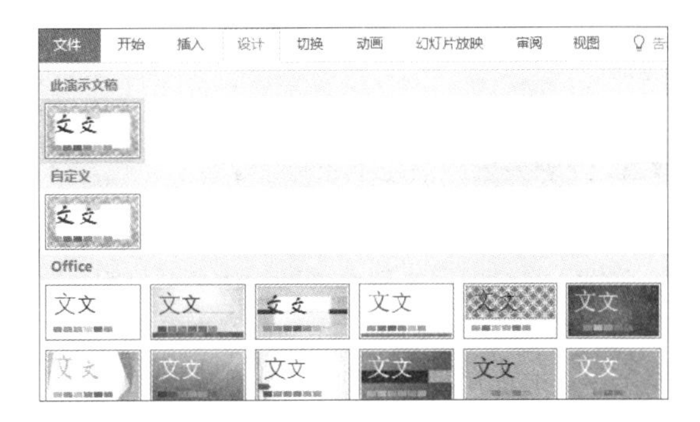

知识补充　手动访问计算机上的其他主题

如果用户从网络中下载了需要的主题，且没有保存在默认主题文件夹中，可在展开主题样式库时，单击“浏览主题”选项，打开“选择主题或主题文档”对话框，手动选取要应用的主题。

13.2 母版和版式的基本操作

母版是演示文稿中很重要的一部分，适当运用母版可以减少很多重复性的工作，提高工作效率。更重要的是，使用母版可以让整个演示文稿具有统一的风格和样式。本节将简单介绍母版的类型、母版和版式的区别，以及母版和版式的添加、复制、重命名、删除等操作。

13.2.1 认识母版和版式

首先认识一下母版和版式。本小节介绍母版的类型及用途、母版和版式之间的关系等知识。

1 母版的类型

PowerPoint 2016 中一共有 3 种母版类型，分别为幻灯片母版、讲义母版、备注母版。下面详细介绍各种母版包含的内容及用途。

幻灯片母版：幻灯片母版是最常用的母版，它包含 5 个区域——标题区、对象区、日期区、页眉页脚区和数字区。这些区域实际上就是占位符，其中的文字并不会真正显示在幻灯片中，只是起到提示作用。它可以控制演示文稿中除标题版式外的大多数幻灯片，从而保证整个演示文稿的所有幻灯片风格统一，并且能对每张幻灯片中固定出现的内容进行一次性编辑，如下左图所示。

讲义母版：讲义母版也包含 5 个区域——虚线占位符、页眉区、日期区、页脚区和数字区。它用于控制讲义的打印格式。为节省资源，可以设置讲义母版将多张幻灯片打印在同一张纸上，如下中图所示。

备注母版：备注母版包含 6 个区域——幻灯片缩略图区、备注文本区、页眉区、日期区、页脚区和数字区。它用于设置备注的格式，让绝大部分的备注具有统一的外观，如下右图所示。

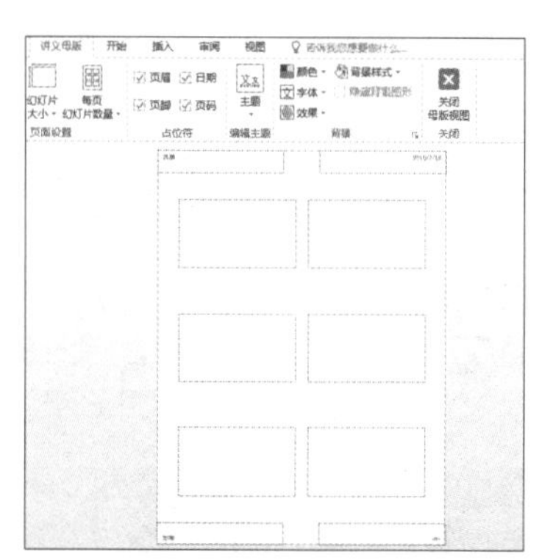

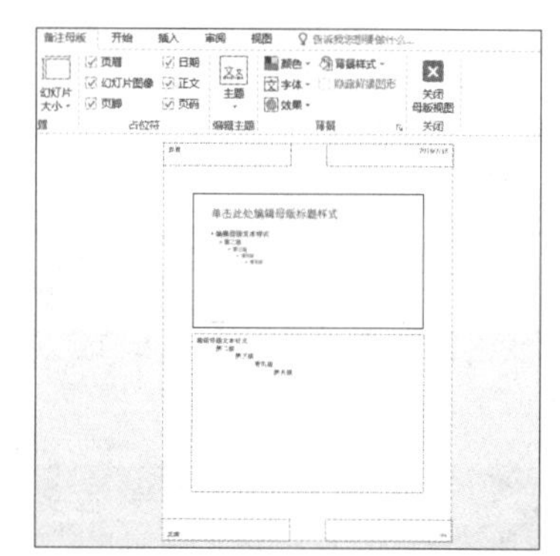

2 母版和版式的关系

PowerPoint 2016 中自带了一个幻灯片母版，这个母版包括 11 个版式。母版和版式的关系可以这么理解：一个演示文稿中可以包括多个母版，而每个母版又可以拥有多个不同的版式。版式是构成母版的元素。如下图所示，左侧窗格中第 1 张幻灯片缩略图及其下方的版式幻灯片缩略图统称为母版，而其下方的每张幻灯片缩略图则为版式幻灯片。母版与版式的关系其实就是包含与被包含的关系。

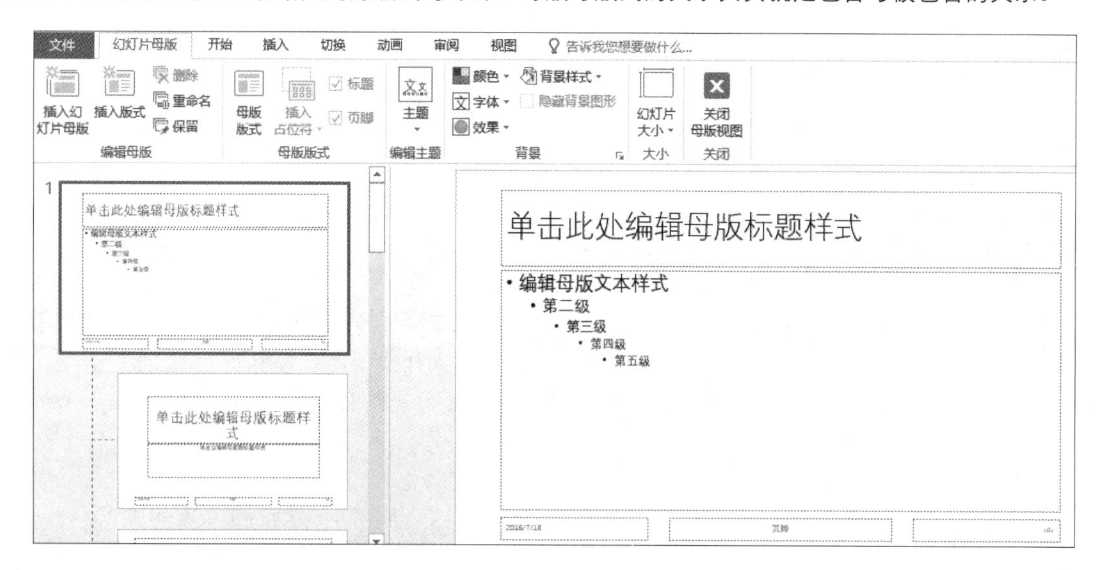

13.2.2 添加母版或版式

如果希望保留模板的母版，又需要设计一个崭新的母版和版式，则可以考虑添加新的母版和版式。具体操作方法如下。

原始文件：下载资源\实例文件\第13章\原始文件\还没飘到中国的商机.pptx

最终文件：下载资源\实例文件\第13章\最终文件\添加母版或版式.pptx

步骤01　切换至幻灯片母版视图

打开原始文件，切换至“视图”选项卡下，单击“母版视图”组中的“幻灯片母版”按钮，如下图所示。

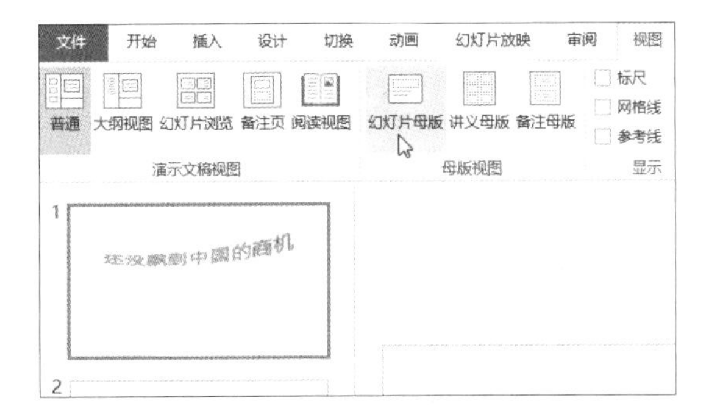

步骤02　查看幻灯片母版

此时，进入演示文稿的幻灯片母版视图下，显示该模板所自带的一个母版及版式内容，如下图所示。

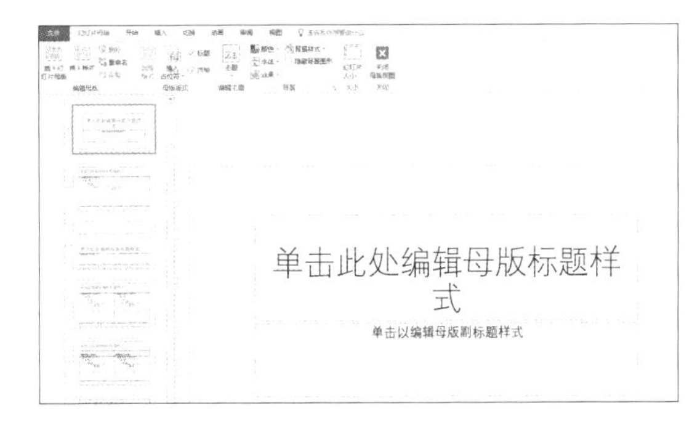

步骤03　插入幻灯片母版

若要插入幻灯片母版，则单击“幻灯片母版”选项卡下“编辑母版”组中的“插入幻灯片母版”按钮，如下图所示。

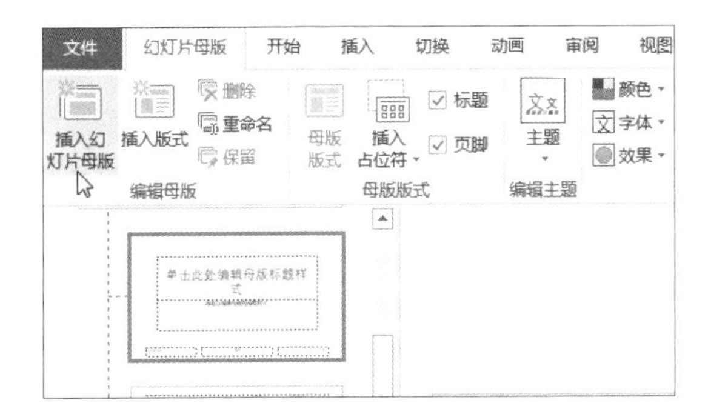

步骤04　显示插入的母版效果

系统将自动在当前母版中最后一个版式的下方插入新的母版，新插入的母版默认自带 11 种版式，如下图所示。

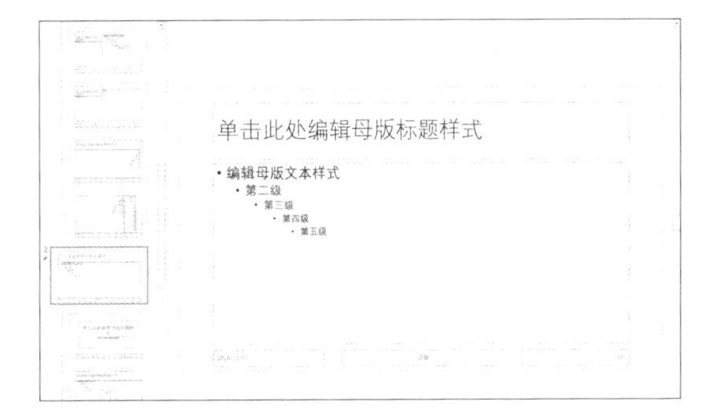

步骤05　插入版式

若要在新添加的母版中增加新版式，先选中新版式的插入位置，然后单击“编辑母版”组中的“插入版式”按钮，如下图所示。

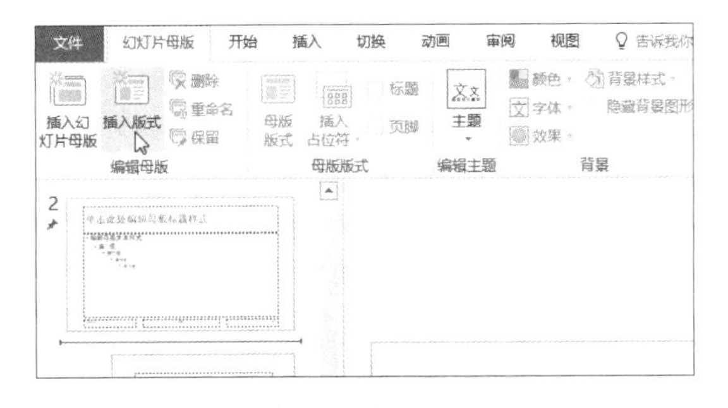

步骤06　显示插入版式的效果

此时在指定位置添加了新版式，该版式默认包括标题占位符、日期区、页脚区和数字区，如下图所示。

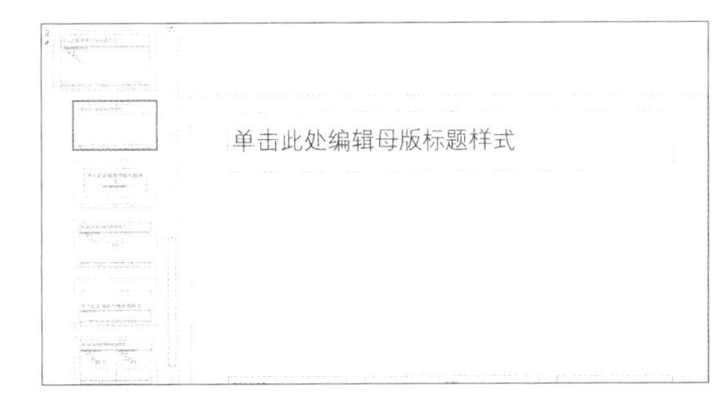

知识补充　使用右键快捷菜单插入母版或版式

在PowerPoint 2016的幻灯片母版视图中，除了可以使用功能区中的命令按钮添加母版或版式外，还可以通过右键快捷菜单来插入母版或版式，只需要在幻灯片浏览窗格中右击要添加母版或版式的插入点，从弹出的快捷菜单中单击“插入幻灯片母版”或“插入版式”命令即可。

13.2.3 复制母版或版式

如果要创建的母版或版式与已有的母版或版式的布局结构基本相同，则可以复制已有的母版或版式，然后稍加改动，即可得到自己想要的母版或版式。复制母版或版式的具体操作如下。

原始文件：下载资源\实例文件\第13章\原始文件\复制母版或版式.pptx

最终文件：下载资源\实例文件\第13章\最终文件\复制母版或版式.pptx

步骤01 复制母版

打开原始文件，进入幻灯片母版视图，右击需要复制的幻灯片母版，从弹出的快捷菜单中单击“复制幻灯片母版”命令，如下图所示。

步骤02 显示复制幻灯片母版的效果

此时在幻灯片浏览窗格中可以看到复制出的一模一样的母版，如下图所示。

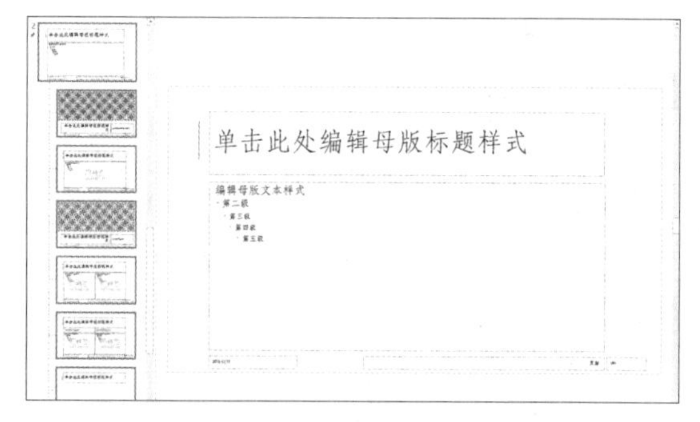

步骤03 复制版式

如果需要在母版中添加与现有版式相似的版式，可以采用复制版式功能。首先右击需要复制的版式，然后从弹出的快捷菜单中单击“复制版式”命令，如下图所示。

步骤04 显示复制版式的效果

此时在选中的版式下方复制了一张一模一样的版式，如下图所示。

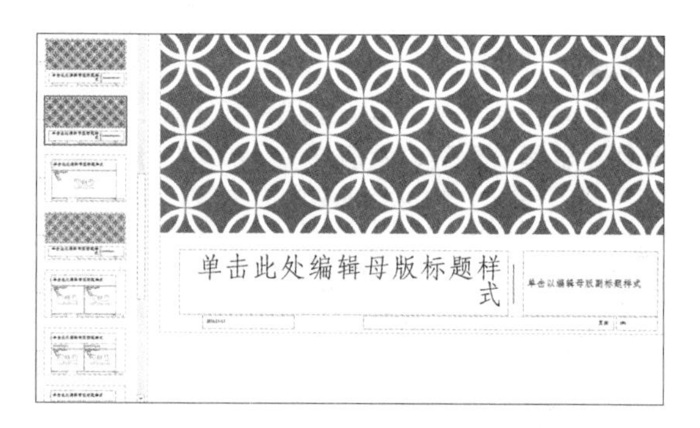

步骤05 更改复制的版式的内容

复制版式后，可以根据需要进行改动，如调整占位符的大小及位置等，得到如右图所示的版式效果。

知识补充　使用鼠标完成母版和版式的复制

用户还可以选中要复制的母版或版式，按住【Ctrl】键，然后将鼠标指针置于选中的母版或版式上，按住鼠标左键将其拖至目标位置，即可完成母版或版式的手动复制。

13.2.4　重命名母版或版式

在添加母版或版式后，可以根据需要为母版或版式命名。需要注意的是，母版或版式的名称要有意义，这样不但便于自己管理，也能为其他使用者带来方便。重命名母版或版式的具体操作如下。

原始文件：下载资源\实例文件\第13章\原始文件\还没飘到中国的商机2.pptx
最终文件：下载资源\实例文件\第13章\最终文件\重命名母版和版式.pptx

步骤01　重命名母版

打开原始文件，切换至幻灯片母版视图，选中需要重新命名的母版，然后单击“幻灯片母版”选项卡下“编辑母版”组中的“重命名”按钮，如下图所示。

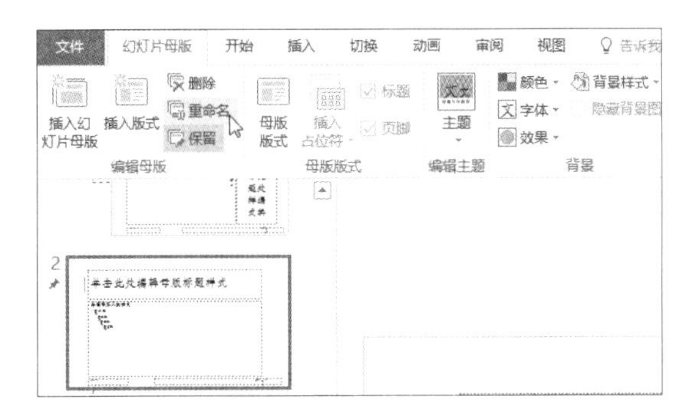

步骤02　输入新的母版名称

弹出“重命名版式”对话框，在“版式名称”文本框中输入新的母版名称，这里输入“复制的相似母版”，然后单击“重命名”按钮，如下图所示。

步骤03　显示重命名母版后的效果

此时将鼠标指针置于幻灯片母版上，可以看到幻灯片母版的名称被更改为设置的名称，如下图所示。

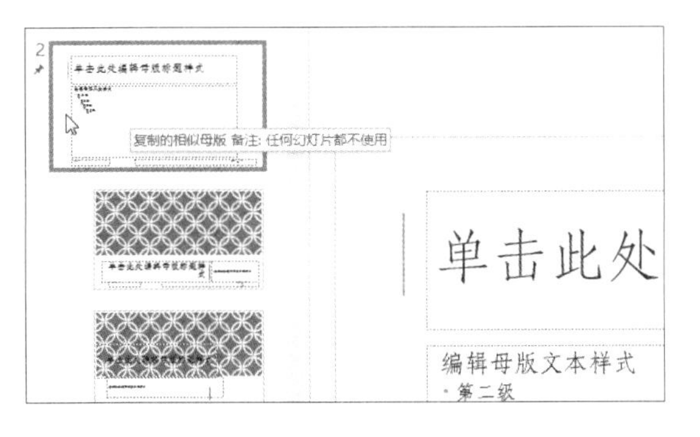

步骤04　重命名版式

若要重命名版式，右击需要重命名的版式幻灯片，然后从弹出的快捷菜单中单击“重命名版式”命令，如下图所示。

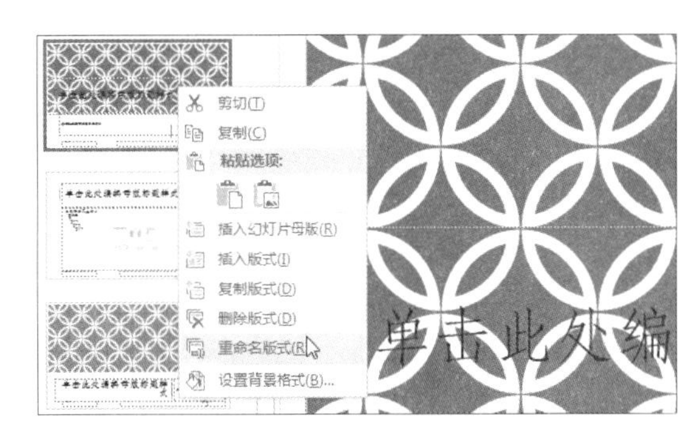

步骤05　输入新的版式名称

弹出“重命名版式”对话框，在“版式名称”文本框中输入版式的新名称，如“概述页”，然后单击“重命名”按钮，如下左图所示。

步骤06 显示重命名版式后的效果

此时将鼠标指针置于重命名后的版式幻灯片上，可以看到版式的名称被更改为“概述页”，如下右图所示。

13.2.5 删除母版或版式

如果演示文稿中的母版和版式数量过多，在选择幻灯片版式或设计版式时会造成混乱，给创作者带来不便。为此，可以将一些无用的母版或版式删除。删除母版或版式的操作如下。

原始文件：下载资源\实例文件\第13章\原始文件\还没飘到中国的商机2.pptx
最终文件：下载资源\实例文件\第13章\最终文件\删除母版和版式.pptx

步骤01 删除幻灯片母版

打开原始文件，切换至幻灯片母版视图，选择需要删除的幻灯片母版，然后单击“幻灯片母版”选项卡下“编辑母版”组中的“删除”按钮，如下图所示。

步骤02 显示删除幻灯片母版的效果

此时选中的幻灯片母版被删除，如下图所示。

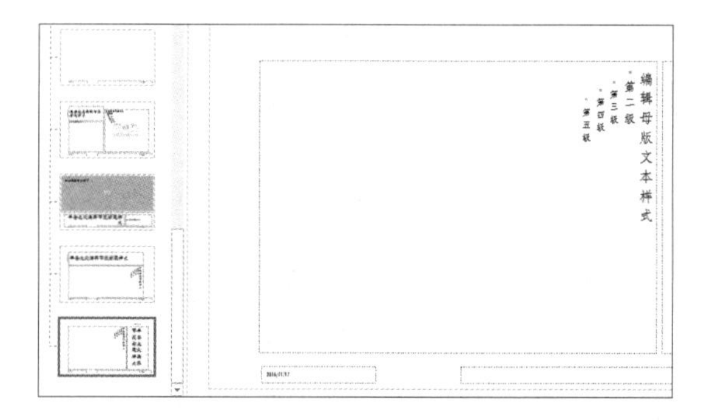

步骤03 删除版式

选中需要删除的版式幻灯片并右击，在弹出的快捷菜单中单击“删除版式”命令，如右图所示。

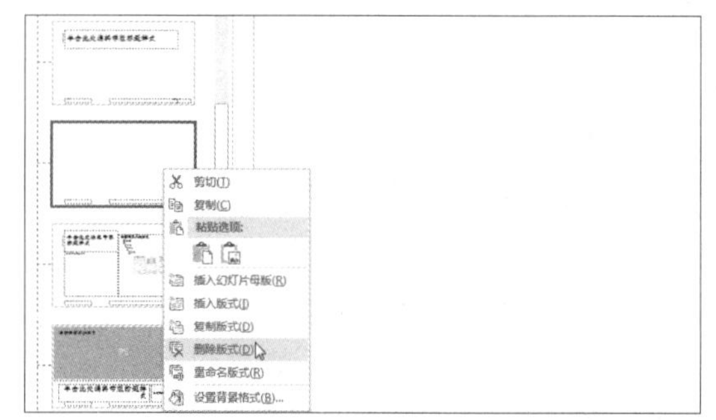

步骤04　显示删除版式幻灯片后的效果

此时幻灯片母版中选中的版式被删除，得到如右图所示的效果。

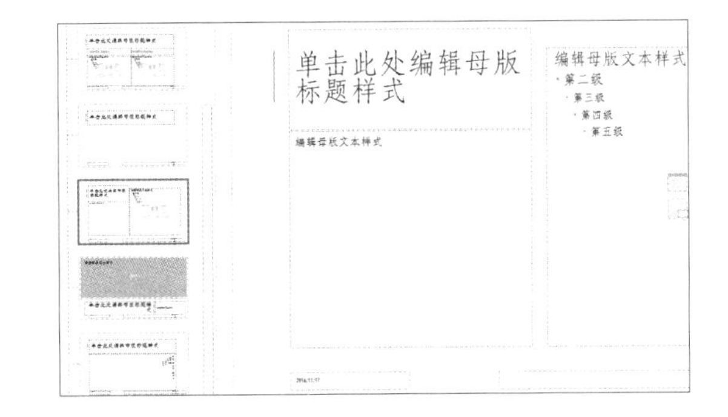

知识补充　同时删除多张幻灯片版式

如果幻灯片母版中有多张不需要的版式幻灯片，可以按住【Ctrl】键，依次单击选中要删除的多张版式幻灯片，然后右击任意选中的版式幻灯片，从弹出的快捷菜单中单击“删除版式”命令，即可一次删除多张版式幻灯片。

知识补充　删除未被应用的幻灯片母版

如果在演示文稿中没有应用新添加的幻灯片母版，当单击“编辑母版”组中的“保留”按钮，取消该按钮的选中状态时，将弹出“Microsoft　PowerPoint”对话框，提示“您选择不保留的母版未被任何幻灯片所用。是否希望PowerPoint删除这些母版？”，单击“是”按钮，将删除未被应用的幻灯片母版。

13.3　设置母版和版式的布局结构

在了解了母版和版式的添加、复制、重命名、删除等基本操作后，下面介绍如何设计母版和版式的内容。母版和版式中可以设计的内容有：文本和图片等对象在幻灯片上的位置及大小、文本的字体格式、幻灯片的背景、主题颜色、主题字体和主题效果等。

13.3.1　设置母版的格式

如果希望为母版中所有版式设置一些共同的外观和结构，需要在幻灯片母版中直接设置，也就是设置母版中文本的字符格式、段落格式和占位符的大小等。

原始文件：下载资源\实例文件\第13章\原始文件\还没飘到中国的商机2.pptx
最终文件：下载资源\实例文件\第13章\最终文件\设置母版格式.pptx

步骤01　选择要设置字符格式的文本

打开原始文件，切换至幻灯片母版视图。在标题版式幻灯片中拖动选择标题占位符中的文本，如右图所示。

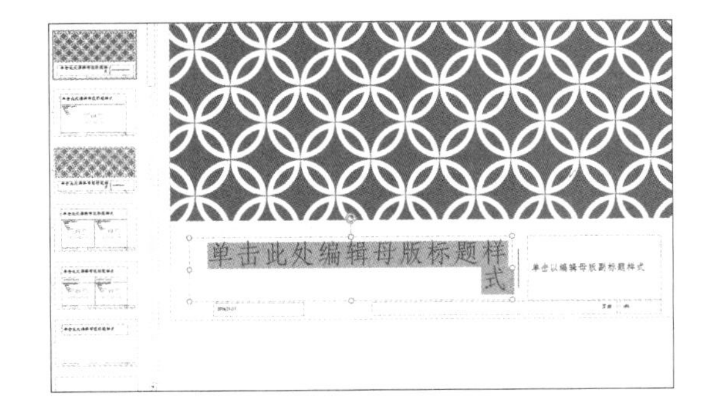

步骤02 **设置字体格式**

切换至“开始”选项卡下，在“字体”组中单击“字体”下拉列表框右侧的下三角按钮，在展开的下拉列表中单击“方正舒体”选项，如右图所示。

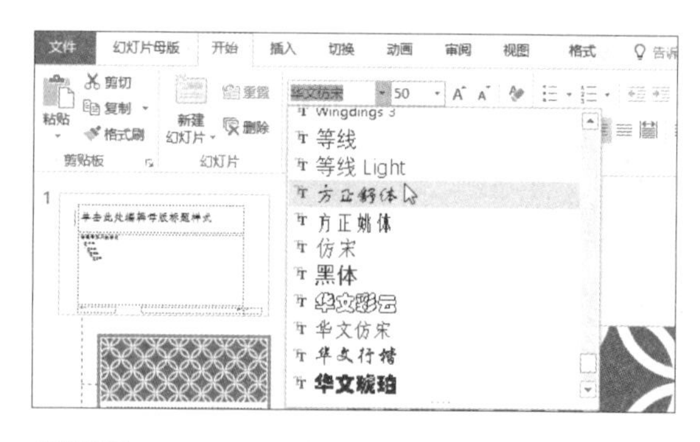

步骤03 **设置字体颜色**

如果想要更改字体颜色，在“字体”组中单击“字体颜色”下三角按钮，在展开的库中选择合适的颜色，如选择“标准色”组中的“浅蓝”，如下图所示。

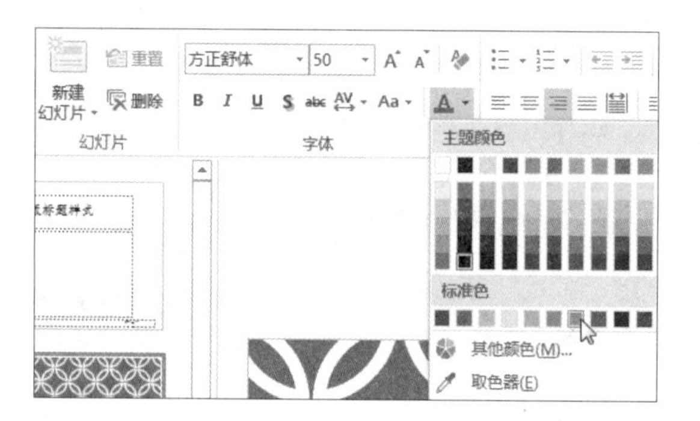

步骤04 **显示更改文本格式后的效果**

此时选中的文本即更改为如下图所示的格式。

步骤05 **调整占位符的大小**

单击占位符，然后将鼠标指针置于占位符的控点上，按住鼠标左键拖动至合适大小，如下图所示。

步骤06 **调整占位符的位置**

选中占位符，按住鼠标左键将其向左上方拖动，拖动时鼠标指针呈十字箭头状，同时出现红色线条帮助确定占位符位置，如下图所示，拖动到适当位置后释放鼠标左键即可。

步骤07 **插入文本框**

首先在幻灯片浏览窗格中选择编号为1的母版，然后切换至“插入”选项卡下，单击“文本”组中的“文本框”下三角按钮，在展开的下拉列表中单击“横排文本框”选项，如下左图所示。

步骤08 **绘制文本框**

在母版幻灯片中右上的适当位置单击，然后按住鼠标左键不放，拖动至适当大小，释放鼠标左键即可得到需要的文本框，如下右图所示。

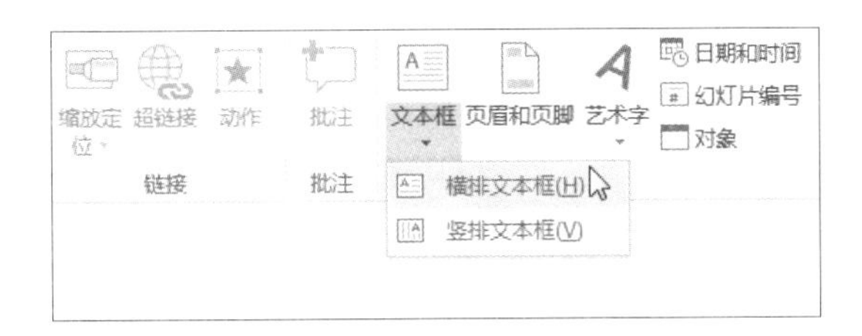

步骤09　输入文本

在绘制的文本框中输入需要在每张使用该版式的幻灯片中都显示的文本，这里输入“康盛投资有限公司”，如下图所示。

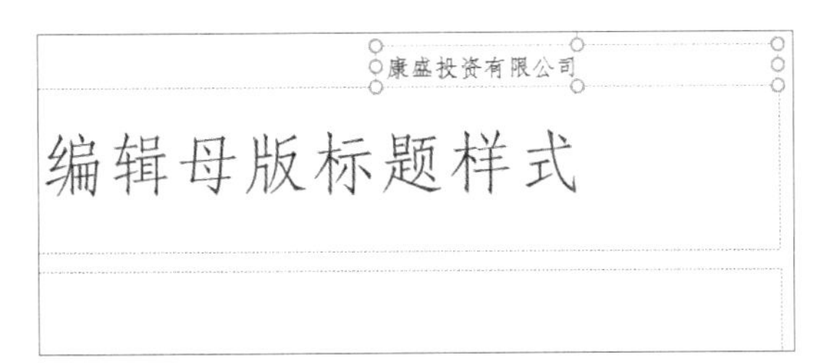

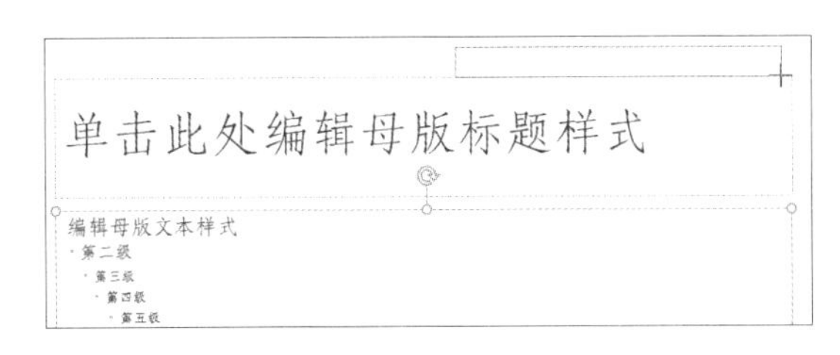

步骤10　显示添加特定文本后的效果

退出幻灯片母版视图，可以看到演示文稿中的所有版式中有标题占位符的幻灯片都添加了相同的文本，如下图所示。

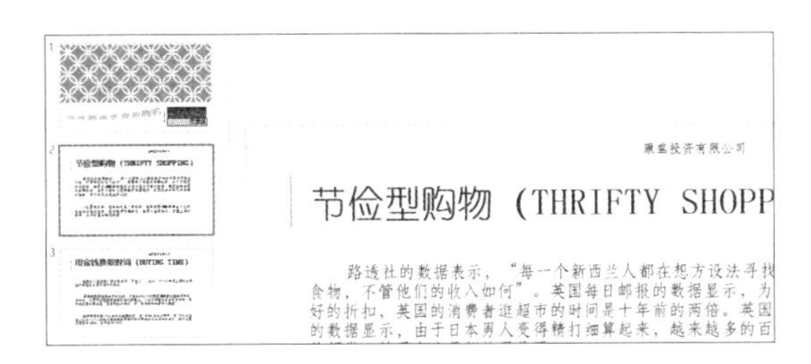

13.3.2　设置版式的布局

在幻灯片母版视图中对版式布局进行设计，是快速改变幻灯片版式的重要方法。使用版式布局可以设计出风格多样化的幻灯片，创作出丰富多彩的版面结构。设置版式的布局可以使用“母版版式”组中的命令为版式幻灯片添加占位符、显示与隐藏标题和页脚占位符等。

原始文件： 下载资源\实例文件\第13章\原始文件\药品推广策略.pptx
最终文件： 下载资源\实例文件\第13章\最终文件\自定义幻灯片版式的布局.pptx

步骤01　插入版式

打开原始文件，进入幻灯片母版视图，单击“幻灯片母版”选项卡下“编辑母版”组中的“插入版式”按钮，如下左图所示。

步骤02　隐藏标题占位符

此时，在当前幻灯片母版的最后添加了一张新的版式幻灯片，若要隐藏标题占位符，在“母版版式”组中取消勾选“标题”复选框，得到如下中图所示的版式幻灯片。

步骤03　插入内容占位符

在“母版版式”组中单击“插入占位符”下三角按钮，然后在展开的下拉列表中单击“内容（竖排）”选项，如下右图所示。

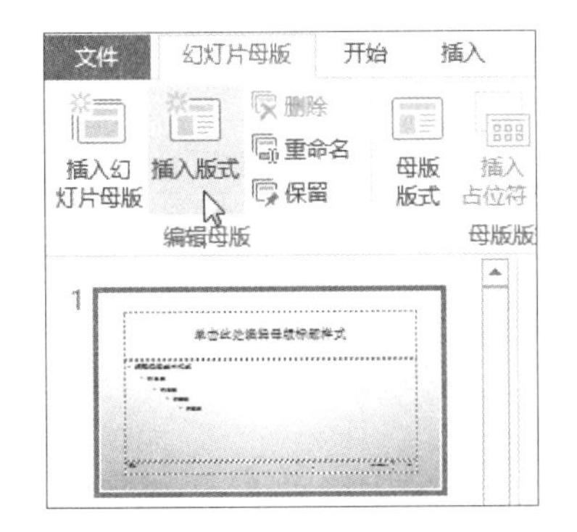

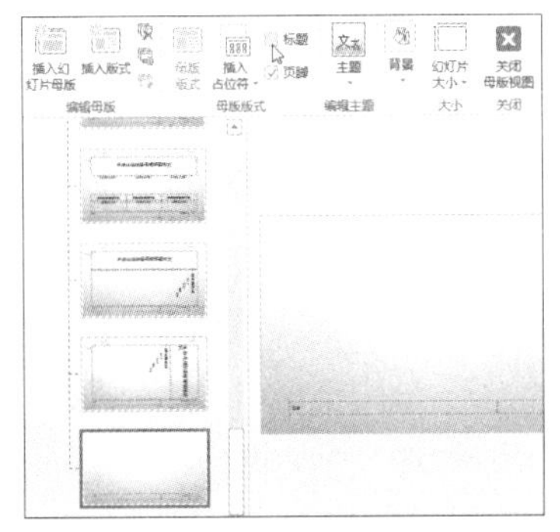

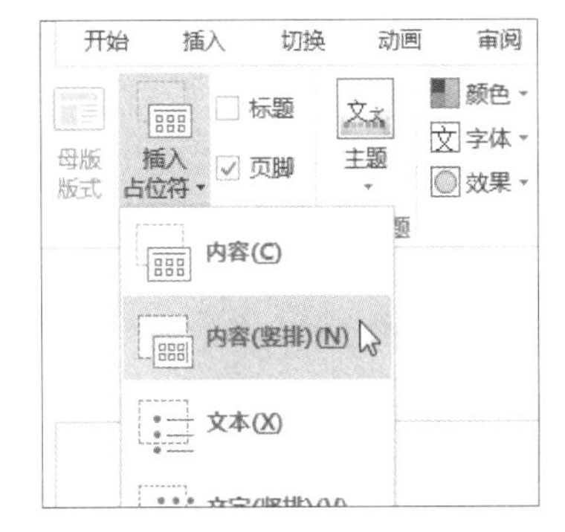

步骤04　绘制占位符

在幻灯片中适当位置单击并按住鼠标左键拖动绘制占位符，拖动至合适位置释放即可，如下左图所示。

步骤05　显示竖排内容占位符效果

此时在幻灯片中插入了内容占位符，且在其中显示了默认的样本提示文字，如下中图所示。

步骤06　更改提示文字

如果内容占位符中的默认提示文字不能满足要求，可以选中该提示文字，将插入点定位在文本框内，如下右图所示。此时可重新输入提示文字，或将不需要的提示文字删除。

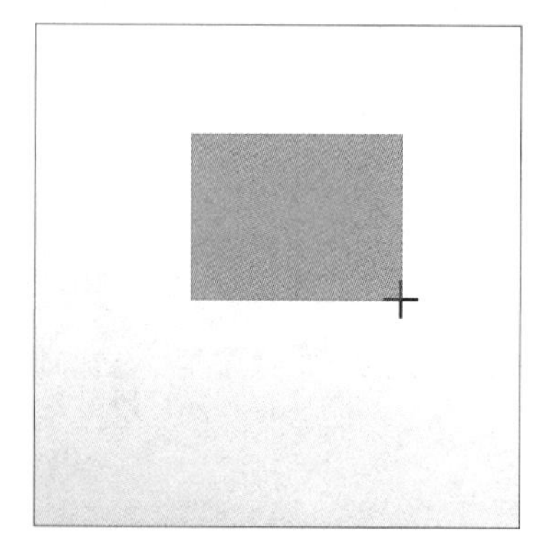

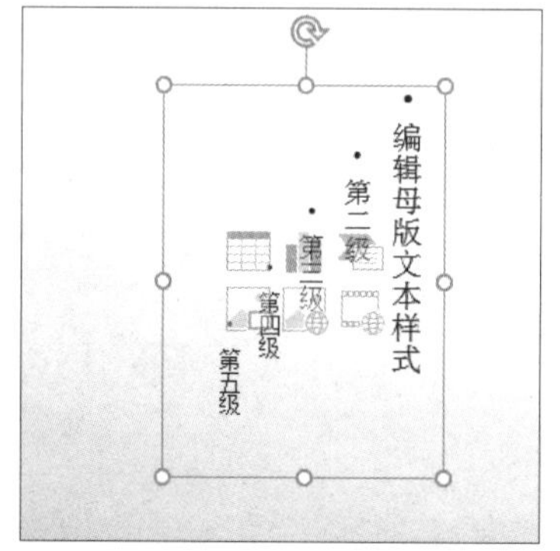

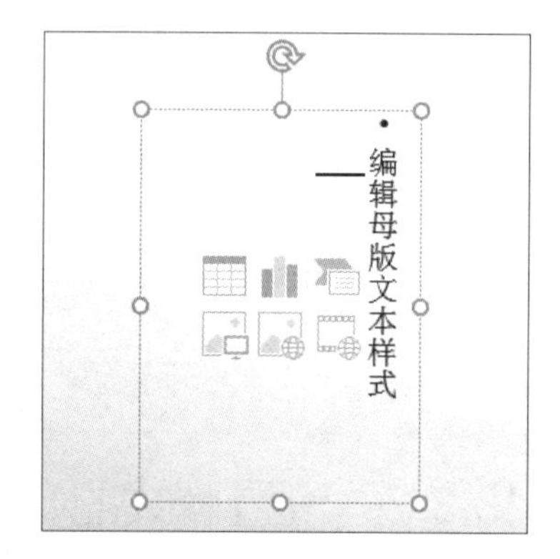

步骤07　单击“文本”选项

再次单击“母版版式”组中的“插入占位符”下三角按钮，在展开的下拉列表中单击“文本”选项，如下图所示。

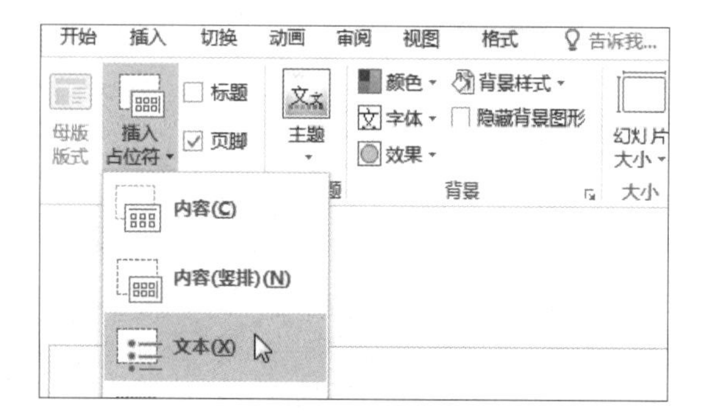

步骤08　绘制文本占位符

在幻灯片中的适当位置拖动鼠标，绘制如下图所示的两个文本占位符。

步骤09　单击“图片”选项

再次单击“插入占位符”下三角按钮，在展开的下拉列表中单击“图片”选项，如下图所示。

步骤10　绘制图片占位符

在幻灯片中适当位置拖动鼠标绘制图片占位符，得到如下图所示的幻灯片版式布局。

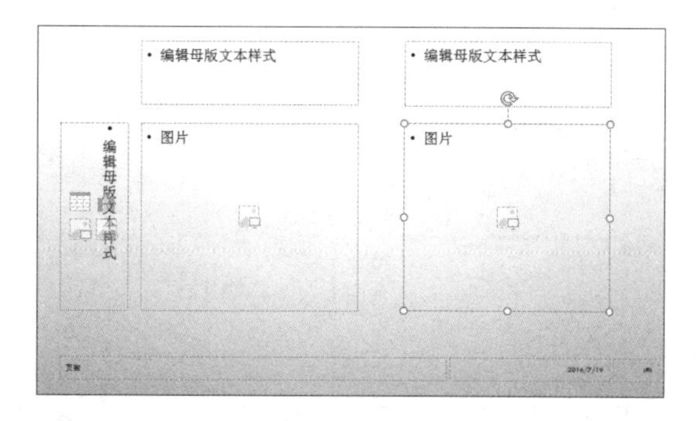

知识补充　隐藏与显示页脚与标题

如果要在幻灯片版式中显示标题占位符，可以在“母版版式”组中勾选“标题”复选框，若要显示“页脚”“日期区”和“数字区”占位符，则勾选“页脚”复选框即可。若要隐藏，则取消相应复选框的勾选。

13.3.3　设置版式的主题效果

如果希望版式有不同于整个母版的颜色和字体等外观，可以设置某个版式的主题效果。它与在演示文稿中使用主题统一所有幻灯片颜色、字体和图片外观效果的方法相同。具体操作如下。

原始文件： 下载资源\实例文件\第13章\原始文件\药品推广策略.pptx
最终文件： 下载资源\实例文件\第13章\最终文件\设置版式的主题效果.pptx

步骤01　将选定主题应用于选定幻灯片母版中

打开原始文件，切换至幻灯片母版视图中，单击“幻灯片母版”选项卡下“编辑主题”组中的“主题”按钮，在展开的主题样式库中右击需要的主题样式，然后从弹出的快捷菜单中单击“应用于所选幻灯片母版”命令，如下图所示。

步骤02　显示应用主题样式的效果

此时，当前幻灯片母版中应用了选定的主题样式，如下图所示。

13.3.4　设置版式的背景

如果希望版式有不同于整个母版的背景样式，可以单独设置某个版式的背景，使用“幻灯片母版”选项卡下“背景”组中的命令即可实现。具体操作如下。

原始文件： 下载资源\实例文件\第13章\原始文件\药品推广策略.pptx
最终文件： 下载资源\实例文件\第13章\最终文件\设置版式的背景样式.pptx

步骤01　选择要更改背景样式的版式

打开原始文件，切换至幻灯片母版视图中，选中需要更改背景样式的版式幻灯片，这里选中标题版式幻灯片，如下左图所示。

步骤02　应用内置背景样式

单击“幻灯片母版”选项卡下“背景”组中的“背景样式”按钮，在展开的下拉列表中单击“样式 10”选项，如下中图所示。

步骤03　显示更改背景样式后的效果

当前标题版式幻灯片应用了选定的背景样式，效果如下右图所示。

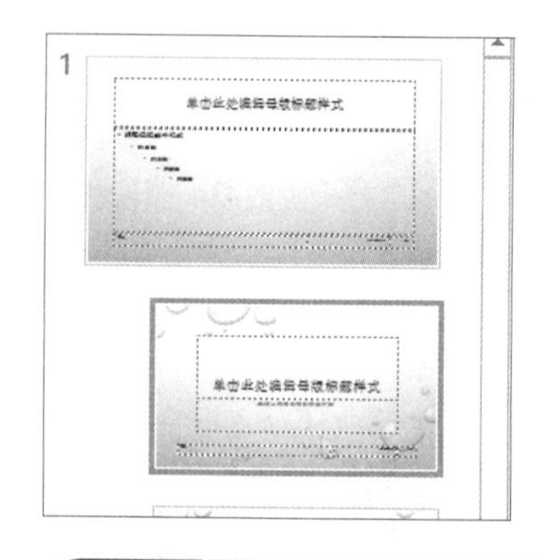

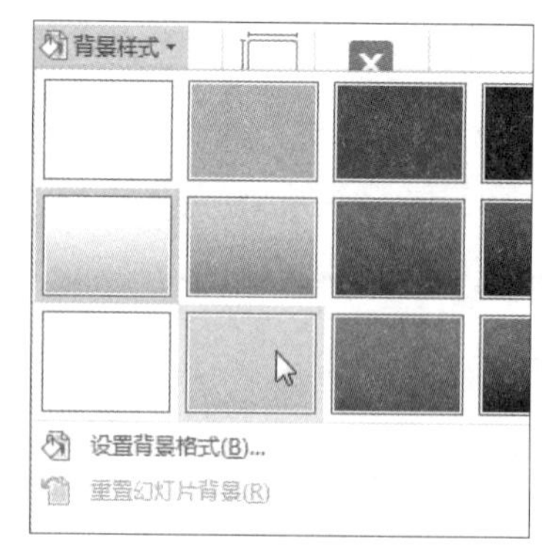

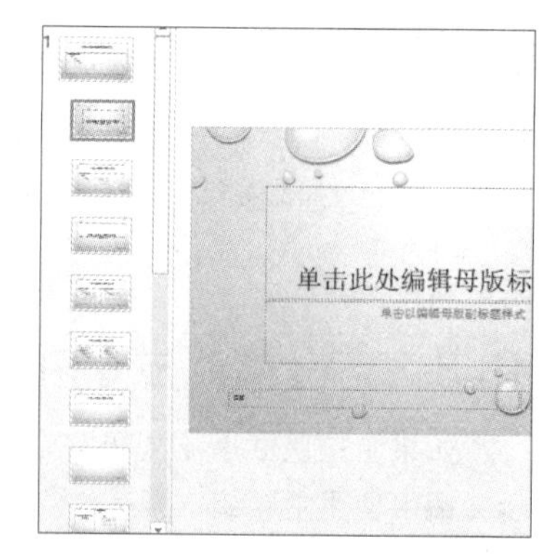

13.4 更改幻灯片背景

如果用户对演示文稿中某张幻灯片或所有幻灯片的背景不满意，可以使用“设计”选项卡下“背景”组中的命令来快速更改幻灯片背景。设置幻灯片背景有两种方法，一种是应用模板自带的12种幻灯片背景样式，另一种是通过“设置背景格式”任务窗格来自定义。

13.4.1 应用幻灯片背景样式

在PowerPoint 2016中，每种模板都提供了12种背景样式，用户可以选择一种预置的样式，快速更改演示文稿中幻灯片的背景，具体操作如下。

原始文件： 下载资源\实例文件\第13章\原始文件\药品推广策略.pptx
最终文件： 下载资源\实例文件\第13章\最终文件\应用内置背景样式.pptx

步骤01 选择背景样式

打开原始文件，切换至“设计”选项卡下，单击“变体”组中的快翻按钮，在展开的下拉列表中单击“背景样式”选项，然后在展开的背景样式库中选择需要的背景样式，如选择“样式3”选项，如下图所示。

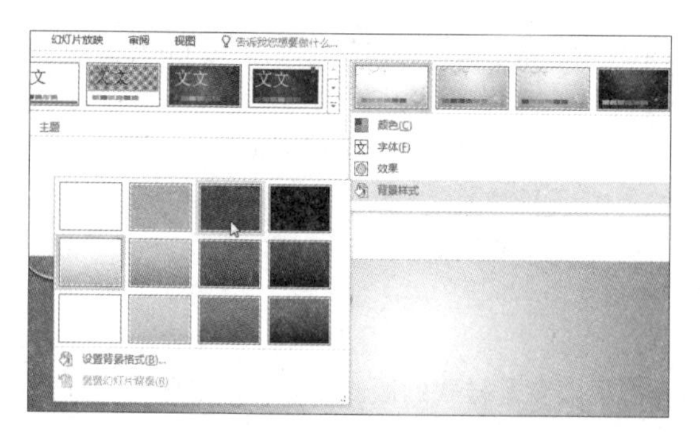

步骤02 显示应用背景样式后的效果

此时所有幻灯片都应用了选定的背景样式，如下图所示。

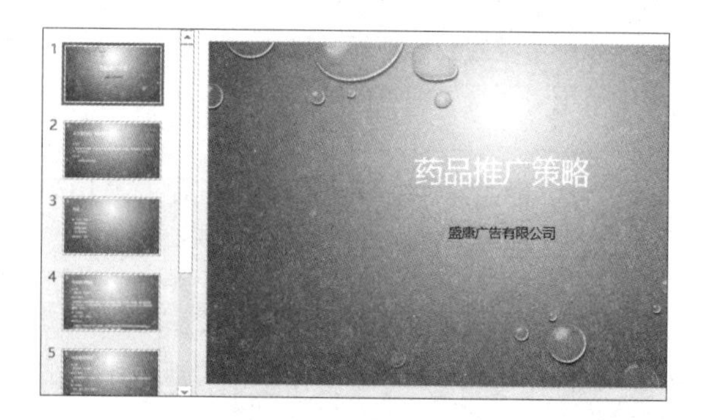

知识补充 只更改选定幻灯片的背景

如果只需要更改选定幻灯片的背景，首先选中要更改背景的幻灯片，然后单击“背景样式”选项，在展开的背景样式库中右击需要应用的背景样式，从弹出的快捷菜单中单击“应用于所选幻灯片”命令即可。

13.4.2　自定义幻灯片背景样式

自定义幻灯片背景样式其实就是通过“设置背景格式”任务窗格设置幻灯片背景的填充效果，若以图片填充，还可以修正图片的锐化和柔化、亮度和对比度、颜色等。具体操作如下。

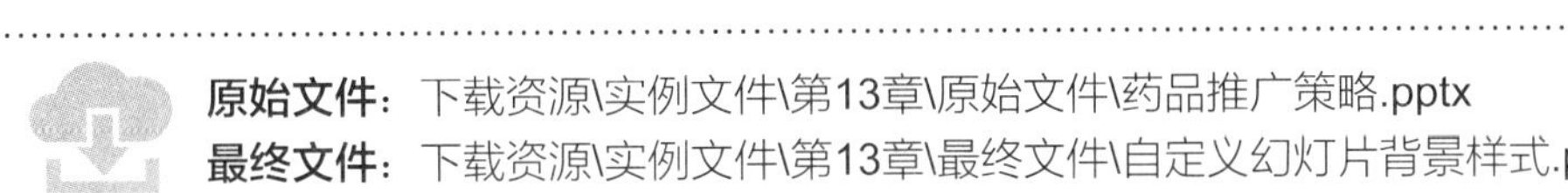

原始文件： 下载资源\实例文件\第13章\原始文件\药品推广策略.pptx

最终文件： 下载资源\实例文件\第13章\最终文件\自定义幻灯片背景样式.pptx

步骤01　单击“设置背景格式”按钮

打开原始文件，选定第 1 张幻灯片，切换至“设计”选项卡下，单击“自定义”组中的“设置背景格式”按钮，如下左图所示。

步骤02　单击“文件”按钮

弹出“设置背景格式”任务窗格，在“填充”选项组中，首先单击“图片或纹理填充”单选按钮，然后单击“文件”按钮，如下中图所示。

步骤03　选择图片文件

弹出“插入图片”对话框，在地址栏中选择图片的保存位置，然后选取需要的图片，如下右图所示，最后单击“插入”按钮。

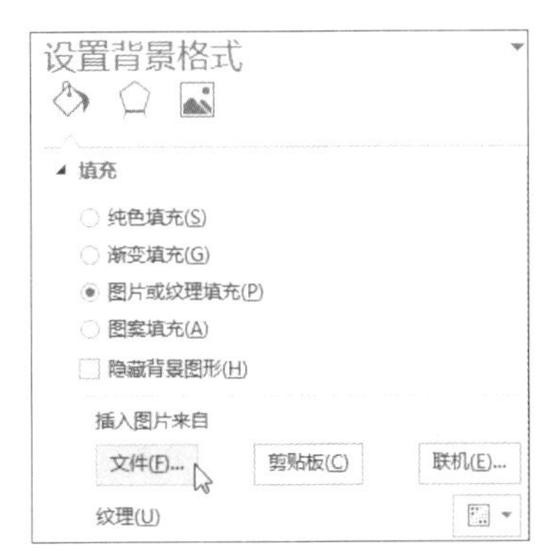

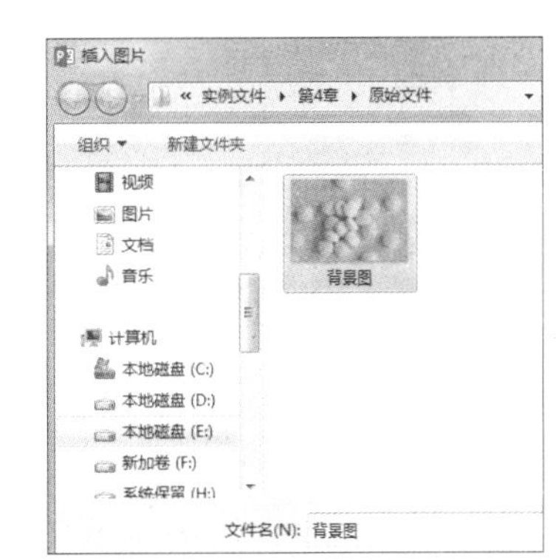

步骤04　设置锐化和柔化度

返回“设置背景格式”任务窗格，切换至“图片”选项卡下，单击“图片更正”选项，然后在展开的列表中单击“锐化 / 柔化”选项组中“预设”右侧的下三角按钮，在展开的下拉列表中选择“柔化：25%”选项，如下左图所示。

步骤05　设置亮度和对比度

接着单击“亮度 / 对比度”选项组中“预设”右侧的下三角按钮，然后在展开的下拉列表中选择“亮度：0% 对比度：+20%”选项，如下中图所示。

步骤06　更改图片颜色饱和度

单击“图片颜色”选项，然后单击“颜色饱和度”选项组中“预设”右侧的下三角按钮，在展开的下拉列表中选择“饱和度：0%”选项，如下右图所示。

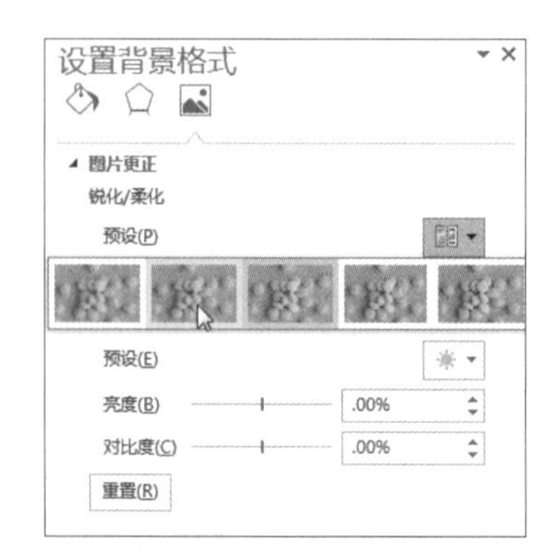

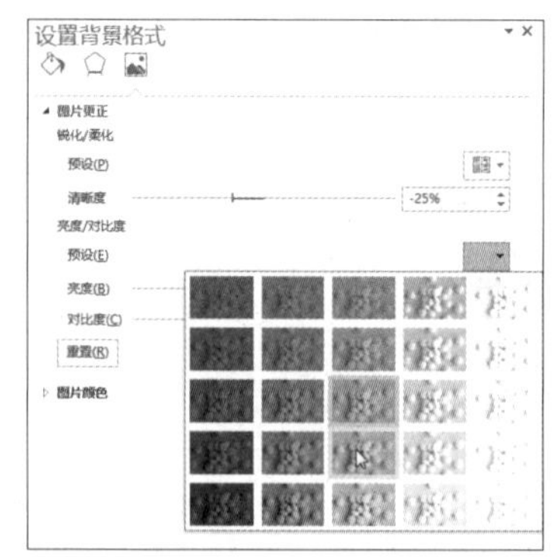

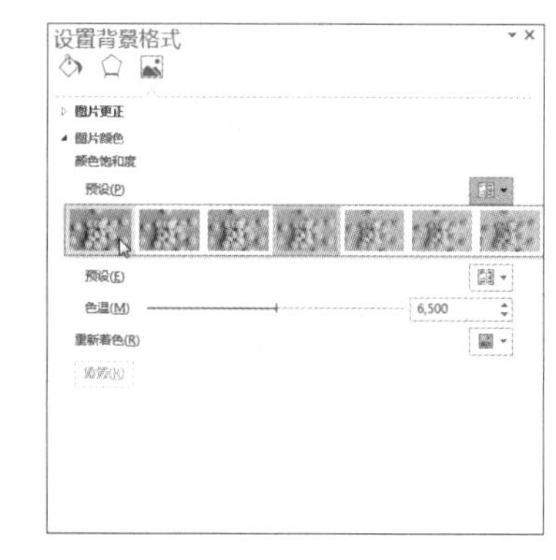

步骤07 设置艺术效果

切换至“效果”选项卡下的“艺术效果”选项组，单击“艺术效果”右侧的下三角按钮，然后在展开的下拉列表中单击“虚化”选项，如下图所示，设置完成后单击“关闭”按钮。

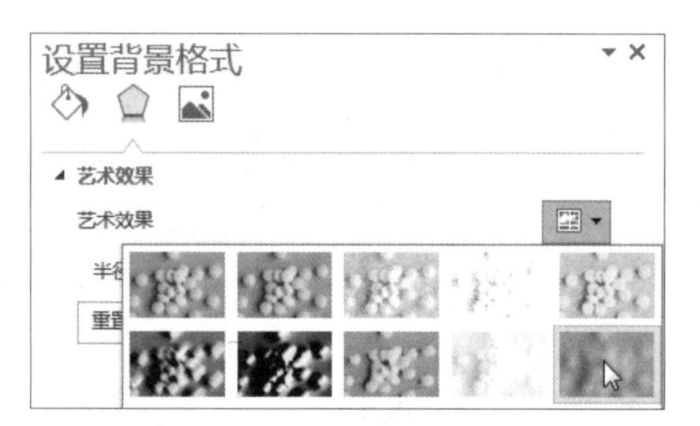

步骤08 显示自定义背景样式的效果

此时选定幻灯片设置为如下图所示的背景。

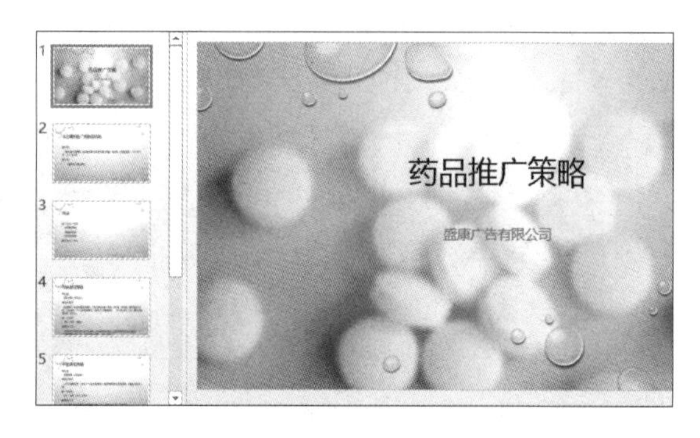

知识补充 对所有幻灯片应用相同的自定义背景样式

如果要将自定义的幻灯片背景样式应用于所有幻灯片，只需单击“设置背景格式”任务窗格左下角的“全部应用”按钮即可。

知识补充 快速还原演示文稿背景

若要还原演示文稿背景，单击“设计”选项卡下“变体”组中的快翻按钮，在展开的下拉列表中执行“背景样式>重置幻灯片背景”命令即可。

实例演练：快速创建公司简介演示文稿

通过本章的学习，相信读者已经了解了如何利用 PowerPoint 中的主题功能为演示文稿设置统一的颜色、字体及图形的外观效果，以及对母版和版式进行添加、复制、重命名和删除操作。此外，对母版和版式的布局结构及幻灯片的背景等操作，在本章中也进行了详细的介绍。为了加深读者对本章知识的印象，下面通过创建公司简介演示文稿这个实例来巩固本章所学知识。

原始文件： 无

最终文件： 下载资源\实例文件\第13章\最终文件\公司简介.pptx

步骤01　单击“主题”组的快翻按钮

新建一空白演示文稿。切换至“设计”选项卡下，单击“主题”组中的快翻按钮，如下图所示。

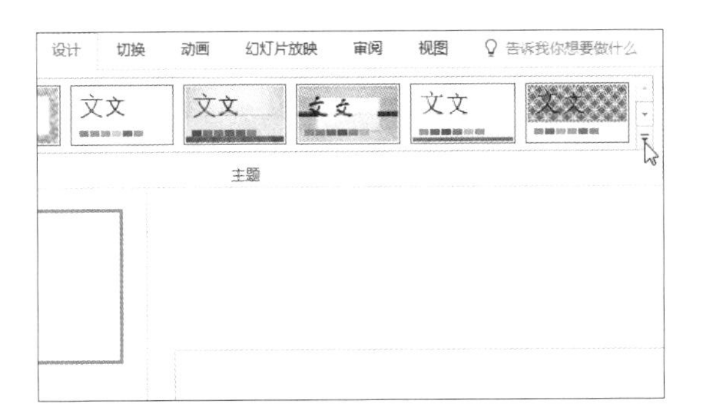

步骤02　选择主题样式

在展开的主题样式库中选择需要应用的主题样式选项，如下图所示。

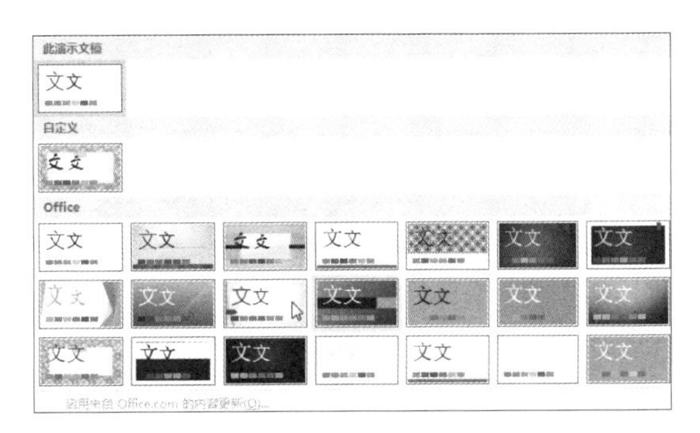

步骤03　更改主题颜色

若对应用的主题样式的颜色不满意，可单击“变体”组中的快翻按钮，在展开的下拉列表中单击“颜色”选项，然后在展开的列表中选择合适的颜色，这里选择“绿色”，如下图所示。

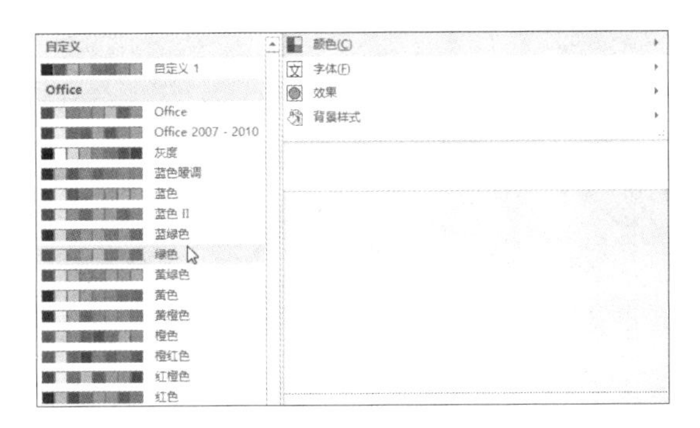

步骤04　更改主题字体

再次单击“变体”组中的快翻按钮，在展开的下拉列表中单击“字体”选项，然后在弹出的列表中选择如下图所示的选项。

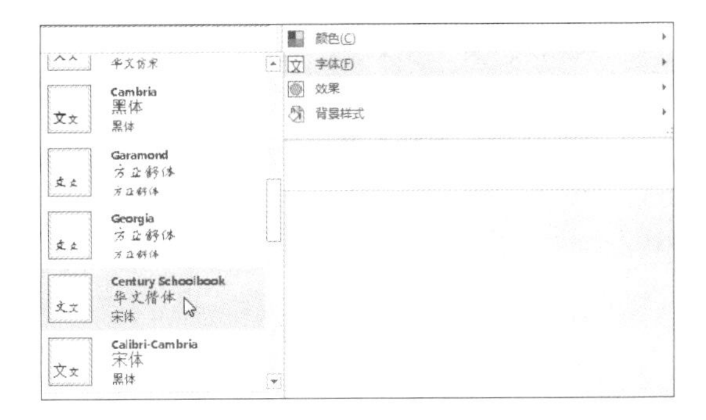

步骤05　显示更改主题后的效果

经过上述步骤，就完成了对主题颜色及字体的更改，效果如下图所示。

步骤06　切换至幻灯片母版视图

若要对幻灯片母版的版式及风格进行编辑，首先切换至“视图”选项卡下，然后单击“母版视图”组中的“幻灯片母版”按钮，进入幻灯片母版视图，如下图所示。

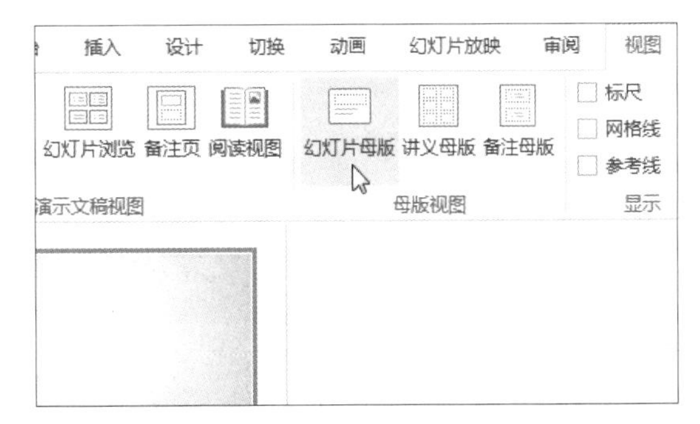

步骤07　设置背景格式

若需要设置版式为统一的背景格式，则单击幻灯片浏览窗格中编号为 1 的幻灯片，然后在幻灯片窗格中的空白处右击，在弹出的快捷菜单中单击“设置背景格式”命令，如下左图所示。

步骤08 单击"文件"按钮

弹出"设置背景格式"任务窗格，在"填充"选项组中单击"图片或纹理填充"单选按钮，然后单击"文件"按钮，如下右图所示。

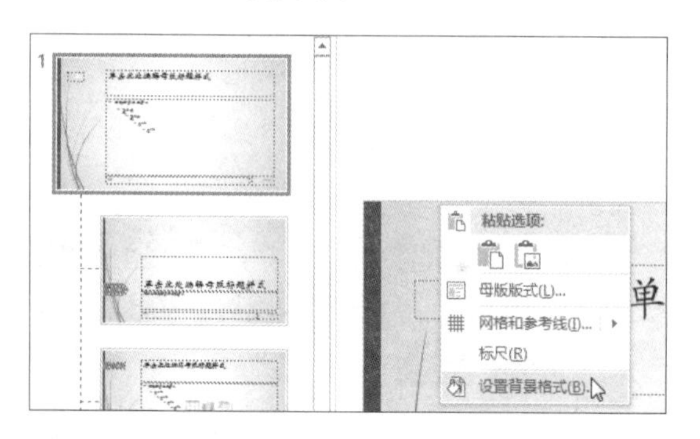

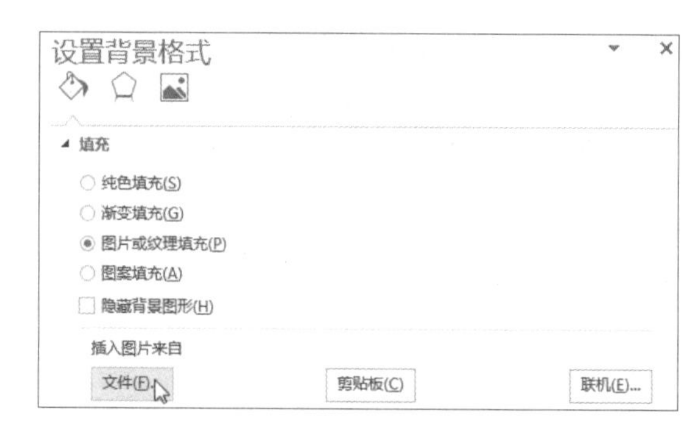

步骤09 选择图片文件

弹出"插入图片"对话框，在地址栏中选择图片的保存位置，然后选择需要插入的图片，如下图所示，最后单击"插入"按钮即可。

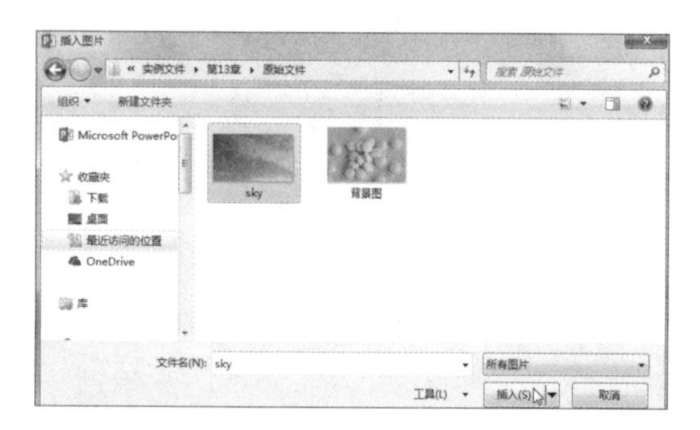

步骤10 查看添加背景图片后的效果

此时幻灯片母版中所有的幻灯片都使用了所选的图片作为背景，效果如下图所示。

步骤11 单击"页眉和页脚"按钮

要将公司名称、制作日期显示在幻灯片中，则单击"插入"选项卡下"文本"组中的"页眉和页脚"按钮，如下图所示。

步骤12 设置页眉和页脚信息

弹出"页眉和页脚"对话框，在"幻灯片"选项卡下勾选"日期和时间"复选框，然后单击"固定"单选按钮，此时下方的文本框中会自动添加当前日期，再勾选"页脚"复选框，并在下方的文本框中输入公司名称，如下图所示，最后单击"全部应用"按钮。

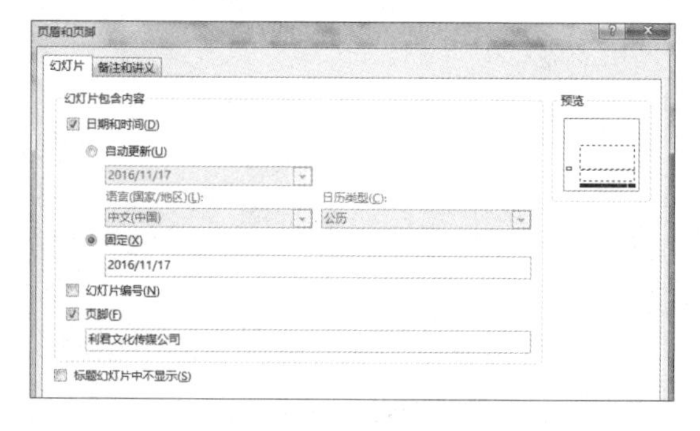

步骤13　更改页脚文字格式

返回幻灯片中，此时所有的版式幻灯片中都添加了页脚，但字体颜色与字号需要调整。选择第 1 张版式幻灯片页脚中的日期和公司名称，如下图所示。

步骤14　调整字号

切换至“开始”选项卡下，单击“字体”组中的“字号”下三角按钮，在展开的下拉列表中单击“20”选项，如下图所示。

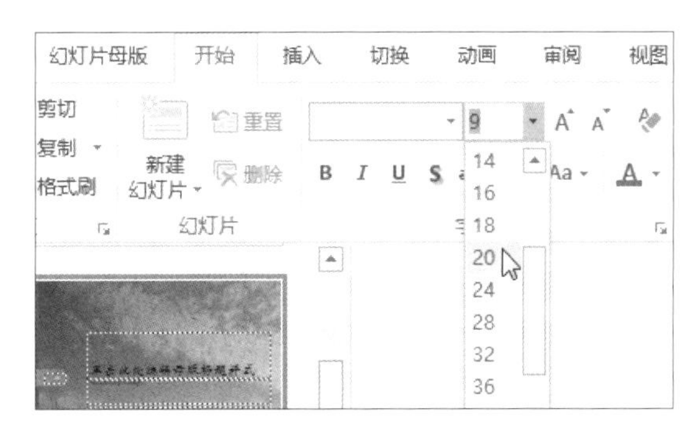

步骤15　设置页脚字体颜色

默认的页脚字体颜色与当前的演示文稿不协调，若要更改，只需单击“字体”组中的“字体颜色”下三角按钮，然后在展开的下拉列表中选择合适的颜色即可，这里选择“黑色”，如下图所示。

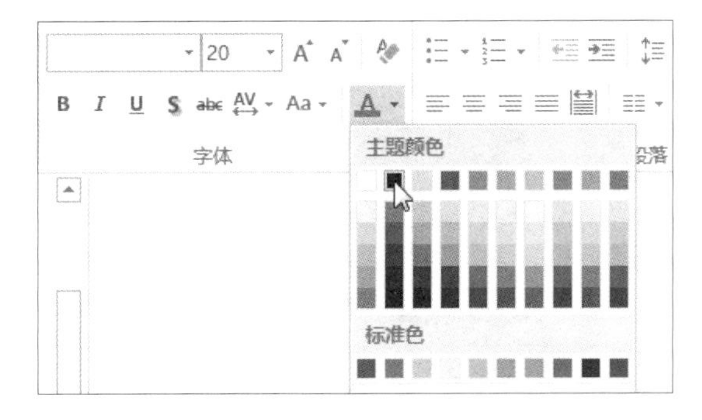

步骤16　显示调整后的页脚效果

对页脚中文字的格式进行更改后，效果如下图所示，此时的页脚信息显示更加清晰。

步骤17　复制版式

如果需要复制一个版式，首先选中需要复制的版式，然后在其上方右击，在弹出的快捷菜单中单击“复制版式”命令，如下图所示。

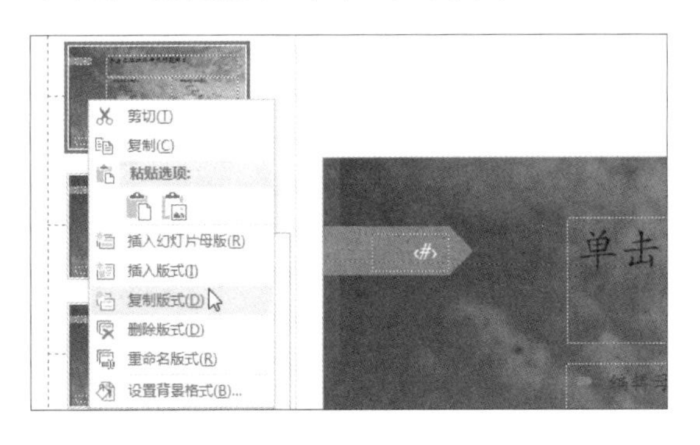

步骤18　调整复制的版式布局

此时所选版式幻灯片的下方复制了一张相同的版式幻灯片，选中然后对其中的占位符大小及位置进行调整，效果如下图所示。

步骤19 关闭母版视图

完成固定信息的添加和版式的设置后，切换至“幻灯片母版”选项卡下，单击“关闭”组中的“关闭母版视图”按钮，如下图所示，退出幻灯片母版视图。

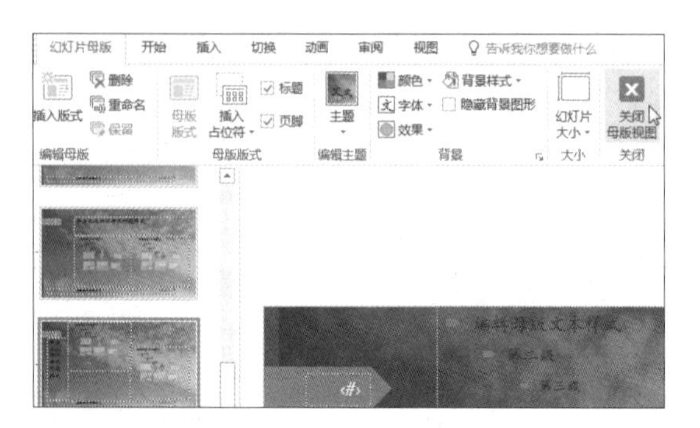

步骤20 输入内容

为演示文稿添加如下图所示的文本幻灯片内容，完成公司简介演示文稿首页的制作。

步骤21 新建幻灯片

当演示文稿中需要添加更多幻灯片时，单击“开始”选项卡下“幻灯片”组中的“新建幻灯片”按钮，在展开的下拉列表中选择需要添加的版式，这里选择之前添加的版式，如下图所示。

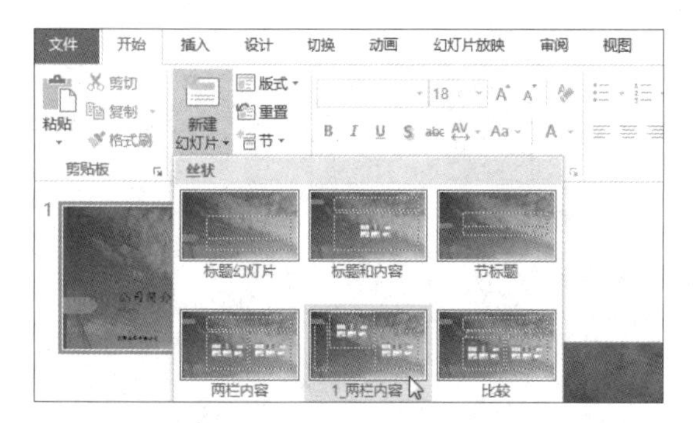

步骤22 显示新建的幻灯片

此时演示文稿中新建了一张幻灯片，如下图所示。用户可根据占位符提示输入文本。

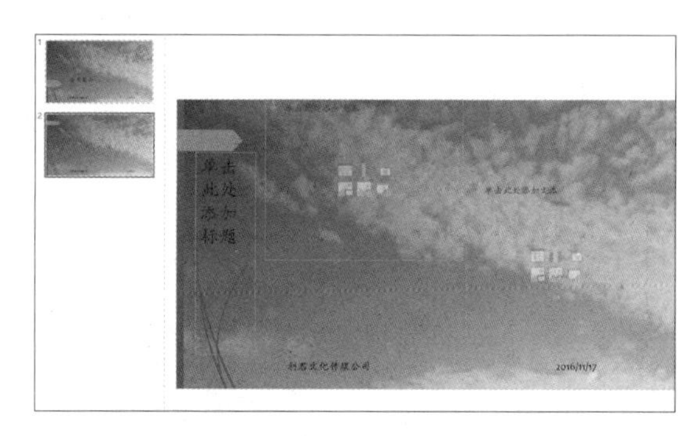

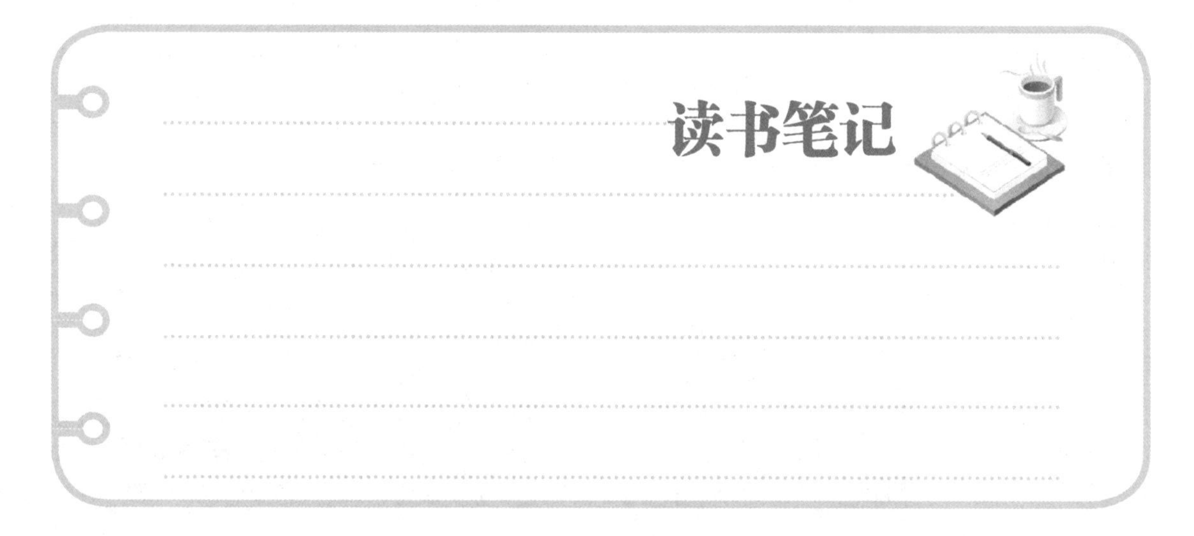

第14章 添加多媒体对象与超链接

用户可以为幻灯片添加合适的声音和视频，使演示文稿变得有声有色，更具有感染力。还可以在 PowerPoint 2016 中创建交互式演示文稿，实现放映时从当前幻灯片跳转至当前演示文稿的某张幻灯片、现有文件或网页、新邮件或指定的电子邮件地址等。本章将介绍在演示文稿中插入声音、影片、动作和超链接等内容。

14.1 插入音频文件

在制作演示文稿的过程中，用户可根据需要插入声音，以增强演示文稿的感染力。PowerPoint 2016 中的声音实际上就是指各种音频文件，用户可以在演示文稿中添加 PC 上的声音或自己录制的声音，还可以控制音频文件的播放。

14.1.1 插入PC上的音频文件

PowerPoint 2016 支持插入的音频文件类型包括：WAV 声音文件、WMA 媒体播放文件、MP3 音频文件（.mp3、.m3u）、AIFF 音频文件（.aif、.aiff 等）、AU 音频文件（.au、.snd 等）、MIDI 文件（.midi、.mid 等）。注意一定要选择这些格式的音频文件。在幻灯片中插入音频的具体步骤如下。

原始文件：下载资源\实例文件\第14章\原始文件\商务书写技巧.pptx
最终文件：下载资源\实例文件\第14章\最终文件\插入PC上的音频文件.pptx

步骤01 单击“PC上的音频”选项

打开原始文件，切换至“插入”选项卡下，单击“媒体”组中的“音频”按钮，在展开的下拉列表中单击“PC 上的音频”选项，如下左图所示。

步骤02 选择音频文件

弹出“插入音频”对话框，在地址栏中选择音频文件的保存位置，然后选择需要的音频文件，最后单击“插入”按钮，如下中图所示。

步骤03 显示声音图标

此时在当前幻灯片中显示了声音图标，如下右图所示。

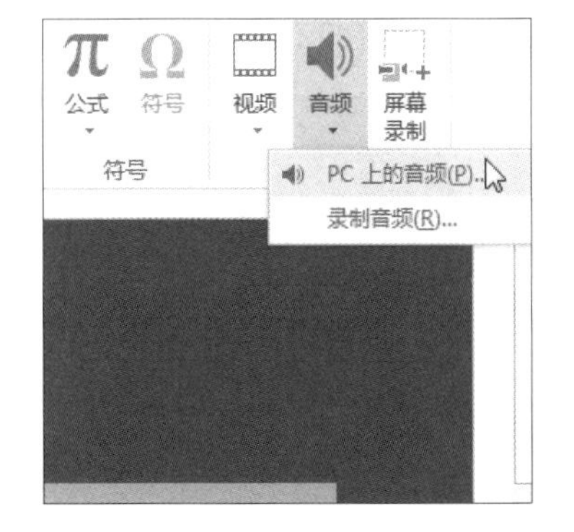

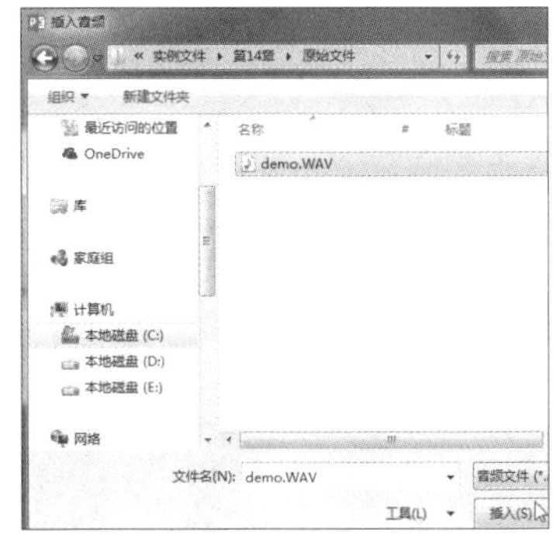

14.1.2 插入录制的音频

在某些场合中，演讲者可以不必亲临现场，只需将事先录制好的解说或旁白插入到比较重要的幻灯片中即可。随着幻灯片的放映，观众除了能欣赏到幻灯片的画面，还能听到录制的解说或旁白。为幻灯片录制解说的具体操作如下。

原始文件：下载资源\实例文件\第14章\原始文件\商务书写技巧.pptx
最终文件：下载资源\实例文件\第14章\最终文件\录制音频.pptx

步骤01 单击“录制音频”选项

打开原始文件，切换至“插入”选项卡下，单击“媒体”组中的“音频”按钮，在展开的下拉列表中单击“录制音频”选项，如下图所示。

步骤02 单击“录制”按钮

弹出“录音声音”对话框，在“名称”文本框中输入录制的音频文件的名称，这里输入“前言”，若要开始录制解说，单击红色的录制按钮，如下图所示。

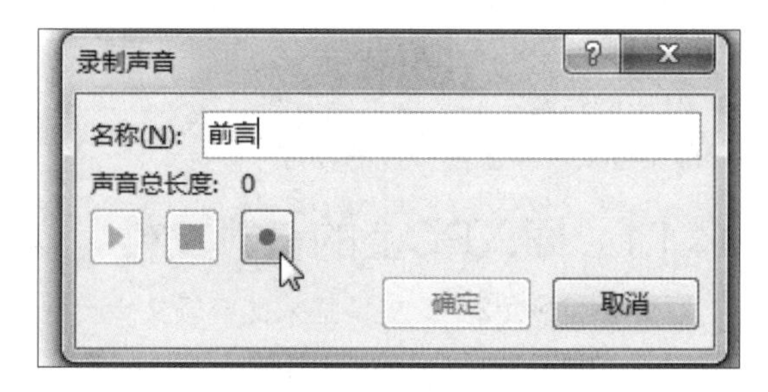

步骤03 停止声音录制

此时，在对话框中显示声音的总长度，并根据录制声音的时间进行累计。完成声音的录制后，单击“停止”按钮，如下图所示。

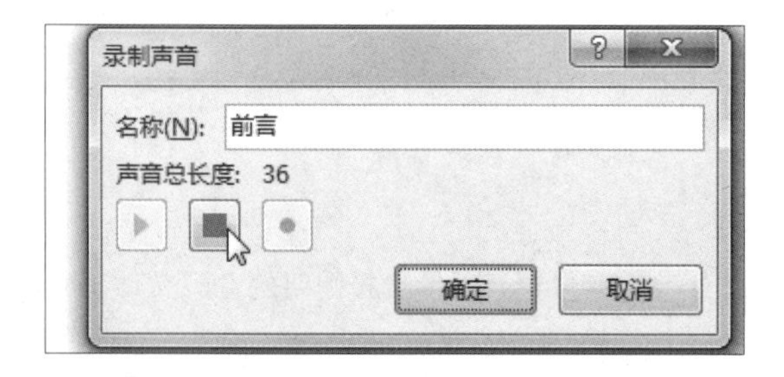

步骤04 播放录制的声音文件

若要试听录制的解说，则单击“播放”按钮，如下图所示。

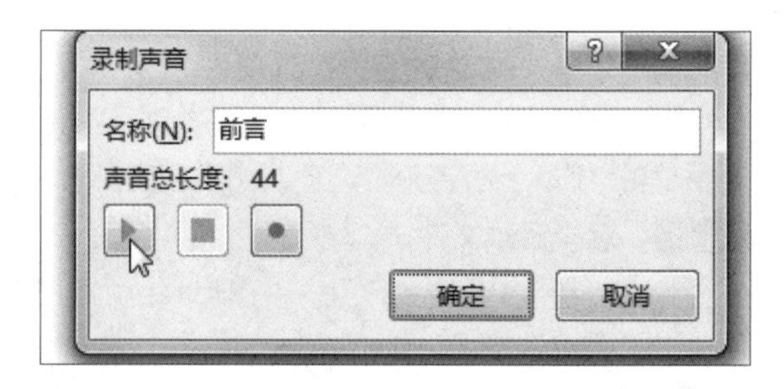

步骤05 确认完成声音录制

完成幻灯片解说的录制后，单击“确定”按钮，如下图所示。

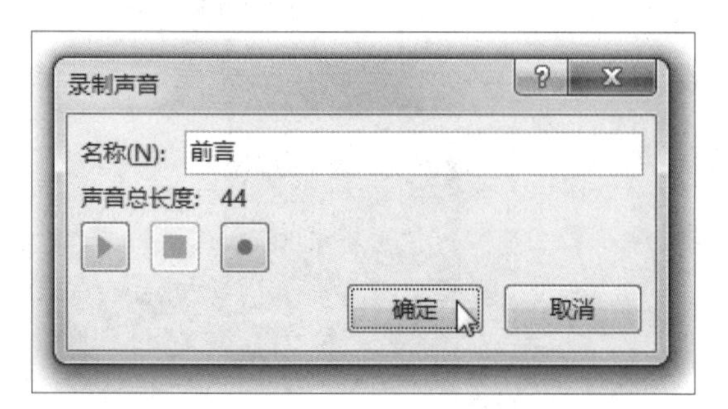

步骤06 显示声音图标

此时在当前幻灯片中显示了声音图标，如下图所示。

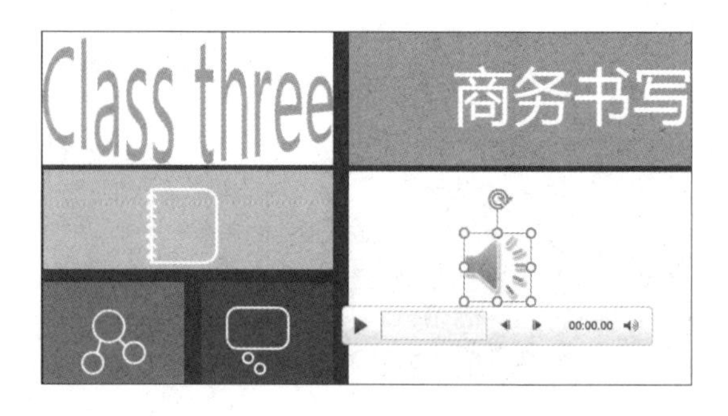

14.1.3　控制音频文件的播放

当在幻灯片中插入音频后，程序会自动在其中创建一个声音图标，用户可以对其进行与图片相似的移动、改变大小等操作。选中声音图标，将出现“音频工具”选项卡，在其中可进行声音属性的设置，如在音频中添加书签、剪裁音频、设置音量等。

原始文件： 下载资源\实例文件\第14章\原始文件\插入PC上的音频文件.pptx
最终文件： 下载资源\实例文件\第14章\最终文件\控制音频文件的播放.pptx

步骤01　单击确认插入书签处

打开原始文件，选中幻灯片中的声音图标，将鼠标指针置于播放进度条上，此时显示鼠标指针所在处的时间点，单击即可确认书签插入处，如下图所示。

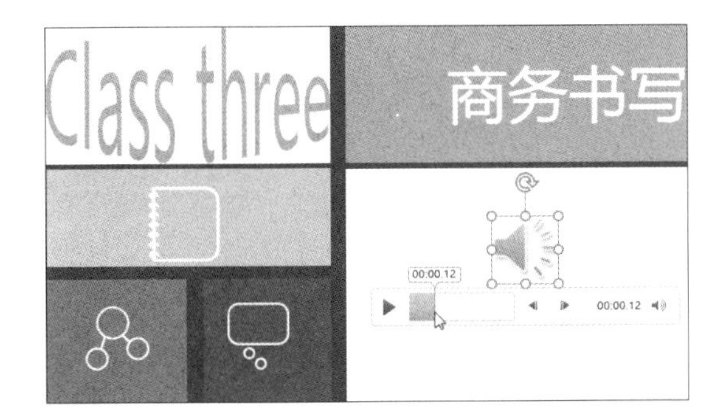

步骤02　单击“添加书签”按钮

切换至“音频工具-播放”选项卡下，单击“书签”组中的“添加书签”按钮，如下图所示。

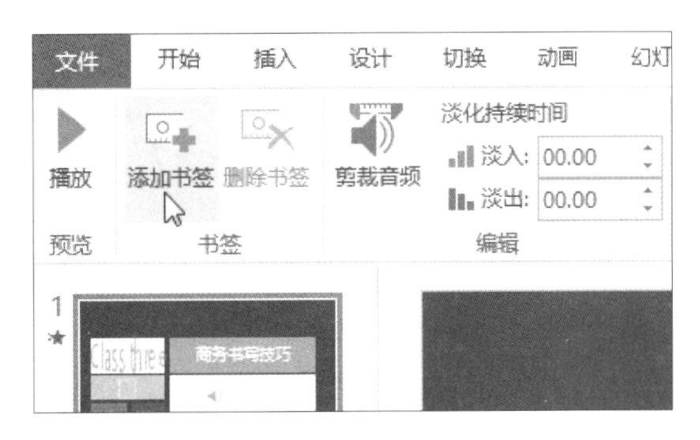

步骤03　显示插入书签后的效果

此时在播放进度条上显示了橙色圆点，标示出添加的书签位置，如下图所示。

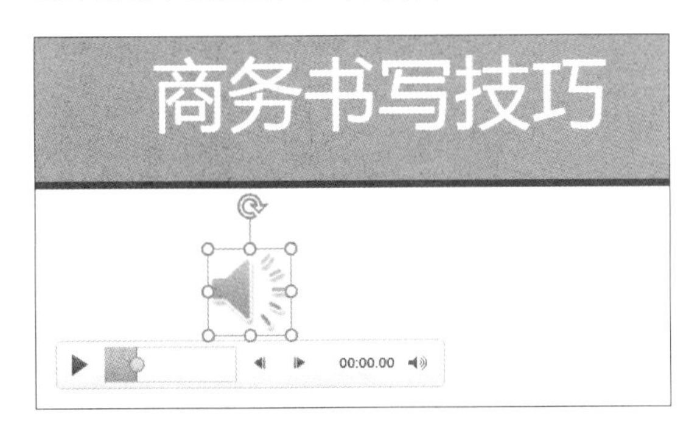

步骤04　单击“剪裁音频”按钮

切换至“音频工具-播放”选项卡下，单击“编辑”组中的“剪裁音频”按钮，如下图所示。

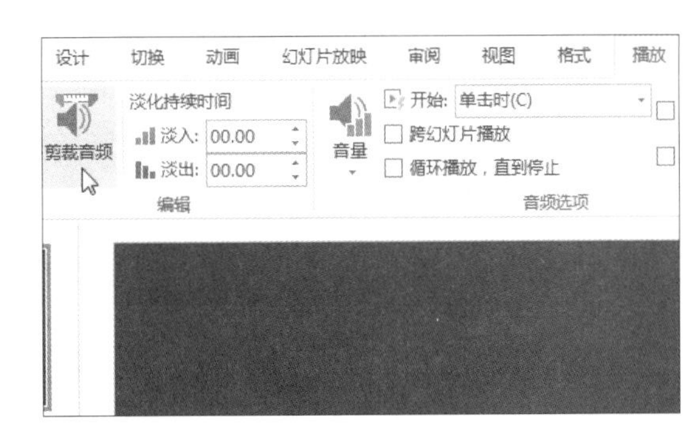

步骤05　设置开始时间

弹出“剪裁音频”对话框，向右拖动播放进度条左侧的绿色滑块，设置音频文件开始播放的时间，如下左图所示。

步骤06　设置结束时间

接着向左拖动播放进度条右侧的红色滑块，如下右图所示，调整音频文件结束播放的时间。

步骤07　试听剪裁效果

若要在该对话框中试听音频文件的剪裁效果，则单击“播放”按钮，如下图所示。

步骤09　设置音频播放选项

切换至“音频工具 - 播放”选项卡，勾选“音频选项”组中的“跨幻灯片播放”“放映时隐藏”复选框，然后单击“音量”按钮，在展开的下拉列表中选择“中”选项，如下图所示。

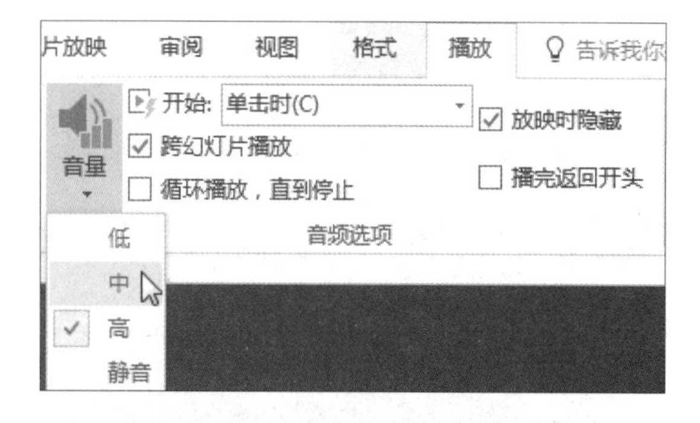

步骤08　确认音频剪裁

完成音频文件的剪裁后，单击“确定”按钮即可，如下图所示。在放映演示文稿时，将播放剪裁后的声音，剪裁掉的部分将不会再播放。

步骤10　试听音频

完成音频设置后，可以单击“音频工具 - 播放”选项卡下“预览”组中的“播放”按钮，试听设置的音频剪辑，如下图所示。

14.2 插入视频文件

在演示文稿中插入各类能体现所表达内容的影片，再对影片进行适当的编辑，可使内容更突出，更容易让观众理解。PowerPoint 2016 支持的影片格式会随着媒体播放器的不同而有所不同，可以在幻灯片中插入的视频格式有十余种。

14.2.1 在幻灯片中插入视频文件

在幻灯片中插入的视频文件可以是 PC 上的视频，也可以是来自联机视频网站的视频。需要注意的是，在 PowerPoint 2016 中插入的视频默认是以链接方式插入的，如果要在另一台计算机上放映演示文稿，则必须在复制该演示文稿的同时复制所链接的视频文件。下面介绍向幻灯片中插入 PC 上的视频的操作方法。

原始文件： 下载资源\实例文件\第14章\原始文件\添加来自文件中的视频.pptx
最终文件： 下载资源\实例文件\第14章\最终文件\添加来自文件中的视频1.pptx

步骤01　选择需要插入视频的幻灯片

打开原始文件，切换至第 2 张幻灯片，如下图所示。

步骤02　单击“PC上的视频”选项

切换至“插入”选项卡，单击“媒体”组中的“视频”下三角按钮，在展开的下拉列表中单击“PC 上的视频”选项，如下图所示。

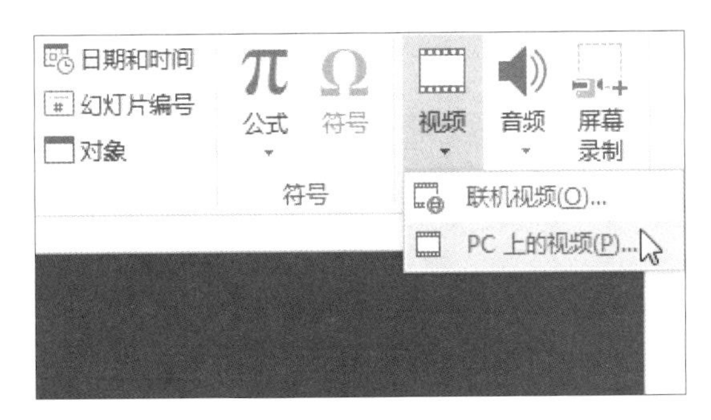

步骤03　选择视频文件

弹出“插入视频文件”对话框，在地址栏中选择视频文件的保存位置，然后选择要插入的视频文件，这里选择“商务办公 .mp4”文件，最后单击“插入”按钮，如下图所示。

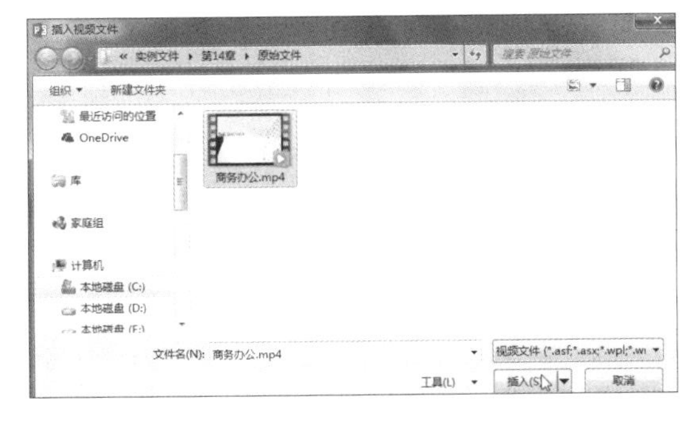

步骤04　查看添加视频后的效果

此时在幻灯片的居中位置显示了视频图标，如下图所示，默认情况下，视频图标画面为视频的第一帧画面。

14.2.2　调整视频文件画面效果

调整视频文件画面效果是 PowerPoint 2016 新增的功能，在以前的版本中是将插入幻灯片中的视频文件作为一个图片对象来对待的，通过图片工具调整视频文件画面的色彩、大小等。而在 PowerPoint 2016 中将调整视频文件画面的功能单独列出来，作为一个新增功能，可以调整视频文件画面的色彩、标牌框架及视频样式、形状与边框等。

1　调整视频文件画面大小和位置

在 PowerPoint 2016 中可以使用“设置视频格式”任务窗格及“视频工具 - 格式”选项卡下“大小”组中的“裁剪”按钮对视频文件的画面大小和位置进行调整。

原始文件： 下载资源\实例文件\第14章\原始文件\添加视频1.pptx
最终文件： 下载资源\实例文件\第14章\最终文件\调整视频文件画面大小和位置.pptx

步骤01 启动“设置视频格式”任务窗格

打开原始文件，单击选中第 2 张幻灯片中的视频文件，单击“视频工具 - 格式”选项卡下“大小”组中的对话框启动器，如下图所示。

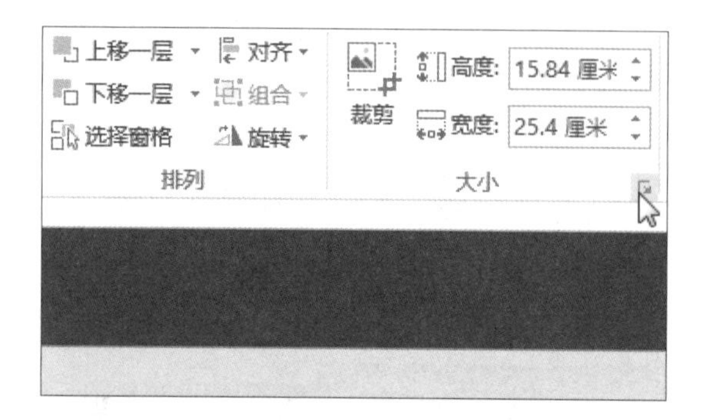

步骤02 设置画面大小值

弹出“设置视频格式”任务窗格，在“大小”选项组中勾选“锁定纵横比”和“相对于图片原始尺寸”复选框，在“宽度”数值框中输入视频宽度值，如下图所示。

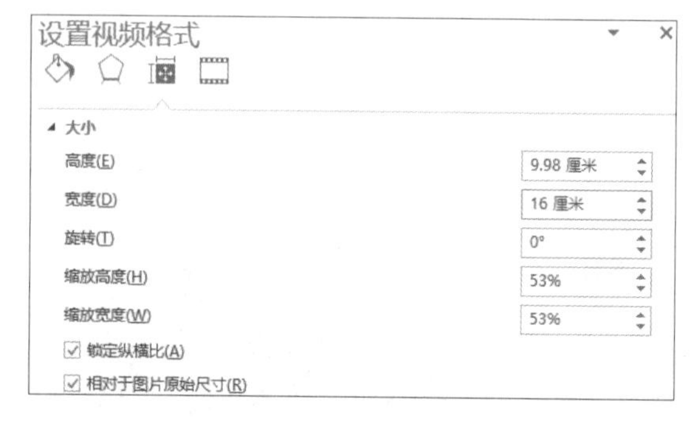

步骤03 设置视频文件位置

单击“位置”三角按钮，展开“位置”选项组，单击“水平位置”和“垂直位置”数值框右侧的数字微调按钮，设置视频文件的位置，如下图所示。

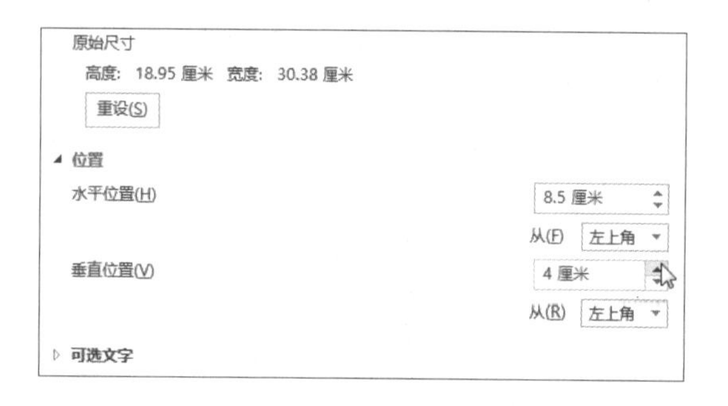

步骤04 显示设置后的视频效果

返回幻灯片中，可以看到视频文件的画面大小按固定纵横比缩小并调整至相应的位置，如下图所示。

步骤05 单击“裁剪”按钮

若要裁剪视频画面，单击“视频工具 - 格式”选项卡下“大小”组中的“裁剪”按钮，如下图所示。

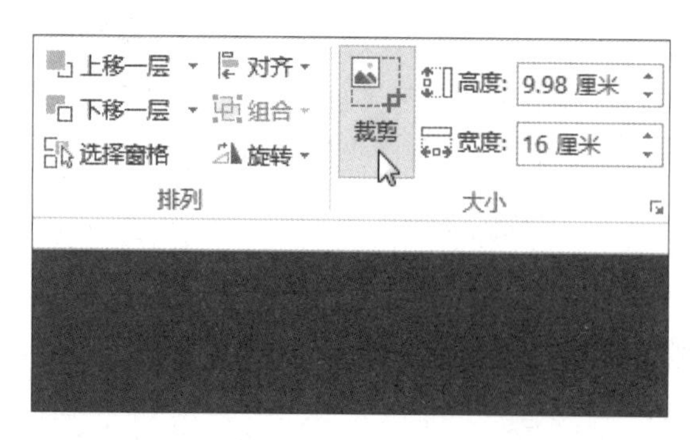

步骤06 拖动裁剪画面

此时画面被黑色框线包围，拖动黑色控点裁除不需要的画面，如下图所示。

步骤07 确认裁剪

裁除的部分以灰色显示，如下左图所示。完成画面裁剪后，单击视频文件外任意处，确认画面的裁剪，如下左图所示。

步骤08　显示裁剪后的视频文件画面效果

此时以灰色显示的不需要部分即被裁除了，如下右图所示。

2 调整视频文件的画面色彩

调整视频文件的画面色彩，指的是通过“视频工具 - 格式”选项卡下“调整”组中的命令来更改视频文件画面的亮度、对比度、颜色属性。

原始文件： 下载资源\实例文件\第14章\原始文件\添加视频2.pptx
最终文件： 下载资源\实例文件\第14章\最终文件\设置视频文件画面色彩.pptx

步骤01　更改视频的亮度和对比度

打开原始文件，选中第 2 张幻灯片中的视频文件，单击“视频工具 - 格式”选项卡下“调整”组中的“更正”按钮，在展开的下拉列表中选择亮度与对比度选项，这里选择“亮度：-20% 对比度：+20%”，如下图所示。

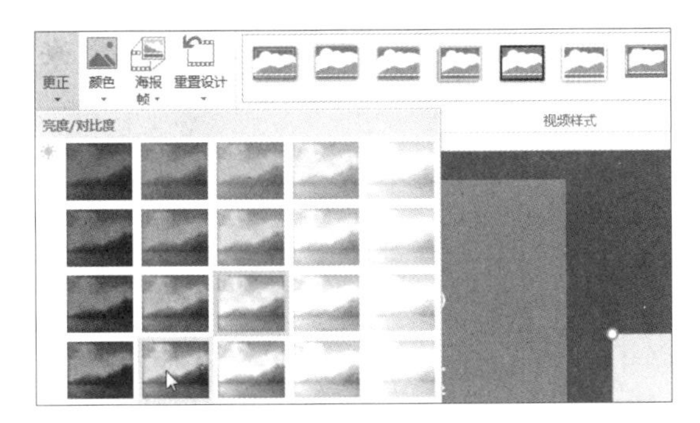

步骤02　显示更改亮度和对比度后的效果

此时选中的视频文件画面应用了指定的亮度和对比度，得到如下图所示的视频画面。

步骤03　更改画面颜色

若要修改视频画面的颜色，单击“调整”组中的“颜色”按钮，在展开的下拉列表中单击“青色，个性色 4 深色”选项，如下图所示。

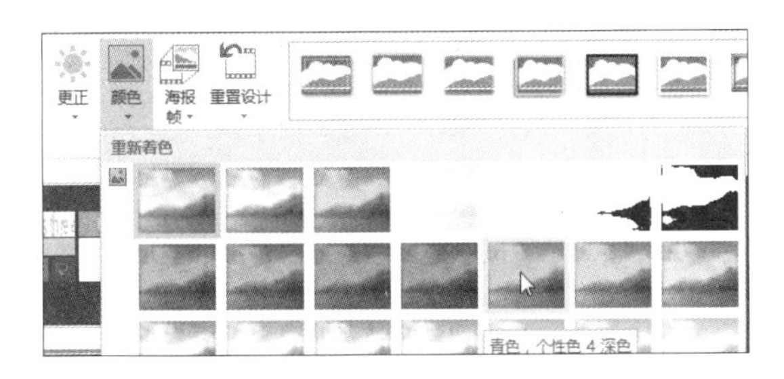

步骤04　显示更改颜色后的画面效果

此时视频画面的颜色效果如下图所示。

3 设置视频文件的标牌框架

标牌框架是幻灯片中视频文件图标中显示的画面，默认为视频文件的第一帧或最后一帧画面。在 PowerPoint 2016 中，制作者可以自行选择一张图片作为视频的标牌框架。

原始文件：下载资源\实例文件\第14章\原始文件\添加视频3.pptx

最终文件：下载资源\实例文件\第14章\最终文件\调整视频文件的标牌框架.pptx

步骤01 添加标牌框架

打开原始文件，选中第 2 张幻灯片中的视频文件，单击“视频工具 - 格式”选项卡下“调整”组中的“标牌框架”按钮，在展开的下拉列表中单击“文件中的图像”选项，如下图所示。

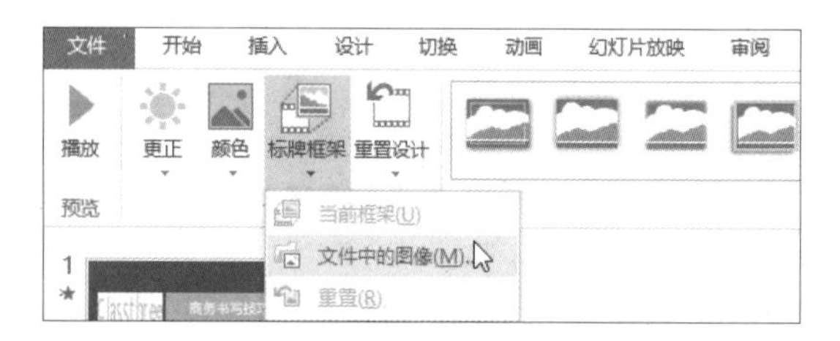

步骤02 选择图像来源

弹出“插入图片”对话框，单击“来自文件”右侧的“浏览”按钮，如下图所示。

步骤03 选择图片文件

弹出“插入图片”对话框，在地址栏中选择图片的保存位置，选择需要的图片文件，然后单击“插入”按钮，如下图所示。

步骤04 显示设置标牌框架后的画面效果

此时视频画面显示为添加的标牌图片，如下图所示，在播放视频时，会先显示标牌框架图像，之后逐渐切换至视频内容。

4 设置视频画面样式

设置视频画面样式，是指直接对视频画面应用预设的视频样式。PowerPoint 2016 提供了 34 种预设视频样式，应用内置视频样式的操作方法如下。

原始文件：下载资源\实例文件\第14章\原始文件\添加视频4.pptx

最终文件：下载资源\实例文件\第14章\最终文件\设置视频画面样式.pptx

步骤01 应用内置视频样式

打开原始文件，选中第 2 张幻灯片中的视频文件，单击“视频工具 - 格式”选项卡下“视频样式”组中的快翻按钮，在展开的视频样式库中选择“棱台映像”视频样式，如下左图所示。

步骤02　显示应用预设视频样式的效果

此时选中的视频文件画面就应用了指定的视频样式，得到如下右图所示的视频画面。

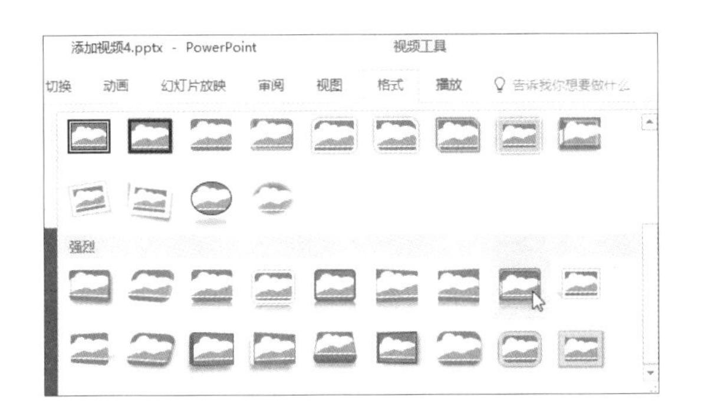

5 为视频画面添加边框

除了使用预设视频样式设置视频画面外，还可以使用“视频样式”组中的“视频形状”“视频边框”和“视频效果”按钮自定义视频画面样式，方法与自定义图片样式的方法相同。下面介绍如何为视频画面添加边框样式。

原始文件：下载资源\实例文件\第14章\原始文件\添加视频5.pptx
最终文件：下载资源\实例文件\第14章\最终文件\为视频画面添加边框.pptx

步骤01　选中视频文件

打开原始文件，选中幻灯片中的视频文件，如下图所示。

步骤02　更改视频边框颜色

单击“视频工具-格式”选项卡下“视频样式”组中“视频边框”右侧的下三角按钮，在展开的下拉列表中单击“白色”图标，如下图所示。

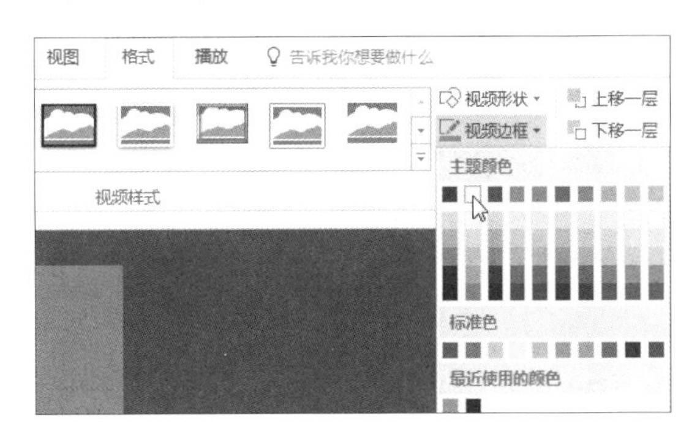

步骤03　更改边框线条粗细

单击“视频边框”下三角按钮，在展开的下拉列表中执行“粗细> 2.25 磅”命令，如下左图所示。

步骤04　单击“其他线条”选项

若要更改线条类型，可以再次单击“视频边框”下三角按钮，在展开的下拉列表中执行“虚线>其他线条”命令，如下中图所示。

步骤05　设置边框样式

弹出“设置视频格式”任务窗格，在“边框”选项组中单击“复合类型”按钮，在展开的下拉列表中单击“三线”选项，如下右图所示。

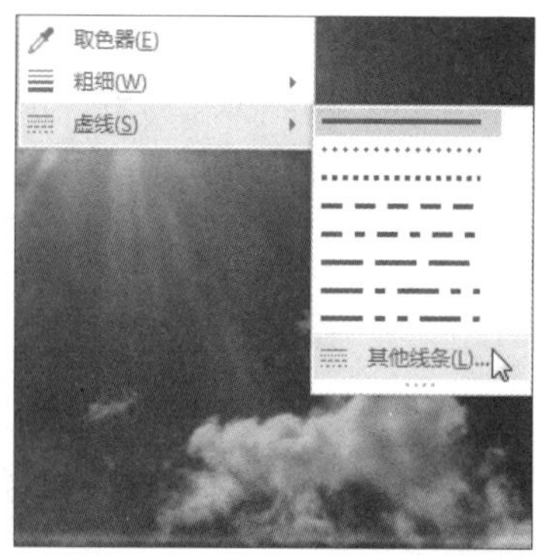

步骤06 **显示设置视频边框样式后的效果**

此时，选中的视频图标的画面边框即设置为相应的样式，得到如右图所示的效果。

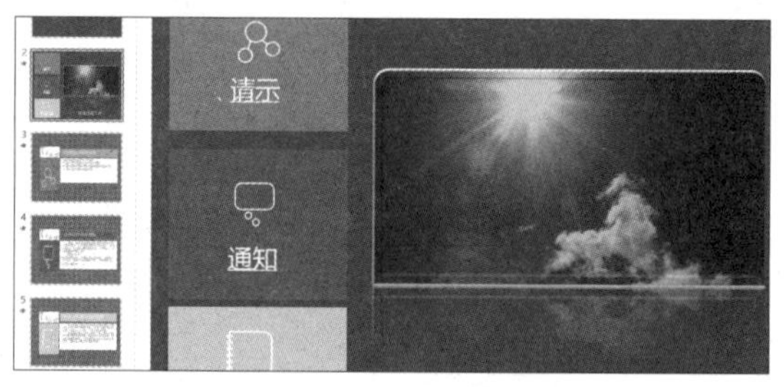

14.2.3 控制视频文件的播放

在幻灯片中添加视频是为了更好、更真切地阐述某个对象，因此，将视频添加到幻灯片中后，需要播放视频文件。PowerPoint 2016 中新增了视频文件的剪裁、书签功能，能直接剪裁多余的部分及设置视频播放的起始点，让用户更好地控制视频文件的播放。

1 剪裁视频

剪裁视频是通过指定开始时间和结束时间来删除与演示文稿内容无关的部分，使视频更加简洁。

原始文件： 下载资源\实例文件\第14章\原始文件\添加视频6.pptx

最终文件： 下载资源\实例文件\第14章\最终文件\剪裁视频.pptx

步骤01 **剪裁视频**

打开原始文件，选中幻灯片中的视频文件，单击“视频工具 - 播放”选项卡下“编辑”组中的“剪裁视频”按钮，如下图所示。

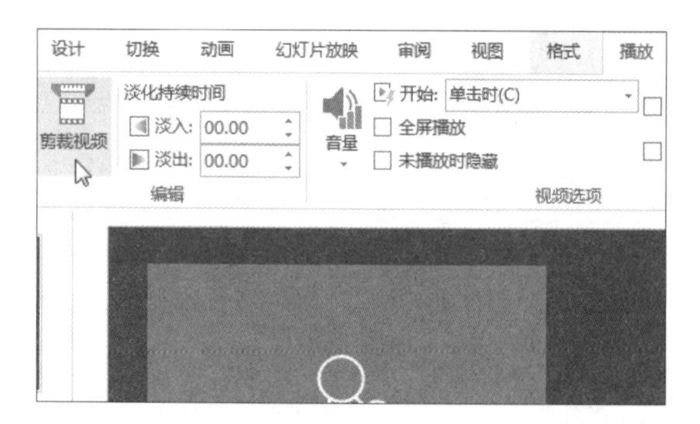

步骤02 **剪裁视频开始部分**

弹出“剪裁视频”对话框，向右拖动左侧的绿色滑块，如下图所示，可以设置视频从指定时间点开始播放。

步骤03 **剪裁视频结束部分**

向左拖动右侧的红色滑块，如下左图所示，可以设置视频在指定时间点结束播放。

步骤04　播放剪裁后的视频

单击“确定”按钮，返回幻灯片中，选中视频文件，单击播放控制条上的“播放”按钮，播放视频，可以看到视频从指定的时间点开始播放，播放到指定的结束时间点时停止，如下右图所示。

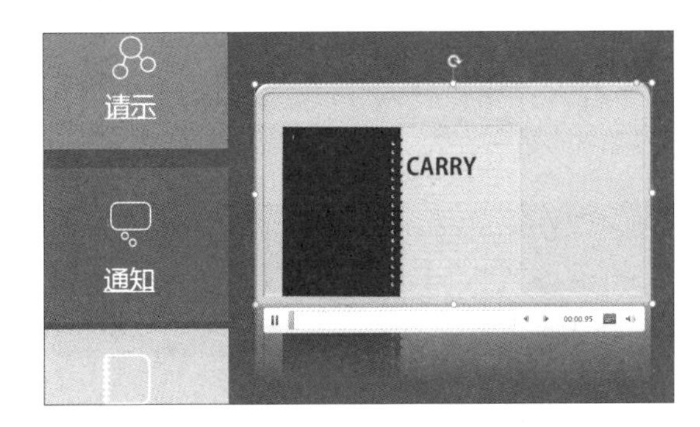

2 设置视频文件的淡化持续时间

视频文件的淡化持续时间是指在视频开始和结束的几秒内使用淡入淡出效果，让视频与幻灯片切换更自然地结合。

原始文件： 下载资源\实例文件\第14章\原始文件\调整视频6.pptx
最终文件： 下载资源\实例文件\第14章\最终文件\设置视频文件淡入、淡出时间.pptx

步骤01　设置淡入时间

打开原始文件，选中幻灯片中的视频文件，在“视频工具-播放”选项卡下“编辑”组中的“淡入”数值框中输入“00.75”，如下图所示。

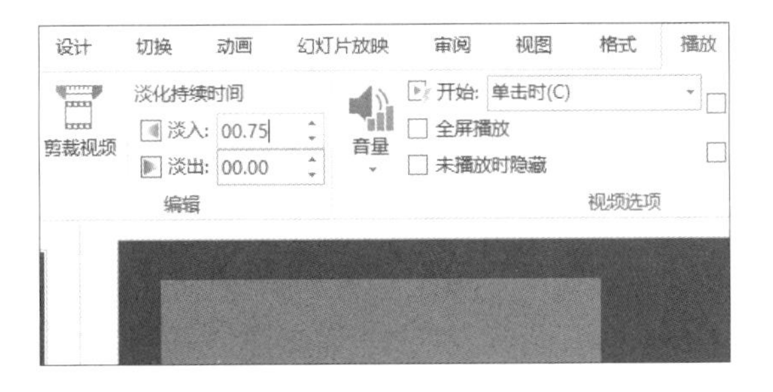

步骤02　设置淡出时间

在“编辑”组中的“淡出”数值框中输入“01.00”，如下图所示，即可将视频文件的淡化持续时间设置为指定的时间，让视频与幻灯片更好地融合。

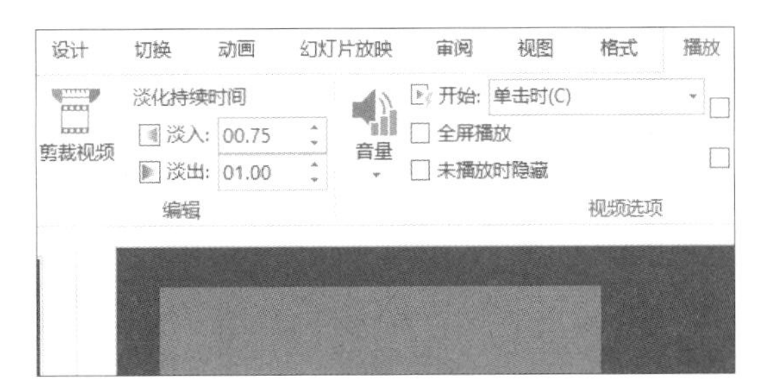

3 设置视频选项

视频文件播放的开始方式有两种：一种是“单击时”开始播放；另一种是“自动”开始播放，即切换至视频文件所在幻灯片时自动播放视频文件。

原始文件： 下载资源\实例文件\第14章\原始文件\添加视频6.pptx
最终文件： 下载资源\实例文件\第14章\最终文件\设置视频文件.pptx

步骤01　设置开始方式

打开原始文件，选中幻灯片中的视频文件，单击“视频工具-播放”选项卡下“视频选项”组中“开始”右侧的下三角按钮，在展开的下拉列表中单击“自动”选项，如下左图所示。

步骤02 设置全屏播放

在“视频选项”组中勾选“全屏播放”复选框，如下右图所示，可以设置视频文件为全屏播放。

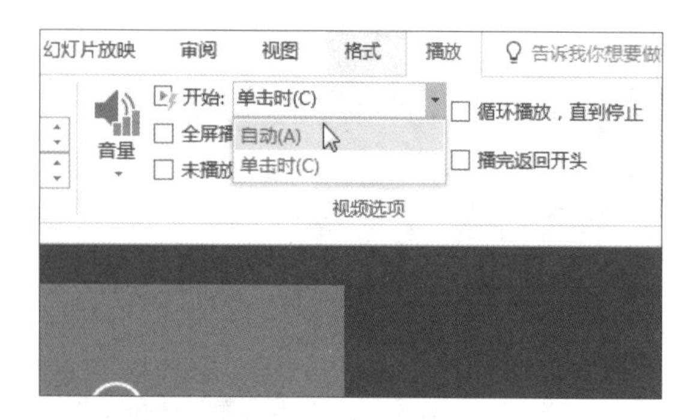

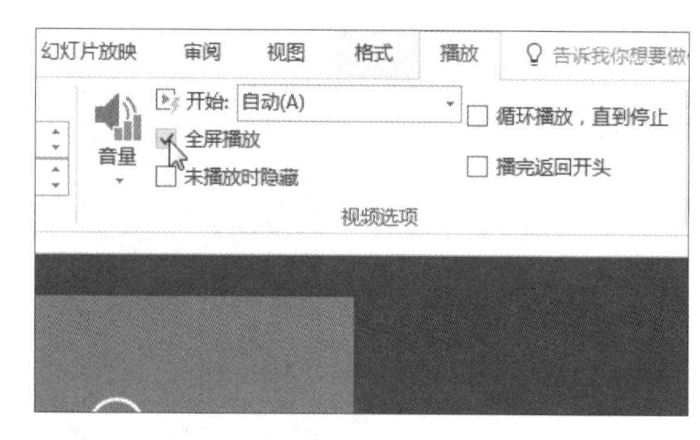

步骤03 调整音量

在“视频选项”组中单击“音量”按钮，在展开的下拉列表中单击“中”选项，如下图所示。

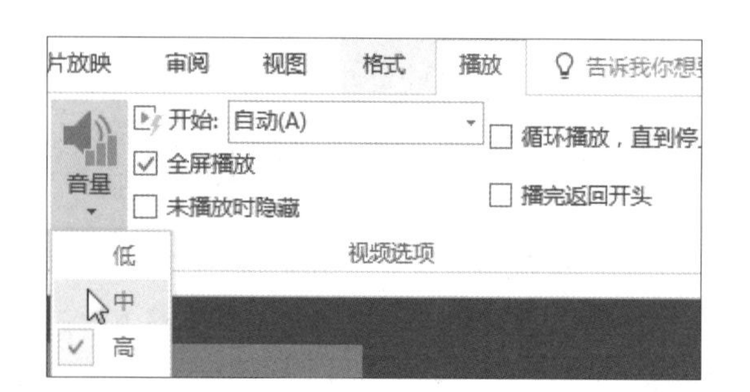

步骤04 设置其他播放选项

在“视频选项”组中勾选“循环播放，直到停止”复选框和“播完返回开头”复选框，如下图所示，即完成了视频文件播放方式的设置。

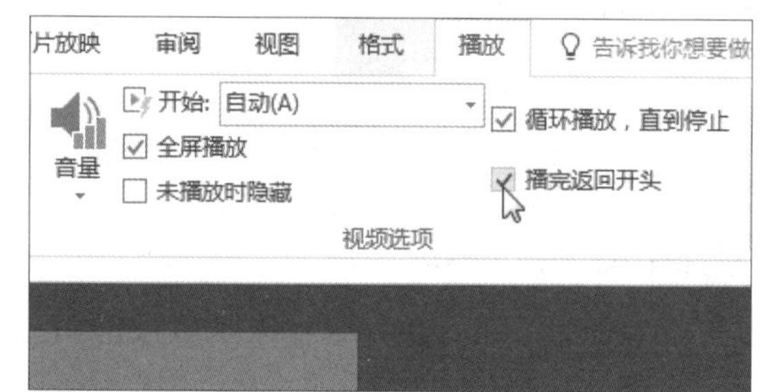

4 播放视频文件

在幻灯片中添加了视频文件后，可以通过两种方式来实现视频文件的播放：一种是利用功能区中的“播放”按钮，另一种是使用播放控制条。下面分别进行介绍。

（1）利用“播放”按钮播放

在幻灯片中单击选中视频图标，切换至“视频工具 - 播放”选项卡下，在“预览”组中单击“播放”按钮，如下左图所示，即可在幻灯片窗格中播放视频文件的内容。

（2）利用播放控制条播放

在幻灯片中单击选中视频图标，将在视频图标的下方显示出一个播放控制条，若要播放视频文件，单击“播放 / 暂停”按钮即可，如下右图所示。

14.3 添加超链接

在 PowerPoint 2016 中，超链接是指和特定的位置、文件或程序之间形成一定交互的一种连接方式，利用它可以实现在幻灯片之间跳转、打开网页或文件、发送电子邮件等效果，从而增强演示文稿与观者的交互能力。

14.3.1 创建超链接

用户可以在演示文稿中给任何文本或其他对象（如图片、图形、表格或图表）添加超链接，将鼠标指针移至添加了超链接的对象上，鼠标指针将变为手形，单击该对象即可链接到其他位置、文件或程序，例如，链接至一个 Excel 图表以更好地表达主题。在幻灯片中添加超链接的方法如下。

原始文件： 下载资源\实例文件\第14章\原始文件\商务书写技巧.pptx
最终文件： 下载资源\实例文件\第14章\最终文件\创建超链接.pptx

步骤01　选择目标文本

打开原始文件，切换至要添加超链接的幻灯片，这里切换至第 2 张幻灯片。再选中要作为超链接的文本，如选择“请示”，如下图所示。

步骤02　单击“超链接”按钮

切换至“插入”选项卡下，单击“链接”组中的“超链接”按钮，如下图所示。

步骤03　设置超链接

弹出“插入超链接”对话框。在其中的“要显示的文字”文本框中显示了要添加超链接的文本。在“链接到”区域选择超链接的类型，例如先单击“本文档中的位置”图标，然后在“请选择文档中的位置”列表框中选择想要跳转到的幻灯片，可以选择“第一张幻灯片”“最后一张幻灯片”“上一张幻灯片”“下一张幻灯片”，也可以单击某个幻灯片标题或自定义放映。此处单击第 3 张幻灯片标题，即单击“一分钟让你完成请示”，在右侧的列表框中可预览链接到的幻灯片，最后单击“确定”按钮，如下左图所示。

步骤04　查看添加超链接后的文本效果

此时可以看到，幻灯片中设置了超链接的文本下方出现下划线，单击该文本外任何位置，可取消文本选中状态，如下右图所示。

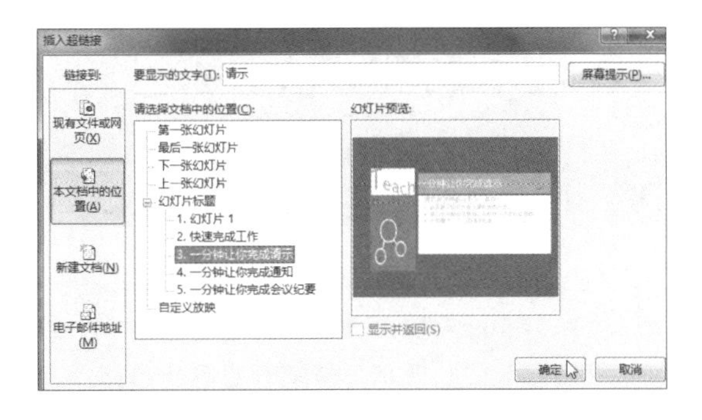

步骤05　为其他文本添加超链接

同样，可以为其他几个目录文本添加超链接，使它们也分别链接至相关幻灯片。单击幻灯片窗格下方的“幻灯片放映”按钮，切换至幻灯片放映视图，如下图所示。

步骤06　单击超链接文本

幻灯片放映时，将鼠标指针移至设置了超链接的文字上，鼠标指针变成手形，如下图所示。

步骤07　单击实现跳转

单击设置了超链接的文本，如单击“通知”后立即跳转到所设置的链接位置，如右图所示。

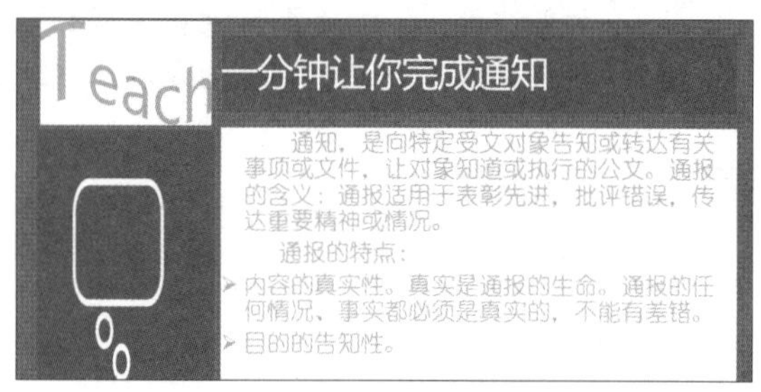

14.3.2　更改或删除超链接

创建好超链接后，有时会需要重新设置链接的目标地址，若不再需要该超链接，还可以将其删除。具体操作如下。

原始文件： 下载资源\实例文件\第14章\原始文件\创建超链接.pptx
最终文件： 下载资源\实例文件\第14章\最终文件\删除超链接.pptx

步骤01　选择超链接文本

打开原始文件，切换至第 2 张幻灯片，选中包含要更改的超链接的对象，例如选择“通知”文本，如下图所示。

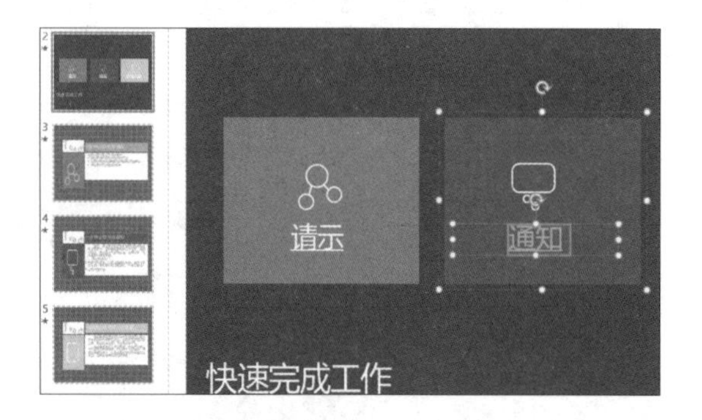

步骤02　单击“超链接”按钮

切换至“插入”选项卡下，单击“链接”组中的“超链接”按钮，如下图所示。

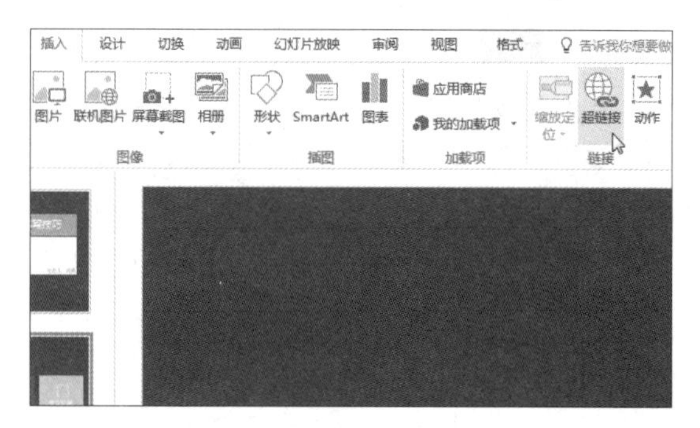

步骤03　编辑或删除超链接

弹出“编辑超链接”对话框，此对话框和“插入超链接”对话框一样，只是名称不同而已。如需更改该文本的链接位置，则重新设置链接位置，然后单击“确定”按钮即可。若想要删除超链接，直接单击“删除链接”按钮，如下左图所示。

步骤04　显示删除超链接后的效果

删除超链接后自动返回幻灯片中，可以看到所选文本下方的下划线消失，效果如下右图所示。

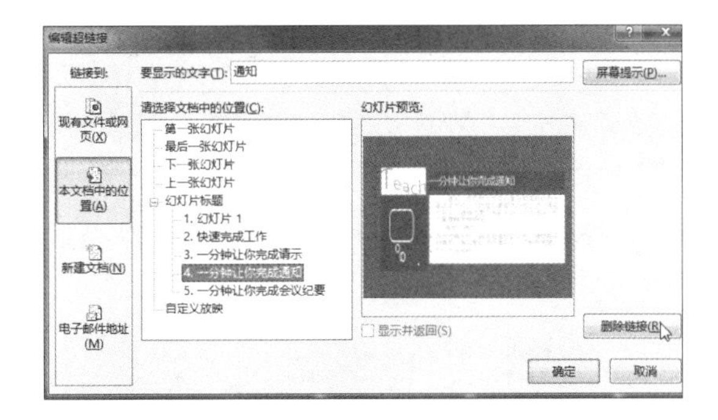

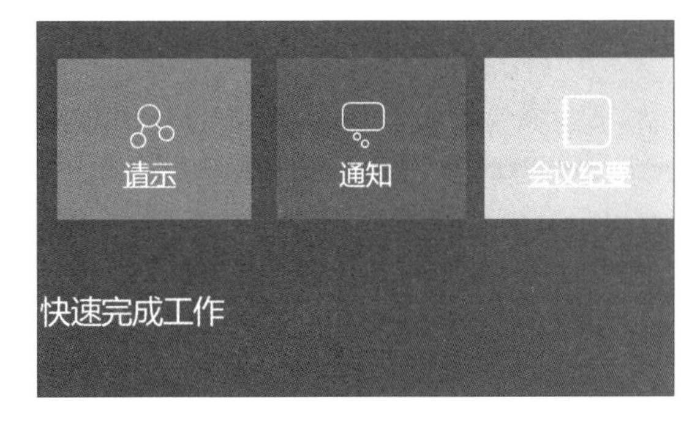

知识补充　利用快捷键删除超链接

如果想要把该超链接和包含该超链接的文本或图形对象一起删除，则选中包含超链接的文本或图形，然后按【Delete】键即可。

14.3.3　应用动作创建超链接

PowerPoint 2016 提供了一组动作按钮，可以实现放映过程中激活另一个程序、播放声音或影片，或者跳转到其他幻灯片、文件和 Web 页等操作。添加动作按钮的具体步骤如下。

原始文件： 下载资源\实例文件\第14章\原始文件\创建超链接.pptx
最终文件： 下载资源\实例文件\第14章\最终文件\添加动作.pptx

步骤01　插入动作按钮

打开原始文件，选中第 1 张幻灯片，切换至“插入”选项卡下，单击“插图”组中的“形状”按钮，在展开的下拉列表中选择“动作按钮”组中的“动作按钮：声音”，如下图所示。

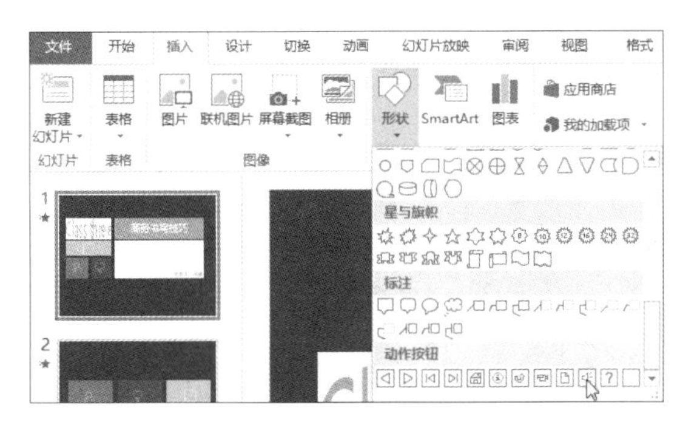

步骤02　绘制动作按钮

将鼠标指针移至想要插入该动作按钮的位置，然后按住鼠标左键拖动绘制按钮，如下图所示。

步骤03　设置超链接跳转位置

拖至合适大小后，释放鼠标左键，即出现“操作设置”对话框。如果想要采用单击鼠标执行动作的方式，则切换至“单击鼠标”选项卡下，然后单击“超链接到”单选按钮，再单击其下拉列表框右侧的下三角按钮，在展开的下拉列表中可以选择跳转到本演示文稿中某张幻灯片，或是跳转到其他演示文稿、其他文件、某个程序或者某个 URL 地址等。这里选择“其他文件”选项，如下左图所示。

步骤04　选择文件

弹出“超链接到其他文件”对话框，在地址栏中选择文件的保存位置，然后选择相应文件，最后单击“确定”按钮，如下中图所示。

步骤05　确认超链接位置

返回到“操作设置”对话框，此时“超链接到”下拉列表框中显示了所选文件的位置，如下右图所示，确认超链接位置无误后，单击“确定”按钮。

步骤06　设置形状格式

如果对插入的超链接按钮形状不满意，可进行更改。首先选中形状并右击，然后在弹出的快捷菜单中单击“设置形状格式”命令，如下图所示。

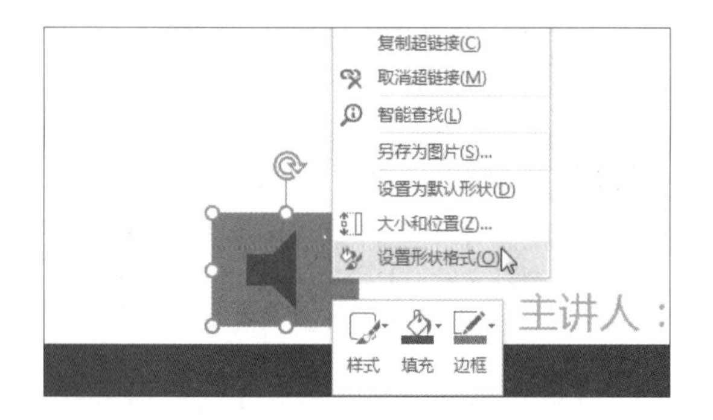

步骤07　单击“文件”按钮

弹出“设置图片格式”任务窗格，在“填充”选项组中单击“图片或纹理填充”单选按钮，然后单击“文件”按钮，如下图所示。

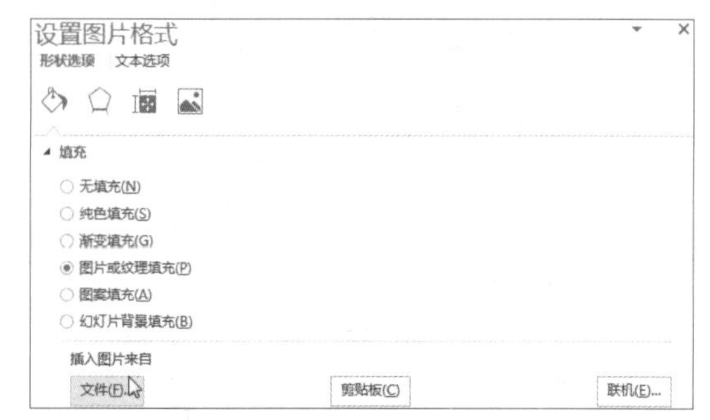

步骤08　选择图片

弹出“插入图片”对话框，在地址栏中选择图片的保存位置，然后单击选中需要插入的图片，最后单击“插入”按钮，如下图所示。

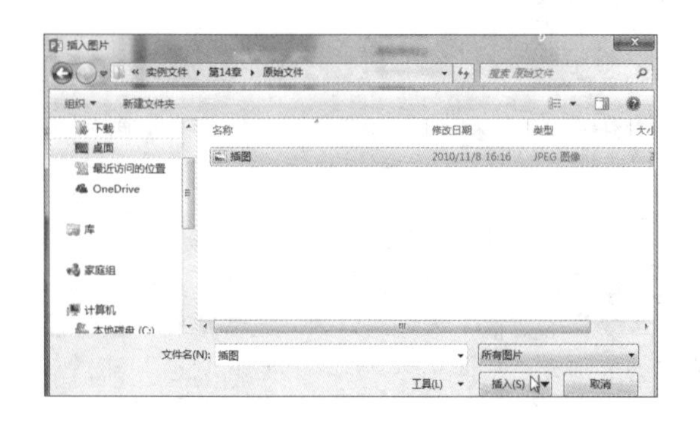

步骤09　查看更改后的动作按钮

返回幻灯片中，切换至幻灯片放映视图，放映幻灯片时，将鼠标指针移至动作按钮上，鼠标指针会变成手形，单击即可跳转到所设置的链接位置，如下图所示。

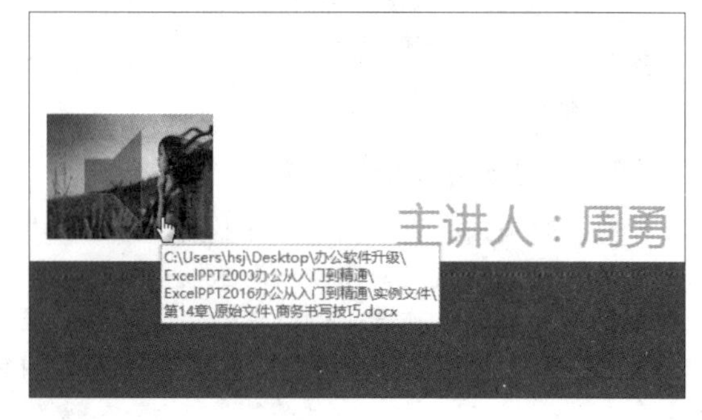

步骤10　打开该对象链接到的文档

经过上述操作后，系统自动打开动作按钮链接到的“商务书写技巧 .docx”文档，如右图所示。

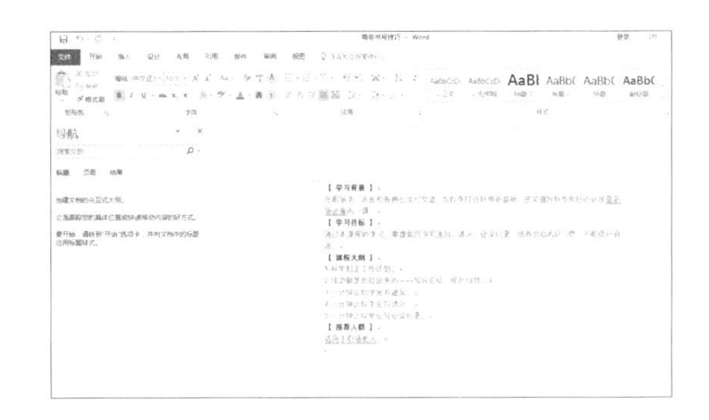

知识补充　更改动作按钮的位置和大小

选择需要插入的动作按钮后，如果直接在想要添加按钮的幻灯片上单击，插入的是一个默认大小的动作按钮，而用步骤03的方法可以绘制一个所需大小的动作按钮。此外，添加动作按钮后，用户如果想要改变动作按钮的位置，则将鼠标指针移至要改变位置的动作按钮上，鼠标指针变为十字箭头形状，按住鼠标左键将该动作按钮拖至想要的位置后，释放鼠标左键即可；而要改变动作按钮的大小，则单击想要改变大小的动作按钮，然后将鼠标指针移至按钮四周的尺寸控点上，鼠标指针变成双向箭头形状，按住鼠标左键拖动该控点至想要的大小后，释放鼠标左键即可。

知识补充　播放声音与突出显示

在“操作设置”对话框中勾选“播放声音”复选框，可以在其下方的下拉列表框中设置单击动作按钮时发出的声音，如果列表中没有需要的声音，可以单击“其他声音”选项，在出现的“添加音频”对话框中选择想要的声音文件。勾选“单击时突出显示”或“鼠标移过时突出显示”，则单击或移过鼠标时会突出显示动作按钮。

实例演练：制作景点介绍演示文稿

通过本章的学习，相信读者已经掌握了如何为幻灯片添加音频、控制音频播放、添加视频、调整视频画面、控制视频播放及为幻灯片中的对象添加动作和超链接的操作。为了加深读者对本章知识的印象，下面通过制作景点介绍演示文稿来巩固本章所学。

原始文件：下载资源\实例文件\第14章\原始文件\景点介绍.pptx
最终文件：下载资源\实例文件\第14章\最终文件\插入视频与超链接.pptx

步骤01　选择需要插入视频的幻灯片

打开原始文件，切换至第 1 张幻灯片，如右图所示。

步骤02 插入视频

单击“插入”选项卡下“媒体”组中的“视频”按钮，在展开的下拉列表中单击“PC 上的视频”选项，如右图所示。

步骤03 选择视频

弹出“插入视频文件”对话框，在地址栏中选择视频文件的保存位置，然后选择需要插入的视频，这里选择“景点相册 .mp4”，选定后单击“插入”按钮，如下图所示。

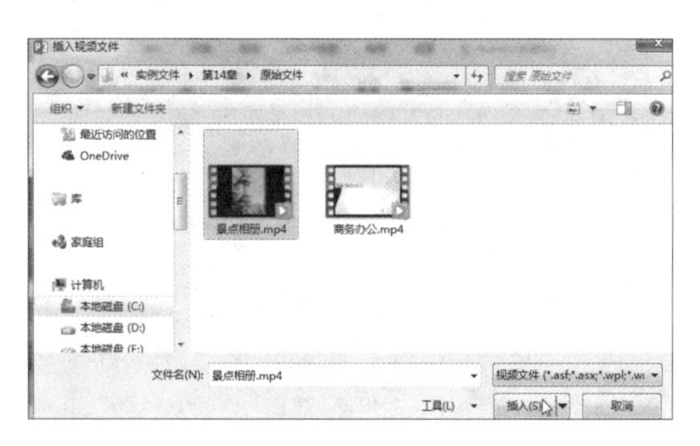

步骤04 查看插入的视频

此时在第 1 张幻灯片中插入了所选的视频文件，如下图所示。

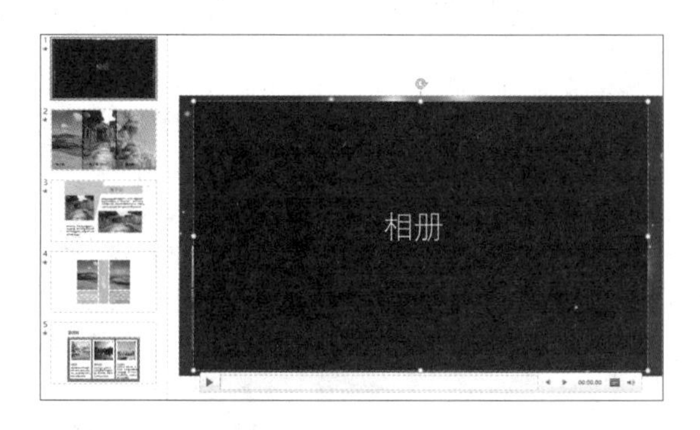

步骤05 设置视频大小

切换至“视频工具 - 格式”选项卡下，在“大小”组中“宽度”右侧的数值框中输入视频宽度值，这里输入“15 厘米”，然后按下【Enter】键，如下图所示。

步骤06 设置标牌框架

单击“视频工具 - 格式”选项卡下“调整”组中的“标牌框架”按钮，在展开的下拉列表中单击“文件中的图像”选项，如下图所示。

步骤07 选择图片来源

弹出“插入图片”面板，单击“来自文件”右侧的“浏览”按钮，如下左图所示。

步骤08 选择图片

弹出“插入图片”对话框，在地址栏中选择图片的保存位置，然后选中需要插入的图片，这里选择“马尔代夫 .jpg”，选定后单击“插入”按钮，如下右图所示。

步骤09　显示更改标牌框架后的效果

此时视频画面中的图像显示为所设置的图片，效果如下图所示。

步骤11　调整视频的亮度和对比度

单击“视频工具 - 格式”选项卡下“调整”组中的“更正”按钮，然后在展开的下拉列表中选择“亮度：-20% 对比度：0%（正常）”，如下图所示。

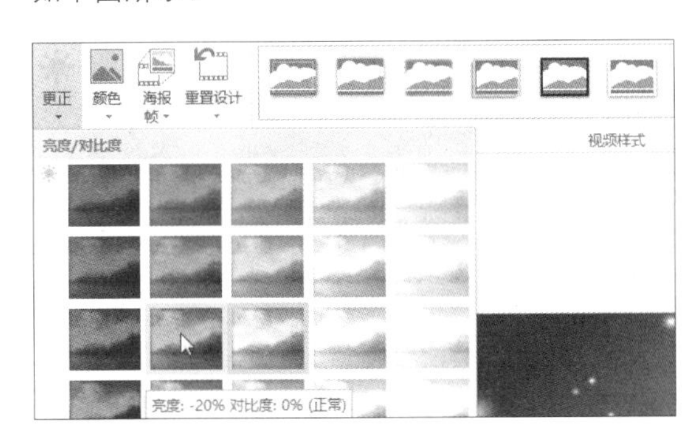

步骤10　移动视频

选中视频文件，将鼠标指针移至视频文件上方，待鼠标指针呈十字箭头形时，按住鼠标左键，拖动视频文件至合适位置，如下图所示。

步骤12　设置视频样式

单击“视频工具 - 格式”选项卡下“视频样式”组的快翻按钮，在展开的库中选择如下图所示的样式。

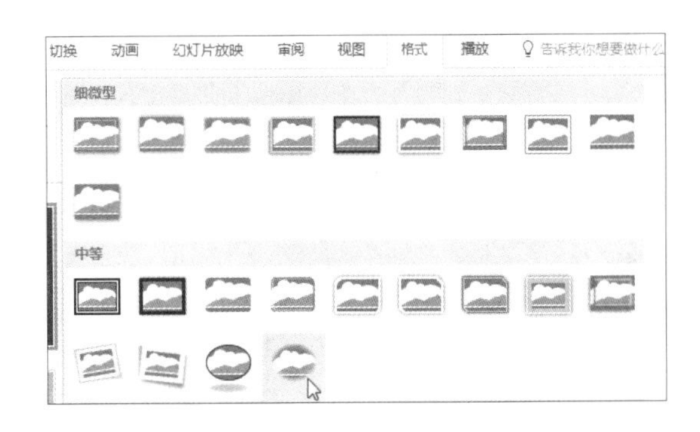

步骤13　剪裁视频

切换至“视频工具 - 播放”选项卡下，单击“编辑”组中的“剪裁视频”按钮，如下左图所示。

步骤14　裁剪视频开始部分

弹出“剪裁视频”对话框，向右拖动左侧的绿色滑块，如下右图所示，设置视频从指定时间点开始播放。

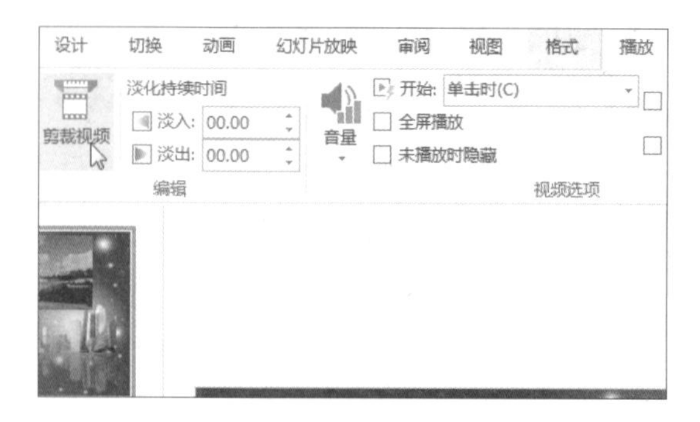

步骤15 剪裁视频结束部分

向左拖动右侧的红色滑块，设置视频的结束时间，如下图所示。

步骤17 播放视频

在幻灯片中单击选中视频图标，在视频图标下方显示出的播放控制条上单击“播放/暂停”按钮，如下图所示。

步骤16 控制视频播放

在“视频工具-播放”选项卡下的“视频选项”组中设置开始方式为“自动”，勾选“全屏播放”“未播放时隐藏”复选框，然后单击“音量”按钮，在展开的下拉列表中单击“中”选项，如下图所示。

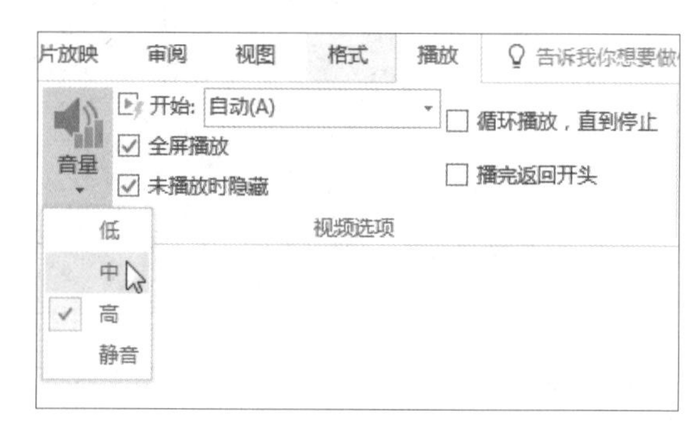

步骤18 选择添加超链接的对象

切换至第2张幻灯片，然后选择幻灯片中的“海子山”文本，如下图所示。

步骤19 单击“超链接”按钮

单击“插入”选项卡下“链接”组中的“超链接”按钮，如下左图所示。

步骤20 选择超链接

弹出“插入超链接”对话框，单击左侧列表框中的“本文档中的位置”按钮，然后在“请选择文档中的位置”列表框中选择链接的位置，如选择“幻灯片3”，在右侧列表框中可预览选择的位置，选定后单击“确定”按钮，如下右图所示。

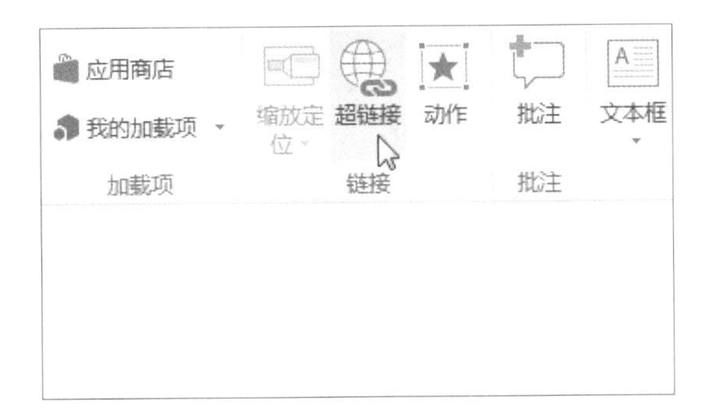

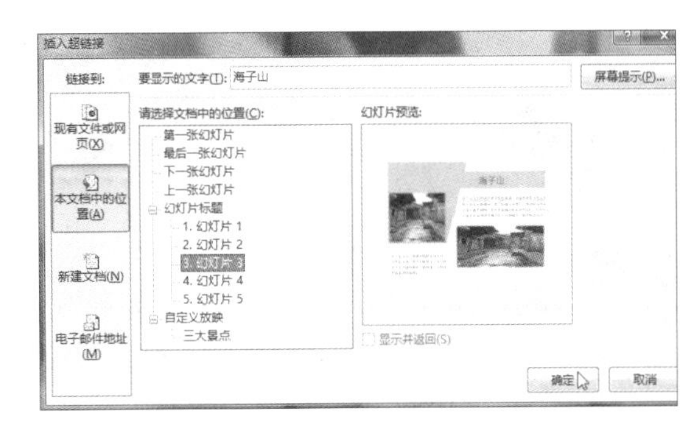

步骤21　查看添加超链接后的效果

此时可以看到幻灯片中设置了超链接的文本字体颜色变为蓝色，且下方出现蓝色下划线，单击该文本外任何位置，可取消文本选中状态，如下图所示。

步骤22　为其他对象添加超链接

使用同样的方法，为该幻灯片中的“红土地”文本添加超链接至第 4 张幻灯片，为“额济纳”文本添加超链接至第 5 张幻灯片，添加超链接后的文本最终效果如下图所示。

步骤23　放映幻灯片

单击“幻灯片放映”选项卡下“开始放映幻灯片”组中的“从当前幻灯片开始”按钮，如下图所示。

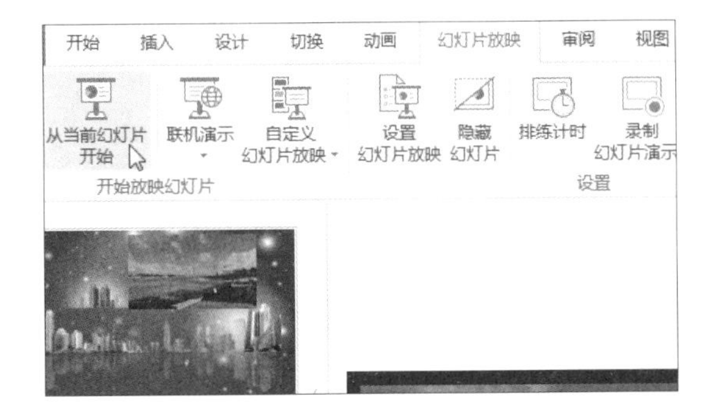

步骤24　单击超链接文本

幻灯片从当前页开始放映，单击“额济纳”超链接，如下图所示。

步骤25　实现跳转

单击“额济纳”后立即跳转到所设置的链接位置，如右图所示。

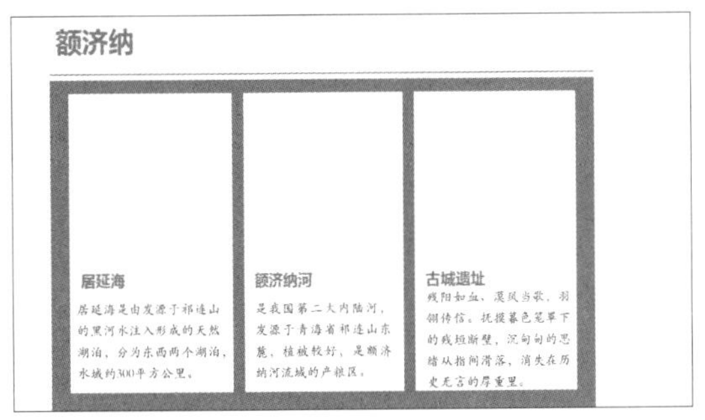

第15章 让幻灯片动起来

在 PowerPoint 2016 中，用户可以为演示文稿中的文本和对象添加特殊的视觉或声音效果，如使文字“飞”入演示文稿，或在切换幻灯片时选择不同的方式等。PowerPoint 2016 提供了丰富的动画效果，用户可以设置幻灯片切换动画和对象的自定动画。本章将介绍为幻灯片中的对象设置动画及为幻灯片设置切换动画的方法。

15.1 为幻灯片中的对象添加动画效果

所谓动画效果，就是在放映幻灯片时，幻灯片中的各个主要对象不是一次全部显示，而是按照某种规律，以动画的方式逐个显示。一张幻灯片通常由文本框、艺术字、图片等元素组成，这些元素都可以设置不同的动画效果。PowerPoint 2016 为用户提供了两种设置动画效果的方式：预设动画和自定义动画，本节分别介绍这两种动画效果。

15.1.1 为对象添加预设动画

预设动画方案就是一组预定义的动画效果。PowerPoint 2016 提供了多种自带的动画方案，用户可以将其应用于幻灯片中的对象。使用预定义的动画方案的具体方法如下。

原始文件：下载资源\实例文件\第15章\原始文件\添加动画.pptx
最终文件：下载资源\实例文件\第15章\最终文件\添加预设动画.pptx

步骤01 选中目标图片

打开原始文件，切换至第 2 张幻灯片，然后在幻灯片窗格中选中需要添加动画的图片，如下图所示。

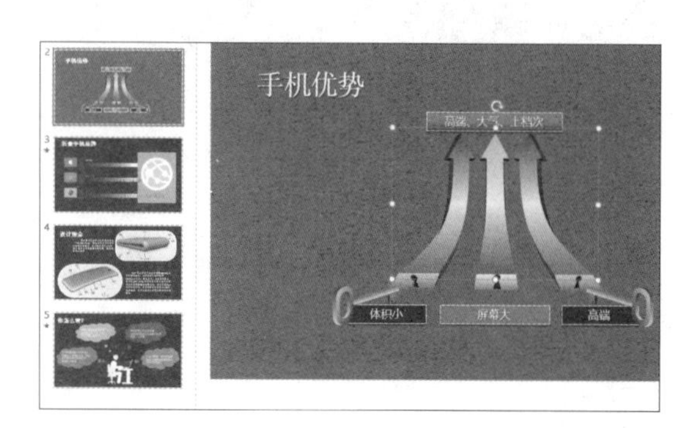

步骤02 选择预设动画效果

切换至“动画”选项卡下，在“动画”组中选择需要的动画效果，这里选择“擦除”，如下图所示。若显示的“动画”库中没有合适的效果，单击右下角的快翻按钮，将展开更多的动画效果供用户选择。

步骤03　单击"预览"按钮

设置动画效果后，单击"动画"选项卡下"预览"组中的"预览"按钮，如下图所示。

步骤02　预览动画效果

此时可看到所选图片以预设的"擦除"动画方式展现，如下图所示。

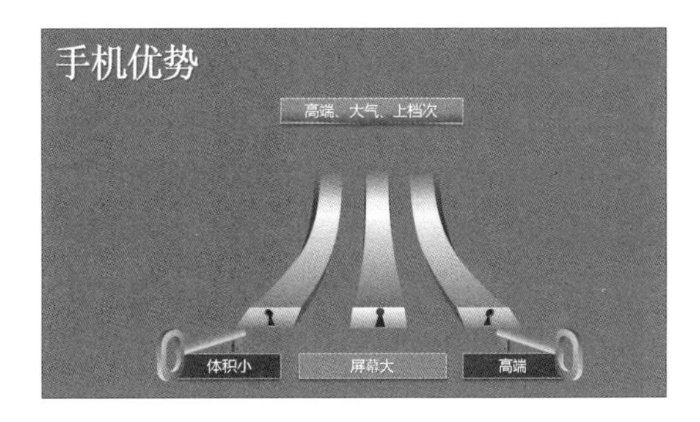

15.1.2　为对象添加自定义动画

用户如果对系统预定义的动画方案不满意，可以自定义动画，即为对象设置进入、退出、强调效果或动作路径等。具体操作如下。

1 设置对象的进入效果

对象的进入效果是指幻灯片放映过程中对象进入放映界面时的动画效果。在 PowerPoint 2016 中设置对象的进入效果的具体操作如下。

原始文件： 下载资源\实例文件\第15章\原始文件\添加动画.pptx
最终文件： 下载资源\实例文件\第15章\最终文件\添加自定义进入动画.pptx

步骤01　选择要添加动画的对象

打开原始文件，在第 1 张幻灯片中单击需要添加动画的图片，如下图所示。

步骤02　展开"动画"库

切换至"动画"选项卡下，单击"动画"库的快翻按钮，如下图所示。

步骤03　单击"更多进入效果"选项

在展开的库中包含 4 类预设动画，单击可选择添加对应的动画效果，这里单击"更多进入效果"选项，自定义图片的进入动画效果，如下左图所示。

步骤04　选择进入效果

弹出"更改进入效果"对话框，在该对话框中有"基本型""细微型""温和型"和"华丽型"四种类型的进入动画效果，这里选择"基本型"选项组中的"圆形扩展"动画效果，勾选"预览效果"复选框，选定后单击"确定"按钮，如下右图所示。

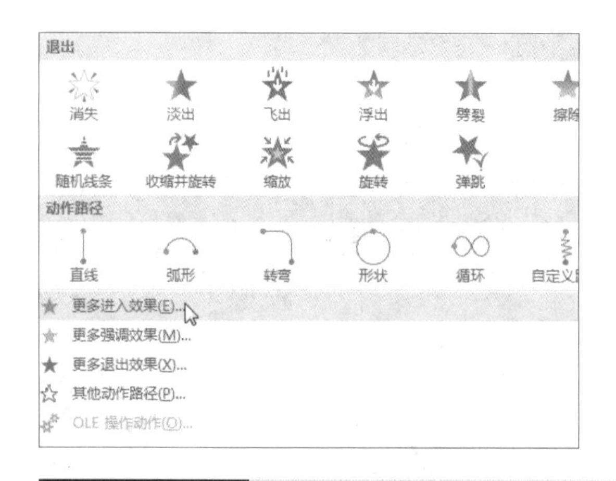

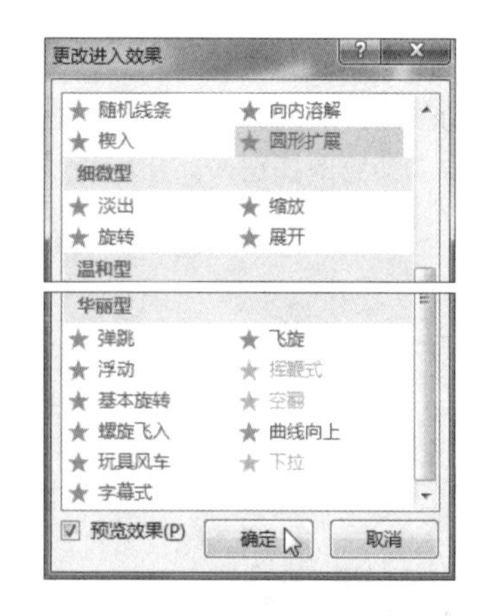

知识补充　选择动画效果后预览效果

在“更改进入效果”对话框中若勾选“预览效果”复选框，则当用户选择一种动画效果后，在幻灯片中可预览其效果；若取消勾选“预览效果”复选框，则选择一种动画效果后不能预览其效果。

步骤05　启动“圆形扩展”对话框

对于一些动画，用户可以修改它们的参数，可修改的参数种类依据所选择的动画效果的不同而不同。首先单击“动画”选项卡下“动画”组的对话框启动器，如下图所示。

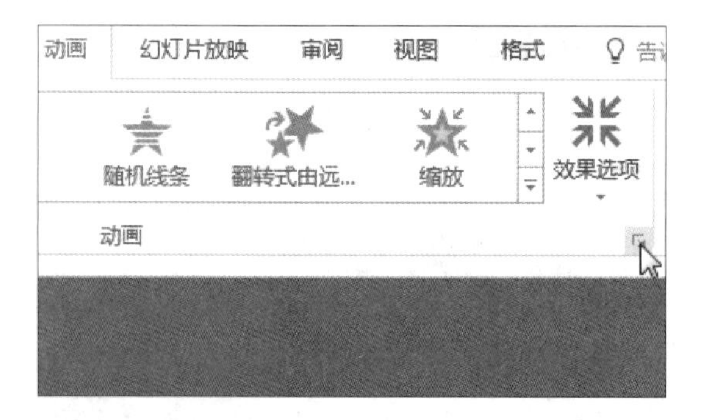

步骤06　设置圆形扩展方向

弹出“圆形扩展”对话框，在“效果”选项卡下单击“方向”下拉列表框右侧的下三角按钮，在展开的下拉列表中单击“切出”选项，如下图所示。

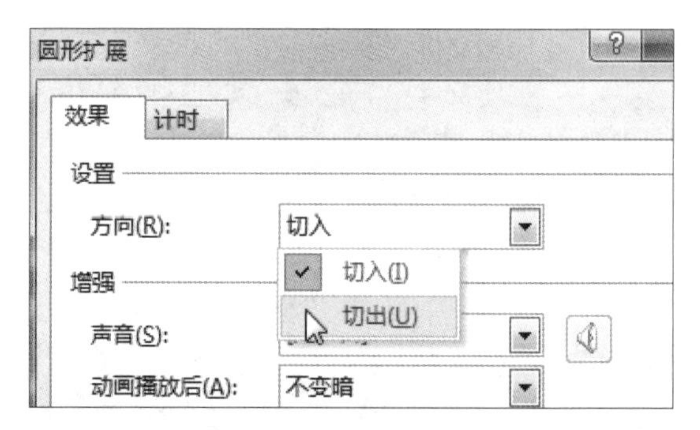

步骤07　设置动画声音

继续为该对象的动画添加效果，如设置“声音”为“疾驰”，然后单击其右侧的喇叭按钮，再按住鼠标左键，拖动音量调节滑块调节声音大小，如下图所示。

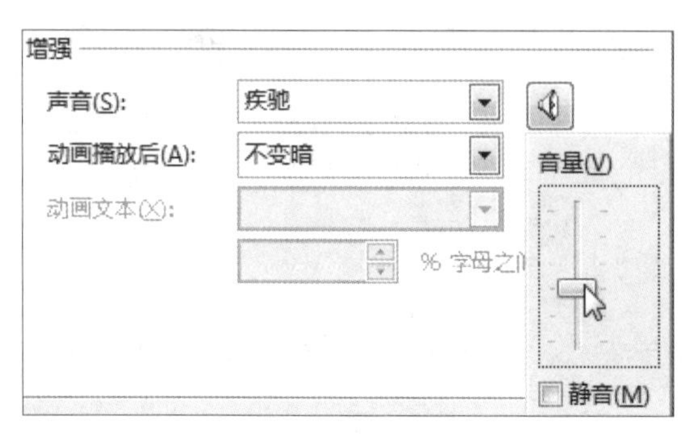

步骤08　设置动画播放后的效果

单击“动画播放后”下拉列表框右侧的下三角按钮，在展开的下拉列表中单击“播放动画后隐藏”选项，如下图所示。

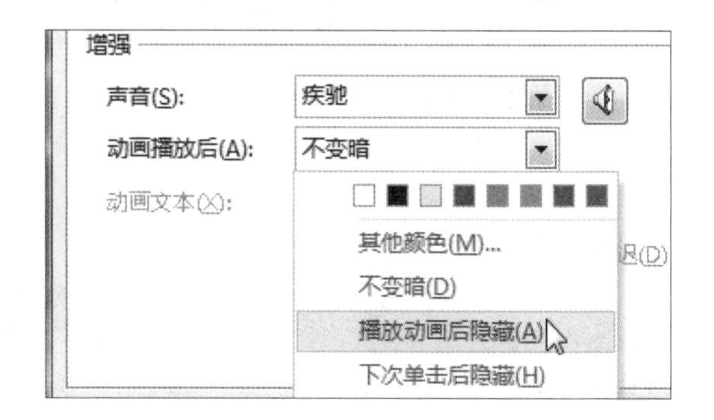

知识补充　自定义动画播放声音

除内置的声音外，用户也可以在“声音”下拉列表中单击“其他声音”选项，然后在出现的“添加音频”对话框中指定其他声音文件。

步骤09　确认对圆形扩展效果的设置

此时在“圆形扩展”对话框中，“声音”“动画播放后”的下拉列表框中都显示了所选的效果，确认无误后单击“确定”按钮，如下图所示。

步骤10　预览圆形扩展动画效果

单击“动画”选项卡下“预览”组的“预览”按钮，可看到自定义的圆形扩展动画效果，如下图所示。

2 添加强调动画效果

除了设置对象的进入效果外，用户还可以设置对象的强调效果来增强对象的表现力。具体操作步骤如下。

原始文件：下载资源\实例文件\第15章\原始文件\添加自定义进入动画.pptx
最终文件：下载资源\实例文件\第15章\最终文件\添加自定义强调效果.pptx

步骤01　选择需要添加动画的对象

打开原始文件，切换至第 4 张幻灯片，然后在幻灯片中选中第一段文字，如下图所示。

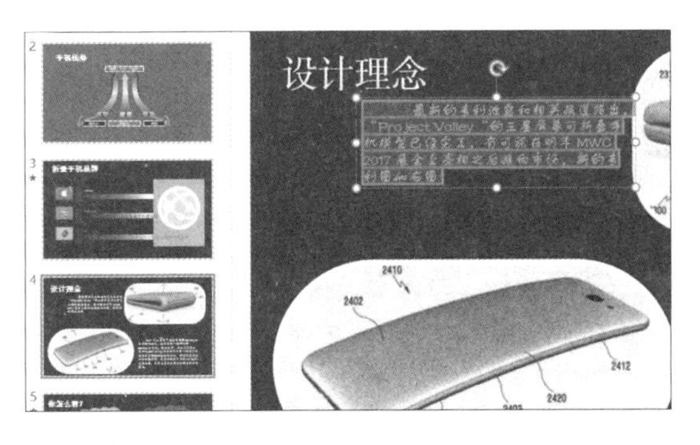

步骤02　单击“添加动画”按钮

切换至“动画”选项卡下，单击“高级动画”组中的“添加动画”按钮，如下图所示。

步骤03　单击“更多强调效果”选项

在展开的下拉列表中单击“更多强调效果”选项，如下左图所示。

步骤04　选择强调效果

弹出“添加强调效果”对话框，选择“细微型”组中的“对象颜色”，勾选“预览效果”复选框可对选择的动画效果进行预览，然后单击“确定”按钮，如下右图所示。

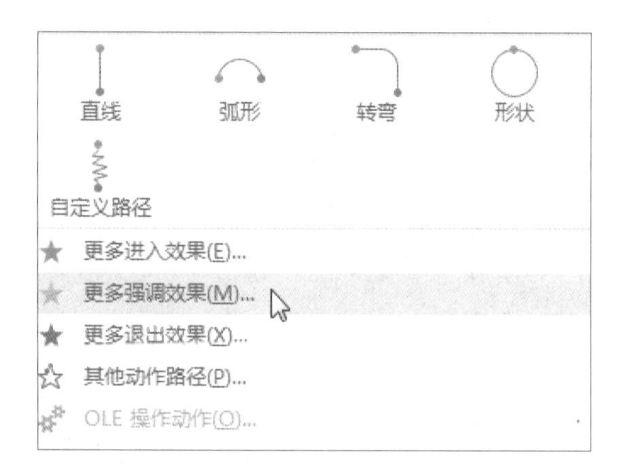

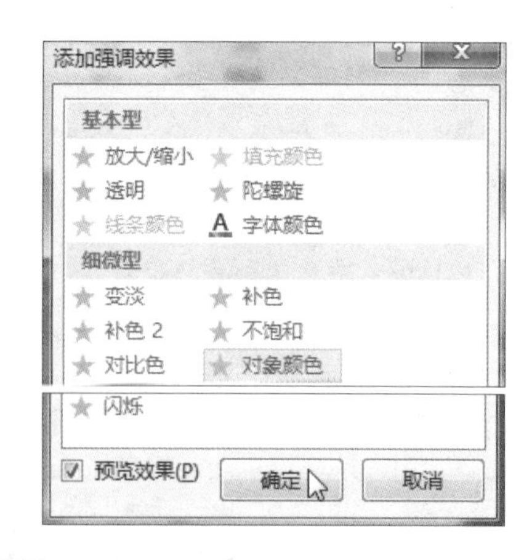

步骤05 设置强调文字的颜色

单击“动画”组中的“效果选项”按钮，在展开的颜色库中选择需要强调的文字的颜色，如下图所示。

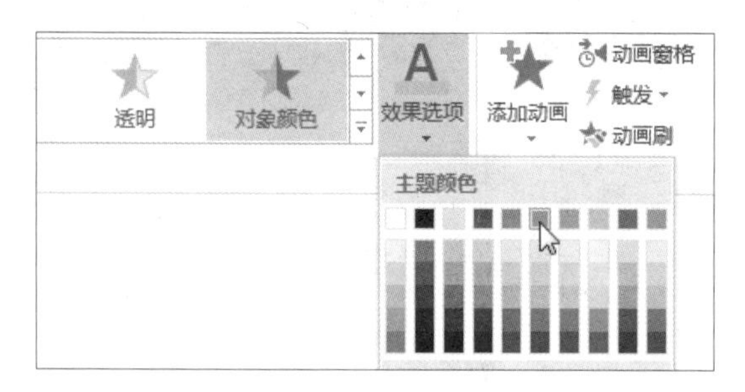

步骤06 预览强调动画效果

单击“预览”组中的“预览”按钮，此时可看到幻灯片中添加强调效果的文字效果如下图所示。

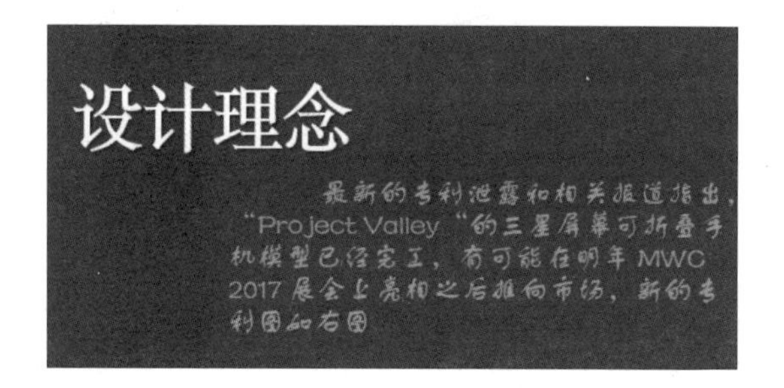

3 设置对象的退出效果

相对于设置对象的进入效果，同样可以为对象设置退出放映界面的动画，具体操作步骤如下。

原始文件： 下载资源\实例文件\第15章\原始文件\添加自定义进入动画.pptx
最终文件： 下载资源\实例文件\第15章\最终文件\添加自定义退出动画.pptx

步骤01 选择需要添加退出效果的对象

打开原始文件，切换至第 5 张幻灯片，按住【Ctrl】键，选中幻灯片中的 4 张云形图片，如下图所示。

步骤02 单击“更多退出效果”选项

单击“动画”选项卡下“高级动画”组中的“添加动画”按钮，在展开的下拉列表中单击“更多退出效果”选项，如下图所示。

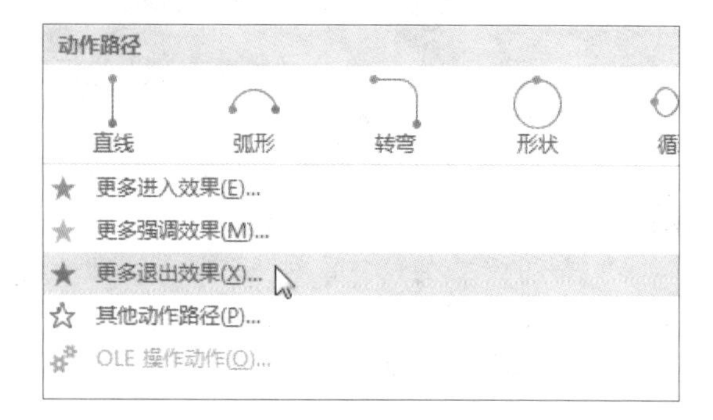

步骤03　选择退出效果

弹出“添加退出效果”对话框，选中“挥鞭式”效果选项，并勾选“预览效果”复选框，最后单击“确定”按钮，如下左图所示。

步骤04　预览退出效果

此时可预览为所选对象添加的退出效果，如下右图所示。

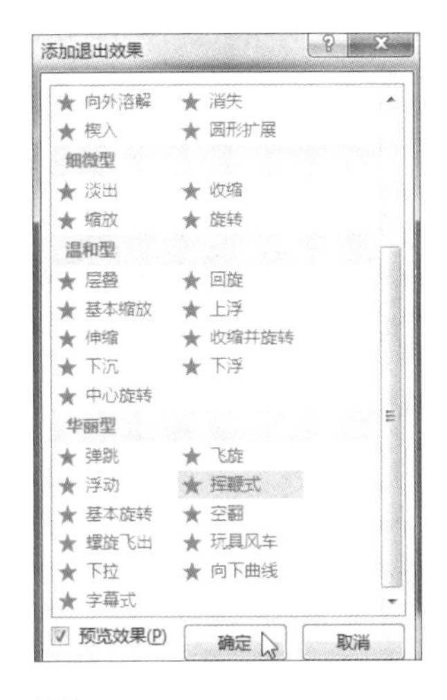

4 设置对象的动作路径

用户还可以设置对象的动作路径，让对象沿着特定形状的轨迹运动，具体操作步骤如下。

原始文件： 下载资源\实例文件\第15章\原始文件\添加动画.pptx

最终文件： 下载资源\实例文件\第15章\最终文件\添加动作路径.pptx

步骤01　选择添加动作路径的对象

打开原始文件，切换至第 4 张幻灯片，选择如下图所示的图片。

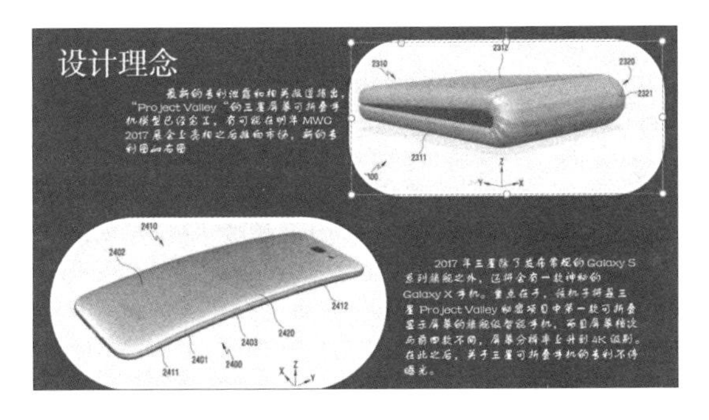

步骤02　单击“其他动作路径”选项

单击“动画”选项卡下“高级动画”组中的“添加动画”按钮，在展开的下拉列表中单击“其他动作路径”选项，如下图所示。

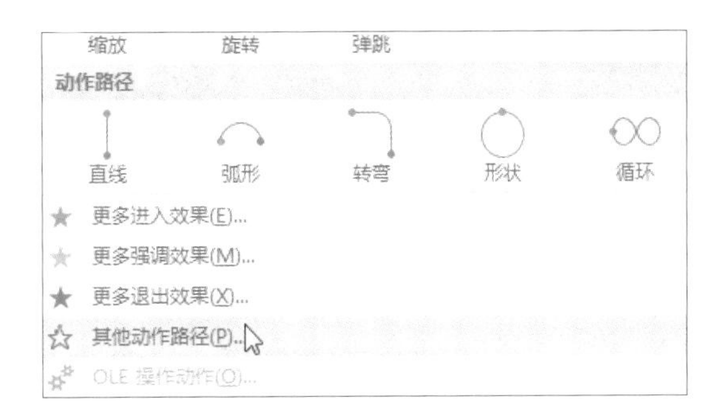

步骤03　选择动作路径

弹出“添加动作路径”对话框，选择“基本”组中的“泪滴形”，然后单击“确定”按钮，如下左图所示。

步骤04　显示添加的泪滴形动作路径

返回幻灯片中，此时在图片上显示出了一个泪滴形的形状，如下右图所示。

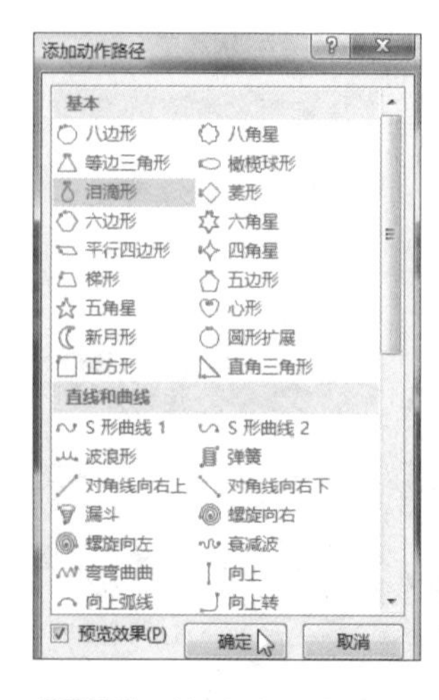

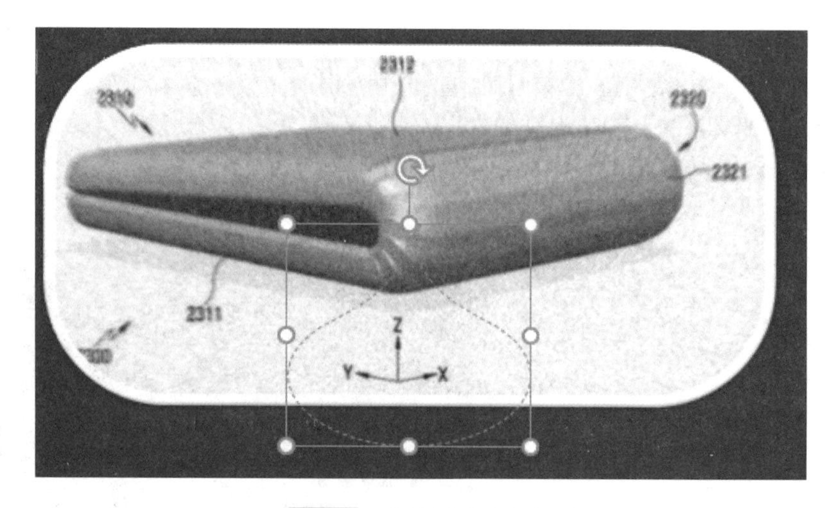

步骤05　修改动作路径

在添加的泪滴形动作路径周围有 8 个控点，按住鼠标左键向下拖动下边框中间的控点，如下图所示。

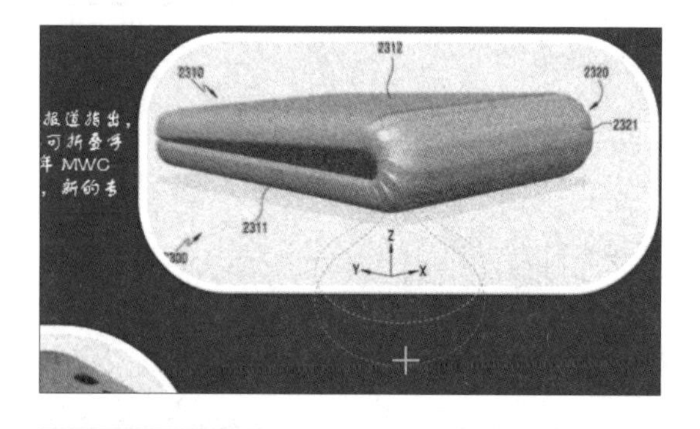

步骤06　预览动作路径效果

单击“动画”选项卡下“预览”组中的“预览”按钮，在展开的下拉列表中单击“预览”选项，此时可以看到图片按照“泪滴形”进行移动，效果如下图所示。

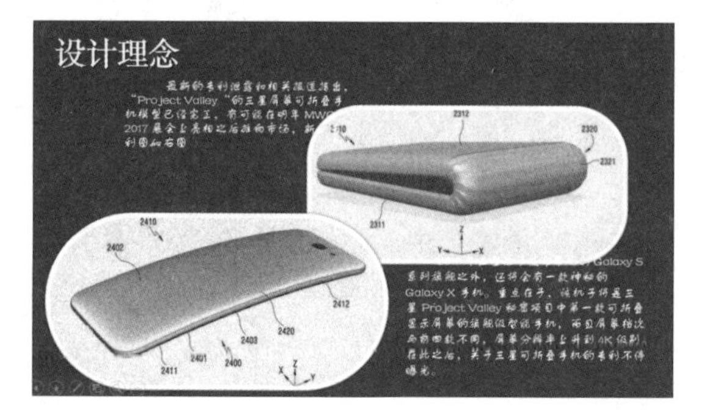

知识补充　为同一对象添加多个动画效果

幻灯片中的每个对象都可以有多种动画效果，因此可以重复以上步骤，为一个对象设置多种动画效果。

15.2 设置动画的播放

当为对象添加了动画效果后，默认情况下动画开始播放的方式为“单击时”，即放映幻灯片时单击任意空白处，即可触发播放动画。用户若设置了其他播放方式，则需要设置动画的各种时间参数，包括持续时间和延迟时间。

15.2.1 设置动画的开始方式

为对象添加的动画效果默认情况下的开始播放方式为“单击时”，若用户想自动播放动画，则可以设置其他开始方式，例如“与上一动画同时”或“上一动画之后”。

原始文件： 下载资源\实例文件\第15章\原始文件\播放动画.pptx
最终文件： 下载资源\实例文件\第15章\最终文件\动画开始方式.pptx

步骤01　选择要设置开始方式的对象

打开原始文件，切换至第 3 张幻灯片，选择要设置开始方式的对象，例如选择如下图所示的图片。

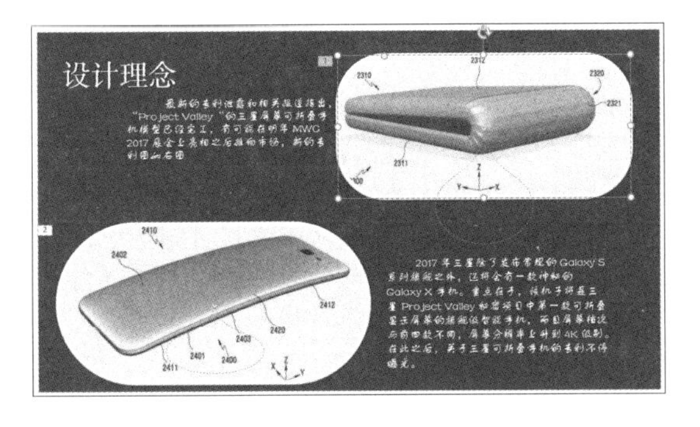

步骤02　选择开始方式

在“动画”选项卡下单击“计时”组中“开始”下拉列表框右侧的下三角按钮，在展开的下拉列表中选择开始方式，例如选择“上一动画之后”选项，如下图所示。

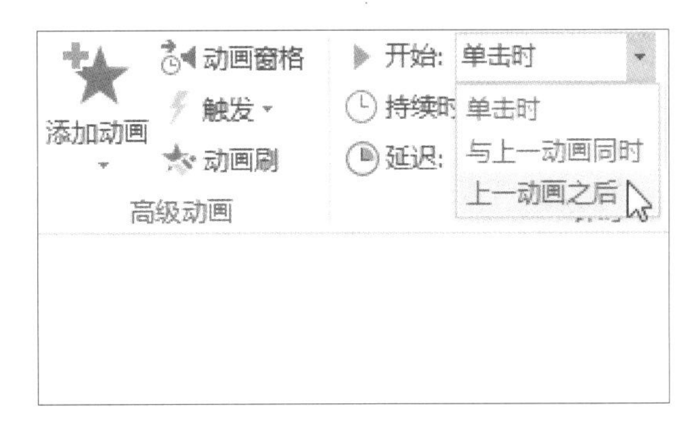

步骤03　为其他对象选择动画开始播放的方式

选择幻灯片中的另一图片，在“动画”选项卡下单击“计时”组中“开始”下拉列表框右侧的下三角按钮，在展开的下拉列表中将该对象的动画播放开始方式设置为“与上一动画同时”，如下图所示。

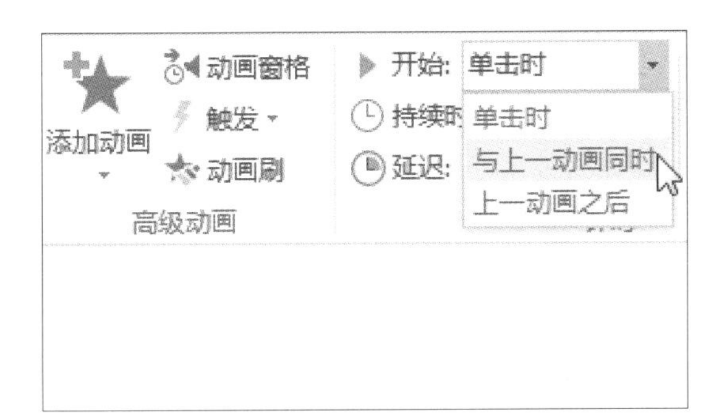

步骤04　同时播放动画

单击状态栏中的“幻灯片放映”按钮，此时系统将自动并同时开始播放幻灯片中两张图片的动画，效果如下图所示。

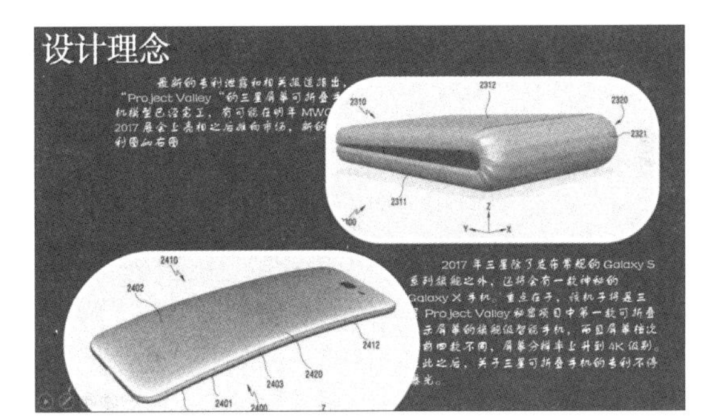

15.2.2　设置动画的持续时间

动画的播放速度过慢或过快都影响观看，用户可根据自己或者观众的需求指定动画的长度。

原始文件：下载资源\实例文件\第15章\原始文件\动画开始方式.pptx

最终文件：下载资源\实例文件\第15章\最终文件\动画持续时间.pptx

步骤01　选择要设置持续时间的对象

打开原始文件，切换至第 2 张幻灯片，选中幻灯片中需要为其动画设置持续时间的对象，如下左图所示。

步骤02　输入持续时间

在“动画”选项卡下的“计时”组中单击“持续时间”数值框中的数字调节按钮，或直接在数值框中输入动画播放的时间，时间越长，播放速度相对越慢，反之越快。这里设置其持续时间为“02.00”，即 2 秒钟，如下右图所示。设置完毕后，用户可以单击状态栏中的“幻灯片放映”按钮进入放映模式，此时可以看到图片的动画播放速度明显慢了很多。

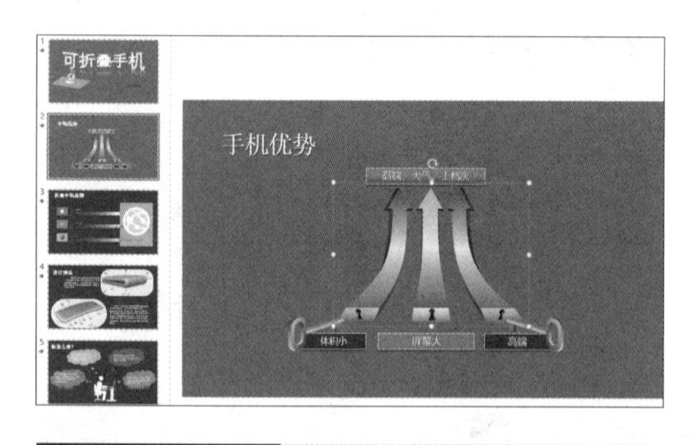

知识补充　在“动画窗格”任务窗格中选择持续时间

用户还可以打开“动画窗格”任务窗格，然后单击要设置动画持续时间对象右侧的下三角按钮，在展开的下拉列表中单击“计时”选项，在弹出的对话框中的“计时”选项卡下，从“期间”下拉列表中选择系统预设的持续时间。

15.2.3　设置动画的延迟时间

默认情况下，动画在满足设定的条件时会立即开始播放，如果需要经过几秒后再开始播放动画，可以设置动画的延迟时间。在“动画”选项卡下的“计时”组中可以设置延迟时间，本小节将介绍另外一种方式——在对话框中设置延迟时间。

原始文件：下载资源\实例文件\第15章\原始文件\动画持续时间.pptx
最终文件：下载资源\实例文件\第15章\最终文件\动画延迟时间.pptx

步骤01　单击“动画窗格”按钮

打开原始文件，切换至第 2 张幻灯片中，单击“动画”选项卡下“高级动画”组中的“动画窗格”按钮，如下左图所示。

步骤02　单击“计时”选项

弹出“动画窗格”任务窗格，单击需要设置延迟时间对象右侧的下三角按钮，这里单击“组合 13”右侧的下三角按钮，从展开的下拉列表中单击“计时”选项，如下中图所示。

步骤03　输入延迟时间

弹出“擦除”对话框，切换至“计时”选项卡下，在“延迟”数值框中输入“1”，表示经过 1 秒后播放该动画，如下右图所示。

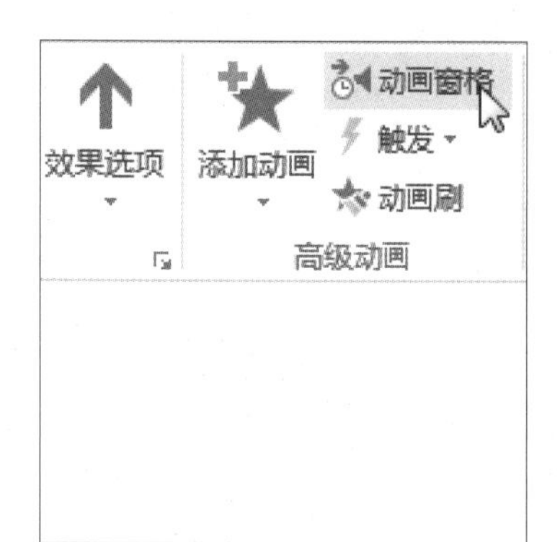

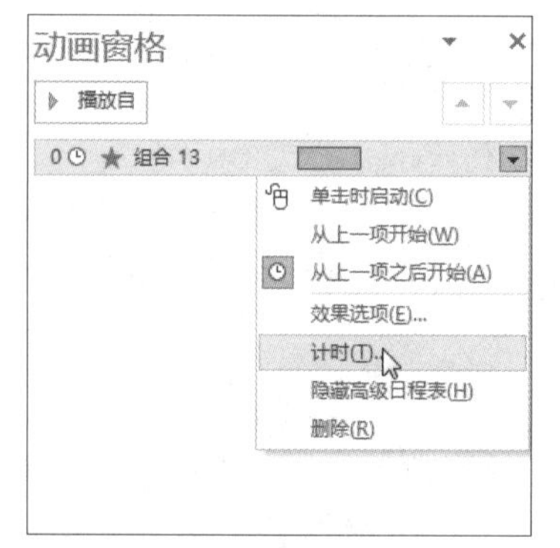

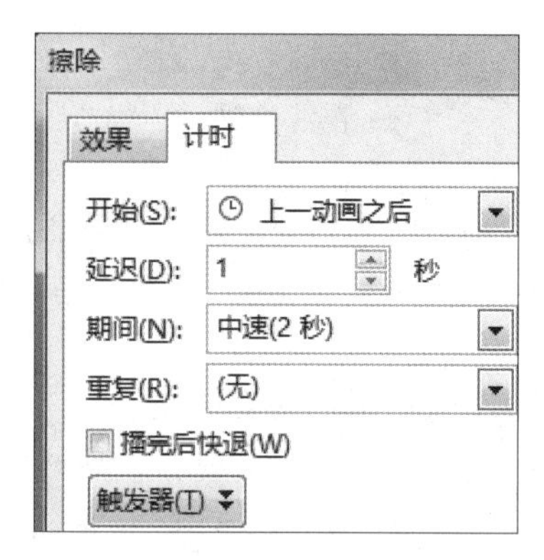

步骤04　单击"播放自"按钮

单击"确定"按钮，返回"动画窗格"任务窗格中，然后单击"播放自"按钮，从"动画窗格"中可以看到"组合 13"开始播放的时间延迟了 1 秒，播放时间为 2 秒，如下图所示。

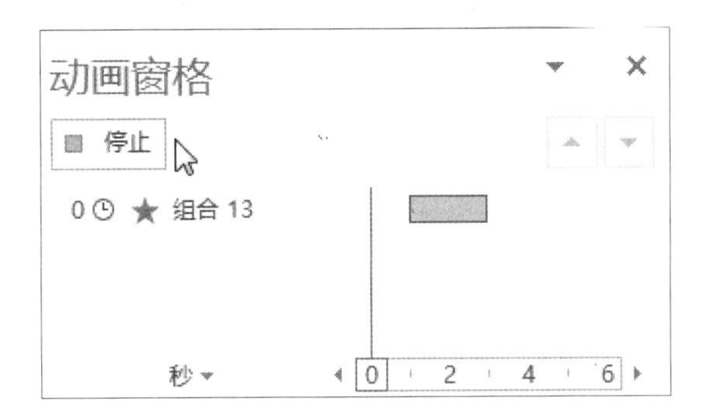

步骤05　播放时延迟的效果

用户预览动画效果时还可以发现，在动画播放之前有停顿时间，播放效果如下图所示。

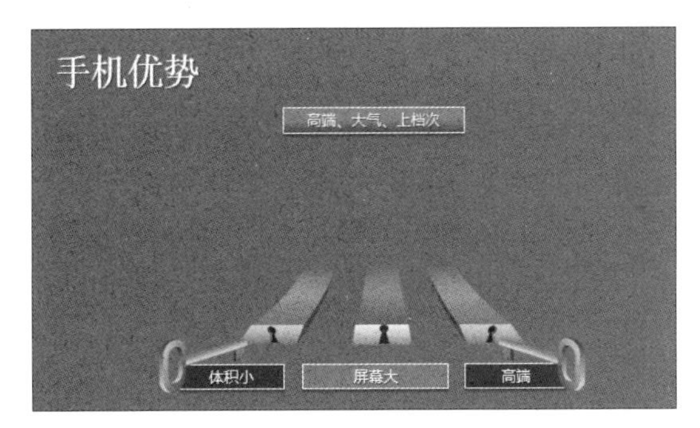

知识补充　设置动画播放的重复次数

有时为了强调幻灯片中的某个对象，不仅可以为其设置强调动画，还可以使其动画重复播放，用户可以根据自己的需要设置动画播放的重复次数。在弹出的相应动画的对话框中，切换至"计时"选项卡下，单击"重复"下拉列表框右侧的下三角按钮，从展开的下拉列表中选择要重复播放的次数即可。

15.2.4　设置动画的播放顺序

当用户为一张幻灯片中的多个对象设置了动画效果后，在幻灯片中可以看到每个对象旁边都会出现一个动画编号，该编号表明了动画播放的先后顺序。如果用户不想按照该顺序播放动画，可按照以下两种方法对动画的播放顺序进行重新排序。

1　使用功能区命令对多个动画进行排序

原始文件：下载资源\实例文件\第15章\原始文件\播放顺序.pptx
最终文件：下载资源\实例文件\第15章\最终文件\重新排序动画.pptx

步骤01　选择要排序的对象

打开原始文件，对于添加了多个动画的对象，单击对象右侧的动画编号即可选择添加该动画的对象，这里单击第 5 张幻灯片中的动画编号"3"，如下图所示。

步骤02　选择移动方向

在"动画"选项卡下的"计时"组中选择将该对象的动画"向前移动"还是"向后移动"，这里单击"向前移动"按钮，如下图所示。

步骤03 查看移动后的动画编号的变化

此时，刚刚选择的动画编号变为了“2”，原来的“2”变为了“3”，如下图所示。

步骤04 预览动画

预览动画时，发现云形出现的顺序发生了变化，如下图所示。

知识补充　连续移动

若一张幻灯片中设置了动画的对象较多，想将某个对象的动画移动到后面或前面，可连续单击“向后移动”或“向前移动”按钮，单击一次就向后或向前移动一个位置。

2 使用“动画窗格”任务窗格对多个动画进行排序

原始文件： 下载资源\实例文件\第15章\原始文件\播放顺序.pptx

最终文件： 下载资源\实例文件\第15章\最终文件\重新排序动画2.pptx

步骤01 单击“动画窗格”按钮

打开原始文件，切换至第5张幻灯片，单击“动画”选项卡下“高级动画”组中的“动画窗格”按钮，如下左图所示。

步骤02 移动对象动画

弹出“动画窗格”任务窗格，在下方的列表框中选择要改变动画顺序的对象，这里选择“Cloud Callout9”，然后单击▲按钮，如下中图所示。

步骤03 显示移动顺序后的效果

此时，在“动画窗格”中可以看到“Cloud Callout9”对象的动画上移了一位，如下右图所示。

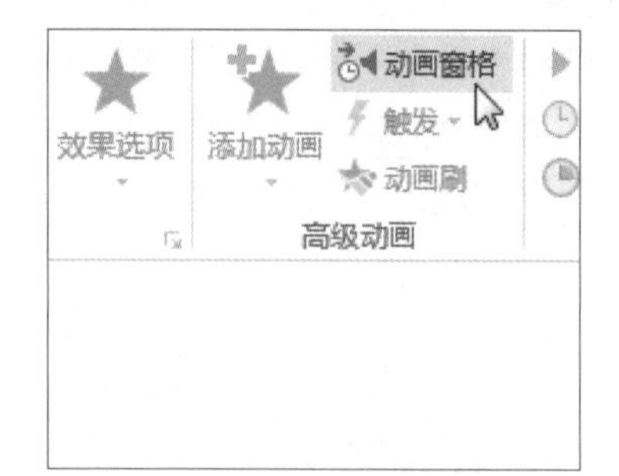

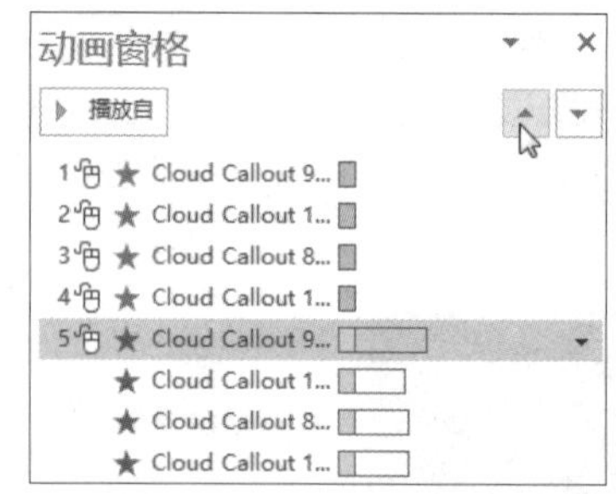

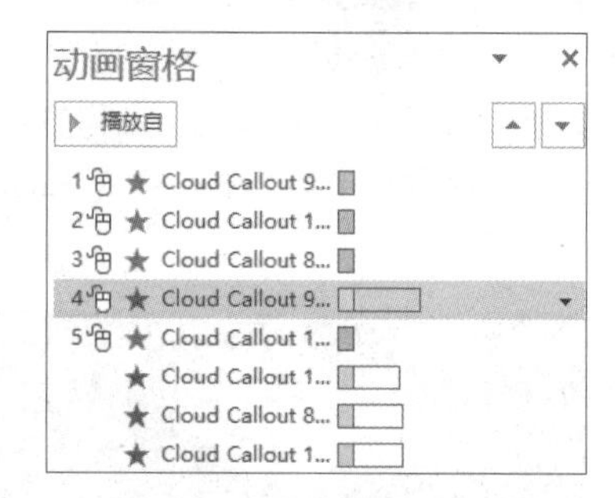

步骤04 移动其他对象动画

选择“Cloud Callout8”对象，单击▼按钮，如下左图所示，将“Cloud Callout8”的动画下移到第4位。

步骤05 查看幻灯片中对象的动画排序情况

此时在幻灯片中可以看到重新排序后每个对象旁的动画编号，效果如下右图所示。

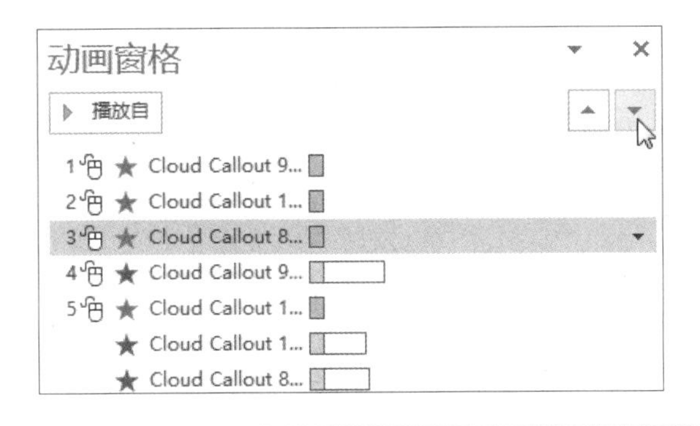

15.3 为幻灯片添加预设切换效果

幻灯片切换效果是指一张幻灯片如何从屏幕上消失、下一张幻灯片如何显示在屏幕上。用户可以设置幻灯片的切换效果，使幻灯片以多种不同的方式出现在屏幕上，并且可以在切换时播放声音。

15.3.1　使用三维图形效果进行切换

PowerPoint 2016 为用户提供了一组预设的切换效果，从“切换到此幻灯片”库中选择要套用的切换效果并单击即可。用户可以为一组幻灯片设置同一种切换方式，也可以为每张幻灯片设置不同的切换方式。

原始文件：下载资源\实例文件\第15章\原始文件\资优民品.pptx

最终文件：下载资源\实例文件\第15章\最终文件\选择切换效果.pptx

步骤01　展开“切换到此幻灯片”库

打开原始文件，选择要设置切换效果的幻灯片，这里切换至第 1 张幻灯片，切换至“切换”选项卡下，单击“切换到此幻灯片”组中的快翻按钮，如下图所示。

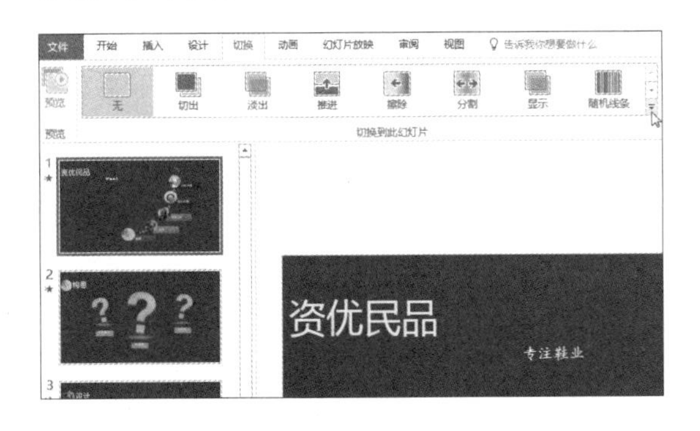

步骤02　选择切换效果

在展开的库中显示了系统预设的三类切换效果：细微型、华丽型和动态内容。选择要套用的切换效果单击即可。这里单击“华丽型”选项组中的“立方体”样式，如下图所示。

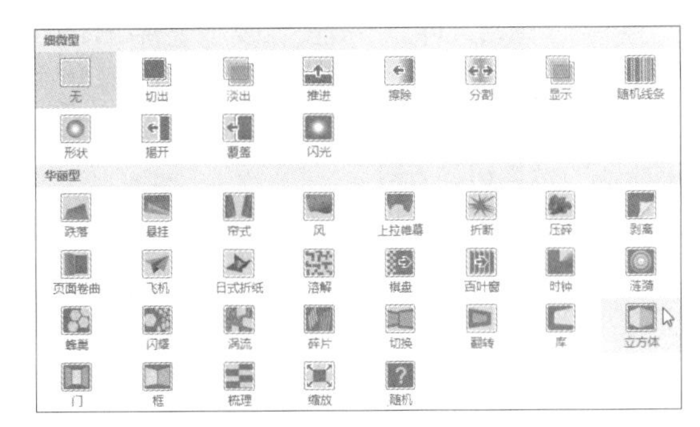

步骤03　预览切换效果

为第 1 张幻灯片选择了切换效果后，可预览其效果。单击“切换”选项卡下“预览”组中的“预览”按钮，如下左图所示。

步骤04　显示选择的切换效果

此时，第 1 张幻灯片开始播放“立方体”切换样式，效果如下右图所示。按照上述的方法，可以为其他幻灯片选择不同的切换方式。

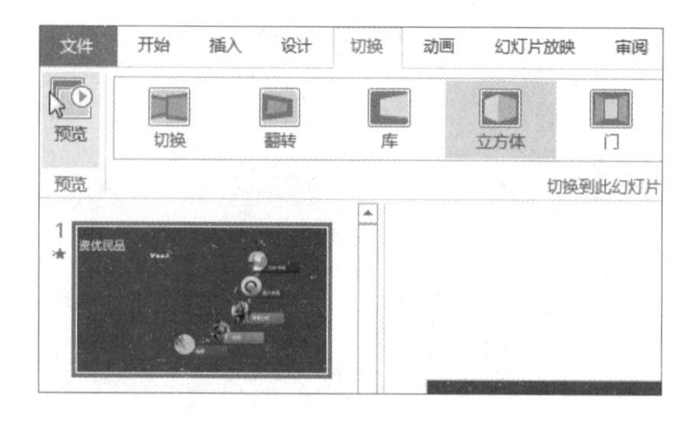

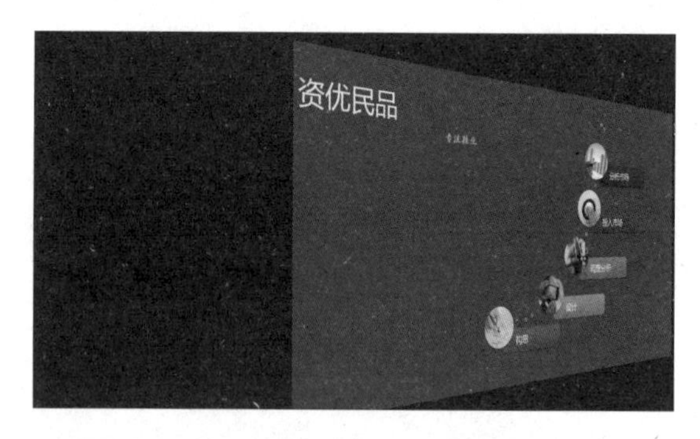

步骤05　选择要设置切换效果的多张幻灯片

若用户想一次性为多张幻灯片设置同一种切换效果，可按住【Ctrl】键，同时在幻灯片浏览窗格中选择需要设置切换效果的幻灯片，这里选择第 3 ～ 6 张幻灯片，如下图所示。

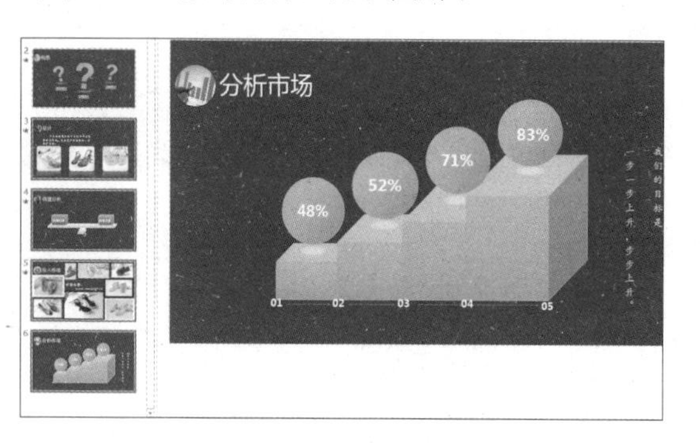

步骤06　为多张幻灯片选择切换效果

单击“切换”选项卡下“切换到此幻灯片”组中的快翻按钮，从展开的库选择“动态内容”选项组中的“传送带”样式，如下图所示。

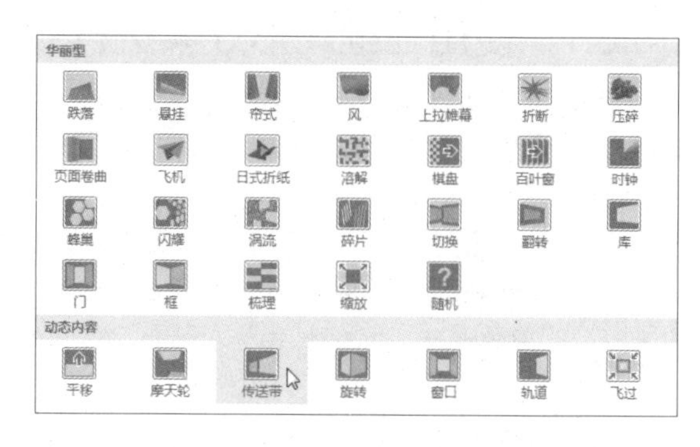

15.3.2　设置幻灯片的切换方向

为幻灯片选择了切换效果后，还可以为不同的切换效果选择切换方向。下面就根据上一小节所选择的切换效果，为第 1 张幻灯片中的“立方体”切换效果选择切换方向。

原始文件：下载资源\实例文件\第15章\原始文件\选择切换效果.pptx

最终文件：下载资源\实例文件\第15章\最终文件\切换方向.pptx

步骤01　选择切换方向

打开原始文件，切换至第 1 张幻灯片，单击“切换”选项卡下“切换到此幻灯片”组中的“效果选项”按钮，从展开的下拉列表中选择切换方向，这里选择“自底部”，如下图所示。

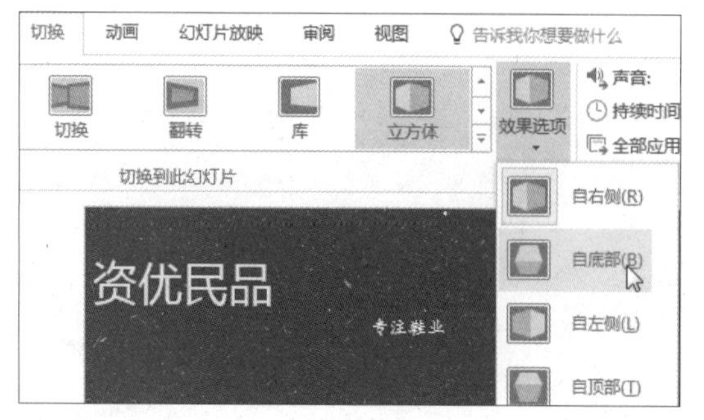

步骤02　预览更改切换方向的效果

单击“切换”选项卡下“预览”组中的“预览”按钮，此时可以看到“立方体”切换效果自幻灯片底部升起，效果如下图所示。

15.3.3　设置幻灯片的切换声音

在设置幻灯片切换效果的同时，还可以为其添加切换时的声音，并设置声音持续的时间，增强幻灯片的表达效果。

原始文件： 下载资源\实例文件\第15章\原始文件\选择切换效果.pptx
最终文件： 下载资源\实例文件\第15章\最终文件\切换声音.pptx

步骤01　选择声音

打开原始文件，切换至第 3 张幻灯片，单击“切换”选项卡下“计时”组中“声音”下拉列表框右侧的下三角按钮，从展开的下拉列表中选择要添加的声音，这里选择“微风”，如下图所示。

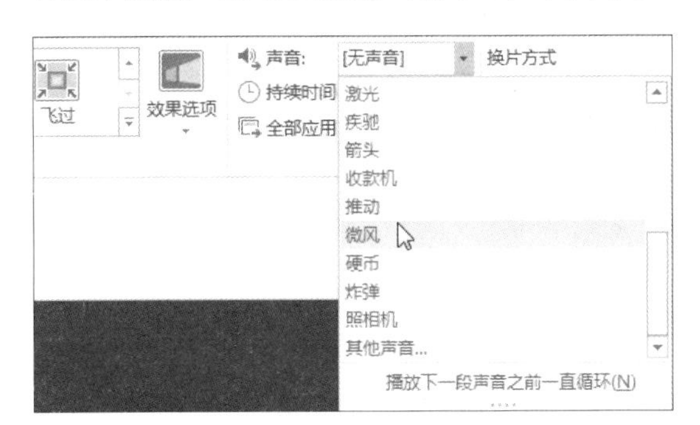

步骤02　设置声音持续时间

单击“持续时间”数值框右侧的微调按钮，设置持续时间为“04.00”，或者在数值框中直接输入时间，如下图所示。所设置的时间越长，声音播放就越慢，反之则越快。

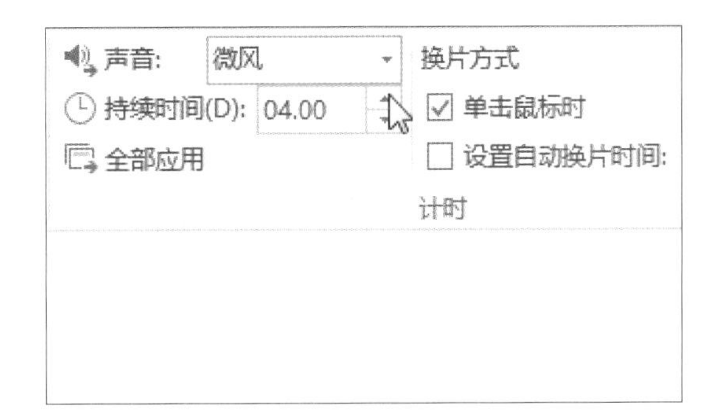

知识补充　播放下一段声音之前一直循环

若用户在展开的“声音”下拉列表中勾选了“播放下一段声音之前一直循环”选项，则当进入幻灯片放映状态后，在播放该张幻灯片时将一直循环播放所选择的切换声音，一直到跳转到下一张幻灯片后方可结束。

15.3.4　设置幻灯片的换片方式

在 PowerPoint 2016 中，默认“单击鼠标时”即可播放切换效果，用户也可以设置自动换片，并设置自动换片的时间。

原始文件： 下载资源\实例文件\第15章\原始文件\切换声音.pptx
最终文件： 下载资源\实例文件\第15章\最终文件\换片方式.pptx

步骤01　选择需要设置换片方式的幻灯片

打开原始文件，按住【Ctrl】键，在幻灯片浏览窗格中选中所有的幻灯片，如下左图所示。

步骤02　设置换片方式与时间

在“切换”选项卡下“计时”组中的“换片方式”选项组中选择换片方式，这里勾选“设置自动换片时间”复选框，在其后的数值框中输入要经过多少秒再播放下一张幻灯片，这里输入“00:04.00”，即 4 秒钟，如下右图所示。

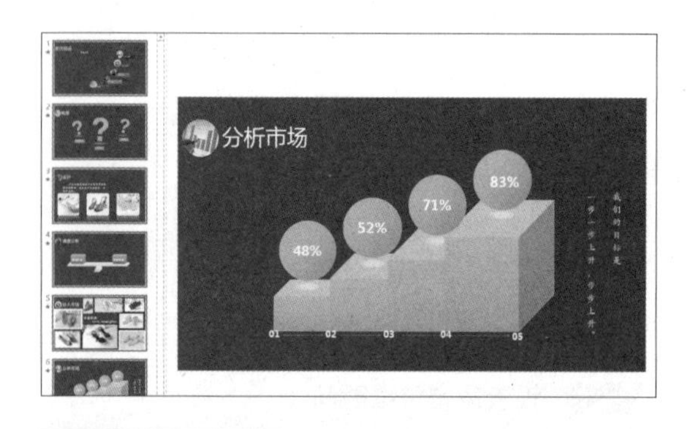

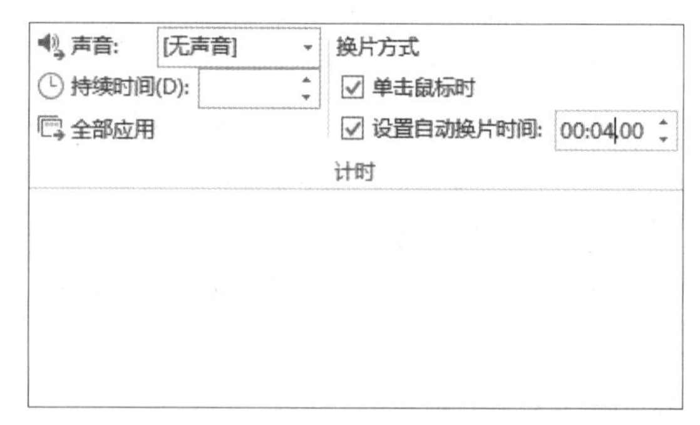

知识补充　对所有幻灯片应用相同的切换效果

切换效果设置完毕后单击“切换”选项卡下“计时”组中的“全部应用”按钮，即可将设置的切换效果应用到所有的幻灯片中。

实例演练：旅游方案之景点介绍

通过本章的学习，相信读者对幻灯片对象动画和切换效果的添加与设置已经有所了解。下面以为“景点介绍”演示文稿添加对象动画和切换效果为例，巩固本章所学知识。

原始文件：下载资源\实例文件\第15章\原始文件\景点介绍.pptx
最终文件：下载资源\实例文件\第15章\最终文件\景点介绍.pptx

步骤01　选择需要添加动画效果的对象

打开原始文件，切换至第 1 张幻灯片，然后按住【Ctrl】键同时选中幻灯片中的 3 个矩形，如下图所示。

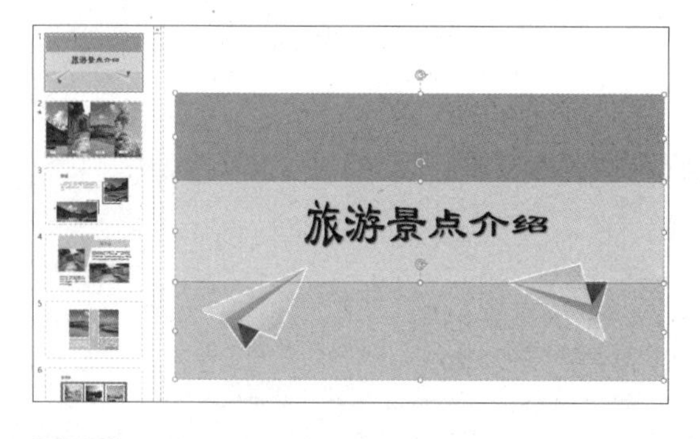

步骤02　选择动画效果

切换至“动画”选项卡下，单击“动画”组中的“飞入”动画效果，如下图所示。

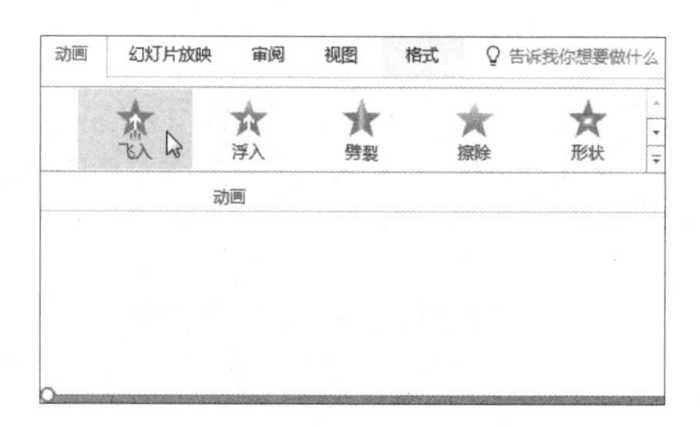

步骤03　选择设置动画效果的对象

此时 3 个矩形都添加了“飞入”动画效果，在对象的左上角出现了动画编号。单击蓝色矩形，如下左图所示。

步骤04　调整动画方向

单击“动画”选项卡下“动画”组中的“效果选项”按钮，在展开的下拉列表中单击“自左侧”选项，如下右图所示。设置完毕后，利用同样的方法，再将中间矩形的动画方向设置为自右侧，下方矩形的动画方向设置为自左侧。

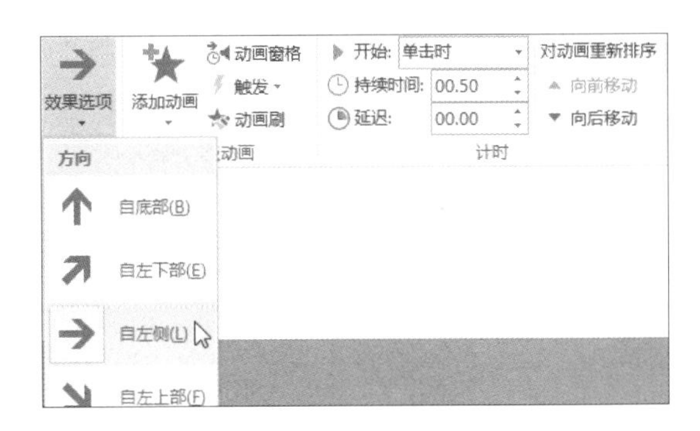

![步骤05] **选择添加动画效果的对象**

继续为幻灯片中的对象添加动画效果，单击选中幻灯片中左边的纸飞机形状，如下图所示。

![步骤06] **展开动画库**

单击“动画”选项卡下“动画”组中的快翻按钮，如下图所示。

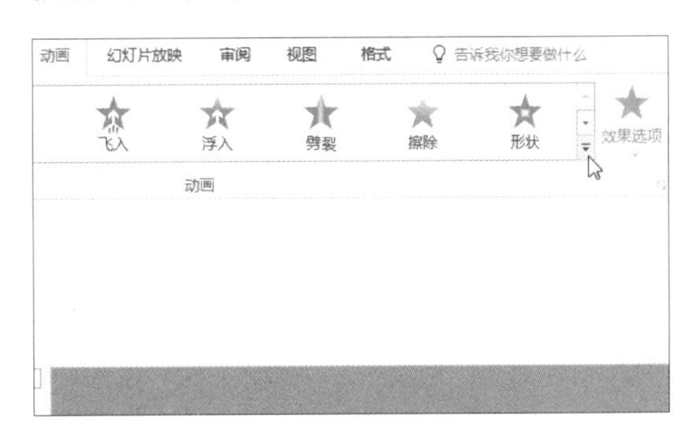

![步骤07] **选择动作路径**

在展开的库中单击“动作路径”组中的“自定义路径”动画效果，如下图所示。

![步骤08] **绘制动作路径**

在动画开始处单击，然后按住鼠标左键进行动画路径的绘制，如下图所示，绘制完毕后双击鼠标。

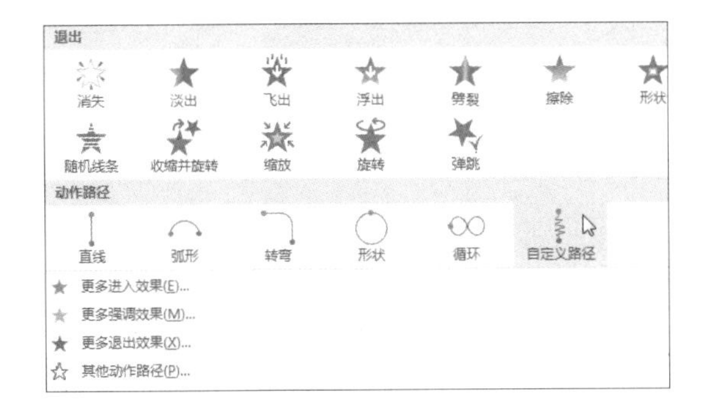

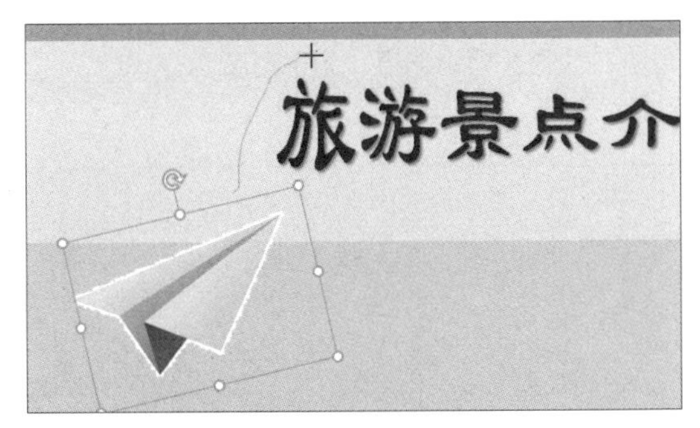

![步骤09] **选择文本框**

此时幻灯片中显示了绘制好的动作路径，然后选中幻灯片中的文本框，如右图所示。

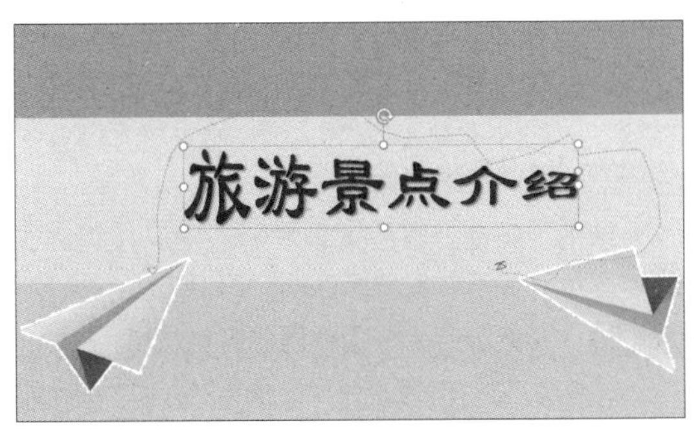

步骤10 选择动画效果

切换至“动画”选项卡下，单击“动画”组中的“淡出”动画效果，如下图所示。

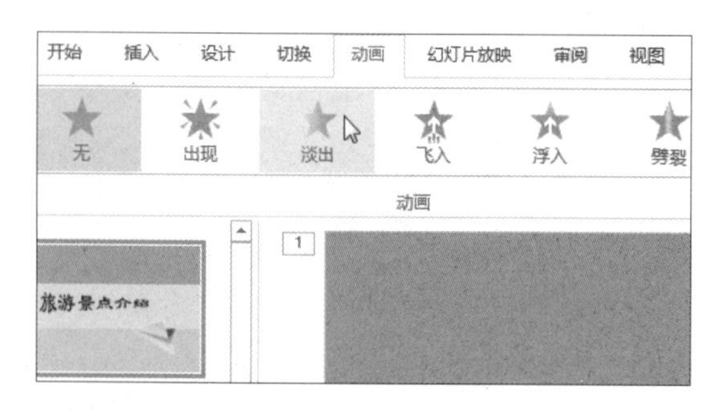

步骤11 设置动画开始方式

单击“动画”选项卡下“计时”组中“开始”下拉列表框右侧的下三角按钮，在展开的下拉列表中单击“与上一动画同时”选项，如下图所示。

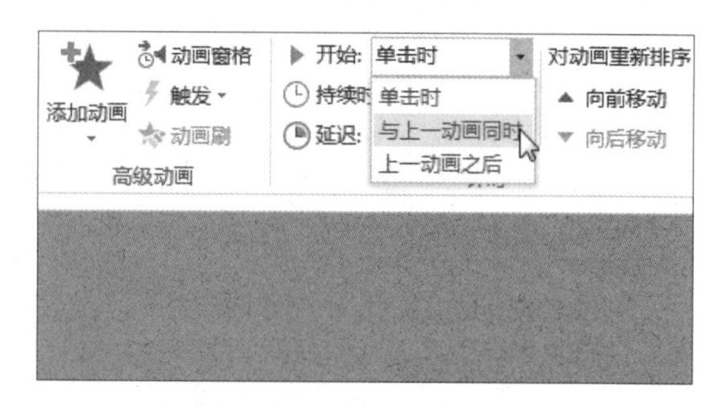

步骤12 设置动画持续和延迟时间

在“计时”组中的“持续时间”和“延迟”数值框中输入相应时间，这里设置持续时间为“01.80”，延迟时间为“00.60”，如下图所示。

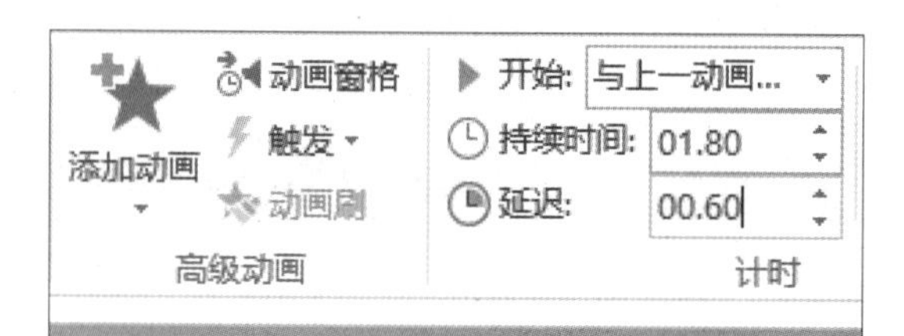

步骤13 打开“动画窗格”任务窗格

单击“动画”选项卡下“高级动画”组中的“动画窗格”按钮，如下图所示。

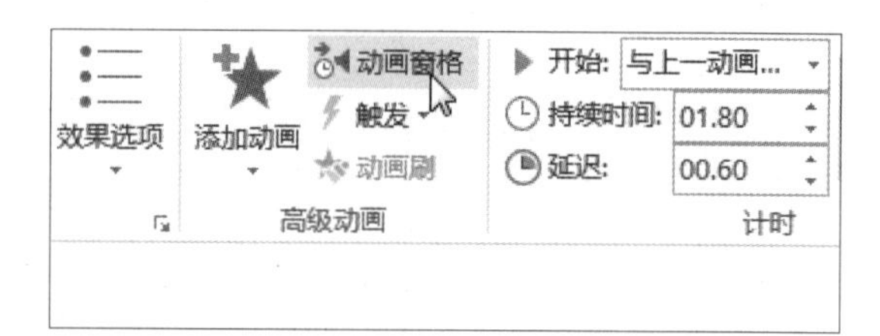

步骤14 单击“效果选项”选项

在弹出的“动画窗格”任务窗格中单击“图片 8”右侧的下三角按钮，在展开的下拉列表中单击“效果选项”选项，如下图所示。

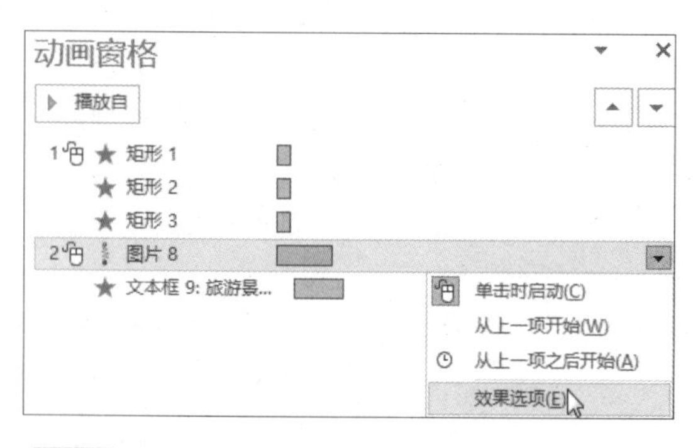

步骤15 设置动画声音

弹出“自定义路径”对话框，切换至“效果”选项卡下，单击“增强”组中“声音”下拉列表框右侧的下三角按钮，在展开的下拉列表中选择“风声”，如下图所示。

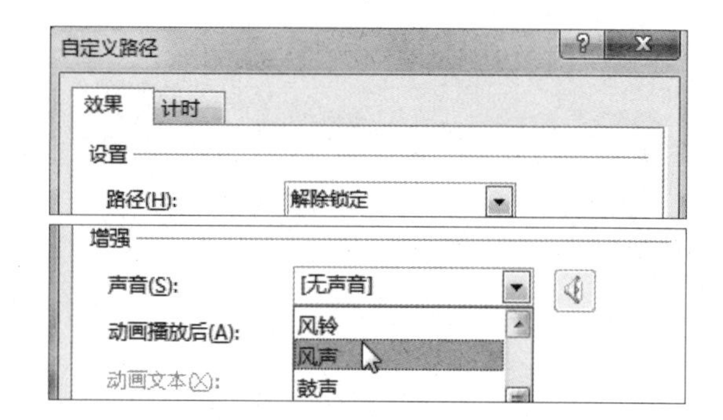

步骤16 调节音量高低

单击“声音”下拉列表右侧的喇叭按钮，在展开的音量框中按住鼠标左键拖动滑块，调节声音播放的音量，如下左图所示。

步骤17 设置自定义路径动画的开始方式

切换至“计时”选项卡下，单击“开始”下拉列表框右侧的下三角按钮，在展开的下拉列表中选择“上一动画之后”选项，如下右图所示。调整完毕后单击“确定”按钮即可。

步骤18　选择需要复制动画效果的对象

首先为第 6 张幻灯片中的第 1 张（从左到右顺序）图片添加“浮入”动画效果，然后选中该图片，如下图所示。

步骤19　双击“动画刷”按钮

双击“动画”选项卡下“高级动画”组中的“动画刷”按钮，如下图所示。

步骤20　使用动画刷粘贴动画

此时鼠标指针呈刷子形，依次单击幻灯片中需要应用第 1 张图片的动画效果的对象，即幻灯片中的其他两张图片，如下图所示。复制完动画后，再次单击“动画刷”按钮，即可取消动画粘贴功能。

步骤21　预览动画

单击“动画”选项卡下“预览”组中的“预览”按钮，预览应用了动画后的图片效果，如下图所示。

步骤22　应用动画后的效果

此时可以看到幻灯片中的图片都添加了“浮入”动画效果，如下左图所示。

步骤23　展开更多切换效果

单击“切换”选项卡下“切换到此幻灯片”组中的快翻按钮，将展开更多的幻灯片切换效果，如下右图所示。

步骤24　选择切换效果

在展开的库中选择合适的幻灯片切换效果，如选择“华丽型”组中的“页面卷曲”切换效果，如下图所示。

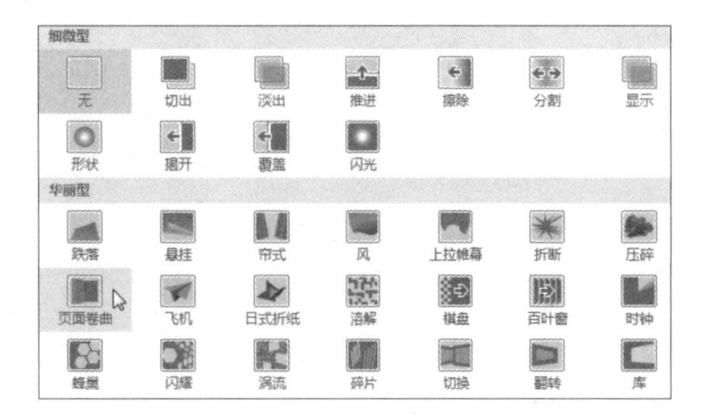

步骤25　设置切换效果

单击“切换”选项卡下“切换到此幻灯片”组中的“效果选项”按钮，在展开的下拉列表中单击“单左”选项，如下图所示。

步骤26　设置切换时的声音

单击“切换”选项卡下“计时”组中“声音”下拉列表框右侧的下三角按钮，在展开的下拉列表中选择“照相机”声音效果，如下图所示。

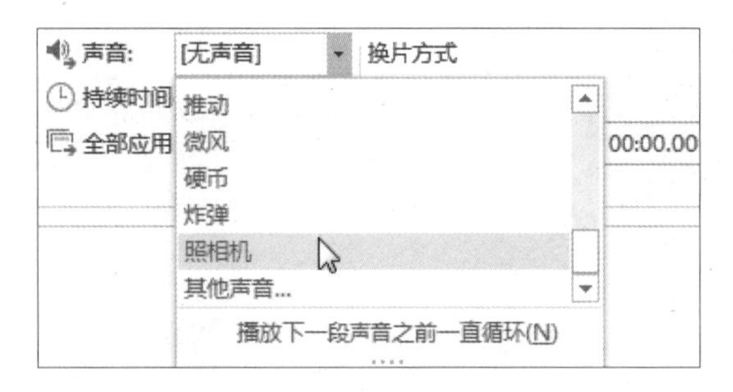

步骤27　设置换片方式

在“计时”组中的“换片方式”选项组中取消勾选“单击鼠标时”复选框，然后勾选“设置自动换片时间”复选框，在其右侧的数值框中输入自动切换时间，如下图所示。

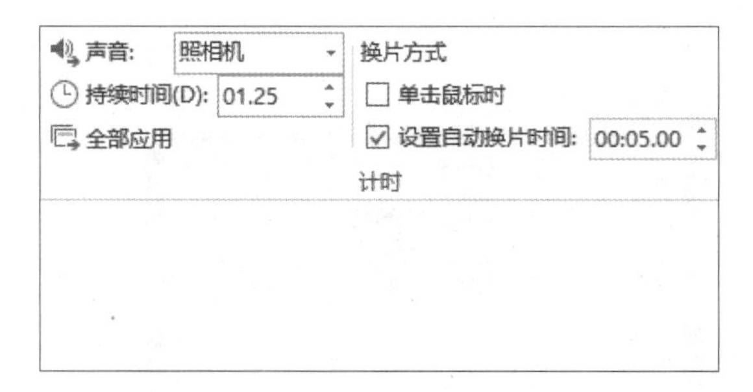

步骤28　快速应用切换效果

若想将此时设置的幻灯片切换效果快速应用到演示文稿中的其他所有幻灯片中，只需单击“计时”组中的“全部应用”按钮即可，如右图所示。

第16章 演示文稿的放映、输出及打印

演示文稿制作完成后除了可以放映给观众，还可以打印在纸上或者输出为其他格式的文档，方便长期保存、手执讲解或在现场分发等，从而更好地推广自己的作品。本章将对这些知识进行详细介绍。

16.1 幻灯片的放映设置

演示文稿的放映方式和放映内容均可根据需要自定义。下面将介绍启动放映、设置放映方式、自定义放映等内容。

16.1.1 启动幻灯片放映

在 PowerPoint 2016 中启动幻灯片放映的方式有多种，下面介绍其中的两种，操作步骤如下。

原始文件：下载资源\实例文件\第16章\原始文件\资优民品.pptx
最终文件：无

1 利用选项卡命令启动放映

在“幻灯片放映”选项卡下，可选择“从头开始”或“从当前幻灯片开始”启动幻灯片放映，两者操作方法一样，下面以“从当前幻灯片开始”为例进行讲解。

步骤01 选中幻灯片

打开原始文件，在幻灯片浏览窗格中任意选择一张幻灯片，这里选择第 2 张幻灯片，如下左图所示。

步骤02 单击“从头开始”按钮

切换至“幻灯片放映”选项卡，单击“开始放映幻灯片”组中的“从当前幻灯片开始”按钮，如下中图所示。

步骤03 显示播放效果

进入幻灯片放映视图，可看到从当前所选的幻灯片开始放映，如下右图所示。

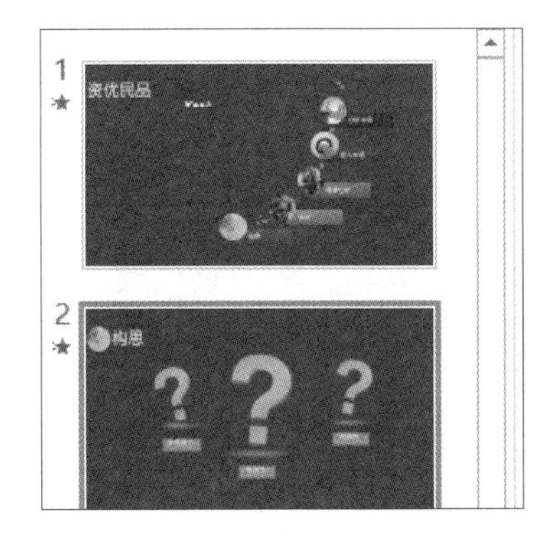

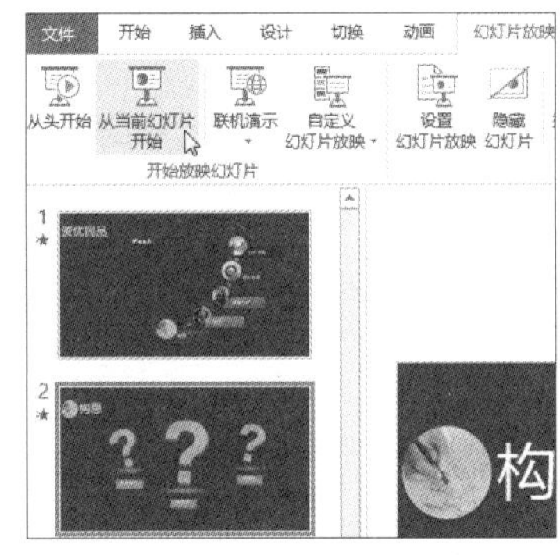

知识补充 **“从头开始”与“从当前幻灯片开始”的区别**

从头开始放映与当前所选幻灯片所处位置无关，即无论选择哪一张，都将从第一张幻灯片开始放映；从当前幻灯片开始放映即从用户所选幻灯片开始放映。

2 利用视图按钮启动放映

位于幻灯片窗格右下角的视图按钮中包括“幻灯片放映”按钮，单击即可切换至幻灯片放映视图。需要注意的是，此方法只能从当前所选幻灯片开始放映。

步骤01 单击“幻灯片放映”按钮

继续之前的操作，切换至第3张幻灯片，在幻灯片窗格右下角单击“幻灯片放映”按钮，如下图所示。

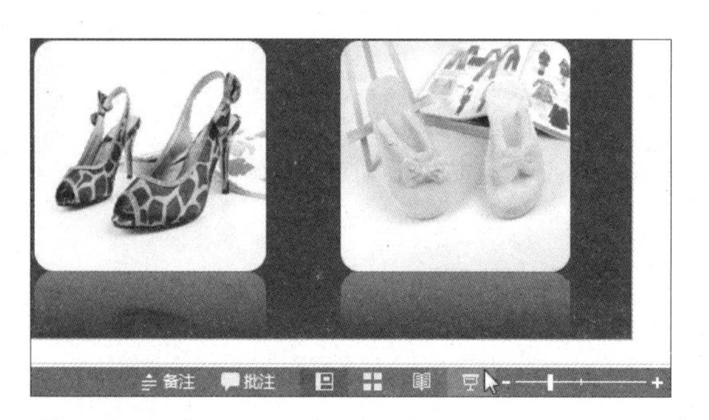

步骤02 显示播放效果

进入幻灯片放映视图，可以看到演示文稿从当前所选的幻灯片开始依次放映，如下图所示。

知识补充 **幻灯片放映快捷键的使用**

需要放映幻灯片时，按下【F5】键可快速启动幻灯片从头开始放映，按下【Esc】键可退出幻灯片放映。

16.1.2 设置放映方式

幻灯片的放映方式包括观众自行浏览、演讲者放映、在展台浏览三种，用户可以根据需要选择。具体操作如下。

原始文件：下载资源\实例文件\第16章\原始文件\资优民品.pptx
最终文件：下载资源\实例文件\第16章\最终文件\设置放映方式.pptx

步骤01 单击“设置幻灯片放映”按钮

打开原始文件，单击“幻灯片放映”选项卡下“设置”组中的“设置幻灯片放映”按钮，如下图所示。

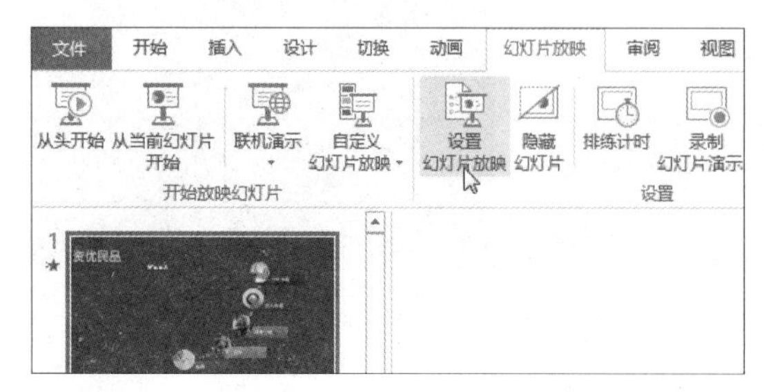

步骤02 设置放映类型

弹出“设置放映方式”对话框，在“放映类型”选项组中选择一种放映方式，这里单击“观众自行浏览（窗口）”单选按钮，如下图所示。

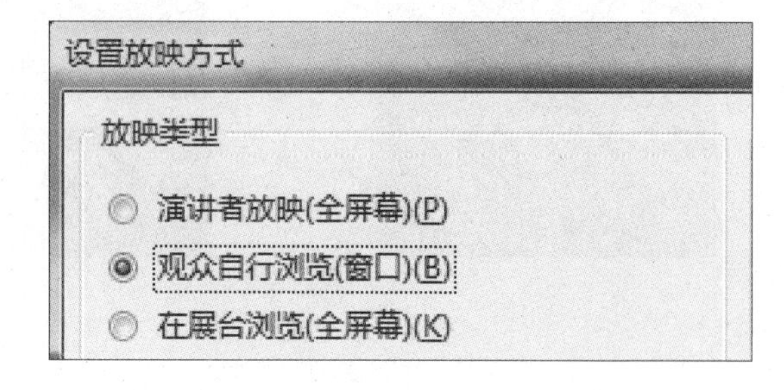

知识补充　各种放映类型的用途

“放映类型”选项组中包含了3种放映方式。“演讲者放映（全屏幕）”放映方式主要用于运行全屏显示的演示文稿，是PowerPoint默认的放映方式。“观众自行浏览（窗口）”放映方式将演示文稿内容在一个小窗口中放映，在该窗口中可以使用鼠标拖动滚动条进行翻页，使用菜单命令实现幻灯片的跳转，主要用于让观众控制演示文稿的播放进度。“在展台浏览（全屏幕）”放映方式则用于自动放映演示文稿，无需人员监管。

步骤03　指定要放映的幻灯片范围

在“放映幻灯片”选项组中，如单击“全部”单选按钮，则在放映时全部播放，这里单击“从到”单选按钮，然后设置放映范围为从第 4 张到第 6 张幻灯片，如下图所示。

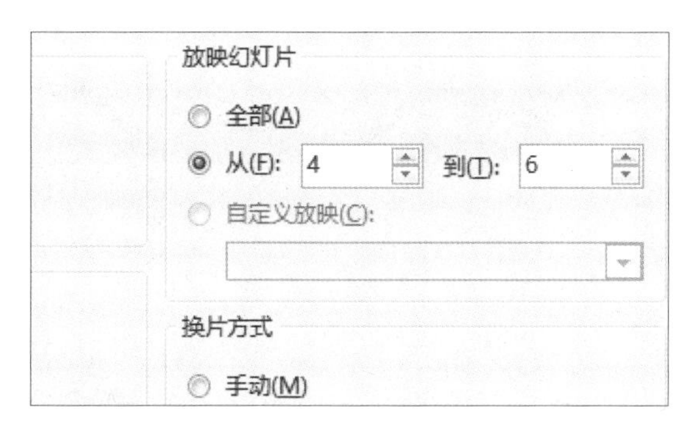

步骤04　设置放映选项

单击“绘图笔颜色”右侧的下三角按钮，在展开的下拉列表中单击需要的颜色图标，如下图所示。

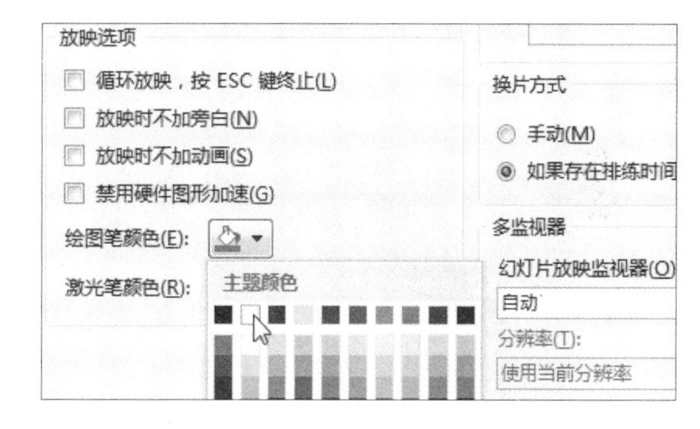

知识补充　“放映幻灯片”与“放映选项”选项组的功能介绍

放映幻灯片：这个选项组主要是让用户选择幻灯片放映的范围。其中，如果选中“自定义放映”单选按钮，则可以在下拉列表中选择已创建好的自定义放映。该单选按钮必须在演示文稿中创建了自定义放映时才可用。

放映选项：这个选项组主要用于控制放映时的一些特殊设置，包括设置是否循环播放、是否使用旁白及是否播放动画效果。

步骤05　选择换片方式

在“换片方式”选项组中单击“手动”单选按钮，如下图所示，则可以不使用演示文稿中添加的幻灯片排练计时，只使用鼠标单击进行换片。

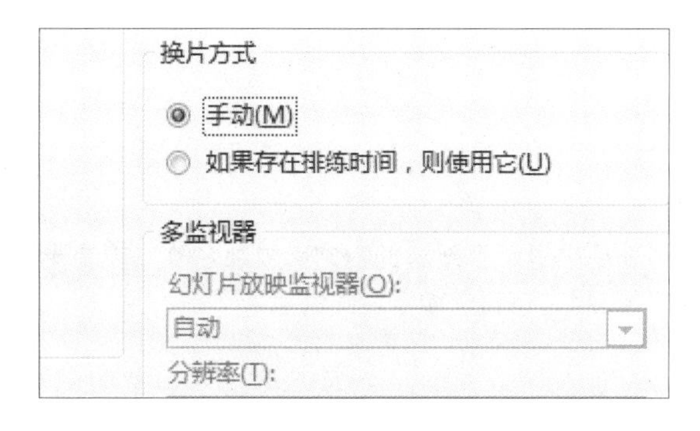

步骤06　显示设置幻灯片放映方式后的效果

完成幻灯片放映方式的设置后，按下【F5】键进入幻灯片放映视图，可看到幻灯片从第 4 张开始放映，如下图所示。

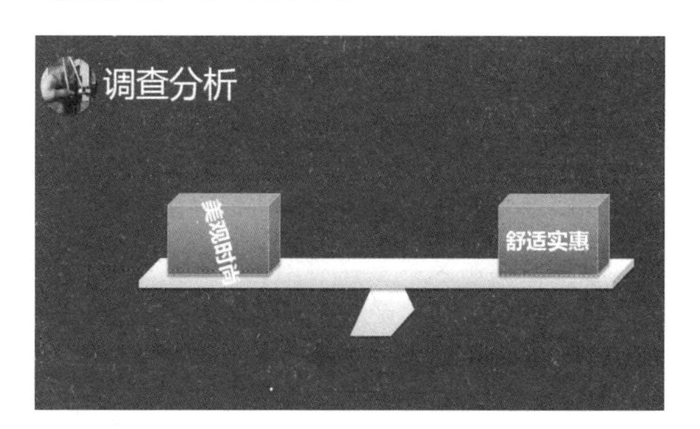

16.1.3 自定义放映

在放映演示文稿时，针对不同的场合及观众，如果只需要放映其中的一部分幻灯片，可以通过设置幻灯片的自定义放映来实现。自定义放映是最灵活的放映方式，它可以将演示文稿中的幻灯片进行重组，生成新的放映方案，但不生成新的幻灯片，因此不会增加磁盘的负担。

原始文件： 下载资源\实例文件\第16章\原始文件\资优民品.pptx
最终文件： 下载资源\实例文件\第16章\最终文件\自定义幻灯片放映.pptx

步骤01 **单击"自定义放映"选项**

打开原始文件，切换至"幻灯片放映"选项卡下，单击"开始放映幻灯片"组中的"自定义幻灯片放映"按钮，从展开的下拉列表中单击"自定义放映"选项，如下图所示。

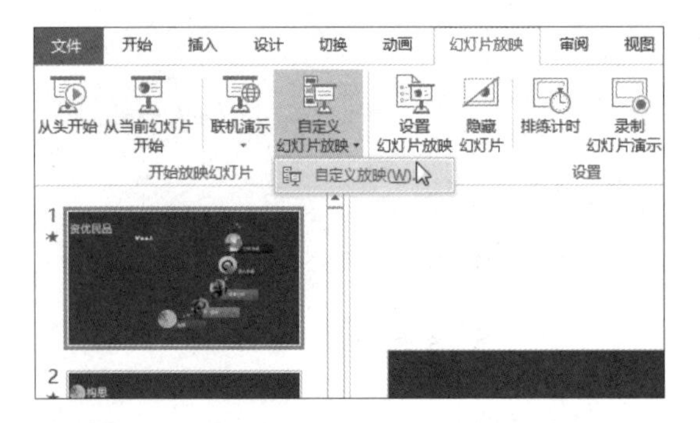

步骤02 **单击"新建"按钮**

弹出"自定义放映"对话框，若要新建自定义放映，单击"新建"按钮，如下图所示。

步骤03 **选择自定义放映中的幻灯片**

弹出"定义自定义放映"对话框，默认幻灯片放映名称为"自定义放映 1"，在"在演示文稿中的幻灯片"列表框中勾选需要添加的幻灯片，然后单击"添加"按钮，如下图所示。

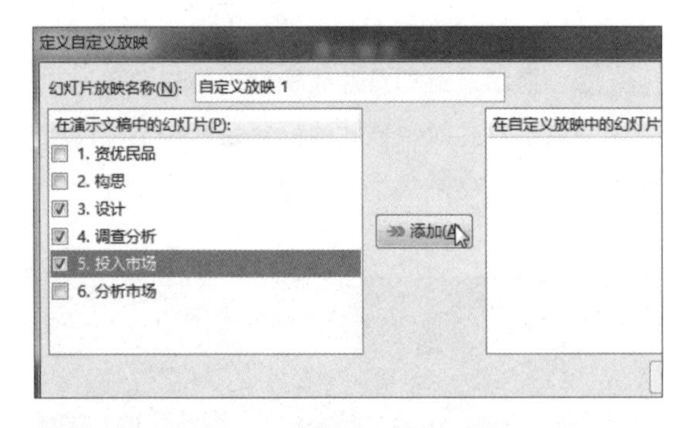

步骤04 **确认自定义放映的幻灯片**

此时在"在自定义放映中的幻灯片"列表框中显示了选择添加的幻灯片，设置完成后单击"确定"按钮，如下图所示。

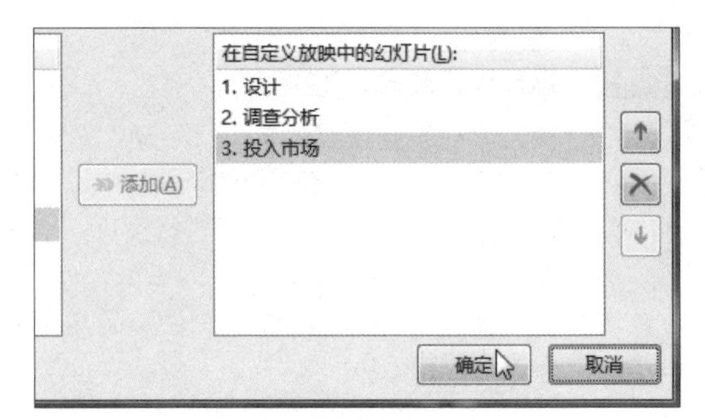

步骤05 **编辑自定义放映**

返回"自定义放映"对话框，在"自定义放映"列表框中显示了新建的自定义放映名称。若要更改自定义放映，则单击选中自定义放映名称，然后单击"编辑"按钮，如下左图所示。

步骤06 **添加和删除幻灯片**

弹出"定义自定义放映"对话框，修改"幻灯片放映名称"为"市场分析"，再将"分析市场"幻灯片添加至右侧列表框中，然后在右侧的"在自定义放映中的幻灯片"列表框中选中需要删除的幻灯片，如单击选中"设计"选项，然后单击"删除"按钮，如下右图所示。

步骤07　显示调整幻灯片后的效果

此时选中的幻灯片被移除，如下图所示，若要调整顺序，只需选中幻灯片后单击“向上”或“向下”按钮。设置完成后单击“确定”按钮。

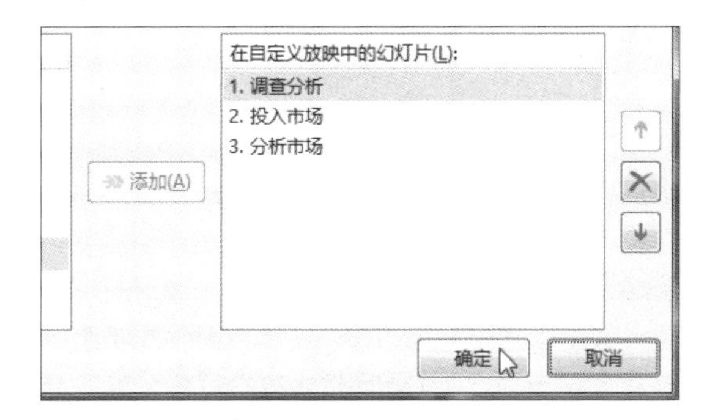

步骤09　显示自定义放映效果

自动进入幻灯片放映视图，在放映第一张幻灯片后直接跳过没有选中的幻灯片，并且根据自定义的顺序进行放映，如右图所示。

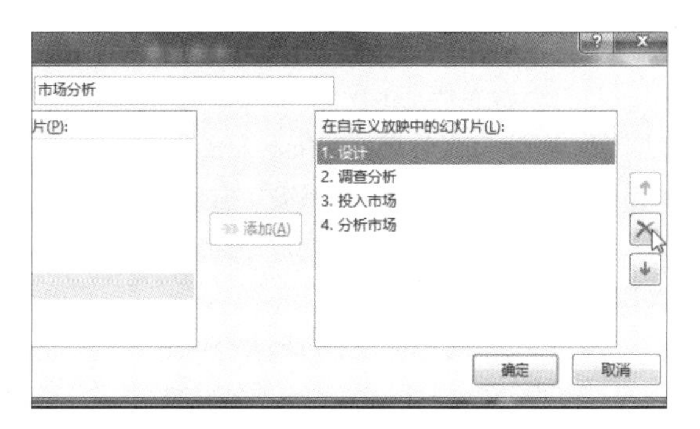

步骤08　单击“放映”按钮

返回“自定义放映”对话框，若要放映“市场分析”，选中该选项，然后单击“放映”按钮即可，如下图所示。

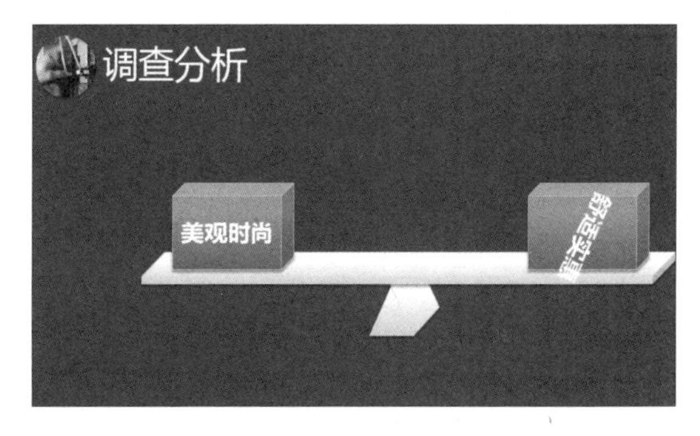

16.2 将演示文稿输出为指定类型的文件

PowerPoint 2016 提供了将演示文稿输出为其他类型文件的功能，包括将演示文稿创建为 PDF/XPS 文档、视频和将演示文稿打包成 CD、保存为图片格式等。

16.2.1　将演示文稿创建为PDF/XPS文档

为了防止其他人对演示文稿中的内容进行任意更改，可以先将演示文稿创建为 PDF/XPS 格式文档，然后再将其共享给其他人观看。

原始文件： 下载资源\实例文件\第16章\原始文件\资优民品.pptx
最终文件： 下载资源\实例文件\第16章\最终文件\资优民品.pdf

步骤01 启动创建为PDF/XPS文档功能

打开原始文件，单击“文件”按钮，从弹出的菜单中单击“导出”命令，在“导出”选项面板中单击“创建 PDF/XPS 文档”选项，如下左图所示。

步骤02 单击“创建PDF/XPS”按钮

在“创建 PDF/XPS 文档”选项组中单击“创建 PDF/XPS”按钮，如下中图所示。

步骤03 选择保存位置

弹出“发布为 PDF 或 XPS”对话框，从地址栏中选择 PDF/XPS 文档的保存位置，“文件名”和“保存类型”都保持默认设置，如下右图所示。

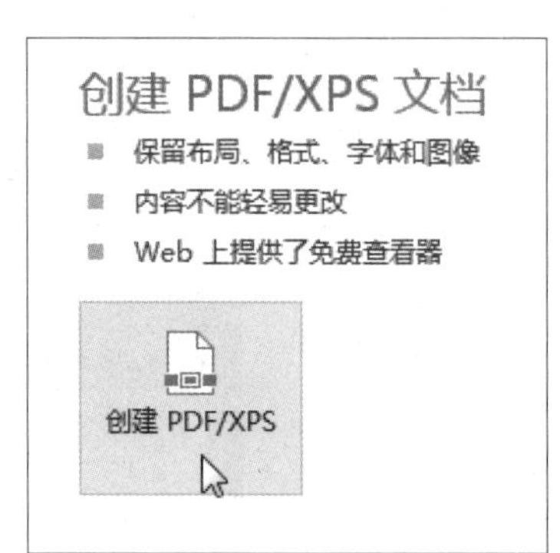

步骤04 单击“选项”按钮

若要在发布完毕后即打开文件，则可以勾选“发布后打开文件”复选框，若要进行更多设置，可单击“选项”按钮，如下图所示。

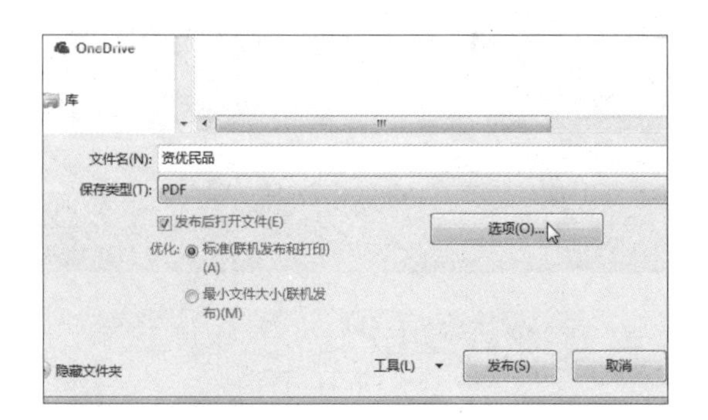

步骤05 选择发布的幻灯片范围

弹出“选项”对话框，在“范围”选项组中选择要发布为 PDF/XPS 格式的幻灯片范围，若不想全部发布，单击“幻灯片”单选按钮，输入要发布的幻灯片页码范围，这里输入从“3”到“6”页的幻灯片，如下图所示。

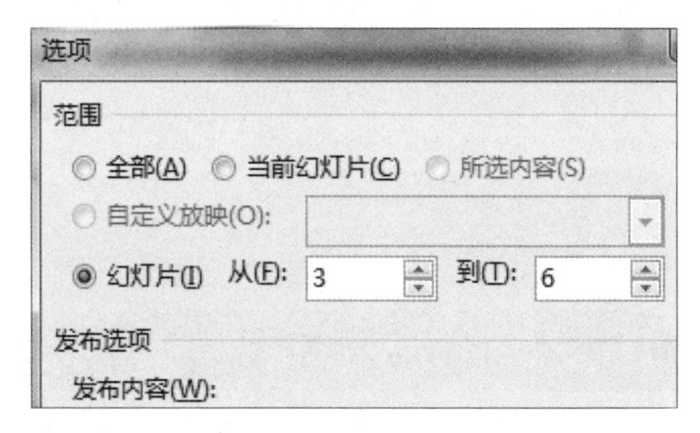

步骤06 设置发布选项

在“发布选项”选项组中的“发布内容”下拉列表中选择要将演示文稿发布为的内容，这里选择“幻灯片”。若需对幻灯片加框，可勾选“幻灯片加框”复选框，如右图所示。

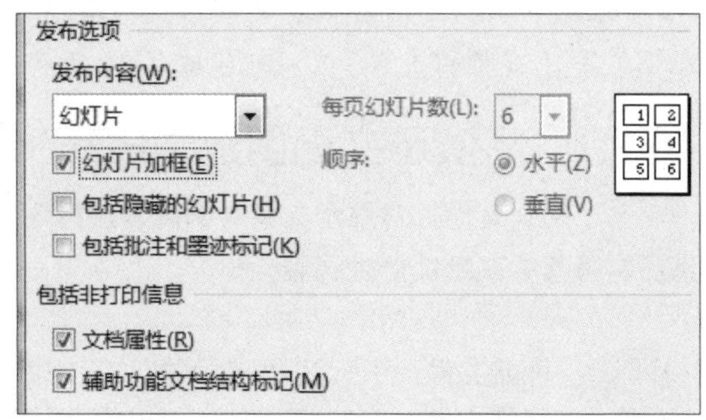

步骤07　发布幻灯片

设置完毕后单击“确定”按钮，返回“发布为 PDF 或 XPS”对话框中，单击“发布”按钮，如右图所示。

步骤08　显示发布进度

此时在屏幕上弹出“正在发布”提示框，显示了发布的进度，如下图所示。

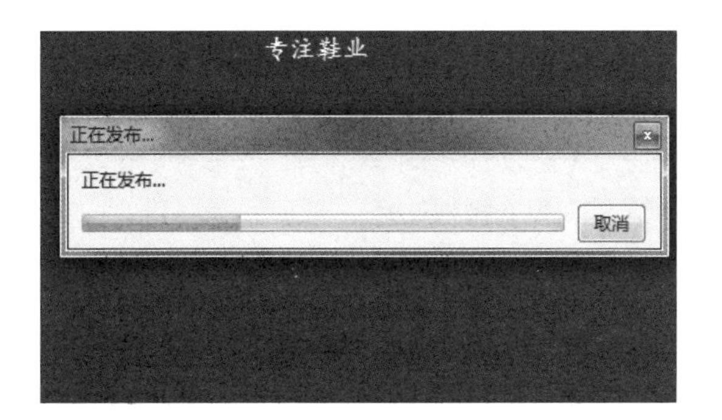

步骤09　显示发布的PDF格式幻灯片

片刻之后，发布完毕，此时系统自动启动 Adobe Acrobat Reader 软件，使用该软件打开的幻灯片效果如下图所示。需要注意的是，该软件只能观看而不能编辑幻灯片。

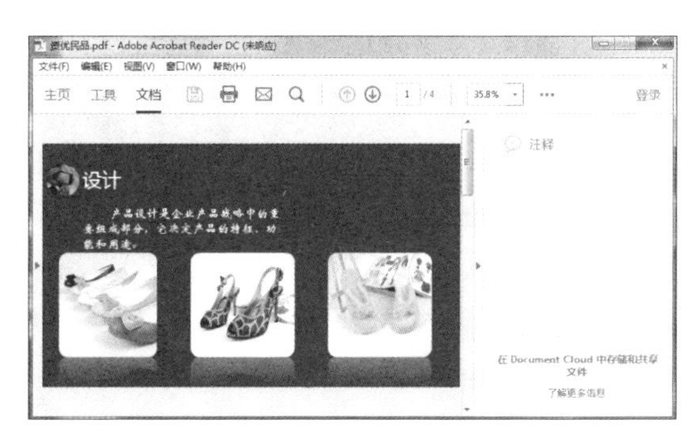

知识补充　PDF/XPS文档的阅读软件

为了阅读PDF文档，需要安装相应的PDF阅读器（大多是免费的），如Adobe Acrobat Reader、福昕阅读器（Foxit Reader）等。Windows 7及以上版本的操作系统自带XPS阅读器，无需另外安装。

16.2.2　将演示文稿创建为视频

将演示文稿创建为视频是 PowerPoint 2010 开始新增的一项功能。用户可以录制演示文稿并与观众分享。如果用户希望为同事或客户提供演示文稿的高保真版本（通过电子邮件附件发送、发布到网站或者刻录 CD 或 DVD），可将其保存为视频文件。

原始文件：下载资源\实例文件\第16章\原始文件\资优民品.pptx
最终文件：下载资源\实例文件\第16章\最终文件\资优民品.wmv

步骤01　启动创建视频功能

打开原始文件，单击“文件”按钮，从弹出的菜单中单击“导出”命令，在“导出”选项面板中单击“创建视频”选项，如右图所示。

步骤02 录制计时和旁白

若要在视频中使用计时和旁白，在展开的“创建视频”选项面板下单击“使用录制的计时和旁边”按钮，然后从展开的下拉列表中单击“录制计时和旁白”选项，如右图所示。

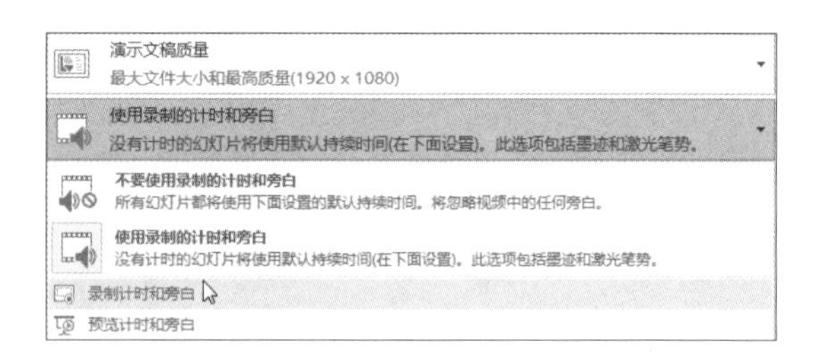

步骤03 录制幻灯片演示

弹出“录制幻灯片演示”对话框，选择想要录制的内容，这里勾选“幻灯片和动画计时”复选框，然后单击“开始录制”按钮，如下图所示。

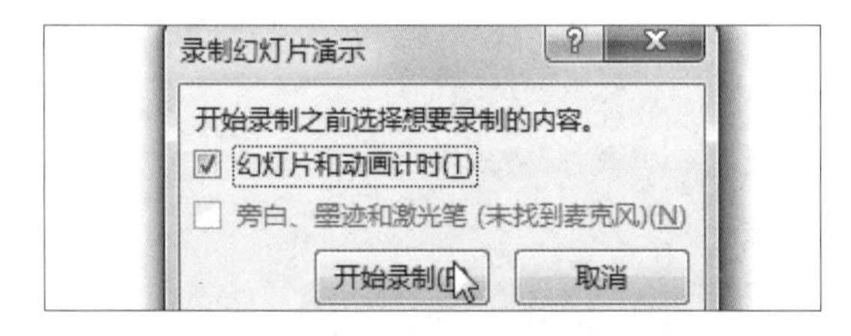

步骤04 开始录制幻灯片计时

进入幻灯片放映状态，弹出“录制”工具栏，在其中显示了当前幻灯片放映的时间，用户可以手动控制幻灯片的切换、跳转，并将演讲者的操作时间、操作动作完全记录下来，如下图所示。

步骤05 录制下一张幻灯片计时

单击“录制”工具栏中的“下一项”按钮，切换至下一张幻灯片，继续录制下一张幻灯片的播放时间，如下图所示。

步骤06 保存排练计时

继续录制其他幻灯片的播放时间，录制完毕后将弹出一个提示框，提示幻灯片放映的总时长，询问是否保留排练计时，单击“是”按钮，如下图所示。

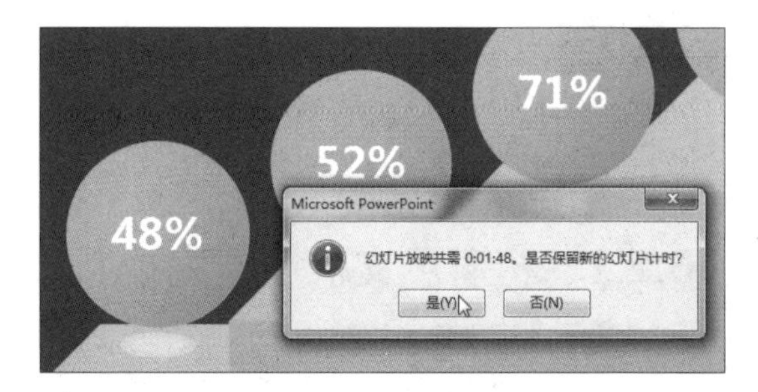

步骤07 单击“创建视频”按钮

排练计时录制完毕后，返回“导出”选项面板中，单击“创建视频”按钮，如下图所示。

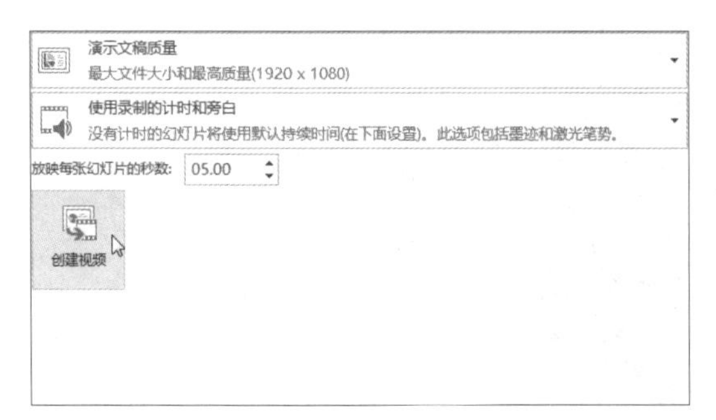

步骤08 保存视频

弹出“另存为”对话框，从地址栏下拉列表中选择视频的保存位置，设置“保存类型”为“Windows Media 视频”，如下图所示，最后单击“保存”按钮。

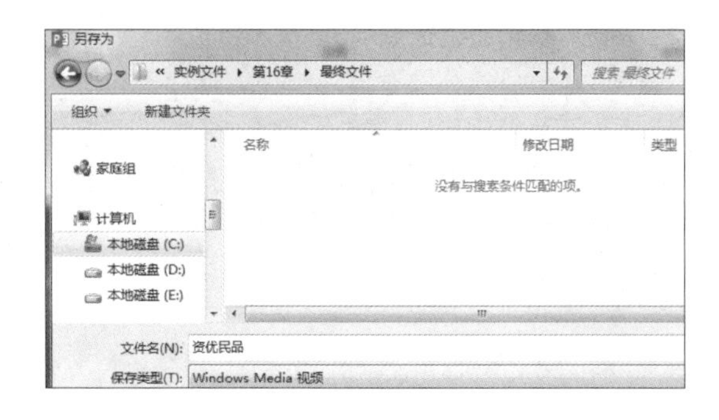

步骤09　显示视频制作进度

返回演示文稿中，在状态栏中显示将演示文稿创建为视频的进度，如下图所示，进而完成将演示文稿创建为视频的操作。

步骤10　播放视频文件

打开视频文件所在的文件夹，双击“资优民品 .wmv”，自动启动 Windows Media Player 软件播放该视频，效果如下图所示。

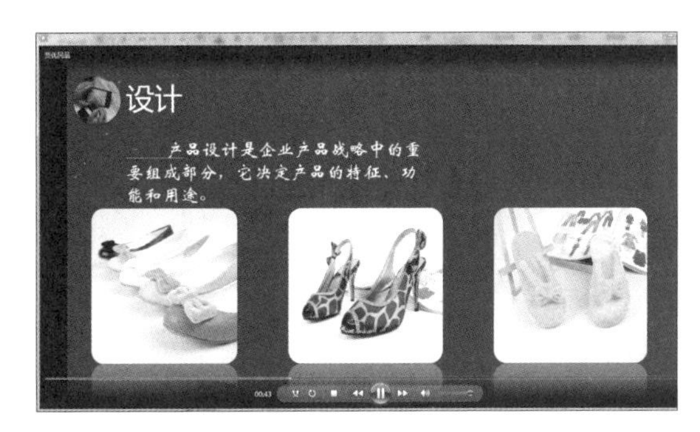

16.2.3　将演示文稿打包成CD

PowerPoint 2016 提供了“打包成 CD”的功能，可以方便地将制作的演示文稿及其链接的各种媒体文件一次性打包到 CD 上或复制到一个文件夹下，轻松实现将演示文稿分发或转移到其他计算机上进行演示的目的。

原始文件： 下载资源\实例文件\第16章\原始文件\资优民品.pptx、资优民品.wmv
最终文件： 下载资源\实例文件\第16章\最终文件\资优民品新品发布

步骤01　单击“导出”命令

打开原始文件中的演示文稿，单击“文件”按钮，从弹出的菜单中单击“导出”命令，如下图所示。

步骤02　单击“打包成CD”按钮

在“导出”选项面板中单击“将演示文稿打包成 CD”选项，然后在展开的“将演示文稿打包成 CD”选项组中单击“打包成 CD”按钮，如下图所示。

步骤03　添加要打包的文件

弹出“打包成 CD”对话框，在“将 CD 命名为”文本框中输入打包后的文件名称“资优民品”，若还需添加要打包的其他文件，可单击“添加”按钮，如下左图所示。

步骤04　选择要添加的文件

弹出“添加文件”对话框，首先从地址栏下拉列表中选择要添加文件的保存位置，然后设置显示所有类型文件，再选择要添加的文件，这里选择“资优民品 .wmv”，如下右图所示，选定后单击“添加”按钮。

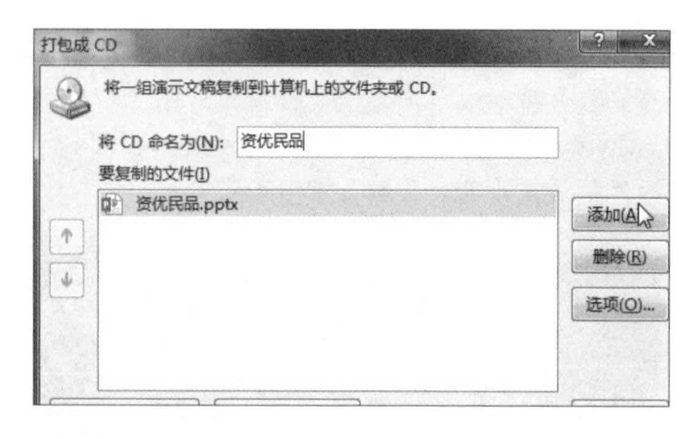

步骤05 设置打包选项

返回“打包成CD”对话框，单击“选项”按钮，如下图所示。

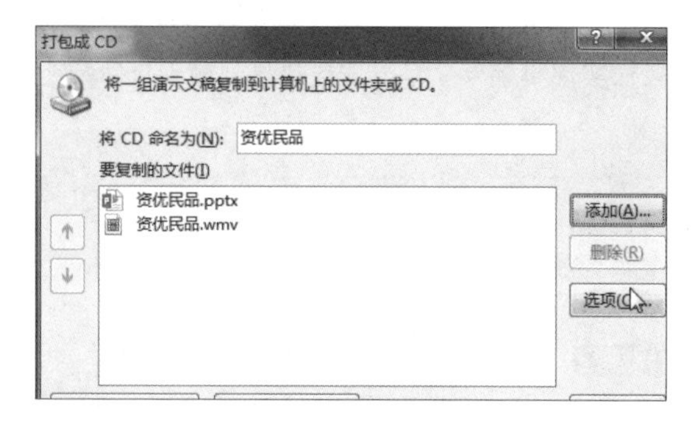

步骤06 设置打开和修改演示文稿的密码

弹出“选项”对话框，为了增强安全性和保护隐私，可设置打开和修改每个演示文稿的密码。这里在“打开每个演示文稿时所用密码”和“修改每个演示文稿时所用密码”文本框中输入密码“111111”，单击“确定”按钮，如下图所示。

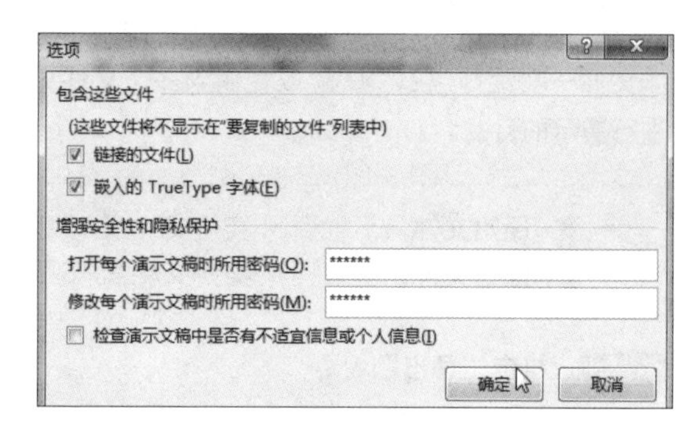

步骤07 重新输入打开权限密码

弹出“确认密码”对话框，在“重新输入打开权限密码”文本框中再次输入打开演示文稿的密码“111111”，输入完毕后单击“确定”按钮，如下图所示。

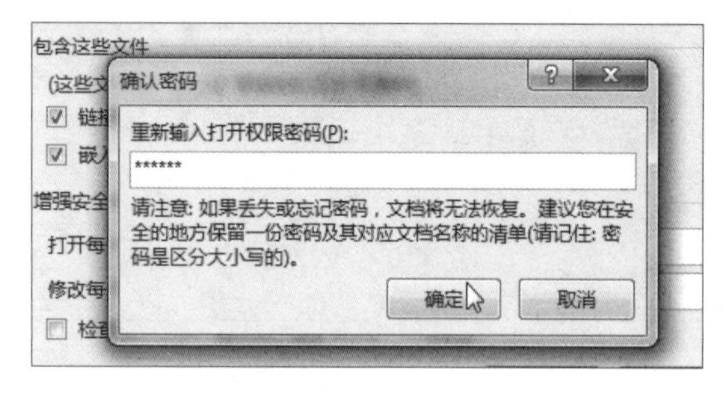

步骤08 重新输入修改权限密码

弹出“确认密码”对话框，在“重新输入修改权限密码”文本框中再次输入修改演示文稿的密码“111111”，输入完毕后单击“确定”按钮，如下图所示。

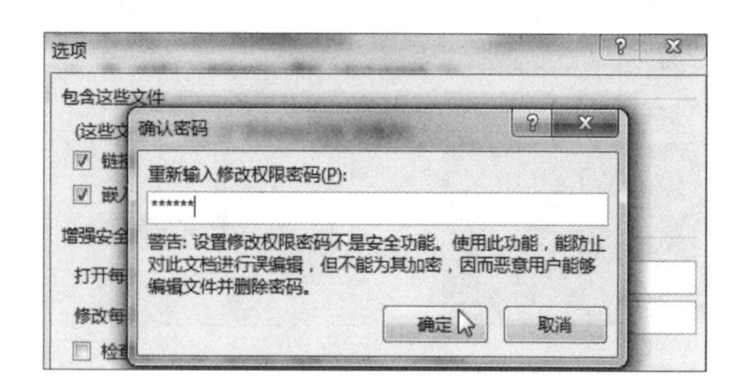

步骤09 复制到文件夹

返回“打包成CD”对话框，单击“复制到文件夹”按钮，如下左图所示。若计算机直接连接了CD刻录机，且放入了CD刻录光盘，则单击“复制到CD”按钮，可直接将演示文稿刻录到CD。

步骤10 设置保存位置

弹出“复制到文件夹”对话框，在“文件夹名称”文本框中输入保存打包文件的文件夹名称，这里输入“资优民品新品发布”。若要更改默认的保存位置，可单击“浏览”按钮进行选择，在“位置”文本框中将显示新路径，确认保存位置后，单击“确定”按钮，如下右图所示。

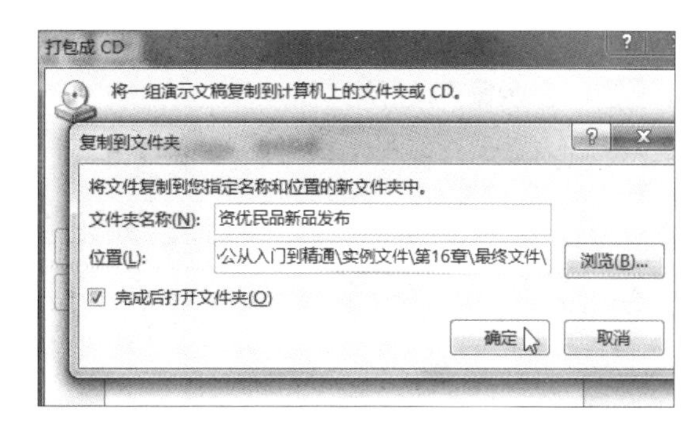

步骤11　确认打包演示文稿中的链接文件

此时在屏幕上弹出如下图所示的提示框，询问用户是否要在包中包含链接文件，单击“是”按钮。

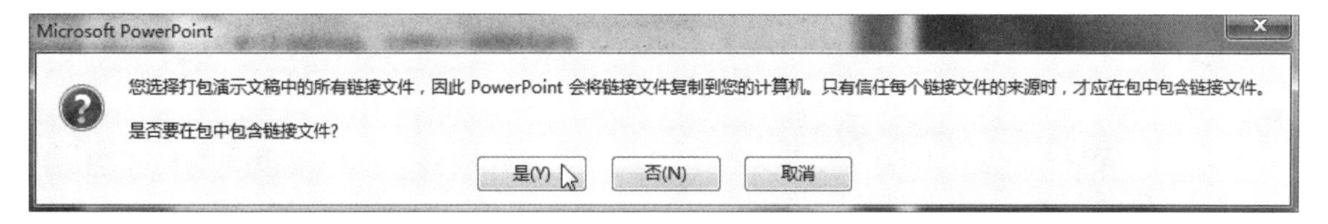

步骤12　显示打包后的文件夹内容

弹出“正在将文件复制到文件夹”提示框并复制文件。片刻，打包完成后，自动打开目标文件夹，在该文件夹中存放了打包的文件，如右图所示。

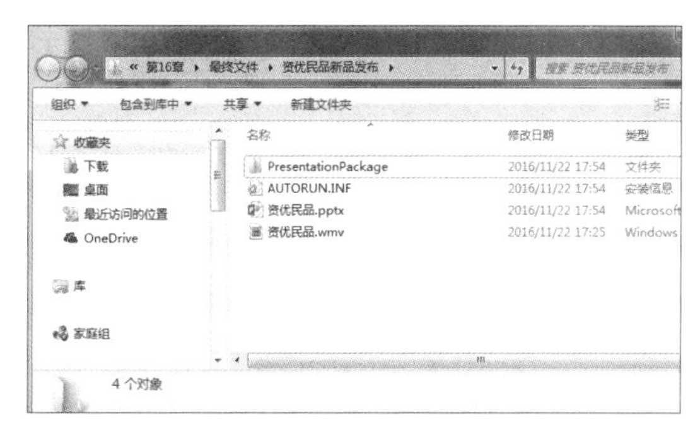

知识补充　打开打包后的演示文稿

如果用户需要在没有安装PowerPoint程序的计算机上打开演示文稿，可首先将制作完成的打包文件夹复制到其他计算机上，然后双击该文件夹中的“资优民品.pptx”文件，同样可以打开该演示文稿。

16.2.4　将演示文稿保存为图片

如果用户想要使用图片浏览器查看演示文稿中的幻灯片内容，可以将演示文稿保存为图片。具体操作步骤如下。

原始文件： 下载资源\实例文件\第16章\原始文件\资优民品.pptx
最终文件： 下载资源\实例文件\第16章\最终文件\资优民品\幻灯片1～6.jpg

步骤01　另存演示文稿

打开原始文件，单击“文件”按钮，在弹出的菜单中单击“另存为”命令，单击“浏览”选项，如下左图所示。

步骤02　设置演示文稿的保存类型

弹出“另存为”对话框，设置保存位置、文件名，设置“保存类型”为“JPEG 文件交换格式”，如下中图所示。单击“保存”按钮，将弹出一个提示框，提示用户选择希望导出哪些幻灯片，单击“所有幻灯片”按钮后，再次弹出一个提示框，提示已完成保存，单击“确定”按钮。

步骤03 显示保存的图片

打开保存图片的文件夹，即可看到演示文稿中的幻灯片转换为图片的效果，如下右图所示。

16.3 演示文稿的加密保护

如果演示文稿中有机密信息，则需要对其进行加密，他人只有在输入了正确密码的情况下才能打开加密后的演示文稿。用密码对演示文稿进行加密的操作方法有两种，下面分别进行介绍。

1 在“信息”选项面板中执行加密操作

在“信息”选项面板中单击“保护演示文稿”按钮，将启动演示文稿保护功能，具体操作如下。

原始文件：下载资源\实例文件\第16章\原始文件\农家乐商业推广前景.pptx

最终文件：下载资源\实例文件\第16章\最终文件\加密演示文稿.pptx

步骤01 启动用密码加密功能

打开原始文件，单击“文件”按钮，从弹出的菜单中单击“信息”命令，然后单击“信息”选项面板中的“保护演示文稿”按钮，在展开的下拉菜单中选择“用密码进行加密”选项，如下图所示。

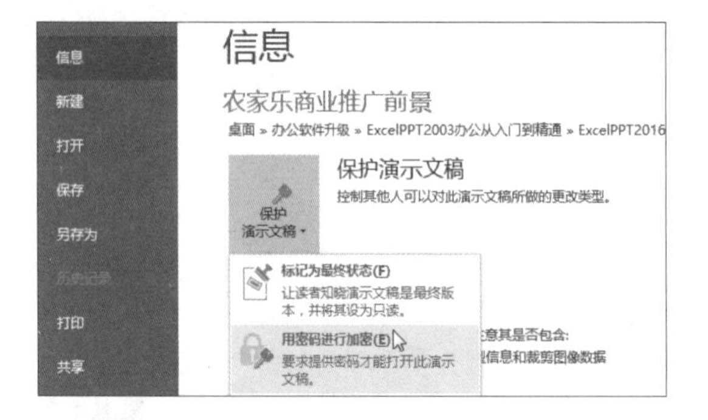

步骤02 输入密码

弹出“加密文档”对话框，在“密码”文本框中输入密码，例如输入“123456”，输入完毕后单击“确定”按钮，如下图所示。

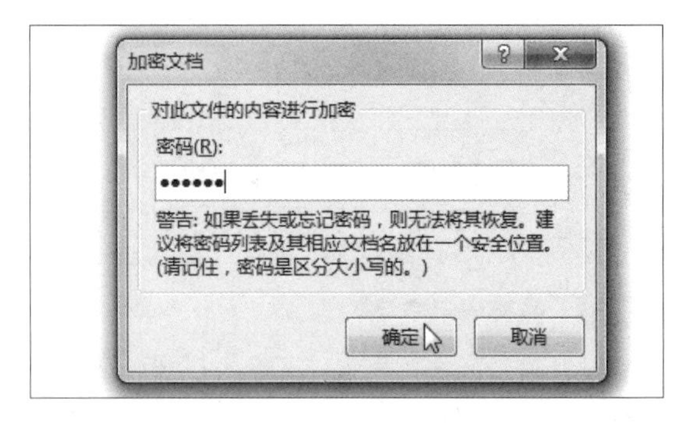

步骤03 确认密码

弹出“确认密码”对话框，在“重新输入密码”文本框中再次输入设置的密码“123456”，输入完毕后单击“确定”按钮，如下左图所示。

步骤04　加密后的信息状态

此时“信息”选项面板中的“保护演示文稿”有黄色底纹标示，并提示打开演示文稿时需要密码，如下右图所示。

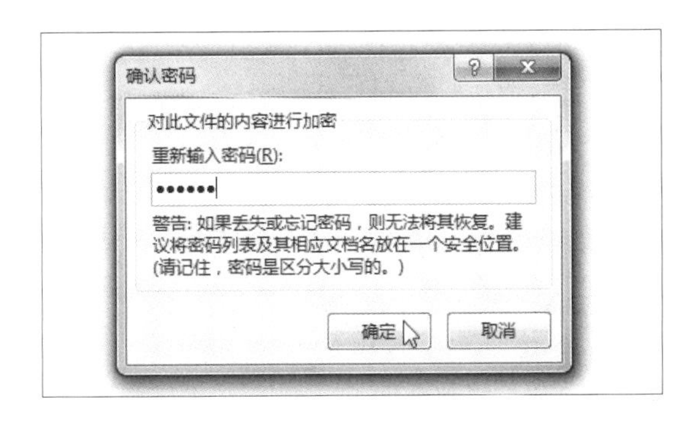

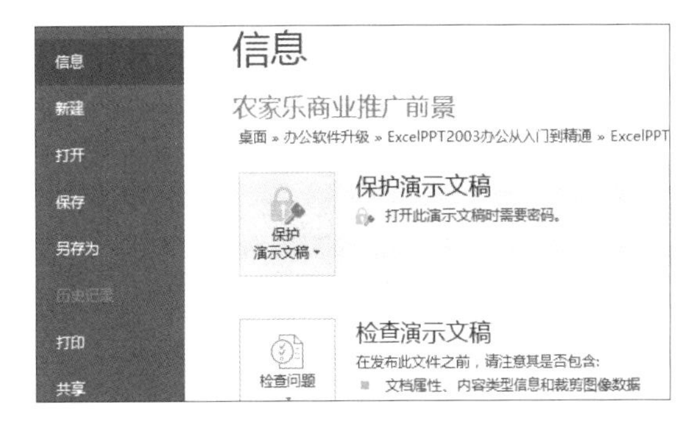

知识补充　将演示文稿标记为最终状态

在“信息”选项面板中单击“保护演示文稿”按钮，在展开的下拉菜单中选择“标记为最终状态”选项，同样可对演示文稿进行保护。但是将演示文稿标记为最终状态的弱点是并不能很好地保护演示文稿，因为收到标记为最终版本演示文稿电子副本的人员可反向“标记为最终状态”，即取消保护，然后再对其进行编辑。

2　在另存演示文稿时执行加密操作

除了上述方法可保护演示文稿外，在另存演示文稿时同样可以采取一些保护措施。具体操作如下。

原始文件： 下载资源\实例文件\第16章\原始文件\农家乐商业推广前景.pptx
最终文件： 下载资源\实例文件\第16章\最终文件\加密演示文稿1.pptx

步骤01　启动另存为功能

打开原始文件，单击“文件”按钮，从弹出的菜单中单击“另存为”命令，单击“另存为”选项面板中的“浏览”选项，如下图所示。

步骤02　选择另存为地址和文件名

弹出“另存为”对话框，从地址栏中选择文稿的保存位置，然后在“文件名”文本框中输入保存的名称“加密演示文稿 1”，如下图所示。

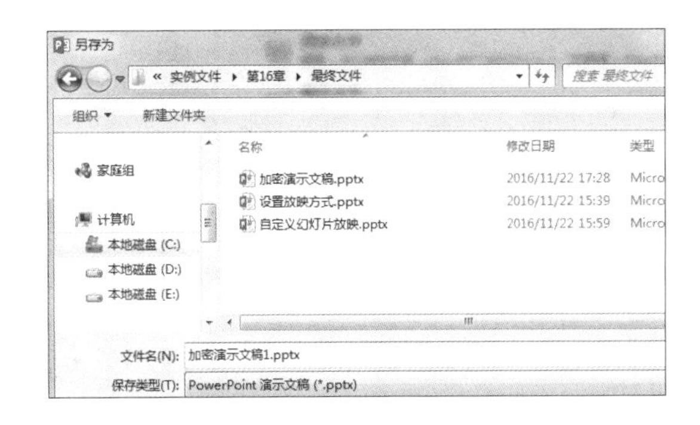

步骤03　单击“常规选项”选项

在“另存为”对话框的右下角单击“工具”右侧的下三角按钮，从展开的列表中单击“常规选项”选项，如下左图所示。

步骤04　设置打开和修改权限密码

弹出“常规选项”对话框，在“打开权限密码”文本框中输入打开演示文稿时的密码，例如输入“123”，然后在“修改权限密码”文本框中输入修改演示文稿时的密码，例如输入“456”，如下右图所示。输入完毕后单击“确定”按钮。

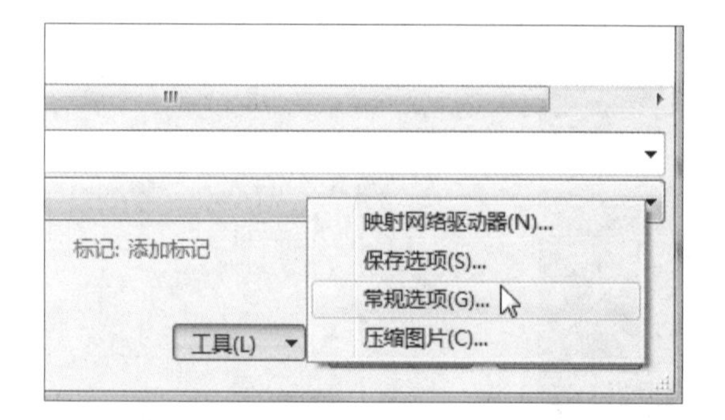

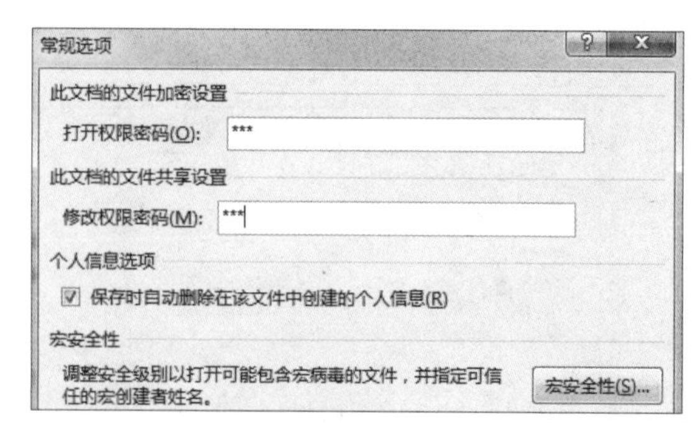

步骤05 确认打开密码

弹出“确认密码”对话框，在“重新输入打开权限密码”文本框中输入设置的打开演示文稿密码“123”，输入完毕后单击“确定”按钮，如下图所示。

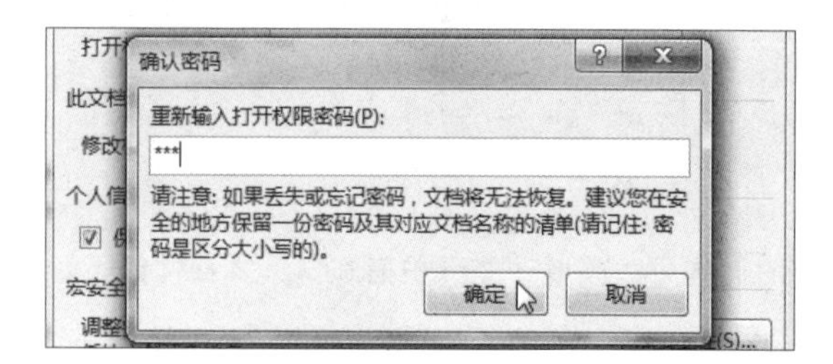

步骤06 确认修改密码

弹出“确认密码”对话框，在“重新输入修改权限密码”文本框中输入设置的修改演示文稿密码“456”，输入完毕后单击“确定”按钮，如下图所示。

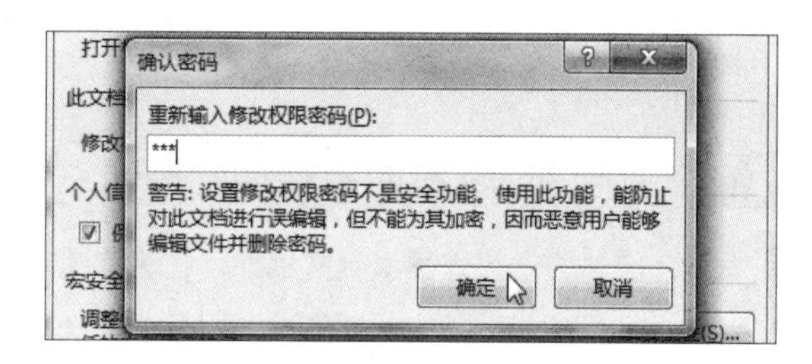

步骤07 打开加密的演示文稿

关闭加密的演示文稿，当再次打开时，将弹出“密码”对话框，输入正确的打开演示文稿密码，单击“确定”按钮，如下图所示。

步骤08 输入修改演示文稿密码

继续弹出“密码”对话框，只有在“密码”文本框中输入正确的修改演示文稿密码，然后单击“确定”按钮，方能完整地打开演示文稿。若不知道修改权限密码，也可单击“只读”按钮，此时打开的演示文稿为只读状态，不能对其进行编辑和修改操作，如下图所示。

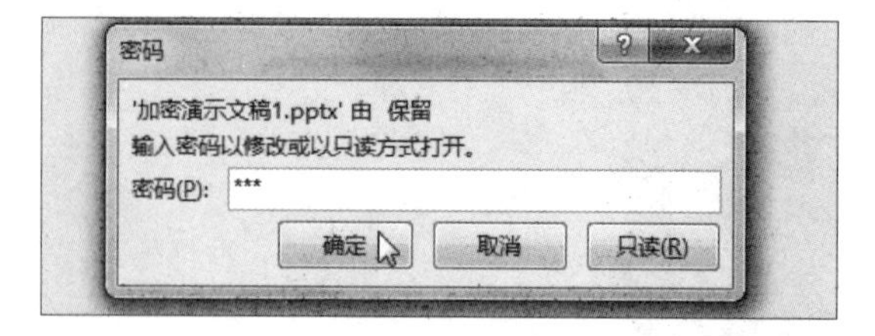

16.4 演示文稿的打印设置

在打印演示文稿之前，可以先对打印的幻灯片做一些设置，使打印效果更符合实际需要，避免浪费纸张。本节将介绍如何对幻灯片页面、页眉和页脚、打印范围、打印版式等进行设置。

原始文件： 下载资源\实例文件\第16章\原始文件\资优民品.pptx
最终文件： 下载资源\实例文件\第16章\最终文件\打印设置.pptx

1 设置幻灯片页面

页面设置包括对需打印的幻灯片的大小、编号起始值及方向等的设置，具体操作如下。

步骤01　启动“幻灯片大小”对话框

打开原始文件，单击“设计”选项卡下“自定义”组中的“幻灯片大小”下三角按钮，在展开的列表中单击“自定义幻灯片大小”选项，如下左图所示。

步骤02　弹出“幻灯片大小”对话框

在弹出的“幻灯片大小”对话框中可对幻灯片尺寸及方向进行设置，如下图所示。

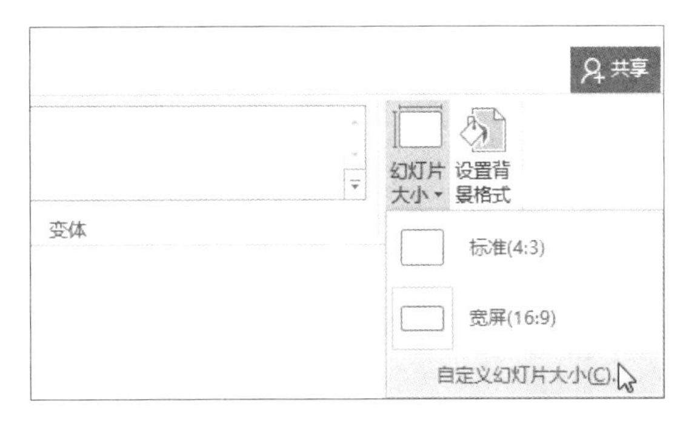

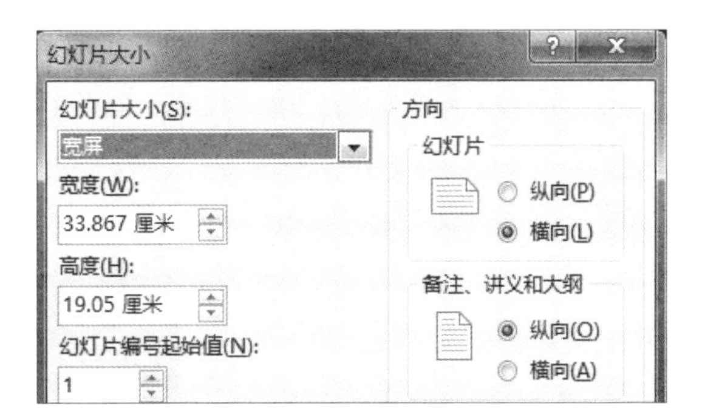

步骤03　选择幻灯片大小

单击“幻灯片大小”下拉列表框右侧的下三角按钮，在展开的下拉列表中选择幻灯片打印页面尺寸，如“全屏显示（4 : 3）”，如下左图所示。此时在“宽度”和“高度”数值框中将自动填充默认值。

步骤04　设置自定义尺寸及编号起始值

在“幻灯片大小”对话框的“宽度”和“高度”数值框中可输入数值来自定义打印页面尺寸，还可通过输入数值来自定义幻灯片编号起始值，如下中图所示。

步骤05　设置方向

在“幻灯片大小”对话框的“方向”选项组中选择“幻灯片”“备注、讲义和大纲”的打印页面方向，如下右图所示，最后单击“确定”按钮。

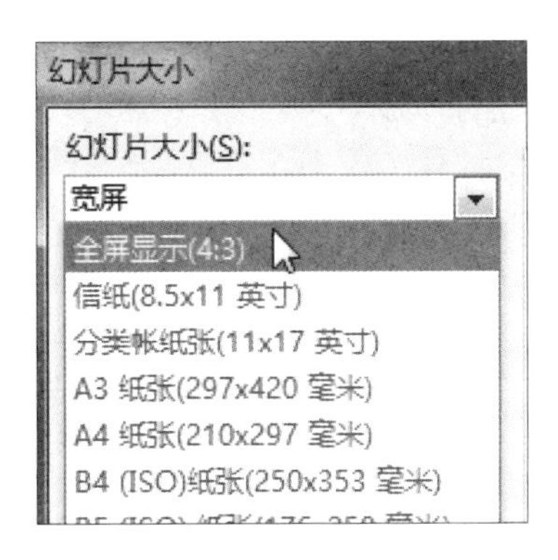

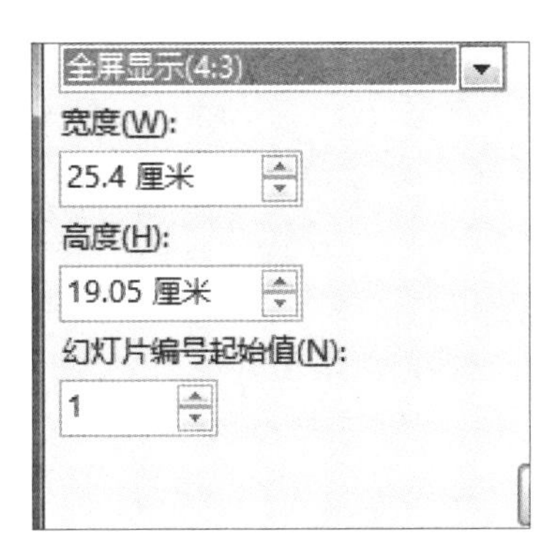

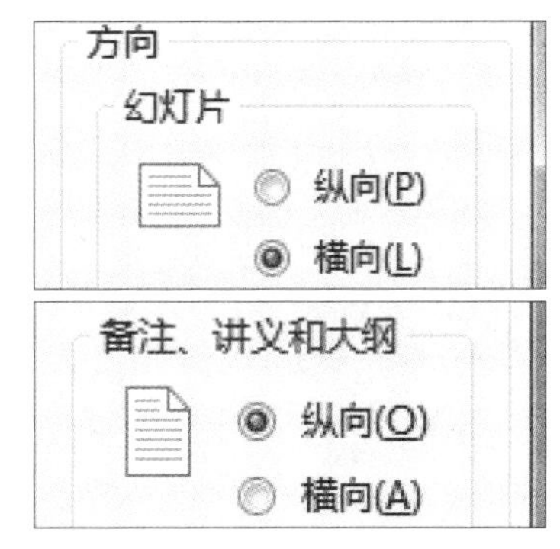

步骤06　选择缩放方式

弹出“Microsoft PowerPoint”提示框，单击相应图标或对话框右下侧的相应按钮，即可将幻灯片按要求缩放，这里选择“确保适合”，如右图所示。

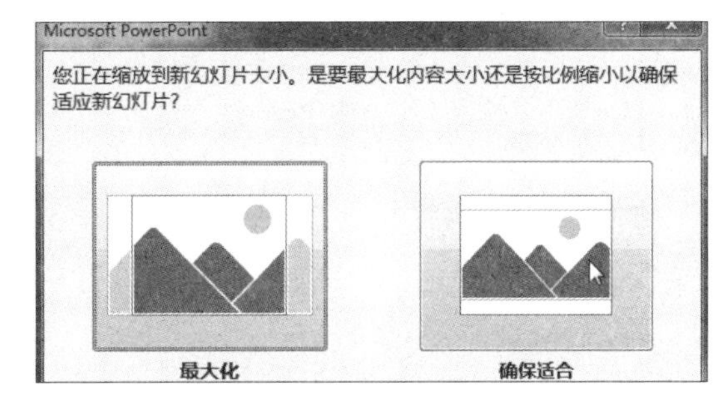

2 添加页眉和页脚

有时用户希望在打印出的演示文稿中能够显示出页眉和页脚，页眉和页脚中可以包括当前日期和时间、幻灯片编号和公司的标志等内容。具体操作如下。

步骤01 单击“打印”命令

继续之前的操作，单击“文件”按钮，从弹出的菜单中单击“打印”命令，如下左图所示。

步骤02 预览打印效果

在“打印”选项面板的右侧显示了当前打开幻灯片的打印预览效果，如下中图所示。

步骤03 单击“编辑页眉和页脚”链接

若要添加页眉和页脚，可在“打印”选项面板下的“设置”选项组中单击“编辑页眉和页脚”链接，如下右图所示。

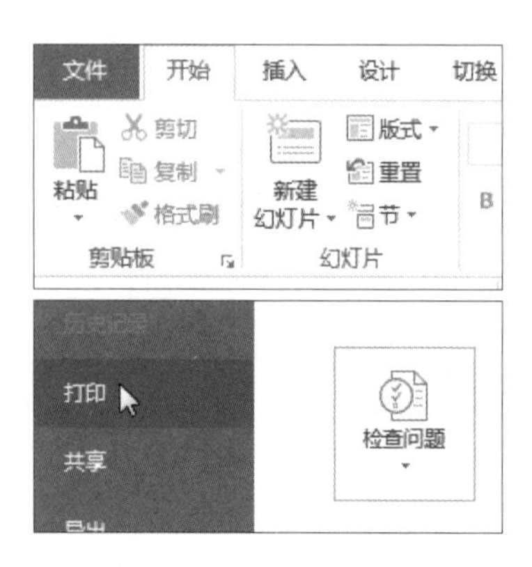

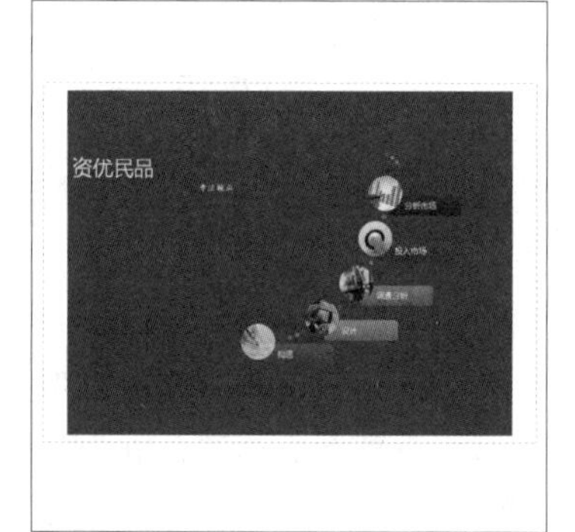

步骤04 设置日期和时间

弹出“页眉和页脚”对话框，在该对话框中可以设置日期和时间、幻灯片编号及页脚内容。这里勾选“日期和时间”复选框，系统自动激活下方各选项，默认的是时间和日期“自动更新”，若要将时间固定在某个日期，则单击“固定”单选按钮，然后在其下方的文本框中输入固定的日期即可，如下图所示。

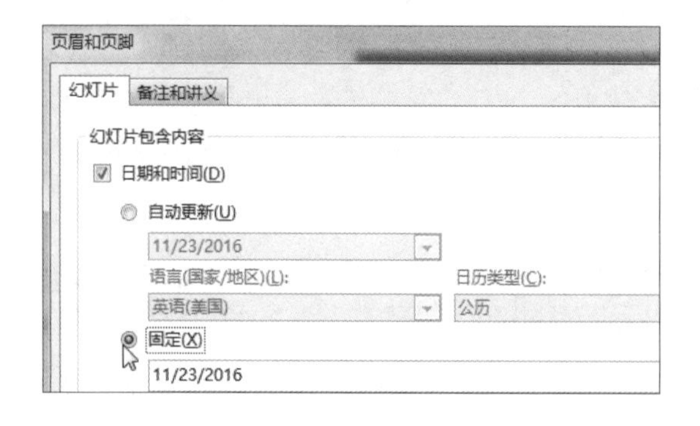

步骤05 设置幻灯片编号和页脚内容

若要在幻灯片中显示每张幻灯片的编号，勾选“幻灯片编号”复选框。然后勾选“页脚”复选框，并在其下方的文本框中输入要在页脚中显示的内容，一般输入制作单位或公司名称即可，这里输入“——资优民品——”。若不想在第 1 张幻灯片中显示页眉和页脚，可勾选“标题幻灯片中不显示”复选框。最后单击“全部应用”按钮，如下图所示。

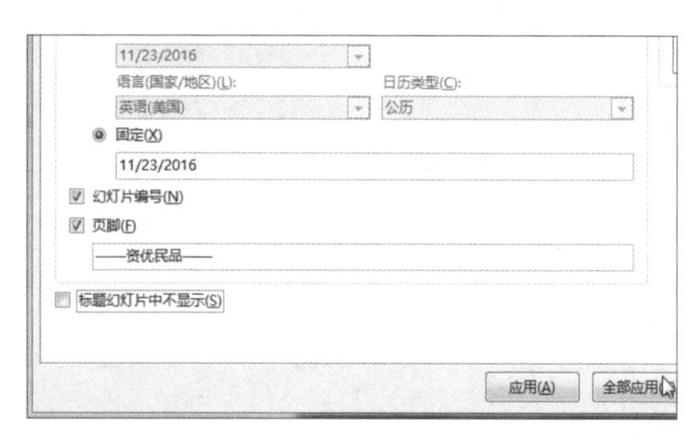

步骤06　打印预览页眉和页脚

返回“打印”选项面板中，此时在预览效果中可以看到幻灯片的下方将显示添加的页眉和页脚，效果如右图所示。

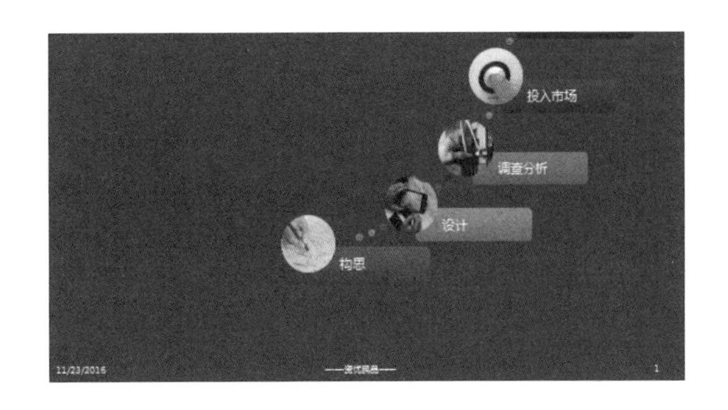

3 设置演示文稿打印范围

很多时候，用户并不想将整个演示文稿的每张幻灯片都打印出来，此时可以选择“打印当前幻灯片”或“自定义范围”进行打印。

步骤01　查看默认打印方式

继续之前的操作，在“设置”选项组的第一个选项中可以看到默认的打印方式为“打印全部幻灯片”，如下左图所示。

步骤02　更改打印范围

单击“打印全部幻灯片”右侧的下三角按钮，从展开的下拉列表中重新选择打印方式，这里单击“自定义范围”选项，如下中图所示。

步骤03　输入要打印的幻灯片

接着在下方的“幻灯片”文本框中输入要打印幻灯片的编号，这里输入“3，4，5”，即打印第 3 张、第 4 张和第 5 张幻灯片，如下右图所示。

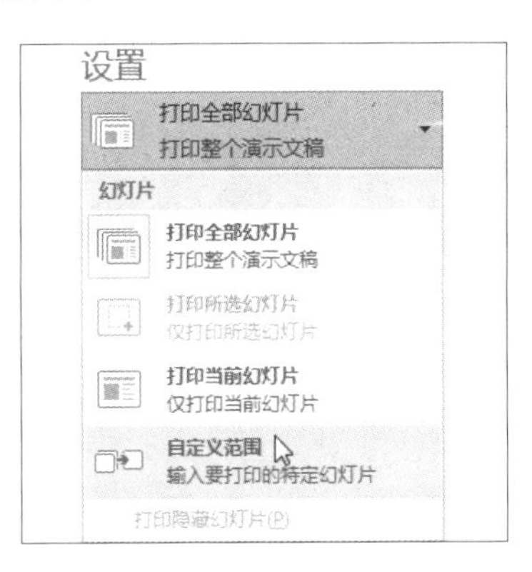

4 设置打印版式

幻灯片的打印版式有“整页幻灯片”“备注页”和“大纲”，用户可根据自己的需求选择，还可以为幻灯片加框和根据纸张调整大小。具体操作如下。

步骤01　查看默认打印版式

继续之前的操作，在“设置”选项组的第 2 个选项中可以看到默认的打印版式为“整页幻灯片”，如下左图所示。

步骤02　选择打印版式

单击“整页幻灯片”右侧的下三角按钮，从展开的下拉列表中选择打印版式，这里单击“讲义”选项组中的“2 张幻灯片”选项，如下右图所示。

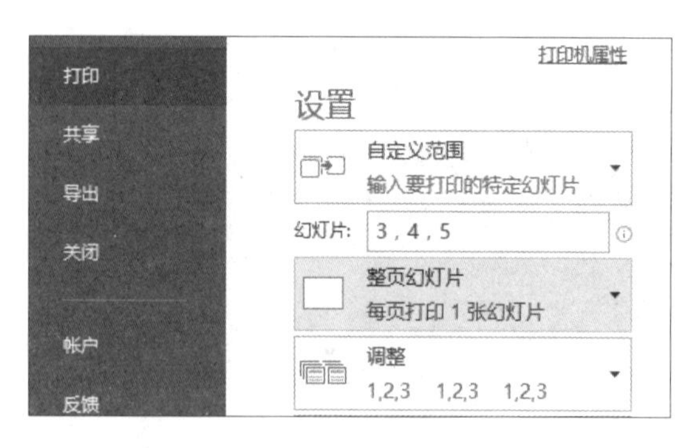

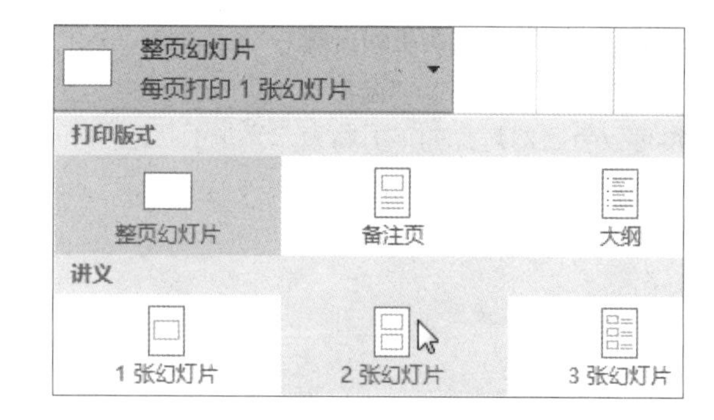

步骤03 预览打印效果

在右侧的预览区域中可以看到此时一张纸中同时打印了两张幻灯片，效果如下左图所示。

步骤04 为幻灯片加框并调整纸张大小

单击“2 张幻灯片”右侧的下三角按钮，从展开的下拉列表中勾选“幻灯片加框”和“根据纸张调整大小”复选项，如下中图所示。

步骤05 预览加框和调整大小后的效果

此时在右侧的预览区域中可以看到每张幻灯片都添加了边框，并且自动根据纸张的大小调整了幻灯片大小，效果如下右图所示。

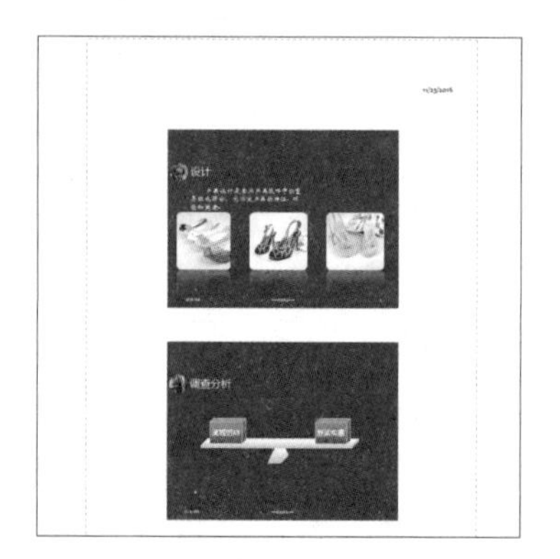

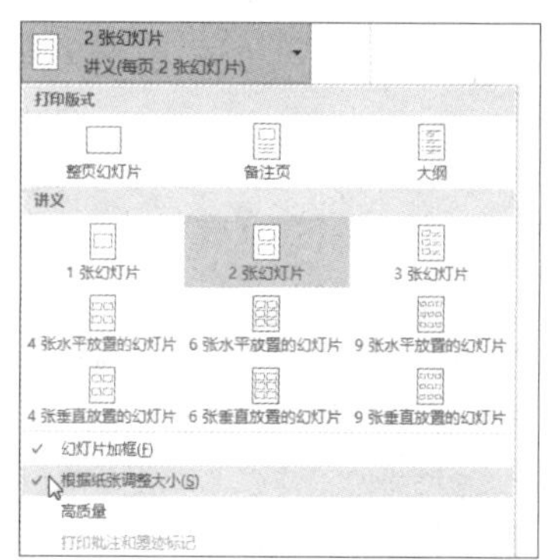

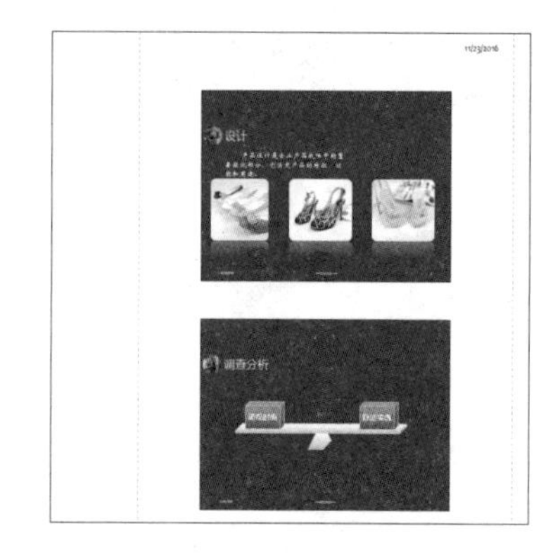

5 设置幻灯片的颜色和灰度

打印幻灯片时，用户还可以根据自己的需求选择输出幻灯片的颜色和灰度，包括黑白打印、灰度打印和彩色打印。

步骤01 选择幻灯片的色彩

继续之前的操作，单击“颜色”右侧的下三角按钮，在展开的下拉列表中选择需要的色彩效果，这里选择“灰度”，如下图所示。

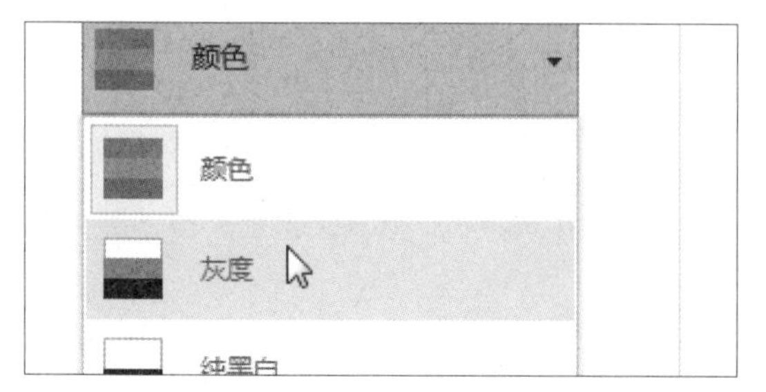

步骤02 预览打印效果

此时在“打印”选项面板的右侧可预览演示文稿的打印效果，如下图所示。最后在上方的“份数”数值框中输入打印份数，单击“打印”按钮，即可开始打印。

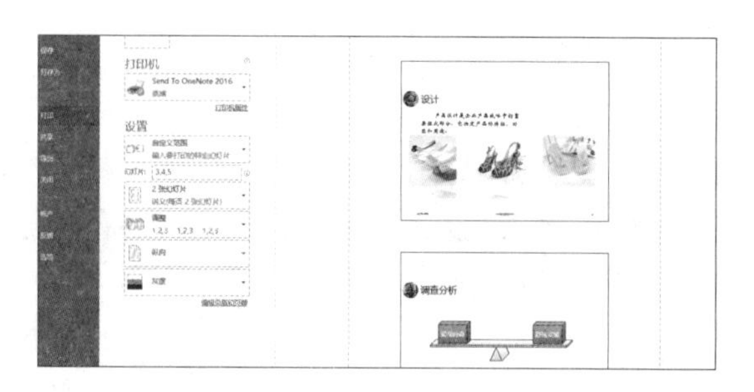

实例演练：打包并加密演示文稿

通过本章的学习，读者已经知晓幻灯片的各种放映方式及将演示文稿导出为各种类型文件的方法，此外，还对演示文稿的保护和打印也有了一定的了解。下面通过一个实例加深读者对本章内容的掌握。

原始文件： 下载资源\实例文件\第16章\原始文件\景点介绍.pptx

最终文件： 下载资源\实例文件\第16章\最终文件\演示文稿CD

步骤01　自定义幻灯片放映

打开原始文件，单击“幻灯片放映”选项卡下“开始放映幻灯片”组中的“自定义幻灯片放映”按钮，在展开的下拉列表中单击“自定义放映”选项，如下图所示。

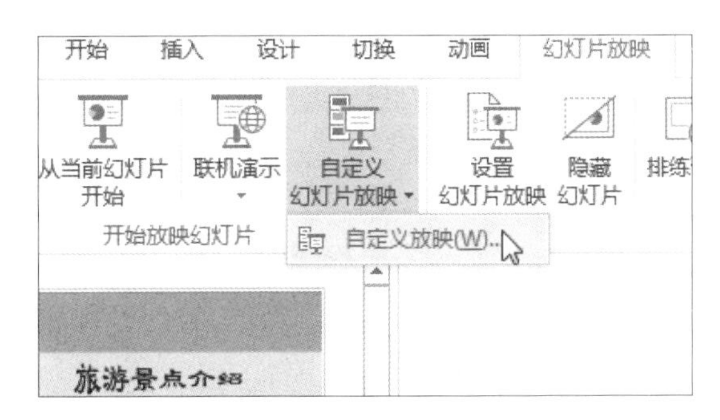

步骤02　单击“新建”按钮

弹出“自定义放映”对话框，单击右侧的“新建”按钮，如下图所示。

步骤03　定义自定义放映

弹出“定义自定义放映”对话框，在“幻灯片放映名称”右侧的文本框中输入自定义幻灯片放映的名称，这里输入“三大景点”，然后在“在演示文稿中的幻灯片”列表框中勾选需要放映的幻灯片，勾选完毕后单击“添加”按钮，如下图所示。

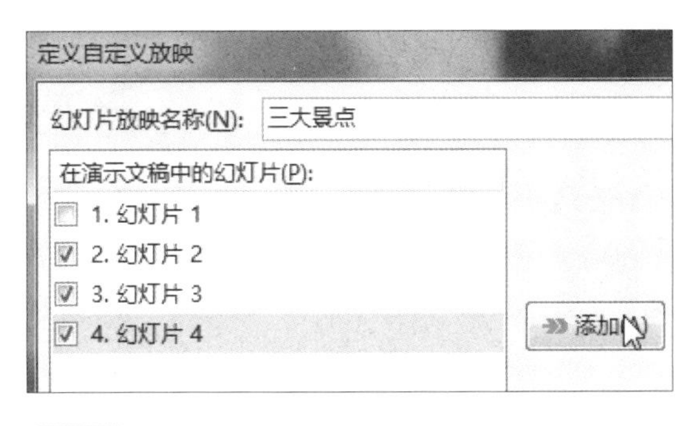

步骤04　单击“确定”按钮

此时在右侧的“在自定义放映中的幻灯片”列表框中添加了选择的幻灯片，确认后单击“确定”按钮，如下图所示。

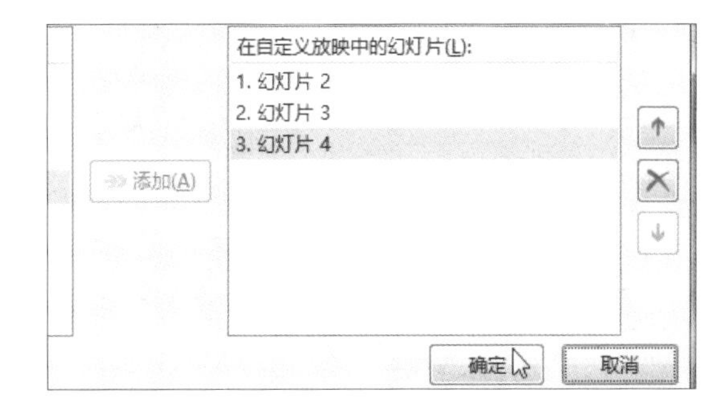

步骤05　放映自定义放映的幻灯片

返回到“自定义放映”对话框，此时列表框中显示了自定义幻灯片放映的名称，如果想要播放自定义的幻灯片，则单击“放映”按钮，如下左图所示。

步骤06　显示放映效果

此时幻灯片自动从自定义放映中的第 1 张幻灯片开始放映，即从演示文稿中的第 2 张幻灯片开始，如下右图所示。

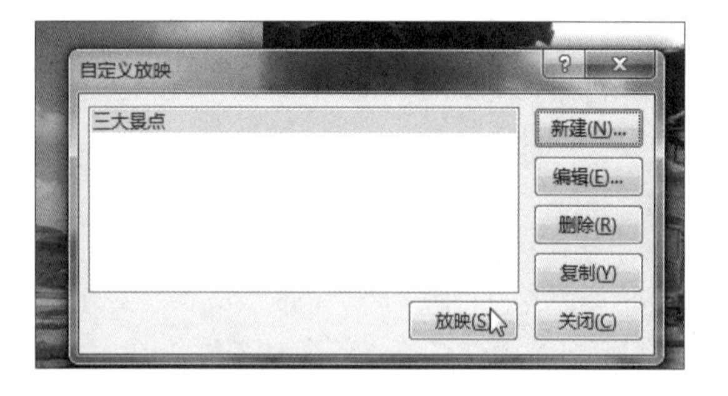

步骤07 保护演示文稿

演示文稿放映结束后，单击“文件”按钮，在弹出的菜单中单击“信息”命令，然后在“信息”选项面板下单击“保护演示文稿”按钮，在展开的下拉列表中单击“用密码进行加密”选项，如下图所示。

步骤08 输入密码

弹出“加密文档”对话框，在“密码”文本框中输入文档的保护密码，这里输入“666666”，输入完毕后单击“确定”按钮，如下图所示。

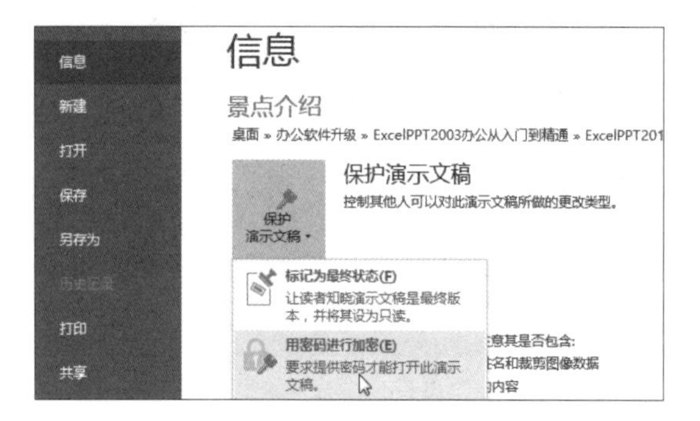

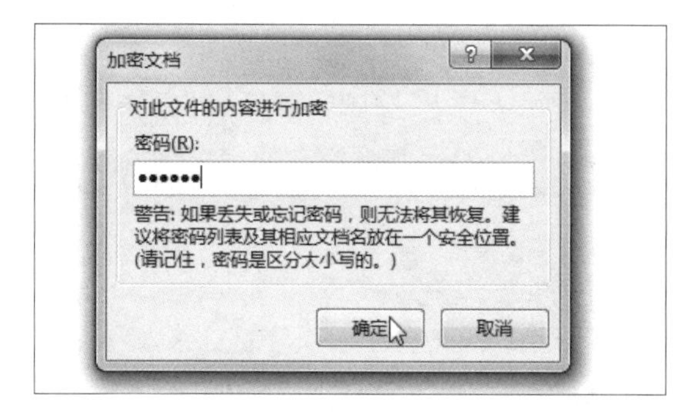

步骤09 再次输入密码

弹出“确认密码”对话框，在“重新输入密码”文本框中再次输入保护文稿的密码，然后单击“确定”按钮，如下图所示。

步骤10 将文稿打包成CD

单击“导出”命令，在“导出”选项面板中单击“将演示文稿打包成 CD”选项，然后单击其右侧的“打包成 CD”按钮，如下图所示。

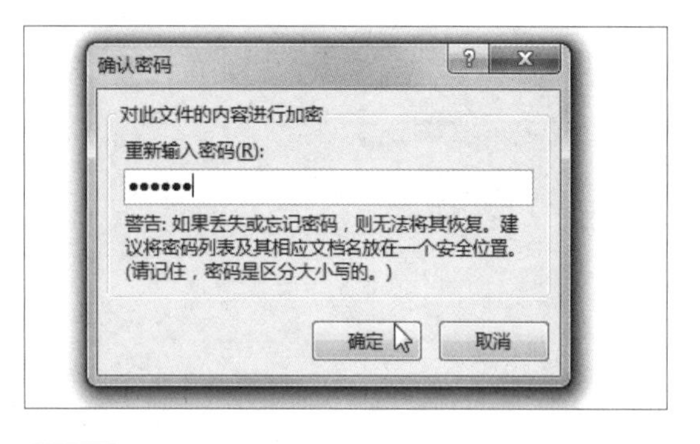

步骤11 复制到文件夹

弹出“打包成 CD”对话框，保留“将 CD 命名为”文本框中默认的 CD 名，在“要复制的文件”列表框中选中需要复制的文件，这里选择“景点介绍 .pptx”，然后单击“复制到文件夹”按钮，如下左图所示。

步骤12 单击“浏览”按钮

弹出“复制到文件夹”对话框，此时打包的文件夹有默认的名称与保存路径，若需要更改文件夹的保存路径，则单击“位置”文本框右侧的“浏览”按钮，如下右图所示。

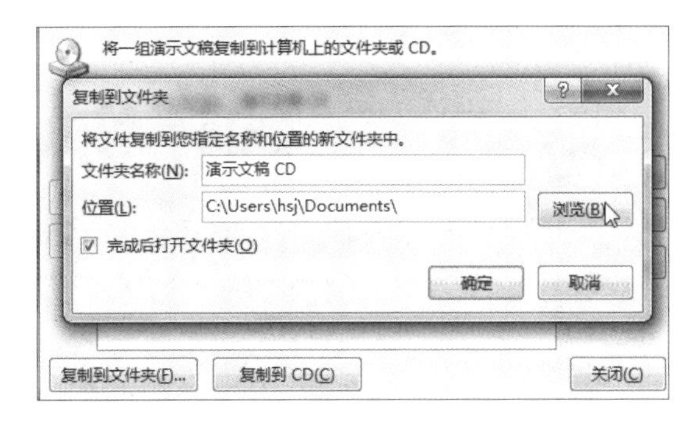

步骤13　选择保存路径

弹出“选择位置”对话框，在地址栏中选择将文件夹保存到的路径，如下图所示，最后单击“选择”按钮。

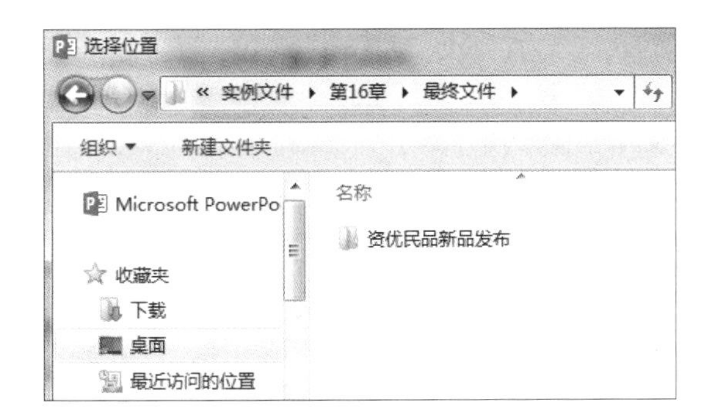

步骤14　单击“确定”按钮

返回“复制到文件夹”对话框，此时“位置”文本框中显示了设置的文件夹保存路径，确认无误后单击“确定”按钮，如下图所示。

步骤15　显示提示信息

弹出“Microsoft PowerPoint”提示框，提示将打包演示文稿中的所有链接文件，单击“是”按钮，如下图所示。

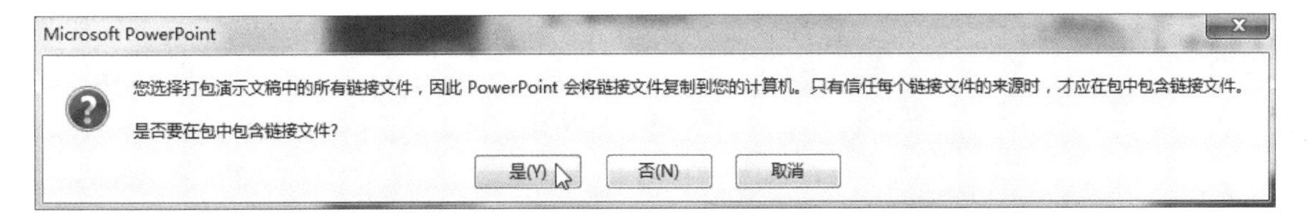

步骤16　显示打包的演示文稿

完成打包后，自动打开打包好的“演示文稿 CD”文件夹，可看到此文件夹下包含 3 个文件，如下图所示。

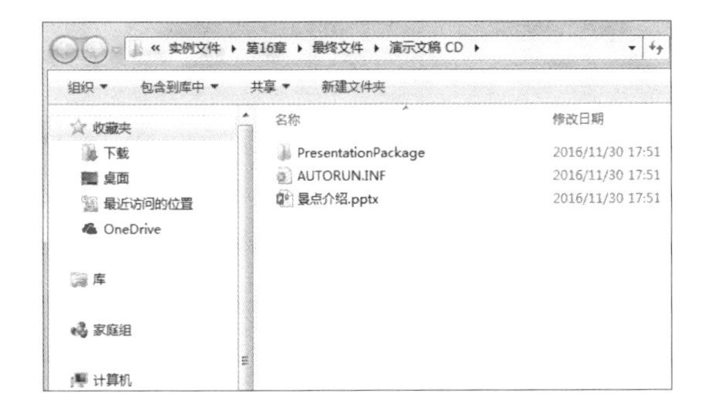

步骤17　关闭“打包成CD”对话框

返回到“打包成 CD”对话框中，单击“关闭”按钮，关闭对话框，如下图所示。

第17章 制作招商方案演示文稿

很多企业都会招商引资，其中制作招商方案是一个非常重要的环节，拥有一个好的招商方案，能增加企业得到更多投资的概率。

本章将介绍如何运用 PowerPoint 2016 中常用的各种方法与技能，创建一个内在和谐、外在美观的招商方案演示文稿，包括利用幻灯片母版快速创建风格统一的演示文稿、在幻灯片中插入与编辑文本、为幻灯片对象添加动画效果、在幻灯片中添加媒体对象、自定义幻灯片放映、保护演示文稿及发布幻灯片等。

原始文件： 下载资源\实例文件\第17章\原始文件\招商方案.pptx、Change.wav、封面.jpg、媒体.mp4

最终文件： 下载资源\实例文件\第17章\最终文件\招商方案.pptx、演示文稿CD

17.1 创建风格统一的演示文稿

一个风格统一的演示文稿不仅可以展示企业的良好形象，同时也能为制作者省去很多操作步骤。下面就来快速设置演示文稿的主题颜色与文本格式。

步骤01 打开演示文稿

找到原始文件保存路径，双击需要打开的演示文稿图标，如下图所示。

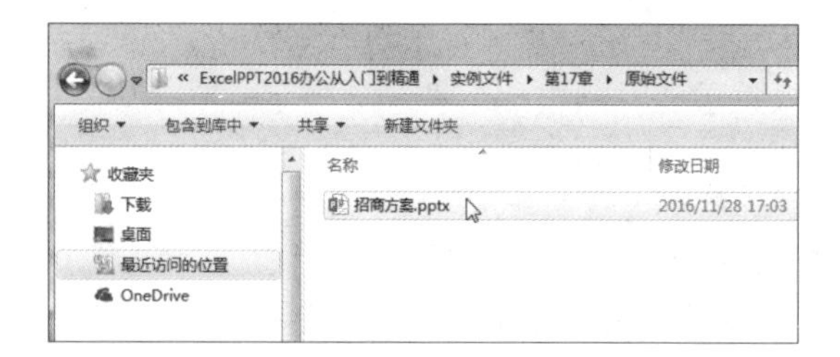

步骤02 切换至幻灯片母版视图

切换至“视图”选项卡下，单击“母版视图”组中的“幻灯片母版”按钮，如下图所示。

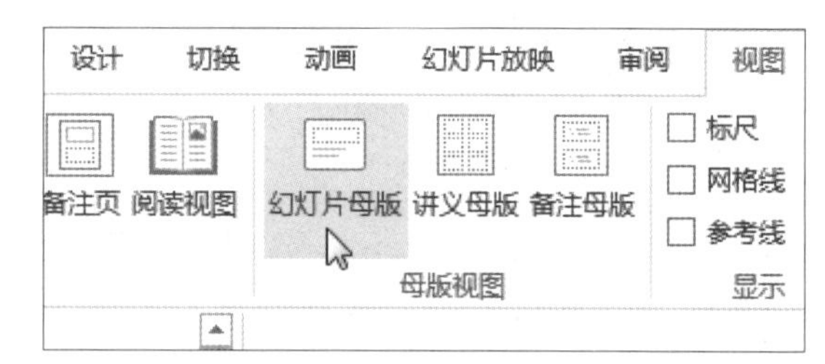

步骤03 设置主题样式

单击“幻灯片母版”选项卡下“编辑主题”组中的“主题”下三角按钮，在展开的下拉列表中选择如下图所示的主题样式。

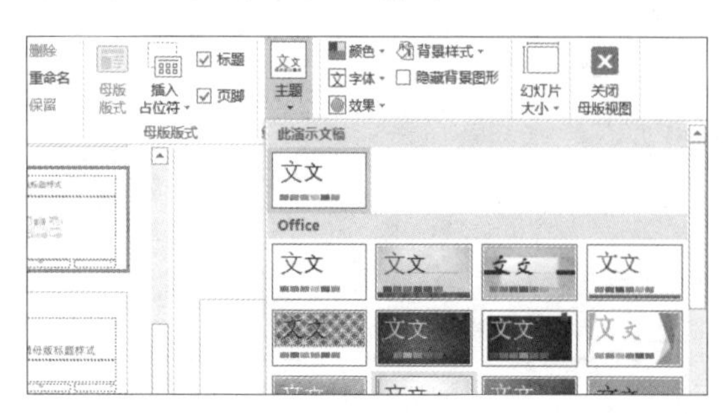

步骤04 查看设置主题样式后的效果

此时可看到幻灯片浏览窗格中所有幻灯片都应用了设置的主题样式，效果如下图所示。

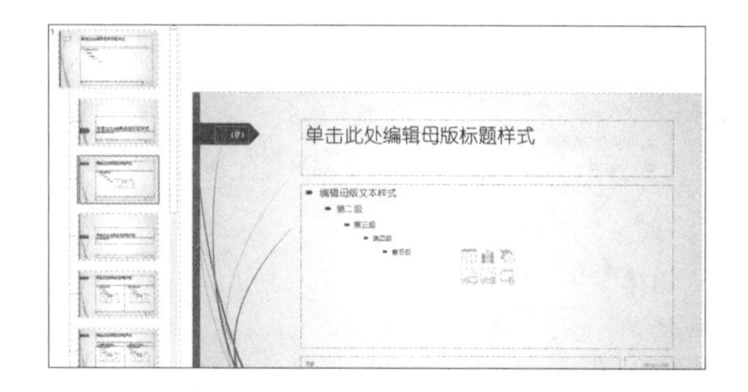

步骤05　设置主题颜色

单击“幻灯片母版”选项卡下“背景”组中的“颜色”按钮，在展开的下拉列表中选择“黄绿色”，如下图所示。

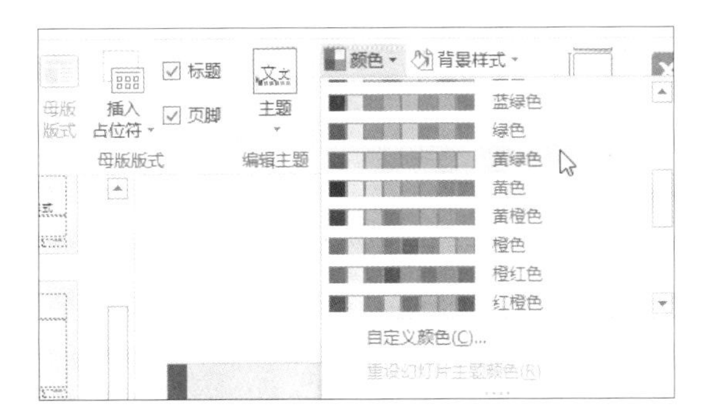

步骤06　设置文本字体

单击“幻灯片母版”选项卡下“背景”组中的“字体”按钮，在展开的下拉列表中选择如下图所示的选项。

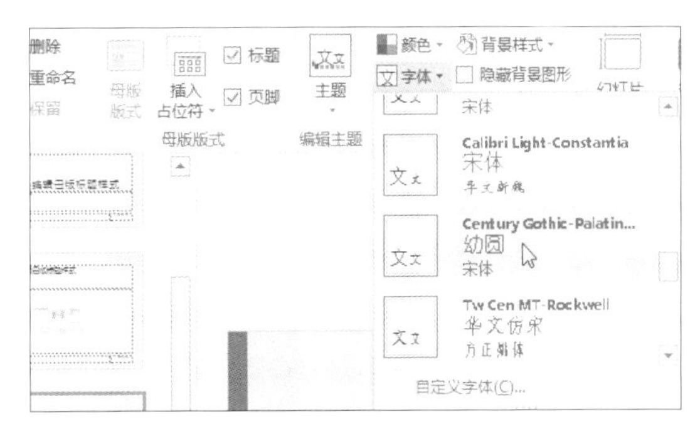

步骤07　查看设置后的母版样式

此时可看到幻灯片母版的背景颜色与文本字体更改为了所设置的样式，效果如下图所示。

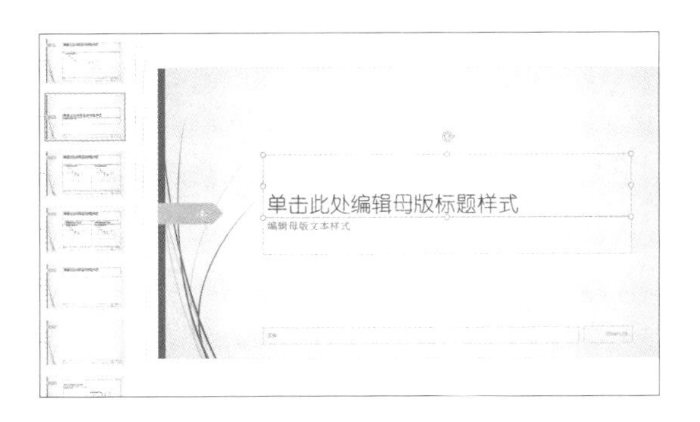

步骤08　关闭母版视图

单击“幻灯片母版”选项卡下“关闭”组中的“关闭母版视图”按钮，如下图所示，即可返回到普通视图中。

步骤09　查看幻灯片效果

切换至任意一张幻灯片，如切换至第 2 张幻灯片，可看到此时的幻灯片背景和幻灯片母版中的一样，如右图所示。

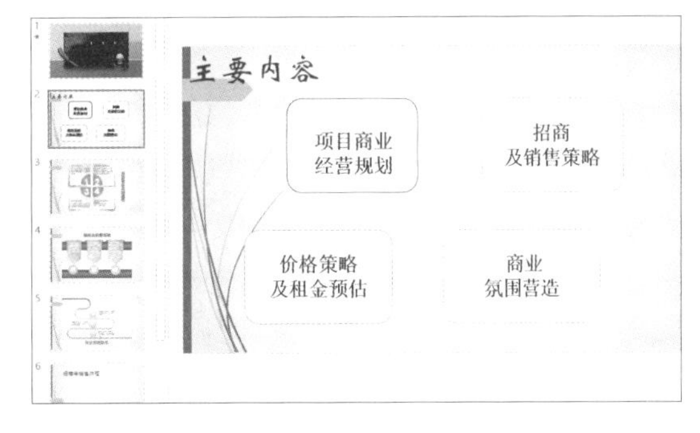

17.2 编辑幻灯片内容

幻灯片中的内容对象包括文本、图片、图形、音频等，下面就来综合运用前面所学知识，在幻灯片中添加和修改内容，让演示文稿更加充实和美观。

17.2.1　在幻灯片中输入与编辑文本

原始文件中已录入了一些文字内容，下面来进行修改，并设置格式。

步骤01 选择文本

继续之前的操作，切换至第 2 张幻灯片，单击需要修改的文本，此时插入点将在单击处闪烁，如下图所示。

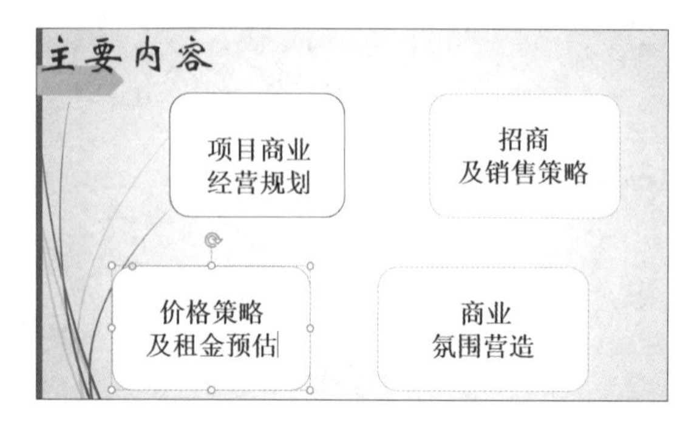

步骤02 输入文本

首先按下【Backspace】键删除原来的文本，然后输入新内容，如下图所示。

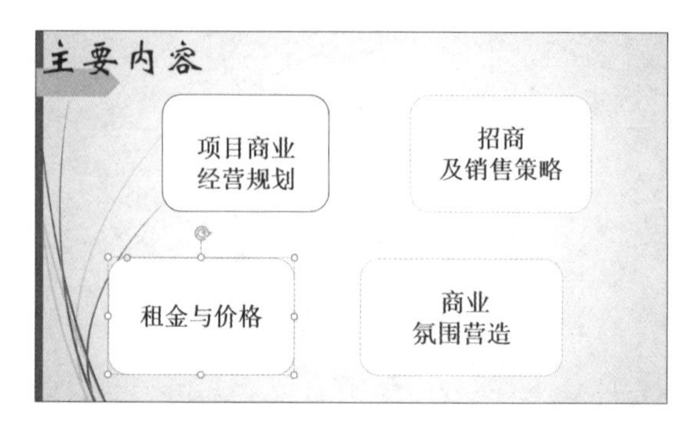

步骤03 选择需要修改样式的文本框

单击标题文本框边框，此时边框变为实线，即选中整个文本框，如下图所示。

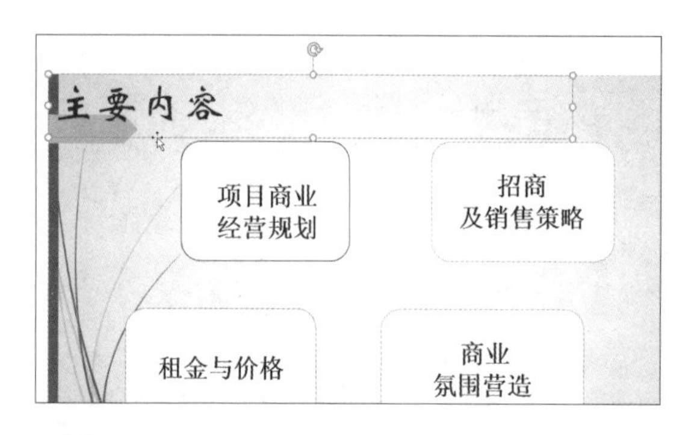

步骤04 展开艺术字库

单击“绘图工具 - 格式”选项卡下“艺术字样式”组中的快翻按钮，将展开更多的艺术字样式，如下图所示。

步骤05 选择艺术字样式

在展开的库中选择如下图所示的艺术字样式。

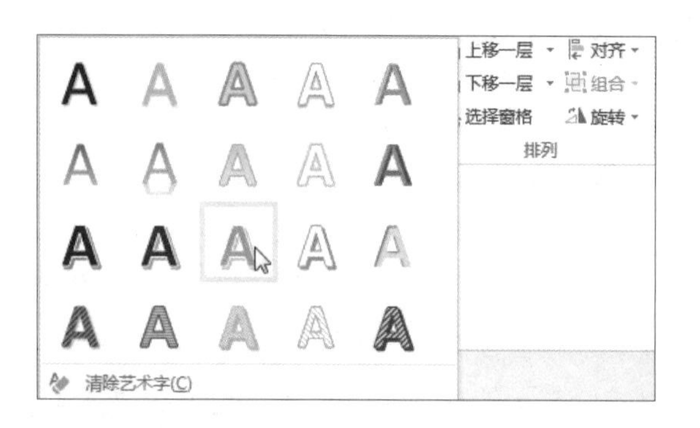

步骤06 查看艺术字效果

此时文本框中的字体套用了所选的艺术字样式，效果如下图所示。

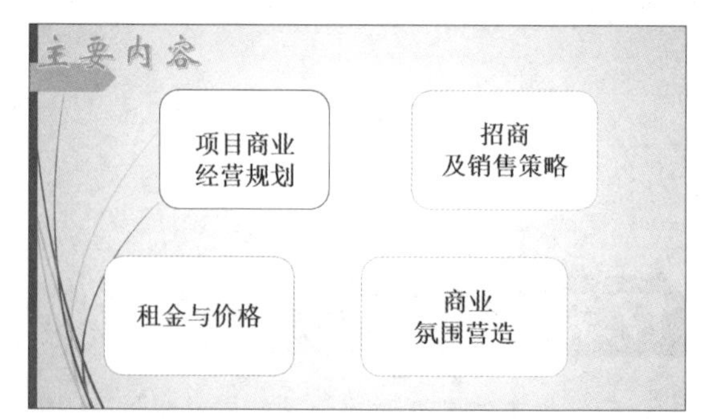

步骤07 选择需要复制格式的文本

切换至第 4 张幻灯片，拖动选中幻灯片中的标题文本“招商及销售策略”，如下左图所示。

步骤08 复制文本格式

单击“开始”选项卡下“剪贴板”组中的“格式刷”按钮，如下右图所示。

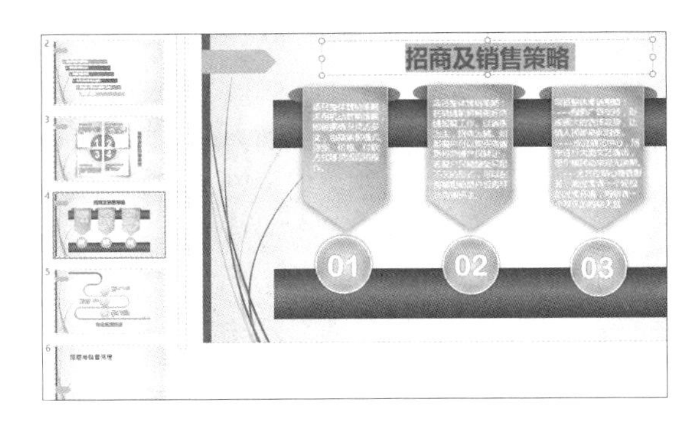

步骤09　粘贴文本格式

此时鼠标指针呈刷子形，切换至第 6 张幻灯片，拖动选中“招商与销售流程”文本，如下图所示。

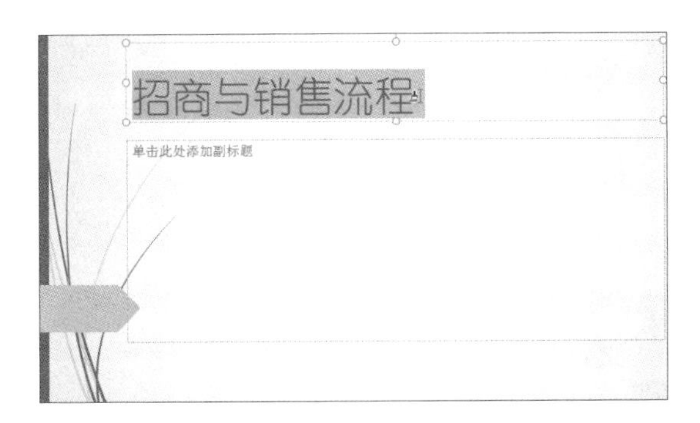

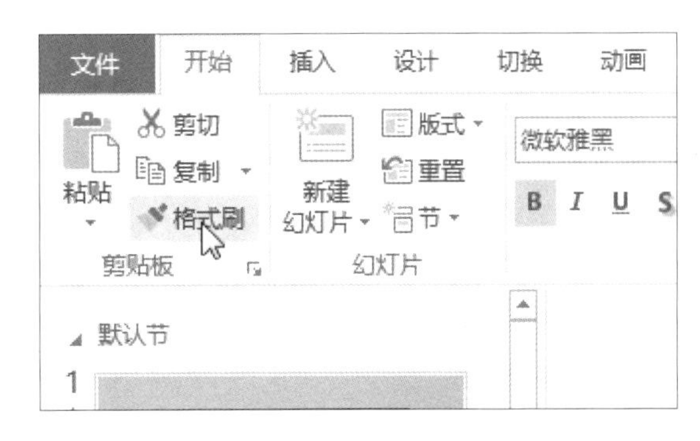

步骤10　查看文本格式

释放鼠标左键后，鼠标拖动经过的文字便应用了第 4 张幻灯片中的标题格式，效果如下图所示。

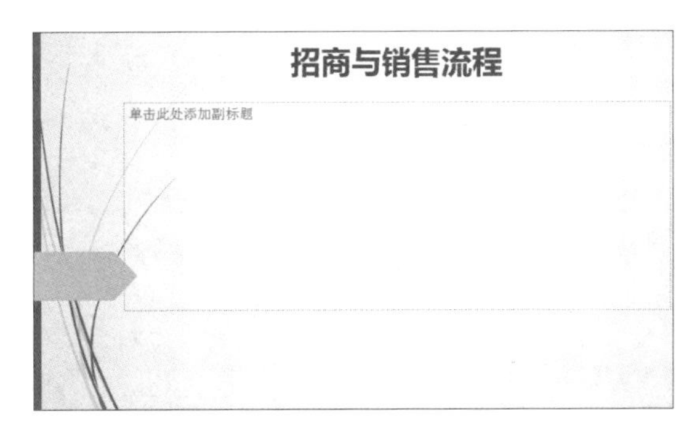

17.2.2　在幻灯片中插入与编辑图形

本小节将在幻灯片中插入文本框，然后向文本框中添加文字，再对图形和文字进行美化。

步骤01　选择需要插入形状的幻灯片

继续之前的操作，切换至第 1 张幻灯片，然后切换至“插入”选项卡，如下图所示。

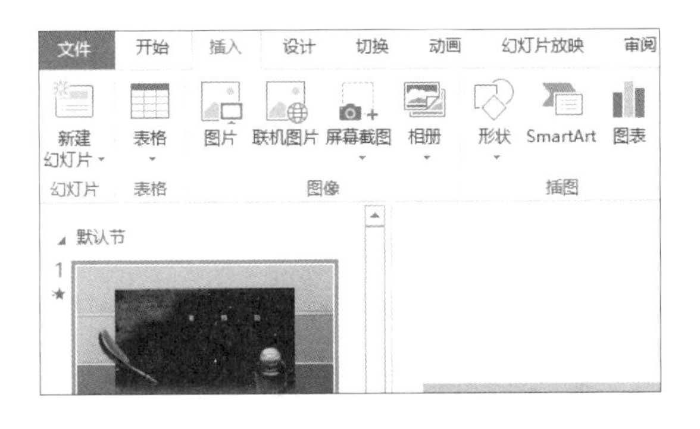

步骤02　选择插入的形状

单击“插入”组中的“形状”下三角按钮，在展开的下拉列表中选择“基本形状”组中的“文本框”，如下图所示。

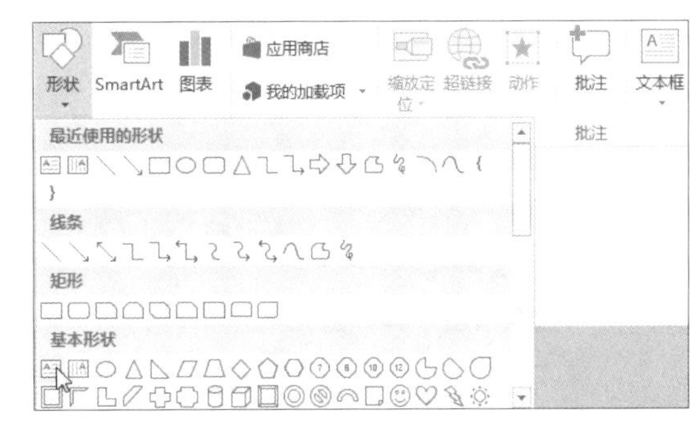

步骤03　绘制文本框

在需要插入文本框的位置单击，然后拖动鼠标绘制文本框，如下左图所示。

步骤04　单击“编辑文字”按钮

右击插入的文本框，在弹出的快捷菜单中单击“编辑文字”命令，如下右图所示。

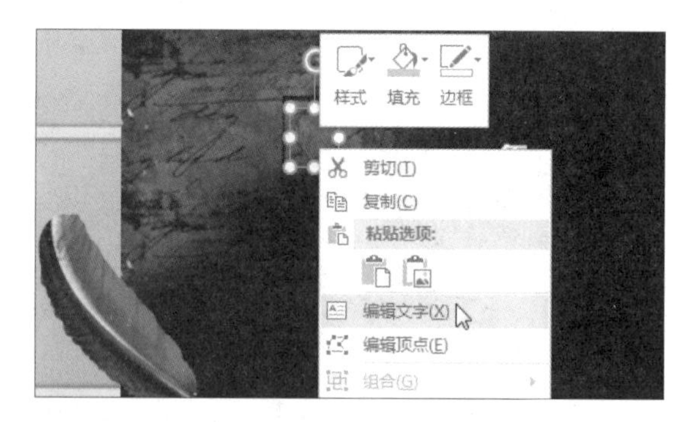

步骤05　输入文字

此时闪烁的插入点出现在文本框内，输入合适的文字，这里输入“2”，再选中文本框，如下图所示。

步骤06　设置字体

单击“开始”选项卡下“字体”组中“字体”下拉列表框右侧的下三角按钮，在展开的下拉列表中选择“华文琥珀”选项，如下图所示。

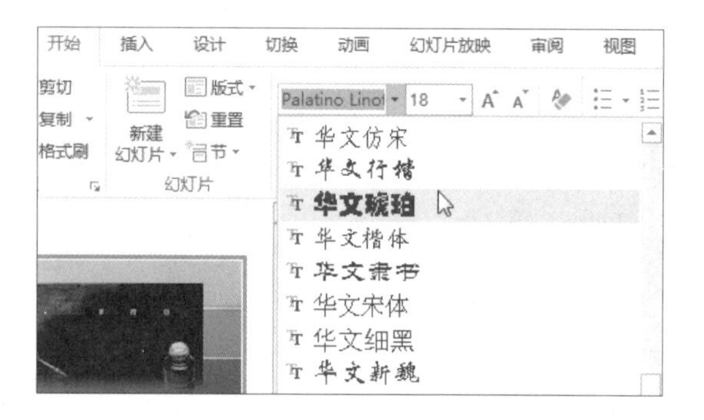

步骤07　调整字号

单击“字体”组中的“增大字号”按钮，使文字增大至合适大小，调整字号的同时“字号”下拉列表框中会显示相应字号，如下图所示。

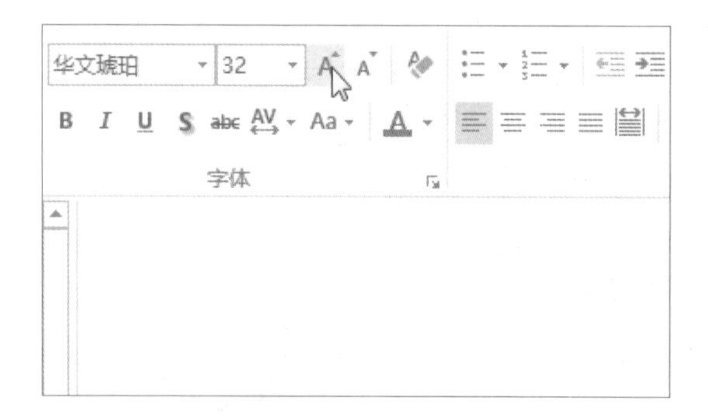

步骤08　设置字体颜色

单击“字体”组中“字体颜色”右侧的下三角按钮，在展开的下拉列表中选择字体颜色，这里选择“红色”，如下图所示。

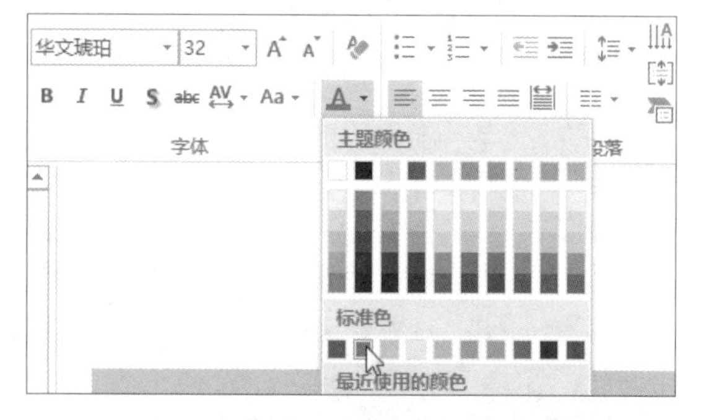

步骤09　查看设置字体后的效果

对文本框中文字的字体、字号、字体颜色进行设置后，显示效果如右图所示。

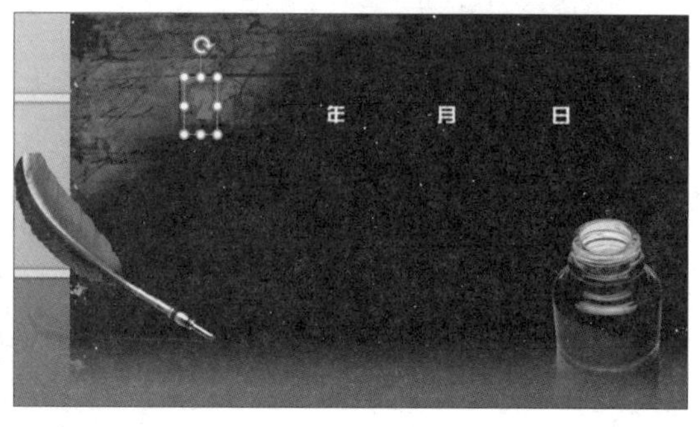

步骤10　设置形状填充颜色

切换至“绘图工具-格式”选项卡下，单击“形状样式”组中“形状填充”右侧的下三角按钮，在展开的下拉列表中选择合适的颜色，这里选择“白色”，如下图所示。

步骤11　设置形状轮廓颜色

单击“形状样式”组中“形状轮廓”右侧的下三角按钮，在展开的下拉列表中选择“黑色”，如下图所示。

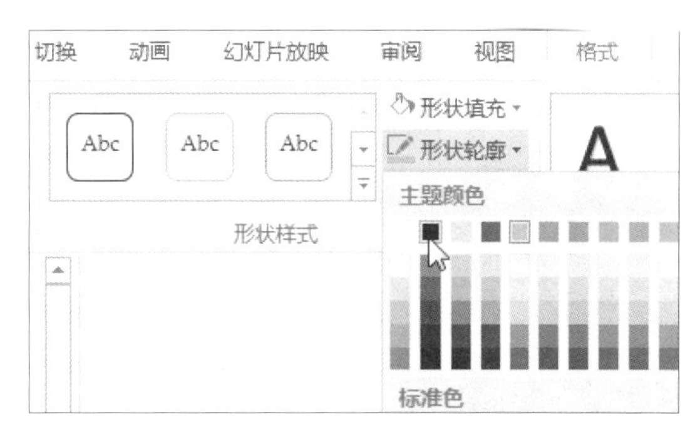

步骤12　设置形状效果

单击“形状样式”组中“形状效果”右侧的下三角按钮，在展开的下拉列表中指向“预设”，然后单击展开的子列表中“预设”组中的“预设1”效果，如下图所示。

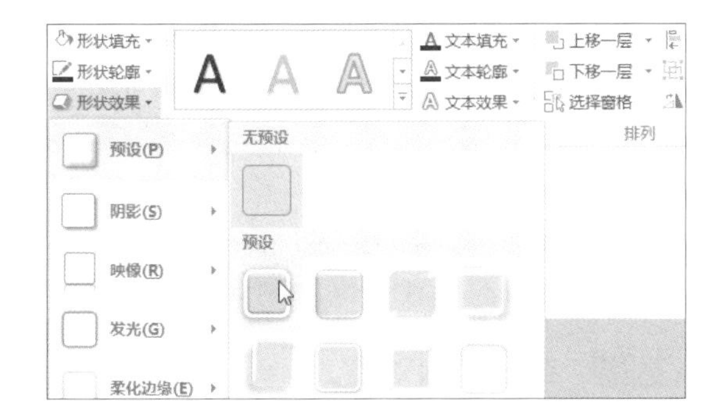

步骤13　移动鼠标指针至文本框控点

此时文本框的形状样式效果进行了更改。将鼠标指针移至文本框右边框中间的控点，鼠标指针变为双向箭头形状，如下图所示。

步骤14　调整文本框大小

按住鼠标左键，然后向右拖动鼠标调整文本框大小，如下图所示，调整至合适大小后释放鼠标左键。

步骤15　复制文本框

调整文本框大小后，此时的文本框处于选中状态，按【Ctrl+C】组合键复制文本框，然后按【Ctrl+V】组合键粘贴文本框，一直粘贴至幻灯片中共有 8 个文本框，如下图所示。

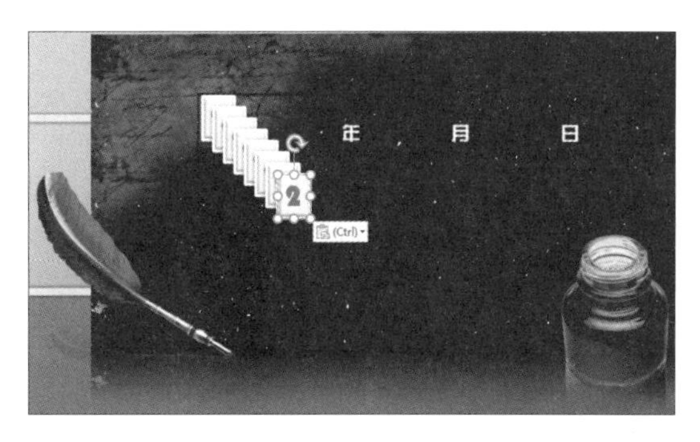

步骤16 移动文本框

选中文本框，将鼠标指针移至选中文本框的上方，待鼠标指针呈十字箭头形时按住鼠标左键不放，移动鼠标，将文本框移至目标位置，如下图所示。

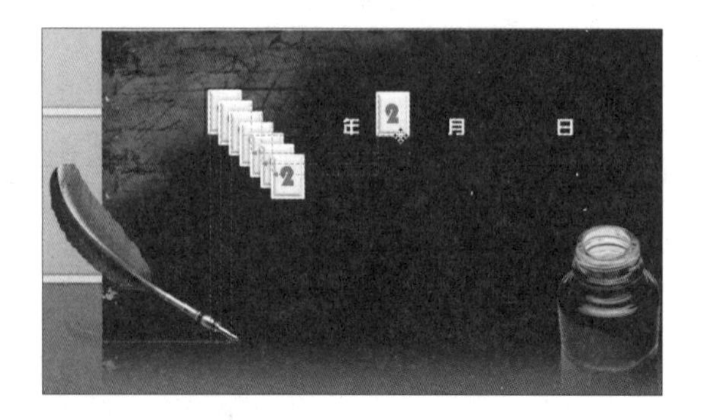

步骤17 更改文本

选中需要更改文本的文本框，将插入点定位至文本框内，然后将文本框内的数字删除，输入新的数字，如下图所示。

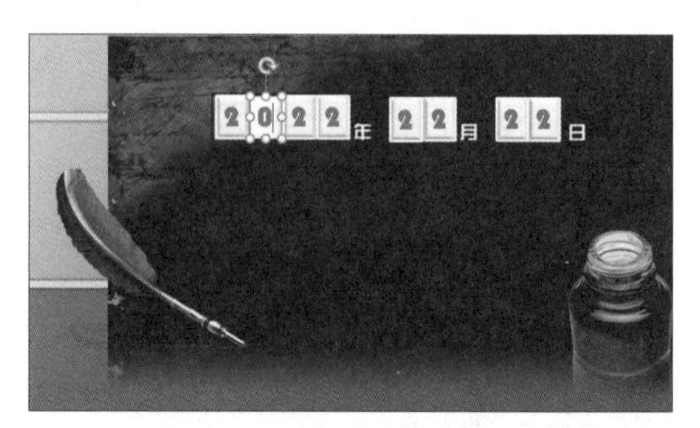

步骤18 查看最终效果

经过一系列设置后，最终的显示效果如右图所示。

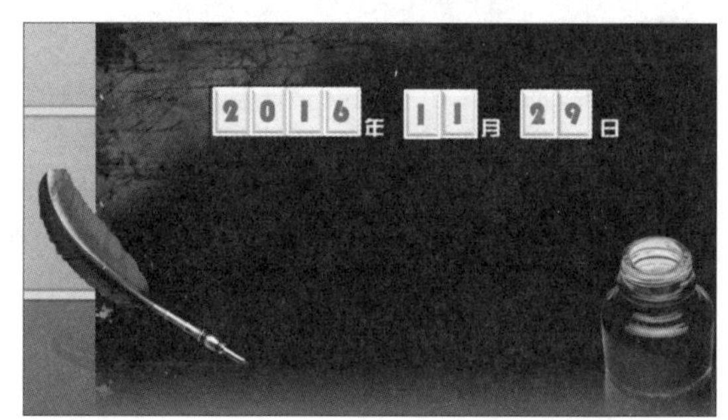

17.2.3 在幻灯片中插入与编辑SmartArt图形

利用 SmartArt 图形功能可快速制作出清晰、美观的图示，如组织结构图、事务流程图等。下面就来运用 SmartArt 图形功能制作招商与销售流程图。

步骤01 选择要插入SmartArt图形的幻灯片

继续之前的操作，切换至第 6 张幻灯片，如下图所示。

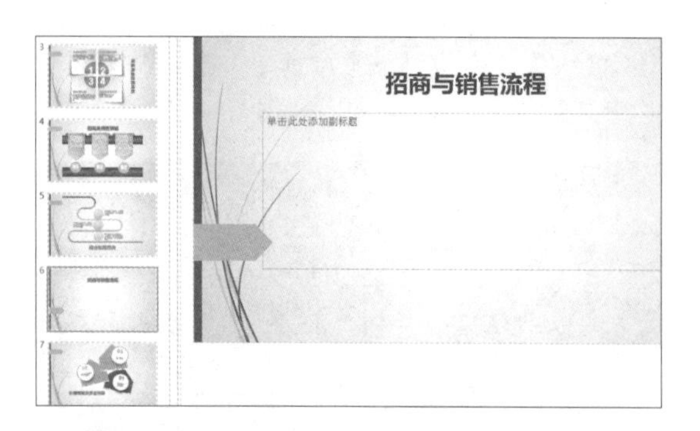

步骤02 更改幻灯片版式

单击“开始”选项卡下“幻灯片”组中“版式”右侧的下三角按钮，在展开的下拉列表中选择“空白”版式，如下图所示。

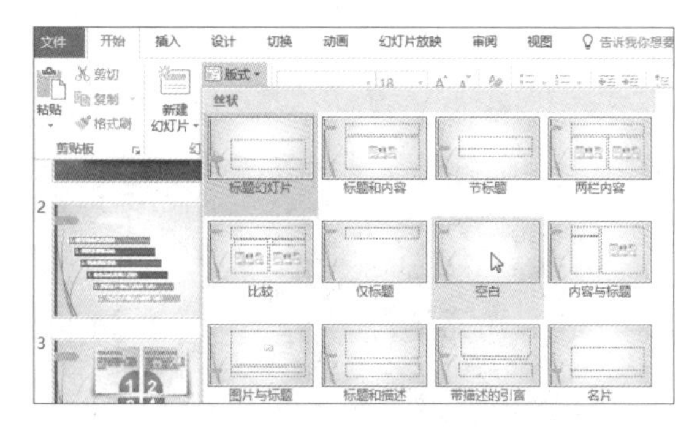

步骤03 查看空白版式幻灯片效果

此时幻灯片的版式效果如下左图所示。

步骤04 插入SmartArt图形

单击“插入”选项卡下“插图”组中的“SmartArt”按钮，如下右图所示。

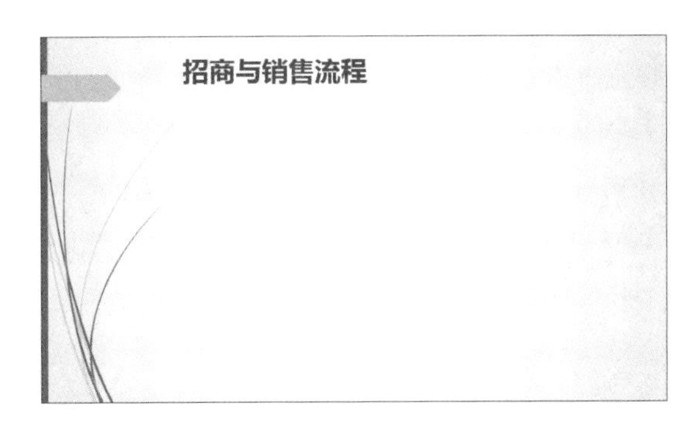

步骤05　选择SmartArt图形

弹出“选择 SmartArt 图形”对话框，在左侧的列表框中选择“流程”选项，在中间的列表框中选择“向上箭头”形状，在对话框右侧可预览所选图形样式，确认后单击“确定”按钮，如下图所示。

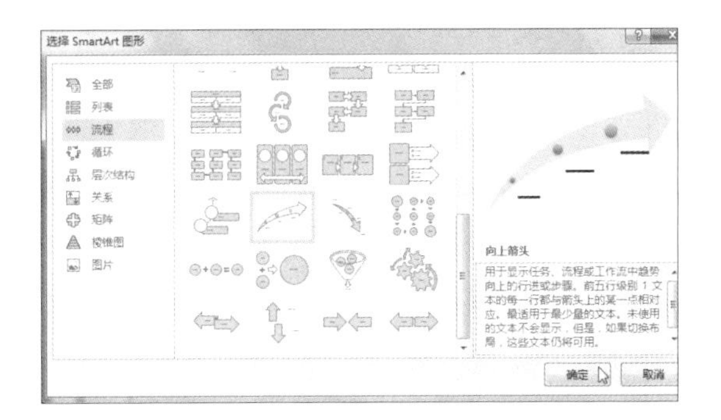

步骤06　查看插入的SmartArt图形

此时幻灯片中自动插入了“向上箭头”形状的 SmartArt 图形，如下图所示。

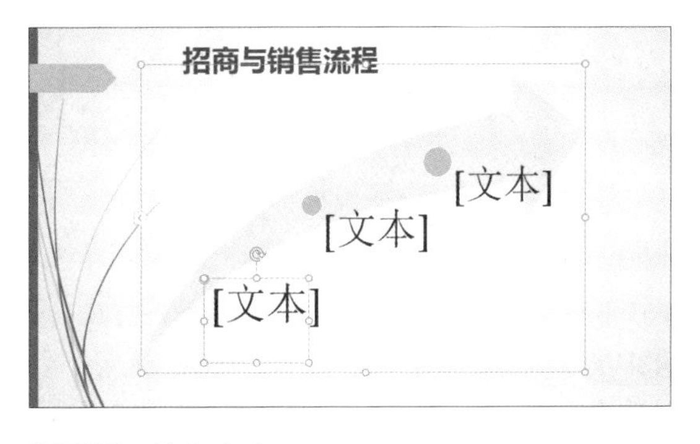

步骤07　将插入点定位在形状中

单击占位符“[文本]”字样，激活占位符，闪烁的插入点定位至文本框内，如下图所示。

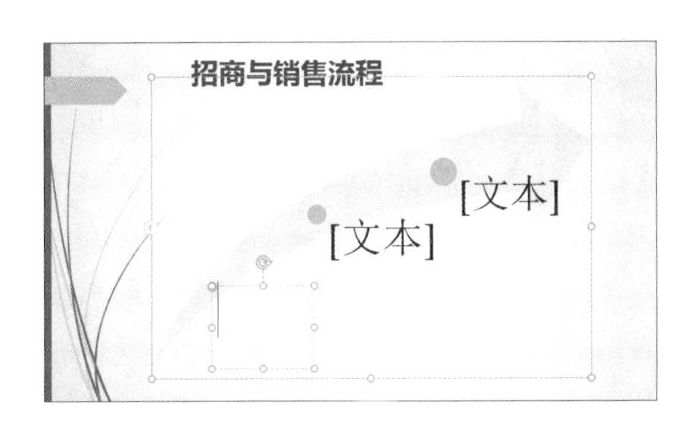

步骤08　输入文本

在文本框内输入“目标商户群的确定”，如下图所示，输入完毕后在其他占位符中输入对应文字。

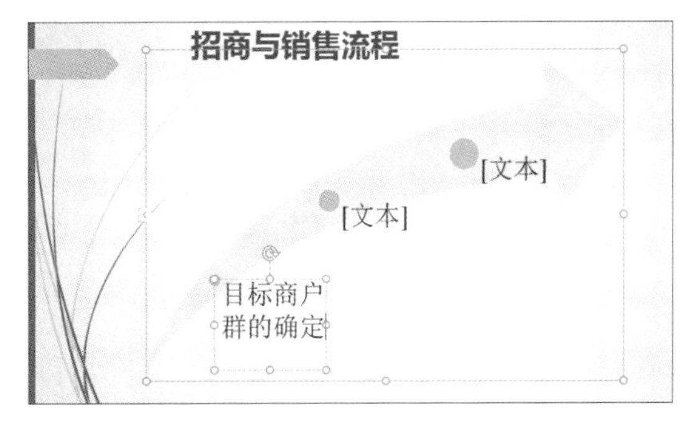

步骤09　添加形状

右击最上层的文本，在弹出的快捷菜单中指向“添加形状”选项，然后在展开的级联菜单中单击“在后面添加形状”命令，如下左图所示。

步骤10　查看添加的形状

此时 SmartArt 图形中又添加了一个文本框形状，如下右图所示。

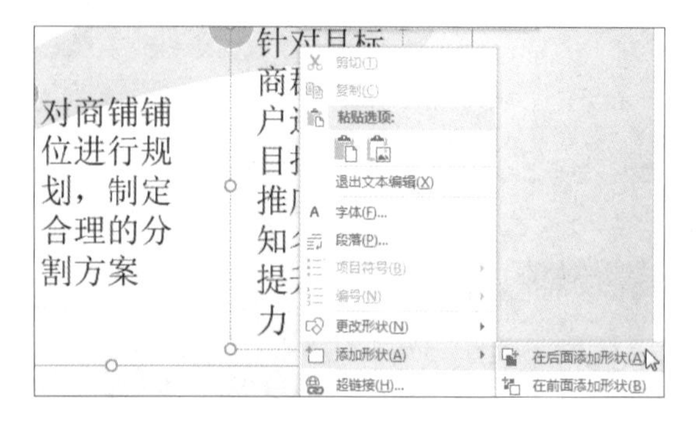

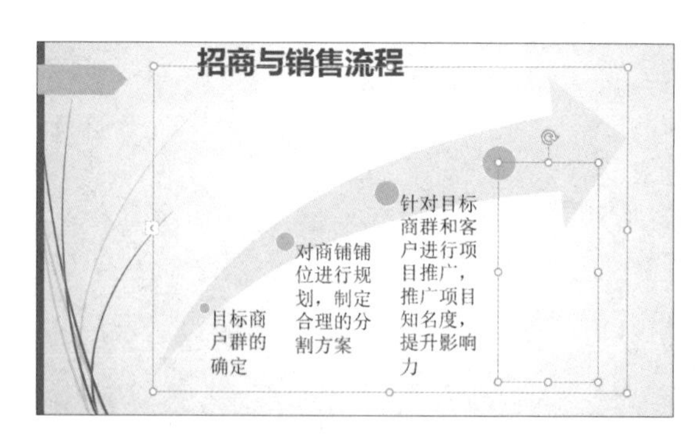

步骤11 展开文本窗格

单击 SmartArt 图形左侧的“展开 / 折叠”按钮，如下图所示。

步骤12 输入招商流程

在左侧出现文本窗格，单击新增形状对应的文本位置，然后输入相关文字，输入完毕后单击“关闭”按钮，关闭文本窗格，如下图所示。

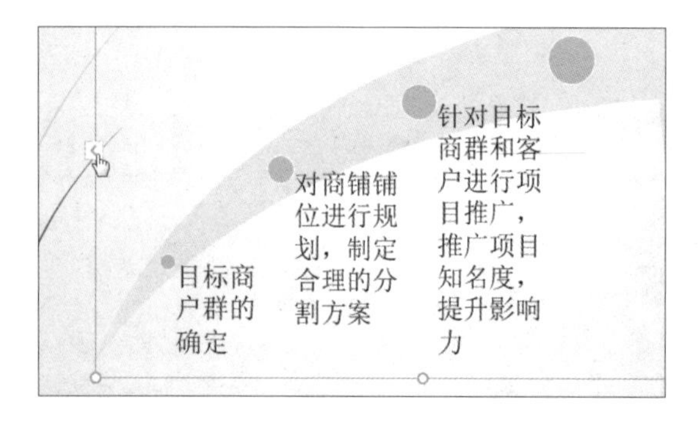

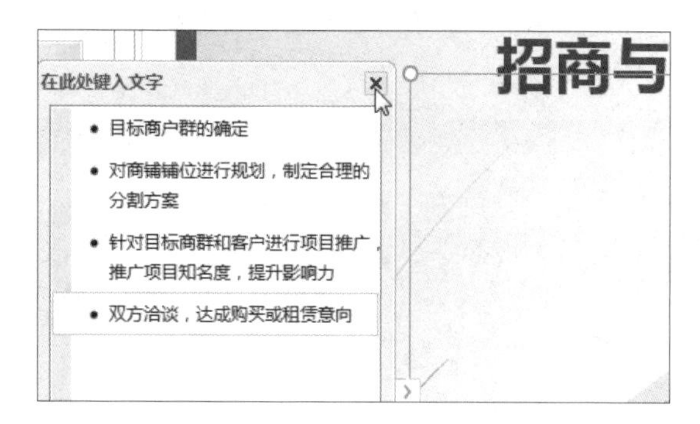

步骤13 查看输入的文本

此时新增的形状中显示了通过文本窗格输入的文字，如下图所示。

步骤14 完善流程图

利用上述方法，在 SmartArt 图形中再添加一个形状并输入对应文字，输入完毕后的效果如下图所示。

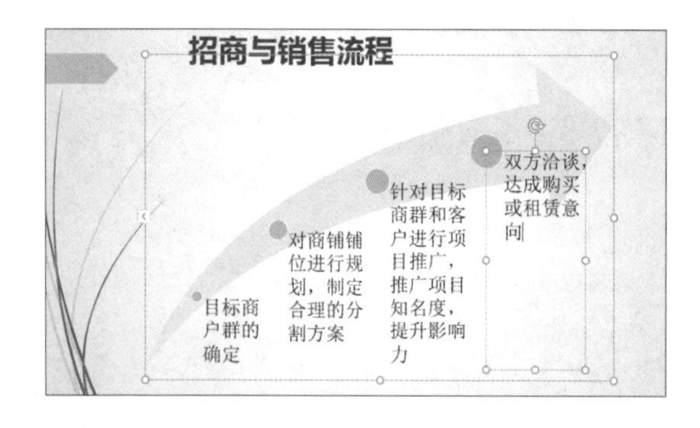

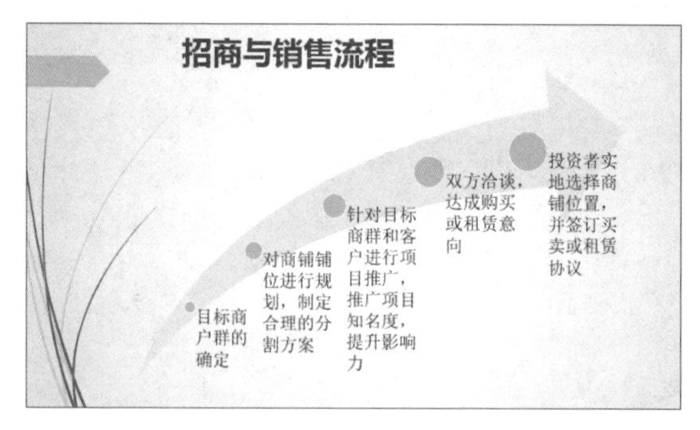

步骤15 更改SmartArt图形样式

单击“SmartArt 工具 - 设计”选项卡下“SmartArt 样式”组中的快翻按钮，将展开更多的 SmartArt 图形样式，如右图所示。

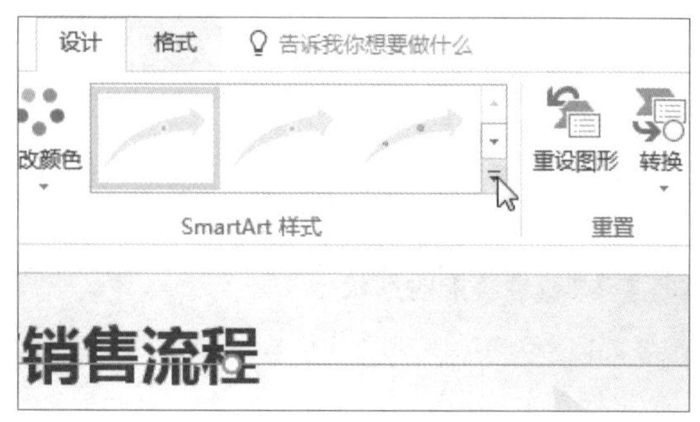

步骤16　选择SmartArt样式

在展开的 SmartArt 样式库中选择“三维”组中的“嵌入”样式，如下图所示。

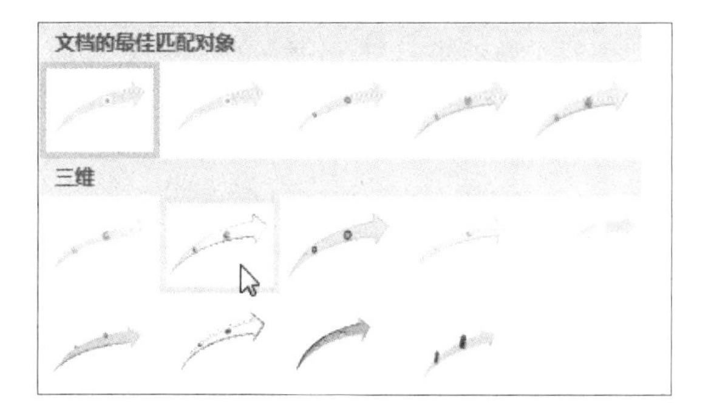

步骤17　查看样式效果

此时 SmartArt 图形的样式更改为三维效果，如下图所示。

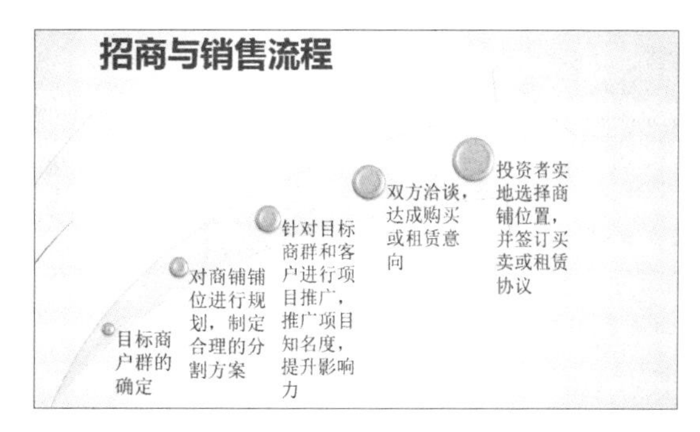

步骤18　美化文本内容

选择 SmartArt 图形中的文本，在“SmartArt 工具 - 格式”选项卡下对其进行美化，最终效果如下图所示。

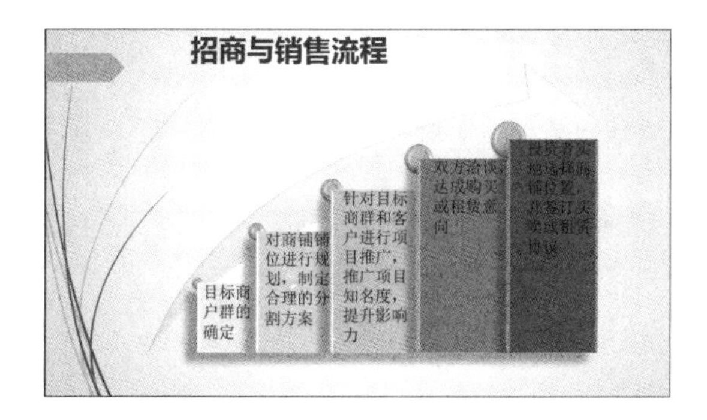

步骤19　转化为形状

单击“SmartArt 工具 - 设计”选项卡下“重置”组中的“转换”按钮，在展开的下拉列表中选择“转换为形状”命令，如下图所示。

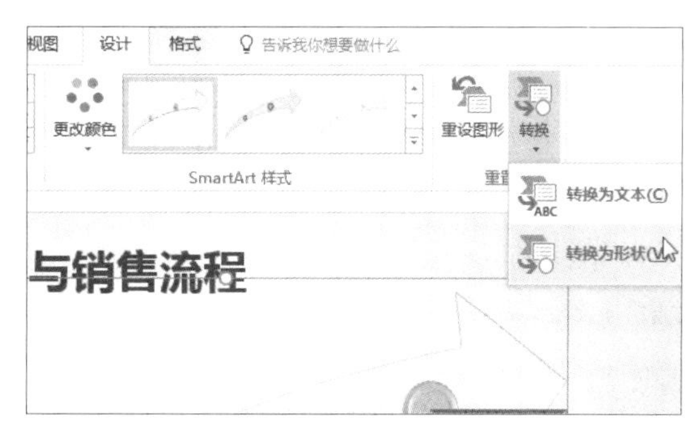

步骤20　查看转换为形状后的效果

选中转换后的流程图，此时将出现“绘图工具”标签，说明当前选中的为绘制的形状，而不再是 SmartArt 图形了，如右图所示。

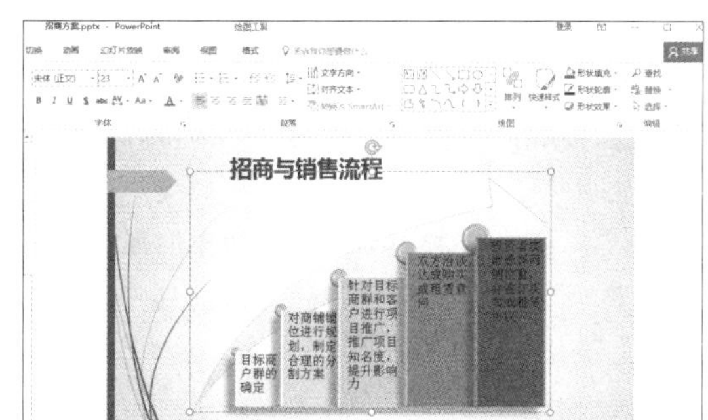

17.3 让幻灯片内容动起来

为幻灯片中的对象添加动画效果，适当添加音频和视频文件，能让演示文稿更加富有感染力。在前面的章节中介绍了添加动画效果、音频、视频的方法，本节将回顾这些内容。

17.3.1　设置幻灯片对象的动画效果

动画效果是演示文稿的一大特色，运用动画效果不需要制作者有太多的专业知识和进行复杂的操作，就可以呈现出炫丽多彩的效果。对于添加的动画可设置其效果方向、播放开始方式、播放延迟时间等。

步骤01 选择需要添加动画效果的图形

继续之前的操作，切换至第 3 张幻灯片，单击需要添加动画效果的图形，如下图所示。

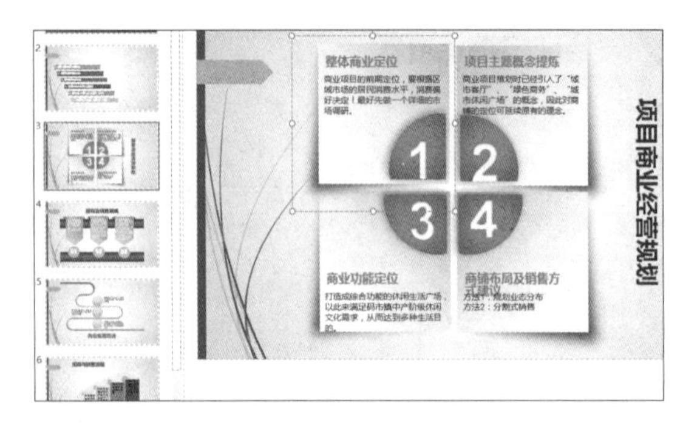

步骤02 展开动画效果库

单击“动画”选项卡下“动画”组中的快翻按钮，如下图所示。

步骤03 单击“更多进入效果”选项

在展开的动画效果库中单击“更多进入效果”选项，如下图所示。

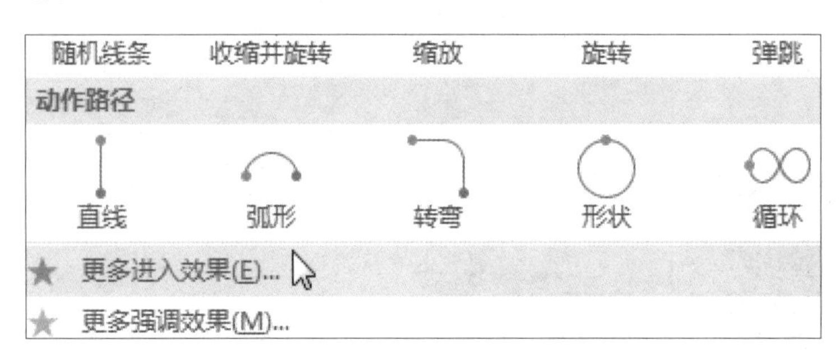

步骤04 选择动画效果

弹出“更改进入效果”对话框，选择“浮动”效果，勾选“预览效果”复选框，然后单击“确定”按钮，如右图所示。

步骤05 双击“动画刷”按钮

如果想要快速将设置好的动画效果应用到其他图形中，首先选择添加了动画效果的形状，然后双击“动画”选项卡下“高级动画”组中的“动画刷”按钮，如下图所示。

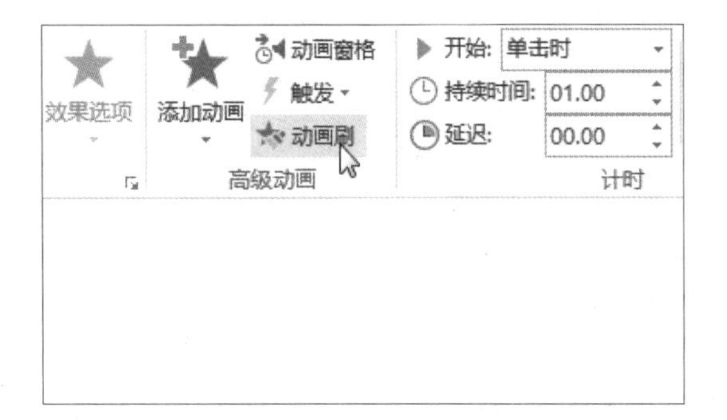

步骤06 粘贴动画效果

此时鼠标指针呈刷子形，单击需要应用动画效果的图形，这里单击“项目商业经营规划”中的第 2 个要点，如下图所示。

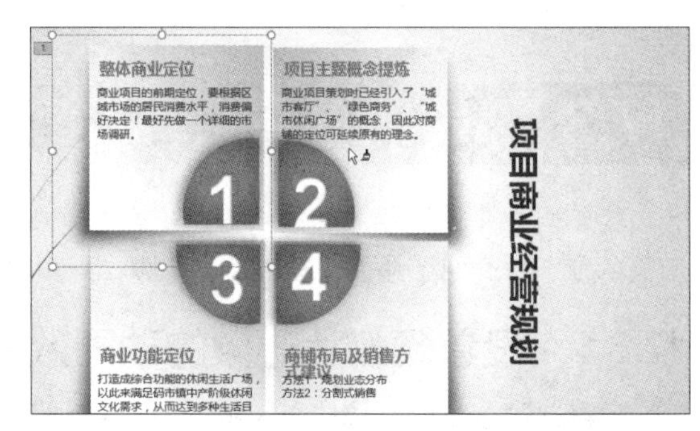

步骤07　查看复制的动画效果

利用动画刷为幻灯片中的 4 个图形都添加相同的动画效果，此时每个添加了动画效果的图形的左上角会显示动画编号，如下图所示。最后按【Esc】键取消动画刷功能。

步骤08　设置动画开始方式

单击“动画”选项卡下“计时”组中“开始”下拉列表框右侧的下三角按钮，在展开的下拉列表中单击“上一动画之后”选项，如下图所示。

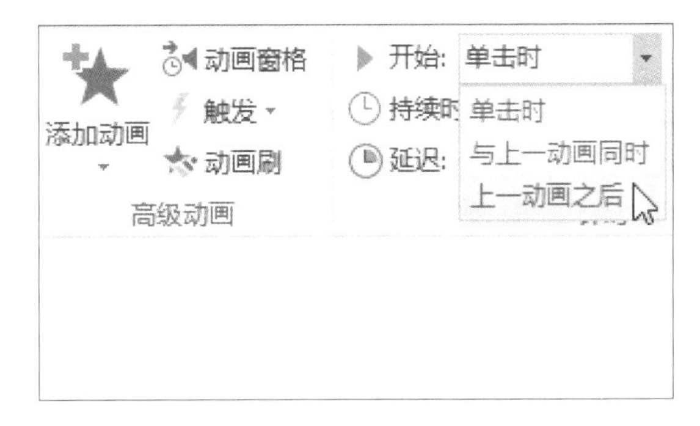

步骤09　为其他对象设置开始方式

使用同样的方法，设置幻灯片中其他 3 个对象动画的开始方式都为“上一动画之后”，此时这些对象左上角的编号都变为 1，如下图所示。

步骤10　单击“预览”选项

单击“开始”选项卡下“预览”组中的“预览”下三角按钮，在展开的下拉列表中单击“预览”选项，如下图所示。

步骤11　预览动画效果

此时开始播放“浮动”动画方案，效果如下图所示。

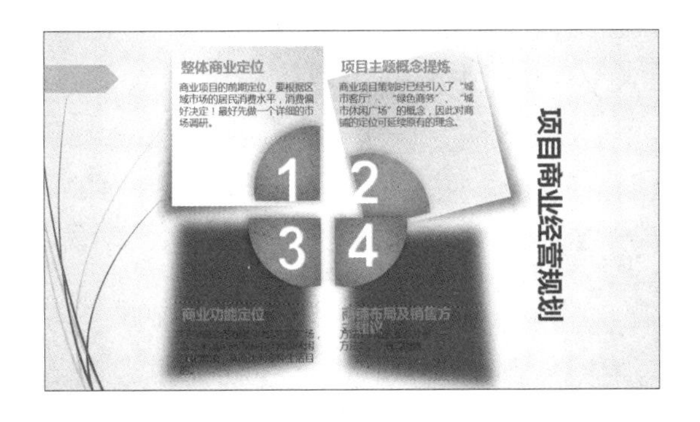

步骤12　选择要添加动画的对象

切换至第 4 张幻灯片，选择需要添加动画效果的对象，这里按住【Ctrl】键，同时选中幻灯片中两个黑色的矩形，如下图所示。

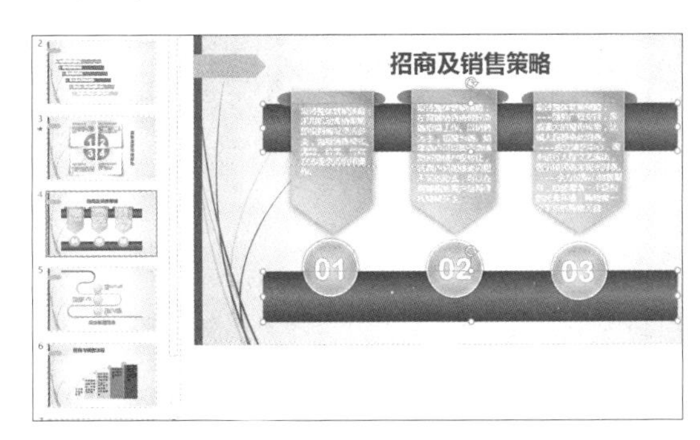

步骤13　选择预设动画效果

单击“动画”选项卡下“动画”库中的“擦除”动画效果，如下图所示。

步骤14　设置效果选项

单击“动画”选项卡下“动画”组中的“效果选项”按钮，在展开的下拉列表中单击“自左侧”选项，如下图所示。

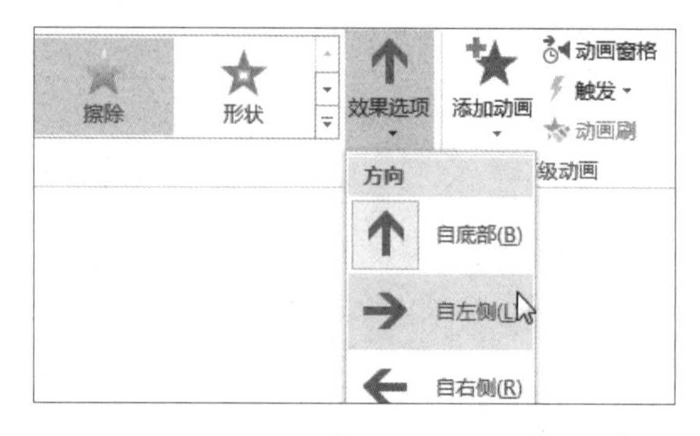

步骤15　设置持续时间

在“动画”选项卡下“计时”组中的“持续时间”数值框中可设置动画播放的时间，时间越长，播放速度越慢，这里设置持续时间为 2.5 秒，如下图所示。

步骤16　选择需要组合的形状

如果需要两个及两个以上的形状一起以某种动画效果展示，则需要将形状组合，这里选中如下图所示的文本框及图形。

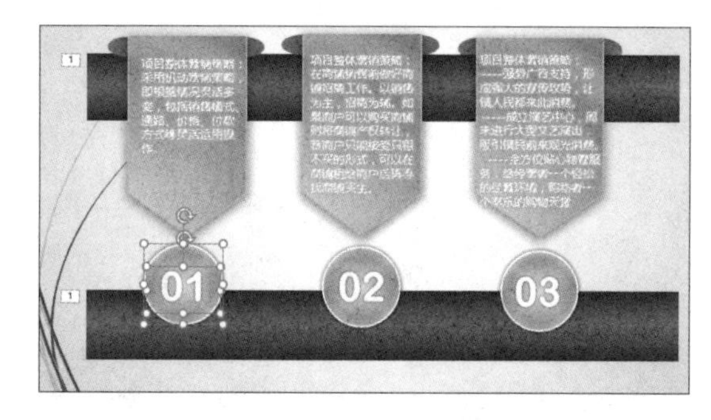

步骤17　单击“组合”选项

单击“绘图工具 - 格式”选项卡下“排列”组中“组合”右侧的下三角按钮，在展开的下拉列表中单击“组合”选项，如下图所示。

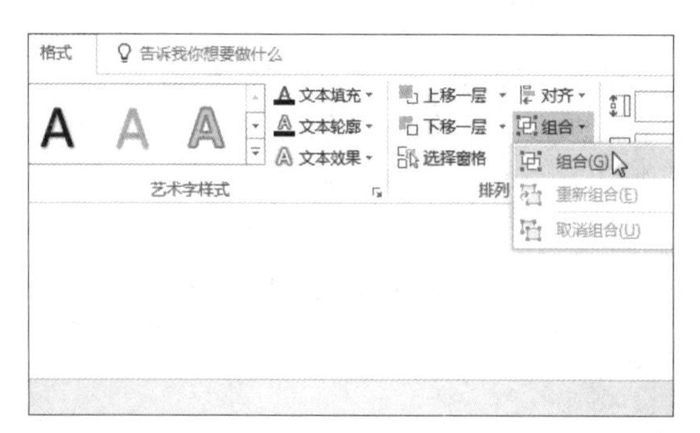

步骤18　为组合图形添加动画效果

选中组合的图形，单击“动画”选项卡下“动画”组中的快翻按钮，在展开的库中选择“弹跳”动画效果，如下图所示。

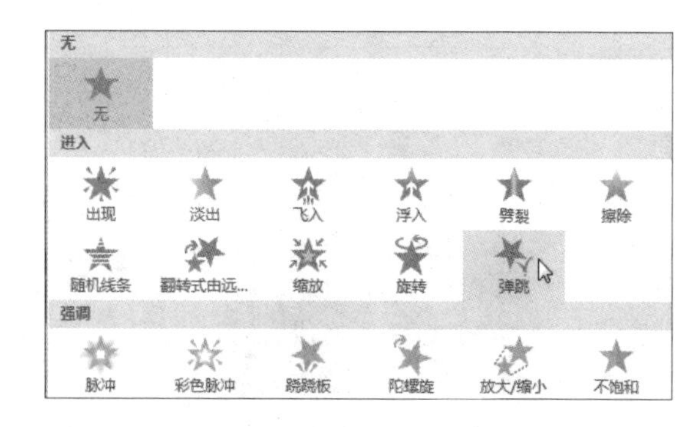

步骤19　继续组合并选中

同样首先组合文本框与图形，然后选中组合图形，如下图所示。

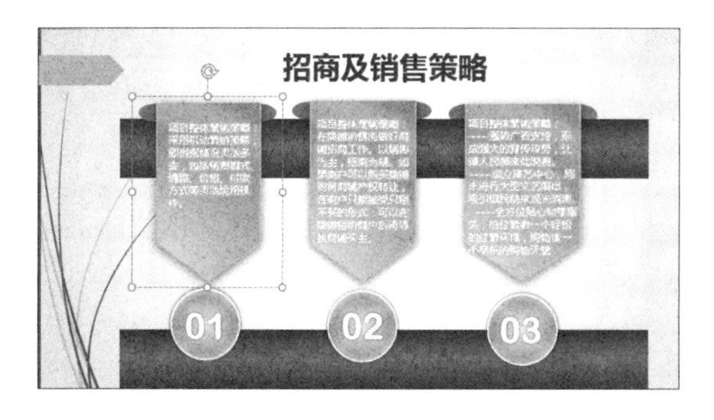

步骤20　单击“更多进入效果”选项

单击“动画”选项卡下“高级动画”组中的“添加动画”按钮，在展开的下拉列表中单击“更多进入效果”选项，如下图所示。

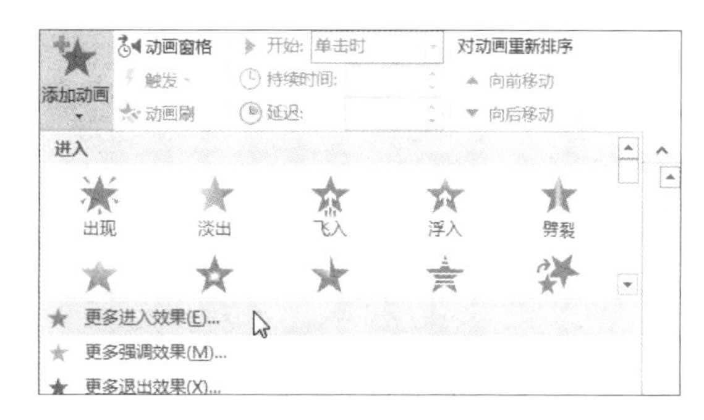

步骤21　选择动画效果

弹出“添加进入效果”对话框，选择“温和型”组中的“下浮”动画方案，然后单击“确定”按钮，如下左图所示。

步骤22　单击“动画窗格”按钮

单击“动画”选项卡下“高级动画”组中的“动画窗格”按钮，如下右图所示。

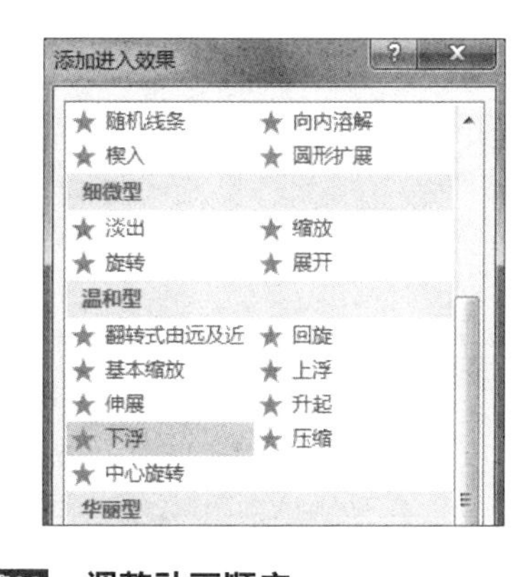

步骤23　调整动画顺序

弹出“动画窗格”任务窗格，选中需要调整动画顺序的对象，这里选择“组合 7”，然后单击 ▲ 按钮，如下图所示。

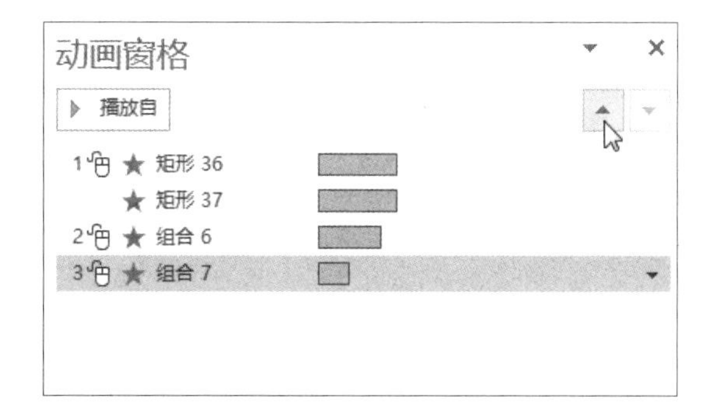

步骤24　预览动画效果

此时“组合 7”形状上移了一位，然后单击该任务窗格中的“播放自”按钮，如下图所示。

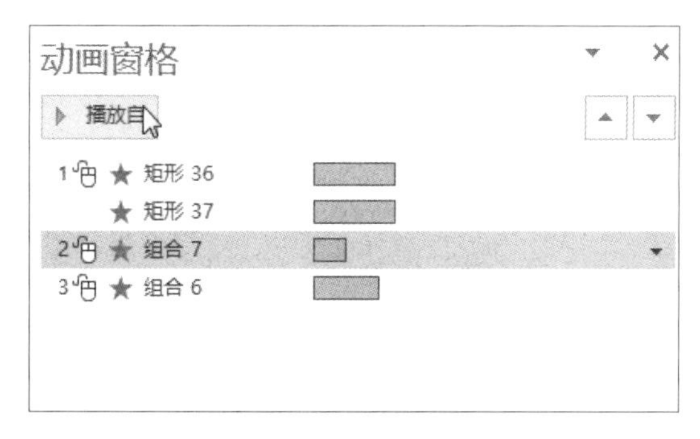

步骤25 显示动画效果

此时可在幻灯片中预览动画效果，如下图所示。

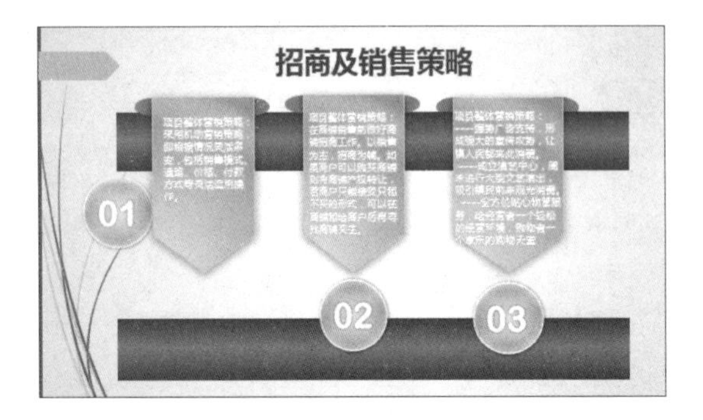

步骤26 启动动画刷功能

首先选择圆形组合对象，然后双击“动画”选项卡下“高级动画”组中的“动画刷”按钮，如下图所示。

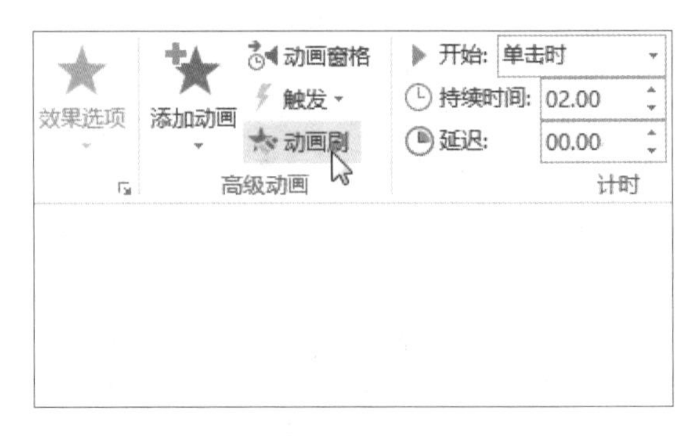

步骤27 使用动画刷粘贴动画

此时鼠标指针呈刷子形，选择幻灯片中需要应用上一步所选择对象的动画效果的对象，如单击如下图所示的组合图形，继续单击需要应用该动画效果的对象，最后按【Esc】键取消动画刷功能。

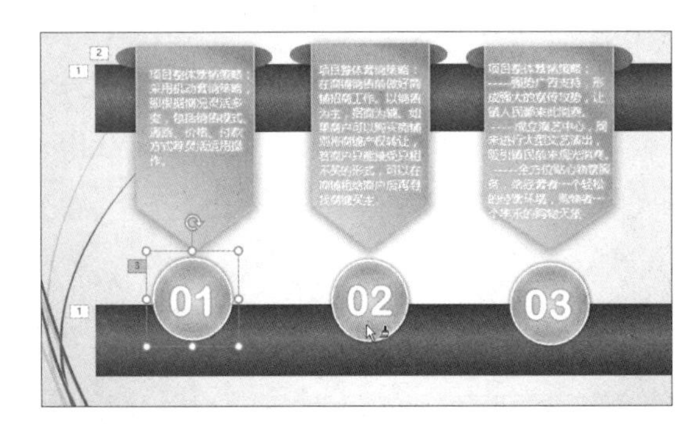

步骤28 应用动画后的效果

利用动画刷将文本框组合图形设置为与动画编号“2”相同的动画效果，为对象全部添加动画方案后，效果如下图所示。

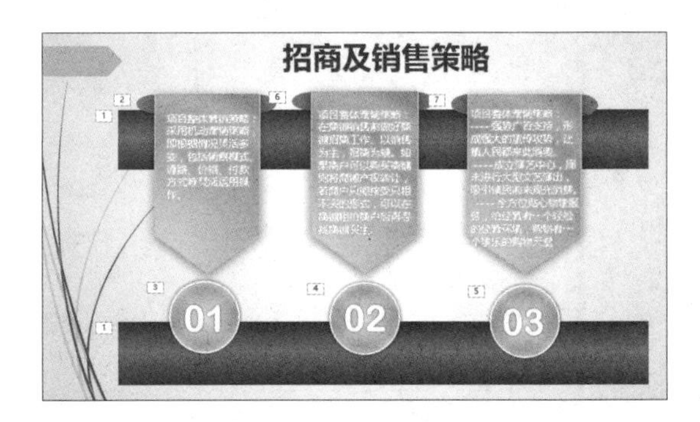

步骤29 调整动画顺序

单击动画编号“6”，然后单击“动画”选项卡下“计时”组中的“向前移动”按钮，如下图所示。

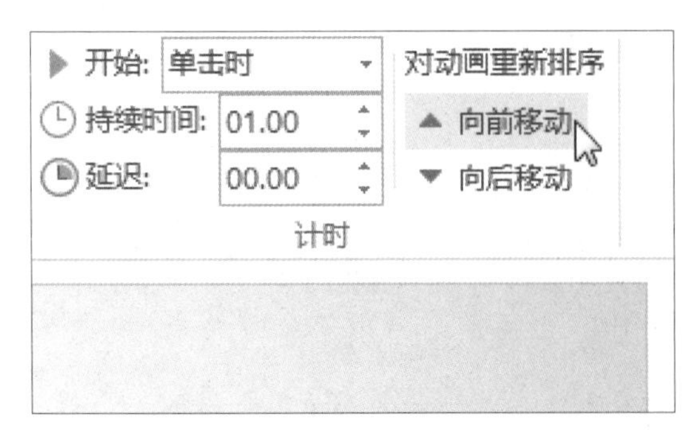

步骤30 显示移动后的动画顺序

此时上一步选中的动画编号“6”变为了“5”，如下图所示。

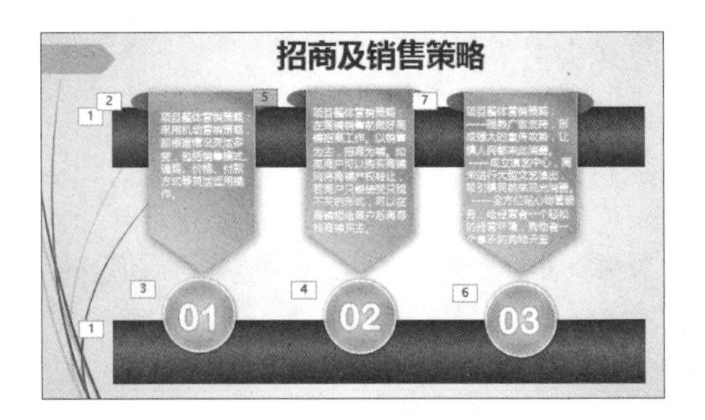

步骤31　显示调整后的最终动画顺序

用户还可在“动画窗格”任务窗格中对动画顺序进行调整，调整完毕后动画的最终顺序如右图所示。

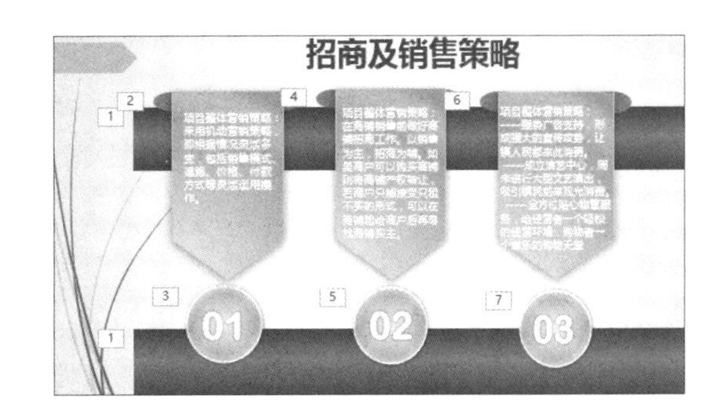

17.3.2　多媒体对象的添加与调整

除了为幻灯片中的对象添加动画效果外，为了让演示文稿更加生动，还可以在幻灯片中插入音频文件或视频文件。下面就来巩固为幻灯片添加媒体对象的方法。

1　添加音频对象并调整

添加音频对象就是添加音频文件，用户可选择添加 PC 上的音频或录制音频，并可进行剪裁、设置淡化效果、设置播放开始方式等操作。

步骤01　选择需要添加音频的幻灯片

继续之前的操作，切换至第 1 张幻灯片，如下图所示。

步骤02　插入PC上的音频

切换至“插入”选项卡下，单击“媒体”组中的“音频”按钮，在展开的下拉列表中单击“PC 上的音频”选项，如下图所示。

步骤03　选择音频文件

弹出“插入音频”对话框，在地址栏中选择音频文件的保存位置，然后选择需要插入到幻灯片中的音频文件，这里选择“Change.wav”文件，然后单击“插入”按钮，如下图所示。

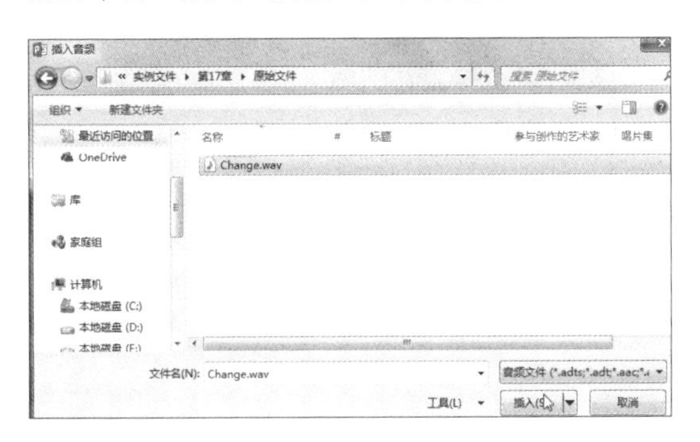

步骤04　显示插入的音频文件图标

此时在幻灯片中插入了所选的音频文件，其声音图标如下图所示。

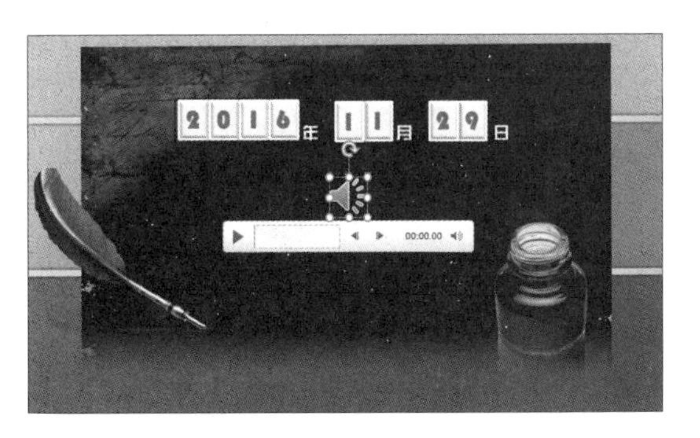

步骤05　设置音频淡化时间

切换至“音频工具 - 播放”选项卡下，在“编辑”组中的“淡入”和“淡出”数值框中输入音频的淡入和淡出持续时间，如下图所示。

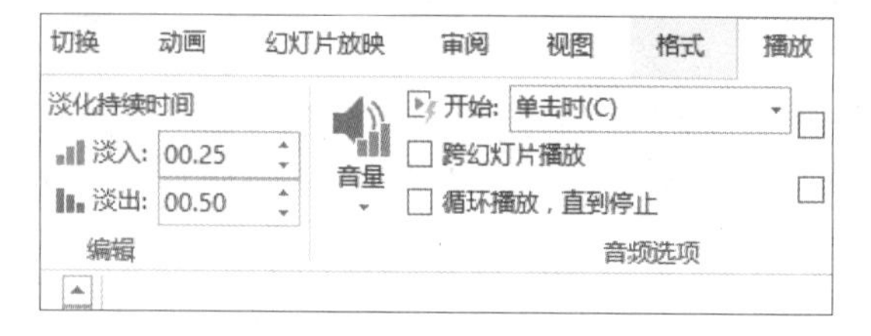

步骤06　设置音频开始方式

单击“音频工具 - 播放”选项卡下“音频选项”组中“开始”下拉列表框右侧的下三角按钮，在展开的下拉列表中单击“自动”选项，如下图所示。

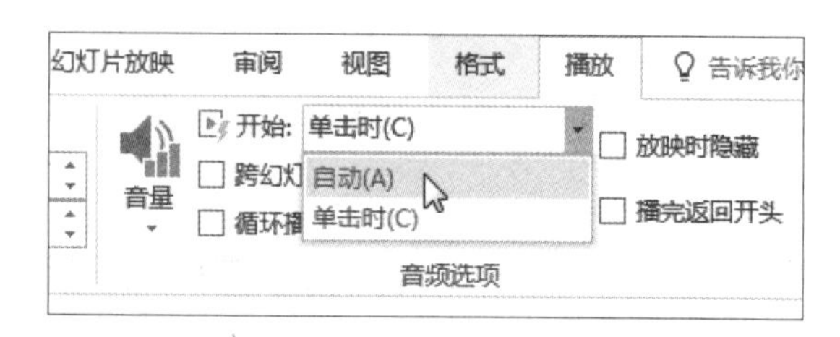

步骤07　设置其他音频选项

勾选“音频选项”组中的“跨幻灯片播放”“循环播放，直到停止”复选框，然后单击“音量”按钮，在展开的下拉列表中单击“中”选项，如下图所示。

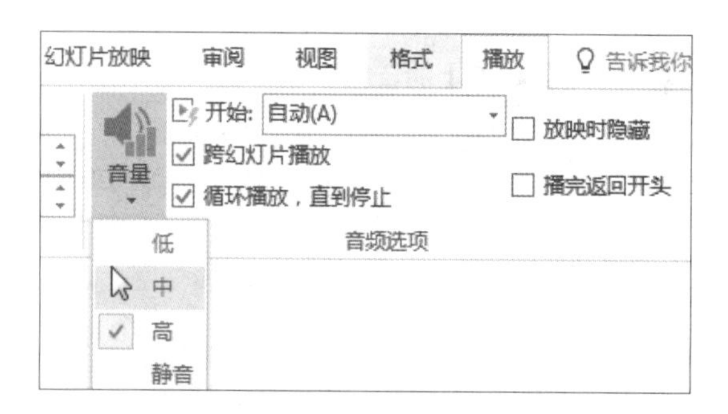

步骤08　试听音频

单击“音频工具 - 播放”选项卡下“预览”组中的“播放”按钮，即可试听添加的声音，如下图所示。

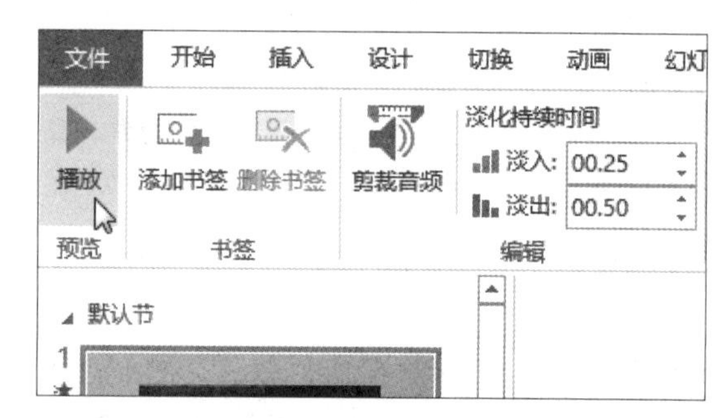

步骤09　显示播放进度

此时幻灯片中的音频开始播放，通过播放控制条可看出声音的播放进度与播放时间，如下图所示。

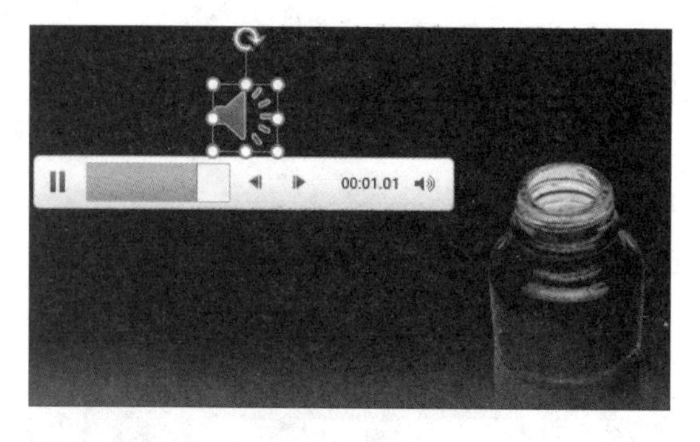

步骤10　暂停播放声音

试听完音频后单击“音频工具 - 播放”选项卡下“预览”组中的“暂停”按钮，结束音频的播放，如下图所示。

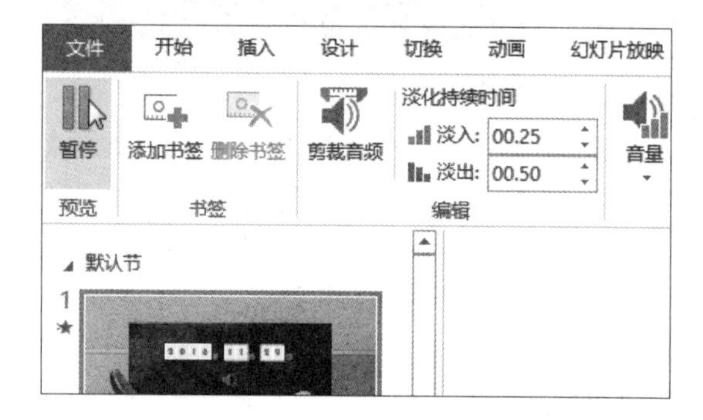

2 添加视频对象并调整

添加的视频对象来源有两种：PC 上的视频、联机视频。对添加的视频可调整画面的大小与亮度 / 对比度、移动位置、添加标牌框架并设置样式。

步骤01　选择需要插入视频文件的幻灯片

继续之前的操作，切换至第 5 张幻灯片，如下左图所示。

步骤02　插入PC上的视频

单击“插入”选项卡下“媒体”组中的“视频”按钮，在展开的下拉列表中单击“PC 上的视频”选项，如下右图所示。

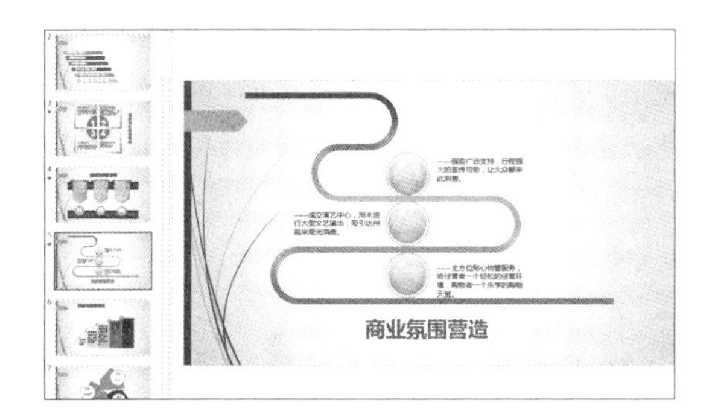

步骤03　选择视频文件

弹出“插入视频文件”对话框，在地址栏中选择视频文件的保存位置，然后选择“媒体 .mp4”文件，单击“插入”按钮，如下图所示。

步骤04　调整视频画面大小

切换至“视频工具 - 格式”选项卡下，在“大小”组中的“宽度”数值框中输入合适的宽度值，这里输入“17 厘米”，如下图所示。默认情况下，系统会自动锁定画面的纵横比，因此，更改宽度值后高度值也会相应改变，只需按下【Enter】键即可。

步骤05　移动视频文件的位置

选中视频文件，将鼠标指针移动到视频文件上方，当鼠标指针呈十字箭头形时，按住鼠标左键向右拖动，如下图所示，移至合适位置后释放鼠标左键即可。

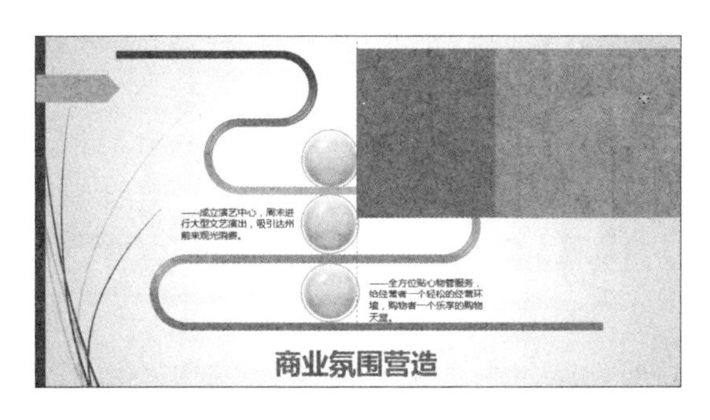

步骤06　调整视频文件的层次顺序

选中视频文件，单击“视频工具 - 格式”选项卡下“排列”组中“下移一层”右侧的下三角按钮，在展开的下拉列表中单击“置于底层”选项，如下图所示。

步骤07 显示调整排列顺序后的效果

此时被视频画面遮挡的文本重新显示出来，如下图所示。

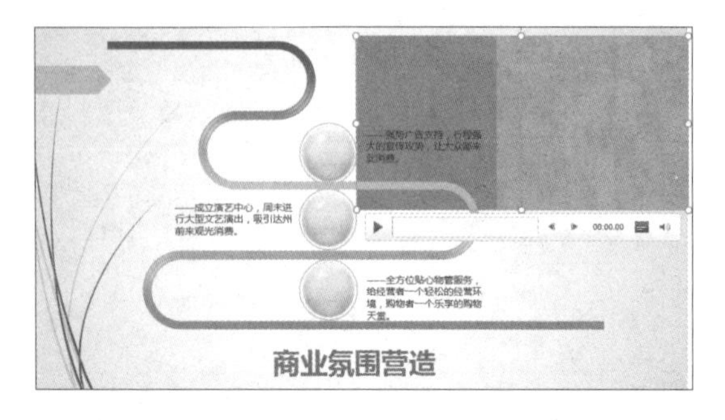

步骤08 添加标牌框架

单击“视频工具 - 格式”选项卡下“调整”组中的“标牌框架”按钮，在展开的下拉列表中单击“文件中的图像”选项，如下图所示。

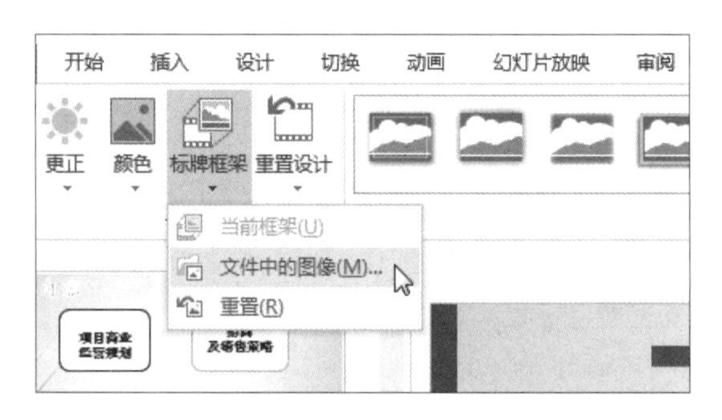

步骤09 选择图像来源

弹出“插入图片”面板，单击“来自文件”右侧的“浏览”按钮，如下图所示。

步骤10 选择图像文件

弹出“插入图片”对话框，在地址栏中选择图片的保存位置，然后选择要插入的图片，如“封面 .JPG”，然后单击“插入”按钮，如下图所示。

步骤11 显示添加标牌框架后的效果

返回幻灯片中，此时视频画面显示为添加的标牌框架图片，如下图所示，在播放视频时，会先显示标牌框架图像，之后逐渐切换至视频内容。

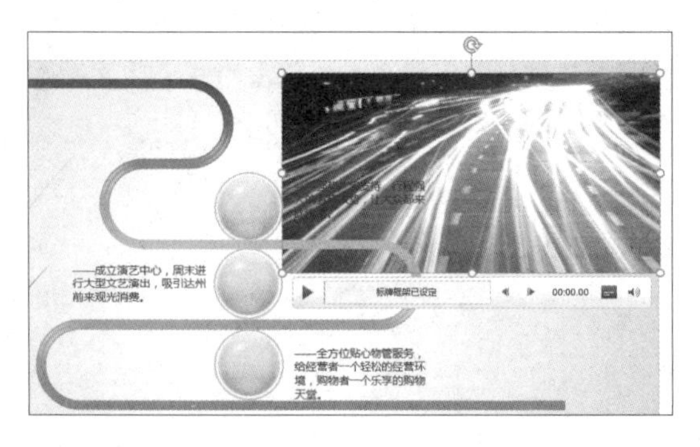

步骤12 调整视频画面的亮度和对比度

单击“视频工具 - 格式”选项卡下“调整”组中的“更正”按钮，在展开的下拉列表中选择需要的亮度与对比度选项，这里选择“亮度：+20% 对比度：-40%”效果，如下图所示。

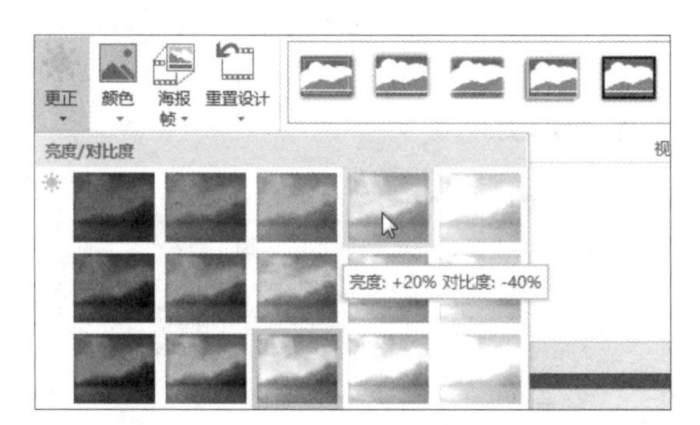

步骤13 设置视频样式

选中视频文件，单击“视频工具 - 格式”选项卡下“视频样式”库中的“居中矩形阴影”样式，如下左图所示。

步骤14　剪裁视频

切换至“视频工具 - 播放”选项卡下，单击“编辑”组中的“剪裁视频”按钮，如下右图所示。

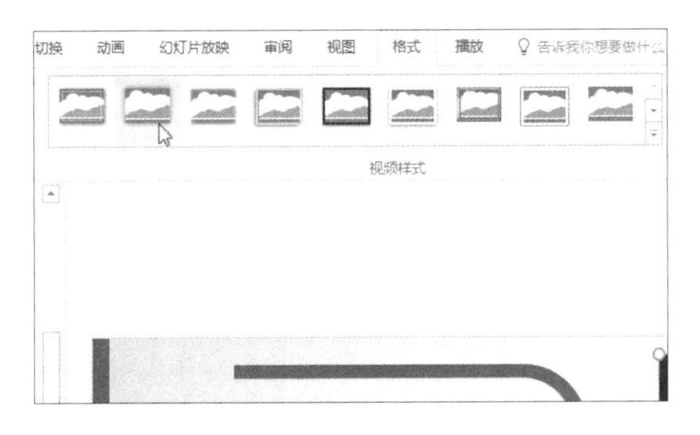

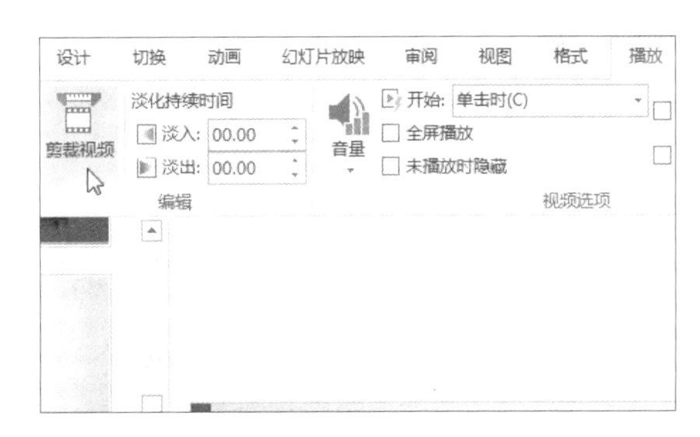

步骤15　剪裁视频开始部分

弹出“剪裁视频”对话框，向右拖动左侧的绿色滑块，如下图所示，设置视频从指定时间点开始播放。

步骤16　剪裁视频结束部分

向左拖动右侧的红色滑块，如下图所示，设置视频在指定时间点结束播放。

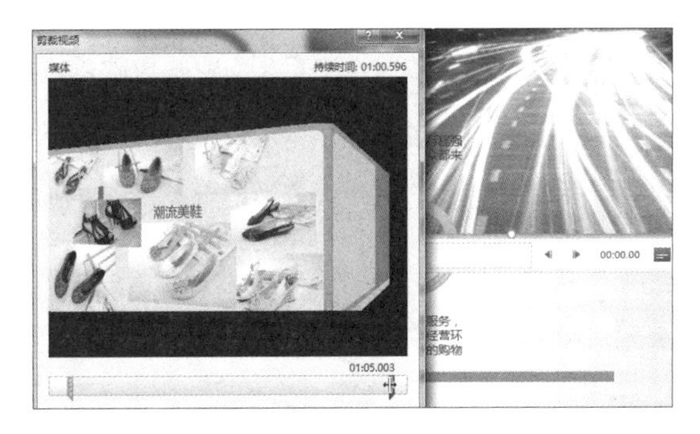

步骤17　设置视频播放音量

单击“视频工具 - 播放”选项卡下“视频选项”组中的“音量”按钮，在展开的下拉列表中选择“中”选项，如下图所示。

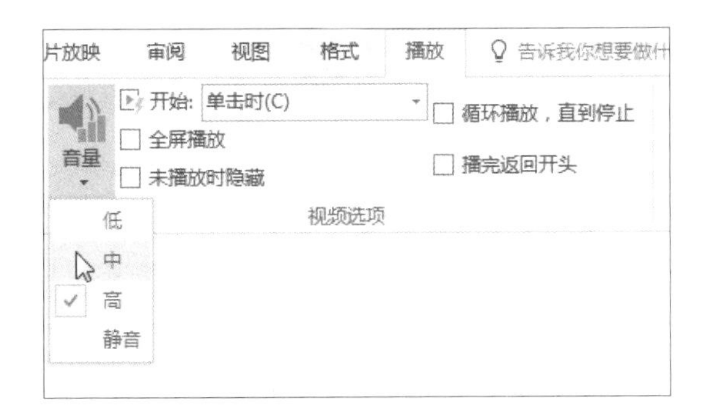

步骤18　设置视频开始方式

单击“视频工具 - 播放”选项卡下“视频选项”组中“开始”下拉列表框右侧的下三角按钮，在展开的下拉列表中单击“自动”选项，如下图所示。

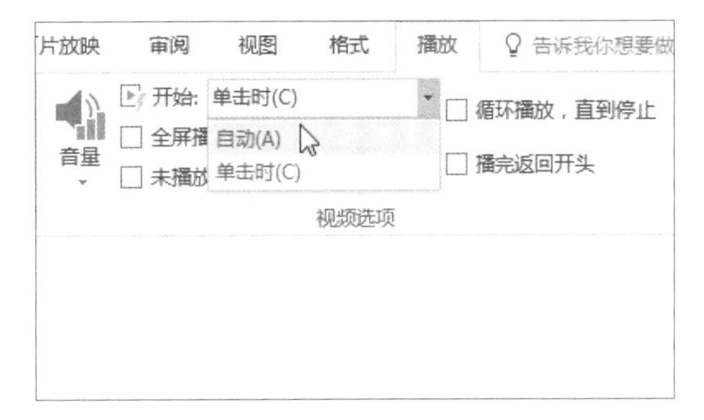

步骤19　播放视频

单击视频文件下播放控制条上的“播放”按钮，试看视频播放效果，如下左图所示。

步骤20　停止播放

可以看到视频从指定的时间点开始播放，需要暂停播放视频时，单击播放控制条上的“暂停”按钮，如下右图所示。如果播放过程中不暂停，则到指定的结束时间点时停止播放。

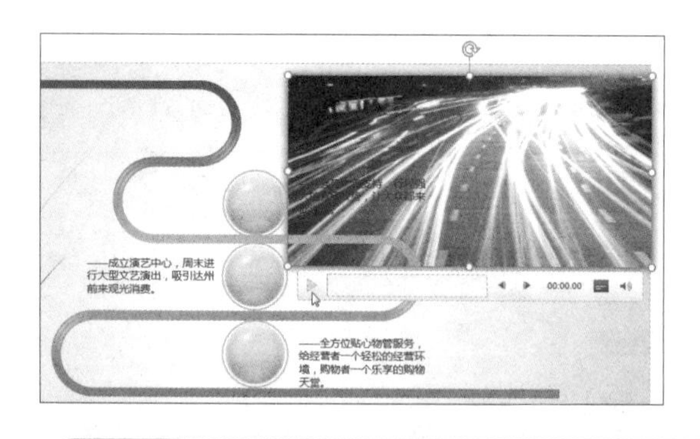

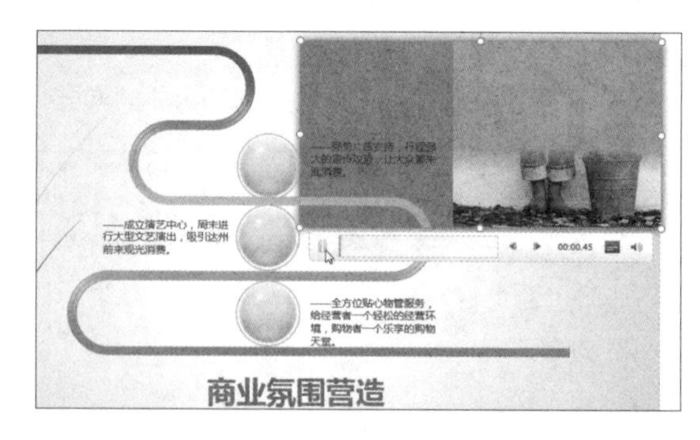

17.4 放映并共享幻灯片

制作出集文字、图形、图像、声音及视频等多媒体元素于一体的演示文稿后，最终的目的是传递演示文稿中包含的信息，将其共享给更多人。下面介绍放映并共享幻灯片的操作步骤。

17.4.1 自定义幻灯片放映

想要预览幻灯片的放映效果，可选择从头开始放映，也可以选择从当前幻灯片开始放映，当然还可以自定义幻灯片放映。自定义幻灯片放映可对演示文稿中的幻灯片进行选择性放映。

步骤01 自定义放映

继续之前的操作，单击“幻灯片放映”选项卡下“开始放映幻灯片”组中的“自定义幻灯片放映”按钮，在展开的下拉列表中单击“自定义放映”选项，如下图所示。

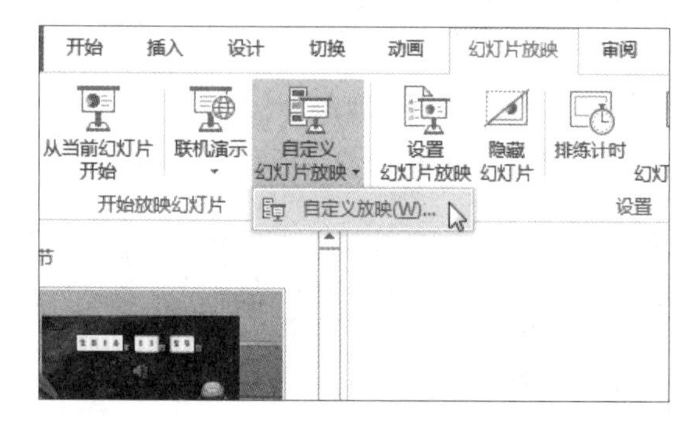

步骤02 单击“新建”按钮

弹出“自定义放映”对话框，单击该对话框右侧的“新建”按钮，如下图所示。

步骤03 添加幻灯片

弹出“定义自定义放映”对话框，首先在“幻灯片放映名称”右侧的文本框中输入幻灯片放映名称，这里输入“招商方案主要内容”，然后在“在演示文稿中的幻灯片”列表框中勾选自定义放映中包含的幻灯片，勾选完毕后单击“添加”按钮，如右图所示。

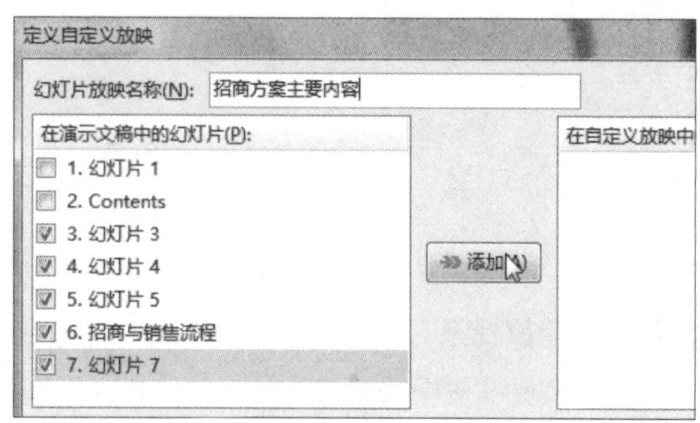

步骤04　单击“确定”按钮

此时在“在自定义放映中的幻灯片”列表框中显示了添加的幻灯片，确认无误后单击“确定”按钮，如下图所示。

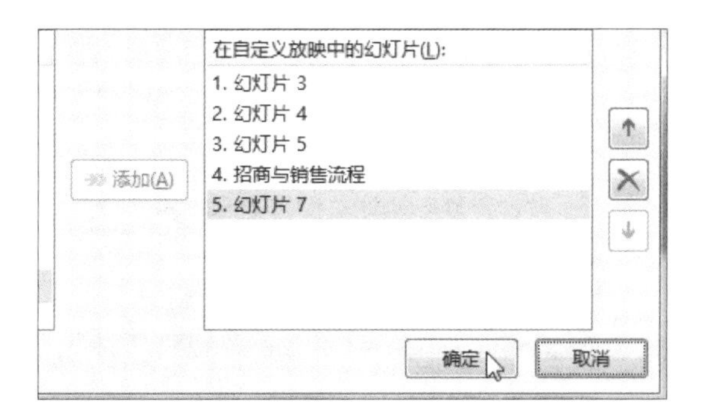

步骤05　关闭对话框

返回“自定义放映”对话框，此时的列表框中增加了新建的幻灯片放映名称，单击“关闭”按钮完成自定义放映的设置，如下图所示。

步骤06　放映幻灯片

需要放映自定义放映的幻灯片时，单击“幻灯片放映”选项卡下“开始放映幻灯片”组中的“自定义幻灯片放映”按钮，此时在展开的下拉列表中显示了之前创建的自定义放映的名称，单击该名称，如右图所示，将从所选的第 1 张幻灯片开始放映，即从幻灯片 3 开始放映。

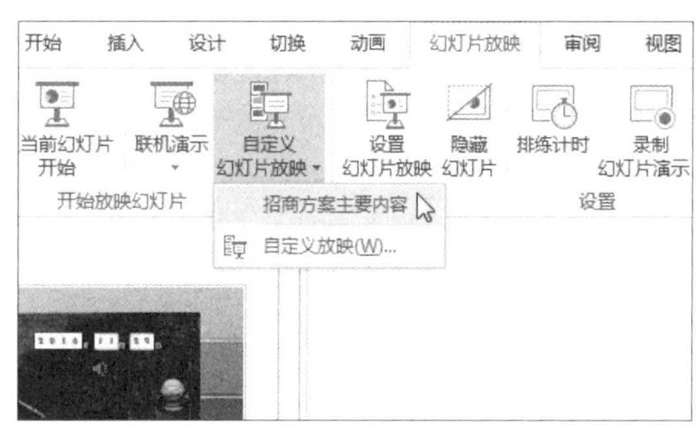

17.4.2　保护演示文稿

如果用户不希望其他人更改演示文稿，可以给演示文稿设置密码，从而只允许知晓密码的人打开或修改演示文稿。

步骤01　单击“文件”按钮

继续之前的操作，单击“文件”按钮，在弹出的菜单选项系统中自动展开“信息”选项面板，如下图所示。

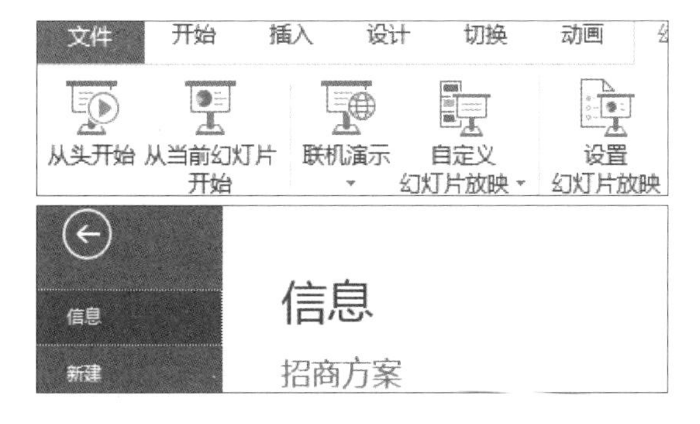

步骤02　加密演示文稿

单击“信息”选项面板下的“保护演示文稿”按钮，在展开的下拉列表中单击“用密码进行加密”选项，如下图所示。

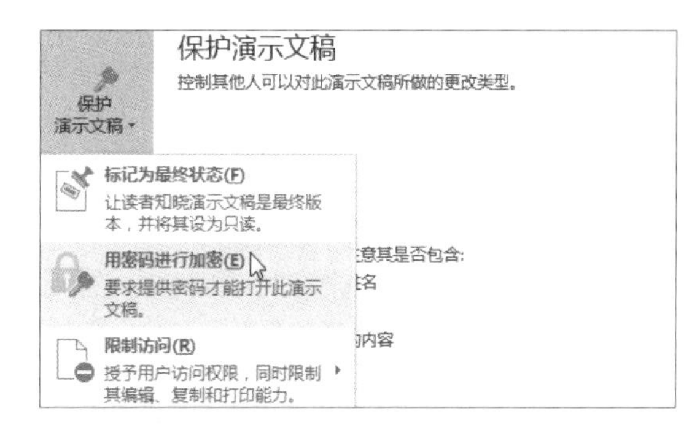

步骤03　输入加密密码

弹出“加密文档”对话框，在“密码”文本框中输入密码，这里输入“123456”，然后单击“确定”按钮，如下左图所示。

步骤04 再次输入密码

弹出“确认密码”对话框，在“重新输入密码”文本框中再次输入密码“123456”，然后单击“确定”按钮，如下右图所示。最后保存演示文稿。

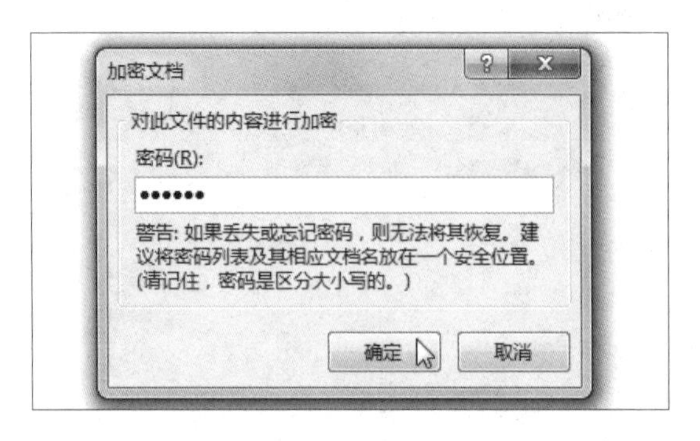

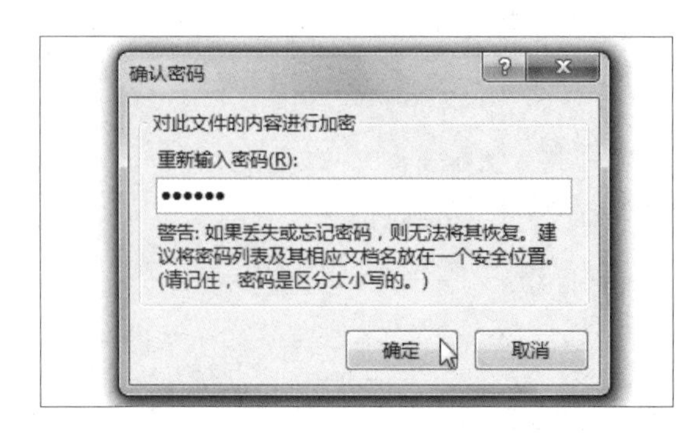

17.4.3 发布幻灯片

发布幻灯片的目的是实现幻灯片共享，如果演示文稿需要在其他计算机上进行演示，为了避免其他计算机未安装 PowerPoint 而导致演示文稿不能正常播放的情况，可以将演示文稿打包成 CD。

1 发布幻灯片

步骤01 单击“发布幻灯片”命令

继续之前的操作，单击“文件”按钮，在弹出的菜单中单击“共享”命令，然后在“共享”选项面板中单击“发布幻灯片”按钮，再单击右侧的“发布幻灯片”按钮，如下图所示。

步骤02 单击“浏览”按钮

弹出“发布幻灯片”对话框，在“选择要发布的幻灯片”列表框中勾选需要发布的幻灯片前面的复选框，如果对默认的发布位置不满意，可以单击“发布到”文本框右侧的“浏览”按钮，如下图所示。

步骤03 选择幻灯片库

弹出“选择幻灯片库”对话框，在地址栏中选择发布路径，文件夹名称保持默认不变，然后单击“选择”按钮，如右图所示。

步骤04　发布幻灯片

返回“发布幻灯片”对话框，此时“发布到”文本框中显示了选择的路径，确认后单击“发布”按钮，如下图所示。

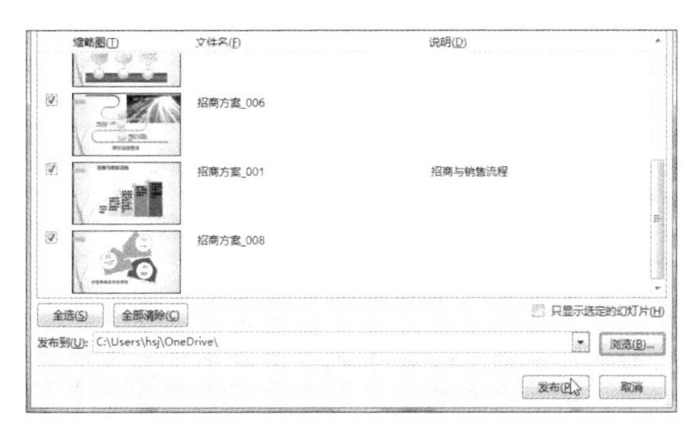

步骤05　显示发布幻灯片后的效果

发布完成后，自动打开指定的发布文件夹，如下图所示。

2 将演示文稿打包成CD

步骤01　单击“打包成CD”命令

继续之前的操作，单击“文件”按钮，在弹出的菜单中单击“导出”选项，再在展开的“导出”选项面板中单击“将演示文稿打包成 CD”按钮，最后单击“打包成 CD”按钮，如下图所示。

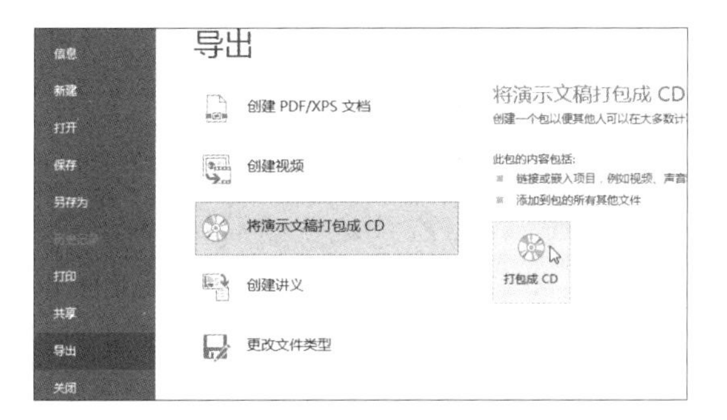

步骤02　复制到文件夹

弹出“打包成 CD”对话框，在“将 CD 命名为”文本框中输入 CD 名称，然后在“要复制的文件”列表框中选择需要复制的文件，单击“复制到文件夹”按钮，如下图所示。

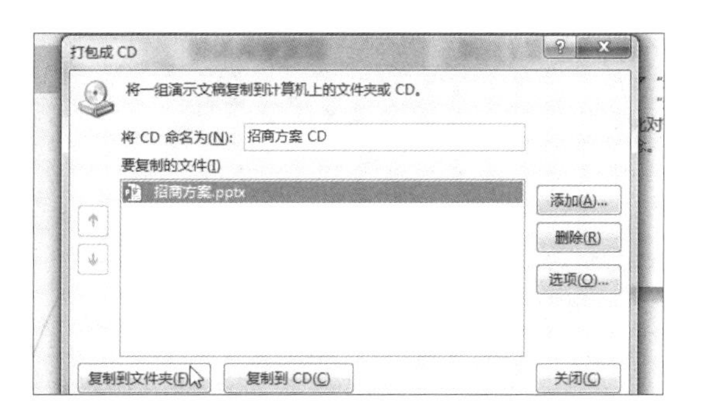

步骤03　单击“浏览”按钮

弹出“复制到文件夹”对话框，此时有默认的文件夹名称和文件夹的保存路径，若要更改文件夹的保存位置，则单击“浏览”按钮，如下图所示。

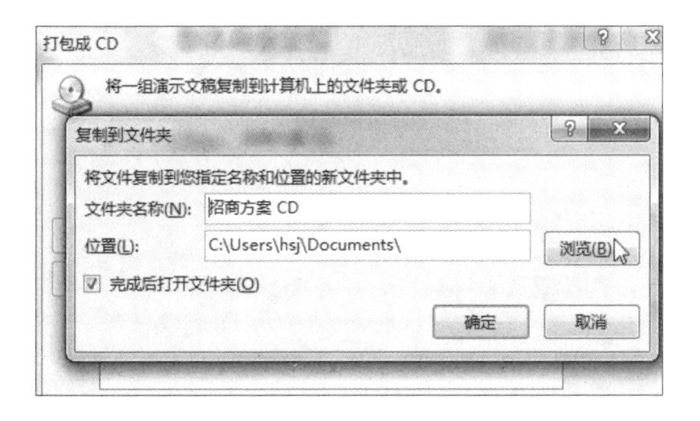

步骤04　选择保存位置

弹出“选择位置”对话框，在地址栏中选择文件夹的保存位置，如下图所示，然后单击“选择”按钮。

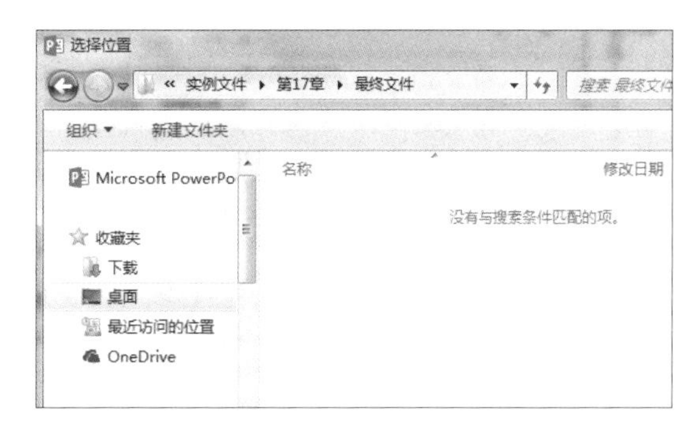

步骤05 确认设置

返回“复制到文件夹”对话框，在“位置”文本框中显示了更改保存位置后的路径，确认保存位置后，单击“确定”按钮，如右图所示。

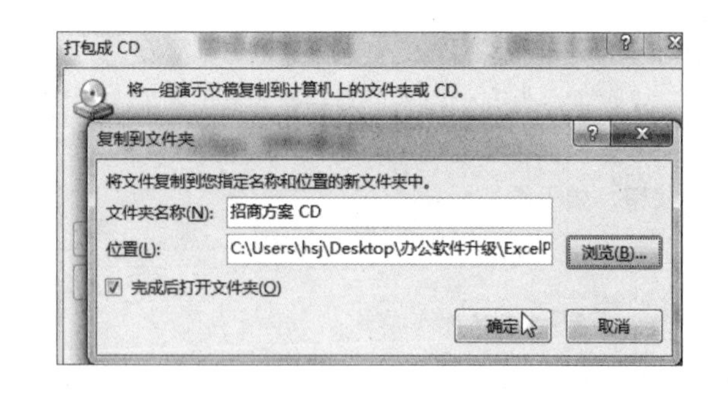

步骤06 确认打包演示文稿中的链接文件

此时在屏幕上弹出如下图所示的提示框，提示用户是否要在包中包含链接文件，单击“是”按钮，如下图所示。

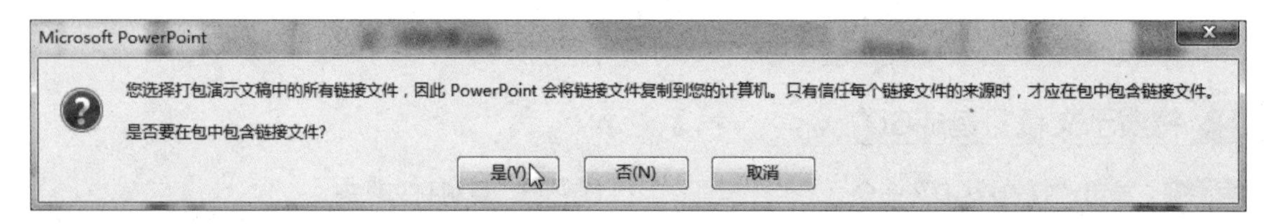

步骤07 显示打包后的文件夹内容

弹出“正在将文件复制到文件夹”提示框并复制文件。片刻之后打包完成，自动打开目标文件夹，在该文件夹中存放了打包的文件，如下图所示。

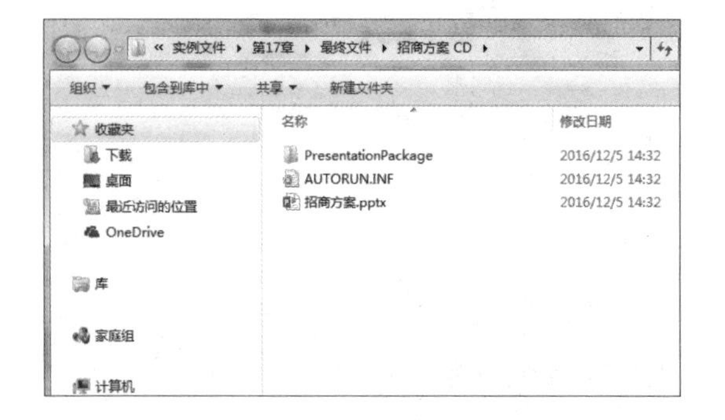

步骤08 关闭“打包成CD”对话框

将演示文稿打包成 CD 后，单击“打包成 CD”对话框中的“关闭”按钮，如下图所示。